河南省“十四五”普通高等教育规划教材

数学分析选讲

主　编　郝　涌
副主编　王玉磊　李金伟　李　倩
　　　　别　潇　杜金姬　苑倩倩

中国铁道出版社有限公司
CHINA RAILWAY PUBLISHING HOUSE CO., LTD.

内 容 简 介

本书对数学分析的实数与实函数、数列的极限、一元函数的极限、一元函数的连续性、导数与微分、微分中值定理及导数的应用、不定积分、定积分、广义积分、含参量的积分、数项级数、函数列与函数项级数、幂级数和傅里叶级数、多元函数的极限与连续、多元函数微分学、重积分及曲线积分与曲面积分等重要知识点进行了系统的讲解和辨析，对近年来一些重点高校的典型考研试题进行了独到的分析和讨论，将数学分析的内容按知识点进行整合，使得整个知识结构清晰明了。全书叙述简明扼要，重点突出，方法典型。

本书适合作为普通高等学校数学类各专业的考研辅导教材，也可作为理工科学生学习“数学分析”“高等数学”课程的辅助教材。

图书在版编目(CIP)数据

数学分析选讲/郝涌主编. —2版. —北京：中国铁道出版社有限公司，2022.9(2024.7重印)
河南省“十四五”普通高等教育规划教材
ISBN 978-7-113-29351-2

Ⅰ.①数… Ⅱ.①郝… Ⅲ.①数学分析-高等学校-教材
Ⅳ.①O17

中国版本图书馆CIP数据核字(2022)第111698号

书　　名：数学分析选讲
作　　者：郝　涌

策　　划：韩从付　　**编辑部电话：**(010)63549508
责任编辑：陆慧萍　徐盼欣
封面设计：付　巍
封面制作：刘　颖
责任校对：孙　玫
责任印制：樊启鹏

出版发行：中国铁道出版社有限公司（100054，北京市西城区右安门西街8号）
网　　址：https://www.tdpress.com/51eds/
印　　刷：三河市兴博印务有限公司
版　　次：2020年1月第1版　2022年9月第2版　2024年7月第3次印刷
开　　本：787 mm×1 092 mm 1/16　**印张：**20　**字数：**460千
书　　号：ISBN 978-7-113-29351-2
定　　价：54.00元

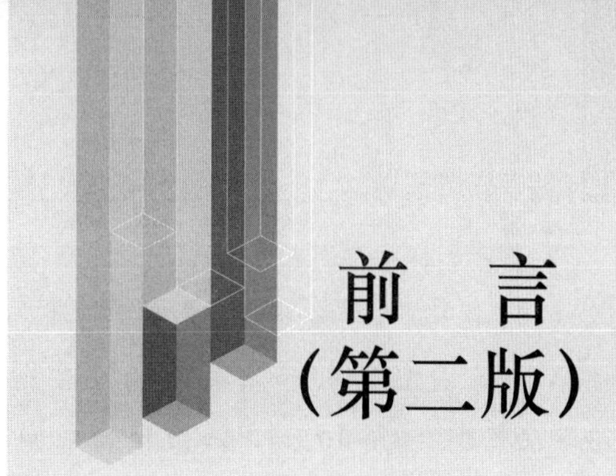

前　言（第二版）

根据目前我国高等教育的形势，越来越多的本科毕业生选择了考研。

“数学分析”是数学专业考研的必考科目，同时它也包含了理工科研究生招生考试中“高等数学”的主要内容。在“考研热”“考研难”的浪潮下，高校师生越来越迫切希望有一部专门用于考研辅导的优秀教材面世。

编者根据数十年考研辅导课的教学经验与体会编写了本书。自2020年1月出版以来，受到了广大读者的欢迎，并于2020年12月获批河南省“十四五”普通高等教育规划教材。为了保证图书质量，编写组经过多次研讨，结合使用过程中发现的一些可以继续完善的地方，最终确定再版的修订方案。本次修订的主要工作有：

(1)更正了书中的计算和证明中出现的错误；

(2)第3讲中，删去了例3.6原来的证明方法，给出了新的证明；

(3)第8讲中，删去了勒让德多项式的相关内容；

(4)第17讲中，删去了例17.17原来的求解方法，给出了更为简便的求解方法；

(5)对部分例题进行了适当增减，并补充了一些习题及习题参考答案。

本书共17讲，每讲都附有适当数量的练习题，大约需用72学时。全书主要特点包括：

(1)知识结构的整体性。本书有别于数学分析教材，对知识点按块分类，进行归纳、比较，便于学生发现规律，总结经验。

(2)知识结构的联系性。数学分析的考研题不仅涉及本课程的知识点，还常常涉及其他相关科目的知识，如实变函数、泛函分析、复变函数、微分方程等，因此，本书根据需要对数学分析的相关知识点进行了适当的拓展。

(3)强调对基本概念的理解和辨析。

(4)专题性。本书对许多重要的知识点进行了专题性的讨论。

(5)注重解题方法的分析与创新。

(6)力求简明扼要。本书略去了数学分析教材中详细讲解的一般知识点，去粗取精，侧重基本概念的分析和解题方法的讨论，努力启发读者思维。

本书不仅能加深学生对数学概念的理解及其对数学知识框架的整体认识，而且能大大提高学生分析问题、解决问题的能力，适合作为普通高等学校数学类各专业的考研辅导教材，也可作为理工科学生学习“数学分析”“高等数学”课程的辅助教材。

参加本书编写的教师都长期工作在教学第一线,具有丰富的经验。本书由郝涌任主编,由王玉磊、李金伟、李倩、别潇、杜金姬、苑倩倩任副主编。具体编写分工如下:第 1 ~3 讲由李倩编写,第 4 ~6 讲由别潇编写,第 7 ~9 讲由苑倩倩编写,第 10 ~12 讲由李金伟编写,第 13 ~15 讲由杜金姬编写,第 16、17 讲由王玉磊编写。全书由郝涌统稿定稿。

衷心感谢中国铁道出版社有限公司在本书出版过程中给予的支持和帮助,同时还要感谢广大读者在阅读和使用初版过程中提出的宝贵意见!

编　者
2022 年 4 月

目　录

第 1 讲　实数与实函数

1.1　实数及实函数的基本概念

1.1.1　实数

实数包括有理数和无理数. 有理数就是能够表示成$\frac{p}{q}$形式的数,其中 p 是整数,q 是不为零的整数. 如果用小数表示,有理数都可以表示成有限小数或无限循环小数. 无理数就是不能表示成$\frac{p}{q}$形式的数,也就是无限不循环小数. 有限小数也可以表示成无限小数. 例如,数 1 可表示为 $1 = 1.000\cdots$,也可以表示为 $1 = 0.999\cdots$(注:这是实无限的观点). 为唯一性起见,数学上作了一个约定,就是不以零为循环节. 数 1 约定的表示为 $1 = 0.999\cdots$. 因此,实数就是一个可以用无限小数表示的数.

1.1.2　实数的性质

1. 实数集合 R 是一个阿基米德有序域

(1)在实数集合 $\mathbf{R}$ 上定义加法"+"和乘法"×"两种运算,则两种运算分别满足交换律、结合律,以及乘法关于加法的分配律;对加法,有"零元"和"负元";对乘法,有"单位元"和"逆元". $\mathbf{R}$ 是一个"域".

(2)在集合 $\mathbf{R}$ 上定义了一种序关系"<",且满足传递性,即 $\forall a,b,c \in \mathbf{R}$,若 $a<b,b<c$,则 $a<c$;三歧性:即 $\forall a,b \in \mathbf{R}$,关系 $a<b,a=b,a>b$ 三者必居其一,也只居其一. $\mathbf{R}$ 是一个全序集.

(3)$\mathbf{R}$ 中的元素满足阿基米德性质:对 $\mathbf{R}$ 中的任意两个正数 a,b,必存在自然数 n,使得 $na>b$.

2. 实数集合 R 是一个完备集

定义 1.1(距离空间)　设 X 是一个集合,定义映射 $\rho: X \times X \to \mathbf{R}_+$($\mathbf{R}_+$ 表示全体正实数),满足:

(1)非负性:$\forall x,y \in X, \rho(x,y) \geqslant 0, \rho(x,y)=0 \Leftrightarrow x=y$;

(2)对称性:$\rho(x,y)=\rho(y,x)$;

(3)三角不等式:$\rho(x,y)\leqslant\rho(x,z)+\rho(z,y)$.

则称 ρ 是点集 X 上的一个距离．如果 X 是一个线性空间,则称(X,ρ)是一个距离空间.

在实数集 $\mathbf{R}$ 上定义距离 $\rho(x,y)=|x-y|$(可以验证满足定义 1.1 中的三条),则$(\mathbf{R},\rho)$是一个距离空间.

定义 1.2 设$\{x_n\}$是距离空间(X,ρ)中的点列,若 $\forall\varepsilon>0$, $\exists N>0$,当 $m,n>N$ 时,恒有 $\rho(x_n,x_m)<\varepsilon$,则称$\{x_n\}$是 X 中的柯西列.

定义 1.3 若距离空间 X 中的任意柯西列都在 X 中收敛,则称 X 是完备的距离空间.

由柯西收敛准则很容易知道,作为距离空间的实数集 $\mathbf{R}$ 是完备的．有六个刻画实数集 $\mathbf{R}$ 完备性且彼此等价的定理,它们分别是:

(1)确界原理:设 S 是非空数集．若 S 有上界,则 S 必有上确界;若 S 有下界,则 S 必有下确界.

(2)单调有界原理:单调有界点列(函数)必存在极限.

(3)区间套定理:若$\{[a_n,b_n]\}$是一个区间套,则存在唯一的实数 ξ,使得 $\xi\in[a_n,b_n]$, $n=1,2,\cdots$,即 $a_n\leqslant\xi\leqslant b_n$, $n=1,2,\cdots$.

(4)有限覆盖定理:设 H 是对闭区间$[a,b]$的一个任意的开覆盖,则从 H 中可选出有限个开区间来覆盖$[a,b]$.

(5)聚点定理:实轴上的任一有界无限点集 S 至少有一个聚点.

推论(致密性定理):有界点列必有收敛子列.

(6)柯西收敛准则:数列$\{a_n\}$收敛的充要条件是数列$\{a_n\}$是柯西列.

关于上述六个定理的等价性证明可参看参考文献[1].

1.1.3 关于实数点集的一些重要概念

1. 有界点集

S 是一实数点集,若 $\exists M>0$ 使 $\forall x\in S$ 恒有 $|x|\leqslant M$,则称 S 是有界点集.

2. 无界点集

S 是一实数点集,若 $\forall M>0$, $\exists x\in S$ 使得 $|x|>M$,则称 S 是无界点集.

3. 有界函数

$f(x)$是定义在点集 I 上的函数,若 $\exists M>0$ 使 $\forall x\in I$ 恒有 $|f(x)|\leqslant M$,则称 $f(x)$在 I 上有界.

4. 无界函数

$f(x)$是定义在点集 I 上的函数,若 $\forall M>0$, $\exists x\in I$ 使得 $|f(x)|>M$,则称 $f(x)$在 I 上无界.

例 1.1 证明函数 $f(x)=\dfrac{1}{x}$在$(0,1)$上无界.

证明 $\forall M>0$,取 $x_0=\dfrac{1}{M+1}\in(0,1)$使得 $f(x_0)=M+1>M$,故 $f(x)=\dfrac{1}{x}$在$(0,1)$上无界.

5. 上确界

设 E 为一个实数点集,α 为一个实常数,若满足:① $\forall x\in E$,恒有 $x\leqslant\alpha$(即 α 为 E 的上界);

②$\forall \varepsilon>0$,存在 $x_0 \in E$,使得 $x_0>\alpha-\varepsilon$(即 α 是 E 的最小上界),则称 α 为 E 的上确界,记作 $\alpha=\sup E$.

6. 下确界

设 E 为一个实数点集,β 为一个实常数,若满足:① $\forall x \in E$,恒有 $x \geqslant \beta$(即 β 为 E 的下界);②$\forall \varepsilon>0$,存在 $x_0 \in E$,使得 $x_0<\beta+\varepsilon$(即 β 是 E 的最大下界),则称 β 为 E 的下确界,记作 $\beta=\inf E$.

注　点集 E 的上确界或下确界可以属于 E,也可以不属于 E.

命题　(1)$\alpha=\sup E$,则 $\alpha \in E \Leftrightarrow \alpha=\max E$.

(2)$\beta=\inf E$,则 $\beta \in E \Leftrightarrow \beta=\min E$.

证明显然. 请读者自证.

例 1.2　设 A,B 皆为非空有界集,定义数集

$$A+B=\{z \mid z=x+y, x \in A, y \in B\},$$

证明:(1)$\sup(A+B)=\sup A+\sup B$;

(2)$\inf(A+B)=\inf A+\inf B$.

证明　(1)由已知,A,B 非空有界,可知 $A+B$ 也是非空有界集. 根据确界原理,它们的上、下确界都是存在的. $\forall z \in A+B$,由定义,存在 $x \in A$ 及 $y \in B$ 使得

$$z=x+y \leqslant \sup A+\sup B,$$

即实数 $\sup A+\sup B$ 是数集 $A+B$ 的上界;又 $\forall \varepsilon>0$, $\exists x' \in A, y' \in B$,使得

$$x'>\sup A-\frac{\varepsilon}{2}, y'>\sup B-\frac{\varepsilon}{2} \Rightarrow x'+y'>\sup A+\sup B-\varepsilon.$$

记 $z'=x'+y' \in A+B$,则 $z'>\sup A+\sup B-\varepsilon$. 由定义可得

$$\sup(A+B)=\sup A+\sup B.$$

(2)证明与(1)类似,从略.

例 1.3　设 $f(x)$ 在区间 I 上有界. 记

$$M=\sup_{x \in I} f(x), \quad m=\inf_{x \in I} f(x),$$

证明:$\sup\limits_{x',x'' \in I}|f(x')-f(x'')|=M-m$.

证明　$\forall x', x'' \in I$,有

$$m \leqslant f(x') \leqslant M, \quad m \leqslant f(x'') \leqslant M,$$

则

$$|f(x')-f(x'')| \leqslant M-m. \tag{1.1}$$

又 $\forall \varepsilon>0$, $\exists x_1, x_2 \in I$,使得

$$f(x_1)>M-\frac{\varepsilon}{2}, \quad f(x_2)<m+\frac{\varepsilon}{2},$$

可得

$$|f(x_1)-f(x_2)|>(M-m)-\varepsilon. \tag{1.2}$$

从式(1.1)和式(1.2)可知

$$\sup_{x',x''\in I}|f(x')-f(x'')|=M-m.$$

7. 聚点

定义 1.4(点集的聚点)　设 E 是一个点集,ξ 是一个点,若在 ξ 的任意邻域内都含有 E 的无穷多个点,则称 ξ 为点集 E 的聚点.

命题　设 E 是一个点集,ξ 是一个点,则下列说法等价:

(1) ξ 为点集 E 的聚点.

(2)在 ξ 的任意邻域内都含有 E 的异于 ξ 的一个点.

(3)在 E 中存在互异的点列 $\{x_n\}$,使得 $\lim\limits_{n\to\infty}x_n=\xi$.

证明　(1)⇒(2). 显然.

(2)⇒(3). 取 $\varepsilon_1=1$,在 $U(\xi,\varepsilon_1)$ 内,$\exists x_1\in E\setminus\{\xi\}$,取 $\varepsilon_2=\min\left\{\frac{1}{2},|x_1-\xi|\right\}>0$,在 $U(\xi,\varepsilon_2)$ 内,$\exists x_2\in E\setminus\{\xi\}$,…. 一般地,取 $\varepsilon_n=\min\left\{\frac{1}{n},|x_{n-1}-\xi|\right\}>0$,在 $U(\xi,\varepsilon_n)$ 内,$\exists x_n\in E\setminus\{\xi\}$,$n=1,2,\cdots$. 显然 $\{x_n\}\subseteq E$,且是互异的,同时显然有 $\lim\limits_{n\to\infty}x_n=\xi$.

(3)⇒(1). $\forall\varepsilon>0$,$\exists N>0$,当 $n>N$ 时,$\{x_n\}\subset U(\xi,\varepsilon)$. 注意到 $x_n\in E$,$n=1,2,\cdots$,即 ξ 为点集 E 的聚点.

注　(1)从定义可知,有限点集必无聚点.

(2)点集 E 的聚点可以属于 E,也可以不属于 E. 例如,设 A 是开区间 $(0,1)$ 中的所有有理点构成的集合,则闭区间 $[0,1]$ 中的所有点都是 A 的聚点.

定义 1.5(点列的聚点)　设 $\{x_n\}$ 是一个点列,ξ 是一个点,若在 ξ 的任意邻域内都含有 $\{x_n\}$ 的无穷多项,则称 ξ 为点列 $\{x_n\}$ 的聚点.

注意　点集的聚点与点列的聚点不同. 例如,$\{x_n\}=\{(-1)^n\}$ 作为点列,它有两个聚点:-1 和 1;如果把它们看作点集,则它是一个仅含有两个元素的集合 $\{-1,1\}$,无聚点.

把点列的最大(小)聚点称为点列的上(下)极限,记作 $\overline{\lim\limits_{n\to\infty}}x_n\left(\underline{\lim\limits_{n\to\infty}}x_n\right)$.

8. 覆盖

设 $H=\{\Delta_\alpha|\alpha\in\Gamma\}$ 是一个开区间集,其中,Γ 是一个指标集,Δ_α 是开区间. 设 I 是一个点集,如果 $\forall x\in I$,总存在 $\Delta_\alpha\in H$,使得 $x\in\Delta_\alpha$,则称 H 覆盖了 I,或称 H 是 I 的一个开覆盖. 如果 H 是有限集而覆盖了 I,则称 H 是 I 的一个有限开覆盖;如果 H 是一个无限集合而覆盖了 I,则称 H 是 I 的一个无限开覆盖.

前面提到的有限覆盖定理是一个十分重要的定理. 它可以推广到一般的距离空间上去.

例 1.4　设 $\{x_n\}$ 是单调数列,证明:若 $\{x_n\}$ 存在聚点,则必是唯一的,且是 $\{x_n\}$ 的确界.

证明　不妨设 $\{x_n\}$ 是单调递增数列. 假设 A,B 都是它的聚点,且不等. 不妨设 $A>B$,由聚点的定义,取 $\varepsilon=\frac{A-B}{2}>0$,在 $U(A,\varepsilon)$ 内,含有 $\{x_n\}$ 的无穷多项,假设 $x_{n_0}\in\{x_n\}\cap U(A,\varepsilon)$,则

$|x_{n_0}-A|<\varepsilon \Rightarrow x_{n_0}>A-\varepsilon=\dfrac{A+B}{2}$,又根据$\{x_n\}$是单调递增的,当$n>n_0$时,$x_n>\dfrac{A+B}{2}$,即在$U(B,\varepsilon)$内至多含有$\{x_n\}$的有限项,与$B$是聚点矛盾.

再证$A=\sup\{x_n\}$. 首先证明$\forall n, x_n\leqslant A$. 事实上,假设有某一项$x_{n_0}>A$,插入$\varepsilon_0$,使$x_{n_0}>\varepsilon_0>A$. 由$\{x_n\}$的单调递增性,当$n>n_0$时,$x_n\geqslant x_{n_0}>\varepsilon_0>A$. 此与$A$为聚点矛盾. 与唯一性的证明类似,可以证明$A$必是最小的上界,即$A=\sup\{x_n\}$.

注　此题可有一个推论:若$\{x_n\}$是单调数列,且有聚点,则必收敛. 若$\{x_n\}$单调递增,则$\lim\limits_{n\to\infty}x_n=\sup x_n$;若$\{x_n\}$单调递减,则$\lim\limits_{n\to\infty}x_n=\inf x_n$.

1.1.4　实函数

(1)要理解函数的定义,一定要搞清楚映射的定义. 一元实函数实际上就是一个从实数集到实数集的映射,这里不再赘述. 确定一个函数的基本要素是定义域和对应法则. 当然,函数的值域也是函数的要素之一,但它是随定义域与对应法则而定的.

(2)函数的运算包括:①四则运算;②复合运算;③极限运算;④微分运算;⑤积分运算;⑥取大(小)运算$[\max\{f(x),g(x)\},\min\{f(x),g(x)\}]$等. 这里需要特别强调的是,要注意它们的定义域,使得上述运算有意义.

(3)几种具有特性的函数:①有界函数;②单调函数;③奇、偶函数;④周期函数. 这些函数的基本概念这里不再赘述.

(4)初等函数与非初等函数.

① 六类基本初等函数:常函数;幂函数;指数函数;对数函数;三角函数;反三角函数.

② 初等函数:由基本初等函数经过有限次四则运算与复合运算所得到的函数,统称初等函数.

③ 非初等函数:不是初等函数的函数称为非初等函数.

一般的分段函数都是非初等函数. 例如,符号函数$\operatorname{sgn} x=\begin{cases}1, & x>0\\ 0, & x=0\\ -1, & x<0\end{cases}$就是非初等函数;但是,分段函数$|x|=\begin{cases}x, & x>0\\ 0, & x=0\\ -x, & x<0\end{cases}$可以看作初等函数,因为$|x|=\sqrt{x^2}$是两个幂函数的复合.

下面几个非初等函数都是很重要的:

狄利克雷(Dirichlet)函数$D(x)=\begin{cases}1, & x\text{为有理数}\\ 0, & x\text{为无理数}\end{cases}$.

黎曼(Riemann)函数$R(x)=\begin{cases}\dfrac{1}{q}, & x=\dfrac{p}{q}\left(p,q\in\mathbf{N}_+,\dfrac{p}{q}\text{为既约真分数}\right)\\ 0, & x=0,1\text{和}(0,1)\text{内的无理数}\end{cases}$.

取整函数$[x]$:不超过x的最大整数.

它们的一些性质将在后面详细讨论.

有些函数乍一看好像不是初等函数,例如$x^x(x>0)$,我们把它称为幂指函数,利用对数恒等式,$x^x=e^{x\ln x}$,其是由一些基本初等函数复合而成的,所以它也是初等函数.

1.2 实数及实函数的典型问题及讨论

例 1.5 设函数$f(x)$在$[a,b]$上有定义,且在每一点处的极限都存在,证明$f(x)$在$[a,b]$上有界.

证法 1 $\forall x'\in[a,b]$,因$\lim\limits_{x\to x'}f(x)$存在,由局部有界性,$\exists m'>0$及$\delta'>0$,使得当$x\in U(x',\delta')$时,恒有$|f(x')|\leqslant m'$. 当$x$跑遍$[a,b]$时,在每一点$x$处都具备上述性质. 令$H=\{U(x,\delta_x)\mid x\in[a,b]\}$,则$H$是$[a,b]$的一个开覆盖,据有限覆盖定理,必存在有限的子覆盖,即存在$[a,b]$上的有限个点,不妨设为$x_1,x_2,\cdots,x_k$,这k个点就有$\bigcup\limits_{i=1}^{k}U(x_i,\delta_i)\supset[a,b]$. 注意到对每个$U(x_i,\delta_i)$都存在相应的$M_i>0$,使当$x\in U(x_i,\delta_i)$时恒有$|f(x)|\leqslant M_i(i=1,2,\cdots,k)$. 记$M=\max\{M_1,M_2,\cdots,M_k\}$,则$\forall x\in[a,b]$恒有$|f(x)|\leqslant M$,即函数$f(x)$在$[a,b]$上有界.

证法 2 (反证法)假设$f(x)$在$[a,b]$上无界,则$\forall M>0$,$\exists\bar{x}\in[a,b]$,使得$|f(\bar{x})|\geqslant M$. 令$M=1,2,\cdots,n,\cdots$,则相应地$\exists x_1,x_2,\cdots,x_n,\cdots\in[a,b]$,使得$|f(x_n)|\geqslant n$. 因$\{x_n\}\subset[a,b]$为有界数列,据致密性定理,必有收敛子列,即存在子列$\{x_{n_k}\}$,使$\lim\limits_{k\to\infty}x_{n_k}=x_0\in[a,b]$. 由已知,$f(x)$在$x_0$点的极限存在,记为$\lim\limits_{x\to x_0}f(x)=A$,由归结原则,应有$\lim\limits_{k\to\infty}f(x_{n_k})=A$;但是由$\{x_n\}$的取法可知,$|f(x_{n_k})|\geqslant n_k\to+\infty\ (k\to\infty)$,矛盾,即$f(x)$在$[a,b]$上有界.

例 1.6 试用有限覆盖定理证明聚点定理.

证明 设S是一个有界无穷点集. 下面用有限覆盖定理证它必有聚点. 因S有界,必有一个闭区间$[a,b]\supset S$. $\forall\varepsilon>0$, $\bigcup\limits_{x\in[a,b]}U(x,\varepsilon)\supset[a,b]\supset S$,由有限覆盖定理,必有有限的子覆盖,即存在有限个点$x_1,x_2,\cdots,x_k\subset[a,b]$,使$\bigcup\limits_{i=1}^{k}U(x_i,\varepsilon)\supset[a,b]\supset S$. 又因$S$是无穷点集,在这$k$个点中,至少有一个点的$\varepsilon$-邻域内含有$S$的无穷多个点,若记该点为$\bar{x}\in\{x_1,x_2,\cdots,x_k\}$,则$\bar{x}$就是$S$的聚点.

例 1.7 讨论狄利克雷函数的周期性.

解 狄利克雷函数是以任意有理数为周期的周期函数,因为没有最小的正有理数,所以它没有基本周期. 事实上,任取一个有理数r,当x是有理数时,$r+x$还是有理数,当x是无理数时,$r+x$是无理数. 因此

$$D(x+r)=\begin{cases}1, & x\text{ 为有理数}\\0, & x\text{ 为无理数}\end{cases}=D(x).$$

例 1.8　证明定义在对称区间$(-l,l)$上的任何函数$f(x)$都可以唯一地表示成一个偶函数与一个奇函数之和.

证明　令

$$H(x)=\frac{1}{2}[f(x)+f(-x)],\quad G(x)=\frac{1}{2}[f(x)-f(-x)],$$

则$f(x)=H(x)+G(x)$，且容易验证：$H(-x)=H(x)$，$H(x)$是偶函数；$G(-x)=-G(x)$，$G(x)$是奇函数.

下面证明唯一性．假设还存在偶函数$H_1(x)$和奇函数$G_1(x)$，使得$f(x)=H_1(x)+G_1(x)$，则有

$$H(x)-H_1(x)=G(x)-G_1(x). \tag{1.3}$$

用$-x$代x得

$$H(-x)-H_1(-x)=G(-x)-G_1(-x),$$

即

$$H(x)-H_1(x)=G_1(x)-G(x). \tag{1.4}$$

将式(1.3)和式(1.4)相加，得$H(x)=H_1(x)$，再由式(1.3)可得，$G(x)=G_1(x)$，唯一性得证.

例 1.9　设$f(x)=\begin{cases}1+x, & x<0\\ 1, & x\geqslant 0\end{cases}$，求$f[f(x)]$.

解　$f[f(x)]=\begin{cases}1+f(x), & f(x)<0\\ 1, & f(x)\geqslant 0\end{cases}$，而$x<-1$时，$f(x)<0$；$x\geqslant -1$时，$f(x)\geqslant 0$，故有

$$f[f(x)]=\begin{cases}2+x, & x<-1\\ 1, & x\geqslant -1\end{cases}.$$

例 1.10　设$f(x)$和$g(x)$为区间(a,b)上的增函数，证明：

$$\Phi(x)=\max\{f(x),g(x)\},\quad \Psi(x)=\min\{f(x),g(x)\}$$

都是(a,b)上的增函数.

证明　任取$x_1,x_2\in(a,b)$且$x_2>x_1$，由于$f(x)$，$g(x)$为区间(a,b)上的增函数，所以

$$f(x_1)\leqslant f(x_2),\quad g(x_1)\leqslant g(x_2),$$

即

$$\Phi(x_1)=\max\{f(x_1),g(x_1)\}\leqslant\max\{f(x_2),g(x_2)\}=\Phi(x_2),$$

即$\Phi(x)$在(a,b)上单调递增．$\Psi(x)$的单调性证法类似，从略.

例 1.11　函数$f(x)$在$[a,b]$上无界，求证存在一点$c\in[a,b]$，使对任意的$\delta>0$，$f(x)$在$(c-\delta,c+\delta)\cap[a,b]$上无界.

证法 1　（反证法）假设结论不成立，即$\forall c\in[a,b]$，$\exists\delta>0$，使$f(x)$在$(c-\delta,c+\delta)\cap[a,b]$上有界，即存在常数$M_c>0$，使当$x\in(c-\delta,c+\delta)\cap[a,b]$时，有$|f(x)|\leqslant M_c$. 让$c$跑遍$[a,b]$，这样每一点相应的$\delta$邻域之并就构成$[a,b]$的一个开覆盖，由有限覆盖定理，存在有限个点，记为$x_1,x_2,\cdots,x_k\in[a,b]$，它们的$\delta_i(i=1,2,\cdots,k)$邻域之并就覆盖了$[a,b]$. 因为在每一个$U(x_i,\delta_i)\cap[a,b]$上都存在相应的$M_i>0$，使得$x\in U(x_i,\delta_i)\cap[a,b]$时，$|f(x)|\leqslant M_i(i=1,2,\cdots,k)$，令$M=\max\{M_1,M_2,\cdots,M_k\}$，则$\forall x\in[a,b]$，恒有$|f(x)|\leqslant M$，即$f(x)$在$[a,b]$上有

界. 与已知矛盾.

证法 2 （直接证法）由已知 $f(x)$ 在 $[a,b]$ 上无界,将 $[a,b]$ 二等分,得两个子区间 $\left[a,\frac{a+b}{2}\right]$, $\left[\frac{a+b}{2},b\right]$. 则 $f(x)$ 至少在其中一个子区间上无界,把它记为 $[a_1,b_1]$. 再将 $[a_1,b_1]$ 二等分,选其中一个使得 $f(x)$ 无界的那个子区间记为 $[a_2,b_2]$. 将上述步骤一直进行下去,就得到一闭区间列 $\{[a_n,b_n]\}$, $n=1,2,\cdots$,满足:①它是一个区间套. 因 $[a_n,b_n]\supset[a_{n+1},b_{n+1}]$, $n=1,2,\cdots$; $b_n-a_n=\frac{b-a}{2^n}\to 0(n\to\infty)$. ② $f(x)$ 在每个 $[a_n,b_n]$ 上都是无界的. 由区间套定理: $\exists c\in[a_n,b_n]\subset[a,b]$, $n=1,2,\cdots$. 且 $\forall\delta>0$, $\exists N>0$,当 $n>N$ 时,恒有 $[a_n,b_n]\subset(c-\delta,c+\delta)$. 由②知 $f(x)$ 在其上无界.

例 1.12 举出一个函数的例子,它在 $[0,1]$ 上每一点都有定义,且取有限值,但是函数在 $[0,1]$ 上每一点的任意邻域内都是无界的.

解 令 $f(x)=\begin{cases}q, & x=\frac{p}{q}, p,q \text{ 为互素的正整数}\\ 0, & x \text{ 为无理数,或 } x=0, x=1\end{cases}$,则显然 $f(x)$ 为定义在 $[0,1]$ 且每一点都取有限值的函数. 下面证明它在 $[0,1]$ 上的每一点的任意邻域内都是无界的. 事实上, $\forall x_0\in[0,1]$, $\forall\varepsilon>0$,由有理数的稠密性,在邻域 $U(x_0,\varepsilon)$ 内总有有理点,不妨取 $r_0=\frac{p_0}{q_0}\in U(x_0,\varepsilon)$,其中 p_0,q_0 都是互素的正整数. $\forall M>1$,总有某一个自然数 k,使得有理数 $r=\frac{k[M]}{k[M]+1}r_0=\frac{p_0k[M]}{q_0k[M]+q_0}\in U(x_0,\varepsilon)$（因为 $\lim\limits_{k\to\infty}r=r_0$）,且注意到 r 的分子和分母是互素的,这时 $f(r)=q_0k[M]+q_0>M$,即 $f(x)$ 在 $U(x_0,\varepsilon)$ 内无界.

例 1.13 若数集 A 有上界,但无最大数,证明:在 A 中必能找到严格单调增加的数列 $\{x_n\}$,使得 $\lim\limits_{n\to\infty}x_n=\sup A$.

证明 根据确界原理, $\sup A$ 存在,记 $\alpha=\sup A$. 由已知 $\alpha\notin A$,由上确界的定义,对 $\varepsilon_1=1>0$, $\exists x_1\in A$,使得 $\alpha>x_1>\alpha-1$,对 $\varepsilon_2=\frac{1}{2}>0$,必存在 $x_2\in A$,使得 $\alpha>x_2>\max\left\{\alpha-\frac{1}{2},x_1\right\}$. 一般地,对 $\varepsilon_n=\frac{1}{n}>0(n=1,2,\cdots)$,存在 $x_n\in A$,使得 $\alpha>x_n>\max\left\{\alpha-\frac{1}{n},x_{n-1}\right\}$,易知这样选取的数列 $\{x_n\}$ 即满足要求.

例 1.14 证明函数 $f(x)=x^3\mathrm{e}^{-x^2}$ 在 $(-\infty,+\infty)$ 上有界.

证明 因为 $\lim\limits_{x\to\infty}x^3\mathrm{e}^{-x^2}=0$,所以对 $\varepsilon=1$,存在 $G>0$,当 $|x|>G$ 时,恒有 $|f(x)|<1$;又 $f(x)$ 在 $[-G,G]$ 上连续,从而有界,即存在 $M>0$,使当 $x\in[-G,G]$ 时,有 $|f(x)|\leqslant M$. 取 $K=\max\{1,M\}$,则 $\forall x\in(-\infty,+\infty)$,恒有 $|f(x)|\leqslant K$. 即 f 在 $(-\infty,+\infty)$ 上有界.

例 1.15　设函数 $f(x)$ 在 $[a,b]$ 上单调递增(未必连续),证明:若 $f(a)\geqslant a$, $f(b)\leqslant b$,则必存在 $x_0\in[a,b]$,使得 $f(x_0)=x_0$.

证明　若 $f(a)=a$ 或 $f(b)=b$,则问题已经得证. 不妨设 $f(a)>a$, $f(b)<b$. 作直线 $L: y=x$,则点 $(a,f(a))$ 在 L 的上方,而点 $(b,f(b))$ 在 L 的下方. 取 $c=\dfrac{a+b}{2}$,考查 $(c,f(c))$ 点,若在 L 上,则问题得证;否则若点 $(c,f(c))$ 在 L 的上方,则记 $[c,b]=[a_1,b_1]$,若点 $(c,f(c))$ 在 L 的下方,则记 $[a,c]=[a_1,b_1]$,使得点 $(a_1,f(a_1))$ 与点 $(b_1,f(b_1))$ 位于 L 的两侧. 这个过程一直进行下去,若有某一步得到 $a_n=f(a_n)$ [即 $(a_n,f(a_n))$ 在 L 上],则问题得证,否则得到一闭区间套 $\{[a_n,b_n]\}$,满足:① $[a_{n+1},b_{n+1}]\subset[a_n,b_n]\ (n=1,2,\cdots)$;② $b_n-a_n=\dfrac{b-a}{2^n}\to 0\ (n\to\infty)$;③点 $(a_n,f(a_n))$ 在 L 的上方,而点 $(b_n,f(b_n))$ 在 L 的下方. 由闭区间套定理,存在唯一的 ξ: $a_n\leqslant\xi\leqslant b_n$,一方面,由 $f(x)$ 单调递增, $f(a_n)\leqslant f(\xi)\leqslant f(b_n)$,且由于 $\lim\limits_{n\to\infty}a_n=\lim\limits_{n\to\infty}b_n=\xi$,单调函数在每一点的单侧极限存在,从而

$$\lim_{n\to\infty}f(a_n)=f(\xi-0)\leqslant f(\xi)\leqslant f(\xi+0)=\lim_{n\to\infty}f(b_n),$$

对不等式

$$a_n<f(a_n)\leqslant f(\xi)\leqslant f(b_n)<b_n,$$

令 $n\to\infty$,得

$$\xi\leqslant f(\xi-0)\leqslant f(\xi)\leqslant f(\xi+0)\leqslant\xi,$$

即证得

$$f(\xi)=\xi.$$

习　　题

1. 设 $a,b\in\mathbf{R}$,证明:

(1) $\max\{a,b\}=\dfrac{1}{2}(a+b+|a-b|)$;　　(2) $\min\{a,b\}=\dfrac{1}{2}(a+b-|a-b|)$.

2. 设 $f\left(\dfrac{1}{x}\right)=x+\sqrt{1+x^2}$,求 $f(x)$.

3. 设 f,g 为 D 上的有界函数,证明:

(1) $\inf\limits_{x\in D}\{f(x)+g(x)\}\leqslant\inf\limits_{x\in D}f(x)+\sup\limits_{x\in D}g(x)$;

(2) $\sup\limits_{x\in D}f(x)+\inf\limits_{x\in D}g(x)\leqslant\sup\limits_{x\in D}\{f(x)+g(x)\}$;

(3) $\sup\limits_{x\in D}\{-f(x)\}=-\inf\limits_{x\in D}f(x)$;

(4) $\inf\limits_{x\in D}\{-f(x)\}=-\sup\limits_{x\in D}f(x)$.

4. 证明函数 $f(x)=\ln x$ 在区间 $(0,1)$ 上无界.

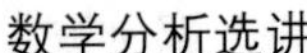

5. 证明关于取整函数 $y=[x]$ 有如下不等式：

(1) 当 $x>0$ 时，$1-x<x\left[\frac{1}{x}\right]\leqslant 1$；

(2) 当 $x<0$ 时，$1\leqslant x\left[\frac{1}{x}\right]<1-x$.

6. 设函数 $f(x)$ 在 $(-\infty,+\infty)$ 上是奇函数，$f(1)=a$，且对任何 x 均有 $f(x+2)=f(x)+f(2)$.

(1) 试用 a 表示 $f(2)$ 与 $f(5)$；

(2) 问 a 为何值时 $f(x)$ 是以 2 为周期的周期函数.

7. 试用确界原理证明：在闭区间 $[a,b]$ 上连续函数的介值定理和取最大(小)值定理.

8. 试用有限覆盖定理或致密性定理证明：在闭区间 $[a,b]$ 上连续函数的有界性定理和一致连续性定理.

9. 试用柯西收敛准则证明确界原理.

10. 设数列 $\{x_n\}\subset[0,1]$. 试用区间套定理或有限覆盖定理证明 $\{x_n\}$ 必有收敛子列.

第 2 讲　数列的极限

2.1　数列极限的基本概念

2.1.1　数列收敛与发散的定义

1. (ε-N)**定义**

$\{a_n\}$为一数列，若存在一个常数A，$\forall \varepsilon>0$，$\exists N>0$，当$n>N$时，恒有$|a_n-A|<\varepsilon$，则称数列$\{a_n\}$收敛于A，记作$\lim\limits_{n\to\infty} a_n=A$. 否则称为数列发散.

2. 等价表述

$\{a_n\}$为一数列，若存在一个常数A，$\forall \varepsilon>0$，在邻域$U(A,\varepsilon)$的外部仅有数列$\{a_n\}$的有限项，则称数列$\{a_n\}$收敛于A，记作$\lim\limits_{n\to\infty} a_n=A$. 否则称为数列发散.

例 2.1　证明$\lim\limits_{n\to\infty}\dfrac{2n+1}{3n-5}=\dfrac{2}{3}$.

证明　估计$\left|\dfrac{2n+1}{3n-5}-\dfrac{2}{3}\right|=\left|\dfrac{13}{3(3n-5)}\right|<\dfrac{5}{|3n-5|}<\dfrac{5}{2n}<\dfrac{3}{n}(n>5)$，于是$\forall \varepsilon>0$，取$N=\max\left\{5,\dfrac{3}{\varepsilon}\right\}>0$，当$n>N$时，恒有$\left|\dfrac{2n+1}{3n-5}-\dfrac{2}{3}\right|<\varepsilon$，即$\lim\limits_{n\to\infty}\dfrac{2n+1}{3n-5}=\dfrac{2}{3}$.

例 2.2　证明数列$a_n=(-1)^n(n=1,2,\cdots)$是发散的.

证明　只需证明它不收敛于任意的实常数.

证明数列$\{a_n\}$不收敛于 1：事实上，取$\varepsilon=\dfrac{1}{2}>0$，在$U(1,\varepsilon)$外部有数列$\{a_n\}$的所有奇数项（无穷多项），由定义，数列$\{a_n\}$不收敛于 1.

$\forall c\in\mathbf{R}$，且$c\neq1$，令$\varepsilon=\dfrac{|1-c|}{2}>0$，则$1\notin U(c,\varepsilon)$，即数列$\{a_n\}$的所有偶数项都在$U(c,\varepsilon)$外部，说明数列$\{a_n\}$不收敛于$c$.

综上得到数列$\{a_n\}$发散.

例 2.3　设$\lim\limits_{n\to\infty}x_n=\lim\limits_{n\to\infty}y_n=a$，作数列$\{z_n\}$如下：

$$\{z_n\}:x_1,y_1,x_2,y_2,\cdots,x_n,y_n,\cdots,$$

证明：$\lim\limits_{n\to\infty} z_n = a$.

证明 因为$\lim\limits_{n\to\infty} x_n = \lim\limits_{n\to\infty} y_n = a$，故$\forall \varepsilon > 0$，在$U(a,\varepsilon)$的外部仅有数列$\{x_n\}$，$\{y_n\}$的有限项，从而也只有数列$\{z_n\}$的有限项，由定义$\lim\limits_{n\to\infty} z_n = a$.

注 这是一个非常有用的结论：只要一个数列的偶数项与奇数项收敛于同一极限，则此数列必收敛.

3. 无穷小数列与无穷大数列

若$\lim\limits_{n\to\infty} a_n = 0$，则称$\{a_n\}$为无穷小数列；若$\lim\limits_{n\to\infty} |a_n| = +\infty$，则称$\{a_n\}$为无穷大数列.

2.1.2 数列收敛的条件

1. 充要条件

(1)数列$\{a_n\}$收敛的充要条件是$\{a_n\}$的任意子列都收敛.

证明 $\Rightarrow$. 设$\lim\limits_{n\to\infty} a_n = a$，$\{a_{n_k}\}$是$\{a_n\}$的任意子列，$\forall \varepsilon > 0$，$\exists N > 0$，使得当$k > N$时有$|a_k - a| < \varepsilon$. 由于$n_k \geqslant k > N$，更有$|a_{n_k} - a| < \varepsilon$，即$\{a_{n_k}\}$也收敛于$a$(注意到所有的子列与$\{a_n\}$有相同的极限).

$\Leftarrow$. (证法一)由于$\{a_n\}$也是自身的子列，故收敛.

(证法二)(反证法)假设数列$\{a_n\}$不收敛，即$\forall a \in \mathbf{R}$都有$\lim\limits_{n\to\infty} a_n \neq a$，则$\exists \varepsilon_0 > 0$，$\forall N > 0$，$\exists n_0 > N$，使$|a_{n_0} - a| \geqslant \varepsilon_0$，令$N = 1,2,\cdots,k,\cdots$，则分别存在$a_{n_1}, a_{n_2}, \cdots, a_{n_k}, \cdots$，使得$|a_{n_k} - a| \geqslant \varepsilon_0$，即$\lim\limits_{k\to\infty} a_{n_k} \neq a$，由$a \in \mathbf{R}$且是任意的，知有子列$\{a_{n_k}\}$不收敛，与已知矛盾.

(2)(柯西准则)数列$\{a_n\}$收敛的充要条件是$\{a_n\}$是柯西列.

证明 $\Rightarrow$. 若$\{a_n\}$收敛，记$\lim\limits_{n\to\infty} a_n = a$，则$\forall \varepsilon > 0$，$\exists N > 0$，当$n,m > N$时，有

$$|a_n - a| < \frac{\varepsilon}{2}, \quad |a_m - a| < \frac{\varepsilon}{2}.$$

于是$|a_n - a_m| \leqslant |a_n - a| + |a_m - a| < \varepsilon$，即$\{a_n\}$是柯西列.

$\Leftarrow$. 已知$\{a_n\}$是柯西列，下证$\{a_n\}$有界. 对$\varepsilon = 1$，$\exists N_1 > 0$，当$m = N_1 + 1$，$n > N_1$时有$|a_n - a_m| < 1 \Rightarrow |a_n| \leqslant 1 + |a_{N_1+1}|$，令$M = \max\{|a_1|, |a_2|, \cdots, |a_{N_1}|, 1 + |a_{N_1+1}|\}$，则对一切正整数$n$，均有$|a_n| \leqslant M$. 于是由致密性定理，$\{a_n\}$有收敛子列$\{a_{n_k}\}$，设$\lim\limits_{k\to\infty} a_{n_k} = A$. $\forall \varepsilon > 0$，$\exists K > 0$，当$n,k > K$时，显然，$n_k \geqslant k > K$，于是

$$|a_n - a_{n_k}| < \frac{\varepsilon}{2} |a_{n_k} - A| < \frac{\varepsilon}{2} \Rightarrow |a_n - A| < \varepsilon.$$

即$\lim\limits_{n\to\infty} a_n = A$.

2. 必要条件

若数列$\{a_n\}$收敛，则数列$\{a_n\}$必有界；反之不成立.

证明从略.

3. 充分条件

(1)单调有界数列必收敛；反之不成立.

证明从略.

(2)(两边夹)若 $b_n \leqslant a_n \leqslant c_n$,且 $\lim\limits_{n\to\infty} b_n = \lim\limits_{n\to\infty} c_n = A$,则 $\lim\limits_{n\to\infty} a_n = A$.

证明从略.

(3)施笃兹(Stolz)定理. 若数列 $\{x_n\}$,$\{y_n\}$ 满足: ①$\{y_n\}$ 严格递增,且 $\lim\limits_{n\to\infty} y_n = +\infty$;

②$\lim\limits_{n\to\infty}\dfrac{x_n - x_{n-1}}{y_n - y_{n-1}} = l$,其中 l 为常数或 $\pm\infty$,则

$$\lim_{n\to\infty}\frac{x_n}{y_n} = \lim_{n\to\infty}\frac{x_n - x_{n-1}}{y_n - y_{n-1}} = l.$$

证明 ①l 为常数情形.

首先给出一个简单的不等式:若 $A < \dfrac{a}{b} < B, A < \dfrac{c}{d} < B \Rightarrow A < \dfrac{a+c}{b+d} < B(b,d>0)$.(请读者自证)

因 $\lim\limits_{n\to\infty}\dfrac{x_n - x_{n-1}}{y_n - y_{n-1}} = l$, $\forall \varepsilon > 0$, $\exists N_1 > 0$,当 $n > N_1$ 时,恒有

$$l - \frac{\varepsilon}{2} < \frac{x_n - x_{n-1}}{y_n - y_{n-1}} < l + \frac{\varepsilon}{2},$$

即

$$\frac{x_{N_1+1} - x_{N_1}}{y_{N_1+1} - y_{N_1}}, \frac{x_{N_1+2} - x_{N_1+1}}{y_{N_1+2} - y_{N_1+1}}, \cdots, \frac{x_n - x_{n-1}}{y_n - y_{n-1}} \in \left(l - \frac{\varepsilon}{2}, l + \frac{\varepsilon}{2}\right).$$

注意到 $\{y_n\}$ 严格递增,利用给出的不等式得到 $l - \dfrac{\varepsilon}{2} < \dfrac{x_n - x_{N_1}}{y_n - y_{N_1}} < l + \dfrac{\varepsilon}{2}$,于是

$$\begin{aligned}\left|\frac{x_n}{y_n} - l\right| &= \left|\frac{x_{N_1} - l y_{N_1}}{y_n} + \left(1 - \frac{y_{N_1}}{y_n}\right)\left(\frac{x_n - x_{N_1}}{y_n - y_{N_1}} - l\right)\right| \\ &\leqslant \left|\frac{x_{N_1} - l y_{N_1}}{y_n}\right| + \left|\frac{x_n - x_{N_1}}{y_n - y_{N_1}} - l\right|.\end{aligned}$$

注意到上式右边第一项当 $n\to\infty$ 时趋于零. 故对上述的 ε, $\exists N_2 > 0$,当 $n > N_2$ 时,有 $\left|\dfrac{x_{N_1} - l y_{N_1}}{y_n}\right| < \dfrac{\varepsilon}{2}$,令 $N = \max\{N_1, N_2\}$,当 $n > N$ 时,有 $\left|\dfrac{x_n}{y_n} - l\right| < \varepsilon$. 即 $\lim\limits_{n\to\infty}\dfrac{x_n}{y_n} = l$.

②$l = +\infty$ 情形.

因 $\lim\limits_{n\to\infty}\dfrac{x_n - x_{n-1}}{y_n - y_{n-1}} = +\infty$,所以当 n 充分大时有 $x_n - x_{n-1} > y_n - y_{n-1}$. 又因 $\lim\limits_{n\to\infty} y_n = +\infty$,必有 $\lim\limits_{n\to\infty} x_n = +\infty$,且 $\{x_n\}$ 是严格单调递增的,由于 $\lim\limits_{n\to\infty}\dfrac{y_n - y_{n-1}}{x_n - x_{n-1}} = 0$,利用①的结果有 $\lim\limits_{n\to\infty}\dfrac{y_n}{x_n} = 0$,即 $\lim\limits_{n\to\infty}\dfrac{x_n}{y_n} = +\infty$.

$l = -\infty$ 时可类似证明.

2.2 求数列极限的方法

2.2.1 利用单调有界原理

说明 这类题一般都给出数列的第 n 项和第 $n+1$ 项的关系式，首先运用归纳法或“差法”或“比法”等方法，证明其单调性，再证明其有界性(或先证有界，再证单调). 由单调有界原理得出极限的存在性，然后对关系式取极限，解之即得.

例 2.4 设 $a>0, x_0>0, x_{n+1}=\frac{1}{2}\left(x_n+\frac{a}{x_n}\right), n=0,1,2,\cdots$，证明数列 $\{x_n\}$ 的极限存在，并求之.

证明 易见 $x_n>0, n=0,1,2,\cdots$，所以

$$x_{n+1}=\frac{1}{2}\left(x_n+\frac{a}{x_n}\right) \geqslant \sqrt{x_n \cdot \frac{a}{x_n}}=\sqrt{a},$$

$$x_{n+1}=\frac{1}{2}\left(x_n+\frac{a}{x_n}\right) \leqslant \frac{1}{2}\left(x_n+\frac{x_n^2}{x_n}\right)=x_n,$$

即数列 $\{x_n\}$ 单调递减有下界，极限存在. 记 $\lim\limits_{n \to \infty} x_n=A$，对关系式 $x_{n+1}=\frac{1}{2}\left(x_n+\frac{a}{x_n}\right)$，令 $n \to \infty$ 取极限得到 $A=\sqrt{a}$(其中 $A=-\sqrt{a}<0$ 因不合题意，舍去).

例 2.5 设 $a_1>b_1>0$，记 $a_n=\frac{a_{n-1}+b_{n-1}}{2}, b_n=\frac{2a_{n-1}b_{n-1}}{a_{n-1}+b_{n-1}}$，证明数列 $\{a_n\}, \{b_n\}$ 的极限都存在且等于 $\sqrt{a_1b_1}$.

证明 证明 $\forall n, a_n>b_n$：显然 $\forall n, a_n>0, b_n>0, a_n-b_n=\frac{(a_{n-1}-b_{n-1})^2}{2(a_{n-1}+b_{n-1})}>0$.

证明 $\{a_n\}$ 单调递减：$a_n-a_{n-1}=\frac{b_{n-1}-a_{n-1}}{2}<0$，即 $a_n<a_{n-1}, n=2,3,\cdots$.

证明 $\{b_n\}$ 单调递增：$\frac{b_n}{b_{n-1}}=\frac{2a_{n-1}}{a_{n-1}+b_{n-1}}>1$，即 $b_n>b_{n-1}, n=2,3,\cdots$.

因为 $\{a_n\}$ 有下界 b_1，$\{b_n\}$ 有上界 a_1，所以数列 $\{a_n\}, \{b_n\}$ 都收敛. 记 $\lim\limits_{n\to\infty} a_n=a, \lim\limits_{n\to\infty} b_n=b$，对 a_n, b_n 的表达式令 $n \to \infty$ 取极限并解方程组得 $a=b$. 又因为 $a_nb_n=a_{n-1}b_{n-1}=\cdots=a_1b_1$. 令 $n\to\infty$ 取极限得 $a=b=\sqrt{a_1b_1}$.

例 2.6 设 $a_1=3, a_{n+1}=\frac{1}{1+a_n}, n \in \mathbf{N}$，证明 $\{a_n\}$ 收敛，并求 $\lim\limits_{n\to\infty} a_n$.

证明 首先观察 $a_1=3, a_2=\frac{1}{4}, a_3=\frac{4}{5}, a_4=\frac{5}{9}, \cdots$. 下面用数学归纳法证明 $\{a_{2k}\}$ 是单调递

增的；$\{a_{2k-1}\}$是单调递减的.

易见 $a_2<a_4$，假设 $a_{2k-2}<a_{2k}$，下证 $a_{2k+2}>a_{2k}$. 事实上

$$a_{2k+2}=\frac{1}{1+a_{2k+1}}=\frac{1}{1+\dfrac{1}{1+a_{2k}}}=\frac{1+a_{2k}}{2+a_{2k}}>\frac{1+a_{2k-2}}{2+a_{2k-2}}$$

$$=\frac{1}{1+\dfrac{1}{1+a_{2k-2}}}=\frac{1}{1+a_{2k-1}}=a_{2k}.$$

上式大于号是由于函数 $f(t)=\dfrac{1+t}{2+t}$ 是单调递增的，及归纳假设而得到．由数学归纳法知，$\{a_{2k}\}$是单调递增的．同理可证$\{a_{2k-1}\}$是单调递减的．又因 $0<a_n<4$，所以$\{a_{2k-1}\}$，$\{a_{2k}\}$都是收敛的．记 $\lim\limits_{k\to\infty}a_{2k}=a$，$\lim\limits_{k\to\infty}a_{2k-1}=b$. 由 $a_{2k}=\dfrac{1}{1+a_{2k-1}}$，$a_{2k+1}=\dfrac{1}{1+a_{2k}}$，令 $k\to\infty$ 取极限得 $\begin{cases}a+ab=1\\b+ab=1\end{cases}$. 解得 $a=b$，且 $a=\dfrac{\sqrt{5}-1}{2}$（负值舍去），即 $\lim\limits_{n\to\infty}a_n=\dfrac{\sqrt{5}-1}{2}$.

注　有时一个数列并不单调，这时要考察它的奇、偶项子列是否单调．这种方法值得注意.

例 2.7　设 $x_1>0$，$x_{n+1}=\dfrac{3(1+x_n)}{3+x_n}$，证明$\{x_n\}$收敛，并求 $\lim\limits_{n\to\infty}x_n$.

证法 1　显然 $x_n>0$.

当 $0<x_1\leqslant\sqrt{3}$ 时，$x_n\leqslant\sqrt{3}(n=1,2,\cdots)$．事实上，假设 $x_n\leqslant\sqrt{3}$，则

$$x_{n+1}=\frac{3(1+x_n)}{3+x_n}\leqslant\frac{3(1+\sqrt{3})}{3+\sqrt{3}}=\sqrt{3}.$$

这里用到了函数 $f(t)=\dfrac{3(1+t)}{3+t}$ 的单调递增性．由归纳法，结论成立．下证单调性．事实上，

$$x_{n+1}-x_n=\frac{3-x_n^2}{3+x_n}\geqslant0\quad(0<x_n\leqslant\sqrt{3}).$$

即$\{x_n\}$单增有上界，从而收敛.

当 $x_1>\sqrt{3}$ 时，用归纳法可证明 $x_n>\sqrt{3}(\forall n\in\mathbf{N}_+)$．事实上，假设 $x_n>\sqrt{3}$，则

$$x_{n+1}=\frac{3(1+x_n)}{3+x_n}>\frac{3(1+\sqrt{3})}{3+\sqrt{3}}=\sqrt{3},$$

其次 $x_{n+1}-x_n=\dfrac{3-x_n^2}{3+x_n}<0$，即$\{x_n\}$单调递减有下界，从而收敛．记 $\lim\limits_{n\to\infty}x_n=a$，用常用的方法可求得 $\lim\limits_{n\to\infty}x_n=\sqrt{3}$.

注　此题的特点是随着初始值 x_1 的取值范围不同，数列的单调性不同.

证法 2　易见，$0<x_n<3(n\geqslant2)$，只需证$\{x_n\}$的单调性即可.

$$x_{n+1}-x_n=\frac{3(1+x_n)}{3+x_n}-\frac{3(1+x_{n-1})}{3+x_{n-1}}=\frac{6(x_n-x_{n-1})}{(3+x_n)(3+x_{n-1})},$$

于是$(x_{n+1}-x_n)$与(x_n-x_{n-1})同号,表明$\{x_n\}$是单调的.

2.2.2 利用迫敛法则

例 2.8 求$\lim\limits_{n\to\infty}\dfrac{1\cdot 3\cdot\cdots\cdot(2n-1)}{2\cdot 4\cdot\cdots\cdot(2n)}$.

解 记$x_n=\dfrac{1\cdot 3\cdot\cdots\cdot(2n-1)}{2\cdot 4\cdot\cdots\cdot(2n)}$,$y_n=\dfrac{2\cdot 4\cdot\cdots\cdot(2n)}{3\cdot 5\cdot\cdots\cdot(2n+1)}$,显然$x_n<y_n,n=1,2,\cdots$,所以$0<x_n^2<x_ny_n=\dfrac{1}{2n+1}$,即$0<x_n<\dfrac{1}{\sqrt{2n+1}}\to 0(n\to\infty)$,故$\lim\limits_{n\to\infty}x_n=0$.

例 2.9 设$a_i>0(i=1,2,\cdots,m)$,记$M=\max\{a_1,a_2,\cdots,a_m\}$,证明:

$$\lim_{n\to\infty}\sqrt[n]{a_1^n+a_2^n+\cdots+a_m^n}=M.$$

证明 因$M=\sqrt[n]{M^n}<\sqrt[n]{a_1^n+a_2^n+\cdots+a_m^n}<\sqrt[n]{mM^n}=M\sqrt[n]{m}\to M(n\to\infty)$,所以

$$\lim_{n\to\infty}\sqrt[n]{a_1^n+a_2^n+\cdots+a_m^n}=M.$$

例 2.10 求极限$\lim\limits_{n\to\infty}\left(\dfrac{1}{\sqrt{n^2-1}}-\dfrac{1}{\sqrt{n^2-2}}-\cdots-\dfrac{1}{\sqrt{n^2-n}}\right)$.

解 因为

$$\begin{aligned}\frac{1}{\sqrt{n^2-1}}-\frac{n-1}{\sqrt{n^2-n}}&\leqslant\frac{1}{\sqrt{n^2-1}}-\frac{1}{\sqrt{n^2-2}}-\cdots-\frac{1}{\sqrt{n^2-n}}\\&\leqslant\frac{1}{\sqrt{n^2-1}}-\frac{n-1}{\sqrt{n^2-2}},\end{aligned}$$

$$\lim_{n\to\infty}\left(\frac{1}{\sqrt{n^2-1}}-\frac{n-1}{\sqrt{n^2-n}}\right)=-1,\qquad\lim_{n\to\infty}\left(\frac{1}{\sqrt{n^2-1}}-\frac{n-1}{\sqrt{n^2-2}}\right)=-1,$$

由迫敛法则知,$\lim\limits_{n\to\infty}\left(\dfrac{1}{\sqrt{n^2-1}}-\dfrac{1}{\sqrt{n^2-2}}-\cdots-\dfrac{1}{\sqrt{n^2-n}}\right)=-1$.

2.2.3 利用柯西准则

例 2.11 设$x_n=\dfrac{\sin 1}{2}+\dfrac{\sin 2}{2^2}+\cdots+\dfrac{\sin n}{2^n}$,证明$\{x_n\}$收敛.

证明 $\forall\varepsilon>0$(不妨设$0<\varepsilon<1$),取$N=\log_2\dfrac{1}{\varepsilon}>0$,当$n>m>N$时,有

$$\begin{aligned}|x_n-x_m|&=\left|\frac{\sin(m+1)}{2^{m+1}}+\frac{\sin(m+2)}{2^{m+2}}+\cdots+\frac{\sin n}{2^n}\right|\\&\leqslant\frac{1}{2^{m+1}}+\frac{1}{2^{m+2}}+\cdots+\frac{1}{2^n}<\frac{1}{2^m}<\varepsilon.\end{aligned}$$

由柯西准则知数列收敛.

例 2.12　设 $a_n=1+\frac{1}{2}+\cdots+\frac{1}{n}$，证明$\{a_n\}$发散.

证明　取 $\varepsilon_0=\frac{1}{2}>0$，$\forall N>0$，取 $n_0=N+1>N$，$p_0=n_0$，此时有

$$|a_{n_0+p_0}-a_{n_0}|=\frac{1}{n_0+1}+\frac{1}{n_0+2}+\cdots+\frac{1}{2n_0}>\frac{n_0}{2n_0}=\frac{1}{2}=\varepsilon_0.$$

由柯西准则知数列$\{a_n\}$发散.

例 2.13　数列$\{a_n\}$满足：存在正数 M，对一切 n 有

$$A_n=|a_2-a_1|+|a_3-a_2|+\cdots+|a_n-a_{n-1}|\leqslant M.$$

证明数列$\{a_n\}$，$\{A_n\}$都收敛.

证明　$\{A_n\}$是单调递增且有上界，故收敛．由$\{A_n\}$收敛的柯西准则，$\forall\varepsilon>0$，$\exists N>0$，当 $n>m>N$ 时，有 $|A_n-A_m|=|a_{m+1}-a_m|+|a_{m+2}-a_{m+1}|+\cdots+|a_n-a_{n-1}|<\varepsilon$. 即

$$|a_n-a_m|\leqslant|a_{m+1}-a_m|+|a_{m+2}-a_{m+1}|+\cdots+|a_n-a_{n-1}|<\varepsilon.$$

再由柯西准则得出数列$\{a_n\}$收敛.

2.2.4　利用施笃兹定理

例 2.14　若$\lim\limits_{n\to\infty}a_n=a>0$（$a$ 为常数），则：

(1) $\lim\limits_{n\to\infty}\frac{a_1+a_2+\cdots+a_n}{n}=a$；

(2) $\lim\limits_{n\to\infty}\sqrt[n]{a_1a_2\cdots a_n}=a$；

(3) $\lim\limits_{n\to\infty}\frac{n}{\frac{1}{a_1}+\frac{1}{a_2}+\cdots+\frac{1}{a_n}}=a$.

解　(1)由施笃兹定理即得.

(2)因 $\sqrt[n]{a_1a_2\cdots a_n}=e^{\frac{1}{n}(\ln a_1+\ln a_2+\cdots+\ln a_n)}$，利用对数函数与指数函数的连续性，由施笃兹定理，有

$$\lim_{n\to\infty}\frac{\ln a_1+\ln a_2+\cdots+\ln a_n}{n}=\lim_{n\to\infty}\ln a_n=\ln a.$$

所以 $\lim\limits_{n\to\infty}\sqrt[n]{a_1a_2\cdots a_n}=e^{\ln a}=a$.

(3)考查$\lim\limits_{n\to\infty}\frac{\frac{1}{a_1}+\frac{1}{a_2}+\cdots+\frac{1}{a_n}}{n}=\lim\limits_{n\to\infty}\frac{1}{a_n}=\frac{1}{a}$（由施笃兹定理即得）.

注　对一个各项为正且收敛于一个正数的数列，其算术平均、几何平均、调和平均都收敛于数列本身的极限.

例 2.15　若 $\lim\limits_{n\to\infty}a_n=a$，$\sum\limits_{k=1}^{\infty}p_k=+\infty$，$p_k\geqslant0(k=1,2,\cdots)$，证明$\lim\limits_{n\to\infty}\frac{\sum\limits_{k=1}^{n}p_ka_k}{\sum\limits_{k=1}^{n}p_k}=a$.

证明　由施笃兹定理，$\lim\limits_{n\to\infty}\dfrac{\sum\limits_{k=1}^{n}p_k a_k}{\sum\limits_{k=1}^{n}p_k}=\lim\limits_{n\to\infty}\dfrac{p_n a_n}{p_n}=a.$

2.2.5 利用特殊极限

特殊极限的形式为

$$\lim_{n\to\infty}\left(1+\frac{1}{n}\right)^n=\mathrm{e}.$$

由于此类问题比较简单，我们仅举一例加以说明.

例 2.16　求极限$\lim\limits_{n\to\infty}\left(\dfrac{2n-1}{2n+3}\right)^n$.

解　$\lim\limits_{n\to\infty}\left(\dfrac{2n-1}{2n+3}\right)^n=\lim\limits_{n\to\infty}\left(1+\dfrac{-4}{2n+3}\right)^n$

$$=\lim_{n\to\infty}\left\{\left[\left(1+\frac{-4}{2n+3}\right)^{\frac{2n+3}{-4}}\right]\left(1+\frac{-4}{2n+3}\right)^{\frac{3}{4}}\right\}^{-2}=\mathrm{e}^{-2}.$$

2.2.6 利用定积分

利用定积分求极限的基本形式为

$$\lim_{n\to\infty}\sum_{i=1}^{n}f\left[a+\frac{(b-a)i}{n}\right]\cdot\frac{b-a}{n}=\int_a^b f(x)\,\mathrm{d}x.$$

例 2.17　求极限$\lim\limits_{n\to\infty}\dfrac{1}{n}\left[\sin\dfrac{\pi}{n}+\sin\dfrac{2\pi}{n}+\cdots+\sin\dfrac{(n-1)\pi}{n}\right]$.

解　$\lim\limits_{n\to\infty}\dfrac{1}{n}\left[\sin\dfrac{\pi}{n}+\sin\dfrac{2\pi}{n}+\cdots+\sin\dfrac{(n-1)\pi}{n}\right]$

$$=\lim_{n\to\infty}\frac{1}{n}\sum_{i=1}^{n}\sin\frac{i-1}{n}\pi=\int_0^1\sin\pi x\,\mathrm{d}x=\frac{2}{\pi}.$$

例 2.18　求极限$\lim\limits_{n\to\infty}\dfrac{\sqrt[n]{n!}}{n}$.

解　因$\dfrac{\sqrt[n]{n!}}{n}=\sqrt[n]{\dfrac{n!}{n^n}}=\mathrm{e}^{\frac{1}{n}\ln\frac{n!}{n^n}}=\mathrm{e}^{\frac{1}{n}\sum\limits_{i=1}^{n}\ln\frac{i}{n}}$，而$\lim\limits_{n\to\infty}\dfrac{1}{n}\sum\limits_{i=1}^{n}\ln\dfrac{i}{n}=\int_0^1\ln x\,\mathrm{d}x=-1$，所以

$$\lim_{n\to\infty}\frac{\sqrt[n]{n!}}{n}=\mathrm{e}^{-1}.$$

例 2.19　求极限$\lim\limits_{n\to\infty}\dfrac{1}{n}\sqrt[n]{n(n+1)(n+2)\cdots(2n-1)}$.

解　记$x_n=\dfrac{1}{n}\sqrt[n]{n(n+1)(n+2)\cdots(2n-1)}=\sqrt[n]{\left(1+\dfrac{1}{n}\right)\left(1+\dfrac{2}{n}\right)\cdots\left(1+\dfrac{n-1}{n}\right)}$,则

$$\ln x_n=\frac{1}{n}\sum_{k=0}^{n-1}\ln\left(1+\frac{k}{n}\right),$$

$$\lim_{n\to\infty}\ln x_n=\lim_{n\to\infty}\frac{1}{n}\sum_{k=0}^{n-1}\ln\left(1+\frac{k}{n}\right)$$

$$=\int_0^1\ln(1+x)\mathrm{d}x=2\ln 2-1.$$

故$\lim\limits_{n\to\infty}x_n=\dfrac{4}{\mathrm{e}}$.

2.2.7　利用级数

例 2.20　求极限$\lim\limits_{n\to\infty}\dfrac{2^n n!}{n^n}$.

解　构造级数$\sum\dfrac{2^n n!}{n^n}$,用达朗贝尔判别法,

$$\lim_{n\to\infty}\left[\frac{2^{n+1}(n+1)!}{(n+1)^{n+1}}\cdot\frac{n^n}{2^n n!}\right]=\lim_{n\to\infty}\frac{2n^n}{(n+1)^n}=\frac{2}{\mathrm{e}}<1,$$

从而级数$\sum\dfrac{2^n n!}{n^n}$收敛;由收敛级数的必要条件,$\lim\limits_{n\to\infty}\dfrac{2^n n!}{n^n}=0$.

注　此方法仅适用于数列极限为零的情形.

例 2.21　求极限$\lim\limits_{n\to\infty}(a+2a^2+\cdots+na^n)(0<a<1)$.

解　构造幂级数$f(x)=\sum\limits_{n=1}^{\infty}nx^n$,显然该幂级数的收敛域为$(-1,1)$. 下面求出和函数. 因为

$$f(x)=\sum_{n=1}^{\infty}nx^n=x\sum_{n=1}^{\infty}nx^{n-1}=xg(x),$$

其中$g(x)=\sum\limits_{n=1}^{\infty}nx^{n-1}$,所以

$$\int_0^x g(t)\mathrm{d}t=\sum_{n=1}^{\infty}n\int_0^x t^{n-1}\mathrm{d}t=\sum_{n=1}^{\infty}x^n=\frac{x}{1-x},$$

$$g(x)=\frac{1}{(1-x)^2}\Rightarrow f(x)=\frac{x}{(1-x)^2},$$

故
$$\lim_{n\to\infty}(a+2a^2+\cdots+na^n)=f(a)=\frac{a}{(1-a)^2}\quad(0<a<1).$$

注 此题的极限值实际上就是求数项级数 $\sum_{n=1}^{\infty} na^n$ 的值,故作如此转换.

2.2.8 转换为函数的极限

根据归结原则,若函数的极限存在,则同一极限过程的点列的极限必存在且相等. 对一些复杂的数列极限,可借助函数极限的方法求解. 因为函数的极限可用洛必达法则、泰勒公式、等价无穷小等很好的工具去求解.

例 2.22 求极限 $\lim\limits_{n\to\infty}\dfrac{6n^2\sqrt[n]{2n^2}\left(\sin\dfrac{1}{n}-\operatorname{arccot} n\right)}{\ln n\ln\left(1+\dfrac{1}{n\ln n}\right)}$.

解 利用等价无穷小, $\ln\left(1+\dfrac{1}{n\ln n}\right)\sim\dfrac{1}{n\ln n}(n\to\infty)$, 而 $\lim\limits_{n\to\infty}\sqrt[n]{2n^2}=1$, 所以

$$\text{原式}=\lim_{n\to\infty}\frac{6n^2\left(\sin\dfrac{1}{n}-\operatorname{arccot} n\right)}{\dfrac{1}{n}}=\lim_{n\to\infty}6n^3\left(\sin\frac{1}{n}-\operatorname{arccot} n\right).$$

将 $\dfrac{1}{n}$ 换为 x, 则当 $n\to\infty$ 时, 有 $x\to0$. 于是利用洛必达法则, 有

$$\lim_{x\to0}\frac{6\left(\sin x-\operatorname{arccot}\dfrac{1}{x}\right)}{x^3}=\lim_{x\to0}\frac{2\left(\cos x-\dfrac{1}{1+x^2}\right)}{x^2}=2\lim_{x\to0}\frac{(1+x^2)\cos x-1}{x^2(1+x^2)}=1,$$

故
$$\lim_{n\to\infty}\frac{6n^2\sqrt[n]{2n^2}\left(\sin\dfrac{1}{n}-\operatorname{arccot} n\right)}{\ln n\ln\left(1+\dfrac{1}{n\ln n}\right)}=1.$$

例 2.23 求极限 $\lim\limits_{n\to\infty}\tan^n\left(\dfrac{\pi}{4}+\dfrac{1}{n}\right)$.

解 记 $\dfrac{1}{n}$ 为 x, 则 $n\to\infty\Rightarrow x\to0$, $y=\tan^{\frac{1}{x}}\left(\dfrac{\pi}{4}+x\right)$, $\ln y=\dfrac{1}{x}\ln\tan\left(\dfrac{\pi}{4}+x\right)$.

$$\lim_{x\to0}\ln y=\lim_{x\to0}\frac{\ln\tan\left(\dfrac{\pi}{4}+x\right)}{x}=\lim_{x\to0}\frac{\sec^2\left(\dfrac{\pi}{4}+x\right)}{\tan\left(\dfrac{\pi}{4}+x\right)}=2,$$

故
$$\lim_{x\to 0} y = \mathrm{e}^2,\quad \lim_{n\to\infty}\tan^n\left(\frac{\pi}{4}+\frac{1}{n}\right)=\mathrm{e}^2.$$

以上给出了证明数列收敛或求极限的几种方法，它们是最一般的也是最基本的．有些较复杂的求极限问题需要多种方法的综合运用.

2.2.9　各种方法的综合应用

例 2.24　求极限$\lim\limits_{n\to\infty}\left(\dfrac{\sin\frac{\pi}{n}}{n+1}+\dfrac{\sin\frac{2\pi}{n}}{n+\frac{1}{2}}+\cdots+\dfrac{\sin\pi}{n+\frac{1}{n}}\right)$.

解　记 $x_n=\dfrac{\sin\frac{\pi}{n}}{n+1}+\dfrac{\sin\frac{2\pi}{n}}{n+\frac{1}{2}}+\cdots+\dfrac{\sin\pi}{n+\frac{1}{n}}$，则$\dfrac{\sum\limits_{k=1}^{n}\sin\frac{k\pi}{n}}{n+1}<x_n<\dfrac{\sum\limits_{k=1}^{n}\sin\frac{k\pi}{n}}{n+\frac{1}{n}}$，且

$$\lim_{n\to\infty}\frac{\sum\limits_{k=1}^{n}\sin\frac{k\pi}{n}}{n+1}=\lim_{n\to\infty}\left(\frac{n}{n+1}\sum_{k=1}^{n}\sin\frac{k\pi}{n}\frac{1}{n}\right)=\int_0^1\sin\pi x\mathrm{d}x=\frac{2}{\pi},$$

$$\lim_{n\to\infty}\frac{\sum\limits_{k=1}^{n}\sin\frac{k\pi}{n}}{n+\frac{1}{n}}=\lim_{n\to\infty}\left(\frac{n}{n+\frac{1}{n}}\sum_{k=1}^{n}\sin\frac{k\pi}{n}\frac{1}{n}\right)=\int_0^1\sin\pi x\mathrm{d}x=\frac{2}{\pi},$$

故
$$\lim_{n\to\infty}x_n=\frac{2}{\pi}.$$

例 2.25　(1)对任意的实数 a，设数列 $x_n=\sin\sin\cdots\sin a$(其中 sin 符号有 n 重，$n=1,2,\cdots$)，证明数列$\{x_n\}$是收敛的，并求出$\lim\limits_{n\to\infty}x_n$.

(2)若 $0<a<\dfrac{\pi}{2}$，求出极限$\lim\limits_{n\to\infty}nx_n^2$.

解　(1)显然 $\forall a\in\mathbf{R}$，$-1\leqslant\sin a\leqslant 1$.

①不妨设 $0\leqslant\sin a\leqslant 1$，即 $0\leqslant x_1\leqslant 1$，$x_{n+1}=\sin x_n$，$0\leqslant x_n\leqslant 1$，$n=1,2,\cdots$，即数列$\{x_n\}$是有界的．又 $x_{n+1}=\sin x_n\leqslant x_n$，$n=1,2,\cdots$，即数列$\{x_n\}$是递减的．故数列$\{x_n\}$的极限存在．记$\lim\limits_{n\to\infty}x_n=A$，对 $x_{n+1}=\sin x_n$ 两边令 $n\to\infty$，得 $A=\sin A\Rightarrow A=0$，即$\lim\limits_{n\to\infty}x_n=0$.

②若 $-1\leqslant\sin a\leqslant 0$，则 $0\leqslant-\sin a\leqslant 1$，可记 $x_n=-\sin\sin\cdots\sin(-\sin a)$，转为①，同样有 $\lim\limits_{n\to\infty}x_n=0$.

(2)若 $0<a<\dfrac{\pi}{2}$，则 $0<x_n<1$，由于$\lim\limits_{n\to\infty}x_n=0$，$\Rightarrow\lim\limits_{n\to\infty}\dfrac{1}{x_n}=\infty$，由施笃兹定理，

$$\lim_{n\to\infty}nx_n^2=\lim_{n\to\infty}\frac{n}{\frac{1}{x_n^2}}=\lim_{n\to\infty}\frac{1}{\frac{1}{x_{n+1}^2}-\frac{1}{x_n^2}}=\lim_{n\to\infty}\frac{x_{n+1}^2x_n^2}{x_n^2-x_{n+1}^2}=\lim_{n\to\infty}\frac{x_n^2\sin^2x_n}{x_n^2-\sin^2x_n},$$

记 x_n 为 x，则利用等价无穷小代换及洛必达法则有

$$\lim_{x\to0}\frac{x^2\sin^2x}{x^2-\sin^2x}=\lim_{x\to0}\frac{x^4}{x^2-\sin^2x}=\lim_{x\to0}\frac{4x^3}{2x-\sin 2x}=\lim_{x\to0}\frac{6x^2}{1-\cos 2x}=3,$$

故
$$\lim_{n\to\infty}nx_n^2=3.$$

例 2.26 设$f(x)$在闭区间$[a,b]$上有定义且严格单调，$\{x_n\}\subset[a,b]$，若$\lim\limits_{n\to\infty}f(x_n)=f(b)$，证明$\lim\limits_{n\to\infty}x_n=b$.

证明 不妨假定$f(x)$是严格单调递增的．$\forall\varepsilon>0(0<\varepsilon<b-a)$，有$f(b)>f(b-\varepsilon)$，记$\eta=f(b)-f(b-\varepsilon)>0$. 由于$\lim\limits_{n\to\infty}f(x_n)=f(b)$，对上述$\eta>0$，存在$N>0$，当$n>N$时，恒有$f(x_n)>f(b)-\eta=f(b-\varepsilon)$. 又因$f$是严格单调递增的，所以有$x_n>b-\varepsilon$，且显然，$x_n\leqslant b<b+\varepsilon$，即$\lim\limits_{n\to\infty}x_n=b$.

例 2.27 设$\{x_n\}$是一个无界数列，但非无穷大量，证明必存在两个子列，一个是无穷大量，一个是收敛子列.

证明 因$\{x_n\}$无界，所以$\forall M>0$，$\exists n_0$，使得$|x_{n_0}|>M$，特别地，取$M=k(k=1,2,\cdots)$，则分别存在$x_{n_k}\in\{x_n\}$，使得$|x_{n_k}|>k(k=1,2,\cdots)$，显然子列$\{x_{n_k}\}$就是无穷大量．又因$\{x_n\}$不是无穷大量，存在一个常数$A>0$，使得$\forall n$，存在$n_0>n$，而$|x_{n_0}|\leqslant A$，特别地，对$n=1,2,\cdots$，应分别存在$n_j>j$，使得$|x_{n_j}|\leqslant A$，则$\{x_{n_j}\}$为有界数列，从而必有收敛子列，也即$\{x_n\}$存在收敛子列.

例 2.28 设$x_n=\sum\limits_{k=2}^{n}\frac{1}{k\ln k}-\ln\ln n$，证明数列$\{x_n\}$收敛.

证明 令$f(x)=\frac{1}{x\ln x}$，在$[2,+\infty)$上非负且单调递减，所以

$$\ln\ln n-\ln\ln 2=\int_2^n\frac{1}{x\ln x}\mathrm{d}x<\int_2^{n+1}\frac{1}{x\ln x}\mathrm{d}x=\sum_{k=2}^{n}\int_k^{k+1}\frac{1}{x\ln x}\mathrm{d}x<\sum_{k=2}^{n}\frac{1}{k\ln k},$$

$$x_n=\sum_{k=2}^{n}\frac{1}{k\ln k}-\ln\ln n>-\ln\ln 2,$$

从而$\{x_n\}$有下界；又因

$$\begin{aligned}x_{n+1}-x_n&=\frac{1}{(n+1)\ln(n+1)}-[\ln\ln(n+1)-\ln\ln n]\\&=\frac{1}{(n+1)\ln(n+1)}-\int_n^{n+1}\frac{1}{x\ln x}\mathrm{d}x\\&\leqslant\frac{1}{(n+1)\ln(n+1)}-\int_n^{n+1}\frac{1}{(n+1)\ln(n+1)}\mathrm{d}x=0,\end{aligned}$$

所以$\{x_n\}$单调递减，从而$\{x_n\}$收敛.

习　题

1. 设$u_1=3$，$u_{n+1}=3+\frac{4}{u_n}$，证明该数列收敛，并求$\lim\limits_{n\to\infty}u_n$.

2. 设 $x_0>0, x_{n+1}=\dfrac{2(1+x_n)}{2+x_n}$，证明该数列收敛，并求 $\lim\limits_{n\to\infty}x_n$.

3. 求极限 $\lim\limits_{n\to\infty}\left(\dfrac{1}{a}+\dfrac{2}{a^2}+\cdots+\dfrac{n}{a^n}\right)(a>1)$.

4. 求极限 $\lim\limits_{n\to\infty}\dfrac{5^n n!}{(2n)^n}$.

5. 求极限 $\lim\limits_{n\to\infty}(n!)^{\frac{1}{n^2}}$.

6. 求极限 $\lim\limits_{n\to\infty}\dfrac{n^3\sqrt[n]{2}\left(1-\cos\dfrac{1}{n^2}\right)}{\sqrt{n^2+1}-n}$.

7. 设 $x_1>0, x_{n+1}=\ln(1+x_n)$.

(1) 证明 $\{x_n\}$ 收敛，并求 $\lim\limits_{n\to\infty}x_n$；

(2) 求极限 $\lim\limits_{n\to\infty}nx_n$.

8. 设 $x_n=\dfrac{11\cdot 12\cdot\cdots\cdot(n+10)}{2\cdot 5\cdot\cdots\cdot(3n-1)}$，证明该数列收敛，并求出其极限.

9. 证明 $\lim\limits_{n\to\infty}n\sin(2\pi e n!)=2\pi$.

10. 设数列 $\{x_n\}$ 满足：$x_0=1, x_{n+1}=\sqrt{2x_n}, n=1,2,\cdots$，证明该数列收敛，并求其极限.

11. 求极限 $\lim\limits_{n\to\infty}\left[\left(1+\dfrac{1}{n}\right)^{n^2}\cdot e^{-n}\right]$.

12. 求极限 $\lim\limits_{n\to\infty}\left(\dfrac{1}{\sqrt{n^2+1^2}}+\dfrac{1}{\sqrt{n^2+2^2}}+\cdots+\dfrac{1}{\sqrt{2n^2}}\right)$.

13. 判断下列说法是否正确．若错误，请给出反例；若正确，请给以证明.

(1) 若 $\lim\limits_{n\to\infty}a_nb_n=0$，则在两个数列 $\{a_n\}$ 和 $\{b_n\}$ 中至少有一个为无穷小量；

(2) 单调数列 $\{a_n\}$ 中有一个子列 $\{a_{n_k}\}$ 收敛，则 $\{a_n\}$ 收敛；

(3) 数列 $\{|a_n|\}$ 收敛 $\Leftrightarrow$ 数列 $\{a_n\}$ 也收敛.

14. 设 $x_0>0, x_{n+1}=1+\dfrac{x_n}{1+x_n}(n=0,1,2,\cdots)$，证明 $\lim\limits_{n\to\infty}\left(x_n-\dfrac{1}{2}\right)^2=\dfrac{5}{4}$.

15. 证明 $\lim\limits_{n\to\infty}n\sin(2\pi e n!)=2\pi$.

16. 设 $0<x_1<3, x_{n+1}=\sqrt{x_n(3-x_n)}$，证明 $\{x_n\}$ 收敛，并求出极限.

第3讲　一元函数的极限

3.1　一元函数极限的基本概念

3.1.1　一元函数极限的类型和极限定义

(1)函数的极限类型共有24种．为表述清楚起见，将函数极限分为极限过程和极限结果两部分.

①极限过程有六种，分别是：(i) $x\to+\infty$；(ii) $x\to-\infty$；(iii) $x\to\infty$；(iv) $x\to x_0$；(v) $x\to x_0^-$；(vi) $x\to x_0^+$.

②极限结果有四种，分别是：(i) A(常数)；(ii) $+\infty$；(iii) $-\infty$；(iv) ∞.

其中：(i)为正常极限；(ii)、(iii)、(iv)为非正常极限，也叫广义极限．把六种极限过程和四种极限结果组合，就得24种极限形式．用精确的数学语言去定义它们，要用两个字母(ε-δ，ε-M，G-M，δ-M等)去刻画，首先任意给出一个量(ε，M等)，对极限结果作出要求，然后用另一个字母(δ，G等)表述极限过程，要满足极限结果的要求，自变量必须变化到什么程度．了解了这些，就很容易写出它们的定义．下面写几个为例，读者可将24种全部写出.

$\lim\limits_{x\to x_0^-}f(x)=\infty$：$\forall M>0$，$\exists\delta>0$，当$0<x_0-x<\delta$时，恒有$|f(x)|>M$.

$\lim\limits_{x\to\infty}f(x)=A$：$\forall\varepsilon>0$，$\exists G>0$，当$|x|>G$时，恒有$|f(x)-A|<\varepsilon$.

$\lim\limits_{x\to x_0}f(x)=+\infty$：$\forall M>0$，$\exists\delta>0$，当$0<|x-x_0|<\delta$时，恒有$f(x)>M$.

$\lim\limits_{x\to\infty}f(x)=-\infty$：$\forall M>0$，$\exists G>0$，当$|x|>G$时，恒有$f(x)<-M$.

(2)上述24种极限都有其否定，因此又有24种否定的定义，也略举几例.

$\lim\limits_{x\to x_0^-}f(x)\neq\infty$：$\exists M>0$，$\forall\delta>0$，$\exists x'$：虽然$0<x_0-x'<\delta$，但有$|f(x')|\leqslant M$.

$\lim\limits_{x\to\infty}f(x)\neq A$：$\exists\varepsilon>0$，$\forall G>0$，$\exists x_0$：虽然$|x_0|>G$，但有$|f(x_0)-A|\geqslant\varepsilon$.

$\lim\limits_{x\to x_0}f(x)\neq+\infty$：$\exists M>0$，$\forall\delta>0$，$\exists x'$：虽然$0<|x'-x_0|<\delta$，但有$f(x')\leqslant M$.

$\lim\limits_{x\to\infty}f(x)\neq-\infty$：$\exists M>0$，$\forall G>0$，$\exists x'$：虽然$|x'|>G$，但有$f(x')\geqslant-M$.

3.1.2　一元函数极限存在的条件

(1)函数极限$\lim\limits_{x\to x_0}f(x)$存在$\Leftrightarrow f(x_0+0)=f(x_0-0)$(其中左、右极限都存在且相等).

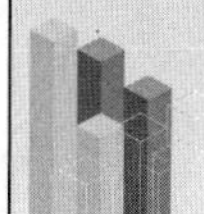

(2) Cauchy 准则：共有六种．上面讲到的 6 种极限过程分别以 A 为极限，则有相应的六种 Cauchy 准则．下面举两例，其余读者自己写出．

①极限 $\lim\limits_{x\to x_0^+} f(x)$ 存在 $\Leftrightarrow \forall \varepsilon>0, \exists \delta>0$，当 $0<x_1-x_0<\delta, 0<x_2-x_0<\delta$ 时，恒有 $|f(x_1)-f(x_2)|<\varepsilon$.

②极限 $\lim\limits_{x\to\infty} f(x)$ 存在 $\Leftrightarrow \forall \varepsilon>0, \exists G>0$，当 $|x_1|>G, |x_2|>G$ 时，恒有 $|f(x_1)-f(x_2)|<\varepsilon$.

(3) 归结原则（Heine 定理）：共有 24 种，略举两例.

①极限 $\lim\limits_{x\to\infty} f(x)=A \Leftrightarrow$ 对任意的点列 $\{x_n\}$，当 $|x_n|\to+\infty$，$(n\to\infty)$ 时，恒有 $\lim\limits_{n\to\infty} f(x_n)=A$.

②极限 $\lim\limits_{x\to x_0} f(x)=\infty \Leftrightarrow$ 对任意的点列 $\{x_n\}$，当 $x_n\to x_0$，$(n\to\infty)$ 时，恒有 $\lim\limits_{n\to\infty} f(x_n)=\infty$.

(4) 单调有界原理：共有四种，分别是：

①若函数 $f(x)$ 在 x_0 点的左 δ-空心邻域 $\mathring{U}_-(x_0,\delta)$ 内单调递增（减）且有上（下）界，则极限 $\lim\limits_{x\to x_0^-} f(x)$ 存在.

②若函数 $f(x)$ 在 x_0 点的右 δ-空心邻域 $\mathring{U}_+(x_0,\delta)$ 内单调递增（减）且有下（上）界，则极限 $\lim\limits_{x\to x_0^+} f(x)$ 存在.

③ 若函数 $f(x)$ 在 $(a,+\infty)$ 单调递增（减）有上（下）界，则极限 $\lim\limits_{x\to+\infty} f(x)$ 存在.

④ 若函数 $f(x)$ 在 $(-\infty,a)$ 单调递减（增）有上（下）界，则极限 $\lim\limits_{x\to-\infty} f(x)$ 存在.

(5) 迫敛法则：共有六种，下面写出两种，其余的读者自己写出.

①若在 x_0 点的某邻域内恒有 $g(x)\leqslant f(x)\leqslant h(x)$，且 $\lim\limits_{x\to x_0} g(x)=\lim\limits_{x\to x_0} h(x)=A$，则 $\lim\limits_{x\to x_0} f(x)=A$.

②若函数 $f(x)$ 在 $(a,+\infty)$ 内有 $g(x)\leqslant f(x)\leqslant h(x)$，且 $\lim\limits_{x\to+\infty} g(x)=\lim\limits_{x\to+\infty} h(x)=A$，则 $\lim\limits_{x\to+\infty} f(x)=A$.

3.1.3　一元函数极限的性质

若函数的极限存在，则必具有如下一些性质：唯一性、局部有界性、局部保号性、保不等式性、四则运算性等．这里不再赘述．需要提醒的是，因为有六种极限过程，所以每一种性质都有六种表述形式.

3.1.4　无穷小量与无穷大量

(1) 定义：在某一极限过程中，以零为极限的变量叫做无穷小量．在某一极限过程中，以无穷大（包括 $+\infty$，$-\infty$，∞）为极限的变量叫做无穷大量.

注　无穷小量与无穷大量互为倒数关系.

(2) 无穷小量阶的比较，从略.

(3) 几个符号的说明与运算：（以 $x\to x_0$ 极限为例）

$o(1)\ (x\to x_0)$：表示是一个无穷小量 $(x\to x_0)$.

$O(1)\ (x\to x_0)$：表示在 x_0 附近是一个有界量.

以下运算都是在同一个极限过程 $x\to 0$ 下进行的：

$$o(x) \pm o(x) = o(x); \qquad xo(x) = o(x^2);$$

$$\frac{o(x)}{x} = o(1); \qquad O(1) \cdot o(1) = o(1).$$

3.2 关于函数极限的典型例题及方法

3.2.1 利用定义

例 3.1 证明：$\lim\limits_{x\to 1}\dfrac{x^2-1}{2x^2-x-1}=\dfrac{2}{3}$.

证明 当 $x\neq 1$ 时，估计 $\left|\dfrac{x^2-1}{2x^2-x-1}-\dfrac{2}{3}\right|=\left|\dfrac{x-1}{3(2x+1)}\right|$，由于 $x\to 1$，可限制 $0<|x-1|<\dfrac{1}{2}\Rightarrow\dfrac{1}{2}<x\Rightarrow 3(2x+1)>6$，于是 $\forall\varepsilon>0$，取 $\delta=\min\left\{\dfrac{1}{2},6\varepsilon\right\}>0$，当 $0<|x-1|<\delta$ 时，有 $\left|\dfrac{x^2-1}{2x^2-x-1}-\dfrac{2}{3}\right|=\left|\dfrac{x-1}{3(2x+1)}\right|<\dfrac{|x-1|}{6}<\varepsilon$. 即 $\lim\limits_{x\to 1}\dfrac{x^2-1}{2x^2-x-1}=\dfrac{2}{3}$.

例 3.2 证明狄利克雷函数 $D(x)=\begin{cases}1, & x\text{ 为}[0,1]\text{中有理数}\\ 0, & x\text{ 为}(0,1)\text{中无理数}\end{cases}$ 在区间$[0,1]$上每点极限都不存在.

证明 $\forall x_0\in[0,1]$，下证 $D(x)$ 在 x_0 点极限不存在.

证 $\lim\limits_{x\to x_0}D(x)\neq 1$. 事实上，取 $\varepsilon=\dfrac{1}{2}>0$，$\forall\delta>0$，总可取无理点 $x'\in\mathring{U}(x_0,\delta)$，有 $|D(x')-1|=1>\varepsilon$.

再证 $\forall c\in\mathbf{R}, c\neq 1$，$\lim\limits_{x\to x_0}D(x)\neq c$. 事实上，取 $\varepsilon=\dfrac{|1-c|}{2}>0$，$\forall\delta>0$，总可取到有理点 $x''\in\mathring{U}(x_0,\delta)$，有 $|D(x'')-c|=|1-c|>\varepsilon$.

综上，$\lim\limits_{x\to x_0}D(x)$ 不存在，由于 $x_0\in[0,1]$ 的任意性，知 $D(x)$ 在$[0,1]$上每一点的极限都不存在.

注 此题用归结原则更简单.

例 3.3 证明黎曼函数 $R(x)=\begin{cases}\dfrac{1}{q}, & x=\dfrac{p}{q}\left(p,q\in\mathbf{N}_+,\dfrac{p}{q}\text{为既约真分数}\right)\\ 0, & x=0,1\text{ 和}(0,1)\text{内的无理数}\end{cases}$ 在$[0,1]$上每一点的极限都存在，且为零.

证明 $\forall x_0\in[0,1]$，及 $\forall\varepsilon>0$，使得函数值 $\dfrac{1}{q}\geqslant\varepsilon$ 的正整数 q 只能有有限个，而对每一个 q，

使得函数值等于$\frac{1}{q}$的有理点也只有有限个，所以使得函数值$\frac{1}{q}\geqslant\varepsilon$的有理点只有有限个，记为$x_1,x_2,\cdots,x_k$. 取$\delta=\min\limits_{x_i\neq x_0}\{|x_i-x_0|,i=1,2,\cdots,k\}$，则$\delta>0$，当$0<|x-x_0|<\delta$时，恒有$|R(x)|<\varepsilon$. 即$\lim\limits_{x\to x_0}R(x)=0$.

例 3.4　设函数$f(x)$在$(0,+\infty)$上满足方程$f(2x)=f(x)$，且$\lim\limits_{x\to+\infty}f(x)=A$，证明$f(x)\equiv A$，$x\in(0,+\infty)$.

证明　$\forall x_0\in(0,+\infty)$，由已知$f(x_0)=f(2^n x_0)\to A(n\to\infty)$，即$f(x_0)=A$. 由$x_0\in(0,+\infty)$的任意性，有$f(x)\equiv A,x\in(0,+\infty)$.

例 3.5　设函数$f(x)$在$(0,+\infty)$上满足方程$f(x^2)=f(x)$，且$\lim\limits_{x\to+\infty}f(x)=\lim\limits_{x\to0^+}f(x)=f(1)$，证明$f(x)\equiv f(1)$，$x\in(0,+\infty)$.

证明　一方面，任取$x_0\in(1,+\infty)$，由$f(x_0)=f(x_0^{2^n})\to f(1)(n\to\infty)$ $(\lim\limits_{n\to\infty}x_0^{2^n}=+\infty)$，所以$f(x)=f(1)$，$x\in(1,+\infty)$.

另一方面，任取$x_0\in(0,1)$，由$f(x_0)=f(x_0^{2^n})\to f(1)(n\to\infty)$ $(\lim\limits_{n\to\infty}x_0^{2^n}=0)$，所以$f(x)=f(1)$，$x\in(0,1)$. 故$f(x)\equiv f(1)$，$x\in(0,+\infty)$.

例 3.6（施笃兹定理）　设函数$f(x)$定义在$(a,+\infty)$上，在每一个有限区间(a,b)内有界，并满足$\lim\limits_{x\to+\infty}[f(x+1)-f(x)]=A$，则有$\lim\limits_{x\to+\infty}\frac{f(x)}{x}=A$.

证明　对$\forall\varepsilon>0$，由于$\lim\limits_{x\to+\infty}[f(x+1)-f(x)]=A$，则$\exists G>|a|$，使得当$x\geqslant G$时有$|f(x+1)-f(x)-A|<\frac{\varepsilon}{3}$.

对$\forall x\geqslant G$，令$x=G+k+\alpha$，其中k为非负整数，$0\leqslant\alpha<1$，于是

$$\begin{aligned}\left|\frac{f(x)}{x}-A\right|&=\left|\frac{f(x)-f(G+\alpha)+f(G+\alpha)}{x}-\frac{G+k+\alpha}{x}A\right|\\&\leqslant\left|\frac{f(x)-f(G+\alpha)}{x}-\frac{k}{x}A\right|+\left|\frac{f(G+\alpha)}{x}\right|+\left|\frac{G+\alpha}{x}A\right|.\end{aligned}$$

由已知得$f(x)$在$(a,G+1)$内有界，所以$\exists M>0$，使得$|f(G+\alpha)|\leqslant M$，从而

$$\lim_{x\to+\infty}\frac{f(G+\alpha)}{x}=0,\quad\lim_{x\to+\infty}\frac{G+\alpha}{x}A=0,$$

于是$\exists X\geqslant G$，当$x>X$时有$\left|\frac{f(G+\alpha)}{x}\right|<\frac{\varepsilon}{3}$及$\left|\frac{(G+\alpha)A}{x}\right|<\frac{\varepsilon}{3}$，而

$$\begin{aligned}&\left|\frac{f(x)-f(G+\alpha)}{x}-\frac{k}{x}A\right|\\&=\frac{1}{x}|[f(x)-f(x-1)-A]+[f(x-1)-f(x-2)-A]+\cdots+[f(G+\alpha+1)-f(G+\alpha)-A]|\\&\leqslant\frac{1}{x}\cdot k\cdot\frac{\varepsilon}{3}<\frac{\varepsilon}{3},\end{aligned}$$

于是当 $x>X$ 时有 $\left|\dfrac{f(x)}{x}-A\right|<\dfrac{\varepsilon}{3}+\dfrac{\varepsilon}{3}+\dfrac{\varepsilon}{3}=\varepsilon$,故 $\lim\limits_{x\to\infty}\dfrac{f(x)}{x}=A$.

例 3.7 设 $f(x)$ 以 $T(T>0)$ 为周期的连续函数,证明

$$\lim_{x\to+\infty}\frac{1}{x}\int_0^x f(t)\,\mathrm{d}t=\frac{1}{T}\int_0^T f(t)\,\mathrm{d}t.$$

证明 设 $f(x)\geqslant 0$,连续且以 T 为周期. $\forall x>0$,存在自然数 n,使得 $nT\leqslant x<(n+1)T$,则 $\int_0^{nT}f(t)\,\mathrm{d}t\leqslant\int_0^x f(t)\,\mathrm{d}t\leqslant\int_0^{(n+1)T}f(t)\,\mathrm{d}t$,由于函数 $f(x)$ 以 T 为周期,所以

$$n\int_0^T f(t)\,\mathrm{d}t\leqslant\int_0^x f(t)\,\mathrm{d}t\leqslant(n+1)\int_0^T f(t)\,\mathrm{d}t.$$

注意到 $nT\leqslant x<(n+1)T$,有

$$\frac{n}{(n+1)T}\int_0^T f(t)\,\mathrm{d}t\leqslant\frac{1}{x}\int_0^x f(t)\,\mathrm{d}t\leqslant\frac{(n+1)}{nT}\int_0^T f(t)\,\mathrm{d}t.$$

令 $x\to+\infty$(此时 $n\to\infty$)即得

$$\lim_{x\to+\infty}\frac{1}{x}\int_0^x f(t)\,\mathrm{d}t=\frac{1}{T}\int_0^T f(t)\,\mathrm{d}t.$$

设 $f(x)$ 为一般的连续且以 T 为周期的函数,由于 $f(x)$ 在 $[0,T]$ 连续,有最大值 M,则在函数 $f(x)$ 的定义域内恒有 $f(x)\leqslant M$.(因 $f(x)$ 为周期函数)令 $g(x)=M-f(x)$,则 $g(x)$ 就是连续、非负且以 T 为周期的函数,得到 $\lim\limits_{x\to+\infty}\dfrac{1}{x}\int_0^x g(t)\,\mathrm{d}t=\dfrac{1}{T}\int_0^T g(t)\,\mathrm{d}t$,即

$$\lim_{x\to+\infty}\frac{1}{x}\int_0^x[M-f(t)]\,\mathrm{d}t=\frac{1}{T}\int_0^T[M-f(t)]\,\mathrm{d}t,$$

化简得

$$\lim_{x\to+\infty}\frac{1}{x}\int_0^x f(t)\,\mathrm{d}t=\frac{1}{T}\int_0^T f(t)\,\mathrm{d}t.$$

例 3.8 设 $\lim\limits_{x\to x_0^-}f(x)=A$(常数),用 ε-δ 语言证明 $\lim\limits_{x\to x_0^-}\sqrt[3]{f(x)}=\sqrt[3]{A}$.

证明 当 $A=0$ 时,因 $\lim\limits_{x\to x_0^-}f(x)=A$, $\forall\varepsilon>0$, $\exists\delta>0$,当 $0<x_0-x<\delta$ 时,有 $|f(x)|<\varepsilon^3\Rightarrow\left|\sqrt[3]{f(x)}\right|<\varepsilon$. 即 $\lim\limits_{x\to x_0^-}\sqrt[3]{f(x)}=0=\sqrt[3]{A}$.

当 $A\neq0$ 时,不妨假设 $A>0$,由极限的保号性,存在 $\delta_1>0$,当 $0<x_0-x<\delta_1$ 时, $f(x)>0$. 又因 $\lim\limits_{x\to x_0^-}f(x)=A$, $\forall\varepsilon>0$, $\exists\delta_2>0$,当 $0<x_0-x<\delta_2$ 时,有

$$|f(x)-A|<\sqrt[3]{A^2}\,\varepsilon.$$

于是,取 $\delta=\min\{\delta_1,\delta_2\}>0$,当 $0<x_0-x<\delta$ 时,有

$$\left|\sqrt[3]{f(x)}-\sqrt[3]{A}\right|=\frac{|f(x)-A|}{\sqrt[3]{f^2(x)}+\sqrt[3]{Af(x)}+\sqrt[3]{A^2}}<\frac{|f(x)-A|}{\sqrt[3]{A^2}}<\varepsilon.$$

即
$$\lim_{x\to x_0^-}\sqrt[3]{f(x)}=\sqrt[3]{A}.$$

3.2.2　利用双侧极限

例 3.9　设$f(x)=\begin{cases}\dfrac{1-\cos x}{x^2}, & x<0\\ 5, & x=0\\ \dfrac{\int_0^x \cos t^2\mathrm{d}t}{x}, & x>0\end{cases}$,求$\lim\limits_{x\to 0}f(x)$.

解　$f(0-0)=\lim\limits_{x\to 0^-}f(x)=\lim\limits_{x\to 0^-}\dfrac{1-\cos x}{x^2}=\dfrac{1}{2}$,

$$f(0+0)=\lim_{x\to 0^+}f(x)=\lim_{x\to 0^+}\frac{\int_0^x \cos t^2\mathrm{d}t}{x}=1.$$

因$f(0-0)\neq f(0+0)$,所以$\lim\limits_{x\to 0}f(x)$不存在.

例 3.10　设函数f在$x=0$点可导,又函数$\varphi(x)=\begin{cases}x+\dfrac{1}{2}, & x<0\\ \dfrac{\sin\frac{1}{2}x}{x}, & x>0\end{cases}$,求极限

$$\lim_{x\to 0}\frac{xf(x)\,(1+x)^{-\frac{x+1}{x}}+\varphi(x)\int_0^{2x}\cos t^2\mathrm{d}t}{x\varphi(x)}.$$

解　由于$\varphi(0+0)=\dfrac{1}{2}=\varphi(0-0)$,所以$\lim\limits_{x\to 0}\varphi(x)=\dfrac{1}{2}$,而

$$\lim_{x\to 0}(1+x)^{-\frac{x+1}{x}}=\mathrm{e}^{-1},$$

$$\lim_{x\to 0}\frac{f(x)}{\varphi(x)}=\frac{\lim\limits_{x\to 0}f(x)}{\lim\limits_{x\to 0}\varphi(x)}=\frac{f(0)}{\frac{1}{2}}=2f(0),$$

所以

$$\lim_{x\to 0}\frac{xf(x)\,(1+x)^{-\frac{x+1}{x}}}{x\varphi(x)}=2f(0)\mathrm{e}^{-1},$$

$$\lim_{x\to 0}\frac{\varphi(x)\int_0^{2x}\cos t^2\mathrm{d}t}{x\varphi(x)}=\lim_{x\to 0}\frac{\int_0^{2x}\cos t^2\mathrm{d}t}{x}=2,$$

故

$$\lim_{x\to 0}\frac{xf(x)\,(1+x)^{-\frac{x+1}{x}}+\varphi(x)\int_0^{2x}\cos t^2\mathrm{d}t}{x\varphi(x)}=2f(0)\mathrm{e}^{-1}+2.$$

3.2.3　利用特殊极限

例 3.11　若$\lim\limits_{x\to 0}(1+x)^{\frac{c}{x}}=\int_{-\infty}^{c}t\mathrm{e}^{t}\mathrm{d}t$,求常数$c$.

解 因$\lim\limits_{x\to 0}(1+x)^{\frac{c}{x}}=e^c$,故$\int_{-\infty}^{c}te^t\mathrm{d}t=(c-1)e^c\Rightarrow e^c=(c-1)e^c\Rightarrow c=2.$

例 3.12 求极限$\lim\limits_{x\to 0}\left(\dfrac{1+x}{1-x}\right)^{\frac{1}{x}}$.

解 $\lim\limits_{x\to 0}\left(\dfrac{1+x}{1-x}\right)^{\frac{1}{x}}=\lim\limits_{x\to 0}\left[\left(1+\dfrac{2x}{1-x}\right)^{\frac{1-x}{2x}}\right]^{\frac{2}{1-x}}=e^2.$

3.2.4 利用无穷小量

例 3.13 在$x\to 0$时,比较两无穷小量$f(x)=\int_0^{1-\cos x}\sin t^2\mathrm{d}t$与$g(x)=\dfrac{x^5}{5}+\dfrac{x^6}{6}$的阶.

解 因为

$$\lim_{x\to 0}\frac{f(x)}{g(x)}=\lim_{x\to 0}\frac{\int_0^{1-\cos x}\sin t^2\mathrm{d}t}{\dfrac{x^5}{5}+\dfrac{x^6}{6}}=\lim_{x\to 0}\frac{\sin x\sin(1-\cos x)^2}{x^4+x^5}$$

$$=\lim_{x\to 0}\frac{(1-\cos x)^2}{x^3+x^4}=\lim_{x\to 0}\frac{\left(\dfrac{x^2}{2}\right)^2}{x^3+x^4}=0,$$

所以

$$f(x)=o(g(x))\quad(x\to 0).$$

例 3.14 当$x\to 0$时,求无穷小量$f(x)=\tan x-\sin x$的阶及其主部.

解 因$x\to 0$时,$\tan x-\sin x=\dfrac{\sin x(1-\cos x)}{\cos x}\sim\sin x(1-\cos x)\sim\dfrac{x^3}{2}$,所以无穷小量$f(x)$的阶为3,主部为$\dfrac{x^3}{2}$.

3.2.5 利用泰勒展式

例 3.15 已知$\lim\limits_{x\to+\infty}x^{\alpha}(\sqrt{x^2+1}+\sqrt{x^2-1}-2x)=\beta$,其中$\beta\neq 0,+\infty$,求$\alpha,\beta$.

解 $\lim\limits_{x\to+\infty}x^{\alpha}(\sqrt{x^2+1}+\sqrt{x^2-1}-2x)=\lim\limits_{x\to+\infty}x^{\alpha+1}\left(\sqrt{1+\dfrac{1}{x^2}}+\sqrt{1-\dfrac{1}{x^2}}-2\right)$

$$=\lim_{x\to+\infty}x^{\alpha+1}\left\{\left[1+\frac{1}{2x^2}-\frac{1}{8x^4}+o\left(\frac{1}{x^4}\right)\right]+\left[1-\frac{1}{2x^2}-\frac{1}{8x^4}+o\left(\frac{1}{x^4}\right)\right]-2\right\}$$

$$=\lim_{x\to+\infty}x^{\alpha+1}\left[-\frac{1}{4x^4}+o\left(\frac{1}{x^4}\right)\right]=\beta.$$

注意到$\beta\neq 0,+\infty$，所以$\alpha+1=4\Rightarrow\alpha=3$，此时$\beta=-\dfrac{1}{4}$.

例3.16　在$x\to 0$时，求无穷小量$1-\cos(\sin x)+\alpha\ln(1+x^2)$的阶，其中$\alpha$为参数.

解　用泰勒展式

$$1-\cos(\sin x)+\alpha\ln(1+x^2)=\frac{(\sin x)^2}{2!}-\frac{(\sin x)^4}{4!}+o(x^4)+\alpha\left[x^2-\frac{x^4}{2}+o(x^4)\right].$$

易见，当$\alpha\neq-\dfrac{1}{2}$时为二阶无穷小量$(x\to 0)$；当$\alpha=-\dfrac{1}{2}$时为四阶无穷小量$(x\to 0)$.

例3.17　求极限$\lim\limits_{x\to 0}\dfrac{e^x-1-x}{\sqrt{1-x}-\cos\sqrt{x}}$.

解　因为在$x\to 0$时，

$$e^x=1+x+\frac{x^2}{2}+o(x^2),$$

$$\cos\sqrt{x}=1-\frac{x}{2}+\frac{x^2}{4!}+o(x^2),$$

$$\sqrt{1-x}=1-\frac{x}{2}-\frac{x^2}{8}+o(x^2),$$

所以

$$\lim_{x\to 0}\frac{e^x-1-x}{\sqrt{1-x}-\cos\sqrt{x}}=\lim_{x\to 0}\frac{\frac{1}{2}x^2+o(x^2)}{-\frac{1}{6}x^2+o(x^2)}=-3.$$

3.2.6　利用洛必达法则

例3.18　求极限$\lim\limits_{x\to 0}\dfrac{(1+x)^{\frac{1}{x}}-e}{x}$.

解　令$y=(1+x)^{\frac{1}{x}}$，利用对数求导法得$y'=y\dfrac{x-(1+x)\ln(1+x)}{x^2(1+x)}$，于是由洛必达法则，有

$$\lim_{x\to 0}\frac{(1+x)^{\frac{1}{x}}-e}{x}=\lim_{x\to 0}y\frac{x-(1+x)\ln(1+x)}{x^2(1+x)}$$

$$=e\lim_{x\to 0}\frac{x-(1+x)\left[x-\frac{x^2}{2}+\frac{x^3}{3}+o(x^3)\right]}{x^2(1+x)}=-\frac{e}{2}.$$

例3.19　已知函数$f(x)$有连续的导数，$f(0)=0$，$f'(0)\neq 0$，求$\lim\limits_{x\to 0}\dfrac{\int_0^{x^2}f(t)\,dt}{x^2\int_0^x f(t)\,dt}$.

解 由洛必达法则

$$\lim_{x\to 0}\frac{\int_0^{x^2}f(t)\,\mathrm{d}t}{x^2\int_0^x f(t)\,\mathrm{d}t}=\lim_{x\to 0}\frac{2f(x^2)}{2\int_0^x f(t)\,\mathrm{d}t+xf(x)}=\lim_{x\to 0}\frac{4xf'(x^2)}{3f(x)+xf'(x)}$$

$$=\lim_{x\to 0}\frac{4f'(x^2)}{3\frac{f(x)}{x}+f'(x)}=\frac{4f'(0)}{4f'(0)}=1.$$

例 3.20 计算极限：

(1) $\lim\limits_{x\to+\infty}\ln(1+2^x)\sin\dfrac{3}{x}$；　　(2) $\lim\limits_{n\to\infty}\int_0^1\dfrac{1}{\mathrm{e}^{\frac{x}{n}}\cdot\left(1+\dfrac{x}{n}\right)^n}\mathrm{d}x$.

解 (1) $\lim\limits_{x\to+\infty}\ln(1+2^x)\sin\dfrac{3}{x}=\lim\limits_{x\to+\infty}\left[\ln(1+2^x)\cdot\dfrac{3}{x}\right]=3\lim\limits_{x\to+\infty}\dfrac{\ln(1+2^x)}{x}$

$$=3\lim_{x\to+\infty}\frac{2^x\ln 2}{1+2^x}=3\ln 2.$$

(2) 记 $y=\dfrac{1}{n}$，则 $f(x,y)=\dfrac{1}{\mathrm{e}^{xy}(1+xy)^{\frac{1}{y}}}$ 在 $[0,1]\times(0,1]$ 上连续，故含参量 y 的积分的极限与积分可以换序，因 $n\to\infty\Leftrightarrow y\to 0^+$，所以

$$\lim_{n\to\infty}\int_0^1\frac{1}{\mathrm{e}^{\frac{x}{n}}\cdot\left(1+\frac{x}{n}\right)^n}\mathrm{d}x=\lim_{y\to 0^+}\int_0^1\frac{1}{\mathrm{e}^{xy}(1+xy)^{\frac{1}{y}}}\mathrm{d}x=\int_0^1\lim_{y\to 0^+}\frac{1}{\mathrm{e}^{xy}(1+xy)^{\frac{1}{y}}}\mathrm{d}x$$

$$=\int_0^1\mathrm{e}^{-x}\mathrm{d}x=1-\frac{1}{\mathrm{e}}.$$

3.2.7 综合方法的应用

例 3.21 设 $\lim\limits_{x\to\infty}\left(\dfrac{x+2a}{x-a}\right)^x=8$，求 a.

解 因 $\left(\dfrac{x+2a}{x-a}\right)^x=\left[\left(1+\dfrac{3a}{x-a}\right)^{\frac{x-a}{3a}}\right]^{3a}\left(1+\dfrac{3a}{x-a}\right)^a$，所以

$$\lim_{x\to\infty}\left(\frac{x+2a}{x-a}\right)^x=\lim_{x\to\infty}\left[\left(1+\frac{3a}{x-a}\right)^{\frac{x-a}{3a}}\right]^{3a}\left(1+\frac{3a}{x-a}\right)^a=\mathrm{e}^{3a},$$

即

$$\mathrm{e}^{3a}=8\Rightarrow a=\ln 2$$

例 3.22　设函数$f(x)$有二阶连续导数，且$\lim\limits_{x\to 0}\frac{f(x)}{x}=0$，$f''(0)=4$，求$\lim\limits_{x\to 0}\left[1+\frac{f(x)}{x}\right]^{\frac{1}{x}}$.

解法 1　因$\lim\limits_{x\to 0}\frac{f(x)}{x^2}=\lim\limits_{x\to 0}\frac{f'(x)}{2x}=\lim\limits_{x\to 0}\frac{f''(x)}{2}=\frac{f''(0)}{2}=2$，所以

$$\lim_{x\to 0}\left[1+\frac{f(x)}{x}\right]^{\frac{1}{x}}=\lim_{x\to 0}\left\{\left[1+\frac{f(x)}{x}\right]^{\frac{x}{f(x)}}\right\}^{\frac{f(x)}{x^2}}=e^2.$$

解法 2　因为$\left[1+\frac{f(x)}{x}\right]^{\frac{1}{x}}=e^{\frac{\ln\left[1+\frac{f(x)}{x}\right]}{x}}$，而

$$\lim_{x\to 0}\frac{\ln\left[1+\frac{f(x)}{x}\right]}{x}=\lim_{x\to 0}\left[\frac{1}{1+\frac{f(x)}{x}}\cdot\frac{xf'(x)-f(x)}{x^2}\right]=\lim_{x\to 0}\frac{xf'(x)-f(x)}{x^2}=2,$$

所以

$$\lim_{x\to 0}\left[1+\frac{f(x)}{x}\right]^{\frac{1}{x}}=e^2.$$

例 3.23　求极限$\lim\limits_{n\to\infty}n\left[e-\left(1+\frac{1}{n}\right)^n\right]$，但不允许用洛必达法则.

解　令$\frac{1}{n}=x$，则$n\to\infty\Leftrightarrow x\to 0$，于是

$$\lim_{n\to\infty}n\left[e-\left(1+\frac{1}{n}\right)^n\right]=\lim_{x\to 0}\frac{e-(1+x)^{\frac{1}{x}}}{x}.$$

而$(1+x)^{\frac{1}{x}}=e^{\frac{\ln(1+x)}{x}}=e^{1-\frac{x}{2}+o(x)}$，所以

$$\lim_{n\to\infty}n\left[e-\left(1+\frac{1}{n}\right)^n\right]=\lim_{x\to 0}\frac{e-(1+x)^{\frac{1}{x}}}{x}=e\lim_{x\to 0}\frac{1-e^{-\frac{x}{2}+o(x)}}{x}$$

$$=e\lim_{x\to 0}\frac{1-\left[1-\frac{x}{2}+o(x)\right]}{x}=\frac{e}{2}.$$

习　题

1. 证明：若函数$f(x)$在区间$[a,b]$上严格单调递增，且$x_n\in(a,b)$，$n=1,2,\cdots$，使得$\lim\limits_{n\to\infty}f(x_n)=$

$f(a)$，则必有$\lim\limits_{n\to\infty} x_n = a$.

2. 已知$\lim\limits_{x\to\infty}\left(\dfrac{x+a}{x-a}\right)^x = 9$，求常数 a.

3. 已知$\lim\limits_{x\to 1}\dfrac{x^2+bx+c}{\sin \pi x} = 5$，求常数 b,c.

4. 求极限$\lim\limits_{x\to\infty}\left(\dfrac{x^3-2}{x^3+3}\right)^{x^3}$.

5. 设$f(x) = \left(\dfrac{a_1^x + a_2^x + \cdots + a_n^x}{n}\right)^{\frac{1}{x}}$ $(a_i > 0, i = 1,2,\cdots,n)$. 证明：

(1)$\lim\limits_{x\to 0} f(x) = \sqrt[n]{a_1 a_2 \cdots a_n}$；

(2)$\lim\limits_{x\to+\infty} f(x) = \max\{a_1, a_2, \cdots, a_n\}$.

6. 求极限$\lim\limits_{x\to\infty} x\left[\left(1+\dfrac{1}{x}\right)^x - \mathrm{e}\right]$.

7. 求极限$\lim\limits_{x\to 0}\left(\cot x - \dfrac{1}{x}\right)$.

8. 求极限$\lim\limits_{x\to 1}\dfrac{1-4\sin^2\dfrac{\pi}{6}x}{1-x^2}$.

9. (1)求极限 $I = \lim\limits_{x\to 0}\left(\dfrac{\sin x}{x}\right)^{\frac{1}{x^2}}$；

(2)设$f''(0)$存在，$f(0)=0$，$g(x) = \begin{cases}\dfrac{f(x)}{x}, & x \neq 0,\\ f'(0), & x = 0.\end{cases}$，求 $g'(0)$.

10. 求极限$\lim\limits_{n\to\infty}\sqrt[n]{1+x^n+\left(\dfrac{x^2}{3}\right)^n}$ $(x \geqslant 0)$.

11. $f(x)$在$[a,+\infty)$有界，$T>0$ 为常数，证明：若 $\lim\limits_{x\to+\infty}[f(x+T)-f(x)] = A$，则 $A=0$.

12. 求极限$\lim\limits_{x\to 1}\dfrac{(1-x)^{n-1}}{(1-\sqrt{x})(1-\sqrt[3]{x})\cdots(1-\sqrt[n]{x})}$.

第 4 讲　一元函数的连续性

4.1　一元函数的连续与间断

4.1.1　函数在一点的连续性

1. 定义

函数$f(x)$在x_0点及其某邻域内有定义,若$\lim\limits_{x \to x_0} f(x) = f(x_0)$,则称函数$f(x)$在点$x_0$连续.

注　(1)在定义中包含三点内容:①函数$f(x)$在x_0点要有定义;②在x_0点的极限要存在;③极限值要等于函数值. 此三条缺一不可. 不满足任何一条都称函数$f(x)$在x_0点间断.

(2)若$\lim\limits_{x \to x_0^+} f(x) = f(x_0)$,$\lim\limits_{x \to x_0^-} f(x) = f(x_0)$,则分别称函数$f(x)$在点$x_0$右连续和左连续.

2. 函数在x_0点连续的等价定义

(1)(ε-δ语言表述):$\forall \varepsilon > 0$,$\exists \delta > 0$,当$|x - x_0| < \delta$时,恒有$|f(x) - f(x_0)| < \varepsilon$,则称函数$f(x)$在点$x_0$连续.

(2)若记$\Delta x = x - x_0$,$\Delta y = f(x) - f(x_0)$,则当$\lim\limits_{\Delta x \to 0} \Delta y = 0$时,称函数$f(x)$在点$x_0$连续.

3. 间断点及其分类

(1)第一类:若函数$f(x)$在间断点x_0的两个单侧极限$f(x_0 + 0)$,$f(x_0 - 0)$都存在,则称x_0为第一类间断点. 其中当$f(x_0 + 0) \neq f(x_0 - 0)$时,称$x_0$为跳跃间断点;当$f(x_0 + 0) = f(x_0 - 0)$(此时必不等于$f(x_0)$,或函数在$x_0$点无定义)时,称$x_0$为可去间断点.

(2)第二类:若函数$f(x)$在间断点x_0的两个单侧极限$f(x_0 + 0)$,$f(x_0 - 0)$至少有一个不存在,则称x_0为第二类间断点.

例如函数$f(x) = \dfrac{x}{\sin x}$,其间断点为$x = k\pi$,$k = 0, \pm 1, \pm 2, \cdots$. 其中$k = 0$时(即$x = 0$)为可去间断点,$k = \pm 1, \pm 2, \cdots$时为第二类间断点.

4. 函数$f(x)$在一点连续的性质(局部性质)

若函数$f(x)$在一点连续,则$f(x)$具有局部有界性、保号性等许多重要的性质,读者可参看相关的教材,这里不再赘述.

4.1.2 函数在区间上的连续性

1. 定义

若函数$f(x)$在区间I上的每一点都连续,则称$f(x)$在区间I上连续. 特别若I是闭区间$[a,b]$,$f(x)$在闭区间$[a,b]$上连续是指在开区间(a,b)内连续,在a点右连续,在b点左连续.

注 函数在区间上的连续性,是通过在一点的连续性刻画的,因此要说明函数在区间上的连续性,只需在区间上任取一点,说明在这一点连续即可.

2. 在有界闭区间$[a,b]$上连续的函数的性质(整体性质)

有界闭区间$[a,b]$上连续函数的主要性质:有界性;取最(大、小)值性;介值定理及其推论;根的存在定理;一致连续性. 详细内容,读者可参看相关教材.

3. 关于函数$f(x)$在区间I上的一致连续性

(1)一致连续定义:$\forall \varepsilon>0, \exists \delta>0, \forall x_1,x_2\in I$,当$|x_1-x_2|<\delta$时,恒有$|f(x_1)-f(x_2)|<\varepsilon$,则称函数$f(x)$在区间$I$上一致连续.

(2)非一致连续定义:存在$\varepsilon_0>0$, $\forall \delta>0$, $\exists x_1, x_2\in I$,虽然$|x_1-x_2|<\delta$,但是$|f(x_1)-f(x_2)|\geqslant\varepsilon_0$,则称函数$f(x)$在区间$I$上非一致连续.

(3)函数$f(x)$在区间I上一致连续$\Rightarrow f(x)$在区间I上连续;反之不成立.

例如:$f(x)=\dfrac{1}{x}$在区间$(0,1)$上连续,但非一致连续. 事实上,$f(x)$连续是显然的,下证$f(x)$非一致连续. 取$\varepsilon_0=1>0$, $\forall\delta>0$(不妨让$0<\delta<1$),取$x_1=\delta, x_2=\dfrac{\delta}{2}$,显然$x_1,x_2\in(0,1)$,且$|x_1-x_2|=\dfrac{\delta}{2}<\delta$,但$|f(x_1)-f(x_2)|=\dfrac{1}{\delta}>1=\varepsilon_0$. 故$f(x)=\dfrac{1}{x}$在区间$(0,1)$上非一致连续.

(4)在有界闭区间$[a,b]$上,$f(x)$连续$\Leftrightarrow f(x)$一致连续.(读者自证)

4.2 关于函数连续性的问题讨论

4.2.1 利用定义讨论连续性

例 4.1 试举出在一个区间上处处有定义而处处不连续的函数的例子.

解 狄利克雷函数在$[0,1]$上有定义,但由例 3.2 知,函数在每一点的极限都不存在,故在每一点都不连续. 并且这些间断点都是第二类间断点.

例 4.2 试举出在一个区间上处处有定义,在无理点连续,在有理点不连续的例子.

解 黎曼函数即是. 可由例 3.3 得到证明. 同时知道,$(0,1)$上的有理点都是第一类间断点.

例 4.3 能否举出在某区间上有定义，只在有理点连续，而在无理点不连续的例子？

解 这样的函数不存在．假设有函数$f(x)$，$x\in I$，其中I为区间．满足在有理点处连续，而在无理点处不连续．任取$x_0\in I$为无理点，由假设$f(x)$在x_0不连续，不失一般性，不妨设不右连续，即$f(x_0+0)\neq f(x_0)$，于是存在$\varepsilon_0>0$，$\forall\delta>0$，$\exists x'\in(x_0,x_0+\delta)$，使得

$$|f(x_0)-f(x')|\geqslant\varepsilon_0. \tag{4.1}$$

由有理数稠密性，取一有理点$x_r\in(x_0,x')$，由假设f在x_r点连续，对上述的$\varepsilon_0>0$，存在$\eta>0$，当$|x-x_r|<\eta$时，总有$|f(x)-f(x_r)|<\frac{\varepsilon_0}{2}$．注意到上面$\delta>0$的任意性，可取得充分小，使得$|x_0-x_r|<\eta$，$|x'-x_r|<\eta$，于是

$$|f(x_0)-f(x_r)|<\frac{\varepsilon_0}{2},\quad |f(x')-f(x_r)|<\frac{\varepsilon_0}{2}.$$

则$|f(x_0)-f(x')|\leqslant|f(x_0)-f(x_r)|+|f(x_r)-f(x')|<\frac{\varepsilon_0}{2}+\frac{\varepsilon_0}{2}=\varepsilon_0$．此与式(4.1)矛盾.

例 4.4 举出一个仅在一点连续的函数的例子.

解 $f(x)=\begin{cases}x, & x\text{为有理数}\\0, & x\text{为无理数}\end{cases}$，该函数仅在$x=0$点连续.

(1)在$x=0$点，$\forall\varepsilon>0$，取$\delta=\varepsilon>0$，当$|x|<\delta$时，$|f(x)-f(0)|\leqslant|x|<\delta=\varepsilon$．即$f(x)$在$x=0$点连续.

(2)任取$x_0\neq0$，不失一般性，不妨设$x_0>0$．若x_0为有理点，取$\varepsilon_0=\frac{x_0}{2}>0$，$\forall\delta>0$，总可取无理点$x'$，使$|x_0-x'|<\delta$，但$|f(x')-f(x_0)|=x_0>\varepsilon_0$．若$x_0$为无理点，取$\varepsilon_0=x_0>0$，$\forall\delta>0$，在$(x_0,x_0+\delta)$内总可取有理点$\tilde{x}$，虽然有$|x_0-\tilde{x}|<\delta$，但$|f(x_0)-f(\tilde{x})|=\tilde{x}>x_0=\varepsilon_0$．即$f(x)$在$x_0$点不连续(属第二类间断点).

注 从上面四例可以看出，函数的连续性是很难单从几何意义上想象得出的，必须用定义去刻画，才能有精确的结果．因而使我们体会到函数连续的定义，虽然形式简单，但是内涵深刻.

例 4.5 若$f(x)$，$g(x)$都在区间I上连续，证明：

(1)$\varphi(x)=\min\{f(x),g(x)\}$，$x\in I$；　(2)$\psi(x)=\max\{f(x),g(x)\}$，$x\in I$.

也在I上连续.

证明 易证，若$f(x)$在x_0点连续，则$|f(x)|$在x_0必连续(读者自证)．又因

$$\min\{a,b\}=\frac{1}{2}(a+b-|a-b|),\quad \max\{a,b\}=\frac{1}{2}(a+b+|a-b|),$$

所以根据四则运算性质有

$$\varphi(x)=\frac{1}{2}\left[f(x)+g(x)-|f(x)-g(x)|\right],\quad \psi(x)=\frac{1}{2}\left[f(x)+g(x)+|f(x)-g(x)|\right],$$

在I上连续.

例 4.6 若函数$f(x)$在区间I上有界，$x_0\in I$，记

$$M_f(x_0,\delta)=\sup_{x\in U(x_0,\delta)\cap I}f(x),\quad m_f(x_0,\delta)=\inf_{x\in U(x_0,\delta)\cap I}f(x),$$

$$\omega_f(x_0,\delta)=M_f(x_0,\delta)-m_f(x_0,\delta),\quad \omega_f(x_0)=\lim_{\delta\to0^+}\omega_f(x_0,\delta).$$

称 $\omega_f(x_0)$ 为函数 $f(x)$ 在 x_0 点的振幅．证明：$f(x)$ 在 x_0 点连续 $\Leftrightarrow \omega_f(x_0)=0$.

证明　(必要性)若 f 在 x_0 点连续，$\forall\varepsilon>0$，$\exists\delta>0$，当 $x\in U(x_0,\delta)\cap I$ 时，恒有 $|f(x)-f(x_0)|<\frac{\varepsilon}{2}$，此时 $\forall x_1,x_2\in U(x_0,\delta)\cap I$，有

$$|f(x_1)-f(x_2)|\leqslant|f(x_1)-f(x_0)|+|f(x_2)-f(x_0)|<\varepsilon,$$

于是

$$\omega_f(x_0,\delta)=\sup_{x\in U(x_0,\delta)\cap I}f(x)-\inf_{x\in U(x_0,\delta)\cap I}f(x)\leqslant\varepsilon,$$

即 $\lim\limits_{\delta\to0^+}\omega_f(x_0,\delta)=0\Rightarrow\omega_f(x_0)=0$.

(充分性)若 $\lim\limits_{\delta\to0^+}\omega_f(x_0,\delta)=0$，$\forall\varepsilon>0$，$\exists\delta>0$，当 $|x-x_0|<\delta$ 时，有

$$\omega_f(x_0,\delta)=\sup_{x\in U(x_0,\delta)\cap I}f(x)-\inf_{x\in U(x_0,\delta)\cap I}f(x)<\varepsilon,$$

从而 $|f(x)-f(x_0)|\leqslant\omega_f(x_0,\delta)<\varepsilon$. 即 f 在 x_0 点连续.

例 4.7　设函数

$$f(x)=\begin{cases}\dfrac{\ln(1+ax^3)}{x-\arcsin x}, & x<0\\ 6, & x=0\\ \dfrac{\mathrm{e}^{ax}+x^2-ax-1}{x\sin\dfrac{x}{4}}, & x>0\end{cases}$$

问 a 为何值时，$f(x)$ 在点 $x=0$ 处连续；a 为何值时，$x=0$ 是 $f(x)$ 的可去间断点？

解　$\lim\limits_{x\to0^-}f(x)=\lim\limits_{x\to0^-}\dfrac{\ln(1+ax^3)}{x-\arcsin x}=\lim\limits_{x\to0^-}\dfrac{ax^3}{x-\arcsin x}=\lim\limits_{x\to0^-}\dfrac{a\arcsin^3 x}{x-\arcsin x}$

$$\xlongequal{t=\arcsin x}\lim_{t\to0^-}\frac{at^3}{\sin t-t}=\lim_{t\to0^-}\frac{3at^2}{\cos t-1}=-6a,$$

$$\lim_{x\to0^+}f(x)=\lim_{x\to0^+}\frac{\mathrm{e}^{ax}+x^2-ax-1}{x\sin\frac{x}{4}}=4\lim_{x\to0^+}\frac{\mathrm{e}^{ax}+x^2-ax-1}{x^2}$$

$$=4\lim_{x\to0^+}\frac{a\mathrm{e}^{ax}+2x-a}{2x}=4\lim_{x\to0^+}\frac{a^2\mathrm{e}^{ax}+2}{2}=2a^2+4.$$

令 $\lim\limits_{x\to0^-}f(x)=\lim\limits_{x\to0^+}f(x)$，有 $-6a=2a^2+4$，可得. $a=-1,-2$.

当 $a=-1$ 时，$\lim\limits_{x\to0}f(x)=6=f(0)$，即 $f(x)$ 在 $x=0$ 处连续；

当 $a=-2$ 时，$\lim\limits_{x\to0}f(x)=12\neq f(0)$，因而 $x=0$ 是 $f(x)$ 的可去间断点.

例 4.8　证明单调函数的间断点都是第一类的.

证明　设函数 $f(x)$ 在区间 I 上单调递增(也可以是递减，讨论类似)，$x_0\in I$ 为 $f(x)$ 的间断点. 当 x 属于 x_0 的左邻域时，函数 $f(x)$ 单调递增，且有上界[只需在 x_0 右邻域内任取一点 x'，则对一

切 $x\in(x_0-\delta,x_0)$，有 $f(x)\leqslant f(x')$]．由单调有界原理，$f(x_0-0)$ 存在；同理函数在 x_0 点的右邻域内单调递增有下界[只需在 x_0 的左邻域内任取一点 x''，则对一切 $x\in(x_0,x_0+\delta)$，有 $f(x)\geqslant f(x'')$]．由单调有界原理，$f(x_0+0)$ 存在．即 x_0 为第一类间断点.

例 4.9　设 $f(x)$ 在 $[a,b]$ 上连续，又 $\{x_n\}\subset[a,b]$，使 $\lim\limits_{n\to\infty}f(x_n)=A$，证明：存在 $x_0\in[a,b]$，使得 $f(x_0)=A$.

证明　因 $\{x_n\}\subset[a,b]$ 为有界数列，由致密性定理，必有收敛子列，记 $\{x_{n_k}\}\subset\{x_n\}$，且 $\lim\limits_{k\to\infty}x_{n_k}=x_0\in[a,b]$，由归结原则及函数的连续性，$A=\lim\limits_{k\to\infty}f(x_{n_k})=f(x_0)$.

例 4.10　设 $f(x)$ 为 $\mathbf{R}$ 上的周期函数，且无最小正周期，若 $f(x)$ 在某点 $a\in\mathbf{R}$ 连续，则 $f(x)$ 必为常函数．换言之，若 $f(x)$ 为无最小正周期的非常值周期函数，必处处不连续(如狄利克雷函数).

证明　(反证法)假设 $f(x)$ 在 $\mathbf{R}$ 上不是常函数，即存在 $b\in\mathbf{R}$，且 $a\neq b$，使得 $f(b)\neq f(a)$．不妨设 $f(b)>f(a)$．由已知 $f(x)$ 在 $x=a$ 连续，对 $\varepsilon=\dfrac{1}{2}\left[f(b)-f(a)\right]>0$，$\exists\delta>0$，当 $|x-a|<\delta$ 时，有

$$f(x)<f(a)+\varepsilon=\frac{1}{2}\left[f(a)+f(b)\right]<f(b).$$

又因 $f(x)$ 是无最小正周期的周期函数，取 $T:0<T<\delta$ 为 $f(x)$ 的一个周期．存在一个整数 n，使 $b-a=nT+r$，其中 $0\leqslant r<T<\delta$，则 $a+r\in(a,a+\delta)$，$f(a+r)<f(b)$．于是

$$f(b)=f(b-nT)=f(a+r)<f(b).$$

得到矛盾，即 $f(x)$ 必为常函数.

例 4.11　设 $f(x)$ 在 $x=0$ 连续，且 $\forall x,y\in\mathbf{R}$，有 $f(x+y)=f(x)+f(y)$．证明：

(1) $f(x)$ 在 $\mathbf{R}$ 上连续；

(2) $f(x)=f(1)x$.

证明　(1)由

$$f(0+0)=f(0)+f(0)\Rightarrow f(0)=0,$$
$$0=f(0)=f(x-x)=f(x)+f(-x)\Rightarrow f(-x)=-f(x).$$

因 $f(x)$ 在 $x=0$ 连续，有 $\lim\limits_{x\to0}f(x)=f(0)=0$. $\forall x_0\in\mathbf{R}$，有

$$f(x-x_0)=f(x)-f(x_0)\Rightarrow f(x)=f(x-x_0)+f(x_0),$$

所以

$$\lim_{x\to x_0}f(x)=\lim_{x\to x_0}\left[f(x-x_0)+f(x_0)\right]=f(x_0).$$

即 $f(x)$ 在 x_0 点连续，从而在 $\mathbf{R}$ 上连续.

(2)由(1)的证明知，$f(0)=0$，$f(-x)=-f(x)$．利用归纳法易证，对任意的整数 $k\neq0$，有 $f(kx)=kf(x)$．又因 $f(x)=f\left(\dfrac{x}{k}+\cdots+\dfrac{x}{k}\right)=kf\left(\dfrac{1}{k}x\right)\Rightarrow f\left(\dfrac{1}{k}x\right)=\dfrac{1}{k}f(x)$(其中第一个等号右边括号内共有 k 项)．从而推得对任何有理数 r，都有 $f(rx)=rf(x)$．又因对任意一个实数 a 都可

以用有理数列去逼近，及$f(x)$的连续性，可推得$\forall a\in\mathbf{R}$，有$f(ax)=af(x)$，或$f(ax)=xf(a)$. 特别地，取$a=1$，得$f(x)=f(1)x$.

4.2.2 关于连续函数的性质的讨论

1. 在一点连续的局部性质

例 4.12 设函数$f(x)$在区间I上连续，证明：

(1)若对任何有理数$r\in I$有$f(r)=0$，则在I上$f(x)\equiv 0$；

(2)若对任意两个有理数$r_1,r_2,r_1<r_2$，有$f(r_1)<f(r_2)$，则$f(x)$在I上严格单调递增.

证明 (1)(反证法)假设$\exists a\in I$, $f(a)\neq 0$，不妨设$f(a)>0$. 由连续的局部保号性，$\exists\delta>0$，使得当$x\in U(a,\delta)\cap I$时，恒有$f(x)>0$，当然有有理数$r\in U(a,\delta)\cap I$，使$f(r)>0$，此与已知矛盾，故有$f(x)\equiv 0$.

(2)(反证法)假设$f(x)$在I上不是严格递增的，则存在两点$a,b\in I,a<b$，但$f(a)\geqslant f(b)$.

①若$f(a)=f(b)$，由$f(x)$在$[a,b]$上连续，$f(x)$必能取到最大值M、最小值m，若$M=m$，则$f(x)$为常函数($x\in[a,b]$)，此与已知矛盾．否则M,m至少有一个在(a,b)达到．不妨设$f(x_0)=M,x_0\in(a,b)$，由$f(x)$在x_0点的连续性，则总可以在x_0的左邻域内取一个有理点r_1，在x_0的右邻域内取一个有理点r_2，使得$f(r_1)>f(r_2)$，此与已知矛盾.

②若$f(a)>f(b)$，由函数在一点连续的保号性，$\exists\delta_1,\delta_2>0$，使得$U(a,\delta_1)\cap U(b,\delta_2)=\varnothing$. 且当$x\in U(a,\delta_1),y\in U(b,\delta_2)$时，恒有$f(x)>f(y)$，当然有有理点$r_1\in U(a,\delta_1),r_2\in U(b,\delta_2)$，使$f(r_1)>f(r_2)$. 此与已知矛盾.

综上，$f(x)$在I上必严格单调增.

2. 有界性和取最(大、小)值性

我们知道在有界闭区间上的连续函数是有界的，且可取到最值，对开区间如何呢？

例 4.13 若$f(x)$在开区间(a,b)内连续，且$f(a+0)$，$f(b-0)$存在，则$f(x)$在(a,b)内必有界.

证明 令 $F(x)=\begin{cases}f(x), & x\in(a,b)\\ f(a+0), & x=a\\ f(b-0), & x=b\end{cases}$，则$F(x)$在$[a,b]$上连续，必有界$\Rightarrow f(x)$在$(a,b)$内有界.

注 ①条件$f(a+0)$，$f(b-0)$存在不可少．否则，如$f(x)=\dfrac{1}{x}$在$(0,1)$上连续，但无界.

②在题设条件下，取最值性未必成立，如$f(x)=x,x\in(0,1)$满足题设条件，但无最大、最小值.

③若a为$-\infty$，或b为$+\infty$，本题的结论也成立．即若$f(x)$在开区间$(-\infty,+\infty)$上连续，且$\lim\limits_{x\to-\infty}f(x)=A$，$\lim\limits_{x\to+\infty}f(x)=B$，则$f(x)$在$(-\infty,+\infty)$上必有界(读者自证)，但未必能取到最值(读者自举反例).

例 4.14　若 $f(x)$ 在开区间 (a,b) 内连续，$f(a+0)$，$f(b-0)$ 存在，且存在 $c\in(a,b)$，使得 $f(c)\geqslant\max\{f(a+0),f(b-0)\}$（或 $f(c)\leqslant\min\{f(a+0),f(b-0)\}$），则 $f(x)$ 在 (a,b) 内能取到最大(小)值.

证明方法同上例，请读者自己完成.

注　此题结论对无穷区间也成立．即若 $f(x)$ 在 $(-\infty,+\infty)$ 上连续，$\lim\limits_{x\to-\infty}f(x)=A$，$\lim\limits_{x\to+\infty}f(x)=B$，且存在 $c\in(-\infty,+\infty)$，使得 $f(c)\geqslant\max\{A,B\}$ $\left[f(c)\leqslant\min\{A,B\}\right]$，则 $f(x)$ 在 $(-\infty,+\infty)$ 上能取到最大(小)值．但是它的证明比有限区间稍复杂些，下面给出它的证明.

证明　因 $\lim\limits_{x\to-\infty}f(x)=A\leqslant f(c)$，则存在 $G>0$，当 $x<-G$ 时，恒有 $f(x)\leqslant f(c)$．任取 $x_1<-G$，则 $x<x_1$ 时，$f(x)\leqslant f(c)$．同理由 $\lim\limits_{x\to+\infty}f(x)=B\leqslant f(c)$，存在 $x_2>0$，当 $x>x_2$ 时，$f(x)\leqslant f(c)$．又因 f 在 $[x_1,x_2]$ 上连续，必可取到最大值，即 $\exists x_0\in[x_1,x_2]$，使得 $f(x_0)\geqslant f(x)$，$x\in[x_1,x_2]$．令 $f(\xi)=\max\{f(x_0),f(c)\}$，则 $f(\xi)$ 就是 $f(x)$ 在 $(-\infty,+\infty)$ 上取得的最大值.

3. 介值性

许多关于介值性的证明题，大多利用构造辅助函数的方法.

例 4.15　设函数 $f(x)$ 在 $[0,1]$ 上连续，非负，且 $f(0)=f(1)=0$，证明 $\forall c\in(0,1)$，$\exists x_0\in[0,1]$，使得 $f(x_0)=f(x_0+c)$.

证明　令 $F(x)=f(x)-f(x+c)$，则 $F(x)$ 在 $[0,1-c]$ 上连续．且

$$F(0)=f(0)-f(c)=-f(c)\leqslant 0\quad(\text{因为} f \text{非负}),\tag{4.2}$$

$$F(1-c)=f(1-c)-f(1)=f(1-c)\geqslant 0.\tag{4.3}$$

若式(4.2)中等号成立，则取 $x_0=0$，结论真；若式(4.3)中等号成立，则取 $x_0=1-c$，结论真，否则由函数 $F(x)$ 连续的介值定理，必存在 $x_0\in(0,1-c)\subset(0,1)$，使得 $F(x_0)=0$，即 $f(x_0)=f(x_0+c)$.

例 4.16　设 $f(x)$ 在 $[0,1]$ 上连续，且 $f(x)<1$，证明方程 $2x-\int_0^x f(t)\,\mathrm{d}t=1$ 在 $[0,1]$ 上有且只有一个解.

证明　令 $F(x)=2x-\int_0^x f(t)\,\mathrm{d}t-1$，则 $F(x)$ 在 $[0,1]$ 上连续，且

$$F(0)=-1<0,F(1)=1-\int_0^1 f(t)\,\mathrm{d}t=1-f(\xi)>0,$$

其中 $\xi\in(0,1)$．由连续函数的介值定理，$\exists x_0\in(0,1)$，使得 $F(x_0)=0$，即 x_0 为方程的一个根.

再证唯一性．由于 $f'(x)=2-f(x)>2-1>0$，所以函数 $F(x)$ 在 $[0,1]$ 上严格递增，从而零点是唯一的，即方程的根是唯一的.

例 4.17　设 $f(x)$ 在 $[a,b]$ 上连续，$x_1,x_2,\cdots,x_n\in[a,b]$，$\lambda_i>0(i=1,2,\cdots,n)$，$\sum\limits_{i=1}^n\lambda_i=1$.

证明：存在一点 $\xi\in[a,b]$，使得 $f(\xi)=\sum\limits_{i=1}^n\lambda_i f(x_i)$.

证明　因 $f(x)$ 在 $[a,b]$ 上连续，必有最大值和最小值，记为 M,m. 则

$$m \leqslant f(x_i) \leqslant M \quad (i = 1,2,\cdots,n),$$

$$\lambda_i m \leqslant \lambda_i f(x_i) \leqslant \lambda_i M \quad (i = 1,2,\cdots,n) \quad (\text{因为 } \lambda_i > 0).$$

于是
$$\sum_{i=1}^{n} \lambda_i m \leqslant \sum_{i=1}^{n} \lambda_i f(x_i) \leqslant \sum_{i=1}^{n} \lambda_i M \Rightarrow m \leqslant \sum_{i=1}^{n} \lambda_i f(x_i) \leqslant M.$$

故由介值定理，$\exists \xi \in [a,b]$，使得 $f(\xi) = \sum_{i=1}^{n} \lambda_i f(x_i)$.

例 4.18 设 f 在 $[0,1]$ 上连续，$f(0)=f(1)$，证明：对任何正整数 n，存在 $\xi \in [0,1]$，使得 $f\left(\xi + \frac{1}{n}\right) = f(\xi)$.

证明 当 $n=1$ 时，取 $\xi=0$，则结论显然成立.

当 $n>1$ 时，令 $F(x)=f(x)-f\left(x+\frac{1}{n}\right)$，则 F 在 $\left[0,1-\frac{1}{n}\right]$ 上连续，且

$$F(0)+F\left(\frac{1}{n}\right)+\cdots+F\left(1-\frac{1}{n}\right)$$

$$=\left[f(0)-f\left(\frac{1}{n}\right)\right]+\left[f\left(\frac{1}{n}\right)-f\left(\frac{2}{n}\right)\right]+\cdots+\left[f\left(\frac{n-1}{n}\right)-f(1)\right]=0,$$

所以在上式等号左边的 n 项中，至少有两项异号，由零点定理，存在 $\xi \in \left(0,1-\frac{1}{n}\right) \subset (0,1)$，使得 $F(\xi)=0$，即 $f(\xi)=f\left(\xi+\frac{1}{n}\right)$.

例 4.19 设 $f_n(x)=x+x^2+\cdots+x^n (n=2,3,\cdots)$，证明：

(1) 方程 $f_n(x)=1$ 在 $[0,+\infty)$ 内有唯一的实根 x_n；

(2) 数列 $\{x_n\}$ 收敛，并求出极限值.

证明 (1) 记 $F(x)=f_n(x)-1, x \in [0,+\infty)$，当 $x>1$ 时，有

$$F(x)=f_n(x)-1=x^n+x^{n-1}+\cdots+(x-1)>0,$$

即 $F(x)$ 在 $(1,+\infty)$ 上无零点；当 $x \in [0,1]$ 时，$F(x)$ 连续，且 $F(0)=-1<0, F(1)=n-1>0$，由根的存在定理，必存在 $x_n \in (0,1)$，使得 $F(x_n)=0$，即方程 $f_n(x)=1$ 有一个实根 $x_n \in (0,1)$. 又因当 $x \in [0,1]$ 时，$F'(x)=1+2x+\cdots+nx^{n-1} \geqslant 1>0$，故 $F(x)$ 在 $[0,1]$ 上严格递增，所以零点是唯一的.

(2) 因 $\{x_n\} \subset (0,1)$，故有界. 下讨论单调性，因为

$$f_{n-1}(x_{n-1})=x_{n-1}+x_{n-1}^2+\cdots+x_{n-1}^{n-1}=1,$$

$$f_n(x_n)=x_n+x_n^2+\cdots+x_n^{n-1}+x_n^n=1,$$

相减得
$$x_n^n+(x_n^{n-1}-x_{n-1}^{n-1})+\cdots+(x_n^2-x_{n-1}^2)+(x_n-x_{n-1})=0,$$

注意到 $x_n^n>0$，故必有

$$(x_n^{n-1}-x_{n-1}^{n-1})+\cdots+(x_n^2-x_{n-1}^2)+(x_n-x_{n-1})<0,$$

也即
$$(x_n-x_{n-1})[(x_n^{n-2}+x_n^{n-3}x_{n-1}+\cdots+x_{n-1}^{n-2})+\cdots+(x_n+x_{n-1})+1]<0.$$

因为方括号中每一项都同号，故有 $x_n<x_{n-1}(n=2,3,\cdots)$，即$\{x_n\}$单调递减，从而极限存在．若记 $\lim\limits_{n\to\infty}x_n=a$，因 $f_n(x_n)=1$，即 $1=x_n+x_n^2+\cdots+x_n^n=\dfrac{x_n(1-x_n^n)}{1-x_n}$，其中 $x_n\in(0,1)$．令 $n\to\infty$ 取极限得 $1=\dfrac{a}{1-a}$，解得 $a=\dfrac{1}{2}$.

例 4.20　设连续函数 $y=f(x),x\in[a,b]$，其值域 $R_f\subseteq[a,b]$，则必存在 $x_0\in[a,b]$，使得 $f(x_0)=x_0$（即在完备的度量空间中，压缩影射必有不动点的特例）.

证明　因 $R_f\subseteq[a,b]$，若 $f(a)=a$ 或 $f(b)=b$，则结论已经成立，否则必有 $f(a)>a$，和 $f(b)<b$. 记 $F(x)=f(x)-x$，则 $F(x)$ 在$[a,b]$上连续，且 $F(a)=f(a)-a>0,F(b)=f(b)-b<0$，由根的存在定理，必有 $x_0\in(a,b)$，使得 $F(x_0)=0$，即 $f(x_0)=x_0$.

4.2.3　关于一致连续性的讨论

例 4.21　设函数 $f(x)$ 在区间$(a,c]$，$[c,b)$上都是一致连续的，则函数 $f(x)$ 在区间(a,b)内一致连续.

证明　因 $f(x)$ 在$(a,c]$，$[c,b)$上都一致连续，$\forall\varepsilon>0$，分别存在 $\delta_1>0,\delta_2>0$，使得对任意的 $x',x''\in(a,c]$，且 $|x'-x''|<\delta_1$ 时，有

$$|f(x')-f(x'')|<\frac{\varepsilon}{2},$$

对任意的 $x',x''\in[c,b)$，且 $|x'-x''|<\delta_2$ 时，有

$$|f(x')-f(x'')|<\frac{\varepsilon}{2}.$$

又因 $f(x)$ 在$(a,c]$，$[c,b)$连续，从而在 c 点是左连续和右连续的，即 $f(x)$ 在 c 点连续．对上述的 $\varepsilon>0$，存在 $\delta_3>0$，当 $|x-c|<\delta_3$ 时，有

$$|f(x)-f(c)|<\frac{\varepsilon}{2},$$

令 $\delta=\min\{\delta_1,\delta_2,\delta_3\}$，则 $\forall x',x''\in(a,b)$，当 $|x'-x''|<\delta$ 时，若 $x',x''\in(a,c]$ 或 $x',x''\in[c,b)$，则显然有 $|f(x')-f(x'')|<\dfrac{\varepsilon}{2}<\varepsilon$. 若 $x'<c<x''$时，则

$$|f(x')-f(x'')|\leqslant|f(x')-f(c)|+|f(c)-f(x'')|<\frac{\varepsilon}{2}+\frac{\varepsilon}{2}=\varepsilon,$$

即函数 $f(x)$ 在区间(a,b)内一致连续.

注　此题中的区间可以是有限或无穷区间.

例 4.22　证明函数 $f(x)=\cos\sqrt{x}$ 在$[0,+\infty)$上一致连续.

证明　任取 $a>0$，在有限闭区间$[0,a]$上 $f(x)$ 连续，由 Cantor 定理，$f(x)$ 在$[0,a]$上一致连续．在区间$[a,+\infty)$上，$\forall\varepsilon>0$，取 $\delta=2\sqrt{a}\varepsilon>0$，$\forall x',x''\in[a,+\infty)$，当 $|x'-x''|<\delta$ 时，有

$$
\begin{aligned}
|f(x')-f(x'')| &= \left|\cos\sqrt{x'}-\cos\sqrt{x''}\right| \leqslant \left|\sqrt{x'}-\sqrt{x''}\right| \\
&= \left|\frac{x'-x''}{\sqrt{x'}+\sqrt{x''}}\right| \leqslant \frac{|x'-x''|}{2\sqrt{a}} < \varepsilon,
\end{aligned}
$$

即$f(x)$在区间$[a,+\infty)$上一致连续,从而$f(x)$在$[0,+\infty)$上一致连续(利用上题的结论).

例 4.23 设$f(x)$在(a,b)内连续,则$f(x)$在(a,b)内一致连续的充要条件是$f(a+0)$,$f(b-0)$存在有限.

证明 (必要性)设$f(x)$在(a,b)内一致连续,则$\forall\varepsilon>0$,存在$\delta>0$,$\forall x',x''\in(a,b)$,当$|x'-x''|<\delta$时,有$|f(x')-f(x'')|<\varepsilon$. 特别地,当$x',x''\in(a,a+\delta)$时,显然也有$|f(x')-f(x'')|<\varepsilon$. 由极限存在的Cauchy准则,$f(a+0)$存在且有限. 同理$f(b-0)$亦然.

(充分性)令 $F(x)=\begin{cases} f(x), & x\in(a,b) \\ f(a+0), & x=a \\ f(b-0), & x=b \end{cases}$,则$F$在$[a,b]$上连续,从而一致连续,进而$f(x)$在$(a,b)$内一致连续.

问题 本题的结论能否推广到无穷区间上去呢?对无穷区间,只能有如下的结论.

例 4.24 若$f(x)$在$[a,+\infty)$上连续,且$\lim\limits_{x\to+\infty}f(x)$存在,则$f(x)$在$[a,+\infty)$上一致连续;反之不成立.

证明 因$\lim\limits_{x\to+\infty}f(x)$存在,由Cauchy准则,$\forall\varepsilon>0$,$\exists M>a$,当$x',x''>M$时,有$|f(x')-f(x'')|<\varepsilon$. 可知$f(x)$在$[M,+\infty)$上是一致连续的. 再由$f(x)$在$[a,M]$上连续,从而一致连续. 所以$f(x)$在$[a,+\infty)$上一致连续.

反之未必成立,如$f(x)=x$在$[0,+\infty)$上一致连续,但$\lim\limits_{x\to+\infty}f(x)$不存在.

注 注意例4.23与例4.24的区别.

例 4.25 设函数$f(x)$,$g(x)$都在区间I上一致连续,证明:

(1)当I为有限区间时,$f(x)\cdot g(x)$在I上一致连续.

(2)当I为无穷区间时,$f(x)\cdot g(x)$在I上未必一致连续.

证明 (1)首先证明若$f(x)$在有限区间I上一致连续,则必有界. 事实上,可由例4.23及例4.13立得.

下面证明(1):$f(x)$,$g(x)$在I上一致连续,它们在I上有界,$\exists M>0$,使得

$$|f(x)|\leqslant M,\quad |g(x)|\leqslant M\quad(\forall x\in I).$$

再因$f(x)$,$g(x)$在I上一致连续,则$\forall\varepsilon>0$,分别$\exists\delta_1>0$,$\delta_2>0$,$\forall x',x''\in I$,当$|x''-x'|<\delta_1$时,有$|f(x')-f(x'')|<\frac{\varepsilon}{2M}$,当$|x''-x'|<\delta_2$时,有$|g(x')-g(x'')|<\frac{\varepsilon}{2M}$. 取$\delta=\min\{\delta_1,\delta_2\}$,则$\forall x'$,$x''\in I$,当$|x''-x'|<\delta$时,有

$$
\begin{aligned}
&|f(x')g(x')-f(x'')g(x'')| \\
\leqslant{}& |f(x')g(x')-f(x')g(x'')|+|f(x')g(x'')-f(x'')g(x'')| \\
={}& |f(x')||g(x')-g(x'')|+|g(x'')||f(x')-f(x'')| \\
\leqslant{}& M\frac{\varepsilon}{2M}+M\frac{\varepsilon}{2M}=\varepsilon,
\end{aligned}
$$

即 $f(x)\cdot g(x)$ 在 I 上一致连续.

(2) 当 I 为无穷区间时, $f(x)\cdot g(x)$ 在 I 上未必一致连续,如 $f(x)=g(x)=x$ 在 $[0,+\infty)$ 上都是一致连续的,但 $f(x)g(x)=x^2$ 在 $[0,+\infty)$ 上就不一致连续(读者自证).

注　在证明本题时,还证明了在有限区间上一致连续的函数必有界. 同样这一结论不能推广到无穷区间.

下面讨论一致连续的条件.

例 4.26　若 $f(x)$ 在区间 I 上满足利普希茨条件:存在常数 $L>0$,使得 $\forall x_1,x_2\in I$,有 $|f(x_1)-f(x_2)|\leqslant L|x_1-x_2|$,则 $f(x)$ 在 I 上必一致连续.(读者自证)

例 4.27　若 $f(x)$ 在区间 I 上可导,且导函数有界,则 $f(x)$ 在 I 上必一致连续.(读者自证. 提示:利用拉格朗日中值定理)

例 4.28　若 $f(x)$ 是区间 I 上的压缩映射,即存在 α: $0<\alpha\leqslant 1$,使得 $\forall x,y\in I$,有 $|f(x)-f(y)|\leqslant\alpha|x-y|$,则 $f(x)$ 在 I 上必一致连续.(读者自证)

例 4.29　若 $f(x)$ 在 $[a,+\infty)$ 上连续,且 $\lim\limits_{x\to+\infty}[f(x)-bx-c]=0$,则 $f(x)$ 在 $[a,+\infty)$ 上一致连续.

证明　(1) 若 $b=0$,就是例 4.24,结论成立.

(2) 若 $b\neq 0$,由 $\lim\limits_{x\to+\infty}[f(x)-bx-c]=0$ 得 $\lim\limits_{x\to+\infty}\dfrac{f(x)}{x}=b$;由有限增量公式得

$$\frac{f(x)}{x}=b+\alpha\quad(x>G>\max\{a,0\}),$$

其中:α 当 $x\to+\infty$ 时为无穷小量. 进而 $f(x)=bx+\alpha x\ (x>G)$,于是 $\forall\varepsilon>0,x_1,x_2\in[G,+\infty)$,取 $\delta=\dfrac{\varepsilon}{2|b|}>0$,当 $|x_1-x_2|<\delta$ 时,有

$$|f(x_1)-f(x_2)|\leqslant|b||x_1-x_2|+|\alpha||x_1-x_2|<2|b||x_1-x_2|<\varepsilon,$$

故 $f(x)$ 在 $[G,+\infty)$ 上一致连续,进而 $f(x)$ 在 $[a,+\infty)$ 上一致连续.

例 4.30　若 $f(x)$ 在 $[a,+\infty)$ 上一致连续,则存在非负实数 b,c,使得对一切 $x\in[a,+\infty)$,有 $|f(x)|\leqslant b|x|+c$.

证明　不妨设 $a>0$(若 $a<0$,取 $d>0$,在 $[a,d]$ 上 $f(x)$ 有界,结论显然成立),由 $f(x)$ 在 $[a,+\infty)$ 上一致连续,对 $\varepsilon=1$, $\exists\delta>0$, $\forall x_1,x_2\in[a,+\infty)$,当 $|x_1-x_2|\leqslant\delta$ 时,有 $|f(x_1)-f(x_2)|<1$. $\forall x\geqslant a>0$,存在自然数 n,使得 $a+n\delta\leqslant x<a+(n+1)\delta$,所以

$$\begin{aligned}&|f(x)-f(a)|\\ \leqslant&|f(a)-f(a+\delta)|+|f(a+\delta)-f(a+2\delta)|+\cdots+|f(a+n\delta)-f(x)|\\ <&n+1,\end{aligned}$$

进而有 $|f(x)|\leqslant|f(a)|+n+1$. 注意到 $n\leqslant\dfrac{x-a}{\delta}$,因此 $|f(x)|\leqslant|f(a)|+\dfrac{x-a}{\delta}+1\leqslant bx+c$,其中 $b=\dfrac{1}{\delta}$, $c=|f(a)|-\dfrac{a}{\delta}+1$.

例 4.31 若$f(x)$在$[1,+\infty)$上一致连续,证明$\dfrac{f(x)}{x}$在$[1,+\infty)$上有界.

证明 利用例 4.30,结论得证.

例 4.32 若$f(x)$在$[0,+\infty)$上满足利普希茨条件,证明:函数$f(x^\alpha)(0<\alpha<1)$在$[0,+\infty)$上一致连续.

证明 因$f(x)$在$[0,+\infty)$上满足利普希茨条件,故存在常数$L>0$,使$\forall x,y\in[0,+\infty)$,有$|f(x)-f(y)|\leqslant L|x-y|$. 令$g(x)=x^\alpha(0<\alpha<1)$,则$g(x)$在$[0,+\infty)$上一致连续.

事实上,在$[0,1]$上,由$g(x)$的连续性可知必一致连续,而在$[1,+\infty)$上,$g'(x)=\alpha x^{\alpha-1}=\dfrac{\alpha}{x^{1-\alpha}}\leqslant\alpha$有界,由例 4.27 可知$g(x)$在$[1,+\infty)$上一致连续,从而$g(x)$在$[0,+\infty)$上一致连续. 所以,$\forall\varepsilon>0,x_1,x_2\in[0,+\infty)$,$\exists\delta>0$,当$|x_1-x_2|<\delta$时,有

$$|g(x_1)-g(x_2)|=|x_1^\alpha-x_2^\alpha|<\frac{\varepsilon}{L}.$$

此时

$$|f(x_1^\alpha)-f(x_2^\alpha)|\leqslant L|x_1^\alpha-x_2^\alpha|<\varepsilon,$$

即函数$f(x^\alpha)(0<\alpha<1)$在$[0,+\infty)$上一致连续.

例 4.33 设$f(x)$在$[a,b]$上有定义,则$f(x)$在$[a,b]$上一致连续的充要条件是对$[a,b]$上任意收敛数列$\{x_n\}$,极限$\lim\limits_{n\to\infty}f(x_n)$都存在.

证明 必要性显然. 下面利用反证法证明充分性.

假设$f(x)$在$[a,b]$上不一致连续,则存在$\varepsilon_0>0$,$\forall\delta>0$,总有$x',x''\in[a,b]$,虽然$|x'-x''|<\delta$,但$|f(x')-f(x'')|\geqslant\varepsilon_0$. 分别取$\delta=\dfrac{1}{n}$,$n=1,2,\cdots$,则相应存在$x_n',x_n''\in[a,b]$,虽然$|x_n'-x_n''|<\dfrac{1}{n}$,但$|f(x_n')-f(x_n'')|\geqslant\varepsilon_0$,$n=1,2,\cdots$.

由于数列$\{x_n'\}\subset[a,b]$有界,从而有收敛子列$\{x_{n_k}'\}$,记$\lim\limits_{k\to\infty}x_{n_k}'=x_0$. 易证$\lim\limits_{k\to\infty}x_{n_k}''=x_0$. 由已知,记$\lim\limits_{k\to\infty}f(x_{n_k}')=A$,$\lim\limits_{k\to\infty}f(x_{n_k}'')=B$. 则必有$A=B$. 因若记$z_k=x_{n_k}',x_{n_k}''(k=1,2,\cdots)$,则$z_k\to x_0(k\to\infty)$,$\lim\limits_{k\to\infty}f(z_k)=C$. 由于$\{f(x_{n_k}')\}$,$\{f(x_{n_k}'')\}$都是$\{f(z_k)\}$的子列,所以有$A=C=B$.

一方面,$|f(x_{n_k}')-f(x_{n_k}'')|\to|A-A|=0(k\to\infty)$;另一方面,由假设,有

$$|x_{n_k}'-x_{n_k}''|<\frac{1}{n_k},\quad |f(x_{n_k}')-f(x_{n_k}'')|\geqslant\varepsilon_0>0.$$

产生矛盾. 故$f(x)$在$[a,b]$上一致连续.

例 4.34 证明:$f(x)$在I上一致连续的充要条件是对I上任意两数列$\{x_n\}$,$\{x_n'\}$,只要$x_n-x_n'\to0(n\to\infty)$,就有$f(x_n)-f(x_n')\to0(n\to\infty)$.

证明 (必要性)因$f(x)$在I上一致连续,则$\forall\varepsilon>0$,$\exists\delta>0$,$x',x''\in I$,当$|x'-x''|<\delta$时,有$|f(x')-f(x'')|<\varepsilon$. 由于$x_n-x_n'\to0(n\to\infty)$,对上述的$\delta>0$,$\exists N>0$,当$n>N$时,有$|x_n-x_n'|<\delta$,进而有$|f(x_n)-f(x_n')|<\varepsilon$. 即$\lim\limits_{n\to\infty}[f(x_n)-f(x_n')]=0$.

(充分性)仿照例 4.33,利用反证法很容易证得．请读者自己完成.

习　题

1. 证明:若$f(x)$在x_0点连续,则$f^2(x)$,$|f(x)|$也在x_0点连续．反之是否成立?

2. 讨论函数$f(x)=\begin{cases} x^{2x}, & x>0 \\ x+1, & x\leqslant 0 \end{cases}$在$x=0$点的连续性.

3. 讨论函数$f(x)=\lim\limits_{n\to\infty}\dfrac{1-x^{2n}}{1+x^{2n}}x(n\in\mathbf{N}^+)$的连续性.

4. 证明:$f(x)=\dfrac{\sin x}{x}$在$(0,+\infty)$上一致连续.

5. 证明:$f(x)=\sin x^2$在$[0,+\infty)$上不一致连续.

6. 证明:若$f(x)$在$[a,+\infty)$上可导,且$\lim\limits_{x\to+\infty}f'(x)=+\infty$,则$f$在$[a,+\infty)$上必不一致连续.

7. 设f在$[0,+\infty)$上连续,满足$0\leqslant f(x)\leqslant x$,$x\in[0,+\infty)$．设$a_1\geqslant 0$,$a_{n+1}=f(a_n)$,$n=1,2,\cdots$,证明:

(1)数列$\{a_n\}$收敛;

(2)设$\lim\limits_{n\to\infty}a_n=t$,则有$f(t)=t$;

(3)若条件改为$0\leqslant f(x)<x$,$x\in(0,+\infty)$,则$t=0$.

8. 设函数f在$[0,2a]$上连续,且$f(0)=f(2a)$,证明:存在点$x_0\in[0,a]$,使得

$$f(x_0)=f(x_0+a).$$

9. 设$f(x)$在$[a,b]$上连续,证明:

(1) 若$f(x)\geqslant 0$,且$\int_a^b f(x)\mathrm{d}x=0$,则必有$f(x)\equiv 0$,$x\in[a,b]$;

(2) 若$f(x)\geqslant 0$,且$f(x)\not\equiv 0$,则$\int_a^b f(x)\mathrm{d}x>0$.

第 5 讲　导数与微分

5.1　导数与微分的基本概念

5.1.1　可导与导数

1. 导数定义

若函数 $f(x)$ 在 x_0 点的某邻域内有定义，当极限

$$\lim_{x\to x_0}\frac{f(x)-f(x_0)}{x-x_0}\quad\left[\text{或}\lim_{\Delta x\to 0}\frac{f(x_0+\Delta x)-f(x_0)}{\Delta x}\right]$$

存在时，称函数 $f(x)$ 在 x_0 点可导，且把极限值称为函数 $f(x)$ 在 x_0 点的导数，记作 $f'(x_0)$. 若函数 $f(x)$ 在区间 I 上每一点都可导，则称 $f'(x)\ (x\in I)$ 为 $f(x)$ 的导函数.

2. 左、右导数

$$f'_+(x_0)=\lim_{x\to x_0^+}\frac{f(x)-f(x_0)}{x-x_0}\quad\left[\text{或}\lim_{\Delta x\to 0^+}\frac{f(x_0+\Delta x)-f(x_0)}{\Delta x}\right]$$

称为函数 $f(x)$ 在 x_0 点的右导数.

$$f'_-(x_0)=\lim_{x\to x_0^-}\frac{f(x)-f(x_0)}{x-x_0}\quad\left[\text{或}\lim_{\Delta x\to 0^-}\frac{f(x_0+\Delta x)-f(x_0)}{\Delta x}\right]$$

称为函数 $f(x)$ 在 x_0 点的左导数.

注　显然 $f(x)$ 在 x_0 点可导的充要条件是 $f(x)$ 在 x_0 点左、右导数都存在且相等.

例 5.1　证明：$f(x)=|\sin x|$ 在 $x=0$ 点不可导.

证明　因为

$$f'_-(0)=\lim_{x\to 0^-}\frac{f(x)-f(0)}{x-0}=\lim_{x\to 0^-}\frac{|\sin x|}{x}=\lim_{x\to 0^-}\frac{-\sin x}{x}=-1,$$

$$f'_+(0)=\lim_{x\to 0^+}\frac{f(x)-f(0)}{x-0}=\lim_{x\to 0^+}\frac{|\sin x|}{x}=\lim_{x\to 0^+}\frac{\sin x}{x}=1,$$

$f'_+(0)\neq f'_-(0)$，所以 $f(x)=|\sin x|$ 在 $x=0$ 点不可导.

例 5.2　若 $g(0)=g'(0)=0$, $f(x)=\begin{cases} g(x)\sin\dfrac{1}{x}, & x\neq 0 \\ 0, & x=0 \end{cases}$, 求 $f'(0)$.

解　$f'(0)=\lim\limits_{x\to 0}\dfrac{f(x)-f(0)}{x-0}=\lim\limits_{x\to 0}\dfrac{g(x)\sin\dfrac{1}{x}}{x}$

$$=\lim_{x\to 0}\left[\frac{g(x)-g(0)}{x-0}\cdot\sin\frac{1}{x}\right] \tag{5.1}$$

因为 $\lim\limits_{x\to 0}\dfrac{g(x)-g(0)}{x-0}=g'(0)=0$, 所以当 $x\to 0$ 时, $\dfrac{g(x)-g(0)}{x-0}$ 为无穷小量, $\sin\dfrac{1}{x}$ 为有界变量, 故式(5.1)极限为零, 从而 $f'(0)=0$.

3. 导数的几何意义与物理意义

(1)几何意义:函数 $f(x)$ 在 x_0 点的导数 $f'(x_0)$ 表示曲线 $y=f(x)$ 上过点 $(x_0, f(x_0))$ 的切线的斜率.

(2)物理意义:函数 $f(x)$ 在 x_0 点的导数 $f'(x_0)$ 表示某物理过程 $y=f(x)$ 在 x_0 点的变化率. 如路程函数 $s(t)$ 在 t_0 点的导数 $s'(t_0)$ 表示路程对时间的变化率,即在 t_0 时刻的瞬时速度; $q'(t_0)$ 表示电量关于时间的变化率,即 t_0 时刻的电流强度等.

例 5.3　在曲线 $y=x^3$ 上任取一点 P,过 P 的切线与该曲线交于 Q,证明在 Q 点的切线斜率正好是 P 处切线斜率的 4 倍.

证明　记 $P(x_0, y_0)$ 为曲线 $y=x^3$ 上任一点,应有 $y_0=x_0^3$. 过 P 的切线斜率为 $k_P=f'(x_0)=3x_0^2$,过 P 的切线方程为 $y-y_0=f'(x_0)(x-x_0)$,即 $y=3x_0^2x-2x_0^3$. 联立 $\begin{cases} y=x^3 \\ y=3x_0^2x-2x_0^3 \end{cases}$,解得 Q 点的坐标为 $(-2x_0, -8x_0^3)$,于是过 Q 点的切线斜率为

$$k_Q=f'(-2x_0)=12x_0^2=4k_P.$$

5.1.2　可微与微分

1. 可微与微分的定义

函数 $f(x)$ 在 x_0 的某邻域内有定义,当函数的增量可表示为

$$\Delta y=f(x_0+\Delta x)-f(x_0)=A\Delta x+o(\Delta x)$$

(A 是与 Δx 无关的常量),称函数 $f(x)$ 在 x_0 点可微. 并将其线性主部 $A\Delta x$ 称为函数在 x_0 点的微分,记作 $\mathrm{d}y\big|_{x=x_0}=A\Delta x$ 或 $\mathrm{d}f(x)\big|_{x=x_0}=A\Delta x$.

注　其中 $o(\Delta x)$ 也可以记作 $\alpha\Delta x$,这里 α 为无穷小量($\Delta x\to 0$).

2. 可微、可导、连续之间的关系

(1)函数 $f(x)$ 在 x_0 点可微 $\Leftrightarrow$ 函数在 x_0 点可导.

证明　(必要性)若函数 $f(x)$ 在 x_0 可微,则有

$$\Delta y=f(x_0+\Delta x)-f(x_0)=A\Delta x+o(\Delta x),$$

$$\frac{\Delta y}{\Delta x}=\frac{f(x_0+\Delta x)-f(x_0)}{\Delta x}=A+o(1).$$

令 $\Delta x\to 0$,即得 $f'(x_0)=A$. 即 f 在 x_0 点可导.

(充分性)若函数 $f(x)$ 在 x_0 点可导,则有

$$f'(x_0)=\lim_{\Delta x\to 0}\frac{f(x_0+\Delta x)-f(x_0)}{\Delta x},$$

由有限增量公式,可得

$$\frac{f(x_0+\Delta x)-f(x_0)}{\Delta x}=f'(x_0)+\alpha,$$

其中,α 为无穷小量($\Delta x\to 0$),于是

$$f(x_0+\Delta x)-f(x_0)=f'(x_0)\Delta x+\alpha\Delta x,$$

即函数 $f(x)$ 在 x_0 可微.

(2)可导、可微必连续,反之未必成立.

由可导、可微推出连续是显然的,连续未必可导或可微,可由例 5.1 看出.

例 5.4 讨论函数 $f(x)=\begin{cases}x^{\alpha}\sin\dfrac{1}{x}, & x\neq 0\\ 0, & x=0\end{cases}$ 在 $x=0$ 点的连续性、可微性及 $f'(x)$ 的连续性.

解 (1)当 $\alpha\leqslant 0$ 时,由于 $\lim\limits_{x\to 0}f(x)=\lim\limits_{x\to 0}x^{\alpha}\sin\dfrac{1}{x}$ 不存在,f 在 $x=0$ 点不连续,当然也不可微.

当 $\alpha>0$ 时,$\lim\limits_{x\to 0}f(x)=\lim\limits_{x\to 0}x^{\alpha}\sin\dfrac{1}{x}=0=f(0)$,故 f 在 $x=0$ 连续.

(2)当 $0<\alpha\leqslant 1$ 时,由于 $\lim\limits_{x\to 0}\dfrac{f(x)-f(0)}{x-0}=\lim\limits_{x\to 0}x^{\alpha-1}\sin\dfrac{1}{x}$ 不存在,故函数 f 在 $x=0$ 点不可导(此时是连续的).

(3)当 $\alpha>1$ 时,$\lim\limits_{x\to 0}\dfrac{f(x)-f(0)}{x-0}=\lim\limits_{x\to 0}x^{\alpha-1}\sin\dfrac{1}{x}=0$,即函数 f 在 $x=0$ 点可导,当然也是可微的,且 $f'(0)=0$. 于是可求出导函数

$$f'(x)=\begin{cases}\alpha x^{\alpha-1}\sin\dfrac{1}{x}-x^{\alpha-2}\cos\dfrac{1}{x}, & x\neq 0\\ 0, & x=0\end{cases}.$$

下面讨论 $f'(x)$ 的连续性:$f'(x)$ 显然在任一 $x\neq 0$ 点连续.

(4)当 $1\leqslant\alpha\leqslant 2$ 时,由于 $\lim\limits_{x\to 0}f'(x)=\lim\limits_{x\to 0}\left(\alpha x^{\alpha-1}\sin\dfrac{1}{x}-x^{\alpha-2}\cos\dfrac{1}{x}\right)$ 不存在,所以 $f'(x)$ 在 $x=0$ 不连续.

(5)当 $\alpha>2$ 时,由于

$$\lim_{x\to 0}f'(x)=\lim_{x\to 0}\left(\alpha x^{\alpha-1}\sin\frac{1}{x}-x^{\alpha-2}\cos\frac{1}{x}\right)=0=f'(0),$$

可知 $f'(x)$ 在 $x=0$ 点连续．从而在 $\mathbf{R}$ 上连续.

5.2　关于导数与微分的一些问题讨论

5.2.1　用导数的定义证明问题

例5.5　设 $f(x)$ 在 $\mathbf{R}$ 上有定义，且对任意的 $x_1,x_2\in\mathbf{R}$ 都有 $f(x_1+x_2)=f(x_1)f(x_2)$，证明：若 $f'(0)=1$，则 $f(x)=\mathrm{e}^x$.

证明　①先证 $f(0)=1$：由已知 $f(x)=f(x+0)=f(0)f(x)\Rightarrow[1-f(0)]f(x)=0$，若 $f(x)\equiv 0$，则与已知 $f'(0)=1$ 矛盾，故有 $f(0)=1$.

②求导函数：
$$f'(x)=\lim_{\Delta x\to 0}\frac{f(x+\Delta x)-f(x)}{\Delta x}=\lim_{\Delta x\to 0}\frac{f(x)f(\Delta x)-f(x)}{\Delta x}$$
$$=\lim_{\Delta x\to 0}\left[\frac{f(\Delta x)-f(0)}{\Delta x}\cdot f(x)\right]=f'(0)f(x)=f(x).$$

③解微分方程 $f'(x)=f(x)$，并由初始条件 $f'(0)=1$（或 $f(0)=1$）得 $f(x)=\mathrm{e}^x$.

例5.6　证明：函数 $f(x)=x^2D(x)$ 仅在 $x=0$ 点可导，其中 $D(x)$ 为狄利克雷函数.

证明　由定义，$f'(0)=\lim\limits_{x\to 0}\dfrac{f(x)-f(0)}{x-0}=\lim\limits_{x\to 0}xD(x)=0$，即 f 在 $x=0$ 点可导．另外，对任意 $x_0\neq 0$，由于极限 $\lim\limits_{x\to x_0}\dfrac{f(x)-f(x_0)}{x-x_0}=\lim\limits_{x\to x_0}\dfrac{x^2D(x)-x_0^2D(x_0)}{x-x_0}$ 不存在，从而在 $x=x_0$ 点不可导．事实上，当 x_0 为有理点时，可选一无理点列趋于 x_0，极限为 ∞；当 x_0 为无理点时，就选取一有理点列趋于 x_0，极限也是 ∞ $\Big[$也可以由 $f(x)$ 在 $x_0(\neq 0)$ 点的不连续性，必导致不可导性$\Big]$.

注　(1) 存在着处处连续，但处处不可导的函数．这个例子首先由德国数学家魏尔斯特拉斯(1815—1897)给出：$f(x)=\sum\limits_{n=0}^{\infty}a^n\cos(b^n\pi x)$，其中 $0<a<1$，而 b 是奇整数，并且 $ab>1+\dfrac{3}{2}\pi$. 这是由函数项级数定义的函数，可以证明它是一致收敛的，而每一项都连续，从而 $f(x)$ 是连续的，但可以证明它在任何点处都不可导，详细情况可见参考文献[3].

(2) 施瓦茨导数：若函数 $f(x)$ 在 x_0 点的某邻域内有定义，当 $\lim\limits_{h\to 0}\dfrac{f(x_0+h)-f(x_0-h)}{2h}$ 存在时，称 $f(x)$ 在 x_0 点具有施瓦茨导数，记作 $f^s(x_0)$. 显然当 $f(x)$ 在 x_0 点可导时，必是施瓦茨可导的，且 $f'(x_0)=f^s(x_0)$. 事实上，当 $f'(x_0)=\lim\limits_{h\to 0}\dfrac{f(x_0+h)-f(x_0)}{h}$ 存在时，

$$f^s(x_0)=\lim_{h\to0}\frac{f(x_0+h)-f(x_0-h)}{2h}$$
$$=\lim_{h\to0}\frac{f(x_0+h)-f(x_0)}{2h}+\lim_{h\to0}\frac{f(x_0-h)-f(x_0)}{-2h}$$
$$=f'(x_0).$$

但反之未必. 如$f(x)=|x|$在$x=0$点,有

$$f^s(0)=\lim_{h\to0}\frac{f(0+h)-f(0-h)}{2h}=\lim_{h\to0}\frac{|h|-|-h|}{2h}=0,$$

但$f(x)=|x|$在$x=0$点是不可导的.

例 5.7 设函数$f(x)$在$x=0$点连续,且$\lim\limits_{x\to0}\frac{f(x)}{x}=A$($A$为常数),证明$f(x)$在$x=0$点可导.

证明 因$f(x)$在$x=0$点连续,且$\lim\limits_{x\to0}\frac{f(x)}{x}=A$,必有$f(0)=0$. 所以

$$f'(0)=\lim_{x\to0}\frac{f(x)-f(0)}{x-0}=\lim_{x\to0}\frac{f(x)}{x}=A.$$

5.2.2 导函数的特性

(1)(导函数的介值定理——Darboux 定理)若函数$f(x)$在$[a,b]$可导,且$f'_+(a)\neq f'_-(b)$,k为介于$f'_+(a)$与$f'_-(b)$之间的任一实数,则至少存在一点$\xi\in(a,b)$,使得$f'(\xi)=k$.

证明从略(可参见参考文献[1]).

注 导函数的介值定理,不需要$f'(x)$连续的条件,这是可导函数的一个重要特性.

(2)在区间I上处处可导的函数$f(x)$,其导函数$f'(x)$必无第一类间断点.

证明 (反证法)假设$x_0\in I$为$f'(x)$的第一类间断点,则$f'(x_0+0)$与$f'(x_0-0)$都存在且为常数,再根据拉格朗日(Lagrange)中值定理,有

$$f'_+(x_0)=\lim_{x\to x_0^+}\frac{f(x)-f(x_0)}{x-x_0}=\lim_{x\to x_0^+}f'(\xi)=f'(x_0+0),$$

其中,$x_0<\xi<x$,当$x\to x_0^+$时,$\xi\to x_0^+$. 同理$f'_-(x_0)=f'(x_0-0)$. 因$f(x)$在x_0点可导,所以$f'_+(x_0)=f'_-(x_0)=f'(x_0)\Rightarrow f'(x_0+0)=f'(x_0-0)=f'(x_0)$,即$x_0$为$f'(x)$的连续点,此与假设矛盾.

(3)(导数极限定理——导函数在某点只要有极限,则该点必为导函数的连续点)设函数$f(x)$在点x_0的某邻域$U(x_0)$内连续,在$\mathring{U}(x_0)$内可导,且极限$\lim\limits_{x\to x_0}f'(x)$存在,则$f(x)$在$x_0$点可导,且$f'(x_0)=\lim\limits_{x\to x_0}f'(x)$.

证明 证法同(2),从略.

例 5.8 设函数$f(x)$在(a,b)内可导,且$f'(x)$在(a,b)内单调,证明:$f'(x)$必在(a,b)内连续.

证明 因为单调函数如有间断点,必是第一类的(见例 4.8). 由已知$f'(x)$在(a,b)内单调,故如有间断点必是第一类的,再根据本小节(2),$f'(x)$无第一类间断点,故$f'(x)$在(a,b)内连续.

5.2.3　导数与微分的计算

1. 利用定义求导

例 5.9　设 $f(x)=x(x-1)\cdots(x-2019)$，求 $f'(0)$，$f'(1)$.

解　由定义，

$$f'(0)=\lim_{x\to 0}\frac{f(x)-f(0)}{x-0}=\lim_{x\to 0}(x-1)(x-2)\cdots(x-2019)=-2019!,$$

$$f'(1)=\lim_{x\to 1}\frac{f(x)-f(1)}{x-1}=\lim_{x\to 1}x(x-2)\cdots(x-2019)=2018!.$$

例 5.10　设函数 $f(x)$ 具有二阶连续的导数，$f(0)=0$，且 $g(x)=\begin{cases}\dfrac{f(x)}{x}, & x\neq 0\\ f'(0), & x=0\end{cases}$，证明 $g(x)$ 有连续的一阶导数.

证明　由于

$$\lim_{x\to 0}g(x)=\lim_{x\to 0}\frac{f(x)}{x}=\lim_{x\to 0}\frac{f(x)-f(0)}{x-0}=f'(0)=g(0),$$

所以 $g(x)$ 在 $x=0$ 点连续，而当 $x\neq 0$ 时，$g(x)$ 连续显然．即 $g(x)$ 在 $\mathbf{R}$ 上连续．又当 $x\neq 0$ 时，$g'(x)=\dfrac{xf'(x)-f(x)}{x^2}$，显然在任一 $x\neq 0$ 点连续，而

$$g'(0)=\lim_{x\to 0}\frac{g(x)-g(0)}{x-0}=\lim_{x\to 0}\frac{f(x)-f'(0)x}{x^2}=\lim_{x\to 0}\frac{f'(x)-f'(0)}{2x}=\frac{1}{2}f''(0).$$

$$\lim_{x\to 0}g'(x)=\lim_{x\to 0}\frac{xf'(x)-f(x)}{x^2}=\lim_{x\to 0}\frac{xf''(x)}{2x}=\frac{1}{2}f''(0)=g'(0).$$

所以 $g'(x)$ 在 $x=0$ 点连续，从而 $g'(x)$ 在 $\mathbf{R}$ 上连续.

例 5.11　设 $F(x)=\int_{-1}^{x}\sqrt{|t|}\cdot\ln|t|\,\mathrm{d}t$，求 $F'(0)$.

解　$$F'(0)=\lim_{x\to 0}\frac{F(x)-F(0)}{x-0}=\lim_{x\to 0}\frac{\int_{-1}^{x}\sqrt{|t|}\cdot\ln|t|\,\mathrm{d}t-\int_{-1}^{0}\sqrt{|t|}\cdot\ln|t|\,\mathrm{d}t}{x}$$

$$=\lim_{x\to 0}\sqrt{|x|}\ln|x|=0.$$

例 5.12　证明：若 $f'_+(a)>0$，$f'_-(a)<0$，则存在 $\delta>0$，使当 $x\in U(a,\delta)$ 时，恒有 $f(x)\geqslant f(a)$.

证明　因 $f'_+(a)=\lim\limits_{x\to a^+}\dfrac{f(x)-f(a)}{x-a}>0$，故存在 $\delta_1>0$，使当 $x\in(a,a+\delta_1)$ 时，有

$$\frac{f(x)-f(a)}{x-a}>0\Rightarrow f(x)>f(a).$$

同理，$f'_-(a)=\lim\limits_{x\to a^-}\dfrac{f(x)-f(a)}{x-a}<0$，故存在 $\delta_2>0$，使当 $x\in(a-\delta_2,a)$ 时，有

$$\frac{f(x)-f(a)}{x-a}<0\Rightarrow f(x)>f(a).$$

取 $\delta=\min\{\delta_1,\delta_2\}$，则当 $x\in U(a,\delta)$ 时，恒有 $f(x)\geqslant f(a)$.

2. 复合函数的导数

例 5.13 设 $y=\sin x^2$，求 $\frac{\mathrm{d}y}{\mathrm{d}x},\frac{\mathrm{d}y}{\mathrm{d}(x^2)},\frac{\mathrm{d}y}{\mathrm{d}(x^3)},\frac{\mathrm{d}^2y}{\mathrm{d}x^2}$.

解 $\frac{\mathrm{d}y}{\mathrm{d}x}=y'=2x\cos x^2$,

$$\frac{\mathrm{d}y}{\mathrm{d}(x^2)}=\frac{\mathrm{d}(\sin x^2)}{\mathrm{d}(x^2)}=\frac{2x\cos x^2\mathrm{d}x}{2x\mathrm{d}x}=\cos x^2,$$

$$\frac{\mathrm{d}y}{\mathrm{d}(x^3)}=\frac{2x\cos x^2\mathrm{d}x}{3x^2\mathrm{d}x}=\frac{2}{3x}\cos x^2,$$

$$\frac{\mathrm{d}^2y}{\mathrm{d}x^2}=\frac{\mathrm{d}}{\mathrm{d}x}\left(\frac{\mathrm{d}y}{\mathrm{d}x}\right)=\frac{\mathrm{d}}{\mathrm{d}x}(2x\cos x^2)=2\cos x^2-4x^2\sin x^2.$$

注 要注意各种导数、微分写法所表示的意义.

例 5.14 设 $y=x^{\sin(\sin x^x)}$，求 $\frac{\mathrm{d}y}{\mathrm{d}x}$.

解 令 $z=x^x$，则 $\ln z=x\ln x$，两边对 x 求导得，$z'=x^x(1+\ln x)$. 因为

$$\ln y=\sin(\sin x^x)\ln x,$$

两边对 x 求导得

$$\frac{1}{y}y'=\cos(\sin x^x)\cdot\cos x^x\cdot[x^x(1+\ln x)]\cdot\ln x+\frac{1}{x}\sin(\sin x^x),$$

所以 $$\frac{\mathrm{d}y}{\mathrm{d}x}=x^{\sin(\sin x^x)}\left[\cos(\sin x^x)\cdot\cos x^x\cdot x^x(1+\ln x)\cdot\ln x+\frac{1}{x}\sin(\sin x^x)\right].$$

3. 参数方程的导数

设 $\begin{cases}x=\varphi(t)\\y=\psi(t)\end{cases}$ 确定的函数 $y=y(x)$ 可导，且 $\varphi'(t)\neq0$，则 $\frac{\mathrm{d}y}{\mathrm{d}x}=\frac{\mathrm{d}\psi(t)}{\mathrm{d}\varphi(t)}=\frac{\psi'(t)}{\varphi'(t)}$.

例 5.15 设 $\begin{cases}x=\cos t^2\\y=t\cos t^2-\int_1^{t^2}\frac{1}{2\sqrt{u}}\cos u\mathrm{d}u\end{cases}$，$t>0$，求 $\frac{\mathrm{d}y}{\mathrm{d}x},\frac{\mathrm{d}^2y}{\mathrm{d}x^2},\frac{\mathrm{d}^3y}{\mathrm{d}x^3}$.

解 $$\frac{\mathrm{d}y}{\mathrm{d}x}=\frac{\cos t^2-2t^2\sin t^2-2t\frac{1}{2t}\cos t^2}{-2t\sin t^2}=t,$$

$$\frac{\mathrm{d}^2y}{\mathrm{d}x^2}=\frac{\mathrm{d}}{\mathrm{d}x}\left(\frac{\mathrm{d}y}{\mathrm{d}x}\right)=\frac{\mathrm{d}t}{-2t\sin t^2\mathrm{d}t}=-\frac{1}{2t\sin t^2},$$

$$\frac{\mathrm{d}^3y}{\mathrm{d}x^3}=\frac{\mathrm{d}}{\mathrm{d}x}\left(\frac{\mathrm{d}^2y}{\mathrm{d}x^2}\right)=\frac{\mathrm{d}\left(-\frac{1}{2t\sin t^2}\right)}{\mathrm{d}x}=\frac{\frac{1}{2}\cdot\frac{\sin t^2+2t^2\cos t^2}{(t\sin t^2)^2}}{-2t\sin t^2}=\frac{\sin t^2+2t^2\cos t^2}{-4t^3(\sin t^2)^3}.$$

例 5.16　求曲线 $\rho = a\sin 2\theta$ 在 $\theta = \frac{\pi}{4}$ 处的切线方程和法线方程.

解　曲线可表达为参数方程 $\begin{cases} x = \rho\cos\theta = a\sin 2\theta\cos\theta \\ y = \rho\sin\theta = a\sin 2\theta\sin\theta \end{cases}$，所以切线斜率为

$$k = \frac{\mathrm{d}y}{\mathrm{d}x}\Big|_{\theta=\frac{\pi}{4}} = -\cot\theta\Big|_{\theta=\frac{\pi}{4}} = -1,$$

法线的斜率 $k' = 1$. 又因切点为 $x\Big|_{\theta=\frac{\pi}{4}} = \frac{\sqrt{2}}{2}a$，$y\Big|_{\theta=\frac{\pi}{4}} = \frac{\sqrt{2}}{2}a$，所以切线方程为

$$y - \frac{\sqrt{2}}{2}a = -\left(x - \frac{\sqrt{2}}{2}a\right),$$

即 $x + y - \sqrt{2}a = 0$，法线方程为 $x - y = 0$.

4. 隐函数的导数

对由方程 $F(x,y) = 0$ 所确定的隐函数 $y = f(x)$，这里我们仅给出它的求导方法.

方法 1：方程两边对 x 求导，视 y 为 x 的函数，然后解出 y'；

方法 2：利用隐函数的求导公式 $\frac{\mathrm{d}y}{\mathrm{d}x} = -\frac{F_x(x,y)}{F_y(x,y)}$.

例 5.17　求 $\sin(xy) + \ln(y - x) = x$ 在点 $(0,1)$ 处的法线方程.

解　先求 $y'(0)$，有两种方法：

（方法 1）方程两边对 x 求导，视 y 为 x 的函数：

$$\cos(xy)\cdot(y + xy') + \frac{1}{y-x}(y' - 1) = 1.$$

令 $x = 0, y = 1$ 得 $1 + y'(0) - 1 = 1$，即 $y'(0) = 1$.

（方法 2）记 $F(x,y) = \sin(xy) + \ln(y - x) - x$，则

$$F_x(x,y) = y\cos(xy) - \frac{1}{y-x} - 1,\quad F_y(x,y) = x\cos(xy) + \frac{1}{y-x},$$

所以

$$y'(0) = -\frac{F_x(x,y)}{F_y(x,y)}\Big|_{(0,1)} = \left(-\frac{y\cos(xy) - \frac{1}{y-x} - 1}{x\cos(xy) + \frac{1}{y-x}}\right)\Bigg|_{(0,1)} = 1,$$

可得曲线在点 $(0,1)$ 处的法线方程为 $y = 1 - x$.

例 5.18　设 $2x - \tan(x - y) = \int_0^{x-y} \sec^2 t\mathrm{d}t\ (x \neq y)$，求 $\frac{\mathrm{d}^2y}{\mathrm{d}x^2}$.

解　方程两边对 x 求导得：$2 - \sec^2(x-y)\cdot(1-y') = \sec^2(x-y)\cdot(1-y')$，解得

$$y' = 1 - \cos^2(x-y) = \sin^2(x-y).$$

故

$$\begin{aligned} y'' &= [\sin^2(x-y)]' = 2\sin(x-y)\cos(x-y)\cdot(1-y') \\ &= \sin 2(x-y)\cos^2(x-y). \end{aligned}$$

5. 高阶导数

要熟练掌握几个基本初等函数的 n 阶导数公式:

(1) $(e^x)^{(n)}=e^x$;

(2) $(\sin x)^{(n)}=\sin\left(x+n\cdot\dfrac{\pi}{2}\right)$;

(3) $(\cos x)^{(n)}=\cos\left(x+n\cdot\dfrac{\pi}{2}\right)$;

(4) $[\ln(1+x)]^{(n)}=(-1)^{n-1}(n-1)!(1+x)^{-n}$;

(5) $\left(\dfrac{1}{ax+b}\right)^{(n)}=\dfrac{(-1)^n n!a^n}{(ax+b)^{n+1}}$;

(6) 莱布尼茨公式:$(uv)^{(n)}=\sum\limits_{k=0}^{n}C_n^k u^{(k)}v^{(n-k)}$.

例 5.19 设 $y=\sin x\cdot\sin 2x\cdot\sin 3x$,求 $y^{(10)}$.

解 利用积化和差公式,得

$$y=\frac{1}{2}(\cos 2x-\cos 4x)\sin 2x=\frac{1}{2}(\sin 2x\cos 2x-\sin 2x\cos 4x)$$
$$=\frac{1}{4}(\sin 2x+\sin 4x-\sin 6x),$$

所以

$$y^{(10)}=\frac{1}{4}\left[2^{10}\sin\left(2x+\frac{10\pi}{2}\right)+4^{10}\sin\left(4x+\frac{10\pi}{2}\right)-6^{10}\sin\left(6x+\frac{10\pi}{2}\right)\right]$$
$$=-\frac{1}{4}\left(2^{10}\sin 2x+4^{10}\sin 4x-6^{10}\sin 6x\right).$$

例 5.20 设 $y=\dfrac{1}{x^2+5x+6}$,求 $y^{(n)}$.

解 因为 $y=\dfrac{1}{x^2+5x+6}=\dfrac{1}{x+2}-\dfrac{1}{x+3}$,所以 $y^{(n)}=\dfrac{(-1)^n n!}{(x+2)^{n+1}}-\dfrac{(-1)^n n!}{(x+3)^{n+1}}$.

例 5.21 设 $f(x)=(x-a)^n\varphi(x)$,其中 $\varphi(x)$ 在 $x=a$ 点的某邻域内有 $n-1$ 阶连续的导数,求 $f^{(n)}(a)$.

解 由莱布尼茨公式

$$f^{(n-1)}(x)=(x-a)^n\varphi^{(n-1)}(x)+nC_{n-1}^1(x-a)^{n-1}\varphi^{(n-2)}(x)+\cdots+n!\ C_{n-1}^{n-1}(x-a)\varphi(x)$$

可知,$f^{(n-1)}(a)=0$,所以

$$f^{(n)}(a)=\lim_{x\to a}\frac{f^{(n-1)}(x)-f^{(n-1)}(a)}{x-a}=n!\ \varphi(a).$$

例 5.22 设 $y=\arctan x$,求 $y^{(n)}(0)$.

说明 求一些初等函数在 $x=0$ 点的高阶导数,除一般方法外,还可以用幂级数方法.

解　(方法1,一般方法)

$$y' = \frac{1}{1+x^2} \Rightarrow (1+x^2)y' = 1,$$

利用莱布尼茨公式,两边对 x 求 $n-1$ 阶导数($n>1$),有

$$[(1+x^2)y']^{(n-1)}\big|_{x=0} = [y^{(n)}(1+x^2) + 2xC_{n-1}^1 y^{(n-1)} + 2C_{n-1}^2 y^{(n-2)}]\big|_{x=0} = 0,$$

得到

$$y^{(n)}(0) + (n-1)(n-2)y^{(n-2)}(0) = 0.$$

由于 $y'(0)=1, y''(0) = \left.\frac{-2x}{(1+x^2)^2}\right|_{x=0} = 0$,所以

$$y^{(2k+1)}(0) = -(2k)(2k-1)y^{(2k-1)}(0) = \cdots = (-1)^k(2k)!\ y'(0) = (-1)^k(2k)!\ ,$$

$$y^{(2k)}(0) = 0,$$

即

$$y^{(n)}(0) = \begin{cases} (-1)^k(2k)!, & n = 2k+1 \\ 0, & n = 2k \end{cases}.$$

(方法2,幂级数法)

先求 $y = \arctan x$ 的泰勒展式:因为 $y' = \frac{1}{1+x^2} = \sum\limits_{n=0}^{\infty}(-1)^n x^{2n}, x \in (-1,1)$,所以

$$y = \arctan x = \sum_{n=0}^{\infty}\int_0^x (-1)^n t^{2n}\mathrm{d}t = \sum_{n=0}^{\infty}\frac{(-1)^n x^{2n+1}}{2n+1}, \quad x \in [-1,1],$$

即

$$y = \sum_{k=0}^{\infty}\frac{(-1)^k x^{2k+1}}{2k+1} = \sum_{k=0}^{\infty}\frac{f^{(2k+1)}(0)}{(2k+1)!}x^{2k+1}, \quad x \in [-1,1],$$

比较各对应项的系数可得

$$y^{(n)}(0) = \begin{cases} (-1)^k(2k)!, & n = 2k+1 \\ 0, & n = 2k \end{cases}.$$

例 5.23　证明:函数

$$f(x) = \begin{cases} e^{-\frac{1}{x^2}}, & x \neq 0 \\ 0, & x = 0 \end{cases}$$

在 $x=0$ 点具有任意阶的导数,且 $f^{(n)}(0) = 0, n = 1,2,\cdots$.

证明　由洛必达法则很容易证明对任意的自然数 k 有 $\lim\limits_{t\to\infty} t^k e^{-t^2} = 0$,所以若令 $t = \frac{1}{x}$,则当 $x \to 0$ 时,有 $t \to \infty$. 于是

$$f'(0) = \lim_{x\to 0}\frac{f(x)-f(0)}{x-0} = \lim_{x\to 0}\frac{1}{x}e^{-\frac{1}{x^2}} = \lim_{t\to\infty} te^{-t^2} = 0.$$

当 $x \neq 0$ 时,$f'(x) = \frac{2}{x^3}e^{-\frac{1}{x^2}}$,即 $f'(x) = \begin{cases} \frac{2}{x^3}e^{-\frac{1}{x^2}}, & x \neq 0 \\ 0, & x = 0 \end{cases}$,即当 $n = 1$ 时结论成立.

假设 $n=k$ 时结论成立，即 $f^{(k)}(x)=\begin{cases}P_k\left(\dfrac{1}{x}\right)\mathrm{e}^{-\frac{1}{x^2}}, & x\neq 0\\ 0, & x=0\end{cases}$，其中 $P_k\left(\dfrac{1}{x}\right)$ 是关于 $\dfrac{1}{x}$ 的某次（未必是 k 次）多项式，则当 $n=k+1$ 时，有

$$f^{(k+1)}(0)=\lim_{x\to 0}\frac{f^{(k)}(x)-f^{(k)}(0)}{x-0}=\lim_{x\to 0}\frac{1}{x}P_k\left(\frac{1}{x}\right)\mathrm{e}^{-\frac{1}{x^2}}=\lim_{t\to\infty}P_{k+1}(t)\mathrm{e}^{-t^2}=0,$$

故由数学归纳法可知，对任意 n，均有 $f^{(n)}(0)=0(n=1,2,\cdots)$.

例 5.24 设 $g(x)$ 在 $[-1,1]$ 上无穷次可微，存在 $M>0$，使得 $|g^{(n)}(x)|\leqslant(n-1)!M$，且 $g\left(\dfrac{1}{n}\right)=\ln(1+2n)-\ln n, n=1,2,\cdots$，试求 $g^{(n)}(0), n=0,1,2,\cdots$.

解 由泰勒公式，有

$$g(x)=g(0)+g'(0)x+\frac{g''(0)}{2!}x^2+\cdots+\frac{g^{(n)}(0)}{n!}x^n+\frac{g^{(n+1)}(\xi)}{(n+1)!}x^{n+1},$$

其中，ξ 介于 0 与 x 之间．这里拉格朗日余项

$$|R_n(x)|=\left|\frac{g^{(n+1)}(\xi)}{(n+1)!}x^{n+1}\right|\leqslant\frac{n!M}{(n+1)!}=\frac{M}{n+1}\to 0(n\to\infty),$$

故由泰勒定理，$g(x)$ 可展成麦克劳林级数，即

$$g(x)=\sum_{n=0}^{\infty}\frac{g^{(n)}(0)}{n!}x^n, x\in[-1,1],\quad g\left(\frac{1}{n}\right)=\sum_{n=0}^{\infty}\frac{g^{(n)}(0)}{n!n^n}(\text{规定 } 0^0=1).$$

另一方面，由已知

$$g\left(\frac{1}{n}\right)=\ln(1+2n)-\ln n=\ln\left(2+\frac{1}{n}\right)$$

$$=\ln 2+\ln\left(1+\frac{1}{2n}\right)=\ln 2+\sum_{n=1}^{\infty}\frac{(-1)^{n-1}}{n}\left(\frac{1}{2n}\right)^n,$$

比较两级数的对应项得

$$g(0)=\ln 2,\quad g^{(n)}(0)=\frac{(-1)^{n-1}(n-1)!}{2^n},\quad n=1,2,\cdots.$$

习　题

1. 设 $y=(x+2)(2x+3)^2(3x+4)^3$，求 $y^{(6)}$.

2. 设 $f(x)$ 可导，且若 $x=1$ 时，有 $\dfrac{\mathrm{d}}{\mathrm{d}x}f(x^2)=\dfrac{\mathrm{d}}{\mathrm{d}x}f^2(x)$，证明必有 $f'(1)=0$ 或 $f(1)=1$.

3. 讨论$f(x)=e^{-|x|}$在$x=0$点的连续性、可导性及是否取得极值.

4. 证明:设f在$[a,b]$上连续,在(a,b)内可导,若$f'(a+0)=l$,则必有$f'_+(a)$存在且为l.

5. 若f可导,试计算$\lim\limits_{t\to 0}\dfrac{f(a+\alpha t)-f(a+\beta t)}{t}$,$\alpha\neq 0,\beta\neq 0$.

6. 设$e^y+6xy+x^2-1=0$,求$y''(0)$.

7. 设$f(x)$在$x=0$连续,且$\lim\limits_{x\to 0}\dfrac{f(2x)-f(x)}{x}=A$,求证:$f'(0)$存在,且$f'(0)=A$.

8. 设$f(x)=\int_0^x\dfrac{\ln(1-t)}{t}\mathrm{d}t,x\in(-1,1)$,证明:$f(x)+f(-x)=\dfrac{1}{2}f(x^2)$.

9. 设函数f四阶连续可微,$f(0)=f'(0)=0$,证明函数$F(x)=\begin{cases}\dfrac{f(x)}{x^2}, & x\neq 0\\ \dfrac{f''(0)}{2}, & x=0\end{cases}$在$[0,1]$上二阶连续可微.

10. 设$y=\dfrac{1}{\sqrt{1-x^2}}\arcsin x$,求$y^{(n)}(0)$.

第6讲　微分中值定理及导数的应用

6.1　微分中值定理及导数应用的基本概念

6.1.1　微分中值定理

1. 罗尔定理

(1)罗尔定理:函数$f(x)$满足:①在$[a,b]$上连续;②在(a,b)内可导;③$f(a)=f(b)$,则$\exists\xi\in(a,b)$,使得$f'(\xi)=0$.

注　(i)定理的条件是充分而非必要的.

(ii)几何意义:在定理的条件下,在曲线$y=f(x)$上必存在一点,使过该点的切线平行于x轴.

例6.1　设函数$f(x)$具有n阶导数,若$f(x)=0$有$n+1$个相异的实根,则方程$f^{(n)}(x)=0$至少有一个实根.

证明　不妨设$f(x)=0$的$n+1$个相异的实根为:$x_1<x_2<\cdots<x_{n+1}$. 在每一个区间$[x_i,x_{i+1}]$上,$f(x)$满足罗尔定理条件,$\exists\xi_i^1\in(x_i,x_{i+1})$,使得$f'(\xi_i^1)=0(i=1,2,\cdots,n)$,即$f'(x)=0$至少有$n$个不同的实根:$\xi_1^1<\xi_2^1<\cdots<\xi_n^1$. 在每个区间$[\xi_i^1,\xi_{i+1}^1]$上,$f'(x)$满足罗尔定理条件,$\exists\xi_i^2\in(\xi_i^1,\xi_{i+1}^1)$,使得$f''(\xi_i^2)=0(i=1,2,\cdots,n-1)$,即$f''(x)=0$至少有$n-1$个不同的实根:$\xi_1^2<\xi_2^2<\cdots<\xi_{n-1}^2$. 类推下去,$f^{(n-1)}(x)=0$至少有两个不同的实根:$\xi_1^{n-1}<\xi_2^{n-1}$. 在区间$[\xi_1^{n-1},\xi_2^{n-1}]$上,$f^{(n-1)}(x)$满足罗尔定理,$\exists\xi\in(\xi_1^{n-1},\xi_2^{n-1})$,使得$f^{(n)}(\xi)=0$,即方程$f^{(n)}(x)=0$至少有一个实根.

(2)罗尔定理的推广:若$f(x)$在有限开区间(a,b)内可导,且$f(a+0)$,$f(b-0)$存在且相等,则$\exists\xi\in(a,b)$,使$f'(\xi)=0$.

证明　记$f(a+0)=f(b-0)=A$,令$F(x)=\begin{cases}f(x), & x\in(a,b)\\ A, & x=a,b\end{cases}$,则$F$在$[a,b]$上满足罗尔定理条件,$\exists\xi\in(a,b)$,使得$F'(\xi)=f'(\xi)=0$.

2. 拉格朗日中值定理

函数f满足:①在$[a,b]$上连续;②在(a,b)内可导,则$\exists\xi\in(a,b)$,使得$f'(\xi)=\dfrac{f(b)-f(a)}{b-a}$.

注　(i)定理的条件是充分而非必要的.

(ii)几何意义:在定理的条件下,在曲线 $y=f(x)$ 上必存在一点,使过该点的切线平行于连接 $(a,f(a))$,$(b,f(b))$ 两点的弦.

(iii)它是罗尔定理的推广,当 $f(a)=f(b)$ 时,即为罗尔定理.

(iv)其他表达形式:

$$f(b)-f(a)=f'(\xi)(b-a),$$

$$f(b)-f(a)=f'(a+\theta(b-a))(b-a)\quad(0<\theta<1).$$

例 6.2　证明:若 $x>0$,则

(1) $\sqrt{x+1}-\sqrt{x}=\dfrac{1}{2\sqrt{x+\theta(x)}},\dfrac{1}{4}\leqslant\theta(x)\leqslant\dfrac{1}{2}$;

(2) $\lim\limits_{x\to0}\theta(x)=\dfrac{1}{4},\lim\limits_{x\to+\infty}\theta(x)=\dfrac{1}{2}$.

证明　(1)令 $f(x)=\sqrt{x}\,(x>0)$,在区间 $[x,x+1]$ 上,由拉格朗日中值定理,有

$$f(x+1)-f(x)=f'(x+\theta),$$

显然 θ 是 x 的函数,记为 $\theta(x)$,且 $0<\theta(x)<1$,即

$$\sqrt{x+1}-\sqrt{x}=\frac{1}{2\sqrt{x+\theta(x)}},$$

解出 $\theta(x)=\dfrac{1}{4}+\dfrac{\sqrt{x(x+1)}-x}{2}$. 而 $x\leqslant\sqrt{x(x+1)}\leqslant\dfrac{2x+1}{2}$,故 $\dfrac{1}{4}\leqslant\theta(x)\leqslant\dfrac{1}{2}$.

(2) $\lim\limits_{x\to0}\theta(x)=\lim\limits_{x\to0}\left[\dfrac{1}{4}+\dfrac{\sqrt{x(x+1)}-x}{2}\right]=\dfrac{1}{4}$,

$$\lim_{x\to+\infty}\theta(x)=\lim_{x\to+\infty}\left[\frac{1}{4}+\frac{\sqrt{x(x+1)}-x}{2}\right]=\frac{1}{2}.$$

3. 柯西中值定理

函数 $f(x)$,$g(x)$ 满足:① 在 $[a,b]$ 上连续;② 在 (a,b) 内可导;③ $g'(x)\neq0,x\in(a,b)$,则 $\exists\xi\in(a,b)$,使得 $\dfrac{f(b)-f(a)}{g(b)-g(a)}=\dfrac{f'(\xi)}{g'(\xi)}$.

注　(i)定理的条件是充分而非必要的.

(ii)几何意义:在定理的条件下,用参数方程 $\begin{cases}u=g(x)\\v=f(x)\end{cases}$,$x\in[a,b]$ 表示的曲线上必存在一点,使过该点的切线平行于连接 $(g(a),f(a))$,$(g(b),f(b))$ 的弦.

(iii)它是拉格朗日中值定理的推广,当 $g(x)=x$ 时,就是拉格朗日中值定理.

(iv)若条件(iii)改为 $f'(x)\neq0$,则只需将结论分子、分母互调即可.

例 6.3　设函数 $f(x)$ 在 $[a,b]$ 上连续,在 (a,b) 内可导,$ab>0$. 证明:$\exists\xi\in(a,b)$,使得

$$\frac{1}{a-b}\begin{vmatrix}a&b\\f(a)&f(b)\end{vmatrix}=f(\xi)-\xi f'(\xi).$$

分析 要证结论右边是函数 $-\frac{f(x)}{x}$ 的导数的分子,左边是 $\frac{f(b)}{b}-\frac{f(a)}{a}$ 的基本形式,要消除多余的部分,只需令 $g(x)=\frac{1}{x}$ 即可,注意到 $ab>0$,即原点不在区间 (a,b) 内. 可用柯西中值定理.

证明 令 $F(x)=\frac{f(x)}{x}, g(x)=\frac{1}{x}$,则因 $ab>0$,即原点不在区间 (a,b) 内,故 $F(x),g(x)$ 在 $[a,b]$ 上连续,在 (a,b) 内可导,且 $g'(x)=-\frac{1}{x^2}<0, x\in(a,b)$,所以满足柯西中值定理条件,于是 $\exists\xi\in(a,b)$,使得 $\frac{F(b)-F(a)}{g(b)-g(a)}=\frac{f'(\xi)}{g'(\xi)}$,代入整理即得要证的结论.

4. 泰勒中值定理

若 $f(x)$ 在 $[a,b]$ 上存在 n 阶连续导数,在 (a,b) 内存在 $n+1$ 阶导数,则对任意的 $x,x_0\in[a,b]$,存在 $\xi\in(a,b)$,使得

$$f(x)=f(x_0)+f'(x_0)(x-x_0)+\cdots+\frac{f^{(n)}(x_0)}{n!}(x-x_0)^n+\frac{f^{(n+1)}(\xi)}{(n+1)!}(x-x_0)^{n+1},$$

其中 ξ 介于 x 与 x_0 之间.

注 当 $n=0$ 时,即为拉格朗日中值定理,所以泰勒中值定理是拉格朗日中值定理在高阶导数时的推广. 这个公式又称带有拉格朗日型余项的泰勒公式.

例 6.4 设 $h>0$,函数 $f(x)$ 在邻域 $U(a,h)$ 内具有 $n+2$ 阶连续导数,且 $f^{(n+2)}(a)\neq0$, $f(x)$ 在 $U(a,h)$ 内的泰勒公式为

$$f(a+h)=f(a)+f'(a)h+\cdots+\frac{f^{(n)}(a)}{n!}h^n+\frac{f^{(n+1)}(a+\theta h)}{(n+1)!}h^{n+1},\quad 0<\theta<1.$$

证明:$\lim\limits_{h\to0}\theta=\frac{1}{n+2}$.

分析 ①由于中值 $\xi=a+\theta h\in(a,a+h)$,所以 θ 的取值与 h 有关,即 $\theta=\theta(h)$.

②要证明结论,需写出 $\theta=\theta(h)$ 的表达式.

证明 由已知

$$f(a+h)=f(a)+f'(a)h+\cdots+\frac{f^{(n)}(a)}{n!}h^n+\frac{f^{(n+1)}(a+\theta h)}{(n+1)!}h^{n+1},\quad 0<\theta<1,$$

又因为 $f(x)$ 在 a 点带皮亚诺型余项的泰勒公式为

$$f(a+h)=f(a)+f'(a)h+\cdots+\frac{f^{(n)}(a)}{n!}h^n+\frac{f^{(n+1)}(a)}{(n+1)!}h^{n+1}+\frac{f^{(n+2)}(a)}{(n+2)!}h^{n+2}+o(h^{n+2}),$$

将以上两式相减并化简得

$$f^{(n+1)}(a+\theta h)-f^{(n+1)}(a)=\frac{f^{(n+2)}(a)}{n+2}h+o(h), \tag{6.1}$$

运用拉格朗日中值定理,有

$$f^{(n+1)}(a+\theta h)-f^{(n+1)}(a)=f^{(n+2)}(a+\lambda\theta h)\theta h,\quad 0<\lambda<1.$$

代入式(6.1)并同时消去 h 得

$$f^{(n+2)}(a+\lambda\theta h)\theta=\frac{f^{(n+2)}(a)}{n+2}+o(1). \tag{6.2}$$

由已知 $f^{(n+2)}(x)$ 在 a 点连续,$\lim\limits_{h\to0}f^{(n+2)}(a+\lambda\theta h)=f^{(n+2)}(a)$,再注意到 $f^{(n+2)}(a)\neq0$,对式(6.2)令 $h\to0$ 取极限得 $\lim\limits_{h\to0}\theta=\dfrac{1}{n+2}$.

6.1.2　导数的应用

1. 利用导数判定函数的单调性及证明不等式

定理:若函数 $f(x)$ 在区间 I 上可导,则 $f(x)$ 在 I 上单调递增(减)$\Leftrightarrow f'(x)\geqslant0(\leqslant0)$.

例 6.5　试比较 e^{π} 与 π^{e} 的大小.

证明　令 $f(x)=\dfrac{1}{x}\ln x(x>0)$,$f'(x)=\dfrac{1-\ln x}{x^2}$,则:

(1)当 $0<x<e$ 时,$f'(x)>0$,$f(x)$ 在 $(0,e)$ 上严格递增;

(2)当 $x>e$ 时,$f'(x)<0$,$f(x)$ 在 $(e,+\infty)$ 上严格递减.

所以 $f(x)$ 在 $x=e$ 取极大值,也是最大值:$f(e)=\dfrac{1}{e}$,即

$$f(\pi)<f(e)\Rightarrow\frac{1}{\pi}\ln\pi<\frac{1}{e}\ln e\Rightarrow\pi^{e}<e^{\pi}.$$

例 6.6　证明:$\dfrac{\tan x}{x}>\dfrac{x}{\sin x},x\in\left(0,\dfrac{\pi}{2}\right)$.

证明　因 $x\in\left(0,\dfrac{\pi}{2}\right)$,所以 $\sin x>0,\tan x>0$. 令 $f(x)=\sin x\tan x-x^2$,则

$$f'(x)=\sin x+\sec^2x\sin x-2x=\tan x\left(\cos x+\frac{1}{\cos x}\right)-2x.$$

因 $x\in\left(0,\dfrac{\pi}{2}\right)$ 时,$\cos x+\dfrac{1}{\cos x}>2,\tan x>x$,所以 $f'(x)>0$,即 $f(x)$ 在 $\left(0,\dfrac{\pi}{2}\right)$ 严格递增,又因 $f(0)=0$,所以 $f(x)>0\left[x\in\left(0,\dfrac{\pi}{2}\right)\right]$,即 $\dfrac{\tan x}{x}>\dfrac{x}{\sin x}$.

2. 利用一阶导数求极值

(1)极值的必要条件(费马定理):若函数 $f(x)$ 在 x_0 点可导,且在 x_0 点取得极值,则 $f'(x_0)=0$.

注　①称使 $f'(x)=0$ 的点为函数 $f(x)$ 的稳定点(也称驻点).

②驻点与极值点的关系:

a. 互不蕴含:例如$f(x)=|x|$,$x=0$点是极小值点,但不是驻点;而$f(x)=x^3$,$x=0$点是驻点而非极值点.

b. 有关系:可导的极值点必是驻点(费马定理);凸(凹)函数的驻点必是极值点.

(2)极值的充分条件.

极值的第一充分条件:若$f(x)$在点x_0连续,当$x\in(x_0-\delta,x_0)$时,$f'(x)\leqslant 0(\geqslant 0)$,当$x\in(x_0,x_0+\delta)$时,$f'(x)\geqslant 0(\leqslant 0)$,则$f(x)$在$x_0$点取极小(大)值.

极值的第二充分条件:若$f(x)$在x_0点二阶可导,$f'(x_0)=0$,$f''(x_0)\neq 0$,则x_0必为极值点.当$f''(x_0)>0$时,x_0为极小值点;当$f''(x_0)<0$时,x_0为极大值点.

极值的第三充分条件:若$f(x)$在点x_0有直到n阶的导数,且

$$f^{(k)}(x_0)=0(k=1,2,\cdots,n-1),\quad f^{(n)}(x_0)\neq 0,$$

则:

①当n为偶数时,x_0必为极值点,$f^{(n)}(x_0)>0$时,为极小值点;$f^{(n)}(x_0)<0$时,为极大值点.

②当n为奇数时,x_0必不是极值点.

下面仅证明第三充分条件.

证明 将$f(x)$在x_0点展成带皮亚诺余项的泰勒公式,即

$$f(x)=f(x_0)+f'(x_0)(x-x_0)+\cdots+\frac{f^{(n-1)}(x_0)}{(n-1)!}(x-x_0)^{n-1}+\frac{f^{(n)}(x_0)}{n!}(x-x_0)^n+o[(x-x_0)^n].$$

由已知,$f^{(k)}(x_0)=0(k=1,2,\cdots,n-1)$,所以

$$f(x)-f(x_0)=\frac{f^{(n)}(x_0)}{n!}(x-x_0)^n+o[(x-x_0)^n].$$

因为等式右边第二项为高阶无穷小量,符号由第一项而定,所以当n为偶数时,$\frac{(x-x_0)^n}{n!}>0,x\in U(x_0)$.从而,当$f^{(n)}(x_0)>0$时,$f(x)-f(x_0)>0,x\in U(x_0)$,即$f(x_0)$为极小值;当$f^{(n)}(x_0)<0$时,$f(x)-f(x_0)<0,x\in U(x_0)$,即$f(x_0)$为极大值.当$n$为奇数时,$(x-x_0)^n[x\in U(x_0)]$符号不定,因而$f(x)-f(x_0)[x\in U(x_0)]$的符号不定,故$x_0$不是极值点.

下面举例说明定理的条件是充分而非必要的.

例 6.7 设$f(x)=\begin{cases}x^4\sin^2\frac{1}{x}, & x\neq 0\\ 0, & x=0\end{cases}$,证明$x=0$是极小值点,但不满足上述三个充分条件.

证明 显然对任意的$x\in\mathbf{R}$,$f(x)\geqslant 0$,故$f(0)=0$为极小值.因为

$$f'(0)=\lim_{x\to 0}\frac{f(x)-f(0)}{x-0}=\lim_{x\to 0}x^3\sin^2\frac{1}{x}=0,$$

所以$x=0$为稳定点,且

$$f'(x)=\begin{cases}4x^3\sin^2\dfrac{1}{x}-x^2\sin\dfrac{2}{x}, & x\neq 0\\ 0, & x=0\end{cases}.$$

在 $x=0$ 的任意右 δ 邻域内，取 $x_1=\dfrac{1}{n\pi+\dfrac{\pi}{2}}$，$x_2=\dfrac{1}{2n\pi+\dfrac{\pi}{4}}$，显然当 n 充分大时有 $0<x_1,x_2<\delta$，$f'(x_1)=4x_1^3>0$，$f'(x_2)=2x_2^3-x_2^2=x_2^2(2x_2-1)<0$，即在 $x=0$ 的任意右邻域内 f' 变号，同理在 $x=0$ 左邻域内一样，所以不满足第一充分条件.

又因 $f''(0)=\lim\limits_{x\to 0}\dfrac{f'(x)-f'(0)}{x-0}=\lim\limits_{x\to 0}\left(4x^2\sin^2\dfrac{1}{x}-x\sin\dfrac{2}{x}\right)=0$，所以不满足第二充分条件.

同样地，因为

$$f''(x)=\begin{cases}12x^2\sin^2\dfrac{1}{x}-6x\sin\dfrac{2}{x}+2\cos\dfrac{2}{x}, & x\neq 0\\ 0, & x=0\end{cases},$$

但 $f'''(0)=\lim\limits_{x\to 0}\dfrac{f''(x)-f''(0)}{x-0}$ 不存在，所以也不满足第三充分条件.

3. 利用二阶导数判断函数凹凸性及拐点

(1) 凸(凹)函数定义：设函数 $f(x)$ 定义在区间 I 上，若对任意 $x_1,x_2\in I$，$0<\lambda<1$，有

$$f(\lambda x_1+(1-\lambda)x_2)\leqslant(\geqslant)\lambda f(x_1)+(1-\lambda)f(x_2),$$

则称 $f(x)$ 为区间 I 上的凸(凹)函数.

(2) 若 $f(x)$ 在区间 I 上二阶可导，则 $f(x)$ 为凸(凹)函数 $\Leftrightarrow f''(x)\geqslant 0(\leqslant 0)$.

(3) 曲线上凸凹部分分界点称为曲线的拐点.

(4) 曲线的渐近线：

水平渐近线：若 $\lim\limits_{x\to\infty}f(x)=A$（常数），则称直线 $y=A$ 为 $f(x)$ 的水平渐近线.

垂直渐近线：若 $\lim\limits_{x\to x_0}f(x)=\infty$，则称直线 $x=x_0$ 为 $f(x)$ 的垂直渐近线.

斜渐近线：若 $\lim\limits_{x\to\infty}\dfrac{f(x)}{x}=k\neq 0$，则 $f(x)$ 必有斜渐近线 $y=kx+b$，其中 b 由极限 $b=\lim\limits_{x\to\infty}[f(x)-kx]$ 所确定.

例 6.8　求曲线 $f(x)=\dfrac{1}{x}+\ln(1+\mathrm{e}^x)$ 的渐近线.

解　只有间断点 $x=0$，由于

$$\lim_{x\to 0}f(x)=\lim_{x\to 0}\left[\frac{1}{x}+\ln(1+\mathrm{e}^x)\right]=\infty,$$

所以直线 $x=0$ 为 $f(x)$ 的唯一垂直渐近线. 又因

$$\lim_{x\to-\infty}f(x)=\lim_{x\to-\infty}\left[\frac{1}{x}+\ln(1+\mathrm{e}^x)\right]=0,$$

所以直线 $x\to-\infty$ 时有水平渐近线 $y=0$. 又因

$$\lim_{x\to+\infty}\frac{f(x)}{x}=\lim_{x\to+\infty}\frac{\frac{1}{x}+\ln(1+\mathrm{e}^x)}{x}=\lim_{x\to+\infty}\left[\frac{1}{x^2}+\frac{\ln(1+\mathrm{e}^x)}{x}\right]=1,$$

所以$f(x)$必有斜渐近线,由于

$$b=\lim_{x\to+\infty}[f(x)-x]=\lim_{x\to+\infty}\left[\frac{1}{x}+\ln(1+\mathrm{e}^x)-\ln\mathrm{e}^x\right]=0+\lim_{x\to+\infty}\ln\frac{1+\mathrm{e}^x}{\mathrm{e}^x}=0,$$

因此斜渐近线为直线 $y=x$.

6.2 微分中值定理及导数应用中的典型问题

6.2.1 有关中值定理问题的证明技巧

中值定理的证明一般要根据题中所涉及问题的特点,选取适当的函数,或构造适当的辅助函数,达到解决问题的目的. 下面通过例子加以说明.

1. 构造辅助函数法

例 6.9 设$f(x)$在$[a,b]$上可导,证明:存在$\xi\in(a,b)$,使得

$$2\xi[f(b)-f(a)]=(b^2-a^2)f'(\xi).$$

思考 能否由f及$g=x^2$利用柯西中值定理:

$$\frac{f(b)-f(a)}{b^2-a^2}=\frac{f'(\xi)}{2\xi}\qquad\left[\text{或}\frac{b^2-a^2}{f(b)-f(a)}=\frac{2\xi}{f'(\xi)}\right]$$

得到要证的结论?(不能)为什么?若加上个条件$a>0$(或$b<0$),或$f'(x)\neq0$呢?

证明 令$F(x)=(b^2-a^2)f(x)-[f(b)-f(a)]x^2$,利用罗尔定理即证得结论,从略.

2. 待定常数法

例 6.10 设$f(x)$在$[a,b]$上三阶可导,证明:存在$\xi\in(a,b)$,使得

$$f(b)=f(a)+\frac{1}{2}(b-a)[f'(a)+f'(b)]-\frac{1}{12}(b-a)^3f'''(\xi).$$

证明 记$f(b)=f(a)+\frac{1}{2}(b-a)[f'(a)+f'(b)]-\frac{1}{12}(b-a)^3M$,令

$$F(x)=f(x)-f(a)-\frac{1}{2}(x-a)[f'(x)+f'(a)]+\frac{1}{12}(x-a)^3M,$$

则$F(x)$在$[a,b]$上连续可导,且$F(a)=F(b)=0$. 于是由罗尔定理,$\exists\xi_1\in(a,b)$,使得$F'(\xi_1)=0$. 而$F'(x)=f'(x)-\frac{1}{2}[f'(x)+f'(a)]-\frac{1}{2}(x-a)f''(x)+\frac{1}{4}(x-a)^2M$,显然$F'(x)$在$[a,\xi_1]\subset[a,b]$上连续可导,且$F'(a)=F'(\xi_1)=0$. 再用罗尔定理,$\exists\xi\in(a,\xi_1)\subset(a,b)$,使得$F''(\xi)=0$,而$F''(x)=\frac{1}{2}(x-a)M-\frac{1}{2}(x-a)f'''(x)$,因此由$F''(\xi)=0$可以推得$M=f'''(\xi)$,即结论

成立.

3. 添加因子法

例 6.11　设 $f(x)$ 在 $[a,b]$ 上连续,在 (a,b) 内可导, $f(a)=f(b)=0$,证明:对任意实数 k,存在 $\xi\in(a,b)$,使得 $kf(\xi)=f'(\xi)$.

证明　令 $F(x)=\mathrm{e}^{-kx}f(x)$,则可验证 $F(x)$ 在 $[a,b]$ 上满足罗尔定理条件,故 $\exists\xi\in(a,b)$,使得 $F'(\xi)=0\Rightarrow kf(\xi)=f'(\xi)$.

注　(1)这种添加 e^{-kx} 因子法非常重要,它可以演变出许多问题.

①题设条件不变,结论可改为:证明对任意自然数 n,m,使得 $mf(\xi)=nf'(\xi)\left(k=\dfrac{m}{n}\right)$.

②将 e^{-kx} 改为 $\mathrm{e}^{-g(x)}$,问题变为:$f(x),g(x)$ 在 $[a,b]$ 上连续,在 (a,b) 内可导, $f(a)=f(b)=0$,证明存在 $\xi\in(a,b)$,使得 $g'(\xi)f(\xi)=f'(\xi)$.

③变形,如:设 $\varphi(x)$ 在 $[a,b]$ 上连续、可导,且在 (a,b) 内恒正, $\varphi(a)=\varphi(b)=0$, $F(x)=\ln\varphi(x)$.证明存在 $\xi\in(a,b)$,使得 $F'(\xi)=1$.

分析　这实际上就是要证 $\dfrac{\varphi'(\xi)}{\varphi(\xi)}=1\Rightarrow\varphi'(\xi)=\varphi(\xi)$(就是本例 $k=1$ 时的情形).

(2)这类型的题有一个条件不可少:$f(a)=f(b)=0$,否则添加因子后,就不再满足罗尔定理的条件,此法失效.

4. 高阶导数的中值定理问题,一般考虑用泰勒中值定理

例 6.12　设 $f(x)$ 在 $[-1,1]$ 上具有三阶连续导数, $f(-1)=0$, $f(1)=1$, $f'(0)=0$,证明:$\exists\xi\in(-1,1)$,使得 $f'''(\xi)=3$.

分析　注意到 $f'(0)=0$,所以可将 f 在 $x=0$ 点泰勒展开.

证明　$f(x)=f(0)+f'(0)x+\dfrac{1}{2!}f''(0)x^2+\dfrac{1}{3!}f'''(\eta)x^3$(其中 η 介于 0 与 x 之间).

令 $x=-1$,得

$$0=f(0)+\frac{f''(0)}{2}-\frac{1}{6}f'''(\xi_1)\quad\left[\xi_1\in(-1,0)\right],$$

令 $x=1$ 得

$$1=f(0)+\frac{f''(0)}{2}+\frac{1}{6}f'''(\xi_2)\quad\left[\xi_2\in(0,1)\right],$$

将以上两式相减得

$$\frac{1}{6}[f'''(\xi_2)+f'''(\xi_1)]=1\Rightarrow\frac{1}{2}[f'''(\xi_2)+f'''(\xi_1)]=3.$$

因 $f'''(x)$ 在 $[\xi_1,\xi_2]$ 上连续,记 m,M 分别为 $f'''(x)$ 在 $[\xi_1,\xi_2]$ 上的最小、最大值,则

$$m\leqslant\frac{1}{2}[f'''(\xi_2)+f'''(\xi_1)]\leqslant M,$$

由介值定理, $\exists\xi\in[\xi_1,\xi_2]\subset[0,1]$,使得

$$f'''(\xi)=\frac{1}{2}[f'''(\xi_2)+f'''(\xi_1)]=3.$$

中值定理问题证明方法很多,也很灵活,主要是上述四种方法．为更好掌握,再举几个例子.

例 6.13 设$f(x)$在$[a,b]$上连续,在(a,b)内可导、非线性．证明:存在$\xi\in(a,b)$,使得$f'(\xi)>\frac{f(b)-f(a)}{b-a}$.

分析 注意要证结论的右边是连接$A(a,f(a))$,$B(b,f(b))$两点的弦的斜率,就是要证曲线上存在一点切线斜率大于弦AB的斜率,从几何意义上看是显然的,当然,把要证的结论中的"$>$"改为"$<$"也是成立的.

证明 令$F(x)=f(x)-\left[f(a)+\frac{f(b)-f(a)}{b-a}(x-a)\right]$(注意第二项就是直线$AB$的方程),则$F(a)=F(b)=0$,由于$f(x)$非线性,所以$F$在$[a,b]$上不恒为零．不妨设$\exists c\in(a,b)$,$F(c)>0$,在$[a,c]$上由拉格朗日中值定理,$\exists\xi\in(a,c)\subset(a,b)$,使得

$$F'(\xi)=\frac{F(c)-F(a)}{c-a}=\frac{F(c)}{c-a}>0,$$

即

$$f'(\xi)>\frac{f(b)-f(a)}{b-a}.$$

若$F(c)<0$,则在区间$[c,b]$上用拉格朗日中值定理,可得同样结论.

思考题:在题设条件下,证明存在一点$\eta\in(a,b)$,使得$f'(\eta)<\frac{f(b)-f(a)}{b-a}$.

例 6.14 设$f(x)$在$[0,1]$上连续,在$(0,1)$内可导,$f(0)=0$,$f(1)=1$,证明:$\forall a,b>0$,在$(0,1)$内必存在$x_1\neq x_2$,使得$\frac{a}{f'(x_1)}+\frac{b}{f'(x_2)}=a+b$.

分析 $\frac{a}{f'(x_1)}+\frac{b}{f'(x_2)}=a+b\Rightarrow\frac{\frac{a}{a+b}}{f'(x_1)}+\frac{\frac{b}{a+b}}{f'(x_2)}=1$,而$\frac{a}{a+b}+\frac{b}{a+b}=1$.

证明 由$f(x)$在$[0,1]$上连续,在$(0,1)$内可导,$f(0)=0$,$f(1)=1$,对$0<\frac{a}{a+b}<1$,由介值定理,$\exists\xi\in(0,1)$,使得$f(\xi)=\frac{a}{a+b}$,$1-f(\xi)=\frac{b}{a+b}$.

在$[0,\xi]$上利用拉格朗日中值定理,$\exists x_1\in(0,\xi)(0<\xi<1)$,使得$f(\xi)-f(0)=\xi f'(x_1)$,即

$$\frac{f(\xi)}{f'(x_1)}=\xi\Rightarrow\frac{\frac{a}{a+b}}{f'(x_1)}=\xi. \tag{6.3}$$

在$[\xi,1]$上利用拉格朗日中值定理,$\exists x_2\in(\xi,1)$,使得$f(1)-f(\xi)=(1-\xi)f'(x_2)$,而$f(1)=1$,上式即为

$$1-f(\xi)=(1-\xi)f'(x_2)\Rightarrow\frac{\frac{b}{a+b}}{f'(x_2)}=1-\xi. \tag{6.4}$$

式(6.3)和式(6.4)相加可得

$$\frac{\frac{a}{a+b}}{f'(x_1)}+\frac{\frac{b}{a+b}}{f'(x_2)}=1,$$

也即

$$\frac{a}{f'(x_1)}+\frac{b}{f'(x_2)}=a+b.$$

例 6.15　设$f(x)$在$[a,b]$二阶可导,且$f(x)\geqslant 0, f''(x)<0$,证明:$\forall x\in[a,b]$,有

$$f(x)\leqslant\frac{2}{b-a}\int_a^b f(t)\mathrm{d}t.$$

分析　注意到有高阶导数,首先考虑泰勒公式.

证明　$\forall x\in[a,b]$,将$f(x)$在t点展开($t\in[a,b]$).

$$f(x)=f(t)+f'(t)(x-t)+\frac{f''(\xi)}{2!}(x-t)^2\quad(\text{其中}\xi\text{介于}x\text{与}t\text{之间}).$$

注意到$f''(x)<0$,所以$f(x)\leqslant f(t)+f'(t)(x-t)$. 两边对$t$作积分,得

$$\int_a^b f(x)\mathrm{d}t\leqslant\int_a^b f(t)\mathrm{d}t+\int_a^b f'(t)(x-t)\mathrm{d}t.$$

$$(b-a)f(x)\leqslant\int_a^b f(t)\mathrm{d}t+f(t)(x-t)\Big|_a^b+\int_a^b f(t)\mathrm{d}t$$

$$=2\int_a^b f(t)\mathrm{d}t+f(b)(x-b)-f(a)(x-a).$$

注意到$f(x)\geqslant 0\Rightarrow f(b)(x-b)-f(a)(x-a)\leqslant 0$,所以$f(x)\leqslant\frac{2}{b-a}\int_a^b f(t)\mathrm{d}t$.

注　利用凹函数性质证明更简单.

例 6.16　设$f(x)$在$[0,a]$上二阶可导,$|f''(x)|\leqslant M(x\in[0,a])$,又$f(x)$在$(0,a)$内取到最大值,试证$|f'(0)|+|f'(a)|\leqslant Ma$.

分析　注意到在区间内取到最大值,在最大值点的导数为零,由此打开思路.

证明　设$x_0\in(0,a)$为$f(x)$的最大值点,由费马定理,得$f'(x_0)=0$. 在区间$[0,x_0]$和$[x_0,a]$上,分别运用拉格朗日中值定理,有

$$f'(0)=f'(0)-f'(x_0)=f''(\xi_1)(0-x_0),\quad\xi_1\in(0,x_0),$$

$$f'(a)=f'(a)-f'(x_0)=f''(\xi_2)(a-x_0),\quad\xi_2\in(x_0,a),$$

所以

$$|f'(0)|+|f'(a)|=|f''(\xi_1)|x_0+|f''(\xi_2)|(a-x_0)\leqslant Ma.$$

例 6.17　设$f(x)$在$[a,b]$二阶可导,过$A(a,f(a)),B(b,f(b))$的直线与曲线$y=f(x)$交于一点$C(c,f(c))$,其中$c\in(a,b)$,证明:$\exists\xi\in(a,b)$,使得$f''(\xi)=0$.

证明　在$[a,c],[c,b]$上分别运用拉格朗日中值定理,有

$$\frac{f(c)-f(a)}{c-a}=f'(\xi_1),\quad\xi_1\in(a,c),$$

$$\frac{f(b)-f(c)}{b-c}=f'(\xi_2),\quad \xi_2\in(c,b),$$

注意到 A,B,C 三点在同一直线上，$\frac{f(c)-f(a)}{c-a}=\frac{f(b)-f(c)}{b-c}=\frac{f(b)-f(a)}{b-a}$. 所以 $f'(\xi_1)=f'(\xi_2)$. 在区间 $[\xi_1,\xi_2]$ 上，对 $f'(x)$ 运用罗尔定理，$\exists\xi\in(\xi_1,\xi_2)\subset(a,b)$，使得 $f''(\xi)=0$.

例 6.18 设 $f(x)$ 在 $[a,b]$ 二阶可导，$f(a)=f(b)=0$，并存在 $c\in(a,b)$，使得 $f(c)<0$，证明：$\exists\xi\in(a,b)$，使得 $f''(\xi)>0$.

证明 在 $[a,c]$，$[c,b]$ 上分别运用拉格朗日中值定理，有

$$f'(\xi_1)=\frac{f(c)-f(a)}{c-a}=\frac{f(c)}{c-a}<0,\quad \xi_1\in(a,c),$$

$$f'(\xi_2)=\frac{f(b)-f(c)}{b-c}=\frac{-f(c)}{b-c}>0,\quad \xi_2\in(c,b),$$

在 $[\xi_1,\xi_2]$ 上对 $f'(x)$ 运用拉格朗日中值定理，$\exists\xi\in(\xi_1,\xi_2)\subset(a,b)$，使得

$$f''(\xi)=\frac{f'(\xi_2)-f'(\xi_1)}{\xi_2-\xi_1}>0.$$

思考 从题设条件，$f(a)=f(b)=0$，$f(c)<0$，曲线必有下凸的部分，所以有结论 $f''(\xi)>0$. 若将 $f(c)<0$ 改为 $f(c)>0$，结论又该如何？

例 6.19 设 $f(x)$ 在 $[a,b]$ 上可导 $(0<a<b)$，$f(a)\neq f(b)$. 证明：存在 $\xi,\eta\in(a,b)$，使得

$$f'(\xi)=\frac{a+b}{2\eta}f'(\eta).$$

证明 由拉格朗日中值定理，$\exists\xi\in(a,b)$，使得

$$f'(\xi)=\frac{f(b)-f(a)}{b-a}=(a+b)\frac{f(b)-f(a)}{b^2-a^2}.$$

又因 $b>a>0$，所以对 $f(x)$，$g(x)=x^2$ 在 $[a,b]$ 上运用柯西中值定理，$\exists\eta\in(a,b)$，使得

$$\frac{f(b)-f(a)}{g(b)-g(a)}=\frac{f(b)-f(a)}{b^2-a^2}=\frac{f'(\eta)}{2\eta}.$$

结合上式有

$$f'(\xi)=\frac{a+b}{2\eta}f'(\eta).$$

例 6.20 设函数 $f(x)$ 在 $[0,1]$ 上连续，在 $(0,1)$ 内可导，$f'(x)>0$，$f(0)=0$. 证明：存在 λ，$\mu\in(0,1)$，$\lambda+\mu=1$，使得 $\frac{f'(\lambda)}{f(\lambda)}=\frac{f'(\mu)}{f(\mu)}$.

分析 因 $\mu=1-\lambda$，因此本题的结论可改为 $\frac{f'(\lambda)}{f(\lambda)}=\frac{f'(1-\lambda)}{f(1-\lambda)}$，即

$$f'(\lambda)f(1-\lambda)=f'(1-\lambda)f(\lambda).$$

由此可看出辅助函数的形式.

证明 令 $F(x)=f(x)f(1-x)$，$x\in[0,1]$，则 F 在 $[0,1]$ 上连续，在 $(0,1)$ 内可导，且 $F(0)=f(0)f(1)=0=F(1)$，由罗尔定理，$\exists\lambda\in(0,1)$，使得 $F'(\lambda)=0$，即

$$f'(\lambda)f(1-\lambda)=f'(1-\lambda)f(\lambda).$$

由于 $f'(x)>0$, $f(0)=0\Rightarrow f(x)>0(x\in(0,1])$，所以

$$\frac{f'(\lambda)}{f(\lambda)}=\frac{f'(1-\lambda)}{f(1-\lambda)}=\frac{f'(\mu)}{f(\mu)}(\lambda+\mu=1).$$

例 6.21　设 $f(x)$ 在 $[a,b]$ 上连续，在 (a,b) 内二阶可导，证明：存在 $\xi\in(a,b)$，使得

$$f(b)-2f\left(\frac{a+b}{2}\right)+f(a)=\frac{(b-a)^2}{4}f''(\xi).$$

证明　令 $F(x)=f\left(x+\frac{b-a}{2}\right)-f(x),x\in\left[a,\frac{a+b}{2}\right]$，从而有

$$F\left(\frac{a+b}{2}\right)-F(a)=f(b)-2f\left(\frac{a+b}{2}\right)+f(a).$$

在区间 $\left[a,\frac{a+b}{2}\right]$ 上，对 $F(x)$ 运用拉格朗日中值定理，$\exists\eta\in\left(a,\frac{a+b}{2}\right)$，使得

$$F\left(\frac{a+b}{2}\right)-F(a)=F'(\eta)\frac{b-a}{2},$$

即

$$f(b)-2f\left(\frac{a+b}{2}\right)+f(a)=\left[f'\left(\eta+\frac{b-a}{2}\right)-f'(\eta)\right]\cdot\frac{b-a}{2}.$$

在区间 $\left[\eta,\eta+\frac{b-a}{2}\right]$ 上，对 $f'(x)$ 运用拉格朗日中值定理，$\exists\xi\in\left(\eta,\eta+\frac{b-a}{2}\right)$，使得

$$f'\left(\eta+\frac{b-a}{2}\right)-f'(\eta)=f''(\xi)\cdot\frac{b-a}{2},$$

从而　$$f(b)-2f\left(\frac{a+b}{2}\right)+f(a)=\left[f'\left(\eta+\frac{b-a}{2}\right)-f'(\eta)\right]\cdot\frac{b-a}{2}=\frac{(b-a)^2}{4}f''(\xi),$$

其中，$\xi\in\left(\eta,\eta+\frac{b-a}{2}\right)\subset(a,b)$.

例 6.22　设 $f(x)$ 在 $[0,1]$ 上二阶可导，$f(0)=f(1)=0$，$\min\limits_{x\in[0,1]}f(x)=-1$，证明：

$$\max_{x\in[0,1]}f''(x)\geqslant 8.$$

证明　设 $x_0\in(0,1)$ 为 $f(x)$ 的最小值点，则 $f(x_0)=-1$，$f'(x_0)=0$. 在 $x=x_0$ 点泰勒展开，有

$$f(x)=f(x_0)+f'(x_0)(x-x_0)+\frac{f''(\xi)}{2}(x-x_0)^2=-1+\frac{f''(\xi)}{2}(x-x_0)^2,$$

其中，ξ 介于 x 与 x_0 之间. 令 $x=0$，得

$$0=-1+\frac{f''(\xi_1)}{2}x_0^2\Rightarrow f''(\xi_1)=\frac{2}{x_0^2},\quad \xi_1\in(0,x_0).$$

令 $x=1$ 得

$$0=-1+\frac{f''(\xi_2)}{2}(1-x_0)^2\Rightarrow f''(\xi_2)=\frac{2}{(1-x_0)^2},\quad \xi_2\in(x_0,1).$$

当 $x_0\in\left(0,\frac{1}{2}\right]$ 时，$f''(\xi_1)\geqslant 8$，当 $x_0\in\left[\frac{1}{2},1\right)$ 时，$f''(\xi_2)\geqslant 8$，所以

$$\max_{x\in[0,1]}f''(x)\geqslant\max\{f''(\xi_1),f''(\xi_2)\}\geqslant 8.$$

例 6.23 设 $f(x)$ 在 $[0,1]$ 上有二阶连续导数，$f(0)=f(1)=0$，且当 $x\in(0,1)$ 时，$f(x)\neq 0$，试证 $\int_0^1\left|\frac{f''(x)}{f(x)}\right|\mathrm{d}x\geqslant 4$.

证明 因 $f(0)=f(1)=0$，且当 $x\in(0,1)$ 时，$f(x)\neq 0$，记 $x_0\in(0,1)$ 为 $|f(x)|$ 在 $[0,1]$ 上的最大值点，则 $|f(x_0)|>0$. 在 $[0,x_0]$ 上，由拉格朗日中值定理，$\exists\xi_1\in(0,x_0)$，使得

$$\frac{f(x_0)-f(0)}{x_0}=f'(\xi_1)\Rightarrow\frac{f(x_0)}{x_0}=f'(\xi_1),$$

在 $[x_0,1]$ 上，由拉格朗日中值定理，$\exists\xi_2\in(x_0,1)$，使得

$$\frac{f(1)-f(x_0)}{1-x_0}=f'(\xi_2)\Rightarrow\frac{-f(x_0)}{1-x_0}=f'(\xi_2),$$

所以

$$\int_0^1\left|\frac{f''(x)}{f(x)}\right|\mathrm{d}x\geqslant\int_0^1\frac{|f''(x)|}{|f(x_0)|}\mathrm{d}x\geqslant\frac{1}{|f(x_0)|}\int_{\xi_1}^{\xi_2}|f''(x)|\mathrm{d}x\geqslant\frac{1}{|f(x_0)|}\left|\int_{\xi_1}^{\xi_2}f''(x)\mathrm{d}x\right|$$

$$=\frac{1}{|f(x_0)|}|f'(\xi_2)-f'(\xi_1)|=\frac{1}{|f(x_0)|}\left|\frac{-f(x_0)}{1-x_0}-\frac{f(x_0)}{x_0}\right|=\frac{1}{x_0(1-x_0)}\geqslant 4,$$

其中，易证当 $0<x_0<1$ 时，$x_0(1-x_0)\leqslant\frac{1}{4}$.

6.2.2 凸函数及其特性

关于凸函数的定义，在 6.1 节已经叙述，下面介绍凸函数的一些特性.

定理 1（割线斜率性质） 函数 $f(x)$ 为区间 I 上的凸函数 $\Leftrightarrow\forall x_1,x_2,x_3\in I,x_1<x_2<x_3$，总有

$$\frac{f(x_2)-f(x_1)}{x_2-x_1}\leqslant\frac{f(x_3)-f(x_1)}{x_3-x_1}\leqslant\frac{f(x_3)-f(x_2)}{x_3-x_2}.$$

证明 （仅证一个不等式，其余类似）

（必要性）$\forall x_1,x_2,x_3\in I$，且 $x_1<x_2<x_3$，令 $\lambda=\frac{x_2-x_1}{x_3-x_1}$，则 $0<\lambda<1$，且 $x_2=\lambda x_3+(1-\lambda)x_1$.

由 $f(x)$ 为凸函数的定义：

$$f(x_2)=f(\lambda x_3+(1-\lambda)x_1)\leqslant\lambda f(x_3)+(1-\lambda)f(x_1)=\frac{x_2-x_1}{x_3-x_1}f(x_3)+\frac{x_3-x_2}{x_3-x_1}f(x_1),$$

于是

$$(x_3-x_1)f(x_2)\leqslant(x_2-x_1)f(x_3)+(x_3-x_2)f(x_1),$$

$$(x_3-x_1)f(x_2)\leqslant(x_2-x_1)f(x_3)+(x_3-x_1)f(x_1)-(x_2-x_1)f(x_1),$$

即

$$(x_3-x_1)[f(x_2)-f(x_1)]\leqslant(x_2-x_1)[f(x_3)-f(x_1)]\Rightarrow$$

$$\frac{f(x_2)-f(x_1)}{x_2-x_1}\leqslant\frac{f(x_3)-f(x_1)}{x_3-x_1}.$$

（充分性）$\forall x_1,x_3\in I(x_1<x_3)$ 及 $\lambda:0<\lambda<1$，令 $x_2=\lambda x_1+(1-\lambda)x_3$，则 $\lambda=\dfrac{x_3-x_2}{x_3-x_1}$. 将上述必要性的证明过程逆推回去即得

$$f(\lambda x_1+(1-\lambda)x_3)\leqslant\lambda f(x_1)+(1-\lambda)f(x_3),$$

即 $f(x)$ 为 I 上的凸函数.

定理 2（导数及切线性质）　设 $f(x)$ 在区间 I 上可导，则下列命题等价：

(1) $f(x)$ 为 I 上凸函数；

(2) $f'(x)$ 为 I 上增函数；

(3) 对 I 上任意两点 x_1,x_2，总有

$$f(x_2)\geqslant f(x_1)+f'(x_1)(x_2-x_1)\quad(\text{或者 } f(x_1)\geqslant f(x_2)+f'(x_2)(x_1-x_2)).$$

其中(3)的几何意义是：曲线总位于切线之上.

证明　(1)$\Rightarrow$(2)：$\forall x_1,x_2\in I,x_1<x_2,h>0$ 充分小，由于 $x_1-h<x_1<x_2<x_2+h$，因 $f(x)$ 在 I 上凸，有

$$\frac{f(x_1)-f(x_1-h)}{h}\leqslant\frac{f(x_2)-f(x_1)}{x_2-x_1}\leqslant\frac{f(x_2+h)-f(x_2)}{h}.$$

因 $f(x)$ 可导，令 $h\to0^+$，有 $f'(x_1)\leqslant\dfrac{f(x_2)-f(x_1)}{x_2-x_1}\leqslant f'(x_2)$. 即 f' 在 I 上单增.

(2)$\Rightarrow$(3)：$\forall x_1,x_2\in I,x_1<x_2$，在区间 $[x_1,x_2]$ 上用拉格朗日中值定理，有

$$f(x_2)-f(x_1)=f'(\xi)(x_2-x_1)\geqslant f'(x_1)(x_2-x_1),$$

其中，$x_1<\xi<x_2$，由 $f'(x)$ 的单增性，$f'(\xi)\geqslant f'(x_1)$. 移项即得.

(3)$\Rightarrow$(1)：$\forall x_1,x_2\in I$ 及 $0<\lambda<1$，记 $x_3=\lambda x_1+(1-\lambda)x_2$，由(3)得

$$f(x_1)\geqslant f(x_3)+f'(x_3)(x_1-x_3),$$

$$f(x_2)\geqslant f(x_3)+f'(x_3)(x_2-x_3),$$

所以 $\lambda f(x_1)+(1-\lambda)f(x_2)\geqslant f(x_3)=f(\lambda x_1+(1-\lambda)x_2)$，即 $f(x)$ 为凸函数.

注　*若 $f(x)$ 在区间 I 上二阶可导，则 $f(x)$ 为 I 上的凸函数 $\Leftrightarrow f''(x)\geqslant0$.*

定理 3（凸函数的可导性）　若 I 为开区间，$f(x)$ 为 I 上的凸函数，则 $f(x)$ 在 I 上的每一点都存在左、右导数.

证明　任取 $x_0\in I$，因 I 为开区间，设 $0<h_1<h_2$ 充分小，使 $x_0+h_2\in I$，因 $f(x)$ 为凸函数，有

$$\frac{f(x_0+h_1)-f(x_0)}{h_1}\leqslant\frac{f(x_0+h_2)-f(x_0)}{h_2},$$

令 $F(h)=\dfrac{f(x_0+h)-f(x_0)}{h}(h>0)$,则 $F(h)$ 为增函数. 任取 $x'\in I,x'<x_0$,则

$$F(h)=\frac{f(x_0+h)-f(x_0)}{h}\geqslant\frac{f(x_0)-f(x')}{x_0-x'},$$

即 $F(h)$ 在 $h>0$ 时有下界,据单调有界原理 $\lim\limits_{h\to0}F(h)=\lim\limits_{h\to0}\dfrac{f(x_0+h)-f(x_0)}{h}=f'_+(x_0)$ 存在. 同理可证 $f'_-(x_0)$ 存在.

定理 4(凸函数的连续性及一致连续性) 若 I 为开区间,$f(x)$ 为 I 上的凸函数,则 $f(x)$ 在 I 上连续且内闭一致连续.

证明 由定理 3 可知,$\forall x_0\in I$,$f'_+(x_0)$,$f'_-(x_0)$ 都存在,从而 $f(x)$ 在 x_0 点既右连续,又左连续,因此 $f(x)$ 在 x_0 点连续,即 $f(x)$ 在开区间 I 上连续.

显然 $f(x)$ 在 I 上内闭一致连续.

定理 5(凸函数的极值性质)

(1)设 $f(x)$ 为开区间 I 上可导的凸函数,则 x_0 为 $f(x)$ 的极小值点$\Leftrightarrow x_0$ 为 $f(x)$ 的稳定点.

(2)设 $f(x)$ 为开区间 I 上严格凸函数,x_0 为 $f(x)$ 的极小值点,则必是唯一的极小值点,因而也是最小值点.

证明 (1)必要性由费马定理立即可得. 下面证明充分性.

已知 x_0 为 $f(x)$ 的稳定点,$f'(x_0)=0$. $\forall x\in I$,因 $f(x)$ 凸,有

$$f(x)\geqslant f(x_0)+f'(x_0)(x-x_0)=f(x_0),$$

即 x_0 为 $f(x)$ 的极小值点,也是最小值点.

(2)(反证法)假设除 x_0 外,还有一个极小值点 x',不妨设 $x'<x_0$,则必存在 x'':$x'<x''<x_0$,使 $f(x'')>f(x')$,$f(x'')>f(x_0)$,此时有

$$\frac{f(x'')-f(x')}{x''-x'}>0,\qquad\frac{f(x_0)-f(x'')}{x_0-x''}<0,$$

与凸函数的割线斜率性质矛盾,故极小值点必唯一,从而也是最小值点.

定理 6(凸函数性质的推广——Jensen 不等式) 若 $f(x)$ 为区间 I 上的凸函数,则对任意的 $x_i\in I,\lambda_i>0(i=1,2,\cdots,n)$,$\sum\limits_{i=1}^{n}\lambda_i=1$,有 $f\left(\sum\limits_{i=1}^{n}\lambda_ix_i\right)\leqslant\sum\limits_{i=1}^{n}\lambda_if(x_i)$.

证明从略.

例 6.24 用凸函数性质证明:

(1)(均值不等式)设 $a_i>0(i=1,2,\cdots,n)$,则有

$$\frac{n}{\dfrac{1}{a_1}+\dfrac{1}{a_2}+\cdots+\dfrac{1}{a_n}}\leqslant\sqrt[n]{a_1a_2\cdots a_n}\leqslant\frac{a_1+a_2+\cdots+a_n}{n}.$$

(2)(Holder 不等式)设 $a_i,b_i>0(i=1,2,\cdots,n)$,则有

$$\sum_{i=1}^{n}a_ib_i\leqslant\left(\sum_{i=1}^{n}a_i^p\right)^{\frac{1}{p}}\left(\sum_{i=1}^{n}b_i^q\right)^{\frac{1}{q}}\left(p>0,q>0,\frac{1}{p}+\frac{1}{q}=1\right).$$

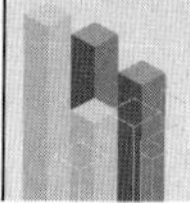

证明　(1) 令$f(x)=-\ln x(x>0)$,则因$f''(x)=\dfrac{1}{x^2}>0(x>0)$,所以$f(x)$在$x>0$时为凸函数．由 Jensen 不等式,$f\left(\sum\limits_{i=1}^{n}\dfrac{1}{n}a_i\right)\leqslant\dfrac{1}{n}\sum\limits_{i=1}^{n}f(a_i)$,

即
$$-\ln\left(\sum_{i=1}^{n}\frac{a_i}{n}\right)\leqslant-\frac{1}{n}\sum_{i=1}^{n}\ln a_i\Rightarrow$$

$$\ln\left(\sum_{i=1}^{n}\frac{a_i}{n}\right)\geqslant\frac{1}{n}\sum_{i=1}^{n}\ln a_i\Rightarrow$$

$$\ln\left(\sum_{i=1}^{n}\frac{a_i}{n}\right)\geqslant\frac{\ln(a_1a_2\cdots a_n)}{n}=\ln\sqrt[n]{a_1a_2\cdots a_n},$$

即
$$\frac{a_1+a_2+\cdots+a_n}{n}\geqslant\sqrt[n]{a_1a_2\cdots a_n},$$

同理

$$f\left(\sum_{i=1}^{n}\frac{1}{n}\frac{1}{a_i}\right)\leqslant\frac{1}{n}\sum_{i=1}^{n}f\left(\frac{1}{a_i}\right)\Rightarrow-\ln\frac{\sum\limits_{i=1}^{n}\dfrac{1}{a_i}}{n}\leqslant-\frac{1}{n}\sum_{i=1}^{n}\ln\frac{1}{a_i}\Rightarrow$$

$$\ln\frac{n}{\sum\limits_{i=1}^{n}\dfrac{1}{a_i}}\leqslant\ln\sqrt[n]{a_1a_2\cdots a_n}\Rightarrow\frac{n}{\sum\limits_{i=1}^{n}\dfrac{1}{a_i}}\leqslant\sqrt[n]{a_1a_2\cdots a_n}.$$

结论成立.

(2) 设$f(x)=x^p(x>0,p>1)$,则$f''(x)=p(p-1)x^{p-2}>0(x>0)$,所以$f(x)$在$(0,+\infty)$上是凸函数．$\forall a_i,b_i>0(i=1,2,\cdots,n)$,令$x_i=\dfrac{a_i}{b_i^{\frac{1}{p-1}}}$,$\lambda_i=\dfrac{b_i^q}{\sum\limits_{i=1}^{n}b_i^q}(i=1,2,\cdots,n)$,则

$$0<\lambda_i<1,\quad\sum_{i=1}^{n}\lambda_i=1,\quad\lambda_ix_i=\frac{a_ib_i}{\sum\limits_{i=1}^{n}b_i^q},\quad\lambda_if(x_i)=\frac{a_i^p}{\sum\limits_{i=1}^{n}b_i^q}.$$

由 Jensen 不等式,有

$$f\left(\sum_{i=1}^{n}\lambda_ix_i\right)\leqslant\sum_{i=1}^{n}\lambda_if(x_i)\Rightarrow f\left(\sum_{i=1}^{n}\frac{a_ib_i}{\sum\limits_{i=1}^{n}b_i^q}\right)\leqslant\sum_{i=1}^{n}\frac{a_i^p}{\sum\limits_{i=1}^{n}b_i^q},$$

即
$$\frac{\left(\sum\limits_{i=1}^{n}a_ib_i\right)^p}{\left(\sum\limits_{i=1}^{n}b_i^q\right)^p}\leqslant\frac{\sum\limits_{i=1}^{n}a_i^p}{\sum\limits_{i=1}^{n}b_i^q}\Rightarrow\sum_{i=1}^{n}a_ib_i\leqslant\left(\sum_{i=1}^{n}a_i^p\right)^{\frac{1}{p}}\left(\sum_{i=1}^{n}b_i^q\right)^{\frac{1}{q}}.$$

Holder 不等式成立.

关于导函数的应用,有如下例题：

例 6.25 设 $0<x<y<1$ 或 $1<x<y$,则必有 $\frac{y}{x}>\frac{y^x}{x^y}$.

分析 实际上证明不等式 $x^{y-1}>y^{x-1}$,和例 6.5 类似.

证明 令 $f(x)=\frac{\ln x}{x-1}(x>0,且\ x\neq 1)$,$f'(x)=\frac{x-1-x\ln x}{x(x-1)^2}$,又设

$$g(x)=x-1-x\ln x(x>0,x\neq 1).$$

当 $0<x<1$ 时,$g'(x)=-\ln x>0\Rightarrow g(x)$ 在 $(0,1)$ 单调递增,且 $g(1)=0$,所以 $g(x)<0\Rightarrow f'(x)<0\Rightarrow f(x)$ 在 $(0,1)$ 单调递减,即 $0<x<y<1$ 时,有

$$\frac{\ln x}{x-1}>\frac{\ln y}{y-1}\Rightarrow\frac{y}{x}>\frac{y^x}{x^y}.$$

当 $x>1$ 时,$g'(x)=-\ln x<0\Rightarrow g(x)$ 在 $(1,+\infty)$ 上单调递减,且 $g(1)=0$,所以 $g(x)<0\Rightarrow f'(x)<0\Rightarrow f(x)$ 在 $(1,+\infty)$ 单调递减,即 $1<x<y$ 时,有

$$\frac{\ln x}{x-1}>\frac{\ln y}{y-1}\Rightarrow\frac{y}{x}>\frac{y^x}{x^y}.$$

例 6.26 设 $f(x)$ 在 $[0,1]$ 上二阶可导,$f''(x)>0(x\in(0,1))$,$f(0)f(1)>0$,$\int_0^1 f(x)\mathrm{d}x=0$,证明:

(1) $f(x)$ 在 $(0,1)$ 内恰好有两个零点;

(2) $\exists\xi\in(0,1)$,使得 $f(\xi)=\int_0^{\xi}f(t)\mathrm{d}t$.

证明 (1) 由 $f(0)f(1)>0$,可知 $f(0)$ 与 $f(1)$ 同号,不妨设 $f(0)>0$, $f(1)>0$,又 $f''(x)>0(x\in(0,1))$,可知 $f(x)$ 在 $[0,1]$ 上严格凸. 设 x_0 为 $f(x)$ 在 $[0,1]$ 上的最小值点,而 $\int_0^1 f(x)\mathrm{d}x=0$,可得 $f(x_0)<0(x_0\in(0,1))$. 在 $[0,x_0]$ 与 $[x_0,1]$ 上,由根的存在定理,至少存在两个不同的零点,再由 $f(x)$ 在 $[0,1]$ 上严格凸可得 $f(x)$ 在 $(0,1)$ 内恰好有两个零点.

另外,若 $f(0)<0$, $f(1)<0$,又 $f(x)$ 在 $[0,1]$ 上严格凸,则 $f(0)$ 或 $f(1)$ 就是 $f(x)$ 的最大值,即 $f(x)<0(\forall x\in[0,1])$,与 $\int_0^1 f(x)\mathrm{d}x=0$ 矛盾.

(2) 设 $F(x)=\mathrm{e}^{-x}\int_0^x f(t)\mathrm{d}t$,$F'(x)=\mathrm{e}^{-x}\left[f(x)-\int_0^x f(t)\mathrm{d}t\right]$,显然 $F(0)=F(1)=0$. 由罗尔定理,$\exists\xi\in(0,1)$,使得 $F'(\xi)=0$,即 $\mathrm{e}^{-\xi}\left[f(\xi)-\int_0^{\xi}f(t)\mathrm{d}t\right]=0$. 又 $\mathrm{e}^{-\xi}>0$,只有 $f(\xi)=\int_0^{\xi}f(t)\mathrm{d}t$.

例 6.27 设 $f(x)$ 在 $[0,+\infty)$ 可微,且满足不等式:$0\leqslant f(x)\leqslant\ln\frac{2x+1}{x+\sqrt{1+x^2}}$. 证明:$\exists\xi\in(0,+\infty)$,使得 $f'(\xi)=\frac{2}{2\xi+1}-\frac{1}{\sqrt{1+\xi^2}}$.

分析　注意到要证结果右边就是$\left(\ln \dfrac{2x+1}{x+\sqrt{1+x^2}}\right)' = \dfrac{2}{2x+1} - \dfrac{1}{\sqrt{1+x^2}}$在$\xi$点的值,这样的辅助函数就很容易想到.

证明　令$g(x) = f(x) - \ln \dfrac{2x+1}{x+\sqrt{1+x^2}}, x \in [0, +\infty)$. 因$f(x)$在$x=0$连续,$\lim\limits_{x\to 0} \ln \dfrac{2x+1}{x+\sqrt{1+x^2}} = 0$,由追敛法则,可得$f(0)=0$,从而$g(0)=0$. 又因

$$\lim_{x\to+\infty} \ln \frac{2x+1}{x+\sqrt{1+x^2}} = 0 \Rightarrow \lim_{x\to+\infty} f(x) = 0 \Rightarrow \lim_{x\to+\infty} g(x) = 0.$$

若$\forall x \in [0, +\infty), g(x) \equiv 0$,则$g(x)$为常函数,结论显然成立. 否则,由于$g(x) \leqslant 0$,$g(x)$必在开区间$(0, +\infty)$内取到最小值,记$\xi \in (0, +\infty)$为$g(x)$的最小值点,由费马定理,$g'(\xi) = 0$,即

$$f'(\xi) = \frac{2}{2\xi+1} - \frac{1}{\sqrt{1+\xi^2}}.$$

注　此题用了结论:$\lim\limits_{x\to 0} g(x) = \lim\limits_{x\to+\infty} g(x) = 0$,且$\exists c \in (0, +\infty)$,使$g(c) < 0$,则$g(x)$在$(0, +\infty)$上必可取到最小值(见例4.14).

例6.28　设$f(x)$在$(0, +\infty)$上单调递减,可微,且$0 < f(x) < |f'(x)|, x \in (0, +\infty)$. 证明:当$0 < x < 1$时,必有$xf(x) \geqslant \dfrac{1}{x} f\left(\dfrac{1}{x}\right)$.

证明　因$f(x)$在$(0, +\infty)$上单调递减,所以$f'(x) < 0, x \in (0, +\infty)$.

$$0 < f(x) < |f'(x)| = -f'(x) \Rightarrow \frac{f'(x)}{f(x)} < -1,$$

当$x \in (0,1)$时,有

$$\int_x^1 \frac{f'(t)}{f(t)} \mathrm{d}t \leqslant \int_x^1 (-1) \mathrm{d}t \Rightarrow \ln \frac{f(1)}{f(x)} \leqslant x - 1 \Rightarrow \frac{f(1)}{f(x)} \leqslant \mathrm{e}^{x-1},$$

$$\int_1^{\frac{1}{x}} \frac{f'(t)}{f(t)} \mathrm{d}t \leqslant \int_1^{\frac{1}{x}} (-1) \mathrm{d}t \Rightarrow \ln \frac{f\left(\frac{1}{x}\right)}{f(1)} \leqslant 1 - \frac{1}{x} \Rightarrow \frac{f\left(\frac{1}{x}\right)}{f(1)} \leqslant \mathrm{e}^{1-\frac{1}{x}},$$

将上两式相乘得

$$\frac{f\left(\frac{1}{x}\right)}{f(x)} \leqslant \mathrm{e}^{x-\frac{1}{x}}.$$

下证当$x \in (0,1)$时,$\mathrm{e}^{x-\frac{1}{x}} \leqslant x^2$,即证$x - \dfrac{1}{x} \leqslant 2\ln x\,[x \in (0,1)]$. 令

$$g(x) = x - \frac{1}{x} - 2\ln x \quad [x \in (0,1)],$$

则$g'(x) = \dfrac{(x-1)^2}{x^2} > 0$,$g(x)$在$(0,1]$上单调递增,$g(x) \leqslant g(1) = 0$,即

$$x-\frac{1}{x}\leqslant 2\ln x\Rightarrow e^{x-\frac{1}{x}}\leqslant x^2\Rightarrow\frac{f\left(\frac{1}{x}\right)}{f(x)}\leqslant x^2\Rightarrow xf(x)\geqslant\frac{1}{x}f\left(\frac{1}{x}\right).$$

例 6.29 设$f(x)$是$[a,b]$上的一个非常数的连续函数,M,m分别是$f(x)$的最大值与最小值,证明:存在$[\alpha,\beta]\subset[a,b]$,使得

(1)$m<f(x)<M,x\in(\alpha,\beta)$;

(2)$f(\alpha),f(\beta)$恰好是$f(x)$在$[a,b]$上的M和m(或m和M).

证明 先证明如下命题.

(i) 若$f(x)$在$[a,b]$上连续,则必存在最大和最小的最大值点,即若令$A=\{x\in[a,b]\mid f(x)=M\}$,$\alpha_1=\sup A,\beta_1=\inf A$,则$\alpha_1\in A,\beta_1\in A$;

(ii) 若$f(x)$在$[a,b]$上连续,则必存在最大和最小的最小值点,即若令$B=\{x\in[a,b]\mid f(x)=m\}$,$\alpha_2=\sup B,\beta_2=\inf B$,则$\alpha_2\in B,\beta_2\in B$.

证 (i)$A=\{x\in[a,b]\mid f(x)=M\}$,显然$A\neq\phi$,有界,从而$\alpha_1=\sup A,\beta_1=\inf A$均存在且为有限值.

① 若A为有限点集,则$\alpha_1\in A$显然;

② 若A为无穷点集,且$\alpha_1\notin A$,则必存在各项互异点列$\{x_n\}\subset A$,且$\lim\limits_{n\to\infty}x_n=\alpha_1$(例1.13),由于$\alpha_1\in[a,b]$,且$f(x)$在$\alpha_1$连续,由归结原则

$$\lim_{n\to\infty}f(x_n)=f(\alpha_1).$$

注意到$f(x_n)\equiv M,(n=1,2,\cdots)$,则$f(\alpha_1)=M$,与$\alpha_1\notin A$矛盾,故$\alpha_1\notin A$.

同理可证$\beta_1\in A$.

命题(ii)的证明可类似于(i)的证明,下面证明本题的结论:

由$f(x)$在$[a,b]$上连续,且非常值,故必存在$x_1,x_2\in[a,b]$,使得$f(x_1)=M$,$f(x_2)=m,x_1\neq x_2$. 不妨设$a\leqslant x_1<x_2\leqslant b$,在$[x_1,x_2]$上,有一个最大的最大值点$\alpha$;显然$x_1\leqslant\alpha<x_2,f(\alpha)=M$. 在$[\alpha,x_2]$上,有一个最小的最小值点$\beta$:且$\alpha<\beta\leqslant x_2,f(\beta)=m$,则$[\alpha,\beta]\subset[a,b]$,满足题中两个条件.

习　　题

1. 证明:当$0<x<1$时,有$1+x<e^x<\dfrac{1}{1-x}$.

2. 设$f''(x)<0$, $f(0)=0$,证明:对任何$a>0,b>0$,都有$f(a+b)<f(a)+f(b)$.

3. 已知函数$f(x)$在$[0,1]$上连续,在$(0,1)$内可微,且$f(1)=0$,证明:在$(0,1)$内至少存在一点c,使$f'(c)=-\dfrac{f(c)}{c}$.

4. 设函数$f(x)$在$[0,1]$上可微，且满足$f(1)-2\int_0^{\frac{1}{2}}xf(x)\mathrm{d}x=0$，证明：在$(0,1)$内至少存在一点$c$，使$f'(c)=-\dfrac{f(c)}{c}$.

5. 设$f(x)$在$[a,b]$上连续，在(a,b)内可导，证明：在(a,b)内至少存在一点ξ，使得

$$\frac{bf(b)-af(a)}{b-a}=f(\xi)+\xi f'(\xi).$$

6. 设$f(x)$在$[0,1]$上具有二阶导数，且满足$|f(x)|\leqslant a$，$|f''(x)|\leqslant b$，其中a,b都是非负常数，c是$(0,1)$内任意一点，证明：$|f'(c)|\leqslant 2a+\dfrac{b}{2}$.

7. 设函数$f(x)$在$[a,b]$上二阶可导，且$f'(a)=f'(b)=0$，证明：$\exists\xi\in(a,b)$，使得

$$|f''(\xi)|\geqslant 4\left|\frac{f(b)-f(a)}{(b-a)^2}\right|.$$

8. 证明：若$f(x)$在$(-\infty,+\infty)$上可导，$f(a)=f(b)=0$，$f'(a)<0$，$f'(b)<0$，则方程$f'(x)=0$在(a,b)内至少有两个不同的实根.

9. 设$f(x)$在$[0,+\infty)$上有连续导数，且$f'(x)\geqslant k>0$，$f(0)<0$，证明：$f(x)$在$(0,+\infty)$内有且仅有一个零点.

10. 设$f(x)$在$[a,+\infty)$内二次可微，且$f''(x)<0$，$f'(a)<0$，$f(a)>0$. 证明：方程$f(x)=0$在$[a,+\infty)$内有且仅有一个实根.

11. 设$f(x)\in C[a,b]$，且$\int_a^b f(x)\mathrm{d}x=0$，证明：存在$\xi\in[a,b]$，使得$\int_a^{\xi}f(x)\mathrm{d}x=f(\xi)$.

12. 设$f(x)$在$[0,1]$上二阶可导，且$f''(x)\geqslant 0$，证明：

$$\int_0^1 f(x^n)\mathrm{d}x\geqslant f\left(\frac{1}{n+1}\right)\quad(n=1,2,\cdots).$$

13. 设$f(x)$在$[0,1]$上二阶可导，且$f(0)=f(1)$，证明在$(0,1)$内至少存在一点ξ，使得$(1-\xi)f''(\xi)=2f'(\xi)$.

14. 设$f(x)$在$[0,1]$上连续，在$(0,1)$内可导，且$f(0)=0$，证明在$(0,1)$内至少存在一点ξ，使得$\xi f'(\xi)+2f(\xi)=f'(\xi)$.

第7讲　不定积分

7.1　不定积分的概念

7.1.1　原函数

(1)定义．设函数$f(x)$,$F(x)$在区间I上都有定义,若$F'(x)=f(x)$,$x\in I$,则称$F(x)$是$f(x)$在区间I上的一个原函数.

(2)一个函数的原函数不唯一,同一个函数的所有原函数彼此相差一个常数;几何意义是:同一个函数的所有原函数是一组彼此平行的积分曲线.

(3)连续函数必有原函数.

(4)若$f(x)$在区间I上含有第一类间断点,则$f(x)$在该区间上必没有原函数．例如,符号函数$f(x)=\operatorname{sgn} x$在包含原点的任何区间上都没有原函数.

7.1.2　不定积分

1. 定义

函数$f(x)$在区间I上的全体原函数称为$f(x)$在I上的不定积分,记作$\int f(x)\mathrm{d}x$.

从定义可见,记号$\int f(x)\mathrm{d}x$表示的是一个函数族,若$F(x)$是$f(x)$的一个原函数,则这个函数族可简记为$\int f(x)\mathrm{d}x=F(x)+C$,其中$C$为任意常数.

2. 基本性质

(1) $\left[\int f(x)\mathrm{d}x\right]'=f(x)$.

(2) $\mathrm{d}\left[\int f(x)\mathrm{d}x\right]=f(x)\mathrm{d}x$.

(3) $\int f'(x)\mathrm{d}x=f(x)+C$.

(4) $\int \mathrm{d}[f(x)]=f(x)+C$.

(5) 线性. 若$f(x)$,$g(x)$均存在原函数,α,β为常数,则

$$\int[\alpha f(x)+\beta g(x)]\mathrm{d}x=\alpha\int f(x)\mathrm{d}x+\beta\int g(x)\mathrm{d}x.$$

例 7.1 求解下列各题:

(1) 设$\int xf(x)\mathrm{d}x=\arcsin x+C$,求$\int\frac{1}{f(x)}\mathrm{d}x$的值.

(2) 设$\frac{\sin x}{x}$是$f(x)$的一个原函数,求$\int xf'(x)\mathrm{d}x$的值.

(3) 若$f(x)$的导函数为$\sin x$,求$f(x)$的原函数.

解 (1) 利用基本性质两边求导得,

$$xf(x)=\frac{1}{\sqrt{1-x^2}}\Rightarrow\frac{1}{f(x)}=x\sqrt{1-x^2},$$

所以

$$\begin{aligned}\int\frac{1}{f(x)}\mathrm{d}x&=\int x\sqrt{1-x^2}\mathrm{d}x\\&=-\frac{1}{2}\int(1-x^2)^{\frac{1}{2}}\mathrm{d}(1-x^2)=-\frac{1}{3}(1-x^2)^{\frac{3}{2}}+C.\end{aligned}$$

(2) 利用分部积分法:

$$\begin{aligned}\int xf'(x)\mathrm{d}x&=xf(x)-\int f(x)\mathrm{d}x=x\left(\frac{\sin x}{x}\right)'-\frac{\sin x}{x}+C\\&=\cos x-\frac{2\sin x}{x}+C.\end{aligned}$$

(3) 因$f'(x)=\sin x\Rightarrow f(x)=\int\sin x\mathrm{d}x=-\cos x+C$,所以$f(x)$的原函数为

$$\int f(x)\mathrm{d}x=\int(-\cos x+C)\mathrm{d}x=-\sin x+Cx+C_1,$$

其中,C,C_1为任意常数.

3. 不定积分的计算

1) 利用基本积分公式

例 7.2 求不定积分$\int\frac{\mathrm{d}x}{\sin^2x\cos^2x}$.

解 $\int\frac{\mathrm{d}x}{\sin^2x\cos^2x}=\int\frac{\cos^2x+\sin^2x}{\cos^2x\sin^2x}\mathrm{d}x=\int\sec^2x\mathrm{d}x+\int\csc^2x\mathrm{d}x=\tan x-\cot x+C.$

2) 第一换元法(凑微分法)

例 7.3 求解下列不定积分:

(1) $\int\frac{\mathrm{e}^{-\sqrt{x}}}{\sqrt{x}}\mathrm{d}x$; (2) $\int\frac{\ln\ln x}{x\ln x}\mathrm{d}x$.

解 (1) $\int\frac{\mathrm{e}^{-\sqrt{x}}}{\sqrt{x}}\mathrm{d}x=-2\int\mathrm{e}^{-\sqrt{x}}\mathrm{d}(-\sqrt{x})=-2\mathrm{e}^{-\sqrt{x}}+C.$

(2) $\int \frac{\ln\ln x}{x\ln x}dx = \int \ln\ln x d(\ln\ln x) = \frac{1}{2}(\ln\ln x)^2 + C.$

3) 第二换元法(变量代换)

例 7.4 求解不定积分:

(1) $\int \frac{dx}{\sqrt{x}+\sqrt[3]{x}}$; (2) $\int \frac{e^{3\arctan x}}{(1+x^2)^{\frac{3}{2}}}dx.$

解 (1) $\int \frac{dx}{\sqrt{x}+\sqrt[3]{x}}$,令 $x = t^6$,则

$$\int \frac{dx}{\sqrt{x}+\sqrt[3]{x}} = 6\int \frac{t^5}{t^3+t^2}dt = 6\int \frac{t^3}{1+t}dt = 6\int\left(t^2 - t + 1 - \frac{1}{1+t}\right)dt$$

$$= 6\left[\frac{t^3}{3} - \frac{t^2}{2} + t - \ln(1+t)\right] + C$$

$$= 2x^{\frac{1}{2}} - 3x^{\frac{1}{3}} + 6x^{\frac{1}{6}} - \ln(1+x^{\frac{1}{6}}) + C.$$

(2) 记 $I = \int \frac{e^{3\arctan x}}{(1+x^2)^{\frac{3}{2}}}dx$. 令 $x = \tan t$,则

$$I = \int \frac{e^{3\arctan x}}{(1+x^2)^{\frac{3}{2}}}dx = \int \cos t e^{3t}dt = e^{3t}\sin t - 3\int e^{3t}\sin t dt$$

$$= e^{3t}\sin t + 3e^{3t}\cos t - 9\int e^{3t}\cos t dt,$$

所以

$$I = \frac{1}{10}e^{3t}(3\cos t + \sin t) + C = \frac{1}{10}e^{3\arctan x}\frac{3+x}{\sqrt{1+x^2}} + C.$$

4) 分部积分法

分部积分公式:$\int u dv = uv - \int v du.$

例 7.5 计算不定积分:

(1) $\int \frac{\ln\sin x}{\sin^2 x}dx$; (2) $\int x^{\alpha}\ln x dx$ (α 为常数).

解 (1) $\int \frac{\ln\sin x}{\sin^2 x}dx = -\int \ln\sin x d(\cot x) = -\ln\sin x\cdot\cot x + \int \cot^2 x dx$

$$= -\ln\sin x\cdot\cot x + \int(\csc^2 x - 1)dx$$

$$= -\ln\sin x\cdot\cot x - \cot x - x + C.$$

(2) 当 $\alpha = -1$ 时,有

$$\int x^{\alpha}\ln x dx = \int \ln x d(\ln x) = \frac{1}{2}(\ln x)^2 + C.$$

当 $\alpha \neq -1$ 时,有

$$\int x^{\alpha}\ln x\mathrm{d}x=\int \ln x\mathrm{d}\left(\frac{x^{\alpha+1}}{\alpha+1}\right)=\frac{x^{\alpha+1}}{\alpha+1}\ln x-\frac{1}{\alpha+1}\int x^{\alpha}\mathrm{d}x$$

$$=\frac{x^{\alpha+1}}{\alpha+1}\ln x-\frac{x^{\alpha+1}}{(\alpha+1)^2}+C$$

$$=\frac{x^{\alpha+1}}{(\alpha+1)^2}[(\alpha+1)\ln x-1]+C.$$

5）有理函数的积分

说明　理论上证明，连续函数都有原函数，但是许多连续函数的原函数不是初等函数，即它的不定积分无法求出．例如$\int \frac{\sin x}{x}\mathrm{d}x$，$\int \sin x^2\mathrm{d}x$，$\int \mathrm{e}^{x^2}\mathrm{d}x$等．但有一类函数，那就是有理函数，它的原函数都是初等函数，它的不定积分都能求出．一般步骤是：将假分式化为整式加真分式；对真分式的分母因式分解；部分分式后就可积出．这里必须说明，按此步骤虽然都能把积分求出，但往往十分复杂．所以，在求有理函数积分时，首先考虑其他方法，如凑微分法等．

例7.6　求解不定积分$\int \frac{x-1}{x^2-2x+2}\mathrm{d}x$.

解法1　若按有理函数积分的方法去作，$I=\int \frac{x-1}{x^2-2x+2}\mathrm{d}x=\int \frac{x-1}{(x-1)^2+1}\mathrm{d}x$，令$x-1=t$，则

$$I=\int \frac{t}{1+t^2}\mathrm{d}t=\frac{1}{2}\ln(1+t^2)+C=\frac{1}{2}\ln(x^2-2x+2)+C,$$

就比较复杂.

解法2　可首先考虑用凑微分法，即

$$\int \frac{x-1}{x^2-2x+2}\mathrm{d}x=\frac{1}{2}\int \frac{\mathrm{d}(x^2-2x+2)}{x^2-2x+2}=\frac{1}{2}\ln(x^2-2x+2)+C,$$

就简单多了.

6）可化为有理函数的积分

（1）形如$\int R(\sin x,\cos x)\mathrm{d}x$，其中$R(\sin x,\cos x)$表示以$\sin x,\cos x$为变量的三角函数有理式．可用“万能代换”$\tan\frac{x}{2}=t$，将其化为有理函数的积分．但当被积函数是$\sin^2x$，$\cos^2x$或$\sin x\cos x$的有理式时，令$\tan x=t$较为简单．同理，对三角函数有理式的积分，仍然首先考虑凑微分等其他方法，最后考虑“万能代换”的方法，如

$$\int \frac{\sin x\cos x}{1+\sin^2x}\mathrm{d}x=\frac{1}{2}\int \frac{\mathrm{d}(\sin^2x)}{1+\sin^2x}=\frac{1}{2}\ln(1+\sin^2x)+C.$$

（2）形如$\int R\left(x,\sqrt[n]{\frac{ax+b}{cx+d}}\right)\mathrm{d}x(ad-bc\neq 0)$，令$\sqrt[n]{\frac{ax+b}{cx+d}}=t$，即可化为有理函数的积分．其他类型不再赘述.

7.2 不定积分的几个问题讨论

7.2.1 原函数的存在问题

问题1 在区间上连续的函数,必存在原函数,即若$f(x)$在区间I上连续,则$F(x)=\int_a^x f(t)\,\mathrm{d}t$是$f(x)$的一个原函数,其中$a$为$I$中的任一固定的点,$x\in I$.

证明 $\forall x\in I, F'(x)=\lim\limits_{\Delta x\to 0}\dfrac{F(x+\Delta x)-F(x)}{\Delta x}=\lim\limits_{\Delta x\to 0}\dfrac{1}{\Delta x}\left[\int_a^{x+\Delta x}f(t)\,\mathrm{d}t-\int_a^x f(t)\,\mathrm{d}t\right]$

$$=\lim_{\Delta x\to 0}\frac{1}{\Delta x}\int_x^{x+\Delta x}f(t)\,\mathrm{d}t=\lim_{\Delta x\to 0}f(\xi)=f(x),$$

其中,ξ介于x与$x+\Delta x$之间,当$\Delta x\to 0$时,由$f(x)$的连续性,$f(\xi)\to f(x)$,即由可变上限定积分定义的函数$F(x)=\int_a^x f(t)\,\mathrm{d}t$,就是被积函数$f(x)$的一个原函数.

问题2 若$f(x)$有第一类间断点x_0,则在包含x_0的任何区间I上,$f(x)$都不存在原函数,即$\int f(x)\,\mathrm{d}x$无意义.

证明 假设f在I上有原函数$F(x)$,则$F'(x)=f(x),x\in I$. 由导数极限定理知,$f(x)$在I上没有第一类间断点,此与已知矛盾.

例如,在包含原点的任何区间上$\int \operatorname{sgn} x\,\mathrm{d}x$都是无意义的. 事实上,由于

$$\operatorname{sgn} x=\begin{cases}1, & x>0\\ 0, & x=0,\\ -1, & x<0\end{cases}$$

假设它存在原函数$F(x)$,则$F(x)=\begin{cases}x+c_1, & x>0\\ c_2, & x=0,\\ -x+c_3, & x<0\end{cases}$因$F(x)$在$x=0$连续,$F(0+0)=F(0-0)=F(0)\Rightarrow c_1=c_2=c_3$,将它们记为$c$,则

$$F(x)=\begin{cases}x+c, & x>0\\ c, & x=0,\\ -x+c, & x<0\end{cases}$$

$$F'_+(0)=\lim_{x\to 0^+}\frac{F(x)-F(0)}{x-0}=1,$$

$$F'_-(0)=\lim_{x\to 0^-}\frac{F(x)-F(0)}{x-0}=-1,$$

即 $F(x)$ 在 $x=0$ 点不可导,此与 $F(x)$ 是 $\operatorname{sgn} x$ 的原函数矛盾.

7.2.2 求解不定积分的技巧

例 7.7 求不定积分$\int\frac{\mathrm{d}x}{\sqrt{\sin x\cos^7 x}}$.

解 $$\int\frac{\mathrm{d}x}{\sqrt{\sin x\cos^7 x}}=\int\frac{\sec^4 x}{(\tan x)^{\frac{1}{2}}}\mathrm{d}x=\int\frac{1+\tan^2 x}{(\tan x)^{\frac{1}{2}}}\mathrm{d}(\tan x)$$
$$=2(\tan x)^{\frac{1}{2}}+\frac{2}{5}(\tan x)^{\frac{5}{2}}+C.$$

例 7.8 求不定积分$\int \mathrm{e}^x\left(\frac{1-x}{1+x^2}\right)^2\mathrm{d}x$.

解 $$\int \mathrm{e}^x\left(\frac{1-x}{1+x^2}\right)^2\mathrm{d}x=\int \mathrm{e}^x\left(\frac{1}{1+x^2}-\frac{x}{1+x^2}\right)^2\mathrm{d}x$$
$$=\int \mathrm{e}^x\left[\frac{1}{(1+x^2)^2}-\frac{2x}{(1+x^2)^2}+\frac{x^2}{(1+x^2)^2}\right]\mathrm{d}x$$
$$=\int \mathrm{e}^x\left[\frac{1}{1+x^2}-\frac{2x}{(1+x^2)^2}\right]\mathrm{d}x.$$
$$=\int\frac{\mathrm{e}^x}{1+x^2}\mathrm{d}x+\int \mathrm{e}^x\mathrm{d}\left(\frac{1}{1+x^2}\right)=\frac{\mathrm{e}^x}{1+x^2}+C.$$

例 7.9 求不定积分$\int\frac{x\mathrm{e}^x}{\sqrt{\mathrm{e}^x-2}}\mathrm{d}x$.

解 $I=\int\frac{x\mathrm{e}^x}{\sqrt{\mathrm{e}^x-2}}\mathrm{d}x$. 令 $\mathrm{e}^x-2=t^2$,则 $x=\ln(t^2+2)$,所以
$$I=2\int\ln(t^2+2)\mathrm{d}t=2t\ln(t^2+2)-4\int\frac{t^2}{t^2+2}\mathrm{d}t$$
$$=2t\ln(t^2+2)-4\left(t-\sqrt{2}\arctan\frac{t}{\sqrt{2}}\right)+C$$
$$=2x\sqrt{\mathrm{e}^x-2}-4\sqrt{\mathrm{e}^x-2}+4\sqrt{2}\arctan\sqrt{\frac{\mathrm{e}^x-2}{2}}+C.$$

例 7.10 求不定积分$\int\frac{x+\sin x}{1+\cos x}\mathrm{d}x$.

分析 被积函数不是三角函数有理式,一般不能用“万能代换”.

解 $I=\int\frac{x+\sin x}{1+\cos x}\mathrm{d}x=\int\frac{x}{1+\cos x}\mathrm{d}x+\int\frac{\sin x}{1+\cos x}\mathrm{d}x=I_1+I_2$.
$$I_1=\int\frac{x}{1+\cos x}\mathrm{d}x=\int\frac{x}{2\cos^2\frac{x}{2}}\mathrm{d}x=\int x\mathrm{d}\left(\tan\frac{x}{2}\right)$$

$$= x\tan\frac{x}{2} - \int\tan\frac{x}{2}dx = x\tan\frac{x}{2} + 2\ln\left|\cos\frac{x}{2}\right| + C_1,$$

$$I_2 = \int\frac{\sin x}{1+\cos x}dx = -\int\frac{d(1+\cos x)}{1+\cos x} = -\ln(1+\cos x) + C_2,$$

所以

$$\begin{aligned} I &= x\tan\frac{x}{2} + 2\ln\left|\cos\frac{x}{2}\right| - \ln(1+\cos x) + C_3 \\ &= x\tan\frac{x}{2} + \ln\cos^2\frac{x}{2} - \ln\left(2\cos^2\frac{x}{2}\right) + C_3 \\ &= x\tan\frac{x}{2} + C. \end{aligned}$$

例 7.11 求递推公式:

(1) $I_n = \int(\ln x)^n dx$,并计算 $I_3 = \int(\ln x)^3 dx$;

(2) $I_n = \int\frac{dx}{(x^2+a^2)^n}$,并计算 $I_2 = \int\frac{dx}{(1+x^2)^2}$.

解 (1) $I_n = \int(\ln x)^n dx = x(\ln x)^n - n\int(\ln x)^{n-1}dx = x(\ln x)^n - nI_{n-1}$.

$$\begin{aligned} I_3 &= x(\ln x)^3 - 3I_2 = x(\ln x)^3 - 3x(\ln x)^2 + 6I_1 \\ &= x(\ln x)^3 - 3x(\ln x)^2 + 6x\ln x - 6x + C. \end{aligned}$$

(2)
$$\begin{aligned} I_n &= \int\frac{dx}{(x^2+a^2)^n} = \frac{x}{(x^2+a^2)^n} + 2n\int\frac{x^2}{(x^2+a^2)^{n+1}}dx \\ &= \frac{x}{(x^2+a^2)^n} + 2n\left[\int\frac{dx}{(x^2+a^2)^n} - a^2\int\frac{dx}{(x^2+a^2)^{n+1}}\right] \\ &= \frac{x}{(x^2+a^2)^n} + 2nI_n - 2na^2 I_{n+1}, \end{aligned}$$

所以

$$I_{n+1} = \frac{1}{2na^2}\frac{x}{(x^2+a^2)^n} + \frac{2n-1}{2na^2}I_n,$$

$$I_2 = \int\frac{dx}{(1+x^2)^2} = \frac{1}{2}\frac{x}{x^2+1} + \frac{1}{2}I_1 = \frac{1}{2}\left(\frac{x}{1+x^2} + \arctan x\right) + C.$$

例 7.12 已知 $f'(\ln x) = 1 + x^2\ln x$,求 $f(x)$.

解 令 $\ln x = t$,则 $x = e^t$,于是 $f'(t) = 1 + te^{2t}$,所以

$$f(x) = \int f'(x)dx = \int(1 + xe^{2x})dx = x + \frac{1}{4}e^{2x}(2x-1) + C.$$

例 7.13 设 $f(x) = \begin{cases} x+1, & x \leqslant 0, \\ e^{-x}, & x > 0, \end{cases}$ 求 $\int f(x)dx$.

分析 所给函数 $f(x)$ 是连续函数(包括 $x=0$ 点),故原函数存在,不定积分有意义. 对分段函数求不定积分应分段积分,然后根据原函数的可微性及连续性确定常数 C.

解 $\int f(x)\mathrm{d}x=\begin{cases}\dfrac{x^2}{2}+x+C_1, & x\leqslant 0,\\ -\mathrm{e}^{-x}+C_2, & x>0,\end{cases}$ 因原函数应在 $x=0$ 点连续,所以

$$\lim_{x\to 0^-}\left(\frac{x^2}{2}+x+C_1\right)=C_1=\lim_{x\to 0^+}(-\mathrm{e}^{-x}+C_2)=-1+C_2.$$

若记 $C=C_1$,则 $C_2=1+C$,故有

$$\int f(x)\mathrm{d}x=\begin{cases}\dfrac{x^2}{2}+x+C, & x\leqslant 0\\ -\mathrm{e}^{-x}+1+C, & x>0\end{cases}.$$

例 7.14 求解下列不定积分:

(1) $\int\dfrac{\arctan\dfrac{1}{x}}{1+x^2}\mathrm{d}x$;　　(2) $\int\dfrac{x}{x^4+2x^2+5}\mathrm{d}x$;

(3) $\int\dfrac{1-x^2}{x^3+8}\mathrm{d}x$;　　(4) $\int\dfrac{1}{x^7(x^6+2)}\mathrm{d}x$;

(5) $\int\dfrac{\mathrm{d}x}{\sin 2x+2\sin x}$;　　(6) $\int\dfrac{x^3}{\sqrt{1+x^2}}\mathrm{d}x$.

解 (1) 因 $\dfrac{\mathrm{d}x}{1+x^2}=\dfrac{1}{1+\dfrac{1}{x^2}}\dfrac{1}{x^2}\mathrm{d}x=-\mathrm{d}\left(\arctan\dfrac{1}{x}\right)$,所以

$$\int\frac{\arctan\dfrac{1}{x}}{1+x^2}\mathrm{d}x=-\int\arctan\frac{1}{x}\mathrm{d}\left(\arctan\frac{1}{x}\right)=-\frac{1}{2}\arctan^2\frac{1}{x}+C.$$

(2) $\int\dfrac{x}{x^4+2x^2+5}\mathrm{d}x=\dfrac{1}{2}\int\dfrac{\mathrm{d}(x^2+1)}{(x^2+1)^2+4}=\dfrac{1}{4}\arctan\dfrac{x^2+1}{2}+C.$

(3) 部分分式:

$$\frac{1-x^2}{x^3+8}=\frac{1-x^2}{(x+2)(x^2-2x+4)}=\frac{A}{x+2}+\frac{Bx+C}{x^2-2x+4},$$

$$A(x^2-2x+4)+(Bx+C)(x+2)=1-x^2.$$

比较对应项的系数并解得 $A=-\dfrac{1}{4}$,$B=-\dfrac{3}{4}$,$C=1$,故

$$\begin{aligned}\int\frac{1-x^2}{x^3+8}\mathrm{d}x&=-\frac{1}{4}\int\left(\frac{1}{x+2}+\frac{3x-4}{x^2-2x+4}\right)\mathrm{d}x\\&=-\frac{1}{4}\ln|x+2|-\frac{3}{8}\ln|x^2-2x+4|+\frac{1}{4\sqrt{3}}\arctan\frac{x-1}{\sqrt{3}}+C.\end{aligned}$$

(4) **解法1** 令 $x=\dfrac{1}{t}$,则

$$\int\frac{1}{x^7(x^6+2)}\mathrm{d}x=-\int\frac{t^6}{1+2t^6}t^5\mathrm{d}t\ \underline{\underline{u=t^6}}\ -\frac{1}{6}\int\frac{u}{1+2u}\mathrm{d}u$$

$$= -\frac{1}{12}\int\left(1-\frac{1}{1+2u}\right)du$$

$$= -\frac{1}{12}u+\frac{1}{24}\ln|2u+1|+C$$

$$= -\frac{t^6}{12}+\frac{1}{24}\ln|2t^6+1|+C$$

$$= -\frac{1}{12x^6}+\frac{1}{24}\ln\left(1+\frac{2}{x^6}\right)+C.$$

解法 2 因为$\frac{dx}{x^7(x^6+2)}=\frac{x^5dx}{(x^6)^2(x^6+2)}=\frac{1}{6}\frac{d(x^6)}{(x^6)^2(x^6+2)}$,所以令 $x^6=u$,则

$$\int\frac{1}{x^7(x^6+2)}dx=\frac{1}{6}\int\frac{du}{u^2(u+2)}=\frac{1}{24}\ln\left(1+\frac{2}{x^6}\right)-\frac{1}{12x^6}+C.$$

(5) **解法 1** 用"万能代换",令 $\tan\frac{x}{2}=t$,则 $\sin x=\frac{2t}{1+t^2}$,$\cos x=\frac{1-t^2}{1+t^2}$,$dx=\frac{2dt}{1+t^2}$,于是

$$\int\frac{dx}{\sin 2x+2\sin x}=\frac{1}{4}\int\frac{1+t^2}{t}dt=\frac{1}{4}\ln|t|+\frac{1}{8}t^2+C$$

$$=\frac{1}{4}\ln\left|\tan\frac{x}{2}\right|+\frac{1}{8}\tan^2\frac{x}{2}+C.$$

解法 2 $\int\frac{dx}{\sin 2x+2\sin x}=\int\frac{dx}{2\sin x(1+\cos x)}=\int\frac{-d(\cos x)}{2(1-\cos^2x)(1+\cos x)}$

$$\xlongequal{\cos x=t}-\frac{1}{2}\int\frac{dt}{(1-t)(1+t)^2}=\frac{1}{8}\left[\ln(1-\cos x)-\ln(1+\cos x)+\frac{2}{1+\cos x}\right]+C.$$

(6) 令 $x=\tan t$,则 $dx=\sec^2t\,dt$,于是

$$\int\frac{x^3}{\sqrt{1+x^2}}dx=\int\frac{\tan^3t}{\sec t}\cdot\sec^2t\,dt=\int(\sec^2t-1)d(\sec t)$$

$$=\frac{1}{3}\sec^3t-\sec t+C=\frac{1}{3}(1+x^2)^{\frac{3}{2}}-(1+x^2)^{\frac{1}{2}}+C.$$

例 7.15 (1) 已知$\int_0^1 f(ax)da=\frac{1}{2}f(x)+1$,求 $f(x)$;

(2) 已知 $f(x)$ 在 $x>0$ 时连续,$f(1)=3$,且

$$\int_1^{xy}f(t)dt=x\int_1^y f(t)dt+y\int_1^x f(t)dt\quad(x>0,y>0),$$

求 $f(x)$.

解 (1) 当 $x=0$ 时,$\int_0^1 f(0)da=\frac{1}{2}f(0)+1\Rightarrow f(0)=2$. 当 $x\neq0$ 时,有

$$\int_0^1 f(ax)da=\frac{1}{x}\int_0^1 f(ax)d(ax)\xlongequal{ax=t}\frac{1}{x}\int_0^x f(t)dt,$$

由已知$\frac{1}{x}\int_0^x f(t)dt=\frac{1}{2}f(x)+1$,即$\int_0^x f(t)dt=\frac{x}{2}f(x)+x$,两边对 x 求导得

$$f(x)=\frac{1}{2}f(x)+\frac{x}{2}f'(x)+1,$$

即$f'(x)-\frac{1}{x}f(x)=-\frac{2}{x}$,解此一阶线性微分方程得$f(x)=cx+2(x\neq 0)$,由于对$x=0$也成立,故$f(x)=cx+2,x\in(-\infty,+\infty)$.

(2) 由已知等式两边对y求导得

$$xf(xy)=xf(y)+\int_1^x f(t)\mathrm{d}t,$$

令$y=1$得

$$xf(x)=3x+\int_1^x f(t)\mathrm{d}t,$$

两边对x求导有$f(x)+xf'(x)=3+f(x)$,即

$$f'(x)=\frac{3}{x}\quad(x>0).$$

两边作不定积分得

$$f(x)=3\ln x+C\quad(x>0).$$

再由$f(1)=3$得$C=3$,故$f(x)=3\ln x+3$.

习　题

计算下列不定积分:

1. $\int\frac{xe^x}{(1+x)^2}\mathrm{d}x$.

2. $\int\sec^3x\mathrm{d}x$ (作为公式把结果记住,因为它常用).

3. $\int\frac{\mathrm{d}x}{(1-x^2)^3}$.

4. $\int\frac{x+\sin x}{1+\cos x}\mathrm{d}x$.

5. $\int\frac{xe^x}{\sqrt{1+e^x}}\mathrm{d}x$.

6. $\int\frac{1}{\sin x\sqrt{1+\cos x}}\mathrm{d}x$.

7. $\int\frac{1}{1+\sqrt{x}+\sqrt{x+1}}\mathrm{d}x$.

8. $\int\frac{\cos x}{\sin x+\cos x}\mathrm{d}x$.

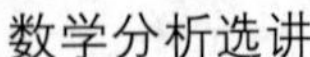

9. $\int \frac{\arccos x}{\sqrt{(1-x^2)^3}}\mathrm{d}x$.

10. $\int \sin 4x\cos 2x\cos 3x\,\mathrm{d}x$.

11. 设$f(x)$在$(-\infty,+\infty)$连续，且$f(x)=\int_0^x f(t)\mathrm{d}t$，证明$f(x)=0$.

12. 求$I=\int xf'(2x)\mathrm{d}x$，其中$f$的原函数为$\frac{\sin x}{x}$.

第 8 讲　定　积　分

8.1　定积分的概念

8.1.1　定积分定义

1. 定义

设$f(x)$在$[a,b]$上有定义,J是一个常数,对$[a,b]$作任意分割

$$T: a = x_0 < x_1 < x_2 < \cdots < x_n = b,$$

记$\Delta_i = [x_{i-1}, x_i]$,$\Delta x_i = x_i - x_{i-1}$,$\|T\| = \max\{\Delta x_i\}(i = 1,2,\cdots,n)$. $\forall \varepsilon > 0$,$\exists \delta > 0$,当$\|T\| < \delta$时,恒有$\left|\sum_{i=1}^{n} f(\xi_i)\Delta x_i - J\right| < \varepsilon(\forall \xi_i \in \Delta_i)$成立,则称$f(x)$在$[a,b]$上可积,称$J$为$f(x)$在$[a,b]$上的定积分,记作$J = \int_a^b f(x)\mathrm{d}x$.

2. 等价表述

若对区间$[a,b]$的任意分割$T = \{\Delta x_i\}_{i=1}^{n}$及任意的介点$\xi_i \in \Delta_i$,极限$\lim\limits_{\|T\| \to 0} \sum_{i=1}^{n} f(\xi_i)\Delta x_i$存在,则称函数$f(x)$在$[a,b]$上可积,记$\lim\limits_{\|T\| \to 0} \sum_{i=1}^{n} f(\xi_i)\Delta x_i = \int_a^b f(x)\mathrm{d}x$.

8.1.2　可积条件

1. 可积的必要条件

若$f(x)$在$[a,b]$上可积,则$f(x)$在$[a,b]$上必有界.(读者自证)

但反之不成立. 例如,狄利克雷函数$D(x) = \begin{cases} 1, & x\text{为有理数} \\ 0, & x\text{为无理数} \end{cases}$在$[0,1]$上有界,但不可积.

例 8.1　设$f(x)$在$[a,b]$上可积,证明$F(x) = \int_a^x f(t)\mathrm{d}t$在$[a,b]$上连续.

证明　任取$x_0 \in [a,b]$,取Δx充分小,使$x_0 + \Delta x \in [a,b]$,则

$$F(x_0 + \Delta x) - F(x_0) = \int_a^{x_0+\Delta x} f(t)\mathrm{d}t - \int_a^{x_0} f(t)\mathrm{d}t = \int_{x_0}^{x_0+\Delta x} f(t)\mathrm{d}t.$$

因$f(x)$在$[a,b]$上可积,必有界,存在常数$M>0$,使$|f(x)|\leqslant M,x\in[a,b]$,所以

$$|F(x_0+\Delta x)-F(x_0)|=\left|\int_{x_0}^{x_0+\Delta x}f(t)\,\mathrm{d}t\right|\leqslant\left|\int_{x_0}^{x_0+\Delta x}|f(t)|\,\mathrm{d}t\right|\leqslant M|\Delta x|\to 0\quad(\Delta x\to 0).$$

即$F(x)$在x_0连续,从而在$[a,b]$上连续.

2. 可积充要条件

对$[a,b]$的一个分割$T=\{\Delta x_i\}_{i=1}^n$,记$M_i=\sup\limits_{x\in\Delta_i}f(x)$,$m_i=\inf\limits_{x\in\Delta_i}f(x)$,$\omega_i=M_i-m_i$,称$\omega_i$为$f(x)$在$\Delta_i$上的振幅;称$S(T)=\sum\limits_{i=1}^n M_i\Delta x_i$,$s(T)=\sum\limits_{i=1}^n m_i\Delta x_i$为$f(x)$关于分割$T$的达布上和与达布下和.称$\sum\limits_{i=1}^n f(\xi_i)\Delta x_i(\xi_i\in\Delta_i)$为$f(x)$关于$T$的积分和(也叫黎曼和).显然有

$$S(T)\geqslant\sum_{i=1}^n f(\xi_i)\Delta x_i\geqslant s(T).$$

称$S=\inf\limits_T\{S(T)\}$,$s=\sup\limits_T\{s(T)\}$为$f(x)$在$[a,b]$上的上积分和下积分.则有如下的充要条件:

(1)$f(x)$在$[a,b]$上可积$\Leftrightarrow S=s$.

(2)$f(x)$在$[a,b]$上可积$\Leftrightarrow\forall\varepsilon>0$,存在一个分割$T$,使$S(T)-s(T)<\varepsilon$.

(3)$f(x)$在$[a,b]$上可积$\Leftrightarrow\forall\varepsilon>0$,存在一个分割$T$,使$\sum\limits_{i=1}^n\omega_i\Delta x_i<\varepsilon$.

(4)$f(x)$在$[a,b]$上可积$\Leftrightarrow\forall\varepsilon>0,\eta>0$,存在一个分割$T$,使得属于$T$的所有小区间中,对应于振幅$\omega'_k\geqslant\varepsilon$的那些小区间的总长$\sum\limits_{k'}\Delta x'_k<\eta$.

以上四条充要条件的证明可参见数学分析教材,这里从略.

(5)$f(x)$在$[a,b]$上(R)可积$\Leftrightarrow f(x)$的不连续点所成的集合至多是零测集.

第(5)条的证明见实变函数教材,读者记住这一结论是有好处的.

8.1.3 可积函数类

(1)在$[a,b]$上连续函数必可积.

(2)在$[a,b]$上单调函数必可积.

(3)在$[a,b]$上只有有限个间断点的有界函数必可积.

(4)若$f(x)$在$[a,b]$上有界,在点列$\{a_n\}\subset[a,b]$上间断,其余都连续,且$\lim\limits_{n\to\infty}a_n=c$存在,则$f(x)$在$[a,b]$上可积.

证明 (1)因$f(x)$在$[a,b]$上连续,则必一致连续,故$\forall\varepsilon>0,\exists\delta>0$,使$\forall x_1,x_2\in[a,b]$,当$|x_1-x_2|\leqslant\delta$时,恒有$|f(x_1)-f(x_2)|<\dfrac{\varepsilon}{b-a}$.于是作分割$T=\{\Delta x_i\}_{i=1}^n$,使$\|T\|<\delta$,则$\omega_i=\sup\limits_{x_1,x_2\in\Delta_i}|f(x_1)-f(x_2)|\leqslant\dfrac{\varepsilon}{b-a}$,$\sum\limits_{i=1}^n\omega_i\Delta x_i\leqslant\dfrac{\varepsilon}{b-a}\sum\limits_{i=1}^n\Delta x_i=\varepsilon$,即$f(x)$在$[a,b]$上可积.

(2)不妨设$f(x)$在$[a,b]$上单调增,则$f(b)\geqslant f(a)$.若$f(b)=f(a)$,则$f(x)$为常函数,可积显然.不妨设$f(b)>f(a)$,则$\forall\varepsilon>0$,作分割T,使$\|T\|<\dfrac{\varepsilon}{f(b)-f(a)}$,则有

$$\sum_{i=1}^{n}\omega_i\Delta x_i = \sum_{i=1}^{n}[f(x_i)-f(x_{i-1})]\Delta x_i \leqslant \|T\|\sum_{i=1}^{n}[f(x_i)-f(x_{i-1})]$$
$$\leqslant \frac{\varepsilon}{f(b)-f(a)}\cdot[f(b)-f(a)] = \varepsilon,$$

即$f(x)$可积.

(3) 不妨设$f(x)$在$[a,b]$上只有一个间断点,且间断点就是b,记M,m分别为$f(x)$在$[a,b]$上的上、下确界,不妨设$M>m$,$\forall\varepsilon>0$,取$\delta':0<\delta'<\dfrac{\varepsilon}{2(M-m)}$,记$\omega'$为$f(x)$在$[b-\delta',b]$上的振幅,则$\omega'\delta'<(M-m)\cdot\dfrac{\varepsilon}{2(M-m)}=\dfrac{\varepsilon}{2}$. 在$[a,b-\delta']$上,$f(x)$连续,从而可积,对上述$\varepsilon>0$,存在分割$T'=\{\Delta x_i\}_{i=1}^{n-1}$,使得$\sum\limits_{T'}\omega_i\Delta x_i<\dfrac{\varepsilon}{2}$. 令$\Delta_n=\Delta'=[b-\delta',b]$,则$T=\{\Delta x_i\}_{i=1}^{n}$就是$[a,b]$的一个分割,对于$T$有

$$\sum_{T}\omega_i\Delta x_i = \sum_{T'}\omega_i\Delta x_i+\omega'\delta' < \frac{\varepsilon}{2}+\frac{\varepsilon}{2}=\varepsilon,$$

即$f(x)$在$[a,b]$上可积.

(4) 记ω为$f(x)$在$[a,b]$上的振幅,则不妨设$\omega>0$(否则,$f(x)$为常函数,可积性显然),不妨设$\lim\limits_{n\to\infty}a_n=c=b$(否则$c=a$与$c=b$类似,若$c\in(a,b)$,则将$[a,b]$分为$[a,c]$与$[c,b]$两个区间讨论,化为假设的情形),同(3),$\forall\varepsilon>0$,取$\delta':0<\delta'<\dfrac{\varepsilon}{2\omega}$,对此$\delta'$,$\exists N>0$,使得当$n>N$时,$a_n\in(b-\delta',b]$,而在$[a,b-\delta']$上,$f(x)$只有有限个间断点(至多$N$个),从而可积,对上述$\varepsilon>0$,存在分割$T'$,使得$f(x)$在$[a,b-\delta']$上有$\sum\limits_{T'}\omega_i\Delta x_i<\dfrac{\varepsilon}{2}$,将区间$[b-\delta',b]$添加到$T'$中,得到$[a,b]$的分割$T=T'\cup[b-\delta',b]$,则对于分割$T$,$\sum\limits_{T}\omega_i\Delta x_i=\sum\limits_{T'}\omega_i\Delta x_i+\omega'\delta'\leqslant\dfrac{\varepsilon}{2}+\omega\cdot\dfrac{\varepsilon}{2\omega}=\varepsilon$,即$f(x)$在$[a,b]$上可积.

例 8.2 证明黎曼函数$f(x)=\begin{cases}\dfrac{1}{q}, & x=\dfrac{p}{q},p,q\text{互素},q>p\\ 0, & x=0,1\text{以及}(0,1)\text{内的无理数}\end{cases}$在$[0,1]$上可积,且$\int_0^1 f(x)\,\mathrm{d}x=0$.

证明 $\forall\varepsilon>0$,使得函数值$\dfrac{1}{q}>\dfrac{\varepsilon}{2}$的有理点只有有限个,设为$r_1,r_2,\cdots,r_k$. 对$[0,1]$作分割$T=\{\Delta x_i\}_{i=1}^{n}$,使得$\|T\|<\dfrac{\varepsilon}{2k}$,将属于分割$T$的小区间分为两类:①$\{\Delta_i'\}_{i=1}^{m}$,它们含有$r_1,r_2,\cdots,r_k$这些点;②$\{\Delta_i''\}_{i=1}^{n-m}$,它们不含上述的$k$个点. 而第一类小区间的个数至多$2k$个(即它们都是小区间的端点). 因$f(x)$在$[0,1]$上的振幅$\omega=\dfrac{1}{2}$,而在第二类小区间上的振幅$\omega_i''\leqslant\dfrac{\varepsilon}{2}$,所以

$$\sum_{i=1}^{m}\omega_i'\Delta x_i' \leqslant \frac{1}{2}\sum_{i=1}^{m}\Delta x_i' \leqslant \frac{1}{2}2k\|T\| < \frac{\varepsilon}{2},\qquad \sum_{i=1}^{n-m}\omega_i''\Delta x_i'' \leqslant \frac{\varepsilon}{2}\sum_{i=1}^{n-m}\Delta x_i'' < \frac{\varepsilon}{2}.$$

对分割 T, $\sum_{i=1}^{n}\omega_i\Delta x_i = \sum_{i=1}^{m}\omega_i'\Delta x_i' + \sum_{i=1}^{n-m}\omega_i''\Delta x_i'' < \frac{\varepsilon}{2} + \frac{\varepsilon}{2} = \varepsilon$,即 $f(x)$ 在 $[0,1]$ 上可积. 因为 $f(x)$ 可积,所以当介点 $\xi_i \in \Delta_i$ 均取无理点时, $\int_0^1 f(x)\,\mathrm{d}x = \lim\limits_{\|T\|\to 0}\sum_{i=1}^{n}f(\xi_i)\Delta x_i = 0$.

8.1.4 定积分性质

(1) 线性. $f(x)$, $g(x)$ 在 $[a,b]$ 上可积, α,β 为常数,则 $\alpha f(x)+\beta g(x)$ 在 $[a,b]$ 上也可积,且

$$\int_a^b[\alpha f(x)+\beta g(x)]\,\mathrm{d}x = \alpha\int_a^b f(x)\,\mathrm{d}x + \beta\int_a^b g(x)\,\mathrm{d}x.$$

(2) 区间可加性. $f(x)$ 在 $[a,b]$ 上可积 $\Leftrightarrow \forall c \in (a,b)$, $f(x)$ 在 $[a,c]$, $[c,b]$ 上都可积,且

$$\int_a^b f(x)\,\mathrm{d}x = \int_a^c f(x)\,\mathrm{d}x + \int_c^b f(x)\,\mathrm{d}x.$$

注 规定 $\int_a^a f(x)\,\mathrm{d}x = 0$, $\int_a^b f(x)\,\mathrm{d}x = -\int_b^a f(x)\,\mathrm{d}x$,则上式对 a,b,c 的任何大小顺序都成立.

(3) 单调性. 若 $f(x)$, $g(x)$ 在 $[a,b]$ 上可积,且 $f(x)\geqslant g(x)$,则 $\int_a^b f(x)\,\mathrm{d}x \geqslant \int_a^b g(x)\,\mathrm{d}x$.

注 ① 此结论仅在 $b>a$ 时成立,当 $b<a$ 时,结论的不等号反向.

② 推论: $f(x)\geqslant 0$ 时,有 $\int_a^b f(x)\,\mathrm{d}x \geqslant 0$; $f(x)\leqslant 0$ 时,有 $\int_a^b f(x)\,\mathrm{d}x \leqslant 0\ (b>a)$.

(4) 积分估值. 若 $f(x)$ 在 $[a,b]$ 上可积,记 $M = \sup\limits_{x\in[a,b]} f(x)$, $m = \inf\limits_{x\in[a,b]} f(x)$,则

$$m(b-a) \leqslant \int_a^b f(x)\,\mathrm{d}x \leqslant M(b-a).$$

例 8.3 证明不等式 $\frac{\pi}{2} < \int_0^{\frac{\pi}{2}}\frac{\mathrm{d}x}{\sqrt{1-\frac{1}{2}\sin^2 x}} < \frac{\pi}{\sqrt{2}}$.

证明 记 $f(x) = \frac{1}{\sqrt{1-\frac{1}{2}\sin^2 x}}$, $x \in \left[0,\frac{\pi}{2}\right]$,则

$$M = \sup_{x\in\left[0,\frac{\pi}{2}\right]} f(x) = \sqrt{2},\quad m = \inf_{x\in\left[0,\frac{\pi}{2}\right]} f(x) = 1.$$

由积分估值性质, $m\cdot\frac{\pi}{2} < \int_0^{\frac{\pi}{2}}\frac{\mathrm{d}x}{\sqrt{1-\frac{1}{2}\sin^2 x}} < M\cdot\frac{\pi}{2}$,将 M,m 代入即得.

(5) 若 $f(x)$, $g(x)$ 在 $[a,b]$ 上可积,则 $f(x)\cdot g(x)$ 在 $[a,b]$ 上也可积.

(6) 若 $f(x)$ 在 $[a,b]$ 上可积,且 $f(x)\geqslant m>0$, $x\in[a,b]$,则 $\frac{1}{f(x)}$ 在 $[a,b]$ 上也可积.

(7) 绝对可积性．若$f(x)$在$[a,b]$上可积，则$|f(x)|$在$[a,b]$上必可积，且$\left|\int_a^b f(x)\mathrm{d}x\right| \leqslant \int_a^b |f(x)|\mathrm{d}x$.

注 上述命题的逆命题不成立，例如$f(x)=\begin{cases}1, & x\text{为}[0,1]\text{中的有理点}\\ -1, & x\text{为}[0,1]\text{中的无理点}\end{cases}$，则$|f(x)|=1$，$x\in[0,1]$可积显然，但$f(x)$在$[0,1]$上不可积．事实上，对任意的分割$T$，函数$f(x)$在每个小区间上的振幅$\omega_i=2 \Rightarrow \sum\limits_T \omega_i \Delta x_i = 2$，不可任意小，故不可积.

以上七条性质，仅证明第六条，其余读者自证.

证明 因$\forall x\in[a,b]$，有$f(x)>m>0$. 所以$\forall x_1,x_2\in[a,b]$，有

$$\left|\frac{1}{f(x_1)}-\frac{1}{f(x_2)}\right| = \frac{|f(x_1)-f(x_2)|}{f(x_1)f(x_2)} \leqslant \frac{|f(x_1)-f(x_2)|}{m^2}. \tag{8.1}$$

对$[a,b]$上的任意一个分割T，记$\frac{1}{f(x)}$在每个小区间上的振幅为$\omega_i^{\frac{1}{f}}$，$f(x)$的振幅为ω_i^f，则有

$$\omega_i^{\frac{1}{f}} = \sup_{x_1,x_2\in\Delta_i}\left|\frac{1}{f(x_1)}-\frac{1}{f(x_2)}\right|,\quad \omega_i^f = \sup_{x_1,x_2\in\Delta_i}|f(x_1)-f(x_2)|.$$

由式(8.1)可得$\omega_i^{\frac{1}{f}} \leqslant \frac{\omega_i^f}{m^2}$. 因$f(x)$在$[a,b]$上可积，所以$\forall\varepsilon>0$，存在一个分割$T$，使得$\sum\limits_T \omega_i^f\Delta x_i < m^2\varepsilon$，则对于该分割$T$，$\sum\limits_T \omega_i^{\frac{1}{f}}\Delta x_i \leqslant \sum\limits_T \frac{\omega_i^f}{m^2}\Delta x_i < \varepsilon$，即$\frac{1}{f(x)}$在$[a,b]$上可积.

(8) 积分中值定理.

① 第一中值定理(两个)：

a. 若$f(x)$在$[a,b]$上连续，则$\exists\xi\in[a,b]$，使得$\int_a^b f(x)\mathrm{d}x = f(\xi)(b-a)$.

改进形式：若$f(x)$在$[a,b]$上连续，则$\exists\xi\in(a,b)$，使得$\int_a^b f(x)\mathrm{d}x = f(\xi)(b-a)$.

b. 若$f(x)$，$g(x)$都在$[a,b]$上连续，且$g(x)$在$[a,b]$上不变号，则$\exists\xi\in[a,b]$，使得

$$\int_a^b f(x)g(x)\mathrm{d}x = f(\xi)\int_a^b g(x)\mathrm{d}x.$$

改进形式：若$f(x)$，$g(x)$都在$[a,b]$上连续，且$g(x)$在$[a,b]$上不变号，则$\exists\xi\in(a,b)$，使得

$$\int_a^b f(x)g(x)\mathrm{d}x = f(\xi)\int_a^b g(x)\mathrm{d}x.$$

下面仅证明改进形式，原积分中值定理的证明，留给读者自己完成.

证明 a. 令$F(x)=\int_a^x f(t)\mathrm{d}t$，由拉格朗日中值定理，$\exists\xi\in(a,b)$，使得$\frac{F(b)-F(a)}{b-a}=F'(\xi)$，即

$$\int_a^b f(x)\mathrm{d}x = f(\xi)(b-a).$$

b. 不妨设$g(x)\geqslant 0, x\in[a,b]$,若$g(x)$在$[a,b]$上恒为零,则结论显然成立. 若$g(x)$在$[a,b]$上连续且不恒为零,则积分$\int_a^b g(x)\mathrm{d}x>0$.(请自证这一结论)

令$F(x)=\int_a^x f(t)g(t)\mathrm{d}t, G(x)=\int_a^x g(t)\mathrm{d}t$,在$[a,b]$上应用柯西中值定理,$\exists\xi\in(a,b)$,使

$$\frac{F(b)-F(a)}{G(b)-G(a)}=\frac{F'(\xi)}{G'(\xi)}\Rightarrow\frac{\int_a^b f(t)g(t)\mathrm{d}t}{\int_a^b g(t)\mathrm{d}t}=\frac{f(\xi)g(\xi)}{g(\xi)}=f(\xi),$$

即

$$\int_a^b f(x)g(x)\mathrm{d}x=f(\xi)\int_a^b g(x)\mathrm{d}x.$$

② 第二积分中值定理(有三个):

a. 设函数$f(x)$在$[a,b]$上可积,函数$g(x)$在$[a,b]$上单调递减,且$g(x)\geqslant 0$,则$\exists\xi\in[a,b]$,使得

$$\int_a^b f(x)g(x)\mathrm{d}x=g(a)\int_a^{\xi} f(x)\mathrm{d}x.$$

b. 设函数$f(x)$在$[a,b]$上可积,函数$g(x)$在$[a,b]$上单调递增,且$g(x)\geqslant 0$,则$\exists\xi\in[a,b]$,使得

$$\int_a^b f(x)g(x)\mathrm{d}x=g(b)\int_{\xi}^b f(x)\mathrm{d}x.$$

c. 设函数$f(x)$在$[a,b]$上可积,函数$g(x)$在$[a,b]$上单调,则$\exists\xi\in[a,b]$,使得

$$\int_a^b f(x)g(x)\mathrm{d}x=g(a)\int_a^{\xi} f(x)\mathrm{d}x+g(b)\int_{\xi}^b f(x)\mathrm{d}x.$$

证明 a. 令$F(x)=\int_a^x f(t)\mathrm{d}t, x\in[a,b]$,因$f(x)$在$[a,b]$上可积,所以$F(x)$在$[a,b]$上连续(见例8.1),从而有最大值$M$与最小值$m$.

若$g(a)=0$,则由$g(x)$在$[a,b]$上单调递减且非负,可得$g(x)$在$[a,b]$上恒为零,则$\forall\xi\in[a,b]$,结论都成立. 不妨设$g(a)>0$,下面证明$m\leqslant\frac{\int_a^b f(x)g(x)\mathrm{d}x}{g(a)}\leqslant M$.

由条件知$f(x)$有界,设$|f(x)|\leqslant L, x\in[a,b]$,而$g(x)$可积(单调必可积),$\forall\varepsilon>0$,$\exists T$:$a=x_0<x_1<x_2<\cdots<x_n=b$,使$\sum_T\omega_i^g\Delta x_i<\frac{\varepsilon}{L}$. 记$I=\int_a^b f(x)g(x)\mathrm{d}x$,则

$$\begin{aligned}I&=\int_a^b f(x)g(x)\mathrm{d}x\\&=\sum_{i=1}^n\int_{x_{i-1}}^{x_i}[g(x)-g(x_{i-1})]f(x)\mathrm{d}x+\sum_{i=1}^n g(x_{i-1})\int_{x_{i-1}}^{x_i}f(x)\mathrm{d}x\\&=I_1+I_2.\end{aligned}$$

对I_1:$|I_1|\leqslant\sum_{i=1}^n\int_{x_{i-1}}^{x_i}|g(x)-g(x_{i-1})||f(x)|\mathrm{d}x\leqslant L\sum_{i=1}^n\omega_i^g\Delta x_i<L\cdot\frac{\varepsilon}{L}=\varepsilon.$

对 I_2:因 $F(x_0)=F(a)=0$,及

$$\int_{x_{i-1}}^{x_i} f(x)\,\mathrm{d}x=\int_a^{x_i} f(x)\,\mathrm{d}x-\int_a^{x_{i-1}} f(x)\,\mathrm{d}x=F(x_i)-F(x_{i-1}),$$

有

$$\begin{aligned}
I_2&=\sum_{i=1}^{n} g(x_{i-1})[F(x_i)-F(x_{i-1})]\\
&=g(x_0)[F(x_1)-F(x_0)]+\cdots+g(x_{n-1})[F(x_n)-F(x_{n-1})]\\
&=F(x_1)[g(x_0)-g(x_1)]+\cdots+F(x_{n-1})[g(x_{n-2})-g(x_{n-1})]+F(x_n)g(x_{n-1})\\
&=\sum_{i=1}^{n-1} F(x_i)[g(x_{i-1})-g(x_i)]+F(b)g(x_{n-1}).
\end{aligned}$$

当 $x\in[a,b]$ 时,$m\leqslant F(x)\leqslant M$,且 $g(x)$ 单调递减,$g(x_{i-1})-g(x_i)\geqslant 0(i=1,2,\cdots,n)$,所以

$$I_2\leqslant M\left\{\sum_{i=1}^{n-1}[g(x_{i-1})-g(x_i)]+g(x_{n-1})\right\}=Mg(a).$$

同理 $I_2\geqslant mg(a)$,故 $-\varepsilon+mg(a)\leqslant I\leqslant Mg(a)+\varepsilon$,令 $\varepsilon\to 0$,得

$$mg(a)\leqslant I\leqslant Mg(a),$$

即 $m\leqslant\dfrac{\int_a^b f(x)g(x)\,\mathrm{d}x}{g(a)}\leqslant M$. 由 $F(x)$ 连续的介值定理,$\exists\xi\in[a,b]$,使

$$F(\xi)=\frac{\int_a^b f(x)g(x)\,\mathrm{d}x}{g(a)},$$

即

$$\int_a^b f(x)g(x)\,\mathrm{d}x=g(a)\int_a^{\xi} f(x)\,\mathrm{d}x.$$

b. 证明类似 a,从略.

c. 若 $g(x)$ 单调递减,令 $h(x)=g(x)-g(b)$,则 $h(x)$ 在 $[a,b]$ 上单调递减且非负,满足 a 的条件,$\exists\xi\in[a,b]$,使得 $\int_a^b f(x)h(x)\,\mathrm{d}x=h(a)\int_a^{\xi} f(x)\,\mathrm{d}x$,即

$$\int_a^b f(x)[g(x)-g(b)]\,\mathrm{d}x=[g(a)-g(b)]\int_a^{\xi} f(x)\,\mathrm{d}x.$$

所以

$$\begin{aligned}
\int_a^b f(x)g(x)\,\mathrm{d}x&=g(b)\left[\int_a^b f(x)\,\mathrm{d}x-\int_a^{\xi} f(x)\,\mathrm{d}x\right]+g(a)\int_a^{\xi} f(x)\,\mathrm{d}x\\
&=g(a)\int_a^{\xi} f(x)\,\mathrm{d}x+g(b)\int_{\xi}^{b} f(x)\,\mathrm{d}x.
\end{aligned}$$

若 $g(x)$ 单调递增,令 $h(x)=g(x)-g(a)$,则 $h(x)$ 在 $[a,b]$ 上单调递增且非负,满足 b,利用 b 同样可得结论.

例 8.4 (第二积分中值定理的加强形式)若在 $[a,b]$ 上函数 $f(x)$ 连续,$g(x)$ 连续可微且单

调. 证明:存在 $\xi \in [a,b]$,使得 $\int_a^b f(x)g(x)\mathrm{d}x = g(a)\int_a^{\xi} f(x)\mathrm{d}x + g(b)\int_{\xi}^b f(x)\mathrm{d}x$.

证明 令 $F(x) = \int_a^x f(t)\mathrm{d}t, x \in [a,b]$,由 $f(x)$ 连续 $\Rightarrow F(x)$ 可导,且 $F'(x) = f(x)$. 又知 $g(x)$ 在 $[a,b]$ 上连续可微且单调,所以 $g'(x)$ 在 $[a,b]$ 上连续且不变号. 由分部积分并应用第一积分中值定理,有

$$\begin{aligned}\int_a^b f(x)g(x)\mathrm{d}x &= \int_a^b g(x)\mathrm{d}(F(x)) = g(x)F(x)\big|_a^b - \int_a^b F(x)g'(x)\mathrm{d}x \\ &= g(b)F(b) - g(a)F(a) - F(\xi)\int_a^b g'(x)\mathrm{d}x \\ &= g(b)\int_a^b f(x)\mathrm{d}x - [g(b) - g(a)]\int_a^{\xi} f(x)\mathrm{d}x \\ &= g(a)\int_a^{\xi} f(x)\mathrm{d}x + g(b)\int_{\xi}^b f(x)\mathrm{d}x \quad (\xi \in [a,b]).\end{aligned}$$

例 8.5 设 $f(x)$ 为 $[0,2\pi]$ 上的单调递减函数,证明对任何正整数 n,恒有 $\int_0^{2\pi} f(x)\sin nx\mathrm{d}x \geqslant 0$.

证明 由已知 $f(x)$ 在 $[0,2\pi]$ 上单调递减,$\sin nx$ 连续,运用第二积分中值定理,存在 $\xi \in [0,2\pi]$ 使

$$\begin{aligned}\int_0^{2\pi} f(x)\sin nx\mathrm{d}x &= f(0)\int_0^{\xi}\sin nx\mathrm{d}x + f(2\pi)\int_{\xi}^{2\pi}\sin nx\mathrm{d}x \\ &= \frac{f(0)}{n}(1 - \cos n\xi) + \frac{f(2\pi)}{n}(\cos n\xi - 1) \\ &= \frac{1 - \cos n\xi}{n}[f(0) - f(2\pi)] \geqslant 0.\end{aligned}$$

8.1.5 定积分的计算

1. 牛顿-莱布尼茨公式

若 $f(x)$ 在 $[a,b]$ 上连续,$F(x)$ 是它的一个原函数,则

$$\int_a^b f(x)\mathrm{d}x = F(b) - F(a).$$

证明 因 $G(x) = \int_a^x f(x)\mathrm{d}x, x \in [a,b]$ 也是 $f(x)$ 的原函数,同一个函数的两个原函数相差一个常数,所以 $G(x) = F(x) + C$. 令 $x = a$,得 $C = -F(a)$,再令 $x = b$,$G(b) = F(b) + C$,即

$$\int_a^b f(x)\mathrm{d}x = F(b) - F(a).$$

例 8.6 计算定积分 $\int_0^{2\pi}\sqrt{1 + \cos x}\mathrm{d}x$.

解 $\int_0^{2\pi}\sqrt{1 + \cos x}\mathrm{d}x = \sqrt{2}\int_0^{2\pi}\left|\cos\frac{x}{2}\right|\mathrm{d}x = \sqrt{2}\left(\int_0^{\pi}\cos\frac{x}{2}\mathrm{d}x - \int_{\pi}^{2\pi}\cos\frac{x}{2}\mathrm{d}x\right)$

$$= \sqrt{2}\left(2\sin\frac{x}{2}\Big|_0^{\pi} - 2\sin\frac{x}{2}\Big|_{\pi}^{2\pi}\right) = 4\sqrt{2}.$$

2. 分部积分法

$$\int_a^b u(x)\mathrm{d}v(x) = u(x)v(x)\big|_a^b - \int_a^b v(x)\mathrm{d}u(x).$$

例 8.7 设 $f(x)$ 在 $[a,b]$ 连续可导, $f(a) = f(b) = 0$, 且 $\int_a^b f^2(x)\mathrm{d}x = 1$, 计算 $\int_a^b xf(x)f'(x)\mathrm{d}x$.

解 $\int_a^b xf(x)f'(x)\mathrm{d}x = \frac{1}{2}\int_a^b x\mathrm{d}(f^2(x)) = \frac{1}{2}\left[xf^2(x)\big|_a^b - \int_a^b f^2(x)\mathrm{d}x\right] = -\frac{1}{2}.$

例 8.8 计算 $I_n = \int_0^{\frac{\pi}{2}} \sin^n x\mathrm{d}x$ 和 $J_n = \int_0^{\frac{\pi}{2}} \cos^n x\mathrm{d}x$.

解 令 $x = \frac{\pi}{2} - t$, 则

$$J_n = \int_0^{\frac{\pi}{2}} \cos^n x\mathrm{d}x = -\int_{\frac{\pi}{2}}^0 \cos^n\left(\frac{\pi}{2} - t\right)\mathrm{d}t = \int_0^{\frac{\pi}{2}} \sin^n t\mathrm{d}t = I_n.$$

$$I_n = \int_0^{\frac{\pi}{2}} \sin^n x\mathrm{d}x = -\sin^{n-1}x\cos x\Big|_0^{\frac{\pi}{2}} + (n-1)\int_0^{\frac{\pi}{2}} \sin^{n-2}x\cos^2 x\mathrm{d}x$$

$$= (n-1)I_{n-2} - (n-1)I_n \Rightarrow I_n = \frac{n-1}{n}I_{n-2} \quad (n \geqslant 2).$$

由于 $I_0 = \int_0^{\frac{\pi}{2}}\mathrm{d}x = \frac{\pi}{2}, I_1 = \int_0^{\frac{\pi}{2}}\sin x\mathrm{d}x = 1$, 所以 $I_n = \begin{cases} \frac{(2m-1)!!}{(2m)!!}\cdot\frac{\pi}{2}, & n = 2m \\ \frac{(2m)!!}{(2m+1)!!}, & n = 2m+1 \end{cases}.$

注 $\int_0^{\pi} \sin^n x\mathrm{d}x = 2\int_0^{\frac{\pi}{2}} \sin^n x\mathrm{d}x$;

$$\int_0^{\pi} \cos^n x\mathrm{d}x = \begin{cases} 2\int_0^{\frac{\pi}{2}} \cos^n x\mathrm{d}x, & n\text{ 为偶数} \\ 0, & n\text{ 为奇数} \end{cases}.$$

若 $f(x)$ 在 $[0,1]$ 上连续, 则 $\int_0^{2\pi} f(|\sin x|)\mathrm{d}x = 4\int_0^{\frac{\pi}{2}} f(\sin x)\mathrm{d}x$.

3. 变量代换法

有些被积函数的原函数不是初等函数,因而无法用牛顿 - 莱布尼茨公式计算,但可用变量代换的方法求出.

例 8.9 计算 $J = \int_0^1 \frac{\ln(1+x)}{1+x^2}\mathrm{d}x$.

注 此题中的被积函数的原函数不是初等函数,因此用求原函数的方法计算的路行不通,但可以用变量代换的方法计算出积分值,这足以说明变量代换在计算定积分中的作用.

解 令 $x=\tan t \Rightarrow t=\arctan x, \mathrm{d}t=\dfrac{\mathrm{d}x}{1+x^2}$.

$$J=\int_0^1 \frac{\ln(1+x)}{1+x^2}\mathrm{d}x=\int_0^{\frac{\pi}{4}}\ln(1+\tan t)\mathrm{d}t$$

$$=\int_0^{\frac{\pi}{4}}\ln\frac{\cos t+\sin t}{\cos t}\mathrm{d}t=\int_0^{\frac{\pi}{4}}\ln\frac{\sqrt{2}\cos\left(\frac{\pi}{4}-t\right)}{\cos t}\mathrm{d}t$$

$$=\int_0^{\frac{\pi}{4}}\ln\sqrt{2}\,\mathrm{d}t+\int_0^{\frac{\pi}{4}}\ln\cos\left(\frac{\pi}{4}-t\right)\mathrm{d}t-\int_0^{\frac{\pi}{4}}\ln\cos t\mathrm{d}t,$$

令 $u=\dfrac{\pi}{4}-t$,则$\displaystyle\int_0^{\frac{\pi}{4}}\ln\cos\left(\frac{\pi}{4}-t\right)\mathrm{d}t=\int_0^{\frac{\pi}{4}}\ln\cos u\mathrm{d}u$,代入上式得 $J=\dfrac{\pi}{8}\ln 2$.

例 8.10 计算$\displaystyle\int_{\frac{1}{2}}^{\frac{3}{4}}\frac{\arcsin\sqrt{x}}{\sqrt{x(1-x)}}\mathrm{d}x$.

解 令 $t=\arcsin\sqrt{x}\Rightarrow x=\sin^2 t, \mathrm{d}x=2\sin t\cos t\mathrm{d}t$,故

$$I=\int_{\frac{1}{2}}^{\frac{3}{4}}\frac{\arcsin\sqrt{x}}{\sqrt{x(1-x)}}\mathrm{d}x=2\int_{\frac{\pi}{4}}^{\frac{\pi}{3}}t\mathrm{d}t=\frac{7}{144}\pi^2.$$

4. 利用函数的奇偶性和周期性

(1) 若$f(x)$ 为$[-a,a]$ 上的奇函数,则$\displaystyle\int_{-a}^{a}f(x)\mathrm{d}x=0$.

(2) 若$f(x)$ 为$[-a,a]$ 上的偶函数,则$\displaystyle\int_{-a}^{a}f(x)\mathrm{d}x=2\int_0^a f(x)\mathrm{d}x$.

(3) 若$f(x)$ 以 $T(T>0)$ 为周期的周期函数,则

$$\int_a^{a+T}f(x)\mathrm{d}x=\int_0^T f(x)\mathrm{d}x,\quad \int_a^{a+nT}f(x)\mathrm{d}x=n\int_0^T f(x)\mathrm{d}x,$$

其中 a 为任意常数.

(4) $\displaystyle\int_0^{\pi}xf(\sin x)\mathrm{d}x=\frac{\pi}{2}\int_0^{\pi}f(\sin x)\mathrm{d}x$.

(5) 设$f(x)$ 为$[-a,a]$ 上的任意可积函数,则$\displaystyle\int_{-a}^{a}f(x)\mathrm{d}x=\int_0^a[f(x)+f(-x)]\mathrm{d}x$.

证明 (1),(2),(3) 请自证.

(4) 令 $x=\pi-t$,则

$$\int_0^{\pi}xf(\sin x)\mathrm{d}x=\int_0^{\pi}(\pi-t)f(\sin t)\mathrm{d}t=\pi\int_0^{\pi}f(\sin t)\mathrm{d}t-\int_0^{\pi}tf(\sin t)\mathrm{d}t,$$

故

$$\int_0^{\pi}xf(\sin x)\mathrm{d}x=\frac{\pi}{2}\int_0^{\pi}f(\sin x)\mathrm{d}x.$$

(5) 令 $H(x)=f(x)+f(-x), G(x)=f(x)-f(-x), x\in[-a,a]$,则 $H(x)$ 为偶函数,$G(x)$ 为奇函数,且$f(x)=\dfrac{1}{2}[H(x)+G(x)]$,所以

$$\int_{-a}^{a} f(x)\,\mathrm{d}x = \frac{1}{2}\int_{-a}^{a}[H(x)+G(x)]\,\mathrm{d}x = \int_{0}^{a} H(x)\,\mathrm{d}x$$

$$= \int_{0}^{a}[f(x)+f(-x)]\,\mathrm{d}x.$$

例 8.11 计算定积分$\int_{-\frac{\pi}{2}}^{\frac{\pi}{2}} \cos^7 x\mathrm{d}x$;$\int_{-\frac{\pi}{2}}^{\frac{\pi}{2}} \sin^7 x\mathrm{d}x$.

解 $\int_{-\frac{\pi}{2}}^{\frac{\pi}{2}} \cos^7 x\mathrm{d}x = 2\int_{0}^{\frac{\pi}{2}} \cos^7 x\mathrm{d}x = 2\cdot\frac{6!!}{7!!} = \frac{96}{105}$;

$\int_{-\frac{\pi}{2}}^{\frac{\pi}{2}} \sin^7 x\mathrm{d}x = 0$.

例 8.12 计算定积分$\int_{0}^{\pi} \frac{x\mathrm{d}x}{1+\sin^2 x}$.

解 由公式(4),$I = \int_{0}^{\pi} \frac{x\mathrm{d}x}{1+\sin^2 x} = \frac{\pi}{2}\int_{0}^{\pi} \frac{\mathrm{d}x}{1+\sin^2 x}$,再用"万能代换"令$\tan\frac{x}{2} = t$,有

$$I = \frac{\pi}{2}\int_{0}^{+\infty} \frac{2(1+t^2)}{t^4+6t^2+1}\mathrm{d}t = \pi\int_{0}^{+\infty} \frac{1+\frac{1}{t^2}}{t^2+\frac{1}{t^2}+6}\mathrm{d}t$$

$$= \pi\int_{0}^{+\infty} \frac{\mathrm{d}\left(t-\frac{1}{t}\right)}{\left(t-\frac{1}{t}\right)^2+8} = \pi\frac{1}{2\sqrt{2}}\arctan\frac{t-\frac{1}{t}}{2\sqrt{2}}\Bigg|_{0}^{+\infty} = \frac{\pi^2}{2\sqrt{2}}.$$

注 首先利用公式(4),将非三角函数有理式化为三角函数有理式,否则就非常困难.公式(4)非常重要,希望读者给予充分的重视.

例 8.13 计算定积分$\int_{-\frac{\pi}{4}}^{\frac{\pi}{4}} \frac{\mathrm{d}x}{1+\sin x}$.

分析 当然可以利用"万能代换"计算,但是麻烦些,此题利用公式(5)较为简单.

解 $I = \int_{-\frac{\pi}{4}}^{\frac{\pi}{4}} \frac{\mathrm{d}x}{1+\sin x} = \int_{0}^{\frac{\pi}{4}}\left(\frac{1}{1+\sin x}+\frac{1}{1-\sin x}\right)\mathrm{d}x = 2\int_{0}^{\frac{\pi}{4}} \sec^2 x\mathrm{d}x = 2\tan x\Big|_{0}^{\frac{\pi}{4}} = 2$.

例 8.14 计算$I = \int_{-1}^{1} x(1+x^{2009})(\mathrm{e}^x-\mathrm{e}^{-x})\mathrm{d}x$.

解 记$f(x) = x(1+x^{2009})(\mathrm{e}^x-\mathrm{e}^{-x})$,则$f(-x) = x(1-x^{2009})(\mathrm{e}^x-\mathrm{e}^{-x})$. 利用公式(5)有

$$I = \int_{0}^{1}[f(x)+f(-x)]\mathrm{d}x = 2\int_{0}^{1} x(\mathrm{e}^x-\mathrm{e}^{-x})\mathrm{d}x = \frac{4}{\mathrm{e}}.$$

注 一般在作以原点为中心的对称区间上的定积分时,要注意技巧.

例 8.15 设$f(x)$为$(-\infty,+\infty)$上的连续的周期函数,周期为p,证明:

$$\lim_{x\to+\infty}\frac{1}{x}\int_{0}^{x} f(t)\,\mathrm{d}t = \frac{1}{p}\int_{0}^{p} f(t)\,\mathrm{d}t.$$

证明 $\forall x>0$,存在一个自然数 k,使得 $x=kp+x_0$,其中 $0\leqslant x_0<p$,所以

$$\int_0^x f(t)\,\mathrm{d}t=\int_0^p f(t)\,\mathrm{d}t+\int_p^{2p} f(t)\,\mathrm{d}t+\cdots+\int_{(k-1)p}^{kp} f(t)\,\mathrm{d}t+\int_{kp}^{kp+x_0} f(t)\,\mathrm{d}t$$

$$=k\int_0^p f(t)\,\mathrm{d}t+f(\xi)x_0,\quad \xi\in(kp,kp+x_0).$$

易证连续的周期函数必有界,即存在常数 $M>0$,使 $|f(x)|\leqslant M, x\in(-\infty,+\infty)$,所以

$$\frac{1}{x}\int_0^x f(t)\,\mathrm{d}t=\frac{k}{kp+x_0}\int_0^p f(t)\,\mathrm{d}t+\frac{f(\xi)x_0}{kp+x_0},$$

显然 $x\to+\infty \Leftrightarrow k\to\infty$,对上式令 $x\to+\infty$ 取极限,注意到 $f(x)$ 的有界性,有

$$\lim_{x\to+\infty}\frac{1}{x}\int_0^x f(t)\,\mathrm{d}t=\frac{1}{p}\int_0^p f(t)\,\mathrm{d}t.$$

5. 利用区间可加性

例 8.16 计算定积分:

(1) $\int_{-1}^2 \max\{x,x^2\}\,\mathrm{d}x$;

(2) 设 $f(x)=\begin{cases}\mathrm{e}^{-x}, & x\geqslant 0\\ 1+x^2, & x<0\end{cases}$,求 $\int_{\frac{1}{2}}^2 f(x-1)\,\mathrm{d}x$.

解 (1) $\int_{-1}^2 \max\{x,x^2\}\,\mathrm{d}x=\int_{-1}^0 x^2\mathrm{d}x+\int_0^1 x\mathrm{d}x+\int_1^2 x^2\mathrm{d}x=\frac{19}{6}$.

(2) 由 $f(x)=\begin{cases}\mathrm{e}^{-x}, & x\geqslant 0\\ 1+x^2, & x<0\end{cases}\Rightarrow f(x-1)=\begin{cases}\mathrm{e}\cdot\mathrm{e}^{-x}, & x\geqslant 1\\ x^2-2x+2, & x<1\end{cases}$, 所以

$$\int_{\frac{1}{2}}^2 f(x-1)\,\mathrm{d}x=\int_{\frac{1}{2}}^1 (x^2-2x+2)\,\mathrm{d}x+\int_1^2 \mathrm{e}\cdot\mathrm{e}^{-x}\mathrm{d}x$$

$$=\frac{13}{24}+1-\frac{1}{\mathrm{e}}=\frac{37}{24}-\frac{1}{\mathrm{e}}.$$

8.2 定积分中的问题讨论

8.2.1 用定积分的定义证明问题

许多问题涉及定积分的定义,因此深刻理解定积分的定义是十分重要的,下面看一些这方面的问题.

例 8.17 记 $(x)=x-[x]$(称为小数函数,其中 $[x]$ 称为取整函数).

(1) 画出 $(4x),(nx),x\in[0,1]$ 的图像.

(2) 设 f 在 $[0,1]$ 上有界且 R- 可积,证明 $\lim\limits_{n\to\infty}\int_0^1 f(x)\cdot(nx)\,\mathrm{d}x=\frac{1}{2}\int_0^1 f(x)\,\mathrm{d}x$.

解 (1)$(4x),(nx),x\in[0,1]$ 的图像如下所示.

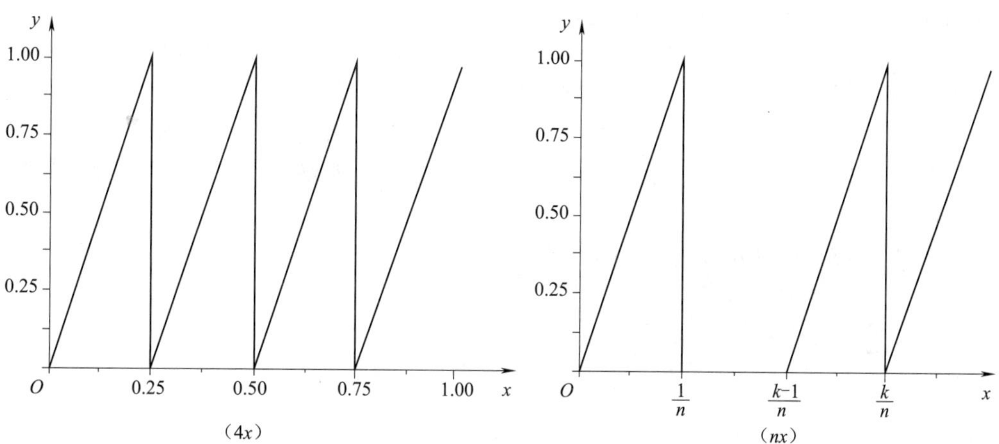

(2) 记 $m_k=\inf\limits_{x\in\left[\frac{k-1}{n},\frac{k}{n}\right]}f(x),M_k=\sup\limits_{x\in\left[\frac{k-1}{n},\frac{k}{n}\right]}f(x)$,过点 $\left(\dfrac{k-1}{n},0\right)$ 和 $\left(\dfrac{k}{n},1\right)$ 的直线方程为 $y=nx-k+1$,所以在区间 $\left[\dfrac{k-1}{n},\dfrac{k}{n}\right]$ 上,

$$m_k(nx-k+1)\leqslant f(x)(nx-k+1)\leqslant M_k(nx-k+1).$$

因 $\int_{\frac{k-1}{n}}^{\frac{k}{n}}m_k(nx-k+1)\mathrm{d}x=\dfrac{m_k}{2n},\int_{\frac{k-1}{n}}^{\frac{k}{n}}M_k(nx-k+1)\mathrm{d}x=M_k/2n$,而

$$\int_0^1 f(x)\cdot(nx)\mathrm{d}x=\sum_{k=1}^{n}\int_{\frac{k-1}{n}}^{\frac{k}{n}}f(x)(nx-k+1)\mathrm{d}x,$$

所以

$$\sum_{k=1}^{n}\frac{m_k}{2n}\leqslant\int_0^1 f(x)\cdot(nx)\mathrm{d}x\leqslant\sum_{k=1}^{n}\frac{M_k}{2n}. \tag{8.2}$$

因 $f(x)$ 在$[0,1]$上可积,有 $\lim\limits_{n\to\infty}\sum\limits_{k=1}^{n}m_k\dfrac{1}{n}=\lim\limits_{n\to\infty}\sum\limits_{k=1}^{n}M_k\dfrac{1}{n}=\int_0^1 f(x)\mathrm{d}x$. 对式(8.2)令 $n\to\infty$ 取极限并由迫敛法则得,$\lim\limits_{n\to\infty}\int_0^1 f(x)(nx)\mathrm{d}x=\dfrac{1}{2}\int_0^1 f(x)\mathrm{d}x$.

例 8.18 证明:若 $f(x),g(x)$ 在$[a,b]$上都可积,则 $\lim\limits_{\|T\|\to0}\sum\limits_{i=1}^{n}f(\xi_i)g(\eta_i)\Delta x_i=\int_a^b f(x)g(x)\mathrm{d}x$. 其中 $\xi_i,\eta_i\in\Delta_i(i=1,2,\cdots,n)$.

证明 因 $f(x)$ 在$[a,b]$上可积,必有界,存在常数 $M>0$,使得 $|f(x)|\leqslant M$. 由 $g(x)$ 可积,$\forall\varepsilon>0,\exists\delta_1>0$,当分割 $\|T\|<\delta_1$ 时,有 $\sum\limits_{T}\omega_i^g\Delta x_i<\dfrac{\varepsilon}{2M}$;又因 $f(x)\cdot g(x)$ 可积,对上述的 ε,$\exists\delta_2>0$,当 $\|T\|<\delta_2$ 时,有

$$\left|\sum_{i=1}^{n} f(\xi_i)g(\xi_i)\Delta x_i - \int_a^b f(x)g(x)\mathrm{d}x\right| < \frac{\varepsilon}{2} \qquad (\xi_i \in \Delta_i).$$

令 $\delta = \min\{\delta_1,\delta_2\}$，当分割 $\|T\| < \delta$ 时，有

$$\begin{aligned}
&\left|\sum_{i=1}^{n} f(\xi_i)g(\eta_i)\Delta x_i - \int_0^1 f(x)g(x)\mathrm{d}x\right| \\
\leqslant &\left|\sum_{i=1}^{n} f(\xi_i)g(\eta_i)\Delta x_i - \sum_{i=1}^{n} f(\xi_i)g(\xi_i)\Delta x_i\right| + \left|\sum_{i=1}^{n} f(\xi_i)g(\xi_i)\Delta x_i - \int_0^1 f(x)g(x)\mathrm{d}x\right| \\
\leqslant &\sum_{i=1}^{n} |f(\xi_i)||g(\eta_i) - g(\xi_i)|\Delta x_i + \frac{\varepsilon}{2} \\
\leqslant &M\sum_{i=1}^{n} \omega_i^g \Delta x_i + \frac{\varepsilon}{2} \leqslant M\frac{\varepsilon}{2M} + \frac{\varepsilon}{2} = \varepsilon,
\end{aligned}$$

即

$$\lim_{\|T\|\to 0}\sum_{i=1}^{n} f(\xi_i)g(\eta_i)\Delta x_i = \int_a^b f(x)g(x)\mathrm{d}x.$$

注 特别地，当 ξ_i,η_i 分别取区间的两个端点时，有

$$\lim_{\|T\|\to 0}\sum_{i=1}^{n} f(x_{i-1})g(x_i)\Delta x_i = \int_a^b f(x)g(x)\mathrm{d}x.$$

利用此结论，作一个极限题：求极限 $\lim\limits_{n\to\infty}\dfrac{C_2^2 + C_3^2 + \cdots + C_n^2}{n(C_2^1 + C_3^1 + \cdots + C_n^1)}$.

解 注意到 $C_2^2 + C_3^2 + \cdots + C_n^2 = \dfrac{1}{2}\sum\limits_{i=2}^{n} i(i-1)$，$C_2^1 + C_3^1 + \cdots + C_n^1 = \dfrac{n(n+1)}{2} - 1$，所以

$$\begin{aligned}
\lim_{n\to\infty}\frac{C_2^2 + C_3^2 + \cdots + C_n^2}{n(C_2^1 + C_3^1 + \cdots + C_n^1)} &= \lim_{n\to\infty}\frac{\dfrac{1}{2}\sum\limits_{i=2}^{n} i(i-1)}{n\left[\dfrac{n(n+1)}{2} - 1\right]} \\
&= \lim_{n\to\infty}\frac{\dfrac{1}{2}\sum\limits_{i=1}^{n}\dfrac{i}{n}\cdot\dfrac{i-1}{n}\cdot\dfrac{1}{n}}{\dfrac{n+1}{2n} - \dfrac{1}{n^2}} = \int_0^1 x^2\mathrm{d}x = \frac{1}{3}.
\end{aligned}$$

例 8.19 证明：若 φ 在 $[0,a]$ 上连续，$f(x)$ 二阶可导，且 $f''(x) \geqslant 0$，则有

$$\frac{1}{a}\int_0^a f[\varphi(t)]\mathrm{d}t \geqslant f\left[\frac{1}{a}\int_0^a \varphi(t)\mathrm{d}t\right].$$

证明 因 φ 在 $[0,a]$ 上连续，则 φ 可积．将 $[0,a]$ n 等分，

$$\forall \xi_i \in \Delta_i = \left[\frac{(i-1)a}{n}, \frac{ia}{n}\right] \qquad (i = 1,2,\cdots,n),$$

有 $\lim\limits_{n\to\infty}\sum\limits_{i=1}^{n}\varphi(\xi_i)\dfrac{a}{n} = \int_0^a \varphi(t)\mathrm{d}t$. 由已知得 $f[\varphi(t)]$ 在 $[0,a]$ 上连续，从而可积，且

$$\lim_{n\to\infty}\sum_{i=1}^{n} f[\varphi(\xi_i)]\frac{a}{n}=\int_0^a f[\varphi(t)]\mathrm{d}t.$$

又$f''(x)\geqslant 0$,可知$f(x)$为凸函数,有$f\left[\sum\limits_{i=1}^{n}\frac{1}{n}\varphi(\xi_i)\right]\leqslant\sum\limits_{i=1}^{n}\frac{1}{n}f[\varphi(\xi_i)]$,即

$$f\left[\frac{1}{a}\sum_{i=1}^{n}\frac{a}{n}\varphi(\xi_i)\right]\leqslant\frac{1}{a}\sum_{i=1}^{n}\frac{a}{n}f[\varphi(\xi_i)],$$

令$n\to\infty$取极限,有

$$\frac{1}{a}\int_0^a f[\varphi(t)]\mathrm{d}t\geqslant f\left[\frac{1}{a}\int_0^a\varphi(t)\mathrm{d}t\right].$$

利用该题的结论,很容易证明下面的问题.

例 8.20 证明:若$f(x)$在$[a,b]$上连续且$f(x)>0$,则

$$\ln\left[\frac{1}{b-a}\int_a^b f(x)\mathrm{d}x\right]\geqslant\frac{1}{b-a}\int_a^b\ln f(x)\mathrm{d}x.$$

证明 令$F(u)=\ln u(u>0)$,则$F''(u)=-\frac{1}{u^2}<0\Rightarrow F(u)$在$(0,+\infty)$上为凹函数,由例 8.19,有

$$\frac{1}{b-a}\int_a^b F[f(x)]\mathrm{d}x\leqslant F\left[\frac{1}{b-a}\int_a^b f(x)\mathrm{d}x\right],$$

即

$$\ln\left[\frac{1}{b-a}\int_a^b f(x)\mathrm{d}x\right]\geqslant\frac{1}{b-a}\int_a^b\ln f(x)\mathrm{d}x.$$

例 8.21 设$f(x)$在$[0,1]$上可微,且$|f'(x)|\leqslant M,x\in[0,1]$,求证:对任何正整数$n$,有

$$\left|\int_0^1 f(x)\mathrm{d}x-\frac{1}{n}\sum_{i=1}^{n}f\left(\frac{i}{n}\right)\right|\leqslant\frac{M}{n}.$$

证明 由区间可加性,并运用积分中值定理,有

$$\int_0^1 f(x)\mathrm{d}x=\sum_{i=1}^{n}\int_{\frac{i-1}{n}}^{\frac{i}{n}}f(x)\mathrm{d}x=\frac{1}{n}\sum_{i=1}^{n}f(\xi_i),\qquad\xi_i\in\left[\frac{i-1}{n},\frac{i}{n}\right](i=1,2,\cdots,n).$$

由拉格朗日中值定理,存在$\eta_i\in\left(\xi_i,\frac{i}{n}\right)(i=1,2,\cdots,n)$,使得

$$\left|\int_0^1 f(x)\mathrm{d}x-\frac{1}{n}\sum_{i=1}^{n}f\left(\frac{i}{n}\right)\right|=\frac{1}{n}\left|\sum_{i=1}^{n}f(\xi_i)-\sum_{i=1}^{n}f\left(\frac{i}{n}\right)\right|\leqslant\frac{1}{n}\sum_{i=1}^{n}\left|f(\xi_i)-f\left(\frac{i}{n}\right)\right|$$

$$=\frac{1}{n}\sum_{i=1}^{n}|f'(\eta_i)|\left|\frac{i}{n}-\xi_i\right|\leqslant\frac{1}{n}\sum_{i=1}^{n}\frac{M}{n}=\frac{M}{n}.$$

8.2.2 柯西－施瓦茨不等式系列

1. 柯西–施瓦茨不等式

设$f(x)$, $g(x)$ 在$[a,b]$上可积，则

$$\left[\int_a^b f(x)g(x)\,\mathrm{d}x\right]^2 \leqslant \int_a^b f^2(x)\,\mathrm{d}x\int_a^b g^2(x)\,\mathrm{d}x.$$

证明 由$f(x)$, $g(x)$可积$\Rightarrow[\lambda f(x)-g(x)]^2(\forall\lambda\in\mathbf{R})$可积，由于

$$0\leqslant\int_a^b[\lambda f(x)-g(x)]^2\mathrm{d}x=\lambda^2\int_a^b f^2(x)\,\mathrm{d}x-2\lambda\int_a^b f(x)g(x)\,\mathrm{d}x+\int_a^b g^2(x)\,\mathrm{d}x,$$

把上式看作关于λ的二次三项式，则判别式$\Delta\leqslant 0$，得

$$\left[\int_a^b f(x)g(x)\,\mathrm{d}x\right]^2 \leqslant \int_a^b f^2(x)\,\mathrm{d}x\int_a^b g^2(x)\,\mathrm{d}x.$$

2. 利用柯西–施瓦茨不等式证明

(1) 若$f(x)$在$[a,b]$上可积，则$\left[\int_a^b f(x)\,\mathrm{d}x\right]^2\leqslant(b-a)\int_a^b f^2(x)\,\mathrm{d}x$；

(2) 若$f(x)$在$[a,b]$上可积，且$f(x)\geqslant m>0$，则$\int_a^b f(x)\,\mathrm{d}x\cdot\int_a^b\frac{1}{f(x)}\mathrm{d}x\geqslant(b-a)^2$；

(3) 若$f(x)$, $g(x)$在$[a,b]$上可积，则有闵可夫斯基不等式

$$\left[\int_a^b(f(x)+g(x))^2\mathrm{d}x\right]^{\frac{1}{2}}\leqslant\left[\int_a^b f^2(x)\,\mathrm{d}x\right]^{\frac{1}{2}}+\left[\int_a^b g^2(x)\,\mathrm{d}x\right]^{\frac{1}{2}}.$$

证明 (1) 利用柯西–施瓦茨不等式，只需令$g(x)=1$即得.

(2) 利用柯西–施瓦茨不等式，令$F(x)=\sqrt{f(x)}$, $G(x)=\dfrac{1}{\sqrt{f(x)}}$即得.

(3) $[f(x)+g(x)]^2=f^2(x)+2f(x)g(x)+g^2(x)$两边积分，并用柯西不等式得

$$\begin{aligned}\int_a^b[f(x)+g(x)]^2\mathrm{d}x&=\int_a^b f^2(x)\,\mathrm{d}x+2\int_a^b f(x)g(x)\,\mathrm{d}x+\int_a^b g^2(x)\,\mathrm{d}x\\&\leqslant\int_a^b f^2(x)\,\mathrm{d}x+2\left[\int_a^b f^2(x)\,\mathrm{d}x\int_a^b g^2(x)\,\mathrm{d}x\right]^{\frac{1}{2}}+\int_a^b g^2(x)\,\mathrm{d}x\\&=\left\{\left[\int_a^b f^2(x)\,\mathrm{d}x\right]^{\frac{1}{2}}+\left[\int_a^b g^2(x)\,\mathrm{d}x\right]^{\frac{1}{2}}\right\}^2,\end{aligned}$$

即

$$\left[\int_a^b(f(x)+g(x))^2\mathrm{d}x\right]^{\frac{1}{2}}\leqslant\left[\int_a^b f^2(x)\,\mathrm{d}x\right]^{\frac{1}{2}}+\left[\int_a^b g^2(x)\,\mathrm{d}x\right]^{\frac{1}{2}}.$$

8.2.3 函数的零点个数问题

下面是一类关于函数零点个数问题.

命题 1 设$f(x)$在$[a,b]$上连续,且$\int_a^b f(x)\mathrm{d}x=\int_a^b xf(x)\mathrm{d}x=0$,则$f(x)$在$(a,b)$内至少有两个零点.

证明 由已知条件,并运用积分中值定理得

$$0=\int_a^b f(x)\mathrm{d}x=f(\xi)(b-a)\Rightarrow f(\xi)=0,\qquad \xi\in(a,b).$$

假设$f(x)$在$[a,b]$上只有$x=\xi$这唯一的零点,则$f(x)$在$[a,\xi]$和$[\xi,b]$上不变号,且必为异号. 事实上,假设$f(x)$在$[a,\xi]$和$[\xi,b]$上同号,不妨设$f(x)\geqslant 0$,则$f(x)$在$[a,b]$上非负连续且不恒为零,则$\int_a^b f(x)\mathrm{d}x>0$(此结论前面已证),与已知矛盾. 于是$(x-\xi)f(x)$在$[a,b]$上恒号,则必有$\int_a^b(x-\xi)f(x)\mathrm{d}x>0$(或$<0$),但与

$$\int_a^b(x-\xi)f(x)\mathrm{d}x=\int_a^b xf(x)\mathrm{d}x-\xi\int_a^b f(x)\mathrm{d}x=0$$

矛盾.

命题 2 若$f(x)$在$[a,b]$上连续,且$\int_a^b f(x)\mathrm{d}x=\int_a^b xf(x)\mathrm{d}x=\cdots=\int_a^b x^n f(x)\mathrm{d}x=0$,则$f(x)$在$(a,b)$内至少有$(n+1)$个不同的零点.

证明 若$f(x)$在$[a,b]$上恒为零,则结论显然成立. 否则,假设$f(x)$在(a,b)内仅有m个零点,其中$0\leqslant m<n+1$,记为$a<x_1<x_2<\cdots<x_m<b$,记$a=x_0,b=x_{m+1}$,则$f(x)$在$[x_{i-1},x_i]$$(i=1,2,\cdots,m+1)$上不变号,且在相邻两个小区间上异号(证明同命题1类似). 令$p(x)=(x-x_1)(x-x_2)\cdots(x-x_m)$,则$p(x)$是$x$的$m$次多项式,且$p(x)f(x)$在$[a,b]$上恒号,连续且不恒为零,则应有$\int_a^b p(x)f(x)\mathrm{d}x>0$(或$<0$),这与条件$\int_a^b p(x)f(x)\mathrm{d}x=0$矛盾.

命题 3 若$f(x)$在$[0,\pi]$上连续,且$\int_0^\pi f(x)\sin x\mathrm{d}x=\int_0^\pi f(x)\cos x\mathrm{d}x=0$,则$f(x)$在$(0,\pi)$内至少有两个零点.

证明 由已知条件,并运用积分中值定理得

$$0=\int_0^\pi f(x)\sin x\mathrm{d}x=f(\xi)\int_0^\pi\sin x\mathrm{d}x=2f(\xi)\Rightarrow f(\xi)=0,\xi\in(0,\pi),$$

即$f(x)$在$(0,\pi)$内有一个零点. 假设仅有一个零点$x=\xi$,则$f(x)$在$[0,\xi]$与$[\xi,\pi]$上均不变号,且异号. 那么$f(x)\sin(x-\xi)$在$[0,\pi]$上保持同号,连续且不恒为零,必有

$$\int_0^\pi f(x)\sin(x-\xi)\mathrm{d}x>0\quad(\text{或}<0),$$

与已知$\int_0^\pi f(x)\sin(x-\xi)\mathrm{d}x=\cos\xi\int_0^\pi f(x)\sin x\mathrm{d}x-\sin\xi\int_0^\pi f(x)\cos x\mathrm{d}x=0$矛盾.

8.2.4 杂例

1. 构造辅助函数

例 8.22 (1) 若$f(x)$在$[0,1]$上连续且单调递减,证明:$\forall a\in(0,1)$,有

$$\int_0^a f(x)\,\mathrm{d}x\geqslant a\int_0^1 f(x)\,\mathrm{d}x.$$

(2) 若$f(x)$在$[0,1]$上有界且单调递减,证明:$\forall a\in(0,1)$,有

$$\int_0^a f(x)\,\mathrm{d}x\geqslant a\int_0^1 f(x)\,\mathrm{d}x.$$

分析 (2) 的条件弱于(1),若(2) 成立,则(1) 必然成立. 同时写在这里,主要为了说明在强条件下,可有另外的证法.

证明 (1) 令$F(x)=\dfrac{1}{x}\displaystyle\int_0^x f(t)\,\mathrm{d}t,x\in(0,1]$. 由$f(x)$连续$\Rightarrow F(x)$可导,所以由积分中值定理并利用$f(x)$单调递减有

$$F'(x)=\frac{xf(x)-\int_0^x f(t)\,\mathrm{d}t}{x^2}=\frac{xf(x)-xf(\xi)}{x^2}=\frac{f(x)-f(\xi)}{x}<0,$$

其中$0<\xi<x$. 于是$F(x)$在$(0,1]$上单调递减,$\forall 0<a<1,F(a)\geqslant F(1)$,即

$$\int_0^a f(x)\,\mathrm{d}x\geqslant a\int_0^1 f(x)\,\mathrm{d}x.$$

思考 (2) 不能用(1) 的方法,为什么?下面用另法证.

(2) 因$f(x)$在$[0,1]$上有界单调,从而可积,所以要证的不等式两边有意义. $\forall 0<a<1$及$0<t<1$,有$0<at<t<1$. 由$f(x)$在$[0,1]$上单调递减,有

$$f(at)\geqslant f(t)\Rightarrow\int_0^1 f(at)\,\mathrm{d}t\geqslant\int_0^1 f(t)\,\mathrm{d}t.$$

令$x=at$,则

$$\int_0^a f(x)\,\mathrm{d}x=a\int_0^1 f(at)\,\mathrm{d}t\geqslant a\int_0^1 f(t)\,\mathrm{d}t=a\int_0^1 f(x)\,\mathrm{d}x.$$

思考题 (1) 设$f(x)$在$[0,1]$上连续且单调递减,非负,证明:$\forall\alpha,\beta\in(0,1)$,且$0<\alpha<\beta<1$,有$\displaystyle\int_0^\alpha f(x)\,\mathrm{d}x\geqslant\frac{\alpha}{\beta}\int_\alpha^\beta f(x)\,\mathrm{d}x$.

提示 利用例 8.22(1) 的方法得$\dfrac{1}{\alpha}\displaystyle\int_0^\alpha f(x)\,\mathrm{d}x\geqslant\frac{1}{\beta}\int_0^\beta f(x)\,\mathrm{d}x$,再由$f(x)$非负有$\displaystyle\int_0^\beta f\mathrm{d}x\geqslant\int_\alpha^\beta f\mathrm{d}x$.

(2) 若$f(x)$在$[0,1]$上有界且单调递减,非负,证明:$\forall\alpha,\beta\in(0,1)$,且$0<\alpha<\beta<1$,有$\displaystyle\int_0^\alpha f(x)\,\mathrm{d}x\geqslant\frac{\alpha}{\beta}\int_\alpha^\beta f(x)\,\mathrm{d}x$.

例 8.23 设$f(x)$在$[0,1]$上可导,$0<f'(x)\leqslant 1$, $f(0)=0$,证明:

$$\left[\int_0^1 f(x)\,\mathrm{d}x\right]^2\geqslant\int_0^1 f^3(x)\,\mathrm{d}x.$$

证明 令 $F(x)=\left[\int_0^x f(t)\,\mathrm{d}t\right]^2-\int_0^x f^3(t)\,\mathrm{d}t, x\in[0,1]$，则因 $0<f'(x)\leqslant 1, f(0)=0$，所以 $f(x)$ 在 $[0,1]$ 上严格递增且 $f(x)\geqslant 0(x\in[0,1])$. 又

$$F'(x)=2\int_0^x f(t)\,\mathrm{d}t\cdot f(x)-f^3(x)=f(x)\left[2\int_0^x f(t)\,\mathrm{d}t-f^2(x)\right].$$

再令 $G(x)=2\int_0^x f(t)\,\mathrm{d}t-f^2(x)(x\in[0,1])$，因

$$G'(x)=2f(x)-2f(x)\cdot f'(x)=2f(x)[1-f'(x)]\geqslant 0,$$

即知 $G(x)$ 在 $[0,1]$ 上单调递增，因 $G(0)=0\Rightarrow G(x)\geqslant 0\Rightarrow F'(x)\geqslant 0(x\in[0,1])$，即知 $F(x)$ 在 $[0,1]$ 上单调递增，由 $F(0)=0\Rightarrow F(x)\geqslant 0(x\in[0,1])$，即 $F(1)\geqslant 0$，也就是

$$\left[\int_0^1 f(x)\,\mathrm{d}x\right]^2\geqslant\int_0^1 f^3(x)\,\mathrm{d}x.$$

注 将要证明问题的积分上(下)限改为变量 x 去构造辅助函数，将问题转化为可变上(下)限函数的性质的讨论，这种方法非常重要，希望读者充分注意.

例 8.24 设 $f(x),g(x)$ 在 $[a,b]$ 上连续，证明：存在一点 $c\in(a,b)$，使得

$$g(c)\int_a^c f(x)\,\mathrm{d}x=f(c)\int_c^b g(x)\,\mathrm{d}x.$$

分析 看到题的形式和结论，联想到罗尔定理，是哪个函数的导数为结果的形式呢?

提示 只需令 $F(x)=\int_a^x f(t)\mathrm{d}t\int_x^b g(t)\,\mathrm{d}t, x\in[a,b]$，运用罗尔定理即可. 读者自己完成证明.

例 8.25 设 $f(x)$ 在 $[-a,a]$ 上二阶连续可导，$f(0)=0$，证明：$\exists\xi\in[-a,a]$，使得

$$f''(\xi)=\frac{3}{a^3}\int_{-a}^a f(x)\,\mathrm{d}x.$$

分析 这是个与高阶导数有关的问题，想到了泰勒定理.

证明 将 $f(x)$ 在 $x=0$ 点泰勒展开，并注意到 $f(0)=0$，有

$$f(x)=f'(0)x+\frac{1}{2}f''(\theta x)x^2\quad(0<\theta<1).$$

两边积分，并运用积分中值定理，存在 $\xi\in[-a,a]$，使得

$$\int_{-a}^a f(x)\,\mathrm{d}x=f'(0)\int_{-a}^a x\,\mathrm{d}x+\frac{1}{2}\int_{-a}^a f''(\theta x)x^2\,\mathrm{d}x=\frac{a^3}{3}f''(\xi),$$

即

$$f''(\xi)=\frac{3}{a^3}\int_{-a}^a f(x)\,\mathrm{d}x.$$

2. 利用函数的连续性、可微性、凸性等证明问题

例 8.26 设 $f(x)$ 连续，证明：$\lim\limits_{n\to\infty}\frac{2}{\pi}\int_0^1\frac{n}{n^2x^2+1}f(x)\,\mathrm{d}x=f(0)$.

证明 因为 $\lim\limits_{n\to\infty}\frac{2}{\pi}\int_0^1\frac{n}{n^2x^2+1}\mathrm{d}x=\lim\limits_{n\to\infty}\frac{2}{\pi}\arctan n=1$，所以

$$f(0)=\lim_{n\to\infty}\frac{2}{\pi}\int_0^1\frac{n}{n^2x^2+1}f(0)\,dx.$$

又因f在$x=0$连续，$\forall\varepsilon>0$，$\exists 0<\delta<1$，使当$0\leqslant x<\delta$时，恒有$|f(x)-f(0)|<\frac{\varepsilon}{2}$，则

$$\lim_{n\to\infty}\left[\frac{2}{\pi}\int_0^1\frac{n}{n^2x^2+1}f(x)\,dx-f(0)\right]=\lim_{n\to\infty}\frac{2}{\pi}\int_0^1\frac{n}{n^2x^2+1}[f(x)-f(0)]\,dx$$

$$=\lim_{n\to\infty}\frac{2}{\pi}\left\{\int_0^\delta\frac{n}{n^2x^2+1}[f(x)-f(0)]\,dx+\int_\delta^1\frac{n}{n^2x^2+1}[f(x)-f(0)]\,dx\right\}.$$

因

$$\frac{2}{\pi}\left|\int_0^\delta\frac{n}{n^2x^2+1}[f(x)-f(0)]\,dx\right|\leqslant\frac{2}{\pi}\int_0^\delta\frac{n}{n^2x^2+1}|f(x)-f(0)|\,dx$$

$$\leqslant\frac{2}{\pi}\frac{\varepsilon}{2}\arctan n\delta\to\frac{\varepsilon}{2}\quad(n\to\infty).$$

又因$f(x)$在$[0,1]$上连续，从而有界：$|f(x)|\leqslant M$，$x\in[0,1]$，于是

$$\frac{2}{\pi}\left|\int_\delta^1\frac{n}{n^2x^2+1}[f(x)-f(0)]\,dx\right|\leqslant\frac{4M}{\pi}\frac{n}{n^2\delta^2+1}\to 0\quad(n\to\infty).$$

所以对上述$\varepsilon>0$，$\exists N>0$，当$n>N$时，有

$$\frac{2}{\pi}\left|\int_0^\delta\frac{n}{n^2x^2+1}[f(x)-f(0)]\,dx\right|\leqslant\frac{\varepsilon}{2},\quad \frac{2}{\pi}\left|\int_\delta^1\frac{n}{n^2x^2+1}[f(x)-f(0)]\,dx\right|\leqslant\frac{\varepsilon}{2}.$$

于是$\left|\frac{2}{\pi}\int_0^1\frac{n}{n^2x^2+1}f(x)\,dx-f(0)\right|<\varepsilon$，即$\lim\limits_{n\to\infty}\frac{2}{\pi}\int_0^1\frac{n}{n^2x^2+1}f(x)\,dx=f(0)$.

例 8.27　设$f(x)$在$[a,b]$上连续，非负，证明：$\lim\limits_{n\to\infty}\sqrt[n]{\int_a^b f^n(x)\,dx}=\max\limits_{x\in[a,b]}f(x)$.

证明　由$f(x)$在$[a,b]$上连续，必有最大值，记$M=\max\limits_{x\in[a,b]}f(x)$，则

$$\sqrt[n]{\int_a^b f^n(x)\,dx}\leqslant\sqrt[n]{M^n(b-a)}=M(b-a)^{\frac{1}{n}}\to M\quad(n\to\infty).$$

设$x_0\in[a,b]$，$f(x_0)=M$，由$f(x)$在x_0连续的局部保号性知，$\forall\varepsilon>0$，$\exists\delta>0$，当$x\in(x_0-\delta,x_0+\delta)$时（若$x_0$为区间端点$a$或$b$，取单侧邻域）恒有$f(x)>M-\varepsilon$，于是

$$\int_a^b f^n(x)\,dx\geqslant\int_{x_0-\delta}^{x_0+\delta}f^n(x)\,dx\geqslant(M-\varepsilon)^n\cdot 2\delta\quad[f(x)\geqslant 0],$$

$$\sqrt[n]{\int_a^b f^n(x)\,dx}\geqslant\sqrt[n]{(M-\varepsilon)^n\cdot 2\delta}=(M-\varepsilon)\sqrt[n]{2\delta}\to M-\varepsilon\quad(n\to\infty).$$

由迫敛法则及$\varepsilon>0$的任意性，有

$$\lim_{n\to\infty}\sqrt[n]{\int_a^b f^n(x)\,dx}=M=\max_{x\in[a,b]}f(x).$$

注　该题的结论可进行推广．设$f(x)$，$g(x)$在$[a,b]$上连续，且$f(x)\geqslant 0$，$g(x)>0$，则

$$\lim_{n\to\infty}\sqrt[n]{\int_a^b f^n(x)g(x)\,dx}=\max_{x\in[a,b]}f(x).$$

例 8.28 设$f(x)$在$[0,1]$上连续可导,且$f(0)=f(1)=0$,证明:

$$\int_0^1 f^2(x)\mathrm{d}x \leqslant \frac{1}{4}\int_0^1 f'^2(x)\mathrm{d}x.$$

证明 ① 当$x\in\left[0,\frac{1}{2}\right]$时,由$f(0)=0$,$f(x)=\int_0^x f'(t)\mathrm{d}t$,利用柯西不等式,有

$$\int_0^{\frac{1}{2}} f^2(x)\mathrm{d}x=\int_0^{\frac{1}{2}}\left[\int_0^x f'(t)\mathrm{d}t\right]^2\mathrm{d}x \leqslant \int_0^{\frac{1}{2}}\left[x\int_0^x f'^2(t)\mathrm{d}t\right]\mathrm{d}x$$

$$\leqslant \int_0^{\frac{1}{2}}\frac{1}{2}\left[\int_0^{\frac{1}{2}} f'^2(t)\mathrm{d}t\right]\mathrm{d}x=\frac{1}{4}\int_0^{\frac{1}{2}} f'^2(x)\mathrm{d}x.$$

② 当$x\in\left[\frac{1}{2},1\right]$时,由$f(1)=0$,$f(x)=\int_1^x f'(t)\mathrm{d}t$,类似 ① 可得

$$\int_{\frac{1}{2}}^1 f^2(x)\mathrm{d}x \leqslant \frac{1}{4}\int_{\frac{1}{2}}^1 f'^2(x)\mathrm{d}x,$$

即

$$\int_0^1 f^2(x)\mathrm{d}x \leqslant \frac{1}{4}\int_0^1 f'^2(x)\mathrm{d}x.$$

例 8.29 设$f(x)$在$[a,b]$上二阶可导,且$f''(x)>0$,证明:

(1)$f\left(\frac{a+b}{2}\right) \leqslant \frac{1}{b-a}\int_a^b f(x)\mathrm{d}x$;

(2) 若$f(x)\leqslant 0,x\in[a,b]$,则有$f(x)\geqslant \frac{2}{b-a}\int_a^b f(x)\mathrm{d}x,x\in[a,b]$.

分析 这是一个凸函数,它的几何意义十分明显:右边是函数在$[a,b]$上的平均值,左边是区间中点的函数值.

证明 (1) 因$f''(x)>0,x\in[a,b]$,所以$f(x)$在$[a,b]$上严格凸,由凸函数的切线性质,$\forall x\in[a,b]$,有$f(x)\geqslant f\left(\frac{a+b}{2}\right)+f'\left(\frac{a+b}{2}\right)\left(x-\frac{a+b}{2}\right)$,两边作定积分,有

$$\int_a^b f(x)\mathrm{d}x \geqslant (b-a)f\left(\frac{a+b}{2}\right)+\frac{b^2-a^2}{2}f'\left(\frac{a+b}{2}\right)-\frac{b^2-a^2}{2}f'\left(\frac{a+b}{2}\right)$$

$$=(b-a)f\left(\frac{a+b}{2}\right),$$

即

$$f\left(\frac{a+b}{2}\right) \leqslant \frac{1}{b-a}\int_a^b f(x)\mathrm{d}x.$$

注 此题证明方法很多,这是最简单的证法.

(2) 由已知$f''(x)>0, f(x)\leqslant 0, x\in[a,b]$可知，$f(x)$在$[a,b]$上严格凸，设$x_0\in(a,b)$为$f(x)$的最小值点，则必有$f(x_0)<0$. 又由凸函数的性质，$\forall x\in[a,b]$，有

$$f(x_0)\geqslant f(x)+f'(x)(x_0-x),$$

两边作定积分，有

$$\begin{aligned}(b-a)f(x_0)&\geqslant\int_a^b f(x)\mathrm{d}x+x_0\int_a^b f'(x)\mathrm{d}x-\int_a^b xf'(x)\mathrm{d}x\\&=\int_a^b f(x)\mathrm{d}x+x_0[f(b)-f(a)]-xf(x)\big|_a^b+\int_a^b f(x)\mathrm{d}x\\&=2\int_a^b f(x)\mathrm{d}x+(x_0-b)f(b)+(a-x_0)f(a)\\&\geqslant 2\int_a^b f(x)\mathrm{d}x\quad[(x_0-b)f(b)+(a-x_0)f(a)\geqslant 0],\end{aligned}$$

即

$$f(x)\geqslant f(x_0)\geqslant\frac{2}{b-a}\int_a^b f(x)\mathrm{d}x,\quad\forall x\in[a,b].$$

习　　题

1. 设$f(x)=\int_x^{\sqrt{x}}\frac{\sin t}{t}\mathrm{d}t$，计算$I=\int_0^1 f(x)\mathrm{d}x$.

2. 计算定积分$\int_{\frac{\pi}{4}}^{\frac{\pi}{2}}\frac{1+\sin x}{1+\cos x}\mathrm{e}^x\mathrm{d}x$.

3. 设f为连续可微函数，试求

$$\frac{\mathrm{d}}{\mathrm{d}x}\int_a^x(x-t)f'(t)\mathrm{d}t,$$

并用此结果求$\frac{\mathrm{d}}{\mathrm{d}x}\int_a^x(x-t)\sin t\mathrm{d}x$.

4. 已知$\int_{-\pi}^{\pi}(x-a_1\cos x-b_1\sin x)^2\mathrm{d}x=\min\limits_{a,b\in\mathbf{R}}\left\{\int_{-\pi}^{\pi}(x-a\cos x-b\sin x)^2\mathrm{d}x\right\}$，求$a_1,b_1$的值.

5. 设n为自然数，证明：狄利克雷积分$\int_0^{\pi}\frac{\sin\left(n+\frac{1}{2}\right)x}{\sin\frac{x}{2}}\mathrm{d}x=\pi$.

6. 设$f(x)$在$[a,b]$上有连续的导数，$f(a)=f(b)=0$，$\int_a^b f^2(x)\mathrm{d}x=1$，证明：

$$\left(\int_a^b x^2f^2(x)\mathrm{d}x\right)\cdot\left(\int_a^b f'^2(x)\mathrm{d}x\right)\geqslant\frac{1}{4}.$$

7. 设$f(x)$在$[a,b]$上二阶可导，且$f(x)\cdot f''(x)<0$，证明：

$$\frac{1}{b-a}\int_a^b |f(x)|\mathrm{d}x > \frac{1}{2}|f(a)+f(b)|.$$

8. 设$f(x)$在$[a,b]$上连续可导，且$f(a)=0$，证明

$$\int_a^b |f(x)f'(x)|\mathrm{d}x \leqslant \frac{b-a}{2}\int_a^b (f'(x))^2\mathrm{d}x.$$

9. 求双纽线$(x^2+y^2)^2=2a^2xy(a>0)$所围图形的面积.

10. 求曲线$y=3-|x^2-1|$与x轴围成的封闭图形绕直线$y=3$旋转所得旋转体体积.

11. 求曲线$y=\int_0^x \sqrt{\sin t}\,\mathrm{d}t(0\leqslant x\leqslant \pi)$的弧长.

12. 证明：设$f(x)\in C[a,b]$，若对任意的$g(x)\in C[a,b]$，且$g(a)=g(b)=0$的$g(x)$，都有$\int_a^b f(x)g(x)\mathrm{d}x=0$，则$f(x)\equiv 0, x\in[a,b]$.

13. 设$f,g\in C[a,b]$且$\int_a^x f(t)\mathrm{d}t \geqslant \int_a^x g(t)\mathrm{d}t$，$\int_a^b f(x)\mathrm{d}x=\int_a^b g(x)\mathrm{d}x$，证明

$$\int_a^b xf(x)\mathrm{d}x \leqslant \int_a^b xg(x)\mathrm{d}x.$$

14. 设$f(x)\in C[a,b]$，且$I=\int_0^1 f(x)\mathrm{d}x\neq 0$，证明：存在两点$x_1,x_2\in(0,1)$，使得$\frac{I}{f(x_1)}+\frac{I}{f(x_2)}=2$.

15. 设$a_n=\int_0^1 x^n\sqrt{1-x^2}\,\mathrm{d}x(n=0,1,2,\cdots)$.

(1) 证明：$\{a_n\}$单调递减，且$a_n=\frac{n-1}{n+2}a_{n-2}(n=2,3,\cdots)$；

(2) 求$\lim\limits_{n\to\infty}\frac{a_n}{a_{n-1}}$.

第9讲　广 义 积 分

9.1　广义积分的基本概念

广义积分也称非正常积分或反常积分．它是相对正常积分（也就是定积分或称黎曼积分）而提出的．我们知道，正常积分必须具备两个前提条件：一是积分区间必须是有限闭区间；二是被积函数必须是有界函数．但实际上常常需要求解不满足上述条件的积分，这就是广义积分．它分为两类：无穷区间的广义积分（又称无穷积分）和无界函数的广义积分（又称瑕积分）．

9.1.1　无穷区间的广义积分

1. 定义

设$f(x)$定义在$[a,+\infty)$上，且对任何有限区间$[a,u]$，$f(x)$在其上可积，若极限$\lim\limits_{u\to+\infty}\int_a^u f(x)=\lim\limits_{u\to+\infty}F(u)=J$存在，称广义积分$\int_a^{+\infty}f(x)\mathrm{d}x$收敛，记为$J=\int_a^{+\infty}f(x)\mathrm{d}x$，否则称$\int_a^{+\infty}f(x)\mathrm{d}x$发散．

同理可定义：$\int_{-\infty}^{b}f(x)\mathrm{d}x=\lim\limits_{u\to-\infty}\int_u^b f(x)\mathrm{d}x$.

对$\int_{-\infty}^{+\infty}f(x)\mathrm{d}x=\int_{-\infty}^{a}f(x)\mathrm{d}x+\int_a^{+\infty}f(x)\mathrm{d}x$，其中，$a$为任意的实数，当且仅当右边两个无穷积分都收敛时，称左边的无穷积分收敛.

注　对$\int_{-\infty}^{+\infty}f(x)\mathrm{d}x=\int_{-\infty}^{a}f(x)\mathrm{d}x+\int_a^{+\infty}f(x)\mathrm{d}x$类型，右边两无穷积分收敛是指：对两独立的极限$\lim\limits_{v\to+\infty}\int_{-v}^{a}f(x)\mathrm{d}x$与$\lim\limits_{u\to+\infty}\int_a^u f(x)\mathrm{d}x$都存在，而不能认为是互有关联的极限$\lim\limits_{u\to+\infty}\int_{-u}^{a}f(x)\mathrm{d}x$与$\lim\limits_{u\to+\infty}\int_a^u f(x)\mathrm{d}x$都存在．一般地，称$\lim\limits_{u\to+\infty}\int_{-u}^{u}f(x)\mathrm{d}x$为$\int_{-\infty}^{+\infty}f(x)\mathrm{d}x$的柯西主值，记作V. p. $\int_{-\infty}^{+\infty}f(x)\mathrm{d}x=\lim\limits_{u\to+\infty}\int_{-u}^{u}f(x)\mathrm{d}x$. 无穷积分的敛散与它的柯西主值之间的关系如下：

（1）若无穷积分$\int_{-\infty}^{+\infty}f(x)\mathrm{d}x$收敛，则V. p. $\int_{-\infty}^{+\infty}f(x)\mathrm{d}x$必存在，且它们的值相等.

(2) 若V. p.$\int_{-\infty}^{+\infty} f(x)\mathrm{d}x$存在,但无穷积分$\int_{-\infty}^{+\infty} f(x)\mathrm{d}x$未必收敛. 例如,V. p.$\int_{-\infty}^{+\infty} x\mathrm{d}x = \lim\limits_{u\to+\infty}\int_{-u}^{u} x\mathrm{d}x = 0$,但$\int_{-\infty}^{+\infty} x\mathrm{d}x$显然是发散的.

2. 等价定义

无穷积分$\int_a^{+\infty} f(x)\mathrm{d}x$收敛$\Leftrightarrow \forall \varepsilon > 0, \exists A > a$,当$M > A$时,恒有$\left|\int_M^{+\infty} f(x)\mathrm{d}x\right| < \varepsilon$.

3. 柯西准则

无穷积分$\int_a^{+\infty} f(x)\mathrm{d}x$收敛$\Leftrightarrow \forall \varepsilon > 0, \exists A > a$,当$A_2 > A_1 > A$时,恒有$\left|\int_{A_1}^{A_2} f(x)\mathrm{d}x\right| < \varepsilon$.

4. 绝对收敛和条件收敛

(1) 绝对收敛. 若$\int_a^{+\infty} |f(x)|\mathrm{d}x$收敛,则称$\int_a^{+\infty} f(x)\mathrm{d}x$是绝对收敛的.

显然绝对收敛必收敛. 事实上,若$\int_a^{+\infty} |f(x)|\mathrm{d}x$收敛,由柯西准则,$\forall \varepsilon > 0, \exists A > a$,当$A_2 > A_1 > A$时,有$\int_{A_1}^{A_2} |f(x)|\mathrm{d}x < \varepsilon \Rightarrow \left|\int_{A_1}^{A_2} f(x)\mathrm{d}x\right| \leqslant \int_{A_1}^{A_2} |f(x)|\mathrm{d}x < \varepsilon$,即$\int_a^{+\infty} f(x)\mathrm{d}x$收敛.

(2) 条件收敛. 若$\int_a^{+\infty} f(x)\mathrm{d}x$收敛,但$\int_a^{+\infty} |f(x)|\mathrm{d}x$发散,则称$\int_a^{+\infty} f(x)\mathrm{d}x$是条件收敛.

例 9.1 证明无穷积分$\int_1^{+\infty} \frac{1}{x^p}\mathrm{d}x$在$p > 1$时收敛,在$p \leqslant 1$时发散.

证明 当$p = 1$时,$\lim\limits_{u\to+\infty}\int_1^{u} \frac{1}{x}\mathrm{d}x = \lim\limits_{u\to+\infty} \ln u = +\infty$,故$\int_1^{+\infty} \frac{1}{x^p}\mathrm{d}x$发散.

当$p < 1$时,$\lim\limits_{u\to+\infty}\int_1^{u} \frac{1}{x^p}\mathrm{d}x = \lim\limits_{u\to+\infty} \frac{1}{1-p}x^{1-p}\Big|_1^u = \lim\limits_{u\to+\infty} \frac{1}{1-p}(u^{1-p}-1) = +\infty$,故$\int_1^{+\infty} \frac{1}{x^p}\mathrm{d}x$发散.

当$p > 1$时,$\lim\limits_{u\to+\infty}\int_1^{u} \frac{1}{x^p}\mathrm{d}x = \lim\limits_{u\to+\infty} \frac{1}{1-p}x^{1-p}\Big|_1^u = \lim\limits_{u\to+\infty} \frac{1}{1-p}(u^{1-p}-1) = \frac{1}{p-1}$,故$\int_1^{+\infty} \frac{1}{x^p}\mathrm{d}x$收敛.

5. 敛散判别法

1) 绝对收敛判别法

(1) 比较法. 若$|f(x)| \leqslant g(x), x \in [a, +\infty)$,当$\int_a^{+\infty} g(x)\mathrm{d}x$收敛时,$\int_a^{+\infty} |f(x)|\mathrm{d}x$收敛;当$\int_a^{+\infty} |f(x)|\mathrm{d}x$发散时,$\int_a^{+\infty} g(x)\mathrm{d}x$发散.

特别地,$g(x) = \frac{1}{x^p}$,$p > 1$时,$|f(x)| \leqslant \frac{1}{x^p}, x \in [a, +\infty) \Rightarrow \int_a^{+\infty} |f(x)|\mathrm{d}x$收敛;$p \leqslant 1$时,$|f(x)| \geqslant \frac{1}{x^p}, x \in [a, +\infty) \Rightarrow \int_a^{+\infty} |f(x)|\mathrm{d}x$发散.

(2) 柯西判别法. 若$\lim\limits_{x\to+\infty} x^p|f(x)| = l$,则当$p > 1, 0 \leqslant l < +\infty$时,$\int_a^{+\infty} |f(x)|\mathrm{d}x$收敛;当$p \leqslant 1$,$0 < l \leqslant +\infty$时,$\int_a^{+\infty} |f(x)|\mathrm{d}x$发散.

2）一般无穷积分收敛判别法

（1）狄利克雷判别法. 若①$\left|\int_a^u f(x)\mathrm{d}x\right| \leqslant M, \forall u \in [a, +\infty)$；②$g(x)$ 在$[a, +\infty)$上单调趋于零$(x \to +\infty)$，则$\int_a^{+\infty} f(x)g(x)\mathrm{d}x$ 收敛.

（2）阿贝尔判别法. 若①$\int_a^{+\infty} f(x)\mathrm{d}x$ 收敛；②$g(x)$ 在$[a, +\infty)$上单调有界，则$\int_a^{+\infty} f(x)g(x)\mathrm{d}x$ 收敛.

例 9.2 讨论无穷积分$\int_1^{+\infty} \frac{\sin x}{x^p}\mathrm{d}x$ 的敛散性.

解 当 $p > 1$ 时，$\left|\frac{\sin x}{x^p}\right| \leqslant \frac{1}{x^p}, \forall x \in [1, +\infty)$，而$\int_1^{+\infty} \frac{1}{x^p}\mathrm{d}x$ 收敛 $\Rightarrow \int_1^{+\infty} \left|\frac{\sin x}{x^p}\right|\mathrm{d}x$ 收敛，即$\int_1^{+\infty} \frac{\sin x}{x^p}\mathrm{d}x$ 绝对收敛.

当$0 < p \leqslant 1$ 时，因$\left|\int_1^u \sin x\mathrm{d}x\right| \leqslant 2, \forall u > 1$，而$\frac{1}{x^p}$ 在$[1, +\infty)$单调递减且趋于零$(x \to +\infty)$. 由狄利克雷判别法知$\int_1^{+\infty} \frac{\sin x}{x^p}\mathrm{d}x$ 收敛.

但
$$\int_1^{+\infty} \left|\frac{\sin x}{x^p}\right|\mathrm{d}x \geqslant \int_1^{+\infty} \frac{\sin^2 x}{x^p}\mathrm{d}x = \int_1^{+\infty} \frac{1 - \cos 2x}{2x^p}\mathrm{d}x$$
$$= \int_1^{+\infty} \frac{1}{2x^p}\mathrm{d}x - \int_1^{+\infty} \frac{\cos 2x}{2x^p}\mathrm{d}x,$$

因$\int_1^{+\infty} \frac{1}{2x^p}\mathrm{d}x$ 发散，$\int_1^{+\infty} \frac{\cos 2x}{2x^p}\mathrm{d}x$ 收敛（由狄利克雷判别法），所以$\int_1^{+\infty} \left|\frac{\sin x}{x^p}\right|\mathrm{d}x$ 发散，即$\int_1^{+\infty} \frac{\sin x}{x^p}\mathrm{d}x$ 是条件收敛.

当 $p \leqslant 0$ 时，由定义可知积分发散.

故$\int_1^{+\infty} \frac{\sin x}{x^p}\mathrm{d}x$ 在 $p > 1$ 时绝对收敛，在 $0 < p \leqslant 1$ 时条件收敛，在 $p \leqslant 0$ 时发散.

9.1.2 无界函数的广义积分

1. 定义

设函数$f(x)$在区间$(a,b]$上有定义，在点a的任意右邻域无界，但在任何闭区间$[u,b] \subset (a,b]$上可积，若极限$\lim\limits_{u \to a^+}\int_u^b f(x)\mathrm{d}x = J$ 存在，则称无界函数的广义积分$\int_a^b f(x)\mathrm{d}x$ 收敛，否则称为发散. 称使得函数无界的点 $x = a$ 为函数的瑕点.

同样，若 $x = b$ 为瑕点，$\lim\limits_{u \to b^-}\int_a^u f(x)\mathrm{d}x$ 存在，则称瑕积分$\int_a^b f(x)\mathrm{d}x$ 收敛.

若 $c \in (a,b)$ 为瑕点，或a，b同时为瑕点，则$\int_a^b f(x)\mathrm{d}x = \int_a^c f(x)\mathrm{d}x + \int_c^b f(x)\mathrm{d}x$. 当且仅当右边的两个瑕积分都收敛时，称左边的瑕积分收敛.

例 9.3 讨论瑕积分$\int_0^1 \frac{1}{x^p}dx$的敛散性.

解 当$p \leqslant 0$时,$\int_0^1 \frac{1}{x^p}dx$为正常积分,可积.

当$p > 0$时,$x = 0$为瑕点.

当$p = 1$时,$\lim\limits_{u \to 0^+}\int_u^1 \frac{1}{x}dx = \lim\limits_{u \to 0^+}(-\ln u) = +\infty$,$\int_0^1 \frac{1}{x^p}dx$发散.

当$p > 1$时,$\lim\limits_{u \to 0^+}\int_u^1 \frac{1}{x^p}dx = \lim\limits_{u \to 0^+} \frac{1}{1-p}x^{1-p}\Big|_u^1 = +\infty$,$\int_0^1 \frac{1}{x^p}dx$发散.

当$0 < p < 1$时,$\lim\limits_{u \to 0^+}\int_u^1 \frac{1}{x^p}dx = \lim\limits_{u \to 0^+} \frac{1}{1-p}x^{1-p}\Big|_u^1 = \frac{1}{1-p}$,$\int_0^1 \frac{1}{x^p}dx$收敛.

即$\int_0^1 \frac{1}{x^p}dx$在$p \geqslant 1$时发散,在$p < 1$时收敛.

注 对瑕积分$\int_a^b \frac{1}{(x-a)^p}dx$和$\int_a^b \frac{1}{(x-b)^p}dx$有类似的结论.

2. 收敛的等价定义和柯西准则(以$x = a$为瑕点为例)

$\int_a^b f(x)dx$收敛$\Leftrightarrow \forall \varepsilon > 0, \exists a < c < b$,使当$a < u < c$时,恒有$\left|\int_a^u f(x)dx\right| < \varepsilon$.

$\int_a^b f(x)dx$收敛$\Leftrightarrow \forall \varepsilon > 0, \exists a < c < b$,使当$a < u_1 < u_2 < c$时,恒有$\left|\int_{u_1}^{u_2} f(x)dx\right| < \varepsilon$.

3. 柯西判别法

若$f(x)$以$x = a$为瑕点,且$\lim\limits_{x \to a^+}(x-a)^p|f(x)| = l$,则有

(1)当$p < 1, 0 \leqslant l < +\infty$时,$\int_a^b |f(x)|dx$收敛;

(2)当$p \geqslant 1, 0 < l \leqslant +\infty$时,$\int_a^b |f(x)|dx$发散.

其余的与无穷积分类似,这里从略.

例 9.4 判断下列瑕积分的收敛性:

(1)$\int_0^1 \frac{\ln x}{\sqrt{x}}dx$;　　(2)$\int_0^1 \frac{\sqrt{x}}{\ln x}dx$.

分析 解决这类问题,首先要指出瑕点.

解 (1)因$\lim\limits_{x \to 0^+}\frac{\ln x}{\sqrt{x}} = -\infty$,所以$x = 0$为瑕点.

因$\lim\limits_{x \to 0^+}x^{\frac{3}{4}}\left|\frac{\ln x}{\sqrt{x}}\right| = \lim\limits_{x \to 0^+}x^{\frac{1}{4}}|\ln x| = 0$,这里$p = \frac{3}{4} < 1$,所以$\int_0^1 \frac{\ln x}{\sqrt{x}}dx$收敛.

(2)判断瑕点:因$\lim\limits_{x \to 0^+}\frac{\sqrt{x}}{\ln x} = 0$,所以$x = 0$不是瑕点.$x = 1$是瑕点.

因$\lim\limits_{x \to 1^-}(x-1)\frac{\sqrt{x}}{\ln x} = \lim\limits_{x \to 1^-}\frac{x-1}{\ln x} = 1$,这里$p = 1$,所以$\int_0^1 \frac{\sqrt{x}}{\ln x}dx$发散.

注 (1) 当对积分变量作倒数变换时,两类广义积分可相互转化.

(2) 当一个积分既是无穷积分,又是瑕积分时,要在积分区间上添加一个分点,分别讨论.

例 9.5 讨论下列广义积分的敛散性:

(1) $\int_0^{+\infty}\frac{1}{x^p}dx$;　　(2) $\int_0^{+\infty}\frac{\sin x}{x^p}dx$.

解 (1) $I=\int_0^{+\infty}\frac{1}{x^p}dx=\int_0^1\frac{1}{x^p}dx+\int_1^{+\infty}\frac{1}{x^p}dx=I_1+I_2$.

对 I_1,以 $x=0$ 为瑕点的瑕积分,当 $p<1$ 时收敛,当 $p\geqslant 1$ 时发散.

对 I_2,当 $p>1$ 时收敛,当 $p\leqslant 1$ 时发散. 故对 I, $\forall p\in\mathbf{R}$ 都是发散的.

(2) $I=\int_0^{+\infty}\frac{\sin x}{x^p}dx=\int_0^1\frac{\sin x}{x^p}dx+\int_1^{+\infty}\frac{\sin x}{x^p}dx=I_1+I_2$.

对 $I_1=\int_0^1\frac{\sin x}{x^p}dx$,当 $p<1$ 时, $\left|\frac{\sin x}{x^p}\right|\leqslant\frac{1}{x^p}$,因 $\int_0^1\frac{1}{x^p}dx$ 收敛 $\Rightarrow\int_0^1\frac{\sin x}{x^p}dx$ 收敛且绝对收敛. 当 $p=1$ 时,因 $\lim\limits_{x\to 0^+}\frac{\sin x}{x}=1$,所以 $x=0$ 是可去间断点,从而 I_1 是正常积分. 当 $1<p<2$ 时, $\lim\limits_{x\to 0^+}x^{p-1}\frac{\sin x}{x^p}=\lim\limits_{x\to 0^+}\frac{\sin x}{x}=1$,由柯西判别法知 I_1 收敛. 当 $p\geqslant 2$ 时, $\lim\limits_{x\to 0^+}x^{p-1}\frac{\sin x}{x^p}=\lim\limits_{x\to 0^+}\frac{\sin x}{x}=1$,由柯西判别法知 I_1 发散. 即对 I_1: $p<2$ 时收敛 $\left(\text{因}\frac{\sin x}{x^p}\geqslant 0,\text{所以也是绝对收敛}\right)$, $p\geqslant 2$ 时发散.

对 $I_2=\int_1^{+\infty}\frac{\sin x}{x^p}dx$,由例 9.2 知,当 $p>1$ 时绝对收敛,当 $0<p\leqslant 1$ 时条件收敛,当 $p\leqslant 0$ 时发散.

故对 I:当 $p\leqslant 0$ 时发散,当 $0<p\leqslant 1$ 时条件收敛,当 $1<p<2$ 时绝对收敛,当 $p\geqslant 2$ 时发散.

9.2 广义积分中的问题讨论

9.2.1 广义积分敛散的判别

广义积分敛散的判别方法在 9.1 节中已经给出,要熟记和灵活运用. 对瑕积分首先指出瑕点. 用柯西判别法时,要事先初步估计它的敛散,然后选准用以比较的"尺子"(即 p 的大小的选取).

例 9.6 判断下列广义积分的敛散性:

(1) $\int_1^{+\infty}\frac{\ln(1+x)}{x^n}dx$;　(2) $\int_0^{+\infty}\frac{x^m}{1+x^n}dx\quad(m,n\geqslant 0)$;　(3) $\int_0^1\frac{dx}{\sqrt{x-x^2}}$.

解　(1) 当 $n>1$ 时，取 $\alpha:1<\alpha<n$，则 $\lim\limits_{x\to+\infty} x^{\alpha}\dfrac{\ln(1+x)}{x^{n}}=\lim\limits_{x\to+\infty}\dfrac{\ln(1+x)}{x^{n-\alpha}}=0$. 由柯西判别法知 $\int_{1}^{+\infty}\dfrac{\ln(1+x)}{x^{n}}\mathrm{d}x$ 收敛.

当 $n\leqslant 1$ 时，$\lim\limits_{x\to+\infty} x^{n}\dfrac{\ln(1+x)}{x^{n}}=\lim\limits_{x\to+\infty}\ln(1+x)=+\infty$，由柯西判别法知 $\int_{1}^{+\infty}\dfrac{\ln(1+x)}{x^{n}}\mathrm{d}x$ 发散.

(2) 因 $\lim\limits_{x\to+\infty} x^{n-m}\dfrac{x^{m}}{1+x^{n}}=1$，所以当 $n-m>1\Rightarrow n>1+m$ 时，积分收敛；当 $n-m\leqslant 1\Rightarrow n\leqslant 1+m$ 时，积分发散.

(3) $x=0$ 和 $x=1$ 都是瑕点，所以

$$I=\int_{0}^{1}\frac{\mathrm{d}x}{\sqrt{x-x^{2}}}=\int_{0}^{\frac{1}{2}}\frac{\mathrm{d}x}{\sqrt{x(1-x)}}+\int_{\frac{1}{2}}^{1}\frac{\mathrm{d}x}{\sqrt{x(1-x)}}=I_{1}+I_{2}.$$

对 $I_{1}=\int_{0}^{\frac{1}{2}}\dfrac{\mathrm{d}x}{\sqrt{x(1-x)}}$，$x=0$ 为瑕点，$\lim\limits_{x\to0^{+}}\left[\sqrt{x}\cdot\dfrac{1}{\sqrt{x(1-x)}}\right]=1$，$I_{1}$ 收敛.

对 $I_{2}=\int_{\frac{1}{2}}^{1}\dfrac{\mathrm{d}x}{\sqrt{x(1-x)}}$，$x=1$ 为瑕点，$\lim\limits_{x\to1^{-}}\left[\sqrt{1-x}\cdot\dfrac{1}{\sqrt{x(1-x)}}\right]=1$，$I_{2}$ 收敛.

故 I 收敛.

例 9.7　讨论下列积分的收敛性：

(1) $\int_{1}^{+\infty}\sin x^{2}\mathrm{d}x$；　(2) $\int_{\mathrm{e}}^{+\infty}\dfrac{\ln\ln x}{\ln x}\sin x\mathrm{d}x$.

解　(1) 令 $x^{2}=t$，则 $I=\int_{1}^{+\infty}\sin x^{2}\mathrm{d}x=\int_{1}^{+\infty}\dfrac{\sin t}{2\sqrt{t}}\mathrm{d}t$，由例 9.2 知，该积分是条件收敛的.

(2) 因 $\left|\int_{\mathrm{e}}^{u}\sin x\mathrm{d}x\right|\leqslant 2(\forall u>\mathrm{e})$，而 $\dfrac{\ln\ln x}{\ln x}\to0(x\to+\infty)$，且在 $(\mathrm{e}^{\mathrm{e}},+\infty)$ 上单调递减，由狄利克雷判别法知积分 $\int_{\mathrm{e}}^{+\infty}\dfrac{\ln\ln x}{\ln x}\sin x\mathrm{d}x$ 收敛. 但

$$\left|\frac{\ln\ln x}{\ln x}\sin x\right|\geqslant\frac{\ln\ln x}{\ln x}\sin^{2}x=\frac{\ln\ln x}{\ln x}\cdot\frac{1-\cos 2x}{2}\quad(x\geqslant\mathrm{e}).$$

而积分 $\int_{\mathrm{e}}^{+\infty}\dfrac{\ln\ln x}{2\ln x}\cos 2x\mathrm{d}x$ 收敛（由狄利克雷判别法）；积分 $\int_{\mathrm{e}}^{+\infty}\dfrac{\ln\ln x}{\ln x}\mathrm{d}x$ 发散，事实上，当 $x>\mathrm{e}$ 时，$\dfrac{\ln\ln x}{\ln x}>\dfrac{\ln\ln x}{x}$，$\lim\limits_{x\to+\infty}\left(x\dfrac{\ln\ln x}{x}\right)=+\infty$，所以 $\int_{\mathrm{e}}^{+\infty}\dfrac{\ln\ln x}{x}\mathrm{d}x$ 发散，由比较判别法 $\int_{\mathrm{e}}^{+\infty}\dfrac{\ln\ln x}{\ln x}\mathrm{d}x$ 发散，从而 $\int_{\mathrm{e}}^{+\infty}\left|\dfrac{\ln\ln x}{\ln x}\sin x\right|\mathrm{d}x$ 发散，即 $\int_{\mathrm{e}}^{+\infty}\dfrac{\ln\ln x}{\ln x}\sin x\mathrm{d}x$ 条件收敛.

例 9.8　讨论积分 $\int_{0}^{+\infty}\left(\dfrac{1}{\sqrt[3]{1-\dfrac{\sin x}{x}}}-1\right)\mathrm{d}x$ 的敛散性.

分析 当 $x\to 0$ 时,被积函数无界,所以 $x=0$ 为瑕点. 要用泰勒展式去估计它的阶.

解 $$I=\int_0^{+\infty}\left(\frac{1}{\sqrt[3]{1-\frac{\sin x}{x}}}-1\right)\mathrm{d}x$$

$$=\int_0^1\left(\frac{1}{\sqrt[3]{1-\frac{\sin x}{x}}}-1\right)\mathrm{d}x+\int_1^{+\infty}\left(\frac{1}{\sqrt[3]{1-\frac{\sin x}{x}}}-1\right)\mathrm{d}x=I_1+I_2.$$

对 $I_1=\int_0^1\left(\frac{1}{\sqrt[3]{1-\frac{\sin x}{x}}}-1\right)\mathrm{d}x$,$x=0$ 为瑕点,因

$$\sin x=x-\frac{x^3}{3!}+o(x^4)\Rightarrow\frac{\sin x}{x}=1-\frac{x^2}{6}+o(x^3)\Rightarrow\sqrt[3]{1-\frac{\sin x}{x}}=\sqrt[3]{\frac{x^2}{6}+o(x^3)},$$

所以$\lim\limits_{x\to0^+}\left\{x^{\frac{2}{3}}\cdot\left[\left(1-\frac{\sin x}{x}\right)^{-\frac{1}{3}}-1\right]\right\}=\lim\limits_{x\to0^+}x^{\frac{2}{3}}\left[\frac{1}{\sqrt[3]{\frac{x^2}{6}+o(x^3)}}-1\right]=\sqrt[3]{6}.$

由柯西判别法知 I_1 收敛(因被积函数非负,故也是绝对收敛的).

对 $I_2=\int_1^{+\infty}\left(\frac{1}{\sqrt[3]{1-\frac{\sin x}{x}}}-1\right)\mathrm{d}x$,由于 $x\to+\infty$ 时,$\frac{\sin x}{x}\to0$,由泰勒公式,得

$$\left(1-\frac{\sin x}{x}\right)^{-\frac{1}{3}}=1+\frac{\sin x}{3x}+\frac{2}{9}\cdot\frac{\sin^2x}{x^2}+o\left(\frac{\sin^2x}{x^2}\right),$$

所以 $I_2=\int_1^{+\infty}\left[\frac{\sin x}{3x}+\frac{2}{9}\cdot\frac{\sin^2x}{x^2}+o\left(\frac{\sin^2x}{x^2}\right)\right]\mathrm{d}x.$

因$\int_1^{+\infty}\frac{\sin x}{x}\mathrm{d}x$ 条件收敛,$\int_1^{+\infty}\frac{\sin^2x}{x^2}\mathrm{d}x$ 绝对收敛,可知 I_2 条件收敛.

故 I 条件收敛.

例 9.9 证明:如果瑕积分$\int_a^b|f(x)|\mathrm{d}x$ 收敛,则$\int_a^bf(x)\mathrm{d}x$ 收敛($x=a$ 为瑕点),反之不成立.

证明 由$\int_a^b|f(x)|\mathrm{d}x$ 收敛柯西准则,$\forall\varepsilon>0$,$\exists c:a<c<b$,当 $a<u_1<u_2<c$ 时,有 $\int_{u_1}^{u_2}|f(x)|\mathrm{d}x<\varepsilon\Rightarrow\left|\int_{u_1}^{u_2}f(x)\mathrm{d}x\right|\leqslant\int_{u_1}^{u_2}|f(x)|\mathrm{d}x<\varepsilon$,即$\int_a^bf(x)\mathrm{d}x$ 收敛.

反之不成立,如$f(x)=\frac{1}{x}\sin\sqrt{\frac{1}{x}}$,以 $x=0$ 为瑕点,且令$\frac{1}{x}=t^2$,则$\int_0^1\frac{1}{x}\sin\sqrt{\frac{1}{x}}\mathrm{d}x=2\int_1^{+\infty}\frac{\sin t}{t}\mathrm{d}t$ 收敛,但$\int_0^1\left|\frac{1}{x}\sin\sqrt{\frac{1}{x}}\right|\mathrm{d}x=2\int_1^{+\infty}\left|\frac{\sin t}{t}\right|\mathrm{d}t$ 发散.

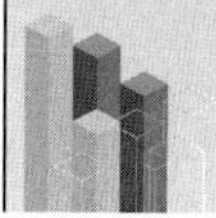

例 9.10 证明$\int_0^{+\infty}\frac{\sin x^2}{1+x^p}\mathrm{d}x(p\geqslant 0)$是收敛的.

证明 因$\int_0^{+\infty}\frac{\sin x^2}{1+x^p}\mathrm{d}x=\int_0^1\frac{\sin x^2}{1+x^p}\mathrm{d}x+\int_1^{+\infty}\frac{\sin x^2}{1+x^p}\mathrm{d}x$,而第一个积分是正常积分,只需考虑第二个积分即可. 设$f(x)=x\sin x^2,g(x)=\frac{1}{x(1+x^p)}$,则$\forall u>1$,有

$$\left|\int_1^u x\sin x^2\mathrm{d}x\right|=\frac{1}{2}|\cos u^2-\cos 1|\leqslant 1.$$

而$g(x)$在$[1,+\infty)$上单调递减且趋于零$(x\to+\infty)$. 由狄利克雷判别法知$\int_0^{+\infty}\frac{\sin x^2}{1+x^p}\mathrm{d}x(p\geqslant 0)$是收敛的.

例 9.11 设f在$[1,+\infty)$上连续,且$f(x)>0(x\geqslant 1)$,若$\lim\limits_{x\to+\infty}\frac{\ln f(x)}{\ln x}=-\lambda$,且$\lambda>1$,证明:$\int_1^{+\infty}f(x)\mathrm{d}x$收敛.

证明 因$\lim\limits_{x\to+\infty}\frac{\ln f(x)}{\ln x}=-\lambda$, $\forall\varepsilon>0,\exists M>1$,当$x>M$时,有

$$\frac{\ln f(x)}{\ln x}<-\lambda+\varepsilon\Rightarrow\ln f(x)<\ln x^{-\lambda+\varepsilon}\Rightarrow f(x)<\frac{1}{x^{\lambda-\varepsilon}},$$

因$\lambda>1$,只需取$\varepsilon>0$充分小,使$\lambda-\varepsilon>1$,由比较判别法知$\int_M^{+\infty}f(x)\mathrm{d}x$收敛,而$\int_1^M f(x)\mathrm{d}x$为正常积分,从而$\int_1^{+\infty}f(x)\mathrm{d}x$收敛.

例 9.12 设$f(x)$在$[1,+\infty)$上可微,且单调递减趋于零$(x\to+\infty)$,若$\int_1^{+\infty}f(x)\mathrm{d}x$收敛,证明:$\int_1^{+\infty}xf'(x)\mathrm{d}x$也收敛.

证明 由$f(x)$在$[1,+\infty)$上单调递减趋于零$(x\to+\infty)$,显然有$f(x)\geqslant 0$. 下证$\lim\limits_{A\to+\infty}Af(A)=0$. 事实上,由$\int_1^{+\infty}f(x)\mathrm{d}x$收敛的柯西准则,$\forall\varepsilon>0,\exists M>1$,当$A_2>A_1>M$时,恒有$\left|\int_{A_1}^{A_2}f(x)\mathrm{d}x\right|<\varepsilon$. 取$\frac{A}{2}>M$,则

$$0\leqslant\frac{A}{2}f(A)=\int_{\frac{A}{2}}^{A}f(A)\mathrm{d}x\leqslant\int_{\frac{A}{2}}^{A}f(x)\mathrm{d}x<\varepsilon,$$

即$\lim\limits_{A\to+\infty}Af(A)=0$. 因$\int_1^{+\infty}f(x)\mathrm{d}x$收敛,记$\lim\limits_{A\to+\infty}\int_1^A f(x)\mathrm{d}x=J$,所以

$$\int_1^A xf'(x)\mathrm{d}x=xf(x)\Big|_1^A-\int_1^A f(x)\mathrm{d}x=Af(A)-f(1)-\int_1^A f(x)\mathrm{d}x,$$

所以

$$\lim_{A\to+\infty}\int_1^A xf'(x)\mathrm{d}x=\lim_{A\to+\infty}\left[Af(A)-f(1)-\int_1^A f(x)\mathrm{d}x\right]=-f(1)-J,$$

极限存在,即$\int_1^{+\infty}xf'(x)\mathrm{d}x$收敛.

例 9.13 （1）举例说明瑕积分$\int_a^b f(x)\mathrm{d}x$（$x=a$ 为瑕点）绝对收敛，但$\int_a^b f^2(x)\mathrm{d}x$ 未必收敛；

（2）举例说明无穷积分$\int_a^{+\infty} f(x)\mathrm{d}x$ 绝对收敛，但$\int_a^{+\infty} f^2(x)\mathrm{d}x$ 未必收敛；

（3）证明若$\int_a^{+\infty} f(x)\mathrm{d}x$ 绝对收敛，且$\lim\limits_{x\to+\infty} f(x)=0$，则$\int_a^{+\infty} f^2(x)\mathrm{d}x$ 必收敛.

解 （1）例如，$\int_0^1 \frac{1}{\sqrt{x}}\mathrm{d}x$ 收敛，且绝对收敛，但$\int_0^1\left(\frac{1}{\sqrt{x}}\right)^2\mathrm{d}x=\int_0^1\frac{1}{x}\mathrm{d}x$ 发散.

（2）令$f(x)=\begin{cases} n, & n\leqslant x\leqslant n+\frac{1}{n^3} \\ 0, & \text{其他}\end{cases}$，$x\in[1,+\infty)$，显然$f\geqslant 0$，且$\int_1^{+\infty} f(x)\mathrm{d}x=\sum\limits_{n=1}^{\infty}\int_n^{n+\frac{1}{n^3}} f(x)\mathrm{d}x=$ $\sum\limits_{n=1}^{\infty}\frac{1}{n^2}$ 收敛，也是绝对收敛的．但$\int_1^{+\infty} f^2(x)\mathrm{d}x=\sum\limits_{n=1}^{\infty}\int_n^{n+\frac{1}{n^3}} f^2(x)\mathrm{d}x=\sum\limits_{n=1}^{\infty}\frac{1}{n}$ 发散.

（3）因$\lim\limits_{x\to+\infty} f(x)=0$，存在$A_1>a$，当$x>A_1$ 时，$|f(x)|<1$. 又因$\int_a^{+\infty}|f(x)|\mathrm{d}x$ 收敛，$\forall\varepsilon>0$，$\exists A_2>a$，当$A>A_2$ 时，有$\int_A^{+\infty}|f(x)|\mathrm{d}x<\varepsilon$，取$M=\max\{A_1,A_2\}$，当$A>M$ 时，$\left|\int_A^{+\infty} f^2(x)\mathrm{d}x\right|\leqslant$ $\int_A^{+\infty}|f(x)|\mathrm{d}x<\varepsilon$，即$\int_a^{+\infty} f^2(x)\mathrm{d}x$ 收敛.

9.2.2 被积函数趋于零的问题

我们知道，收敛的数项级数的一般项必趋于零（级数收敛的必要条件，后面再详细讨论），无穷积分与数项级数有许多相似的地方，但就在这一点上它们不同，即收敛的无穷积分，被积函数未必趋于零．要使得被积函数趋于零，必须附加一些条件，是些什么样的条件呢？

例 9.14 举出下列各种例子：

（1）$\int_a^{+\infty} f(x)\mathrm{d}x$ 收敛，$f(x)$ 在$[a,+\infty)$ 连续，但$f(x)$ 不趋于零（$x\to+\infty$）.

（2）$\int_a^{+\infty} f(x)\mathrm{d}x$ 收敛，$f(x)$ 在$[a,+\infty)$ 非负，但$f(x)$ 不趋于零（$x\to+\infty$）.

（3）$\int_a^{+\infty} f(x)\mathrm{d}x$ 收敛，$f(x)$ 在$[a,+\infty)$ 连续且非负，但$f(x)$ 不趋于零（$x\to+\infty$）.

解 （1）$f(x)=\sin x^2$，$x\in[1,+\infty)$ 连续，且$\int_1^{+\infty}\sin x^2\mathrm{d}x$ 收敛（例 9.7），但$f(x)$ 不趋于零（$x\to+\infty$）.

（2）用例 9.13（2）即可.

（3）记$f(x)=\begin{cases} n^2x-n^3+1, & n-\frac{1}{n^2}\leqslant x\leqslant n \\ -n^2x+n^3+1, & n\leqslant x\leqslant n+\frac{1}{n^2} \\ 0, & \text{其他}\end{cases}$，$n=2,3,\cdots$，则$f(x)$ 在$\left[\frac{7}{4},+\infty\right)$ 连续非

负,且$\int_{\frac{7}{4}}^{+\infty} f(x)\mathrm{d}x = \sum_{n=2}^{\infty} \frac{1}{n^2}$收敛,但$f(x)$不趋于零$(x \to +\infty)$.

下面看在什么条件下收敛的无穷积分的被积函数趋于零.

例 9.15　若$\int_a^{+\infty} f(x)\mathrm{d}x$收敛,且存在极限$\lim\limits_{x\to+\infty} f(x) = A$,则$A = 0$.

注　这一结论非常重要,经常会用到.

证明　(反证法)假设$A \neq 0$,不妨设$A > 0$,则因$\lim\limits_{x\to+\infty} f(x) = A$,由极限的保号性,$\exists M > a$,当$x > M$时,恒有$f(x) > \frac{A}{2}$,则$\int_M^{+\infty} f(x)\mathrm{d}x \geqslant \int_M^{+\infty} \frac{A}{2}\mathrm{d}x = +\infty$,与$\int_a^{+\infty} f(x)\mathrm{d}x$收敛矛盾,即必有$A = 0$.

例 9.16　若$f(x)$在$[a, +\infty)$上可导,且$\int_a^{+\infty} f(x)\mathrm{d}x$与$\int_a^{+\infty} f'(x)\mathrm{d}x$都收敛,则$\lim\limits_{x\to+\infty} f(x) = 0$.

证明　因$\int_a^{+\infty} f'(x)\mathrm{d}x$收敛,由柯西准则,$\forall \varepsilon > 0, \exists A > a$,当$A_2 > A_1 > A$时,恒有

$$|f(A_2) - f(A_1)| = \left|\int_{A_1}^{A_2} f'(x)\mathrm{d}x\right| < \varepsilon.$$

由函数极限存在的柯西准则,极限$\lim\limits_{x\to+\infty} f(x)$存在,再注意到$\int_a^{+\infty} f(x)\mathrm{d}x$收敛,由例 9.15 的结论得到$\lim\limits_{x\to+\infty} f(x) = 0$.

例 9.17　若$f(x)$在$[a, +\infty)$上单调,且$\int_a^{+\infty} f(x)\mathrm{d}x$收敛,则$\lim\limits_{x\to+\infty} f(x) = 0$,且$f(x) = o\left(\frac{1}{x}\right)(x \to +\infty)$.

证明　不妨设$f(x)$在$[a, +\infty)$上单调递减,则必有$f(x) \geqslant 0, x \in [a, +\infty)$. 否则若存在$c \in [a, +\infty)$,使$f(c) < 0$,则当$x > c$时,恒有$f(x) \leqslant f(c) < 0$,则$\int_c^{+\infty} f(x)\mathrm{d}x = -\infty$与$\int_a^{+\infty} f(x)\mathrm{d}x$收敛矛盾. 由单调有界原理,$\lim\limits_{x\to+\infty} f(x)$存在,再加上条件$\int_a^{+\infty} f(x)\mathrm{d}x$收敛,根据例 9.15,必有$\lim\limits_{x\to+\infty} f(x) = 0$(若假设$f(x)$单调递增,则必有$f \leqslant 0$).

下证第二个结论(例 9.12 已证,下面只需换一下写法).

应用$\int_a^{+\infty} f(x)\mathrm{d}x$收敛的柯西准则并根据单调递减,$\forall \varepsilon > 0, \exists A > a$,当$x > 2A$时,有

$$\frac{x}{2}f(x) = \int_{\frac{x}{2}}^{x} f(x)\mathrm{d}t \leqslant \int_{\frac{x}{2}}^{x} f(t)\mathrm{d}t < \frac{\varepsilon}{2} \Rightarrow xf(x) < \varepsilon,$$

即

$$\lim_{x\to+\infty} xf(x) = 0 \Rightarrow f(x) = o\left(\frac{1}{x}\right)(x \to +\infty).$$

例 9.18　若$f(x)$在$[a, +\infty)$上一致连续,且$\int_a^{+\infty} f(x)\mathrm{d}x$收敛,则$\lim\limits_{x\to+\infty} f(x) = 0$.

证明　因$f(x)$在$[a, +\infty)$上一致连续,$\forall \varepsilon > 0, \exists \delta > 0$,使得$\forall x_1, x_2 \in [a, +\infty)$,当

$|x_1 - x_2| \leqslant \delta$ 时,有 $|f(x_1) - f(x_2)| < \dfrac{\varepsilon}{2}$. 又因 $\int_a^{+\infty} f(x)\mathrm{d}x$ 收敛,根据柯西准则,对上述 $\varepsilon > 0$, $\exists A > a$,当 $A_2 > A_1 > A$ 时,有 $\left|\int_{A_1}^{A_2} f(x)\mathrm{d}x\right| < \dfrac{\delta\varepsilon}{2}$,于是当 $x > A$ 时,总可以取到这样的 A_1, A_2,使得 $A < A_1 < x < A_2$,且 $A_2 - A_1 = \delta$,此时有

$$|f(x)\delta| = \left|\int_{A_1}^{A_2} f(x)\mathrm{d}t\right| = \left|\int_{A_1}^{A_2}[f(x) - f(t)]\mathrm{d}t + \int_{A_1}^{A_2} f(t)\mathrm{d}t\right|$$

$$\leqslant \int_{A_1}^{A_2}|f(x) - f(t)|\mathrm{d}t + \left|\int_{A_1}^{A_2} f(t)\mathrm{d}t\right| < \frac{\delta\varepsilon}{2} + \frac{\delta\varepsilon}{2} = \delta\varepsilon \Rightarrow |f(x)| < \varepsilon,$$

即 $\lim\limits_{x\to+\infty} f(x) = 0$.

注 例 9.15 ~ 例 9.18 给出了四类使得被积函数趋于零的条件,这些条件共同的地方就是让函数比较平缓. 是否还有别的条件呢?请读者思考.

9.2.3 广义积分的计算

1. 利用定积分的方法

例 9.19 计算下列无穷积分:

(1) $\displaystyle\int_0^{+\infty} \frac{x\mathrm{e}^{-x}}{(1 + \mathrm{e}^{-x})^2}\mathrm{d}x$; (2) $\displaystyle\int_0^{+\infty} \frac{\mathrm{d}x}{1 + x^4}$;

(3) $\displaystyle\int_{-\infty}^{+\infty} \frac{\mathrm{d}x}{(x^2 + 2x + 2)^n}$.

解 (1) 方法 1 $\displaystyle\int_0^{+\infty} \frac{x\mathrm{e}^{-x}}{(1 + \mathrm{e}^{-x})^2}\mathrm{d}x = \lim_{u\to+\infty}\int_0^u \frac{x\mathrm{e}^{-x}}{(1 + \mathrm{e}^{-x})^2}\mathrm{d}x = \lim_{u\to+\infty}\int_0^u x\mathrm{d}\left(\frac{1}{1 + \mathrm{e}^{-x}}\right)$

$$= \lim_{u\to+\infty}\left(\frac{x}{1 + \mathrm{e}^{-x}}\bigg|_0^u - \int_0^u \frac{\mathrm{d}x}{1 + \mathrm{e}^{-x}}\right) = \lim_{u\to+\infty}\left(\frac{u}{1 + \mathrm{e}^{-u}} - \int_0^u \frac{\mathrm{e}^x\mathrm{d}x}{1 + \mathrm{e}^x}\right)$$

$$= \lim_{u\to+\infty}\left[\frac{u}{1 + \mathrm{e}^{-u}} - \ln(1 + \mathrm{e}^x)\Big|_0^u\right] = \lim_{u\to+\infty}\left[\frac{u}{1 + \mathrm{e}^{-u}} - \ln(1 + \mathrm{e}^u) + \ln 2\right],$$

所以 $\quad \ln(1 + \mathrm{e}^u) = \ln\dfrac{1 + \mathrm{e}^{-u}}{\mathrm{e}^{-u}} = \ln(1 + \mathrm{e}^{-u}) + u = \mathrm{e}^{-u} + o(\mathrm{e}^{-u}) + u\,(u \to +\infty)$.

故

$$\lim_{u\to+\infty}\left[\frac{u}{1 + \mathrm{e}^{-u}} - \ln(1 + \mathrm{e}^u)\right] = \lim_{u\to+\infty}\left[\frac{u}{1 + \mathrm{e}^{-u}} - \mathrm{e}^{-u} - u + o(\mathrm{e}^{-u})\right] = 0,$$

即

$$\int_0^{+\infty} \frac{x\mathrm{e}^{-x}}{(1 + \mathrm{e}^{-x})^2}\mathrm{d}x = \ln 2.$$

方法 2 令 $1 + \mathrm{e}^{-x} = t$,则

$$I = \int_0^{+\infty} \frac{x\mathrm{e}^{-x}}{(1 + \mathrm{e}^{-x})^2}\mathrm{d}x = \int_1^2 \frac{-\ln(t - 1)}{t^2}\mathrm{d}t = \int_1^2 \ln(t - 1)\mathrm{d}\left(\frac{1}{t}\right)$$

$$= \frac{\ln(t-1)}{t}\bigg|_1^2 - \int_1^2 \frac{1}{t(t-1)}dt = \left[\frac{\ln(t-1)}{t} - \ln(t-1) + \ln t\right]_1^2.$$

因为$\lim\limits_{t\to1}\left[\frac{\ln(t-1)}{t} - \ln(t-1)\right] = \lim\limits_{t\to1}\frac{\ln(t-1)-t\ln(t-1)}{t} = \lim\limits_{t\to1}(1-t)\ln(t-1) = 0$,

所以$I = \ln 2$.

(2)$I = \int_0^{+\infty}\frac{dx}{1+x^4}$,令$x = \frac{1}{t}$,则$I = \int_0^{+\infty}\frac{t^2}{1+t^4}dt$,所以

$$I = \frac{1}{2}\int_0^{+\infty}\frac{1+x^2}{1+x^4}dx = \frac{1}{2}\int_0^{+\infty}\frac{1+\frac{1}{x^2}}{x^2+\frac{1}{x^2}}dx = \frac{1}{2}\int_0^{+\infty}\frac{d\left(x-\frac{1}{x}\right)}{\left(x-\frac{1}{x}\right)^2+2}$$

$$= \frac{1}{2\sqrt{2}}\arctan\frac{x-\frac{1}{x}}{\sqrt{2}}\Bigg|_0^{+\infty} = \frac{\pi}{2\sqrt{2}}.$$

(3)$I_n = \int_{-\infty}^{+\infty}\frac{dx}{(x^2+2x+2)^n} = \int_{-\infty}^{+\infty}\frac{d(x+1)}{[(x+1)^2+1]^n} = 2\int_0^{+\infty}\frac{dt}{(t^2+1)^n}$.

利用递推公式$I_{n+1} = \frac{1}{2n}\frac{t}{(t^2+1)^n} + \frac{2n-1}{2n}I_n$(见第7讲例7.11)有

$$I_n = 2\int_0^{+\infty}\frac{dt}{(t^2+1)^n} = \frac{2}{2(n-1)}\frac{t}{(t^2+1)^{n-1}}\bigg|_0^{+\infty} + 2\cdot\frac{2n-3}{2(n-1)}I_{n-1} = 2\cdot\frac{2n-3}{2n-2}I_{n-1}$$

$$= 2\cdot\frac{(2n-3)!!}{(2n-2)!!}I_1 \quad (n = 2,3,\cdots),$$

$$I_1 = \int_0^{+\infty}\frac{1}{1+t^2}dt = \frac{\pi}{2},$$

所以

$$I_n = \frac{(2n-3)!!}{(2n-2)!!}\cdot\pi \qquad (n = 2,3,\cdots).$$

例9.20 计算下列瑕积分:

(1)$I = \int_0^{\frac{\pi}{2}}\ln\sin x dx$; (2)$\int_0^{\pi}\frac{x\sin x}{1-\cos x}dx$.

解 (1) $I = \int_0^{\frac{\pi}{2}}\ln\sin x dx = \int_0^{\frac{\pi}{2}}\ln\cos x dx \Rightarrow 2I = \int_0^{\frac{\pi}{2}}(\ln\sin x + \ln\cos x)dx \Rightarrow$

$$2I = \int_0^{\frac{\pi}{2}}\ln\frac{\sin 2x}{2}dx = \int_0^{\frac{\pi}{2}}\ln\sin 2x dx - \frac{\pi}{2}\ln 2.$$

令$2x = t$,则

$$\int_0^{\frac{\pi}{2}}\ln\sin 2x dx = \frac{1}{2}\int_0^{\pi}\ln\sin t dt = \int_0^{\frac{\pi}{2}}\ln\sin t dt = I,$$

代入上式得 $I=-\frac{\pi}{2}\ln 2$.

$$(2)\int_0^{\pi}\frac{x\sin x}{1-\cos x}\mathrm{d}x=\int_0^{\pi}\frac{x\cos\frac{x}{2}}{\sin\frac{x}{2}}\mathrm{d}x=4\int_0^{\frac{\pi}{2}}\frac{t\cos t}{\sin t}\mathrm{d}t=4\int_0^{\frac{\pi}{2}}t\mathrm{d}(\ln\sin t)$$

$$=4\left(t\ln\sin t\Big|_0^{\frac{\pi}{2}}-\int_0^{\frac{\pi}{2}}\ln\sin t\mathrm{d}t\right)=2\pi\ln 2.$$

2. 利用欧拉积分

欧拉积分是两类特殊的含参量的广义积分,它们分别是:

$$\Gamma(s)=\int_0^{+\infty}x^{s-1}\mathrm{e}^{-x}\mathrm{d}x,\quad s>0,$$

$$\mathrm{B}(p,q)=\int_0^1 x^{p-1}(1-x)^{q-1}\mathrm{d}x,\quad p>0,q>0.$$

第一个称为伽马(Gamma)函数,第二个称为贝塔(Beta)函数,通称为欧拉积分. 对欧拉积分主要掌握:

(1) 递推公式:$\Gamma(s+1)=s\Gamma(s)$,特别地,当 s 为自然数 n 时,$\Gamma(n+1)=n!$.

(2) $\mathrm{B}(p,q)=\frac{\Gamma(p)\Gamma(q)}{\Gamma(p+q)}$.

(3) 余元公式:$\mathrm{B}(p,1-p)=\Gamma(p)\Gamma(1-p)=\frac{\pi}{\sin p\pi}(0<p<1)$(证明见参考文献[3]).

例 9.21 计算下列广义积分:

(1) $I=\int_0^1\frac{x^n}{\sqrt{1-x}}\mathrm{d}x$;

(2) $\int_0^{+\infty}\frac{\mathrm{d}x}{(1+x)\sqrt[4]{x}}$;

(3) $\int_0^1\left(\ln\frac{1}{x}\right)^n\mathrm{d}x$.

解 (1) 由欧拉积分,$I=\mathrm{B}\left(n+1,\frac{1}{2}\right)=\frac{\Gamma(n+1)\Gamma\left(\frac{1}{2}\right)}{\Gamma\left(n+1+\frac{1}{2}\right)}=\frac{2(2n)!!}{(2n+1)!!}$.

(2) 令 $\frac{x}{1+x}=t$,则 $1-t=\frac{1}{1+x}$,$x=\frac{t}{1-t}$,$\mathrm{d}x=\frac{\mathrm{d}t}{(1-t)^2}$,所以

$$I=\int_0^{+\infty}\frac{\mathrm{d}x}{(1+x)\sqrt[4]{x}}=\int_0^1 t^{-\frac{1}{4}}(1-t)^{-\frac{3}{4}}\mathrm{d}t=\mathrm{B}\left(\frac{3}{4},\frac{1}{4}\right)=\frac{\pi}{\sin\frac{\pi}{4}}=\sqrt{2}\pi.$$

(3) 令 $\ln\frac{1}{x}=t$,则 $x=\mathrm{e}^{-t}$,$\mathrm{d}x=-\mathrm{e}^{-t}\mathrm{d}t$,有

$$\int_0^1\left(\ln\frac{1}{x}\right)^n\mathrm{d}x=\int_0^{+\infty}t^n\mathrm{e}^{-t}\mathrm{d}t=\Gamma(n+1)=n!.$$

例 9.22 计算下列广义积分：

(1) $\int_0^{+\infty}x^{2n-1}\mathrm{e}^{-x^2}\mathrm{d}x\quad(n\geqslant 1)$；　　(2) $\int_0^1\frac{1}{\sqrt[n]{1-x^n}}\mathrm{d}x,\quad n>0$；

(3) $\int_0^1 x^{100}\sqrt{1-x^2}\,\mathrm{d}x$.

解 (1) 令 $x^2=t$，则 $x=\sqrt{t}$，$\mathrm{d}x=\frac{\mathrm{d}t}{2\sqrt{t}}$. 于是

$$\int_0^{+\infty}x^{2n-1}\mathrm{e}^{-x^2}\mathrm{d}x=\frac{1}{2}\int_0^{+\infty}t^{n-1}\mathrm{e}^{-t}\mathrm{d}t=\frac{1}{2}\Gamma(n)=\frac{1}{2}(n-1)!.$$

(2) 令 $1-x^n=t$，则 $x=(1-t)^{\frac{1}{n}}$，$\mathrm{d}x=-\frac{1}{n}(1-t)^{\frac{1}{n}-1}\mathrm{d}t$，有

$$\int_0^1\frac{1}{\sqrt[n]{1-x^n}}\mathrm{d}x=\frac{1}{n}\int_0^1 t^{-\frac{1}{n}}(1-t)^{\frac{1}{n}-1}\mathrm{d}t=\frac{1}{n}\mathrm{B}\left(1-\frac{1}{n},\frac{1}{n}\right)=\frac{\pi}{n\sin\frac{\pi}{n}}.$$

(3) 令 $1-x^2=t\Rightarrow x=(1-t)^{\frac{1}{2}}$，$\mathrm{d}x=-\frac{1}{2}(1-t)^{-\frac{1}{2}}\mathrm{d}t$，有

$$\begin{aligned}\int_0^1 x^{100}\sqrt{1-x^2}\,\mathrm{d}x&=\frac{1}{2}\int_0^1 t^{\frac{1}{2}}(1-t)^{\frac{99}{2}}\mathrm{d}t=\frac{1}{2}\mathrm{B}\left(\frac{3}{2},\frac{101}{2}\right)\\&=\frac{\Gamma\left(\frac{3}{2}\right)\Gamma\left(\frac{101}{2}\right)}{\Gamma(52)}=\frac{\frac{1}{2}\Gamma\left(\frac{1}{2}\right)\frac{(99)!!}{2^{50}}\Gamma\left(\frac{1}{2}\right)}{51!}\\&=\frac{(99)!!}{2^{51}51!}\Gamma^2\left(\frac{1}{2}\right)=\frac{(99)!!}{2^{51}51!}\pi.\end{aligned}$$

注 $\Gamma\left(\frac{1}{2}\right)=\sqrt{\pi}$，是利用概率积分 $\int_0^{+\infty}\mathrm{e}^{-x^2}\mathrm{d}x=\frac{\sqrt{\pi}}{2}$ 而得到的，至于概率积分，以后证明.

3. 付如兰尼公式

下面的公式称为付如兰尼(Froullani)公式.

设 $f(x)$ 在 $[0,+\infty)$ 上连续，$0<a<b$.

(1) 若 $\lim\limits_{x\to+\infty}f(x)=k$，则 $\int_0^{+\infty}\frac{f(ax)-f(bx)}{x}\mathrm{d}x=[f(0)-k]\ln\frac{b}{a}$；

(2) 若 $\int_0^{+\infty}\frac{f(x)}{x}\mathrm{d}x$ 收敛，则 $\int_0^{+\infty}\frac{f(ax)-f(bx)}{x}\mathrm{d}x=f(0)\ln\frac{b}{a}$.

证明 (1) 考虑积分

$$\int_\varepsilon^A\frac{f(ax)-f(bx)}{x}\mathrm{d}x=\int_\varepsilon^A\frac{f(ax)}{x}\mathrm{d}x-\int_\varepsilon^A\frac{f(bx)}{x}\mathrm{d}x,$$

对第一个积分令 $ax = t$,第二个积分令 $bx = t$,得

$$\int_{\varepsilon}^{A}\frac{f(ax)}{x}dx - \int_{\varepsilon}^{A}\frac{f(bx)}{x}dx = \int_{a\varepsilon}^{aA}\frac{f(t)}{t}dt - \int_{b\varepsilon}^{bA}\frac{f(t)}{t}dt$$
$$= \int_{a\varepsilon}^{b\varepsilon}\frac{f(t)}{t}dt - \int_{aA}^{bA}\frac{f(t)}{t}dt,$$

运用积分中值定理,分别存在 $\xi \in (a\varepsilon, b\varepsilon)$,$\eta \in (aA, bA)$,使得

$$\int_{a\varepsilon}^{b\varepsilon}\frac{f(t)}{t}dt - \int_{aA}^{bA}\frac{f(t)}{t}dt = f(\xi)\ln\frac{b}{a} - f(\eta)\ln\frac{b}{a} = [f(\xi) - f(\eta)]\ln\frac{b}{a},$$

即
$$\int_{\varepsilon}^{A}\frac{f(ax) - f(bx)}{x}dx = [f(\xi) - f(\eta)]\ln\frac{b}{a},$$

由 f 在 $[0, +\infty)$ 上连续,$\lim\limits_{\varepsilon\to0^+}f(\xi) = f(0)$,$\lim\limits_{A\to+\infty}f(\eta) = k$,对上式令 $\varepsilon\to0^+$,$A\to+\infty$ 得

$$\int_{0}^{+\infty}\frac{f(ax) - f(bx)}{x}dx = [f(0) - k]\ln\frac{b}{a}.$$

(2) 同上,$\int_{\varepsilon}^{A}\frac{f(ax)}{x}dx - \int_{\varepsilon}^{A}\frac{f(bx)}{x}dx = \int_{a\varepsilon}^{b\varepsilon}\frac{f(t)}{t}dt - \int_{aA}^{bA}\frac{f(t)}{t}dt$,对第一个积分应用积分中值定理,$\exists\xi \in (a\varepsilon, b\varepsilon)$,使得

$$\int_{a\varepsilon}^{b\varepsilon}\frac{f(t)}{t}dt = f(\xi)\ln\frac{b}{a} \to f(0)\ln\frac{b}{a} \quad (\varepsilon\to0^+),$$

对第二个积分,由于 $\int_{0}^{+\infty}\frac{f(x)}{x}dx$ 收敛,所以 $\lim\limits_{A\to+\infty}\int_{aA}^{bA}\frac{f(t)}{t}dt = 0$,对

$$\int_{\varepsilon}^{A}\frac{f(ax)}{x}dx - \int_{\varepsilon}^{A}\frac{f(bx)}{x}dx = \int_{a\varepsilon}^{b\varepsilon}\frac{f(t)}{t}dt - \int_{aA}^{bA}\frac{f(t)}{t}dt,$$

令 $\varepsilon\to0^+$,$A\to+\infty$,得 $\int_{0}^{+\infty}\frac{f(ax) - f(bx)}{x}dx = f(0)\ln\frac{b}{a}$.

例 9.23 计算下列无穷积分(其中 $0 < a < b$):

(1) $\int_{0}^{+\infty}\frac{e^{-ax} - e^{-bx}}{x}dx$; (2) $\int_{0}^{+\infty}\frac{\sin ax - \sin bx}{x}dx$.

解 (1) $f(x) = e^{-x}$,$f(0) = 1$,$\lim\limits_{x\to+\infty}f(x) = 0$,所以 $\int_{0}^{+\infty}\frac{e^{-ax} - e^{-bx}}{x}dx = \ln\frac{b}{a}$.

(2) $f(x) = \sin x$,$f(0) = 0$,$\int_{0}^{+\infty}\frac{\sin x}{x}dx$ 收敛,所以 $\int_{0}^{+\infty}\frac{\sin ax - \sin bx}{x}dx = 0$.

例 9.24 计算无穷积分 $\int_{0}^{+\infty}\frac{1}{x^3(e^{\frac{\pi}{x}} - 1)}dx$.

解 令 $y = \frac{\pi}{x}$,则 $x = \frac{\pi}{y}$,$dx = -\frac{\pi}{y^2}dy$,于是

$\int_{0}^{+\infty}\frac{1}{x^3\left(e^{\frac{\pi}{x}} - 1\right)}dx = \frac{1}{\pi^2}\int_{0}^{+\infty}\frac{y}{e^y - 1}dy$,因 $\frac{1}{e^y - 1} = \frac{e^{-y}}{1 - e^{-y}} = \sum\limits_{k=1}^{\infty}e^{-ky}$,所以

$$\int_0^{+\infty} \frac{1}{x^3(e^{\frac{\pi}{x}}-1)}dx = \frac{1}{\pi^2}\int_0^{+\infty}\left(\sum_{k=1}^{\infty} ye^{-ky}\right)dy = \frac{1}{\pi^2}\sum_{k=1}^{\infty}\int_0^{+\infty} ye^{-ky}dy$$

$$= \frac{1}{\pi^2}\sum_{k=1}^{\infty}\frac{1}{k^2} = \frac{1}{6}.$$

习　题

1. 计算下列广义积分：

(1) $\int_0^{+\infty} \frac{\ln x}{1+x^2}dx$；　(2) $\int_0^{+\infty} \frac{x}{e^x+1}dx$；

(3) $\int_0^1 (\ln x)^n dx$；　(4) $\int_0^1 \frac{x^n}{\sqrt{1-x}}dx$.

2. 判断下列广义积分的敛散性：

(1) $\int_0^1 \frac{\arctan x}{1-x^3}dx$；　(2) $\int_0^1 \frac{dx}{\sqrt{x}\ln x}$；

(3) $\int_0^{+\infty} \frac{\sqrt{x}\cos x}{1+x}dx$；　(4) $\int_3^{+\infty} \frac{\ln\ln x}{\ln x}\sin x dx$.

3. 判断无穷积分$\int_1^{+\infty}\left[\ln\left(1+\frac{1}{x}\right)-\frac{1}{1+x}\right]dx$的敛散性.

4. 讨论积分$\int_0^{+\infty}\frac{1}{x^p+x^q}dx$的敛散性，其中$p,q$是参数.

5. 讨论积分$\int_0^1 \frac{1-\cos x}{x^m}dx$的敛散性.

6. 讨论积分$\int_0^1 \frac{\sin x^2\cos x}{x^p}dx$的收敛性($p>0$).

7. 设$f(x)$单调递减，且$\lim\limits_{x\to+\infty}f(x)=0$，证明：若$f'(x)$在$[0,+\infty)$上连续，则$\int_0^{+\infty}f'(x)\sin^2 x dx$收敛.

8. 计算$I_n=\int_0^{+\infty}x^n e^{-ax}dx$，其中$n$为正整数，$a>0$且为常数.

第 10 讲　含参量的积分

10.1　含参量积分的基本概念

含参量积分共分两类:一类是含参量的正常积分;一类是含参量的广义积分.

10.1.1　含参量的正常积分

1. 定义

设$f(x,y)$是定义在平面区域$D=[a,b]\times[c,d]$上的二元函数,对任意取定的$x\in[a,b]$,$f(x,y)$关于y在$[c,d]$上都可积,则称函数

$$I(x)=\int_c^d f(x,y)\,\mathrm{d}y,\quad x\in[a,b]$$

为含参量x的正常积分.

一般地,若$D=\{(x,y)\mid c(x)\leqslant y\leqslant d(x),a\leqslant x\leqslant b\}$,我们也称

$$I(x)=\int_{c(x)}^{d(x)} f(x,y)\,\mathrm{d}y,\quad x\in[a,b]$$

为含参量x的正常积分.

同样可定义含参量y的正常积分为

$$J(y)=\int_a^b f(x,y)\,\mathrm{d}x,\quad y\in[c,d].$$

或

$$J(y)=\int_{a(y)}^{b(y)} f(x,y)\,\mathrm{d}x,\quad y\in[c,d].$$

2. 性质[以$I(x)$为例]

(1) 连续性:若$f(x,y)$在D上连续,$c(x),d(x)$在$[a,b]$连续,则$I(x)$在$[a,b]$连续. 即$\forall x_0\in[a,b],\lim\limits_{x\to x_0}I(x)=\int_{c(x_0)}^{d(x_0)} f(x_0,y)\,\mathrm{d}y$.

(2) 可积性:若$f(x,y)$在D上连续,$c(x),d(x)$在$[a,b]$连续,则$I(x)$在$[a,b]$可积. 且有$\int_a^b I(x)\,\mathrm{d}x=\int_a^b \mathrm{d}x\int_c^d f(x,y)\,\mathrm{d}y=\int_c^d \mathrm{d}y\int_a^b f(x,y)\,\mathrm{d}x$(若$D$为矩形区域).

(3) 可微性:若$f(x,y)$ 的偏导数$f_x(x,y)$ 在 D 上连续,$c(x)$,$d(x)$ 在$[a,b]$ 可导,则 $I(x)$ 在$[a,b]$ 可导,且 $I'(x)=\int_{c(x)}^{d(x)}f_x(x,y)\mathrm{d}y+f(x,d(x))d'(x)-f(x,c(x))c'(x)$.

以上性质的证明见参考文献[1],这里从略.

例 10.1　求积分$\int_0^1\sin\left(\ln\frac{1}{x}\right)\frac{x^b-x^a}{\ln x}\mathrm{d}x,b>a>0$.

解法 1(用对参量的微分法) 设 $I(b)=\int_0^1\sin\left(\ln\frac{1}{x}\right)\frac{x^b-x^a}{\ln x}\mathrm{d}x,b>a>0$. 则

$$
\begin{aligned}
I'(b)&=\int_0^1\sin\left(\ln\frac{1}{x}\right)x^b\mathrm{d}x\\
&=\int_0^1\sin\left(\ln\frac{1}{x}\right)\mathrm{d}\left(\frac{x^{b+1}}{b+1}\right)=\frac{x^{b+1}}{b+1}\sin\left(\ln\frac{1}{x}\right)\Bigg|_0^1+\frac{1}{b+1}\int_0^1\cos\left(\ln\frac{1}{x}\right)x^b\mathrm{d}x\\
&=\frac{1}{(b+1)^2}\int_0^1\cos\left(\ln\frac{1}{x}\right)\mathrm{d}(x^{b+1})=\frac{1}{(b+1)^2}\left[x^{b+1}\cos\left(\ln\frac{1}{x}\right)\Bigg|_0^1-\int_0^1\sin\left(\ln\frac{1}{x}\right)x^b\mathrm{d}x\right]\\
&=\frac{1}{(b+1)^2}-\frac{1}{(b+1)^2}I'(b),
\end{aligned}
$$

所以
$$I'(b)=\frac{1}{(b+1)^2+1}\Rightarrow I(b)=\int\frac{1}{(b+1)^2+1}\mathrm{d}b=\arctan(b+1)+C.$$

令 $b=a$,则

$$0=I(a)=\arctan(a+1)+C\Rightarrow C=-\arctan(a+1),$$

所以
$$\text{原积分 }I=I(b)=\arctan(b+1)-\arctan(a+1).$$

解法 2(交换积分顺序方法) 因为$\int_a^b x^y\mathrm{d}y=\frac{x^b-x^a}{\ln x}$,所以

$$I=\int_0^1\mathrm{d}x\int_a^b\sin\left(\ln\frac{1}{x}\right)x^y\mathrm{d}y=\int_a^b\mathrm{d}y\int_0^1\sin\left(\ln\frac{1}{x}\right)x^y\mathrm{d}x,$$

同解法 1,$\int_0^1\sin\left(\ln\frac{1}{x}\right)x^y\mathrm{d}x=\frac{1}{(y+1)^2+1}$,所以

$$I=\int_a^b\frac{1}{(y+1)^2+1}\mathrm{d}y=\arctan(b+1)-\arctan(a+1).$$

注　在以上解题过程中,需要验证对参量积分求导和交换积分顺序的条件,为简洁我们省略了,但按要求是不能省的.

例 10.2　设 $F(x,y)=\int_{\frac{x}{y}}^{xy}(x-yz)f(z)\mathrm{d}z$,其中 f 为可微函数,求 $F_{xy}(x,y)$.

解　$F_x=\int_{\frac{x}{y}}^{xy}f(z)\mathrm{d}z+y(x-xy^2)f(xy)-\frac{1}{y}(x-x)f\left(\frac{x}{y}\right)$

$$= \int_{\frac{x}{y}}^{xy} f(z)\,\mathrm{d}z + y(x - xy^2)f(xy) = \int_{\frac{x}{y}}^{xy} f(z)\,\mathrm{d}z + yx(1 - y^2)f(xy),$$

$$F_{xy} = xf(xy) + \frac{x}{y^2}f\left(\frac{y}{x}\right) + x(1 - 3y^2)f(xy) + x^2y(1 - y^2)f'(xy)$$

$$= (2x - 3xy^2)f(xy) + \frac{x}{y^2}f\left(\frac{x}{y}\right) + x^2y(1 - y^2)f'(xy).$$

10.1.2 含参量的广义积分

含参量的广义积分包括两类:含参量的无穷积分和含参量的瑕积分.

10.1.2.1 含参量的无穷积分

1. 定义

设$f(x,y)$是定义在$D = [a,b] \times [c, +\infty)$上,对每个取定的$x \in [a,b]$,积分

$$I(x) = \int_c^{+\infty} f(x,y)\,\mathrm{d}y, \quad x \in [a,b]$$

都收敛(也叫逐点收敛),它是一个定义在$[a,b]$上的函数,称该积分为含参量x的无穷积分.

同样可以定义含参量y的无穷积分为

$$J(y) = \int_a^{+\infty} f(x,y)\,\mathrm{d}x, \quad y \in [c,d].$$

2. 一致收敛

若$\forall \varepsilon > 0, \exists M > c$,当$A > M$时,对一切$x \in [a,b]$,恒有

$$\left| I(x) - \int_c^A f(x,y)\,\mathrm{d}y \right| < \varepsilon, \quad 或 \left| \int_A^{+\infty} f(x,y)\,\mathrm{d}y \right| < \varepsilon,$$

则称含参量积分在$[a,b]$上一致收敛.

注 非一致收敛定义:若$\exists \varepsilon_0 > 0$,使得$\forall M > c$,总存在$A_0 > M$及$x_0 \in [a,b]$,使得

$$\left| I(x_0) - \int_c^{A_0} f(x_0,y)\,\mathrm{d}y \right| \geqslant \varepsilon_0, \quad 或 \left| \int_{A_0}^{+\infty} f(x_0,y)\,\mathrm{d}y \right| \geqslant \varepsilon_0.$$

3. 一致收敛的柯西准则

含参量积分在$[a,b]$上一致收敛$\Leftrightarrow \forall \varepsilon > 0, \exists M > c$,当$A_2 > A_1 > M$时,对一切$x \in [a,b]$,都有$\left| \int_{A_1}^{A_2} f(x,y)\,\mathrm{d}y \right| < \varepsilon$.

注 非一致收敛的柯西准则:含参量积分在$[a,b]$上非一致收敛$\Leftrightarrow \exists \varepsilon_0 > 0, \forall M > c$,存在$A_2 > A_1 > M$及$x_0 \in [a,b]$,使得$\left| \int_{A_1}^{A_2} f(x_0,y)\,\mathrm{d}y \right| \geqslant \varepsilon_0$.

4. 一致收敛判别法

(1)M判别法:若$|f(x,y)| \leqslant g(y), \forall (x,y) \in D$,而$\int_c^{+\infty} g(y)\,\mathrm{d}y$收敛,则$\int_c^{+\infty} f(x,y)\,\mathrm{d}y$在$[a,b]$上一致收敛(同时也绝对收敛).

(2)阿贝尔判别法:①$\int_c^{+\infty} f(x,y)\,\mathrm{d}y$在$[a,b]$上一致收敛;②对每一个$x \in [a,b]$,$g(x,y)$关于$y$单调,且关于$x$一致有界,则积分$\int_c^{+\infty} f(x,y)g(x,y)\,\mathrm{d}y$在$[a,b]$上一致收敛.

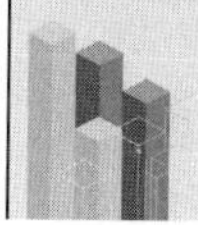

(3) 狄利克雷判别法:① $\left|\int_c^A f(x,y)\mathrm{d}y\right| \leqslant M(\forall x \in [a,b], \forall A > c)$(即一致有界);②对每一个 $x \in [a,b]$,$g(x,y)$ 关于 y 单调,且当 $y \to +\infty$ 时 $g(x,y)$ 对 x 一致趋于零,则积分 $\int_c^{+\infty} f(x,y)g(x,y)\mathrm{d}y$ 在 $[a,b]$ 上一致收敛.

例 10.3 讨论下列积分的一致收敛性:

(1) $\int_1^{+\infty} \frac{y^2 - x^2}{(x^2+y^2)^2}\mathrm{d}x$ 在 $(-\infty, +\infty)$; (2) $\int_0^{+\infty} \mathrm{e}^{-xy}\frac{\sin x}{x}\mathrm{d}x$, $y \in [0, +\infty)$.

解 (1) 因为 $\left|\frac{y^2-x^2}{(x^2+y^2)^2}\right| \leqslant \frac{x^2+y^2}{(x^2+y^2)^2} = \frac{1}{x^2+y^2} \leqslant \frac{1}{x^2}(\forall y \in (-\infty, +\infty))$,而积分 $\int_1^{+\infty}\frac{1}{x^2}\mathrm{d}x$ 收敛,由 M 判别法,$\int_1^{+\infty}\frac{y^2-x^2}{(x^2+y^2)^2}\mathrm{d}x$ 在 $(-\infty, +\infty)$ 上一致收敛.

(2) 因为 $\int_0^{+\infty}\frac{\sin x}{x}\mathrm{d}x$ 收敛,且与 y 无关,故关于 y 一致收敛,而 e^{-xy} 对固定的 y 关于 x 在 $(0, +\infty)$ 上单调递减,且 $|\mathrm{e}^{-xy}| \leqslant 1, \forall (x,y) \in (0, +\infty) \times [0, +\infty)$ 由阿贝尔判别法知,积分 $\int_0^{+\infty}\mathrm{e}^{-xy}\frac{\sin x}{x}\mathrm{d}x$ 在 $y \in [0, +\infty)$ 上一致收敛.

5. 分析性质

(1) 连续性. 若满足:

① $f(x,y)$ 在 $D = [a,b] \times [c, +\infty)$ 上连续;

② $I(x) = \int_c^{+\infty} f(x,y)\mathrm{d}y, x \in [a,b]$ 一致收敛,

则 $I(x)$ 在 $[a,b]$ 上连续. 即 $\lim\limits_{x \to x_0} I(x) = I(x_0) = \int_c^{+\infty} f(x_0, y)\mathrm{d}y$.

(2) 可积性. 参量 $x \in [a,b]$,若满足:

① $f(x,y)$ 在 $D = [a,b] \times [c, +\infty)$ 上连续;

② $I(x) = \int_c^{+\infty} f(x,y)\mathrm{d}y, x \in [a,b]$ 一致收敛,

则 $I(x)$ 在 $[a,b]$ 上可积,即 $\int_a^b I(x)\mathrm{d}x = \int_a^b \mathrm{d}x\int_c^{+\infty} f(x,y)\mathrm{d}y = \int_c^{+\infty}\mathrm{d}y\int_a^b f(x,y)\mathrm{d}x$.

参量 $x \in [a, +\infty)$,若满足:

① $f(x,y)$ 在 $D = [a, +\infty) \times [c, +\infty)$ 上连续;

② $\int_a^{+\infty} f(x,y)\mathrm{d}x, y \in [c,d](\forall d > c)$ 和 $\int_c^{+\infty} f(x,y)\mathrm{d}y, x \in [a,b](\forall b > a)$ 都一致收敛;

③ 积分 $\int_a^{+\infty}\mathrm{d}x\int_c^{+\infty}|f(x,y)|\mathrm{d}y$ 与 $\int_c^{+\infty}\mathrm{d}y\int_a^{+\infty}|f(x,y)|\mathrm{d}x$ 收敛,

则 $I(x)$ 在 $[a, +\infty)$ 上收敛,且 $\int_a^{+\infty}\mathrm{d}x\int_c^{+\infty} f(x,y)\mathrm{d}y = \int_c^{+\infty}\mathrm{d}y\int_a^{+\infty} f(x,y)\mathrm{d}x$.

(3) 可微性. 若满足:

① $f(x,y)$ 和 $f_x(x,y)$ 在 $D = [a,b] \times [c, +\infty)$ 上连续;

② $I(x) = \int_c^{+\infty} f(x,y)\mathrm{d}y, x \in [a,b]$ 收敛;

③$\int_c^{+\infty} f_x(x,y)\mathrm{d}y, x \in [a,b]$ 一致收敛，

则 $I(x)$ 在 $[a,b]$ 上可微，且 $I'(x) = \int_c^{+\infty} f_x(x,y)\mathrm{d}y, x \in [a,b]$.

注 (1) 在定理的条件下，必可导出②也是一致收敛的.

(2) 定理的条件都是充分而非必要的.

6. 狄尼(Dini)定理

若 $f(x,y)$ 在 $D = [a,b] \times [c, +\infty)$ 连续且非负，则

$$I(x) = \int_c^{+\infty} f(x,y)\mathrm{d}y \text{ 在}[a,b]\text{ 上连续} \Leftrightarrow I(x) \text{ 在}[a,b]\text{ 上一致收敛.}$$

证明 充分性是显然的，下证必要性.

(反证法)假设 $I(x) = \int_c^{+\infty} f(x,y)\mathrm{d}y, x \in [a,b]$ 不一致收敛，由定义，$\exists \varepsilon_0 > 0, \forall M > c$，总存在 $A_0 > M, \exists x_0 \in [a,b]$，使得 $\left| I(x_0) - \int_c^{A_0} f(x_0,y)\mathrm{d}y \right| \geqslant \varepsilon_0$. 特别地，取 M 为大于 c 的自然数 n，则分别存在 $A_n > n, x_n \in [a,b]$，使得 $\left| I(x_n) - \int_c^{A_n} f(x_n,y)\mathrm{d}y \right| \geqslant \varepsilon_0$. 注意到 $f(x,y)$ 非负，可写作 $I(x_n) - \int_c^{A_n} f(x_n,y)\mathrm{d}y \geqslant \varepsilon_0$. 由于 $\{x_n\} \subset [a,b]$ 有界，必有收敛子列，记为 $\{x_{n_k}\}(k = 1,2,\cdots)$，则 $\lim\limits_{k\to\infty} x_{n_k} = x_0 \in [a,b]$，不妨设 $A_{n_1} < A_{n_2} < \cdots < A_{n_k} < \cdots$，再注意到 $f(x,y)$ 非负，因此

$$I(x_{n_k}) - \int_c^{A_{n_1}} f(x_{n_k},y)\mathrm{d}y \geqslant I(x_{n_k}) - \int_c^{A_{n_k}} f(x_{n_k},y)\mathrm{d}y \geqslant \varepsilon_0, \tag{10.1}$$

由已知条件，对固定的 A_{n_1}，函数 $F(x) = I(x) - \int_c^{A_{n_1}} f(x,y)\mathrm{d}y$ 在 $[a,b]$ 上连续，对式(10.1)令 $k \to \infty$ 取极限得 $F(x_0) = I(x_0) - \int_c^{A_{n_1}} f(x_0,y)\mathrm{d}y \geqslant \varepsilon_0$. 此与 $I(x)$ 的定义(即逐点收敛)矛盾. 即 $I(x) = \int_c^{+\infty} f(x,y)\mathrm{d}y, x \in [a,b]$ 一致收敛.

10.1.2.2　含参量的瑕积分

1. 定义

设 $f(x,y)$ 在区域 $D = [a,b] \times (c,d]$ 上有定义，对取定的 $x \in [a,b]$，$y = c$ 为函数 $f(x,y)$ 的瑕点，若积分

$$I(x) = \int_c^d f(x,y)\mathrm{d}y, \quad x \in [a,b]$$

收敛，它是一个定义在 $[a,b]$ 上的函数，称其为含参量 x 的瑕积分.

2. 一致收敛

$\forall \varepsilon > 0, \exists \delta: 0 < \delta < d - c$，当 $0 < \eta < \delta$ 时，恒有 $\left| \int_c^{c+\eta} f(x,y)\mathrm{d}y \right| < \varepsilon$，对一切 $x \in [a,b]$ 成立，称 $I(x) = \int_c^d f(x,y)\mathrm{d}y$ 在 $[a,b]$ 上一致收敛.

3. *M* 判别法

设 $g(y)$ 为定义在 $(c,d]$ 上以 $y = c$ 为瑕点的非负函数，$|f(x,y)| \leqslant g(y)(\forall x \in [a,b])$，而

$\int_c^d g(y)\mathrm{d}y$ 收敛,则 $I(x) = \int_c^d f(x,y)\mathrm{d}y, x \in [a,b]$ 必一致收敛.

其余的可仿照含参量的无穷积分的相关内容平行推得,当然,也可以将它转化为无穷积分进行讨论,这里不再赘述.

10.2　含参量广义积分重点问题讨论

10.2.1　关于一致收敛问题

含参量的广义积分的一致收敛的判别是这部分的难点,下面我们通过例子加以说明.

例 10.4　证明:若 $f(x,y)$ 在 $[a,b]\times[c,+\infty)$ 上连续,积分 $\int_c^{+\infty} f(x,y)\mathrm{d}y$ 在 $[a,b)$ 上收敛,而 $\int_c^{+\infty} f(b,y)\mathrm{d}y$ 发散,则 $\int_c^{+\infty} f(x,y)\mathrm{d}y$ 在 $[a,b)$ 上必不一致收敛.

证明(反证法)　假设 $\int_c^{+\infty} f(x,y)\mathrm{d}y$ 在 $[a,b)$ 上一致收敛,由柯西准则,$\forall \varepsilon > 0, \exists M > c$,当 $A_2 > A_1 > M$ 时,有

$$\left|\int_{A_1}^{A_2} f(x,y)\mathrm{d}y\right| < \varepsilon \quad (\forall x \in [a,b)). \tag{10.2}$$

因 $f(x,y)$ 在 $[a,b]\times[A_1,A_2]$ 上连续,所以 $I(x) = \int_{A_1}^{A_2} f(x,y)\mathrm{d}y$ 在 $[a,b]$ 上连续,对式(10.2)令 $x\to b$ 取极限得 $\left|\int_{A_1}^{A_2} f(b,y)\mathrm{d}y\right| \leqslant \varepsilon$. 此与 $\int_c^{+\infty} f(b,y)\mathrm{d}y$ 发散矛盾.

注　(1) 这是个重要结论,会经常用到.

(2) 它的逆否命题是:若 $f(x,y)$ 在 $[a,b]\times[c,+\infty)$ 上连续,积分 $\int_c^{+\infty} f(x,y)\mathrm{d}y$ 在 $[a,b)$ 上一致收敛,则 $\int_c^{+\infty} f(b,y)\mathrm{d}y$ 必收敛.

例 10.5　证明:$\int_0^{+\infty} \frac{\sin xy}{y}\mathrm{d}y$(1) 在 $[a,+\infty)$,$(a>0)$ 上一致收敛;(2) 在 $(0,+\infty)$ 上不一致收敛.

证明　(1) 取 $A>0$,令 $t = xy$,则 $\int_A^{+\infty} \frac{\sin xy}{y}\mathrm{d}y = \int_{Ax}^{+\infty} \frac{\sin t}{t}\mathrm{d}t$. 因 $\int_0^{+\infty} \frac{\sin t}{t}\mathrm{d}t$ 收敛,$\forall \varepsilon > 0$,$\exists M > 0$,当 $G > M$ 时,有 $\left|\int_G^{+\infty} \frac{\sin t}{t}\mathrm{d}t\right| < \varepsilon$,于是当 $aA > M$,即 $A > \frac{M}{a}$ 时,有 $Ax \geqslant aA > M, x \in [a,+\infty)$,于是

$$\left|\int_A^{+\infty} \frac{\sin xy}{y}\mathrm{d}y\right| = \left|\int_{Ax}^{+\infty} \frac{\sin t}{t}\mathrm{d}t\right| < \varepsilon.$$

由定义知 $\int_0^{+\infty} \frac{\sin xy}{y}\mathrm{d}y$ 在 $[a,+\infty)(a>0)$ 上一致收敛.

(2) 取 $\varepsilon_0=\frac{1}{2}\int_1^{+\infty}\frac{\sin x}{x}\mathrm{d}x>0\left[因为\int_0^{+\infty}\frac{\sin x}{x}\mathrm{d}x=\frac{\pi}{2}\right.$(见例10.14),$0<\int_0^1\frac{\sin x}{x}\mathrm{d}x<1$,所以 $\left.\int_1^{+\infty}\frac{\sin x}{x}\mathrm{d}x>\frac{\pi}{2}-1>0\right]$,$\forall M>0$,取 $A_0=M+1>M$,$x_0=\frac{1}{A_0}\in(0,+\infty)$,则此时有

$$\left|\int_{A_0}^{+\infty}\frac{\sin x_0y}{y}\mathrm{d}y\right|=\left|\int_{A_0x_0}^{+\infty}\frac{\sin t}{t}\mathrm{d}t\right|=\int_1^{+\infty}\frac{\sin t}{t}\mathrm{d}t>\varepsilon_0,$$

即 $\int_0^{+\infty}\frac{\sin xy}{y}\mathrm{d}y$ 在 $(0,+\infty)$ 上不一致收敛.

例 10.6 证明 $\int_0^{+\infty}x\mathrm{e}^{-xy}\mathrm{d}x$ (1) 在 $[c,+\infty)(c>0)$ 上一致收敛;(2) 在 $(0,+\infty)$ 上不一致收敛.

证明 (1) 因 $|x\mathrm{e}^{-xy}|\leqslant x\mathrm{e}^{-cx}(\forall y\in[c,+\infty))$,而 $\int_0^{+\infty}x\mathrm{e}^{-cx}\mathrm{d}x$ 收敛,据 M 判别法,$\int_0^{+\infty}x\mathrm{e}^{-xy}\mathrm{d}x$ 在 $[c,+\infty)(c>0)$ 上一致收敛.

(2) 取 $\varepsilon_0=\frac{1}{2}>0$,$\forall M>0$,取 $A_0=M+1>M$,$y_0=\frac{1}{A_0}\in(0,+\infty)$,令 $xy_0=t$,则

$$\left|\int_{A_0}^{+\infty}x\mathrm{e}^{-xy_0}\mathrm{d}x\right|=\frac{1}{y_0^2}\int_1^{+\infty}t\mathrm{e}^{-t}\mathrm{d}t=\frac{2A_0^2}{\mathrm{e}}>\frac{1}{2}=\varepsilon_0\left(其中\int_1^{+\infty}t\mathrm{e}^{-t}\mathrm{d}t=\frac{2}{\mathrm{e}}\right)$$,即 $\int_0^{+\infty}x\mathrm{e}^{-xy}\mathrm{d}x$ 在 $(0,+\infty)$ 上不一致收敛.

例 10.7 证明 $\int_0^1\ln(xy)\mathrm{d}y$ 在 $[a,b](a>0)$ 上一致收敛.

证明 因为 $|\ln(xy)|\leqslant\max\{|\ln(ay)|,|\ln(by)|\}(x\in[a,b])$,记之为 $|\ln(cy)|$,而 $\int_0^1|\ln(cy)|\mathrm{d}y$ 是收敛的,事实上当 $cy\geqslant1$ 时,$\int_0^1|\ln(cy)|\mathrm{d}y=\int_0^1\ln(cy)\mathrm{d}y=\ln c-1$;当 $0<cy<1$ 时,$\int_0^1|\ln(cy)|\mathrm{d}y=-\int_0^1\ln(cy)\mathrm{d}y=1-\ln c$. 由 M 判别法知,$\int_0^1\ln(xy)\mathrm{d}y$ 在 $[a,b](a>0)$ 上一致收敛.

10.2.2 含参量广义积分的性质

例 10.8 证明伽马函数 $\Gamma(s)=\int_0^{+\infty}x^{s-1}\mathrm{e}^{-x}\mathrm{d}x$ 的定义域是 $(0,+\infty)$,且在定义域内连续、可微,且有连续的导数.

证明 $\Gamma(s)=\int_0^{+\infty}x^{s-1}\mathrm{e}^{-x}\mathrm{d}x=\int_0^1x^{s-1}\mathrm{e}^{-x}\mathrm{d}x+\int_1^{+\infty}x^{s-1}\mathrm{e}^{-x}\mathrm{d}x=I(s)+J(s)$.

证定义域:对 $I(s)=\int_0^1x^{s-1}\mathrm{e}^{-x}\mathrm{d}x$,当 $s\geqslant1$ 时,是正常积分;当 $s<1$ 时,$x=0$ 为瑕点,因 $\lim\limits_{x\to0^+}x^{1-s}\cdot(x^{s-1}\mathrm{e}^{-x})=1$,而 $0<1-s<1$,所以积分收敛,即 $I(s)$ 定义域为 $(0,+\infty)$;对 $J(s)=\int_1^{+\infty}x^{s-1}\mathrm{e}^{-x}\mathrm{d}x$,因 $\lim\limits_{x\to+\infty}x^2\cdot(x^{s-1}\mathrm{e}^{-x})=\lim\limits_{x\to+\infty}\frac{x^{1+s}}{\mathrm{e}^x}=0$,所以对任意的 s,$J(s)$ 都收敛,故 $\Gamma(s)$ 的定义域为 $(0,+\infty)$.

证连续性:任取 $s_0\in(0,+\infty)$,总可取一个闭区间 $[a,b](a>0)$,使得 $s_0\in[a,b]$. 对 $I(s)=\int_0^1x^{s-1}\mathrm{e}^{-x}\mathrm{d}x$,$s\in[a,b]$,因 $x^{s-1}\mathrm{e}^{-x}\leqslant x^{a-1}\mathrm{e}^{-x}$,而 $\int_0^1x^{a-1}\mathrm{e}^{-x}\mathrm{d}x$ 收敛,由 M 判别法知 $I(s)=\int_0^1x^{s-1}\mathrm{e}^{-x}\mathrm{d}x$

在$[a,b]$上一致收敛；对$J(s)=\int_1^{+\infty}x^{s-1}\mathrm{e}^{-x}\mathrm{d}x, s\in[a,b]$，因$x^{s-1}\mathrm{e}^{-x}\leqslant x^{b-1}\mathrm{e}^{-x}$，而$\int_1^{+\infty}x^{b-1}\mathrm{e}^{-x}\mathrm{d}x$收敛，由$M$判别法知$J(s)=\int_1^{+\infty}x^{s-1}\mathrm{e}^{-x}\mathrm{d}x$在$[a,b]$上一致收敛．即$\Gamma(s)$在$[a,b]$上一致收敛，且$f(s,x)=x^{s-1}\mathrm{e}^{-x}$在$[a,b]\times(0,+\infty)$上连续，故$\Gamma(s)$在$[a,b]$上连续，从而在$s_0$点连续，由于$s_0\in(0,+\infty)$的任意性，知$\Gamma(s)$在$(0,+\infty)$连续.

（3）证可导性：同上述方法一样，可证$\int_0^{+\infty}f_s(s,x)\mathrm{d}x=\int_0^{+\infty}x^{s-1}\mathrm{e}^{-x}\ln x\mathrm{d}x$在$[a,b]$上一致收敛，且$f_s(s,x)$在$[a,b]$上连续，所以$\Gamma(s)$在$[a,b]$上可导，从而在$s_0$点可导，由于$s_0\in(0,+\infty)$的任意性，知$\Gamma(s)$在$(0,+\infty)$可导．且$\Gamma'(s)=\int_0^{+\infty}x^{s-1}\mathrm{e}^{-x}\ln x\mathrm{d}x$.

注　用上述同样的方法，可以证明$\Gamma(s)$在$(0,+\infty)$上具有任意阶的连续导数.

例 10.9　证明：函数$F(x)=\int_0^{+\infty}\frac{\sin xt}{1+t^2}\mathrm{d}t$在$[0,+\infty)$上连续，在$(0,+\infty)$上有连续导数.

证明　因函数$f(x,t)=\frac{\sin xt}{1+t^2}$在$D=[0,+\infty)\times[0,+\infty)$上连续，且$\left|\frac{\sin xt}{1+t^2}\right|\leqslant\frac{1}{1+t^2}(\forall x\in[0,+\infty))$，而$\int_0^{+\infty}\frac{1}{1+t^2}\mathrm{d}t$收敛，由$M$判别法知，积分$F(x)=\int_0^{+\infty}\frac{\sin xt}{1+t^2}\mathrm{d}t$在$[0,+\infty)$上一致收敛．从而$F(x)$在$[0,+\infty)$上连续.

$f_x(x,t)=\frac{t\cos xt}{1+t^2}$在$D$上连续，且$\forall x_0\in(0,+\infty)$，取$0<a<x_0$，在$x\in[a,+\infty)$时，$\forall u>0$，$\left|\int_0^u\cos xt\mathrm{d}t\right|=\frac{|\sin xu|}{x}\leqslant\frac{2}{a}$，即一致有界；而$\frac{t}{1+t^2}$在$[0,+\infty)$上单调递减，且趋于零$(t\to+\infty)$，由于它不含$x$，所以是关于$x\in[a,+\infty)$一致收敛于零．根据狄利克雷判别法，$\int_0^{+\infty}f_x(x,t)\mathrm{d}t$在$[a,+\infty)$上一致收敛，从而$F(x)$在$[a,+\infty)$可导，并且导函数是连续的．由于$x_0\in[a,+\infty)$，$F(x)$在$x_0$可导，且$f'(x)$在$x_0$连续，再由$\forall x_0\in(0,+\infty)$的任意性，可知$F(x)$在$(0,+\infty)$可导，且导函数连续.

例 10.10　求函数$F(t)=\int_0^{+\infty}\frac{\ln(1+x^3)}{x^t}\mathrm{d}x$的连续区间.

解　$F(t)=\int_0^{+\infty}\frac{\ln(1+x^3)}{x^t}\mathrm{d}x=\int_0^1\frac{\ln(1+x^3)}{x^t}\mathrm{d}x+\int_1^{+\infty}\frac{\ln(1+x^3)}{x^t}\mathrm{d}x=I(t)+J(t)$.

对$I(t)=\int_0^1\frac{\ln(1+x^3)}{x^t}\mathrm{d}x$，当$t\leqslant3$时，为正常积分；当$t>3$时，为以$x=0$为瑕点的瑕积分，

因$\lim\limits_{x\to0^+}\left\{x^{t-3}\cdot\left[\frac{\ln(1+x^3)}{x^t}\right]\right\}=1$，由柯西判别法，当$0<t-3<1\Rightarrow3<t<4$时，$I(t)$收敛，即$I(t)$的定义域为$(-\infty,4)$.

对$J(t)=\int_1^{+\infty}\frac{\ln(1+x^3)}{x^t}\mathrm{d}x$，当$t\leqslant1$时，$\lim\limits_{x\to+\infty}\left[x\cdot\frac{\ln(1+x^3)}{x^t}\right]=\lim\limits_{x\to+\infty}\frac{\ln(1+x^3)}{x^{t-1}}=+\infty$，由

柯西判别法知 $J(t)=\int_1^{+\infty}\frac{\ln(1+x^3)}{x^t}\mathrm{d}x$ 发散;当 $t>1$ 时,取 $t>a>1$,则

$$\lim_{x\to+\infty}\left[x^a\cdot\frac{\ln(1+x^3)}{x^t}\right]=\lim_{x\to+\infty}\frac{\ln(1+x^3)}{x^{t-a}}=0,$$

由柯西判别法知 $J(t)=\int_1^{+\infty}\frac{\ln(1+x^3)}{x^t}\mathrm{d}x$ 收敛. 即 $J(t)$ 的定义域为 $(1,+\infty)$. 所以 $F(t)$ 的定义域为开区间 $(1,4)$.

下证 $F(t)$ 在 $(1,4)$ 连续. 方法和上面一样, $\forall t_0\in(1,4)$ 作一闭区间 $[a,b]$,使 $t_0\in[a,b]\subset(1,4)$,则 $f(t,x)=\frac{\ln(1+x^3)}{x^t}$ 在 $[a,b]\times(0,+\infty)$ 上连续,且对 $I(t)=\int_0^1\frac{\ln(1+x^3)}{x^t}\mathrm{d}x,t\in[a,b]$, $\frac{\ln(1+x^3)}{x^t}\leqslant\frac{\ln(1+x^3)}{x^b}$,而 $\int_0^1\frac{\ln(1+x^3)}{x^b}\mathrm{d}x$ 收敛,根据 M 判别法, $I(t)=\int_0^1\frac{\ln(1+x^3)}{x^t}\mathrm{d}x$ 在 $t\in[a,b]$ 上一致收敛,从而 $I(t)$ 在 $[a,b]$ 上连续. 对 $J(t)=\int_1^{+\infty}\frac{\ln(1+x^3)}{x^t}\mathrm{d}x,t\in[a,b]$, $\frac{\ln(1+x^3)}{x^t}\leqslant\frac{\ln(1+x^3)}{x^a}$,而 $\int_1^{+\infty}\frac{\ln(1+x^3)}{x^a}\mathrm{d}x$ 收敛,根据 M 判别法, $J(t)=\int_1^{+\infty}\frac{\ln(1+x^3)}{x^t}\mathrm{d}x$ 在 $t\in[a,b]$ 上一致收敛,从而 $J(t)$ 在 $[a,b]$ 上连续. 故 $F(t)$ 在 $[a,b]$ 上连续,从而在 t_0 点连续,由 $t_0\in(1,4)$ 的任意性知, $F(t)$ 在 $(1,4)$ 连续, $F(t)$ 的连续区间是 $(1,4)$.

10.2.3 利用含参量积分的性质计算广义积分

例 10.11 计算 $I=\int_0^{+\infty}\frac{\arctan ax}{x(x^2+b^2)}\mathrm{d}x,a>0,b>0$.

解 记 $f(a,x)=\frac{\arctan ax}{x(x^2+b^2)}$,则 $f(a,x)$ 在 $D=(0,+\infty)\times(0,+\infty)$ 上连续. 记 $I=I(a)=\int_0^{+\infty}\frac{\arctan(ax)}{x(x^2+b^2)}\mathrm{d}x$. 固定 $a>0$, $\lim_{x\to0^+}\frac{\arctan(ax)}{x(x^2+b^2)}=\frac{a}{b^2}\Rightarrow x=0$ 为可去间断点. 又

$$\lim_{x\to+\infty}x^3\cdot\frac{\arctan(ax)}{x(x^2+b^2)}=\frac{\pi}{2},p=3,l=\frac{\pi}{2},$$

可知 $I(a)$ 收敛;又 $f_a(a,x)=\frac{1}{(x^2+b^2)(1+a^2x^2)}$ 在 D 上连续,且 $\left|\frac{1}{(x^2+b^2)(1+a^2x^2)}\right|\leqslant\frac{1}{x^2+b^2}$,

而 $\int_0^{+\infty}\frac{1}{x^2+b^2}\mathrm{d}x$ 收敛,可知 $\int_0^{+\infty}f_a(a,x)\mathrm{d}x$ 在 $(0,+\infty)$ 上一致收敛. 从而 $I(a)=\int_0^{+\infty}\frac{\arctan(ax)}{x(x^2+b^2)}\mathrm{d}x$ 可导,且

$$I'(a)=\int_0^{+\infty}\frac{1}{(x^2+b^2)(1+a^2x^2)}\mathrm{d}x.$$

当 $ab\neq1$ 时,因为

$$I'(a)=\frac{1}{1-a^2b^2}\int_0^{+\infty}\left(\frac{1}{x^2+b^2}-\frac{a^2}{1+a^2x^2}\right)dx=\frac{1}{1-a^2b^2}\left(\frac{1}{b}-a\right)\frac{\pi}{2}=\frac{\pi}{2}\frac{1}{b(1+ab)},$$

所以 $I(a)=\int I'(a)da=\frac{\pi}{2b}\int\frac{1}{1+ab}da=\frac{\pi}{2b^2}\ln(1+ab)+C$，且由 $I(0)=0\Rightarrow C=0$，即 $I(a)=\frac{\pi}{2b^2}\ln(1+ab)$.

当 $ab=1$ 时，即 $b=\frac{1}{a}$，则

$$I'(a)=\int_0^{+\infty}\frac{1}{(x^2+b^2)(1+a^2x^2)}dx=\int_0^{+\infty}\frac{a^2}{(1+a^2x^2)^2}dx=\frac{\pi a}{4}.$$

$$I(a)=\int I'(a)da=\frac{\pi}{4}\int a da=\frac{\pi a^2}{8}+C.$$

由 $I(0)=0\Rightarrow C=0$，即 $I(a)=\frac{\pi a^2}{8}$. 故 $I=\begin{cases}\frac{\pi a^2}{8}, & a>0,b>0\text{ 且 }ab=1\\ \frac{\pi}{2b^2}\ln(1+ab), & a>0,b>0,\text{且 }ab\neq 1\end{cases}$.

例 10.12　计算 $f(y)=\int_0^{+\infty}e^{-x^2}\cos 2xy\,dx\ (y\in(-\infty,+\infty))$，并说明算法的理由.

解　记 $F(x,y)=e^{-x^2}\cos 2xy$，$D=[0,+\infty)\times(-\infty,+\infty)$，则

$$F_y(x,y)=-2xe^{-x^2}\sin(2xy).$$

显然 F,F_y 在 D 上连续，且 $|F(x,y)|\leqslant e^{-x^2}(\forall y\in\mathbf{R})$，$|F_y'(x,y)|\leqslant 2xe^{-x^2}(\forall y\in\mathbf{R})$，因 $\int_0^{+\infty}e^{-x^2}dx$ 与 $\int_0^{+\infty}2xe^{-x^2}dx$ 都收敛，由 M 判别法，含参量积分 $\int_0^{+\infty}e^{-x^2}\cos(2xy)dx$ 与 $\int_0^{+\infty}-2xe^{-x^2}\sin(2xy)dx$ 都一致收敛，从而 $f(y)$ 可导，且

$$\begin{aligned}f'(y)&=\int_0^{+\infty}-2xe^{-x^2}\sin(2xy)dx\\&=\int_0^{+\infty}\sin(2xy)d(e^{-x^2})=\sin(2xy)e^{-x^2}\Big|_0^{+\infty}-2y\int_0^{+\infty}\cos(2xy)e^{-x^2}dx=-2yf(y).\end{aligned}$$

解此微分方程得 $f(y)=ce^{-y^2}$（c 为任意常数），因 $f(0)=\frac{\sqrt{\pi}}{2}=c$，故 $f(y)=\frac{\sqrt{\pi}}{2}e^{-y^2}$.

注　这一题可以有一般形式，即 $f(r)=\int_0^{+\infty}e^{-x^2}\cos(rx)dx$，同样的方法可以解得 $f(r)=\frac{\sqrt{\pi}}{2}e^{-\frac{r^2}{4}}$.

例 10.13　计算 $I=\int_0^{+\infty}e^{-px}\frac{\sin bx-\sin ax}{x}dx\quad(p>0,b>a)$.

解　因为 $\int_a^b\cos xy\,dy=\frac{\sin bx-\sin ax}{x}$，所以 $I=\int_0^{+\infty}dx\int_a^b e^{-px}\cos xy\,dy$.

记$f(x,y)=\mathrm{e}^{-px}\cos xy$，$D=[0,+\infty)\times[a,b]$，则$f(x,y)$在$D$上连续，且$|f(x,y)|\leqslant \mathrm{e}^{-px}(\forall y\in[a,b])$，而$\int_0^{+\infty}\mathrm{e}^{-px}\mathrm{d}x(p>0)$收敛，由$M$判别法知，含参量积分$\int_0^{+\infty}f(x,y)\mathrm{d}x$在$[a,b]$上一致收敛，从而可以交换积分顺序，于是

$$I=\int_a^b\mathrm{d}y\int_0^{+\infty}\mathrm{e}^{-px}\cos xy\mathrm{d}x=\int_a^b\frac{p}{p^2+y^2}\mathrm{d}y=\arctan\frac{b}{p}-\arctan\frac{a}{p}.$$

例 10.14 计算狄利克雷积分$\int_0^{+\infty}\frac{\sin ax}{x}\mathrm{d}x$.

解 在上例中令$b=0$，得$F(p)=\int_0^{+\infty}\mathrm{e}^{-px}\frac{\sin ax}{x}\mathrm{d}x=\arctan\frac{a}{p}(p>0)$. 因$f(x,p)=\mathrm{e}^{-px}\frac{\sin ax}{x}$在$D=(0,+\infty)\times[0,+\infty)$上连续，积分$\int_0^{+\infty}\frac{\sin ax}{x}\mathrm{d}x$收敛，即关于$p$一致收敛，$\mathrm{e}^{-px}$在$(0,+\infty)$上单调且一致有界，由阿贝尔判别法$F(p)=\int_0^{+\infty}\mathrm{e}^{-px}\frac{\sin ax}{x}\mathrm{d}x$在$[0,+\infty)$上一致收敛，从而$F(p)$在$[0,+\infty)$上连续，有

$$\int_0^{+\infty}\frac{\sin ax}{x}\mathrm{d}x=F(0)=\lim_{p\to0^+}\arctan\frac{a}{p}=\frac{\pi}{2}\operatorname{sgn}a=\begin{cases}\frac{\pi}{2}, & a>0\\ 0, & a=0.\\ -\frac{\pi}{2}, & a<0\end{cases}$$

注 关于狄利克雷积分$\int_0^{+\infty}\frac{\sin x}{x}\mathrm{d}x$的计算还有更简单的方法，只是两种无穷积分换序的条件不易验证，理论上有欠缺．但不失为一种方法．具体解法如下：

解 因为$\frac{1}{x}=\int_0^{+\infty}\mathrm{e}^{-xy}\mathrm{d}y$，所以

$$I=\int_0^{+\infty}\frac{\sin x}{x}\mathrm{d}x=\int_0^{+\infty}\mathrm{d}x\int_0^{+\infty}\mathrm{e}^{-xy}\sin x\mathrm{d}y=\int_0^{+\infty}\mathrm{d}y\int_0^{+\infty}\mathrm{e}^{-xy}\sin x\mathrm{d}x.$$

而

$$I_1=\int_0^{+\infty}\mathrm{e}^{-xy}\sin x\mathrm{d}x=-\frac{1}{y}\int_0^{+\infty}\sin x\mathrm{d}(\mathrm{e}^{-xy})=-\frac{1}{y}\left(\mathrm{e}^{-xy}\sin x\Big|_0^{+\infty}-\int_0^{+\infty}\mathrm{e}^{-xy}\cos x\mathrm{d}x\right)$$

$$=-\frac{1}{y^2}\left(\mathrm{e}^{-xy}\cos x\Big|_0^{+\infty}+I_1\right)\Rightarrow$$

$$I_1=\frac{1}{1+y^2},$$

故
$$I=\int_0^{+\infty}\frac{1}{1+y^2}\mathrm{d}y=\frac{\pi}{2}.$$

例 10.15 计算$I=\int_0^{+\infty}\frac{\mathrm{e}^{-a^2x^2}-\mathrm{e}^{-b^2x^2}}{x^2}\mathrm{d}x$.

解　设 $I(a)=I=\int_0^{+\infty}\frac{e^{-a^2x^2}-e^{-b^2x^2}}{x^2}dx$. 可以验证积分号下求导的条件.（这里从略，前面各题已经详细验证）所以

$$I'(a)=\int_0^{+\infty}-2ae^{-a^2x^2}dx=-2\int_0^{+\infty}e^{-t^2}dt=-\sqrt{\pi}\Rightarrow I(a)=-\sqrt{\pi}a+C.$$

由 $0=I(b)=-\sqrt{\pi}b+C\Rightarrow C=\sqrt{\pi}b$，故 $I=(b-a)\sqrt{\pi}$.

习　题

1. 设 $f(x,y)=\operatorname{sgn}(x-y)$，证明含参量积分 $F(y)=\int_0^1 f(x,y)dx$ 在 $(-\infty,+\infty)$ 上连续.

2. 利用含参量积分的性质计算系列积分：

(1) $\int_0^{\frac{\pi}{2}}\ln(a^2\sin^2x+b^2\cos^2x)dx\quad(a>0,b>0)$;

(2) $\int_0^1\cos\left(\ln\frac{1}{x}\right)\frac{x^b-x^a}{\ln x}dx\quad(b>a>0)$.

3. 设 $f(x)$ 在 $[a,A]$ 上连续，证明：

$$\lim_{h\to0}\frac{1}{h}\int_a^x[f(t+h)-f(t)]dt=f(x)-f(a)\quad(a<x<A).$$

4. 讨论下列含参量积分在指定区间上的一致收敛性：

(1) $\int_0^{+\infty}e^{-t}\frac{\sin at}{t}dt,\quad 0<a<+\infty$;

(2) $\int_0^{+\infty}xe^{-xy}dy$. ① 在 $[a,b]\,(a>0)$ 上；② 在 $[0,b]$ 上.

(3) $\int_0^{+\infty}\frac{y}{1+x^2y^2}dx$，① 在 $[a,+\infty)\,(a>0)$ 上；② 在 $(0,+\infty)$ 上.

5. 证明：$\int_0^{+\infty}\frac{a}{a^2+x^2}dx$ 在每一个不含 $a=0$ 的任何区间上是连续函数.

6. 计算下列积分：

(1) $\int_0^{+\infty}\frac{e^{-ax}-e^{-bx}}{x}dx\quad(a>0,b>0)$;

(2) $\int_0^{+\infty}\frac{\cos ax-\cos bx}{x^2}dx\quad(a>0,b>0)$.

7. 设在 $[a,+\infty)\times[c,d]$ 内成立不等式 $|f(x,y)|\leqslant F(x,y)$. 若 $\int_a^{+\infty}F(x,y)dx$ 在 $y\in[c,d]$ 上一致收敛，证明 $\int_a^{+\infty}f(x,y)dx$ 在 $y\in[c,d]$ 上一致收敛且绝对收敛.

第 11 讲　数项级数

11.1　数项级数的基本概念

11.1.1　数项级数的一般性概念

1. 定义

设$\{u_n\}$为一数列,称$\sum_{n=1}^{\infty} u_n$为数项级数．其中u_n为级数的通项,或称一般项．称$S_n = u_1 + u_2 + \cdots + u_n = \sum_{k=1}^{n} u_k$为级数$\sum_{n=1}^{\infty} u_n$的前$n$项和,也叫部分和．称$R_n = \sum_{k=n+1}^{\infty} u_k$为第$n$项余项.

2. 收敛与发散

若极限$\lim_{n\to\infty} S_n$存在,则称级数$\sum_{n=1}^{\infty} u_n$收敛;否则称为发散.

注　用定义判断级数的敛散,必须能写出S_n的解析表达式,否则不行．

例 11.1　证明级数$\sum_{n=1}^{\infty}(\sqrt{n+2} - 2\sqrt{n+1} + \sqrt{n})$收敛,并求其和.

解

$$S_n = \sum_{k=1}^{n}\left(\sqrt{k+2} - 2\sqrt{k+1} + \sqrt{k}\right) = \sum_{k=1}^{n}\left(\sqrt{k+2} - \sqrt{k+1}\right) - \sum_{k=1}^{n}\left(\sqrt{k+1} - \sqrt{k}\right)$$

$$= \left(\sqrt{n+2} - \sqrt{2}\right) - \left(\sqrt{n+1} - 1\right) = \sqrt{n+2} - \sqrt{n+1} - \sqrt{2} + 1,$$

$$\lim_{n\to\infty} S_n = \lim_{n\to\infty}\left(\sqrt{n+2} - \sqrt{n+1} - \sqrt{2} + 1\right) = \lim_{n\to\infty}\left(\frac{1}{\sqrt{n+2} + \sqrt{n+1}} - \sqrt{2} + 1\right) = 1 - \sqrt{2}.$$

所以$\sum_{n=1}^{\infty}(\sqrt{n+2} - 2\sqrt{n+1} + \sqrt{n})$收敛,和$S = 1 - \sqrt{2}$.

注　级数$\sum_{n=1}^{\infty} u_n$收敛$\Leftrightarrow \lim_{n\to\infty} R_n = 0$.(由收敛的定义立得)

3. 柯西准则

级数$\sum_{n=1}^{\infty} u_n$收敛$\Leftrightarrow \forall \varepsilon > 0, \exists N > 0$,当$n > N$时,对任意的自然数$p$,都有$|u_{n+1} + u_{n+2} + \cdots + u_{n+p}| < \varepsilon$.

级数$\sum\limits_{n=1}^{\infty}u_n$发散$\Leftrightarrow \exists \varepsilon_0>0, \forall N>0$,总存在$n_0>N$及自然数$p_0$,使得

$$|u_{n_0+1}+u_{n_0+2}+\cdots+u_{n_0+p_0}|\geqslant \varepsilon_0.$$

例 11.2　证明调和级数$\sum\limits_{n=1}^{\infty}\frac{1}{n}$发散.

说明　此题显然无法用定义去证,我们用柯西准则.

证明　取$\varepsilon_0=\frac{1}{2}>0, \forall N>0$,取$n_0=N+1>N$,再取$p_0=n_0$,则此时.

$$|u_{n_0+1}+u_{n_0+2}+\cdots+u_{n_0+p_0}|=\left|\frac{1}{n_0+1}+\frac{1}{n_0+2}+\cdots+\frac{1}{n_0+p_0}\right|\geqslant\frac{p_0}{n_0+p_0}=\frac{1}{2}=\varepsilon_0.$$

根据柯西准则$\sum\limits_{n=1}^{\infty}\frac{1}{n}$发散.

4. 级数收敛的必要条件

若级数$\sum\limits_{n=1}^{\infty}u_n$收敛,则必有$\lim\limits_{n\to\infty}u_n=0$.

证明　由级数$\sum\limits_{n=1}^{\infty}u_n$收敛的柯西准则,$\forall \varepsilon>0, \exists N>0$,当$n>N$时,对任意的自然数$p$,有$|u_{n+1}+u_{n+2}+\cdots+u_{n+p}|<\varepsilon$. 特别地,取$p=1$有,$|u_{n+1}|<\varepsilon$,即$\lim\limits_{n\to\infty}u_n=0$.

注　(1) 条件不充分,如调和级数,一般项$\frac{1}{n}\to 0(n\to\infty)$,但它是发散的.

(2) 它的逆否命题是:若u_n不趋于零,则必发散.

这一条非常重要,当我们判定一个级数敛散时,首先看它的一般项是否趋于零,若不趋于零则必发散;若趋于零,再用别的方法判断其敛散性.

5. 收敛级数的性质(略)

11.1.2　正项级数

1. 定义

级数$\sum\limits_{n=1}^{\infty}u_n$满足$u_n\geqslant 0$,则称它为正项级数.

2. 正项级数敛散判别法

(1) 正项级数$\sum\limits_{n=1}^{\infty}u_n$收敛$\Leftrightarrow\{S_n\}$有界.

(2) 比较法.

① 两正项级数$\sum\limits_{n=1}^{\infty}u_n, \sum\limits_{n=1}^{\infty}v_n$,若$u_n\leqslant v_n$,则$\sum\limits_{n=1}^{\infty}v_n$收敛$\Rightarrow\sum\limits_{n=1}^{\infty}u_n$收敛,$\sum\limits_{n=1}^{\infty}u_n$发散$\Rightarrow\sum\limits_{n=1}^{\infty}v_n$发散.

②(极限形式) 若$\lim\limits_{n\to\infty}\frac{u_n}{v_n}=l$,则当$0<l<+\infty$时,它们同敛散;当$l=0$时,$\sum\limits_{n=1}^{\infty}v_n$收敛$\Rightarrow\sum\limits_{n=1}^{\infty}u_n$收敛;当$l=+\infty$时,$\sum\limits_{n=1}^{\infty}v_n$发散$\Rightarrow\sum\limits_{n=1}^{\infty}u_n$发散.

注 用比较法时，常用的两个“尺子”：① 几何级数：$\sum q^n$，当 $|q|<1$ 时，$\sum q^n$ 收敛；当 $|q|\geqslant 1$ 时，$\sum q^n$ 发散. ② p-级数 $\sum \frac{1}{n^p}$，当 $p>1$ 时 $\sum \frac{1}{n^p}$ 收敛；当 $p\leqslant 1$ 时 $\sum \frac{1}{n^p}$ 发散.

(3) 达朗贝尔判别法或称比值判别法.

① 直接形式：若 $\frac{u_{n+1}}{u_n}\leqslant q$，其中 $0<q<1$ 为常数，则 $\sum\limits_{n=1}^{\infty}u_n$ 收敛；若 $\frac{u_{n+1}}{u_n}\geqslant 1$，则 $\sum\limits_{n=1}^{\infty}u_n$ 发散.

思考 对调和级数 $\sum \frac{1}{n}$，也有 $\frac{u_{n+1}}{u_n}=\frac{1/(n+1)}{1/n}=\frac{n}{n+1}<1$，能否说它是收敛的？

② 极限形式：若 $\lim\limits_{n\to\infty}\frac{u_{n+1}}{u_n}=q$，则当 $q<1$ 时，$\sum\limits_{n=1}^{\infty}u_n$ 收敛；当 $q>1$ 时，$\sum\limits_{n=1}^{\infty}u_n$ 发散；当 $q=1$ 时不定.

(4) 柯西判别法或称根式判别法.

① 直接形式：若 $\sqrt[n]{u_n}\leqslant q<1$，则 $\sum\limits_{n=1}^{\infty}u_n$ 收敛；若 $\sqrt[n]{u_n}\geqslant 1$，则 $\sum\limits_{n=1}^{\infty}u_n$ 发散.

② 极限形式：若 $\lim\limits_{n\to\infty}\sqrt[n]{u_n}=q$，则当 $q<1$ 时，$\sum\limits_{n=1}^{\infty}u_n$ 收敛；当 $q>1$ 时，$\sum\limits_{n=1}^{\infty}u_n$ 发散；当 $q=1$ 时不定.

③ 上极限形式：$\overline{\lim\limits_{n\to\infty}}\sqrt[n]{u_n}=q$，则当 $q<1$ 时，$\sum\limits_{n=1}^{\infty}u_n$ 收敛；当 $q>1$ 时，$\sum\limits_{n=1}^{\infty}u_n$ 发散；当 $q=1$ 时不定.

(5) 积分判别法. 若 $f(x)$ 在 $[1,+\infty)$ 上非负递减，则 $\sum f(n)$ 与 $\int_1^{+\infty}f(x)\mathrm{d}x$ 同敛散.

例 11.3 讨论 p-级数 $\sum \frac{1}{n^p}$ 的敛散性.

解 因为函数 $f(x)=\frac{1}{x^p}$ 在 $[1,+\infty)$ 上非负递减，且 $\int_1^{+\infty}\frac{1}{x^p}\mathrm{d}x$ 在 $p>1$ 时收敛，$p\leqslant 1$ 时发散. 由积分判别法 $\sum f(n)=\sum \frac{1}{n^p}$ 在 $p>1$ 时收敛，$p\leqslant 1$ 时发散.

(6) 拉贝判别法.

① 直接形式：若 $n\left(1-\frac{u_{n+1}}{u_n}\right)\geqslant r>1$，则 $\sum\limits_{n=1}^{\infty}u_n$ 收敛；若 $n\left(1-\frac{u_{n+1}}{u_n}\right)\leqslant 1$，则 $\sum\limits_{n=1}^{\infty}u_n$ 发散.

② 极限形式：若 $\lim\limits_{n\to\infty}n\left(1-\frac{u_{n+1}}{u_n}\right)=r$，则 $r>1$ 时，$\sum\limits_{n=1}^{\infty}u_n$ 收敛；$r<1$ 时，$\sum\limits_{n=1}^{\infty}u_n$ 发散；$r=1$ 时不定.

注 拉贝判别法是比比值判别法稍精细一些的判别法，用比值判别法失效时，可转用拉贝判别法.

例 11.4 讨论级数 $\sum \frac{(2n-1)!!}{(2n)!!}\cdot\frac{1}{2n+1}$ 的敛散性.

解　记 $u_n=\frac{(2n-1)!!}{(2n)!!}\cdot\frac{1}{2n+1}$，则 $\frac{u_{n+1}}{u_n}=\frac{(2n+1)^2}{(2n+2)(2n+3)}$. $\left[注:\frac{u_{n+1}}{u_n}\to 1(n\to\infty)\right.$ 比值判别法失效，我们用拉贝判别法$\left.\right]$

因为 $\lim\limits_{n\to\infty}n\left(1-\frac{u_{n+1}}{u_n}\right)=\lim\limits_{n\to\infty}n\left[1-\frac{(2n+1)^2}{(2n+2)(2n+3)}\right]=\frac{3}{2}>1$，所以 $\sum\frac{(2n-1)!!}{(2n)!!}\cdot\frac{1}{2n+1}$ 收敛.

11.1.3　一般项级数的敛散性

1. 交错级数

称级数 $\sum(-1)^n u_n(u_n>0)$ 为交错级数.

2. 莱布尼茨判别法

若交错级数 $\sum(-1)^n u_n,(u_n>0)$ 满足:① $\{u_n\}$ 单调递减;② $\lim\limits_{n\to\infty}u_n=0$，则 $\sum(-1)^n u_n$ 收敛.

注　(1) 称满足莱布尼茨定理条件的级数为莱布尼茨型级数. 对莱布尼茨型级数总有 $|R_n|<u_{n+1}$.

证明　因为 $u_n>0$，且 $\{u_n\}$ 单调递减，所以

$$|R_n|=\left|\sum_{k=n+1}^{\infty}(-1)^{k+1}u_{k+1}\right|=u_{n+1}-(u_{n+2}-u_{n+3})-(u_{n+4}-u_{n+5})-\cdots<u_{n+1}.$$

(因每个括号内都大于零)

(2) 定理中的条件 ①$\{u_n\}$ 单调递减不可少，否则结论可能不成立.

例 11.5　讨论级数 $\sum\left[\frac{(-1)^n}{\sqrt{n}}+\frac{1}{n}\right]$ 是否满足莱布尼茨定理条件及它的敛散性.

解　$\sum\left[\frac{(-1)^n}{\sqrt{n}}+\frac{1}{n}\right]$ 可以写为 $\sum(-1)^n\left[\frac{1}{\sqrt{n}}+\frac{(-1)^n}{n}\right]$，记 $u_n=\frac{1}{\sqrt{n}}+\frac{(-1)^n}{n}$，则原级数为 $\sum(-1)^n u_n$，因 $u_n>0(n\geqslant 2)$，故为交错级数，且 $\lim\limits_{n\to\infty}u_n=0$，但不满足单调性. 因级数 $\sum\left[\frac{(-1)^n}{\sqrt{n}}+\frac{1}{n}\right]=\sum\frac{(-1)^n}{\sqrt{n}}+\sum\frac{1}{n}$，第一个收敛，第二个发散，其和必发散. 所以定理条件不可少.

3. 绝对收敛和条件收敛

若 $\sum|u_n|$ 收敛，则称 $\sum u_n$ 是绝对收敛的；若 $\sum u_n$ 收敛，但 $\sum|u_n|$ 发散，则称 $\sum u_n$ 是条件收敛的.

4. 一般项级数收敛判别法

(1) 阿贝尔判别法. 若满足:① $\sum a_n$ 收敛;② $\{b_n\}$ 单调有界,则 $\sum a_n b_n$ 收敛.

(2) 狄利克雷判别法. 若满足:① $\left|\sum_{k=1}^{n} a_k\right| \leqslant M(\forall n > 1)$;② $\{b_n\}$ 单调,且 $\lim_{n\to\infty} b_n = 0$,则 $\sum a_n b_n$ 收敛.

11.2 数项级数的一些重要问题讨论

11.2.1 关于敛散的概念问题

例 11.6 回答并证明下列问题:

(1) 若 $\sum u_n$, $\sum v_n$ 都发散,是否 $\sum (u_n + v_n)$ 也发散?若它们都是正项级数呢?

(2) 若级数 $\sum a_n$, $\sum c_n$ 都收敛,且 $a_n \leqslant b_n \leqslant c_n$,证明 $\sum b_n$ 也收敛;若 $\sum a_n$, $\sum c_n$ 都发散,则 $\sum b_n$ 也发散吗?

(3) 若 $\lim_{n\to\infty}\frac{a_n}{b_n} = k \neq 0$,且 $\sum b_n$ 绝对收敛,证明 $\sum a_n$ 也收敛;若 $\sum b_n$ 收敛,能推出 $\sum a_n$ 收敛吗?

(4) $\sum a_n$ 为收敛的正项级数,能否存在一个正数 ε,使得 $\lim_{n\to\infty}\frac{a_n}{1/n^{1+\varepsilon}} = c$?

(5) 两收敛的级数可否作乘积运算?什么样的级数才有乘积运算?

(6) 指出下列级数的敛散情况:

①$\sum \frac{1}{n\sqrt[n]{n}}$; ②$\sum \frac{(-1)^n}{\sqrt[n]{n}}$; ③$\sum \frac{(-1)^{2n+1}}{n}$; ④$\sum \frac{(-1)^n}{\ln n}$; ⑤$\sum \frac{\sin n}{n^2}$.

(仅作简略回答)

解 (1) 未必. 如 $u_n = \frac{1}{n}, v_n = -\frac{1}{n}$, $\sum u_n$, $\sum v_n$ 都发散,但 $\sum (u_n + v_n)$ 收敛;若它们都是正项级数,则和必发散,因部分和极限为 $+\infty$.

(2) 因 $0 \leqslant b_n - a_n \leqslant c_n - a_n$,由 $\sum a_n$, $\sum c_n$ 收敛 $\Rightarrow \sum (c_n - a_n)$ 收敛,由比较判别法 $\Rightarrow \sum (b_n - a_n)$ 收敛,$b_n = (b_n - a_n) + a_n \Rightarrow \sum b_n$ 收敛. 若 $\sum a_n$, $\sum c_n$ 都发散,则 $\sum b_n$ 未必发散,如 $a_n = -\frac{1}{n}, b_n = \frac{1}{n^2}, c_n = \frac{1}{n}$.

(3) 因 $\lim_{n\to\infty}\frac{a_n}{b_n} = k \neq 0$, $\lim_{n\to\infty}\left|\frac{a_n}{b_n}\right| = |k| > 0$. 所以 $\sum |a_n|$ 与 $\sum |b_n|$ 同敛散,由 $\sum |b_n|$ 收敛知

$\sum |a_n|$收敛,从而$\sum a_n$收敛. 若仅有$\sum b_n$收敛,未必得出$\sum a_n$收敛,如$b_n = \frac{(-1)^n}{\sqrt{n}}$,则$\sum b_n$收敛,$a_n = b_n + \frac{1}{n}$,则$\sum a_n$发散,但$\lim\limits_{n\to\infty}\frac{a_n}{b_n} = 1 \neq 0$.

(4) 不一定. 如取$u_n = \frac{1}{n^2}$,则存在$\varepsilon = 1$满足条件,但若取$u_n = \frac{1}{n^n}$,可知$\sum \frac{1}{n^n}$收敛,但对任意的$\varepsilon > 0$,$\lim\limits_{n\to\infty}\frac{\frac{1}{n^n}}{\frac{1}{n^{1+\varepsilon}}} = \lim\limits_{n\to\infty}\frac{1}{n^{n-1-\varepsilon}} = 0$.

(此例说明,如果一个正项级数收敛,总可以找一个一般项更大的,但仍然是收敛的级数,这个过程可以一直进行下去.)

(5) 由于对条件收敛级数,重排各项后,可以使它收敛到任何实数,也可以使它发散,所以一般的收敛级数无法作乘积运算. 但是对绝对收敛的级数,重排它的各项或任意添加括号都不改变其收敛性,也不改变它的和,所以两个绝对收敛的级数可以作乘积运算. 其积运算公式为

$$\left(\sum_{n=0}^{\infty}u_n\right)\cdot\left(\sum_{n=0}^{\infty}v_n\right)=\sum_{n=0}^{\infty}\left(\sum_{k=0}^{n}u_kv_{n-k}\right),\quad 或\left(\sum_{n=1}^{\infty}u_n\right)\cdot\left(\sum_{n=1}^{\infty}v_n\right)=\sum_{n=1}^{\infty}\left(\sum_{k=1}^{n}u_kv_{n-k+1}\right).$$

例如计算:

① $$\left(\sum_{n=0}^{\infty}\frac{a^n}{n!}\right)\cdot\left(\sum_{n=0}^{\infty}\frac{b^n}{n!}\right)=\sum_{n=0}^{\infty}\left[\sum_{k=0}^{n}\frac{a^k}{k!}\cdot\frac{b^{n-k}}{(n-k)!}\right]=\sum_{n=0}^{\infty}\frac{(a+b)^n}{n!}.$$

② $$\left(\sum_{n=1}^{\infty}nx^{n-1}\right)\cdot\left[\sum_{n=1}^{\infty}(-1)^{n-1}nx^{n-1}\right]=\sum_{n=1}^{\infty}\left[\sum_{k=1}^{n}(n-k+1)x^{n-k}\cdot(-1)^{k-1}kx^{k-1}\right]$$
$$=\sum_{n=1}^{\infty}\left[\sum_{k=1}^{n}(-1)^{k-1}k(n-k+1)\right]x^{n-1}.$$

(6)① 发散. 因$\lim\limits_{n\to\infty}\frac{1}{n\sqrt[n]{n}}\Big/\frac{1}{n} = 1$.

思考　$\sum\frac{1}{n\sqrt[n]{n}}=\sum\frac{1}{n^{1+\frac{1}{n}}}$,$1+\frac{1}{n} > 1$,*p*-级数在$p > 1$时收敛,而该级数为什么发散呢?

② 发散. 因$\frac{(-1)^n}{\sqrt[n]{n}} \not\to 0 \quad (n\to\infty)$.

③ 发散.

④ 条件收敛.

⑤ 绝对收敛.

例 11.7　(比值判别法与根式判别法的关系)若$\lim\limits_{n\to\infty}\frac{u_{n+1}}{u_n} = q$,则必有$\lim\limits_{n\to\infty}\sqrt[n]{u_n} = q$,反之不成立.

证明　若$\lim\limits_{n\to\infty}\frac{u_{n+1}}{u_n} = q$,注意到$\sqrt[n]{u_n} = \mathrm{e}^{\frac{1}{n}\ln u_n}$,则由施笃兹定理有

$$\lim_{n\to\infty}\frac{\ln u_n}{n}=\lim_{n\to\infty}\frac{\ln u_1+\ln\frac{u_2}{u_1}+\ln\frac{u_3}{u_2}+\cdots+\ln\frac{u_n}{u_{n-1}}}{n}=\lim_{n\to\infty}\ln\frac{u_n}{u_{n-1}}=\ln q,$$

所以$\lim\limits_{n\to\infty}\sqrt[n]{u_n}=q$.

反之不成立. 如 $u_n=\dfrac{3+(-1)^n}{2^n}$,则$\lim\limits_{n\to\infty}\sqrt[n]{u_n}=\dfrac{1}{2}$,但$\lim\limits_{n\to\infty}\dfrac{u_{n+1}}{u_n}=\dfrac{1}{2}\lim\limits_{n\to\infty}\dfrac{3+(-1)^{n+1}}{3+(-1)^n}$不存在.

例 11.8 设 $\sum u_n$, $\sum v_n$ 都是正项级数,若$\dfrac{u_{n+1}}{u_n}\leqslant\dfrac{v_{n+1}}{v_n}$,则 $\sum v_n$ 收敛 $\Rightarrow\sum u_n$ 收敛; $\sum u_n$ 发散 $\Rightarrow\sum v_n$ 发散.

证明 因为 $u_n=\dfrac{u_2}{u_1}\cdot\dfrac{u_3}{u_2}\cdot\cdots\cdot\dfrac{u_n}{u_{n-1}}\cdot u_1\leqslant\dfrac{v_2}{v_1}\cdot\dfrac{v_3}{v_2}\cdot\cdots\cdot\dfrac{v_n}{v_{n-1}}\cdot u_1=\dfrac{u_1}{v_1}\cdot v_n$,所以由比较判别法, $\sum v_n$ 收敛 $\Rightarrow\sum u_n$ 收敛; $\sum u_n$ 发散 $\Rightarrow\sum v_n$ 发散.

例 11.9 若 $\sum(a_{2n-1}+a_{2n})$ 收敛,且$\lim\limits_{n\to\infty}a_n=0$,判断 $\sum a_n$ 是否收敛.

解 $\sum a_n$ 必收敛. 事实上,由 $\sum(a_{2n-1}+a_{2n})$ 收敛的柯西准则, $\forall\varepsilon>0$, $\exists N_1>0$,当 $k>N_1$ 时,对任意的自然数 p,有 $|a_{2k+1}+a_{2k+2}+\cdots+a_{2k-1+2p}+a_{2k+2p}|<\dfrac{\varepsilon}{2}$,又因$\lim\limits_{n\to\infty}a_n=0$,对上述的 ε,存在 $N_2>0$,当 $n>N_2$ 时,有 $|a_n|<\dfrac{\varepsilon}{2}$. 令 $N=\max\{N_1,N_2\}$,当 $n>N$ 时,对任意的自然数 p:

若 n,p 都是偶数时,记 $n=2k$,则

$$|a_{n+1}+a_{n+2}+\cdots+a_{n+p}|=|a_{2k+1}+a_{2k+2}+\cdots+a_{2k+p}|<\frac{\varepsilon}{2}<\varepsilon.$$

当 n 为偶数,p 为奇数时,记 $p=2m+1$,则

$$|a_{n+1}+a_{n+2}+\cdots+a_{n+p}|\leqslant|a_{2k+1}+a_{2k+2}+\cdots+a_{2(k+m)}|+|a_{2k+2m+1}|<\frac{\varepsilon}{2}+\frac{\varepsilon}{2}=\varepsilon.$$

当 n,p 都是奇数时,记 $n=2k-1$, $p=2m+1$,则

$$|a_{n+1}+a_{n+2}+\cdots+a_{n+p}|\leqslant|a_{2k}|+|a_{2k+1}+a_{2k+2}+\cdots+a_{2(k+m)}|<\frac{\varepsilon}{2}+\frac{\varepsilon}{2}=\varepsilon.$$

同理,当 n 为奇数,p 为偶数时,也有 $|a_{n+1}+a_{n+2}+\cdots+a_{n+p}|<\varepsilon$. 即 $\sum a_n$ 收敛.

例 11.10 设 $a_n>0$, $\sum a_n$ 发散,记 $S_n=\sum\limits_{k=1}^{n}a_k$,证明:

(1) $\sum\dfrac{a_n}{S_n}$ 发散;　　　(2) $\sum\dfrac{a_n}{S_n^{1+\alpha}}(\alpha>0)$ 收敛.

证明 (1) 因 $a_n>0$, $\sum a_n$ 发散,所以$\lim\limits_{n\to\infty}S_n=+\infty$,取 $\varepsilon_0=\dfrac{1}{2}$, $\forall N>0$,取 $n_0>N$,由于$\lim\limits_{p\to\infty}S_{n_0+p}=+\infty$,所以, $\exists p_0$,使 $S_{n_0+p_0}>2S_{n_0}$,有

$$\left|\frac{a_{n_0+1}}{S_{n_0+1}}+\frac{a_{n_0+2}}{S_{n_0+2}}+\cdots+\frac{a_{n_0+p_0}}{S_{n_0+p_0}}\right|\geqslant\frac{S_{n_0+p_0}-S_{n_0}}{S_{n_0+p_0}}=1-\frac{S_{n_0}}{S_{n_0+p_0}}>\frac{1}{2}=\varepsilon_0.$$

根据柯西准则, $\sum\dfrac{a_n}{S_n}$ 发散.

(2) 考虑

$$\frac{1}{S_{n-1}^{\alpha}}-\frac{1}{S_n^{\alpha}}=\frac{S_n^{\alpha}-S_{n-1}^{\alpha}}{S_{n-1}^{\alpha}S_n^{\alpha}}. \tag{11.1}$$

令 $f(x)=x^{\alpha},(x>0)$,在区间 $[S_{n-1},S_n]$ 上运用拉格朗日中值定理有

$$S_n^{\alpha}-S_{n-1}^{\alpha}=\alpha(S_{n-1}+\theta a_n)^{\alpha-1}a_n.$$

当 $\alpha\geqslant 1$ 时,$S_n^{\alpha}-S_{n-1}^{\alpha}=\alpha(S_{n-1}+\theta a_n)^{\alpha-1}a_n\geqslant \alpha a_n S_{n-1}^{\alpha-1}(0<\theta<1)$,代入式(11.1)得

$$\frac{1}{S_{n-1}^{\alpha}}-\frac{1}{S_n^{\alpha}}=\frac{S_n^{\alpha}-S_{n-1}^{\alpha}}{S_{n-1}^{\alpha}S_n^{\alpha}}\geqslant \alpha a_n\frac{S_{n-1}^{\alpha-1}}{S_{n-1}^{\alpha}S_n^{\alpha}}=\alpha\frac{a_n}{S_{n-1}S_n^{\alpha}}\geqslant\alpha\frac{a_n}{S_n^{1+\alpha}}.$$

当 $0<\alpha<1$ 时,$S_n^{\alpha}-S_{n-1}^{\alpha}=\alpha(S_{n-1}+\theta a_n)^{\alpha-1}a_n=\dfrac{\alpha a_n}{(S_{n-1}+\theta a_n)^{1-\alpha}}\geqslant\dfrac{\alpha a_n}{S_n^{1-\alpha}}$,代入式(11.1)得

$$\frac{1}{S_{n-1}^{\alpha}}-\frac{1}{S_n^{\alpha}}=\frac{S_n^{\alpha}-S_{n-1}^{\alpha}}{S_{n-1}^{\alpha}S_n^{\alpha}}\geqslant\frac{\alpha a_n}{S_n S_{n-1}^{\alpha}}\geqslant\alpha\frac{a_n}{S_n^{1+\alpha}}.$$

故 $\forall\alpha>0$,恒有$\dfrac{1}{S_{n-1}^{\alpha}}-\dfrac{1}{S_n^{\alpha}}\geqslant\alpha\dfrac{a_n}{S_n^{1+\alpha}}$. 又正项级数$\sum\left(\dfrac{1}{S_{n-1}^{\alpha}}-\dfrac{1}{S_n^{\alpha}}\right)(\alpha>0)$是收敛的$\left[T_n=\sum\limits_{k=2}^{n+1}\left(\dfrac{1}{S_{k-1}^{\alpha}}-\dfrac{1}{S_k^{\alpha}}\right)=\dfrac{1}{S_1^{\alpha}}-\dfrac{1}{S_{n+1}^{\alpha}}\to\dfrac{1}{S_1^{\alpha}}=\dfrac{1}{a_1^{\alpha}}(n\to\infty)\right]$,故由比较判别法知,正项级数$\sum\dfrac{a_n}{S_n^{1+\alpha}}(\alpha>0)$收敛.

例 11.11 设正项级数$\sum a_n$收敛,证明:级数$\sum\dfrac{a_n}{\sqrt{R_n}+\sqrt{R_{n-1}}}$也收敛,其中$R_n$为第$n$项余项.

证明 因$\dfrac{a_n}{\sqrt{R_n}+\sqrt{R_{n-1}}}=\sqrt{R_{n-1}}-\sqrt{R_n}$,所以

$$S_n=\sum_{k=1}^{n}\frac{a_k}{\sqrt{R_k}+\sqrt{R_{k-1}}}=\sum_{k=1}^{n}(\sqrt{R_{k-1}}-\sqrt{R_k})=\sqrt{R_0}-\sqrt{R_n},$$

因$\sum a_n$收敛,记它的和为s,则$R_0=\sum a_n=s$,又$\sum a_n$收敛$\Leftrightarrow R_n\to 0(n\to\infty)$,所以$\lim\limits_{n\to\infty}S_n=\sqrt{s}$.

例 11.12 证明级数$\sum\dfrac{a_n}{b_n}$,其中$a_n>0,b_n>0$,若

$$\lim_{n\to\infty}\frac{a_{n+1}}{a_n}=a,\lim_{n\to\infty}\sqrt[n]{b_n}=b,\quad \text{或}\lim_{n\to\infty}\sqrt[n]{a_n}=a,\lim_{n\to\infty}\frac{b_{n+1}}{b_n}=b,$$

则(1)当$a>b$时,$\sum\dfrac{a_n}{b_n}$发散;(2)当$a<b$时,$\sum\dfrac{a_n}{b_n}$收敛.

证明 (1)由已知$a>b$,则可在它们之间插入两实数:$a>c>d>b$,由保号性,$\exists N_1>0$,当$n>N_1$时,$\dfrac{a_{n+1}}{a_n}>c$,不妨设从第一项开始就有$a_{n+1}>ca_n>c^2a_{n-1}>\cdots>c^na_1$;$\exists N_2>0$,当$n>N_2$时,$\sqrt[n]{b_n}<d\Rightarrow b_n<d^n$,令$N=\max\{N_1,N_2\}$,当$n>N$时,有$\dfrac{a_n}{b_n}\geqslant a_1\left(\dfrac{c}{d}\right)^n$,注意到$\dfrac{c}{d}>1$,$\sum\left(\dfrac{c}{d}\right)^n$发散,由比较判别法,$\sum\dfrac{a_n}{b_n}$发散.

(2) 同理可证.

注 可有推论:对于$\sum a_nb_n,(a_n>0,b_n>0)$,若$\lim\limits_{n\to\infty}\frac{a_{n+1}}{a_n}=a,\lim\limits_{n\to\infty}\sqrt[n]{b_n}=b$,则当$ab<1$时,$\sum a_nb_n$收敛;当$ab>1$时,$\sum a_nb_n$发散.

例 11.13 判定级数$\sum\frac{n!}{(2n)^n}\left(1+\frac{1}{n}\right)^{n^2}$的敛散性.

解 记$a_n=\frac{n!}{(2n)^n},b_n=\left(1+\frac{1}{n}\right)^{n^2}$,则$\lim\limits_{n\to\infty}\frac{a_{n+1}}{a_n}=\lim\limits_{n\to\infty}\frac{1}{2}\left(\frac{n}{n+1}\right)^n=\frac{1}{2\mathrm{e}},\lim\limits_{n\to\infty}\sqrt[n]{b_n}=\mathrm{e}$,因为$\frac{1}{2\mathrm{e}}\cdot\mathrm{e}=\frac{1}{2}<1$,所以$\sum\frac{n!}{(2n)^n}\left(1+\frac{1}{n}\right)^{n^2}$收敛.

例 11.14 设$\sum a_n\sqrt{n}$收敛,试就$\sum a_n$为正项级数和一般项级数两种情况分别证明$\sum a_n\sqrt{n+\sqrt{n}}$也收敛.

证明 (1) 当$\sum a_n$为正项级数时,$a_n\sqrt{n+\sqrt{n}}<a_n\sqrt{2n}=\sqrt{2}a_n\sqrt{n}$. 由$\sum a_n\sqrt{n}$收敛及比较判别法,有$\sum a_n\sqrt{n+\sqrt{n}}$收敛.

(2) 当$\sum a_n$为一般项级数时,$a_n\sqrt{n+\sqrt{n}}=a_n\sqrt{n}\cdot\frac{\sqrt{n+\sqrt{n}}}{\sqrt{n}}$,因级数$\sum a_n\sqrt{n}$收敛,又$1<\frac{\sqrt{n+\sqrt{n}}}{\sqrt{n}}=\sqrt{1+\sqrt{\frac{1}{n}}}<2$有界,且$\left\{\frac{\sqrt{n+\sqrt{n}}}{\sqrt{n}}\right\}$单调递减,根据阿贝尔判别法,$\sum a_n\sqrt{n+\sqrt{n}}$收敛.

例 11.15 证明:若$\sum a_n$收敛,则$\sum\left(1+\frac{1}{n}\right)a_n$也收敛.

证明 用阿贝尔判别法,证明从略.

例 11.16 证明:设$\sum a_n$为收敛的正项级数,则当$\alpha>\frac{1}{2}$时,$\sum\frac{\sqrt{a_n}}{n^\alpha}$也收敛.

证明 因$\frac{\sqrt{a_n}}{n^\alpha}\leqslant\frac{1}{2}\left(a_n+\frac{1}{n^{2\alpha}}\right)$,由比较判别法可得结论.

11.2.2 关于级数敛散的判别问题

例 11.17 讨论下列级数的敛散性:

(1) $\sum\left(\frac{1}{n}-\sin\frac{1}{n}\right)^\alpha$; (2) $\sum\left(1-\cos\frac{1}{n}\right)^\alpha$; (3) $\sum\left(1-\frac{p\ln n}{n}\right)^n$.

分析 这类型的题属于对一般项无穷小量阶的估计,根据泰勒展式,能够较清楚看出.

解 (1) 因$\lim\limits_{n\to\infty}\dfrac{\left(\dfrac{1}{n}-\sin\dfrac{1}{n}\right)^{\alpha}}{\dfrac{1}{n^{3\alpha}}}=\dfrac{1}{6^{\alpha}}$,所以当$\alpha>\dfrac{1}{3}$时,$\sum\left(\dfrac{1}{n}-\sin\dfrac{1}{n}\right)^{\alpha}$收敛,当$\alpha\leqslant\dfrac{1}{3}$时,$\sum\left(\dfrac{1}{n}-\sin\dfrac{1}{n}\right)^{\alpha}$发散.

(2) 类似(1),从略.

(3) 记$a_n=\left(1-\dfrac{p\ln n}{n}\right)^{n}=\mathrm{e}^{n\ln\left(1-\frac{p\ln n}{n}\right)}\sim\mathrm{e}^{n\left(-\frac{p\ln n}{n}\right)}=n^{-p}(n\to\infty)$,所以当$p>1$时,$\sum\left(1-\dfrac{p\ln n}{n}\right)^{n}$收敛,当$p\leqslant1$时,$\sum\left(1-\dfrac{p\ln n}{n}\right)^{n}$发散.

例11.18 讨论级数$\sum\limits_{n=1}^{\infty}\dfrac{(-1)^n}{(n^2+3n-2)^p}(p>0)$的收敛与绝对收敛性.

解 $\forall p>0$,$\dfrac{1}{(n^2+3n-2)^p}$当$n\to\infty$时趋于零,且单调递减,由莱布尼茨判别法,$\sum\limits_{n=1}^{\infty}\dfrac{(-1)^n}{(n^2+3n-2)^p}(p>0)$收敛;又因$n^2\leqslant n^2+3n-2\leqslant2n^2$,所以

$$\frac{1}{n^{2p}}\geqslant\frac{1}{(n^2+3n-2)^p}\geqslant\frac{1}{2^pn^{2p}}.$$

于是当$p>\dfrac{1}{2}$时,$\sum\left|\dfrac{(-1)^n}{(n^2+3n-2)^p}\right|$收敛,即$\sum\limits_{n=1}^{\infty}\dfrac{(-1)^n}{(n^2+3n-2)^p}$绝对收敛;当$0<p\leqslant\dfrac{1}{2}$时,$\sum\left|\dfrac{(-1)^n}{(n^2+3n-2)^p}\right|$发散,即$\sum\limits_{n=1}^{\infty}\dfrac{(-1)^n}{(n^2+3n-2)^p}$条件收敛.

例11.19 证明:(1) $\sum\limits_{n=1}^{\infty}\int_0^{\frac{1}{n}}\dfrac{\sqrt{x}}{1+x^{100}}\mathrm{d}x$收敛;(2) 设$f(x)$在$x=0$邻域内具有连续的二阶导数,且$\lim\limits_{x\to0}\dfrac{f(x)}{x}=0$,则$\sum f\left(\dfrac{1}{n}\right)$绝对收敛.

解 (1) 因为$\dfrac{\sqrt{x}}{1+x^{100}}\leqslant\sqrt{x}$, $\int_0^{\frac{1}{n}}\dfrac{\sqrt{x}}{1+x^{100}}\mathrm{d}x\leqslant\int_0^{\frac{1}{n}}\sqrt{x}\mathrm{d}x=\dfrac{2}{3}\dfrac{1}{n^{\frac{3}{2}}}$,所以由比较判别法,$\sum\limits_{n=1}^{\infty}\int_0^{\frac{1}{n}}\dfrac{\sqrt{x}}{1+x^{100}}\mathrm{d}x$收敛.

(2) 由$f(x)$在$x=0$点连续,且$\lim\limits_{x\to0}\dfrac{f(x)}{x}=0$,必有$f(0)=0$,同时

$$f'(0)=\lim_{x\to0}\frac{f(x)-f(0)}{x-0}=\lim_{x\to0}\frac{f(x)}{x}=0.$$

将$f(x)$在$x=0$点作泰勒展开,$f(x)=f(0)+f'(0)x+\dfrac{f''(\xi)}{2}x^2=\dfrac{f''(\xi)}{2}x^2$,其中$\xi$介于0和$x$

之间，由 $f''(x)$ 在 $x=0$ 附近连续必局部有界，存在常数 $M>0$，使 $|f''(x)|\leqslant M$，于是 $\left|f\left(\frac{1}{n}\right)\right|=\left|\frac{f''(\xi)}{2}\frac{1}{n^2}\right|\leqslant\frac{M}{2}\frac{1}{n^2}$，由比较判别法，$\sum\left|f\left(\frac{1}{n}\right)\right|$ 收敛，即 $\sum f\left(\frac{1}{n}\right)$ 绝对收敛.

例 11.20 讨论 $\sum\frac{a^n n!}{n^n}(a>0)$ 的敛散性.

解 记 $u_n=\frac{a^n n!}{n^n}$，则 $\lim\limits_{n\to\infty}\frac{u_{n+1}}{u_n}=\lim\limits_{n\to\infty}a\cdot\left(\frac{n}{n+1}\right)^n=\frac{a}{\mathrm{e}}$，根据比值判别法，当 $0<a<\mathrm{e}$ 时，$\sum\frac{a^n n!}{n^n}$ 收敛；当 $a>\mathrm{e}$ 时，$\sum\frac{a^n n!}{n^n}$ 发散；当 $a=\mathrm{e}$ 时，注意到数列 $\left\{\left(1+\frac{1}{n}\right)^n\right\}$ 是单调递增趋于 e，所以 $\frac{u_{n+1}}{u_n}=\frac{\mathrm{e}}{\left(1+\frac{1}{n}\right)^n}\geqslant 1$，由比值判别法的直接形式，$\sum\frac{a^n n!}{n^n}$ 发散．即级数 $\sum\frac{a^n n!}{n^n}$ 在 $0<a<\mathrm{e}$ 时收敛，在 $a\geqslant\mathrm{e}$ 时发散.

例 11.21 考察级数 $\sum\limits_{n=1}^{\infty}\arctan\frac{1}{2n^2}$ 的敛散性.

解 因为 $\arctan\frac{1}{2n^2}=\arctan(2n+1)-\arctan(2n-1)$，所以

$$S_n=\sum_{k=1}^{n}\arctan\frac{1}{2k^2}=\sum_{k=1}^{n}[\arctan(2k+1)-\arctan(2k-1)]=\arctan(2n+1)-\arctan 1,$$

$$\lim_{n\to\infty}S_n=\lim_{n\to\infty}\left[\arctan(2n+1)-\frac{\pi}{4}\right]=\frac{\pi}{2}-\frac{\pi}{4}=\frac{\pi}{4}.$$

即 $\sum\limits_{n=1}^{\infty}\arctan\frac{1}{2n^2}$ 收敛，和为 $\frac{\pi}{4}$.

例 11.22 求证：(1) 当 $s>0$ 时，$\int_1^{+\infty}\frac{x-[x]}{x^{s+1}}\mathrm{d}x$ 收敛，其中 $[x]$ 为 x 的取整函数；(2) 当 $s>1$ 时，$\int_1^{+\infty}\frac{x-[x]}{x^{s+1}}\mathrm{d}x=\frac{1}{s-1}-\frac{1}{s}\sum\limits_{n=1}^{\infty}\frac{1}{n^s}$.

证明 (1) 因为 $\frac{x-[x]}{x^{s+1}}\leqslant\frac{1}{x^{s+1}}$，而 $\int_1^{+\infty}\frac{1}{x^{s+1}}\mathrm{d}x$ 收敛，所以 $\int_1^{+\infty}\frac{x-[x]}{x^{s+1}}\mathrm{d}x$ 收敛.

(2) $\int_1^{+\infty}\frac{x-[x]}{x^{s+1}}\mathrm{d}x=\int_1^{+\infty}\frac{1}{x^s}\mathrm{d}x-\int_1^{+\infty}\frac{[x]}{x^{s+1}}\mathrm{d}x=I_1-I_2$.

$$I_1=\int_1^{+\infty}\frac{1}{x^s}\mathrm{d}x=\frac{1}{s-1}.$$

$$I_2=\int_1^{+\infty}\frac{[x]}{x^{s+1}}\mathrm{d}x=\sum_{n=1}^{\infty}\int_n^{n+1}\frac{n}{x^{s+1}}\mathrm{d}x=\frac{1}{s}\sum_{n=1}^{\infty}\left[\frac{n}{n^s}-\frac{n}{(n+1)^s}\right]$$

$$=\frac{1}{s}\sum_{n=1}^{\infty}\left[\frac{1}{n^{s-1}}-\frac{1}{(n+1)^{s-1}}+\frac{1}{(n+1)^{s}}\right]=\frac{1}{s}\left[1+\sum_{n=1}^{\infty}\frac{1}{(n+1)^{s}}\right]=\frac{1}{s}\sum_{n=1}^{\infty}\frac{1}{n^{s}}.$$

所以当 $s>1$ 时，$\int_{1}^{+\infty}\frac{x-[x]}{x^{s+1}}\mathrm{d}x=\frac{1}{s-1}-\frac{1}{s}\sum_{n=1}^{\infty}\frac{1}{n^{s}}.$

例 11.23 对于形如 $\sum\frac{1}{n^{p}(\ln n)^{q}(\ln\ln n)^{r}\cdots}$ 类型的级数敛散规律，下面我们仅以 $I=\sum\frac{1}{n^{p}(\ln n)^{q}(\ln\ln n)^{r}}$ 为例进行讨论 .（对充分大的 n，如本题 $n>\mathrm{e}^{\mathrm{e}}$）

结论 1 当 $p>1$ 时，对 $\forall q,r\in\mathbf{R}$ 级数都收敛.

证明 当 $q\geqslant0,r\geqslant0$ 时，$\frac{1}{n^{p}(\ln n)^{q}(\ln\ln n)^{r}}\leqslant\frac{1}{n^{p}}$，由比较判别法，级数 I 收敛 . 当 $q<0$，$r<0$ 时，或至少有一个小于零时，取 $\alpha:p>\alpha>1$，由于

$$\lim_{n\to\infty}\frac{(\ln n)^{-q}(\ln\ln n)^{-r}}{n^{p-\alpha}}=0,$$

存在 N，当 $n>N$ 时，$0<\frac{(\ln n)^{-q}(\ln\ln n)^{-r}}{n^{p-\alpha}}<1$，所以

$$\frac{1}{n^{p}(\ln n)^{q}(\ln\ln n)^{r}}=\frac{1}{n^{\alpha}}\cdot\frac{(\ln n)^{-q}(\ln\ln n)^{-r}}{n^{p-\alpha}}<\frac{1}{n^{\alpha}},$$

由比较判别法，级数 I 收敛 . 故当 $p>1$ 时，对 $\forall q,r\in\mathbf{R}$ 级数 I 都收敛.

结论 2 当 $p<1$ 时，$\forall q,r\in\mathbf{R}$ 级数都发散.

证明 当 $q\leqslant0,r\leqslant0$ 时，$\frac{1}{n^{p}(\ln n)^{q}(\ln\ln n)^{r}}\geqslant\frac{1}{n^{p}}$，由比较判别法，级数 I 发散 . 当 $q>0$，$r>0$，或至少有一个大于零时，取 $\alpha:p<\alpha<1$，则 $\frac{1}{n^{p}}=\frac{1}{n^{\alpha}}\cdot\frac{1}{n^{p-\alpha}}$，由于

$$\lim_{n\to\infty}\frac{1}{n^{p-\alpha}(\ln n)^{q}(\ln\ln n)^{r}}=\lim_{n\to\infty}\frac{n^{\alpha-p}}{(\ln n)^{q}(\ln\ln n)^{r}}=+\infty,$$

存在 N，当 $n>N$ 时，$\frac{1}{n^{p-\alpha}(\ln n)^{q}(\ln\ln n)^{r}}>1$，所以

$$\frac{1}{n^{p}(\ln n)^{q}(\ln\ln n)^{r}}=\frac{1}{n^{\alpha}}\cdot\frac{1}{n^{p-\alpha}(\ln n)^{q}(\ln\ln n)^{r}}>\frac{1}{n^{\alpha}},$$

由比较判别法，级数 I 发散.

结论 3 当 $p=1$ 时，则：① $q>1$，对任意的 r，级数收敛；② $q<1$，对任意的 r，级数发散.

证明 当 $q>1$ 时，积分 $\int_{2}^{+\infty}\frac{1}{x(\ln x)^{q}}\mathrm{d}x=\int_{2}^{+\infty}\frac{\mathrm{d}(\ln x)}{(\ln x)^{q}}=\frac{1}{q-1}(\ln 2)^{1-q}$ 收敛，由积分判别

法，$\sum \frac{1}{n(\ln n)^q}$收敛；当 $q \leqslant 1$ 时，易证积分$\int_2^{+\infty}\frac{1}{x(\ln x)^q}\mathrm{d}x$发散，由积分判别法，$\sum \frac{1}{n(\ln n)^q}$发散.

①$q > 1$，当 $r \geqslant 0$ 时，$\frac{1}{n(\ln n)^q(\ln\ln n)^r} \leqslant \frac{1}{n(\ln n)^q}$，由比较判别法知，级数 I 收敛. 当 $r < 0$ 时，取 α：$1 < \alpha < q$，

$$\frac{1}{n(\ln n)^q(\ln\ln n)^r} = \frac{1}{n(\ln n)^\alpha}\cdot\frac{1}{(\ln n)^{q-\alpha}(\ln\ln n)^r},$$

而$\lim\limits_{n\to\infty}\frac{(\ln\ln n)^{-r}}{(\ln n)^{q-\alpha}} = 0$，存在 N，当 $n > N$ 时，$0 < \frac{(\ln\ln n)^{-r}}{(\ln n)^{q-\alpha}} < 1$，所以

$$\begin{aligned}\frac{1}{n(\ln n)^q(\ln\ln n)^r} &= \frac{1}{n(\ln n)^\alpha}\cdot\frac{1}{(\ln n)^{q-\alpha}(\ln\ln n)^r}\\ &\leqslant \frac{1}{n(\ln n)^\alpha}.\end{aligned}$$

由比较判别法，级数 I 收敛.

② 同理可证，当 $q < 1$，对任意的 r，级数发散.

结论 4　当 $p = 1, q = 1$ 时，$r > 1$ 时，级数收敛；$r \leqslant 1$ 时级数发散.（和上面证明类似，这里从略）

总之，形如$\sum \frac{1}{n^p(\ln n)^q(\ln\ln n)^r\cdots}$类型的级数敛散规律是：首先 p 当家，当 $p > 1$ 时，级数收敛，当 $p < 1$ 时，级数发散（无论 q，r 取何值）；$p = 1$ 时，q 当家，当 $q > 1$ 时，级数收敛，当 $q < 1$ 时，级数发散（无论 r 取何值）；$p = 1, q = 1$ 时，r 当家，当 $r > 1$ 时，级数收敛，当 $r < 1$ 时，级数发散. 如果后面再没有别的，则 $r = 1$ 时，级数发散；如果后面还有，则 $r = 1$ 时，再由后面的字母决定级数的敛散性.

习　　题

1. 讨论下列级数的敛散性.

(1) $\sum \frac{a^n}{1 + a^{2n}}(a > 0)$；　　(2) $\sum (a^{\frac{1}{n}} - 1)(a > 1)$.

2. 已知 $a_n > 0, a_{n+2} = a_{n+1} + a_n (n = 1,2,\cdots)$，证明级数 $\sum \frac{a_{n+1}}{a_n a_{n+2}}$ 收敛.

3. 证明下列级数收敛并求其值.

(1) $\sum\limits_{n=1}^{\infty}\frac{2n-1}{2^n}$；　　(2) $\sum\limits_{n=1}^{\infty}\arctan\frac{1}{n^2+n+1}$.

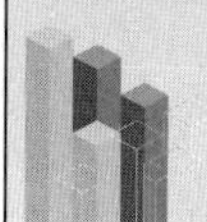

4. 证明:若数列$\{na_n\}$收敛,级数$\sum\limits_{n=1}^{\infty} n(a_n - a_{n-1})$收敛,则$\sum\limits_{n=1}^{\infty} a_n$收敛.

5. 设$a_n \geqslant 0$,数列$\{na_n\}$有界,证明:$\sum\limits_{n=1}^{\infty} a_n^2$收敛.

6. 讨论级数$\sum\limits_{n=1}^{\infty} \sin(\pi\sqrt{n^2+k^2})$的敛散性.

7. 设$\lim\limits_{n\to\infty} a_n = a > 1$,证明:$\sum\limits_{n=1}^{\infty} \dfrac{1}{n^{a_n}}$收敛.

8. 设$a_{2n-1} = \dfrac{1}{n}$,$a_{2n} = \displaystyle\int_n^{n+1} \frac{1}{x}\mathrm{d}x$ $(n = 1,2,\cdots)$,证明:

(1) $\sum\limits_{n=1}^{\infty} (-1)^{n-1} a_n$收敛;

(2) $\lim\limits_{n\to\infty}\left(1 + \dfrac{1}{2} + \cdots + \dfrac{1}{n} - \ln n\right)$存在.

9. 讨论级数:$\sqrt{2} + \sqrt{2-\sqrt{2}} + \sqrt{2-\sqrt{2+\sqrt{2}}} + \cdots$的敛散性.

10. 证明:$1 + \dfrac{1}{\sqrt{2}} + \cdots + \dfrac{1}{\sqrt{n}} > 2\sqrt{n+1} - 2$.

11. 讨论级数:$\sum\limits_{n=1}^{\infty} (\sqrt[n]{n} - \sqrt[n+1]{n})$的敛散性.

12. 设函数$f(x)$在$[-1,1]$上有一阶连续导数,且$\lim\limits_{x\to 0}\dfrac{f(x)}{x} = a > 0$,证明:$\sum\limits_{n=1}^{\infty} (-1)^n f\left(\dfrac{1}{n}\right)$条件收敛.

第 12 讲　函数列与函数项级数

12.1　函数列与函数项级数的收敛与一致收敛

12.1.1　函数列

12.1.1.1　函数列的收敛与一致收敛

1. 逐点收敛

函数列$\{f_n(x)\}$,$x\in I$,若$\forall x\in I$,数列$\{f_n(x)\}$都收敛,则称函数列在区间I上逐点收敛,记$f(x)=\lim\limits_{n\to\infty}f_n(x)$,$x\in I$,称$f(x)$为$\{f_n(x)\}$的极限函数. 简记为

$$f_n(x)\to f(x)\quad(n\to\infty),\quad x\in I.$$

2. 逐点收敛的 ε-N 定义

$\forall x\in I$及$\varepsilon>0$,$\exists N=N(x,\varepsilon)>0$,当$n>N$时,恒有$|f_n(x)-f(x)|<\varepsilon$.

3. 一致收敛

若函数列$\{f_n(x)\}$与函数$f(x)$都定义在区间I上,$\forall\varepsilon>0$,$\exists N>0$,当$n>N$时,对一切$x\in I$恒有$|f_n(x)-f(x)|<\varepsilon$,则称函数列$\{f_n(x)\}$在区间$I$上一致收敛于$f(x)$. 记为

$$f_n(x)\rightrightarrows f(x)\quad(n\to\infty),\quad x\in I.$$

4. 非一致收敛

$\exists\varepsilon_0>0$,$\forall N>0$,$\exists n_0>N$及$x_0\in I$,使得

$$\left|f_{n_0}(x_0)-f(x_0)\right|\geqslant\varepsilon_0.$$

例 12.1　证明$f_n(x)=x^n$在$[0,1]$上逐点收敛,但不一致收敛.

证明　当$x\in[0,1)$时,$\lim\limits_{n\to\infty}f_n(x)=\lim\limits_{n\to\infty}x^n=0$,当$x=1$时,$\lim\limits_{n\to\infty}f_n(1)=1$,即极限函数为$f(x)=\begin{cases}0, & x\in[0,1)\\ 1, & x=1\end{cases}$. 但$f_n(x)$非一致收敛. 事实上,取$\varepsilon_0=\dfrac{1}{3}>0$,$\forall N>0$,取$n_0=N+1>N$,取$x_0=\left(\dfrac{1}{2}\right)^{\frac{1}{n_0}}\in(0,1)$,此时$|f_{n_0}(x_0)-f(x_0)|=x_0^{n_0}=\dfrac{1}{2}>\varepsilon_0$. 即

$$f_n(x) \nRightarrow f(x) \quad (n\to\infty),\quad x\in[0,1].$$

5. 一致收敛的柯西准则

函数列$\{f_n(x)\}$在I上一致收敛$\Leftrightarrow \forall \varepsilon>0,\exists N>0$,当$n,m>N$时,对一切$x\in I$,恒有$|f_n(x)-f_m(x)|<\varepsilon$.

6. 非一致收敛的柯西准则

函数列$\{f_n(x)\}$在I上非一致收敛$\Leftrightarrow \exists \varepsilon_0>0,\forall N>0,\exists m_0,n_0>N$,及$\exists x_0\in I$,使得$|f_{n_0}(x_0)-f_{m_0}(x_0)|\geqslant \varepsilon_0$.

例12.2　用柯西准则证明:$f_n(x)=\sin\frac{x}{n}(n=1,2,\cdots)$,(1)在$[-l,l]$上一致收敛;(2)在$(-\infty,+\infty)$上非一致收敛.

证明　(1)$\forall\varepsilon>0$,取$N=\frac{2l}{\varepsilon}>0$,当$m>n>N$时,对一切$x\in[-l,l]$,有

$$\left|\sin\frac{x}{n}-\sin\frac{x}{m}\right|\leqslant\left|\frac{x}{n}-\frac{x}{m}\right|\leqslant|x|\left(\frac{1}{n}+\frac{1}{m}\right)\leqslant\frac{2l}{n}<\varepsilon.$$

即$f_n(x)=\sin\frac{x}{n}$在$x\in[-l,l]$上一致收敛.

(2)取$\varepsilon_0=\frac{1}{4}>0,\forall N>0$,取$n_0=N+1>N,m_0=2n_0$,取$x_0=n_0\pi\in(-\infty,+\infty)$,则此时有

$$|f_{n_0}(x_0)-f_{m_0}(x_0)|=\left|\sin\frac{x_0}{n_0}-\sin\frac{x_0}{m_0}\right|=\left|\sin\pi-\sin\frac{\pi}{2}\right|=1\geqslant\varepsilon_0.$$

即$f_n(x)=\sin\frac{x}{n}$在$x\in(-\infty,+\infty)$上非一致收敛.

7. 充要条件

函数列$\{f_n(x)\}$在I上一致收敛于$f(x)\Leftrightarrow \lim\limits_{n\to\infty}\sup\limits_{x\in I}|f_n(x)-f(x)|=0$.

注　这是一个非常重要的定理,判断函数列一致收敛性,用它方便快捷.

例12.3　讨论函数列$f_n(x)=\begin{cases}-(n+1)x+1, & 0\leqslant x\leqslant\frac{1}{n+1}\\ 0, & \frac{1}{n+1}<x\leqslant 1\end{cases}$的一致收敛性.

解　①求极限函数.

当$x\in(0,1]$时,$f(x)=\lim\limits_{n\to\infty}f_n(x)=0$,当$x=0$时,$f(0)=\lim\limits_{n\to\infty}f_n(0)=1$,即极限函数为$f(x)=\begin{cases}1, & x=0\\ 0, & x\in(0,1]\end{cases}$.

② $\sup\limits_{x\in[0,1]}|f_n(x)-f(x)|\equiv 1\neq 0(n\to\infty)$,即

$$f_n(x)\nRightarrow f(x)\quad(n\to\infty).$$

12.1.1.2　极限函数的性质

1. 连续性

若满足：

(1) 对每一个 n，$f_n(x)$ 在区间 I 上都连续；

(2) $f_n(x)\rightrightarrows f(x)(n\to\infty)$，$x\in I$，

则 $f(x)$ 在 I 上连续．即 $\lim\limits_{x\to x_0}f(x)=\lim\limits_{x\to x_0}\lim\limits_{n\to\infty}f_n(x)=\lim\limits_{n\to\infty}\lim\limits_{x\to x_0}f_n(x)=f(x_0)$．

注　其逆否命题：若 $f_n(x)$ 都连续，但极限函数 $f(x)$ 不连续，则必不一致收敛．可用此命题再对例 12.1 及例 12.3 进行判断．

2. 可积性

若满足：

(1) 对每一个 n，$f_n(x)$ 在区间 $[a,b]$ 上都连续；

(2) $f_n(x)\rightrightarrows f(x)(n\to\infty)$，$x\in[a,b]$，

则 $f(x)$ 在 $[a,b]$ 上可积，且 $\int_a^b f(x)\,\mathrm{d}x=\int_a^b\lim\limits_{n\to\infty}f_n(x)\,\mathrm{d}x=\lim\limits_{n\to\infty}\int_a^b f_n(x)\,\mathrm{d}x$.

3. 可微性

若满足：

(1) 对每一个 n，$f_n(x)$，$f_n'(x)$ 在区间 $[a,b]$ 上都连续；

(2) $\exists x_0\in[a,b]$ 使 $f_n(x_0)\to f(x_0)(n\to\infty)$；

(3) $f_n'(x)\rightrightarrows g(x)(n\to\infty)$，$x\in[a,b]$，

则 $f(x)$ 在 $[a,b]$ 上可导，且 $f'(x)=g(x)$．即 $f'(x)=\dfrac{\mathrm{d}}{\mathrm{d}x}\left[\lim\limits_{n\to\infty}f_n(x)\right]=\lim\limits_{n\to\infty}f'_n(x)$.

注　以上三个定理的条件仅为充分条件.

4. 狄尼定理

若函数列 $\{f_n(x)\}$ 对每一个 n，$f_n(x)$ 都在 $x\in[a,b]$ 上连续，对每一点 $x\in[a,b]$，$\{f_n(x)\}$ 为单调的，且 $\lim\limits_{n\to\infty}f_n(x)=f(x)$，$x\in[a,b]$．则 $f(x)$ 在 $[a,b]$ 连续的充要条件是 $f_n(x)\rightrightarrows f(x)(n\to\infty)$，$x\in[a,b]$.

证明　充分性显然，下证必要性.

(反证法) 假设 $f_n(x)\not\rightrightarrows f(x)(n\to\infty)$，$x\in[a,b]$．由定义，$\exists\varepsilon_0>0$，$\forall N>0$，$\exists n_0>N$，及 $x_0\in[a,b]$，使得 $|f_{n_0}(x_0)-f(x_0)|\geqslant\varepsilon_0$．特别地，当取 $N=1,2,\cdots,k,\cdots$ 时，分别存在 $n_k>k$，及 $x_k\in[a,b]$ 使得

$$|f_{n_k}(x_k)-f(x_k)|\geqslant\varepsilon_0.\tag{12.1}$$

不妨设 $n_1<n_2<\cdots<n_k<\cdots$．由已知，$\{f_n(x)\}$ 对固定的 x 是单调的，不妨设为单调递增，且 $\lim\limits_{n\to\infty}f_n(x)=f(x)$，$x\in[a,b]$，即 $f_1(x)\leqslant f_2(x)\leqslant\cdots\leqslant f_n(x)\leqslant\cdots\leqslant f(x)$．于是式(12.1)可为

$$f(x_k)-f_{n_k}(x_k)\geqslant\varepsilon_0.\tag{12.2}$$

由于 $\{x_k\}\subset[a,b]$ 为有界数列，必有收敛子列，不妨仍设为 $\{x_k\}$，即 $\lim\limits_{k\to\infty}x_k=x'\in[a,b]$．因

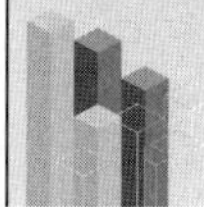

$\lim\limits_{n\to\infty} f_n(x') = f(x')$，对上述 $\varepsilon_0 > 0$，$\exists N > 0$，当 $n > N$ 时，恒有 $f(x') - f_n(x') < \varepsilon_0$. 特别地，

$$f(x') - f_{N+1}(x') < \varepsilon_0. \tag{12.3}$$

当 $n_k \geqslant N+1 > N$ 时，由单调性及式(12.2)有

$$f(x_k) - f_{N+1}(x_k) \geqslant f(x_k) - f_{n_k}(x_k) \geqslant \varepsilon_0.$$

注意到 $f(x)$ 及 $f_{N+1}(x)$ 的连续性，令 $k\to\infty$ 取极限得 $f(x') - f_{N+1}(x') \geqslant \varepsilon_0$. 此与式(12.3)矛盾．即 $f_n(x)$ 必一致收敛于 $f(x)$.

12.1.2　函数项级数

12.1.2.1　函数项级数的逐点收敛与一致收敛

1. 逐点收敛

$\{u_n(x)\}$ 为定义在区间 I 上的函数列，称 $\sum\limits_{n=1}^{\infty} u_n(x), x\in I$ 为函数项级数．若 $\forall x\in I$，级数 $\sum\limits_{n=1}^{\infty} u_n(x)$ 都收敛，则称函数项级数 $\sum\limits_{n=1}^{\infty} u_n(x)$ 在区间 I 上逐点收敛，称 $f(x) = \sum u_n(x), x\in I$ 为和函数．称 $S_n(x) = \sum\limits_{k=1}^{n} u_k(x)$ 为部分和函数，$R_n(x) = \sum\limits_{k=n+1}^{\infty} u_k(x)$ 为第 n 项余项函数.

$$\sum_{n=1}^{\infty} u_n(x) \text{ 逐点收敛于 } f(x) \Leftrightarrow \lim_{n\to\infty} S_n(x) = f(x), x\in I.$$

2. 一致收敛

若 $S_n(x) \rightrightarrows f(x)(n\to\infty), x\in I$，则称函数项级数 $\sum\limits_{n=1}^{\infty} u_n(x)$ 在区间 I 上一致收敛于和函数 $f(x)$.

$$\sum_{n=1}^{\infty} u_n(x) \text{ 一致收敛于 } f(x) \Leftrightarrow R_n(x) \rightrightarrows 0(n\to\infty), x\in I.$$

3. 一致收敛柯西准则

函数项级数 $\sum\limits_{n=1}^{\infty} u_n(x)$ 在区间 I 上一致收敛 $\Leftrightarrow \forall \varepsilon > 0, \exists N > 0$，当 $n > N$ 时，对任意的自然数 p，及对一切 $x\in I$，恒有 $|u_{n+1}(x) + u_{n+2}(x) + \cdots + u_{n+p}(x)| < \varepsilon$.

注　由此可得到函数项级数 $\sum\limits_{n=1}^{\infty} u_n(x)$ 在区间 I 上一致收敛的必要条件是：一般项 $\{u_n(x)\}$ 一致收敛于零.

逆否命题：若一般项 $\{u_n(x)\}$ 不一致收敛于零，则函数项级数 $\sum\limits_{n=1}^{\infty} u_n(x)$ 在区间 I 上必不一致收敛.

4. 非一致收敛柯西准则

函数项级数 $\sum\limits_{n=1}^{\infty} u_n(x)$ 在区间 I 上非一致收敛 $\Leftrightarrow \exists \varepsilon_0 > 0, \forall N > 0, \exists n_0 > N$，及 p_0 和 $x_0\in I$，使得 $|u_{n_0+1}(x_0) + u_{n_0+2}(x_0) + \cdots + u_{n_0+p_0}(x_0)| \geqslant \varepsilon_0$.

例 12.4　讨论函数项级数 $\sum\limits_{n=0}^{\infty} x^n$ 在下列区间上的一致收敛性：

(1) $[0,a](0 < a < 1)$；　　　　(2) $[0,1)$.

解法 1 （用定义）：显然 $S_n(x)=\frac{1-x^n}{1-x}$. 当 $0\leqslant x<1$ 时，$f(x)=\lim\limits_{n\to\infty}S_n(x)=\frac{1}{1-x}$. 则：

① $\sup\limits_{x\in[0,a]}|S_n(x)-f(x)|=\sup\limits_{x\in[0,a]}\frac{x^n}{1-x}=\frac{a^n}{1-a}\to 0(n\to\infty)$.

② $\sup\limits_{x\in[0,1)}|S_n(x)-f(x)|=\sup\limits_{x\in[0,1)}\frac{x^n}{1-x}\geqslant\frac{\left(\frac{n}{1+n}\right)^n}{1-\frac{n}{1+n}}=n\left(\frac{n}{n+1}\right)^{n-1}\to\infty\ (n\to\infty)$.

所以函数项级数 $\sum\limits_{n=0}^{\infty}x^n$ 在 $[0,a]$ 一致收敛，在 $[0,1)$ 上非一致收敛.

解法 2 （用柯西准则）① 因为 $0<a<1$，$\lim\limits_{n\to\infty}a^n=0$，$\forall\varepsilon>0$，$\exists N>0$，当 $n>N$ 时，$a^n<(1-a)\varepsilon$，于是对任意的自然数 p 以及任意的 $x\in[0,a]$，有

$$|x^{n+1}+x^{n+2}+\cdots+x^{n+p}|\leqslant a^{n+1}+a^{n+2}+\cdots+a^{n+p}=a^{n+1}\frac{1-a^p}{1-a}<\frac{a^{n+1}}{1-a}<\varepsilon.$$

由柯西准则，$\sum\limits_{n=0}^{\infty}x^n$ 在 $[0,a]$ 上一致收敛.

② 因 $\lim\limits_{n\to\infty}\left(\frac{n}{1+n}\right)^{n+1}=\frac{1}{\mathrm{e}}$，所以 $\exists N>0$，当 $n>N$ 时，$\left(\frac{n}{1+n}\right)^{n+1}>\frac{1}{2\mathrm{e}}$. 取 $\varepsilon_0=\frac{1}{2\mathrm{e}}>0$，$\forall K>0$，取 $n_0>\max\{N,K\}$，取 $x_0=\frac{n_0}{1+n_0}\in[0,1)$，$p_0=1$，则

$$|x_0^{n_0+1}|=\left(\frac{n_0}{1+n_0}\right)^{n_0+1}>\frac{1}{2\mathrm{e}}=\varepsilon_0.$$

由柯西准则，$\sum\limits_{n=0}^{\infty}x^n$ 在 $[0,1)$ 上非一致收敛.

12.1.2.2 函数项级数一致收敛判别法

1. M 判别法

若 $|u_n(x)|\leqslant M_n(n=1,2,\cdots)$，$\forall x\in I$，而 $\sum M_n$ 收敛，则 $\sum u_n(x)$ 在区间 I 上一致收敛，且绝对收敛.

2. 阿贝尔判别法

若满足：(1) $\sum u_n(x)$ 在区间 I 上一致收敛；(2) 对固定的 $x\in I$，$\{v_n(x)\}$ 单调，且一致有界，即存在常数 M，使 $|v_n(x)|\leqslant M(\forall x\in I,\forall n=1,2,\cdots)$，则 $\sum u_n(x)v_n(x)$ 在 I 上一致收敛.

3. 狄利克雷判别法

若满足：(1) $\left|\sum\limits_{k=1}^{n}u_k(x)\right|\leqslant M(\forall x\in I,\forall n=1,2,\cdots)$；(2) $\{v_n(x)\}$ 单调且在 I 上一致收敛

于零，则 $\sum u_n(x)v_n(x)$ 在 I 上一致收敛.

例 12.5　讨论下列函数项级数在所给区间上的一致收敛性：

(1) $\sum \dfrac{\sin nx}{n^p}(p>1), x\in(-\infty,+\infty)$；　(2) $\sum \dfrac{(-1)^n(x+n)^n}{n^{n+1}}, x\in[0,1]$.

解　(1) 因
$$\left|\frac{\sin nx}{n^p}\right| \leqslant \frac{1}{n^p}, \forall x\in(-\infty,+\infty),$$
而 $\sum \dfrac{1}{n^p}(p>1)$ 收敛，由 M 判别法，$\sum \dfrac{\sin nx}{n^p}(p>1), x\in(-\infty,+\infty)$ 一致收敛.

(2) 记
$$u_n(x)=\frac{(-1)^n}{n}, v_n(x)=\left(1+\frac{x}{n}\right)^n,\quad x\in[0,1],$$
则 $\sum \dfrac{(-1)^n}{n}$ 收敛，从而关于 $x\in[0,1]$ 一致收敛，对固定 $x\in[0,1]$，$\{v_n(x)\}$ 单调递增且一致有界：$1\leqslant v_n(x)\leqslant \mathrm{e}$，对 $\forall n=1,2,\cdots,\forall x\in[0,1]$. 由阿贝尔判别法，$\sum \dfrac{(-1)^n(x+n)^n}{n^{n+1}}, x\in[0,1]$ 一致收敛.

12.1.2.3　和函数的性质

1. 连续性

$f(x)=\sum u_n(x), x\in I$. 若满足：(1) 对每一个 n，$u_n(x)$ 在区间 I 上连续；(2) 函数项级数是一致收敛的，则和函数 $f(x)$ 在 I 上连续，即 $\lim\limits_{x\to x_0} f(x)=\sum u_n(x_0)=f(x_0)$.

注　*逆否命题：若 $u_n(x)$ 都连续，而和函数 $f(x)$ 不连续，则必不一致收敛.*

2. 可积性

$f(x)=\sum u_n(x), x\in[a,b]$ 条件同上，则 $f(x)$ 在 $[a,b]$ 上可积，且
$$\int_a^b f(x)\,\mathrm{d}x=\sum\int_a^b u_n(x)\,\mathrm{d}x.$$

3. 可微性

$f(x)=\sum u_n(x), x\in I$. 若满足：(1) 对每一个 n，$u_n(x)$，$u_n'(x)$ 在区间 I 上连续；(2) 存在 $x_0\in I$，使 $\sum u_n(x_0)$ 收敛；(3) $\sum u_n'(x)$ 在 I 上一致收敛，则 $f(x)$ 可导，且 $f'(x)=\sum u_n'(x), x\in I$.

注　*以上条件仅为充分条件.*

4. 狄尼定理

若对每一个 n，$u_n(x)$ 在区间 I 上连续且非负，$f(x)=\sum u_n(x), x\in I$，则 $f(x)$ 连续 $\Leftrightarrow \sum u_n(x)$ 在 I 上一致收敛.

证明　充分性显然，下面证明必要性.

由于对每一个 n，$u_n(x)$ 在区间 I 上连续且非负，所以 $S_n(x)=\sum\limits_{k=1}^n u_k(x)$ 在 I 上连续，且关于 n 是单调递增. 则由前面证明的函数列的狄尼定理立得.

12.2 函数列与函数项级数的主要问题讨论

12.2.1 关于一致收敛的判定

12.2.1.1 关于函数列的一致收敛问题

例 12.6 设函数列 $f_n(x)=\dfrac{x(\ln n)^{\alpha}}{n^{x}}$，$n=2,3,\cdots$. 试确定 α 的取值范围，使 $\{f_n(x)\}$ 在 $[0,+\infty)$ 上一致收敛.

解 求极限函数：当 $x>0$ 时，对 $\forall\alpha\in\mathbf{R}$，$\lim\limits_{n\to\infty}f_n(x)=\lim\limits_{n\to\infty}\dfrac{x(\ln n)^{\alpha}}{n^{x}}=0$，当 $x=0$ 时，$f_n(0)=0$，所以极限函数 $f(x)\equiv 0$，$x\in[0,+\infty)$.

由

$$\sup_{x\in[0,+\infty)}|f_n(x)-f(x)|=\sup_{x\in[0,+\infty)}\frac{x(\ln n)^{\alpha}}{n^{x}}=\frac{(\ln n)^{\alpha-1}}{\mathrm{e}} \tag{12.4}$$

可知，当 $\alpha<1$ 时，式(12.4) $\to 0(n\to+\infty)$，函数列 $f_n(x)=\dfrac{x(\ln n)^{\alpha}}{n^{x}}$ 在 $[0,+\infty)$ 上一致收敛. 当 $\alpha\geqslant 1$ 时，函数列 $f_n(x)=\dfrac{x(\ln n)^{\alpha}}{n^{x}}$ 在 $[0,+\infty)$ 上非一致收敛.

例 12.7 设 $f_n(x)=\sum\limits_{k=0}^{n-1}\dfrac{1}{n}f\left(x+\dfrac{k}{n}\right)$，其中 f 在 $(-\infty,+\infty)$ 连续，证明函数列 $\{f_n(x)\}$ 在任意有限闭区间 $[a,b]$ 上一致收敛.

证明 求极限函数：

$$\lim_{n\to\infty}f_n(x)=\lim_{n\to\infty}\sum_{k=0}^{n-1}\frac{1}{n}f\left(x+\frac{k}{n}\right)=\int_0^1 f(x+t)\,\mathrm{d}t=F(x),\quad x\in[a,b].$$

若令 $u=x+t$，则 $f(x+t)=f(u)$，$u\in[a,b+1]$. 由已知，$f(u)$ 在 $[a,b+1]$ 上必一致连续，$\forall\varepsilon>0$，$\exists\delta>0$，当 $u',u''\in[a,b+1]$，且 $|u''-u'|<\delta$ 时，$|f(u')-f(u'')|<\varepsilon$. 特别地，当 n 充分大时，$\dfrac{1}{n}<\delta$. 此时

$$\sup_{x\in[a,b]}|f_n(x)-F(x)|=\sup_{x\in[a,b]}\left|\sum_{k=0}^{n-1}\frac{1}{n}f\left(x+\frac{k}{n}\right)-\int_0^1 f(x+t)\,\mathrm{d}t\right|,$$

$$\sup_{x\in[a,b]}\left|\sum_{k=0}^{n-1}\frac{1}{n}f\left(x+\frac{k}{n}\right)-\sum_{k=0}^{n-1}\int_{\frac{k}{n}}^{\frac{k+1}{n}}f(x+t)\,\mathrm{d}t\right|=\sup_{x\in[a,b]}\left|\sum_{k=0}^{n-1}\frac{1}{n}f\left(x+\frac{k}{n}\right)-\sum_{k=0}^{n-1}\frac{1}{n}f(x+\xi_k)\right|$$

$$\leqslant \sup_{x\in[a,b]}\sum_{k=0}^{n-1}\frac{1}{n}\left|f\left(x+\frac{k}{n}\right)-f(x+\xi_k)\right|<\varepsilon.$$

其中

$$\xi_k\in\left[\frac{k}{n},\frac{k+1}{n}\right],\quad \left|\left(x+\frac{k}{n}\right)-(x+\xi_k)\right|=\left|\frac{k}{n}-\xi_k\right|\leqslant\frac{1}{n}<\delta.$$

即 $\{f_n(x)\}$ 在 $[a,b]$ 上一致收敛于 $F(x)=\int_0^1 f(x+t)\mathrm{d}t$.

例 12.8　设函数列 $\{f_n(x)\}$ 满足:(1) $f_n(x)$, $f_n'(x)$ 在 $[a,b]$ 上连续;(2) $\exists x_0\in[a,b]$,使 $\{f_n(x_0)\}$ 收敛;(3) $f_n'(x)\rightrightarrows g(x)\ (n\to\infty)$, $x\in[a,b]$. 证明:$\{f_n(x)\}$ 在 $[a,b]$ 上一致收敛.

证明　记 $\lim\limits_{n\to\infty}f_n(x)=A$,由 $f_n(x)=f_n(x_0)+\int_{x_0}^{x}f_n'(t)\mathrm{d}t$,令 $n\to\infty$,则 $f(x)=A+\int_{x_0}^{x}g(t)\mathrm{d}t$.

下证 $f_n(x)\rightrightarrows f(x)\ (n\to\infty)$, $x\in[a,b]$. 由

$$|f_n(x)-f(x)|\leqslant|f_n(x_0)-A|+\int_{x_0}^{x}|f_n'(t)-g(t)|\mathrm{d}t.$$

$\forall\varepsilon>0$, $\exists N_1>0$,当 $n>N_1$ 时,$|f_n(x_0)-A|<\frac{\varepsilon}{2}$. $\exists N_2>0$,当 $n>N_2$ 时,对一切 $x\in[a,b]$ 有 $|f_n'(x)-g(x)|<\frac{\varepsilon}{2(b-a)}$. 取 $N=\max\{N_1,N_2\}$,当 $n>N$ 时,对一切 $x\in[a,b]$ 有

$$|f_n(x)-f(x)|\leqslant|f_n(x_0)-A|+\int_{x_0}^{x}|f_n'(t)-g(t)|\mathrm{d}t<\frac{\varepsilon}{2}+\frac{\varepsilon}{2}=\varepsilon,$$

即 $f_n(x)\rightrightarrows f(x)$, $x\in[a,b]$.

例 12.9　设 $f_0(x)$ 在 $[a,b]$ 连续,$g(x,y)$ 在闭区域 $D=[a,b]\times[a,b]$ 上连续,对任何 $x\in[a,b]$,令 $f_n(x)=\int_a^x g(x,y)f_{n-1}(y)\mathrm{d}y$, $n=1,2,\cdots$. 证明:函数列 $\{f_n(x)\}$ 在 $[a,b]$ 上一致收敛于零.

证明

设 $|g(x,y)|\leqslant M$, $|f_0(y)|\leqslant K\ (\forall(x,y)\in D)$,其中 M,K 为大于零的常数. 则

$$|f_1(x)|\leqslant\int_a^x|g(x,y)f_0(y)|\mathrm{d}y\leqslant MK(x-a),$$

$$|f_2(x)|\leqslant\int_a^x|g(x,y)f_1(y)|\mathrm{d}y\leqslant M^2K\int_a^x(y-a)\mathrm{d}y=\frac{M^2K}{2}(x-a)^2.$$

假设 $|f_k(x)|\leqslant\frac{M^kK}{k!}(x-a)^k$,则

$$|f_{k+1}(x)|\leqslant\int_a^x|g(x,y)f_k(y)|\mathrm{d}y\leqslant\frac{M^{k+1}K}{k!}\int_a^x(y-a)^k\mathrm{d}y$$

$$=\frac{M^{k+1}K}{(k+1)!}(x-a)^{k+1}\leqslant\frac{(b-a)^{k+1}M^{k+1}K}{(k+1)!}.$$

由数学归纳法,对任意的自然数 n,有 $|f_n(x)|\leqslant \dfrac{(b-a)^n M^n K}{n!}(\forall x\in[a,b])$. 注意到,对于级数 $\sum \dfrac{(b-a)^n M^n K}{n!}$ 可应用达朗贝尔判别法,知是收敛的,从而根据级数收敛的必要条件,$\lim\limits_{n\to\infty}\dfrac{(b-a)^n M^n K}{n!}=0$,即 $\{f_n(x)\}$ 在$[a,b]$上一致收敛于零.

例 12.10 讨论以下函数列在$[0,1]$上的一致收敛性.

(1)$f_n(x)=(1-x)x^n$; (2)$g_n(x)=(1-x^n)x$.

解 (1) 易知极限函数 $f(x)=\lim\limits_{n\to\infty}f_n(x)\equiv 0, x\in[0,1]$. 因为

$$\sup_{x\in[0,1]}|f_n(x)-f(x)|=\sup_{x\in[0,1]}(1-x)x^n=\frac{1}{n+1}\left(\frac{n}{n+1}\right)^n\to 0\quad(n\to\infty),$$

所以 $f_n(x)\rightrightarrows 0\quad(n\to\infty),\quad x\in[0,1]$.

(2) 易知极限函数 $g(x)=\lim\limits_{n\to\infty}g_n(x)=\lim\limits_{n\to\infty}(1-x^n)x=\begin{cases}0, & x=0,x=1\\ x, & 0<x<1\end{cases}$. 因为

$$\sup_{x\in[0,1]}|g_n(x)-g(x)|=\sup_{x\in(0,1)}|(1-x^n)x-x|=\sup_{x\in(0,1)}x^{n+1}=1\neq 0\quad(n\to\infty).$$

所以$\{g_n(x)\}$在$[0,1]$上非一致收敛.

例 12.11 设 $f(x)$ 在区间(a,b)内有连续的导数,证明函数列

$$f_n(x)=n\left[f\left(x+\frac{1}{n}\right)-f(x)\right],\quad n=1,2,\cdots$$

在(a,b)中内闭一致收敛于 $f'(x)$.

证明 因为$\lim\limits_{n\to\infty}f_n(x)=\lim\limits_{n\to\infty}\dfrac{f\left(x+\frac{1}{n}\right)-f(x)}{\frac{1}{n}}=f'(x)$,对 $\forall x\in(a,b)$,总可以取充分大的自然数 n,使 $x+\dfrac{1}{n}\in(a,b)$,作闭区间$[c,d]\subset(a,b)$,使得 $x,x+\dfrac{1}{n}\in[c,d]$. 由 $f'(x)$ 在$[c,d]$上连续,必一致连续,$\forall\varepsilon>0,\exists\delta>0$,对 $\forall x',x''\in[c,d]$,当 $|x'-x''|<\delta$ 时,有 $|f'(x')-f'(x'')|<\varepsilon$. 特别地,当 n 充分大时,总可以使$\dfrac{1}{n}<\delta$. 于是

$$\begin{aligned}\sup_{x\in[c,d]}|f_n(x)-f'(x)|&=\sup_{x\in[c,d]}\left|n\left[f\left(x+\frac{1}{n}\right)-f(x)\right]-f'(x)\right|\\&=\sup_{x\in[c,d]}|f'(\xi)-f'(x)|<\varepsilon,\end{aligned}$$

其中 $x<\xi<x+\dfrac{1}{n}$,即$\{f_n(x)\}$在$[c,d]\subset(a,b)$上一致收敛于 $f'(x)$.

例 12.12 设 $f_n(x)$ 在$[a,b]$上连续,且$\{f_n(b)\}$发散,证明:$\{f_n(x)\}$在$[a,b]$上必不一致收敛.

证明 (反证法)假设$\{f_n(x)\}$在$[a,b]$上一致收敛,由柯西准则,$\forall\varepsilon>0,\exists N>0$,当 $n>$

N 时,对任意的自然数 p 以及任意的 $x \in [a,b]$,有

$$|f_{n+p}(x) - f_n(x)| < \varepsilon. \tag{12.5}$$

由于对所有的 n, $f_n(x)$ 在 $[a,b]$ 上连续,对式(12.5)令 $x \to b$ 取极限得

$$|f_{n+p}(b) - f_n(b)| \leqslant \varepsilon,$$

即 $\{f_n(b)\}$ 收敛,此与已知矛盾.

例 12.13　讨论函数列 $f_n(x) = xn^k e^{-nx}$, $x \in [0,+\infty)$ 的一致收敛性.

解　极限函数 $f(x) = \lim\limits_{n\to\infty} f_n(x) \equiv 0$, $x \in [0,+\infty)$,且

$$\sup_{x\in[0,+\infty)} |f_n(x) - f(x)| = \sup_{x\in[0,+\infty)} xn^k e^{-nx} = n^{k-1}e^{-1}. \tag{12.6}$$

当 $k < 1$ 时,式(12.6)趋于零($n \to \infty$),函数列一致收敛;当 $k \geqslant 1$ 时,非一致收敛.

例 12.14　设 f 在 $[a,1]$ $(0 < a < 1)$ 上连续,证明:

(1) $\{x^n f(x)\}$ 在 $[a,1]$ 上收敛;

(2) $\{x^n f(x)\}$ 在 $[a,1]$ 上一致收敛 $\Leftrightarrow f(1) = 0$.

证明　(1) 因 f 在 $[a,1]$ 上连续,必有界,当 $x \in [a,1)$ 时,$\lim\limits_{n\to\infty} x^n f(x) = 0$,当 $x = 1$ 时,$\lim\limits_{n\to\infty} x^n f(x) = f(1)$,即 $\{x^n f(x)\}$ 在 $[a,1]$ 上收敛,且极限函数是 $F(x) = \begin{cases} 0, & a \leqslant x < 1 \\ f(1), & x = 1 \end{cases}$.

(2)(必要性) 记 $F_n(x) = x^n f(x)$, $x \in [a,1]$,则对每一个 n, $F_n(x)$ 在 $[a,1]$ 连续,且一致收敛,从而极限函数 $F(x)$ 必在 $[a,1]$ 上连续,因而必有 $F(1) = f(1) = 0$.

(充分性) 若 $f(1) = 0$,则极限函数 $F(x) \equiv 0$, $x \in [a,1]$,由于 $F_n(1) = F_n(0) = 0$,若每一个 n, $F_n(x) \neq 0$,则其最大值必在 $[a,1)$ 内取到记为 a_n: $a \leqslant a_n < 1$,则有

$$\sup_{x\in[a,1]} |F_n(x) - F(x)| \leqslant \sup_{x\in(a,1)} |x^n f(x)| = a_n^n |f(a_n)| \to 0 \quad (n \to \infty),$$

即 $\{x^n f(x)\}$ 在 $[a,1]$ 上一致收敛.

例 12.15　讨论函数列 $f_n(x) = nxe^{-nx}$, $n = 1,2,\cdots$ 在区间(1) $[0,1]$;(2) $[1,+\infty)$ 上的一致收敛性.

解　极限函数 $f(x) = \lim\limits_{n\to\infty}(nxe^{-nx}) = 0$, $x \in [0,+\infty)$.

(1) 因为 $\sup\limits_{x\in[0,1]} |f_n(x) - f(x)| = \sup\limits_{x\in[0,1]} |nxe^{-nx}| = f_n\left(\dfrac{1}{n}\right) = \dfrac{1}{e} \not\to 0$, $(n \to \infty)$,所以 $\{f_n\}$ 在 $[0,1]$ 上非一致收敛.

(2) 因为 $\sup\limits_{x\in[1,+\infty)} |f_n(x) - f(x)| = \sup\limits_{x\in[1,+\infty)} |nxe^{-nx}| = f_n(1) = ne^{-n} \to 0$, $(n \to \infty)$,所以 $\{f_n\}$ 在 $[1,+\infty]$ 上一致收敛.

12.2.1.2　关于函数项级数的一致收敛问题

1. 利用定义

例 12.16　讨论下列函数项级数在区间 $(0,1)$ 上的一致收敛性:

(1) $\sum\limits_{n=1}^{\infty} x(1-x)^n$;　　　　(2) $\sum\limits_{n=1}^{\infty} x^2(1-x)^n$.

解 (1) $S_n(x)=\sum_{k=1}^{n}x(1-x)^k=(1-x)[1-(1-x)^n]$,和函数为

$$S(x)=\lim_{n\to\infty}S_n(x)=1-x,\quad x\in(0,1).$$

$$\sup_{x\in(0,1)}|S_n(x)-S(x)|=\sup_{x\in(0,1)}(1-x)^{n+1}\geqslant\left(\frac{n}{n+1}\right)^{n+1}\to\frac{1}{\mathrm{e}}\neq0\quad(n\to\infty).$$

所以函数项级数(1)非一致收敛.

(2) $S_n(x)=\sum_{k=1}^{n}x^2(1-x)^k=x(1-x)[1-(1-x)^n]$,和函数为

$$S(x)=\lim_{n\to\infty}S_n(x)=x(1-x),\quad x\in(0,1).$$

$$\sup_{x\in(0,1)}|S_n(x)-S(x)|=\sup_{x\in(0,1)}x(1-x)^{n+1}=\frac{1}{n+2}\left(1-\frac{1}{n+2}\right)^{n+1}\to0\quad(n\to\infty).$$

所以函数项级数(2)一致收敛.

例 12.17 讨论 $\sum\frac{x^2}{[1+(n-1)x^2](1+nx^2)}$,$x\in(0,+\infty)$ 的一致收敛性.

解 $S_n(x)=\sum_{k=1}^{n}\frac{x^2}{[1+(k-1)x^2](1+kx^2)}=\sum_{k=1}^{n}\left[\frac{1}{1+(k-1)x^2}-\frac{1}{1+kx^2}\right]=1-\frac{1}{1+nx^2}.$

$$S(x)=\lim_{n\to\infty}S_n(x)=1,\quad x\in(0,+\infty).$$

$$\sup_{x\in(0,+\infty)}|S_n(x)-S(x)|=\sup_{x\in(0,+\infty)}\frac{1}{1+nx^2}=1\not\to0\quad(n\to\infty).$$

所以 $\sum\frac{x^2}{[1+(n-1)x^2](1+nx^2)}$ 在 $(0,+\infty)$ 上不一致收敛.

例 12.18 证明:级数 $\sum(-1)^nx^n(1-x)$ 在 $[0,1]$ 上一致收敛,且绝对收敛;但不绝对一致收敛(即加绝对值后就不一致收敛).

证明 证一致收敛. $S_n(x)=\frac{(1-x)[1-(-x)^n]}{1+x}$,$S(x)=\frac{1-x}{1+x}$,$x\in[0,1]$.

$$\sup_{x\in[0,1]}|S_n(x)-S(x)|=\sup_{x\in[0,1]}\frac{(1-x)x^n}{1+x}\leqslant\sup_{x\in[0,1]}(1-x)x^n=\frac{1}{n+1}\left(\frac{n}{n+1}\right)^n\to0(n\to\infty).$$

所以 $\sum(-1)^nx^n(1-x)$ 在 $[0,1]$ 上一致收敛.

证绝对收敛. $\sum|(-1)^nx^n(1-x)|=\sum x^n(1-x)$ 在 $[0,1]$ 上,当 $x=1$ 时级数为零,当 $0\leqslant x<1$ 时,$\sum x^n(1-x)=(1-x)\sum x^n$ 为公比小于 1 的几何级数,故收敛,所以对 $\forall x\in[0,1]$,级数 $\sum x^n(1-x)$ 都是收敛的,即 $\sum(-1)^nx^n(1-x)$ 在 $[0,1]$ 上绝对收敛.

证不绝对一致收敛,即证级数 $\sum x^n(1-x)$ 在 $[0,1]$ 上不一致收敛. 事实上,n 项和函数为:$S_n(x)=1-x^n$,$x\in[0,1]$,级数的和函数为 $S(x)=\begin{cases}0, & x=1\\1, & 0\leqslant x<1\end{cases}$. 由于对每一个 n,$u_n(x)=$

$x^n(1-x)$ 都在 $[0,1]$ 上连续，而和函数 $S(x)=\begin{cases}0, & x=1\\ 1, & 0\leqslant x<1\end{cases}$ 在 $[0,1]$ 上不连续，从而必不一致收敛.

2. 利用判别法

例 12.19　证明：$\sum(-1)^n\dfrac{x^2+n}{n^2}$ 在任何有限区间 $[a,b]$ 上都一致收敛，但在任何一点都不绝对收敛.

证明　因 $\forall n$，$\left|\sum\limits_{k=1}^{n}(-1)^k\right|\leqslant 1$，即关于 x 一致有界；而 $\left\{\dfrac{x^2+n}{n^2}\right\}$ 对固定的 x 是单调递减，且对 $x\in[a,b]$ 是一致趋于零. 由狄利克雷判别法，级数 $\sum(-1)^n\dfrac{x^2+n}{n^2}$ 在 $[a,b]$ 上一致收敛.

但 $\sum\left|(-1)^n\dfrac{x^2+n}{n^2}\right|=\sum\dfrac{x^2+n}{n^2}$，对任意的 x，$\lim\limits_{n\to\infty}\dfrac{\frac{x^2+n}{n^2}}{\frac{1}{n}}=1$，由比较判别法知级数 $\sum\dfrac{x^2+n}{n^2}$ 发散，即 $\sum(-1)^n\dfrac{x^2+n}{n^2}$ 不绝对收敛.

例 12.20　讨论下列函数项级数在所给区间上的一致收敛性：

(1) $\sum\dfrac{x^n}{\sqrt{n}}$，　$x\in[-1,0]$；　　(2) $\sum\limits_{n=1}^{\infty}\dfrac{\sin nx}{n}$，　$x\in(0,2\pi)$；

(3) $\sum\dfrac{n}{x^n}$，　$|x|>r\geqslant 1$.

解　(1) $\forall n$，$\left|\sum\limits_{k=1}^{n}x^k\right|=\left|\dfrac{x(1-x^n)}{1-x}\right|\leqslant 2(\forall x\in[-1,0])$；数列 $\left\{\dfrac{1}{\sqrt{n}}\right\}$ 单调递减，且 $\dfrac{1}{\sqrt{n}}\to 0(n\to\infty)$，由于与 x 无关，所以也是一致收敛于零. 根据狄利克雷判别法知，函数项级数 $\sum\dfrac{x^n}{\sqrt{n}}$ 在 $[-1,0]$ 上一致收敛.

(2) 非一致收敛性. 事实上，取 $\varepsilon_0=\dfrac{1}{2}\sin\dfrac{1}{2}>0$，$\forall N>0$，取 $n_0=N+1>N$，$p_0=n_0$，以及 $x_0=\dfrac{1}{2(n_0+1)}\in(0,2\pi)$，则

$$\left|\frac{\sin(n_0+1)x_0}{n_0+1}+\frac{\sin(n_0+2)x_0}{n_0+2}+\cdots+\frac{\sin(n_0+p_0)x_0}{n_0+p_0}\right|\geqslant\frac{n_0\sin\frac{1}{2}}{2n_0}=\frac{1}{2}\sin\frac{1}{2}=\varepsilon_0.$$

根据柯西准则，$\sum\limits_{n=1}^{\infty}\dfrac{\sin nx}{n}$ 在 $(0,2\pi)$ 上非一致收敛.

(3) 当 $r>1$ 时，因 $|x|>r>1$，$\left|\dfrac{n}{x^n}\right|\leqslant\dfrac{n}{r^n}$，而 $\sum\dfrac{n}{r^n}$ 可用根式(或比值)判别法判定是收敛

的,根据 M 判别法,函数项级数 $\sum \frac{n}{x^n}$ 在 $|x|>r>1$ 上一致收敛,且绝对收敛.

当 $r=1$ 时,函数项级数 $\sum \frac{n}{x^n}$ 在 $|x|>1$ 即 $(-\infty,-1)\cup(1,+\infty)$ 上必不一致收敛(事实上级数在区间端点 $x=1$ 处发散). 对此,还可以用柯西准则加以证明:

取 $\varepsilon_0=1>0$, $\forall N>0$, 取 $n_0=N+1>N$, $p_0=1$, $x_0=\left(1+\frac{1}{n_0}\right)^{\frac{1}{n_0+1}}>1$, 则

$$\left|\frac{n_0+1}{x_0^{n_0+1}}\right|=n_0>1=\varepsilon_0.$$

根据柯西准则, $\sum \frac{n}{x^n}$ 在 $|x|>1$ 上非一致收敛.

例 12.21 设函数 $f(x)$ 在 $[-1,1]$ 上有二阶连续导数,其值域也在 $[-1,1]$ 上, $f(0)=0$, $0<f'(0)<\frac{1}{2}$, $|f''(x)|\leqslant M<1$, 令 $f_1(x)=f(f(x))$, $f_n(x)=f(f_{n-1}(x))$, $n=1,2,\cdots$, 证明: $\sum f_n(x)$ 在 $[-1,1]$ 上一致收敛.

证明 将 f 在 $x=0$ 点泰勒展开,并注意到 $f(0)=0$, 有

$$f(x)=f'(0)x+\frac{f''(\xi)}{2}x^2,$$

其中, ξ 介于 0 与 x 之间. 所以

$$|f(x)|\leqslant f'(0)|x|+\frac{x^2}{2}|f''(\xi)|\leqslant\frac{|x|}{2}+\frac{M}{2}x^2\leqslant\frac{1}{2}(1+M).$$

于是

$$|f_1(x)|\leqslant\frac{|f(x)|}{2}+\frac{M}{2}f^2(x)\leqslant\frac{(1+M)}{4}+\frac{M}{2}\frac{(1+M)^2}{4}\leqslant\frac{(1+M)^2}{4}.$$

用数学归纳法可以得到 $|f_n(x)|\leqslant\frac{(1+M)^{n+1}}{2^{n+1}}$, $\forall x\in[-1,1]$, 且注意到 $0\leqslant M<1$, 所以级数 $\sum\frac{(1+M)^{n+1}}{2^{n+1}}$ 是公比 $0<\frac{1+M}{2}<1$ 的几何级数,因而收敛,由 M 判别法可得函数项级数 $\sum f_n(x)$ 在 $[-1,1]$ 上一致收敛.

例 12.22 证明:级数 $\sum\frac{n}{1+n^3x}$ 在区间 $(0,1)$ 上收敛,但不一致收敛.

证明 $\forall x\in(0,1)$ $\frac{n}{1+n^3x}<\frac{n}{n^3x}=\frac{1}{n^2x}$, 级数 $\sum\frac{1}{xn^2}=\frac{1}{x}\sum\frac{1}{n^2}$ 收敛,由比较判别法知 $\sum\frac{n}{1+n^3x}$ 收敛.

下面用函数项级数一致收敛的必要条件证明此级数不一致收敛,即只需证一般项不一致收敛于零即可. 事实上,取 $\varepsilon_0=\frac{1}{2}>0$, $\forall N>0$, 取 $n_0=N+1>N$, $x_0=\frac{1}{n_0^3}\in(0,1)$, 此时 $\frac{n_0}{1+n_0^3x_0}=$

$\frac{n_0}{2} > \frac{1}{2} = \varepsilon_0$. 即$\frac{n}{1+n^3x} \not\rightrightarrows 0(n\to\infty), x\in(0,1)$,从而$\sum \frac{n}{1+n^3x}$不一致收敛.

12.2.2　关于极限函数或和函数的性质

例12.23　设函数列为$f_n(x)=\begin{cases}2na_nx, & 0\leqslant x<\frac{1}{2n}\\ 2a_n-2na_nx, & \frac{1}{2n}\leqslant x<\frac{1}{n}\\ 0, & \frac{1}{n}\leqslant x\leqslant 1\end{cases}$,验证极限与积分换序的条件.

解　对每一个$n=1,2,\cdots,f_n$在$[0,1]$上连续,且

$$f(x)=\lim_{n\to\infty}f_n(x)=0, x\in[0,1],\quad \sup_{x\in[0,1]}|f_n(x)-f(x)|=a_n.$$

故$f_n(x)\rightrightarrows 0(n\to\infty), x\in[0,1]$的充要条件是$a_n\to 0(n\to\infty)$.

(1) 当令$a_n\equiv 1$时,则$\{f_n(x)\}$非一致收敛,显然不满足极限与积分换序定理的条件,但

$$\lim_{n\to\infty}\int_0^1 f_n(x)\mathrm{d}x=\lim_{n\to\infty}\left[\int_0^{\frac{1}{2n}}2nx\mathrm{d}x+\int_{\frac{1}{2n}}^{\frac{1}{n}}(2-2nx)\mathrm{d}x\right]=\lim_{n\to\infty}\frac{1}{2n}=0,$$

而$\int_0^1\lim_{n\to\infty}f_n(x)\mathrm{d}x=\int_0^1 0\mathrm{d}x=0$. 可知$\lim_{n\to\infty}\int_0^1 f_n(x)\mathrm{d}x=\int_0^1\lim_{n\to\infty}f_n(x)\mathrm{d}x$. 这说明不满足定理的条件时,有时积分与极限也可以换序.

(2) 当令$a_n=n$时,则$\{f_n\}$也非一致收敛,显然不满足极限与积分换序定理的条件,此时有

$$\lim_{n\to\infty}\int_0^1 f_n(x)\mathrm{d}x=\lim_{n\to\infty}\left[\int_0^{\frac{1}{2n}}2n^2x\mathrm{d}x+\int_{\frac{1}{2n}}^{\frac{1}{n}}(2n-2n^2x)\mathrm{d}x\right]$$

$$=\lim_{n\to\infty}\frac{1}{2}=\frac{1}{2}\neq\int_0^1\lim_{n\to\infty}f_n(x)\mathrm{d}x=0.$$

即说明不能换序. 上面两种情况说明,定理的条件是充分而非必要的.

例12.24　证明函数$S(x)=\sum\frac{1}{n^x}$在$(1,+\infty)$内连续,且具有连续的各阶导数.

分析　这种类型的题,就属于内闭一致收敛问题,希望读者很好地掌握这一方法.

证明　(1) 任取$x_0\in(1,+\infty)$,则可取$a:1<a<x_0<+\infty$,那么在区间$[a,+\infty)$上,$\frac{1}{n^x}\leqslant\frac{1}{n^a}$,而$\sum\frac{1}{n^a}$收敛,据$M$判别法,$\sum\frac{1}{n^x}$在$[a,+\infty)$上一致收敛;而对每一个$n$,$\frac{1}{n^x}$在$[a,+\infty)$上连续,从而和函数$S(x)$在$[a,+\infty)$上连续,而$x_0\in[a,+\infty)$,可知$S(x)$在$x_0$连续,由$x_0\in(1,+\infty)$的任意性,知$S(x)$在$(1,+\infty)$上连续.

(2) 因$\left(\frac{1}{n^x}\right)'=-\frac{\ln n}{n^x}$,在$[a,+\infty)$上$\left|-\frac{\ln n}{n^x}\right|\leqslant\frac{\ln n}{n^a}$,而级数$\sum\frac{\ln n}{n^a}$收敛(在上一讲证

过),从而 $\sum\left(-\frac{\ln n}{n^x}\right)$ 在 $[a,+\infty)$ 上一致收敛,即 $S(x)$ 在 $[a,+\infty)$ 上可导,且 $S'(x)$ 在 $[a,+\infty)$ 上连续,故在 x_0 点可导,且导函数连续,进而 $S(x)$ 在 $(1,+\infty)$ 上可导,且 $S'(x)$ 连续.

(3) 又 $\left(\frac{1}{n^x}\right)^{(k)}=(-1)^k\frac{\ln^k n}{n^x},k=1,2,\cdots$. 同理在 $[a,+\infty)$ 上 $\left|(-1)^k\frac{\ln^k n}{n^x}\right|\leqslant\frac{\ln^k n}{n^a}$,而级数 $\sum\frac{\ln^k n}{n^a}$ 收敛(在上一讲已证),进而 $\sum\frac{(-1)^k\ln^k n}{n^x}$ 在 $[a,+\infty)$ 上一致收敛,故 $S^{(k)}(x)$ 在 $[a,+\infty)$ 上存在且连续,即在 $(1,+\infty)$ 上存在且连续.

例 12.25 求极限 $\lim\limits_{x\to0^+}\sum\limits_{n=1}^{\infty}\frac{1}{2^n n^x}$.

解 因 $\frac{1}{2^n n^x}\leqslant\frac{1}{2^n},x\in[0,+\infty)$,由 $\sum\frac{1}{2^n}$ 收敛 $\Rightarrow\sum\frac{1}{2^n n^x}$ 在 $[0,+\infty)$ 一致收敛,且对每一个 n,$\frac{1}{2^n n^x}$ 在 $[0,+\infty)$ 上连续,从而极限与求和可换序,即

$$\lim_{x\to0^+}\sum_{n=1}^{\infty}\frac{1}{2^n n^x}=\sum_{n=1}^{\infty}\lim_{x\to0}\frac{1}{2^n n^x}=\sum_{n=1}^{\infty}\frac{1}{2^n}=1.$$

例 12.26 求极限 $\lim\limits_{x\to0^+}\sum\limits_{n=3}^{\infty}\frac{(-1)^n\sin\frac{1}{n}}{(\ln n)^x}$.

解 由莱布尼茨判别法知 $\sum\limits_{n=3}^{\infty}(-1)^n\sin\frac{1}{n}$ 收敛,从而关于 x 是一致收敛;对固定的 $x\in[0,+\infty)$,$\left\{\frac{1}{(\ln n)^x}\right\}$ 关于 n 单调递减,且一致有界:$0<\frac{1}{(\ln n)^x}\leqslant1(n\geqslant3)$. 根据阿贝尔判别法 $\sum\limits_{n=3}^{\infty}\frac{(-1)^n\sin\frac{1}{n}}{(\ln n)^x}$ 在 $[0,+\infty)$ 上一致收敛,且对每一个 n,$\frac{(-1)^n\sin\frac{1}{n}}{(\ln n)^x}$ 在 $[0,+\infty)$ 上连续,所以 $\lim\limits_{x\to0^+}\sum\limits_{n=3}^{\infty}\frac{(-1)^n\sin\frac{1}{n}}{(\ln n)^x}=\sum\limits_{n=3}^{\infty}\lim\limits_{x\to0^+}\frac{(-1)^n\sin\frac{1}{n}}{(\ln n)^x}=\sum\limits_{n=3}^{\infty}(-1)^n\sin\frac{1}{n}$.

例 12.27 设 $u_n(x)(n=1,2,\cdots)$ 是 $[a,b]$ 上非负连续函数,$\sum u_n(x)$ 在 $[a,b]$ 上处处收敛于 $u(x)$,证明:$u(x)$ 在 $[a,b]$ 上一定达到最小值.

证明 记 $S_n(x)=\sum\limits_{k=1}^{n}u_k(x),x\in[a,b]$. 由已知

$$0\leqslant S_n(x)\leqslant S_{n+1}(x)\leqslant\cdots\leqslant u(x)\quad(n=1,2,\cdots),$$

且都在 $[a,b]$ 上连续. 记 x_n 为 $S_n(x)$ 在 $[a,b]$ 上的最小值点. 由于 $\{x_n\}\subset[a,b]$ 必有收敛子列,设 $\lim\limits_{k\to\infty}x_{n_k}=x_0\in[a,b]$,则 x_0 必为 $u(x)$ 的最小值点. 事实上,对 $\forall x\in[a,b]$,有

$$u(x)\geqslant S_{n_k}(x)\geqslant S_{n_k}(x_{n_k}),$$

令 $k\to\infty$ 取极限得,$u(x)\geqslant u(x_0)$.

例 12.28　证明:$\int_0^1 x^x\mathrm{d}x=\sum_{n=1}^{\infty}\frac{(-1)^{n-1}}{n^n}$.

证明　记 $f(x)=x^x$,当 $x=0$ 时,定义 $f(0)=1$,当 $x>0$ 时,$x^x=\mathrm{e}^{x\ln x}=\sum_{n=0}^{\infty}\frac{x^n\ln^n x}{n!}$,即

$f(x)=\begin{cases}\sum_{n=0}^{\infty}\frac{x^n\ln^n x}{n!}, & x>0\\ 1, & x=0\end{cases}$. 当 $x\in(0,1]$ 时,因 $\left|\frac{x^n\ln^n x}{n!}\right|\leqslant\frac{1}{e^n\cdot n!}$,而 $\sum\frac{1}{e^n\cdot n!}$ 收敛,由 M 判别法知,级数 $\sum_{n=0}^{\infty}\frac{x^n\ln^n x}{n!}$ 一致收敛,且每一项都连续,故可逐项积分,因此

$$\int_0^1 x^x\mathrm{d}x=\sum_{n=0}^{\infty}\frac{1}{n!}\int_0^1 x^n\ln^n x\mathrm{d}x.$$

记 $I_{n,n}=\int_0^1 x^n\ln^n x\mathrm{d}x$,则

$$\begin{aligned}I_{n,n}&=\frac{x^{n+1}}{n+1}\ln^n x\Big|_0^1-\frac{n}{n+1}I_{n,n-1}=-\frac{n}{n+1}I_{n,n-1}\\&=\cdots=(-1)^n\frac{n!}{(n+1)^n}I_{n,0}=\frac{(-1)^n n!}{(n+1)^{n+1}},\end{aligned}$$

即

$$\int_0^1 x^x\mathrm{d}x=\sum_{n=0}^{\infty}\frac{1}{n!}\int_0^1 x^n\ln^n x\mathrm{d}x=\sum_{n=0}^{\infty}\frac{(-1)^n}{(n+1)^{n+1}}=\sum_{n=1}^{\infty}\frac{(-1)^{n-1}}{n^n}.$$

例 12.29　证明:$\int_0^1\frac{\ln x}{1-x}\mathrm{d}x=-\frac{\pi^2}{6}$.

分析　这是以 $x=0$ 为瑕点的瑕积分,$x=1$ 不是瑕点.

证明　因 $\frac{1}{1-x}=\sum_{n=0}^{\infty}x^n$,所以 $\int_0^1\frac{\ln x}{1-x}\mathrm{d}x=\int_0^1\left(\sum_{n=0}^{\infty}x^n\ln x\right)\mathrm{d}x=\sum_{n=0}^{\infty}\int_0^1 x^n\ln x\mathrm{d}x$,而

$$\int_0^1 x^n\ln x\mathrm{d}x=\frac{x^{n+1}}{n+1}\ln x\Big|_0^1-\frac{1}{n+1}\int_0^1 x^n\mathrm{d}x=-\frac{1}{(n+1)^2},$$

所以

$$\int_0^1\frac{\ln x}{1-x}\mathrm{d}x=-\sum_{n=0}^{\infty}\frac{1}{(n+1)^2}=-\sum_{n=1}^{\infty}\frac{1}{n^2}=-\frac{\pi^2}{6}.$$

习　题

1. 讨论下列函数列在指定区间上的一致收敛性:

(1)$f_n(x)=\frac{x}{n}\ln\frac{x}{n},\quad x\in(0,1)$;

(2)$f_n(x)=x^n\cos\frac{\pi x}{2},\quad x\in[0,1]$;

(3)$f_n(x)=nxe^{-nx^2},\quad x\in[0,1]$.

2. 讨论函数项级数$\sum 2^n\sin\frac{x}{3^n}x\in(0,+\infty)$的一致收敛性.

3. 设$f(x)$为定义在区间(a,b)上的任一函数,记$f_n(x)=\frac{[nf(x)]}{n}$,$n=1,2,\cdots$,证明函数列$\{f_n(x)\}$在(a,b)上一致收敛于$f(x)$.

4. 设$\{f_n(x)\}$在$[a,b]$上连续(对$\forall n=1,2,\cdots$),且一致收敛于$f(x)$,证明:

(1) 存在$M>0$,使$|f_n(x)|\leqslant M$(对$\forall x\in[a,b]$,$\forall n=1,2,\cdots$),且$|f(x)|\leqslant M$;

(2) 若$g(x)$在$(-\infty,+\infty)$连续,则$g(f_n(x))$在$[a,b]$上一致收敛到$g(f(x))$.

5. 设$f(x)$在(a,b)内有连续导数,$[\alpha,\beta]\subset(a,b)$,记$f_n(x)=n\left[f\left(x+\frac{1}{n}\right)-f(x)\right]$,求$\lim\limits_{n\to\infty}\int_\alpha^\beta f_n(x)\,dx$.

6. 讨论级数$\sum\frac{(x-1)^n}{(n+1)4^n}$的敛散性(包括绝对收敛、条件收敛、一致收敛、发散等).

提示:实际上是求幂级数的收敛区间.

7. 设$f(x)$在$[0,1]$上连续,记$f_1(x)=f(x)$,$f_{n+1}(x)=\int_x^1 f_n(x)\,dx$,$n=1,2,\cdots$,证明:$\sum f_n(x)$在$[0,1]$上一致收敛.

8. 已知级数$\sum a_n$收敛,证明$\sum\limits_{n=1}^{\infty}\frac{a_n}{n!}\int_0^x t^n e^{-t}\,dt$在$[0,b]$上一致收敛.

第 13 讲　幂级数和傅里叶级数

13.1　幂级数和傅里叶级数的一般概念

13.1.1　幂级数

1. 定义

形如(1) $\sum a_n x^n$ 及(2) $\sum a_n (x-x_0)^n$ 的函数项级数叫幂级数. 令 $x-x_0=t$,则级数(2)也可化为(1),所以以后主要讨论(1)形式的幂级数.

2. 收敛特性(阿贝尔定理)

幂级数 $\sum a_n x^n$ 有一个收敛半径 R,当 $R=0$ 时, $\sum a_n x^n$ 仅在 $x=0$ 点收敛;当 $R>0$ 时, $\sum a_n x^n$ 在区间 $(-R,R)$ 内逐点收敛,且内闭一致收敛,称 $(-R,R)$ 为幂级数 $\sum a_n x^n$ 的收敛区间;当 $0<R<+\infty$ 时,在 $x=\pm R$ 点,幂级数可能收敛,也可能发散.

3. 收敛半径的求法

若 $\lim\limits_{n\to\infty}\sqrt[n]{|a_n|}=\rho$,则收敛半径 $R=\dfrac{1}{\rho}$($\rho=0$ 时,$R=+\infty$;$\rho=+\infty$ 时,$R=0$).

注　(1) 若 $\overline{\lim\limits_{n\to\infty}}\sqrt[n]{|a_n|}=\rho$,则收敛半径依然为 $R=\dfrac{1}{\rho}$;当然,由

$$\lim_{n\to\infty}\left|\frac{a_{n+1}}{a_n}\right|=\rho\Rightarrow\lim_{n\to\infty}\sqrt[n]{|a_n|}=\rho,$$

也可以用它来求. 有时直接写作 $R=\lim\limits_{n\to\infty}\left|\dfrac{a_n}{a_{n+1}}\right|$.

(2) 这种求收敛半径的公式仅适用于对标准形式的幂级数,对缺项的(如仅有偶数项或仅有奇数项等)幂级数不适合用.

4. 收敛域的求法

(1) 对标准的幂级数,可先求出收敛半径,然后判断区间端点处级数的敛散,从而确定出幂级数的收敛域.

(2) 对非标准的幂级数或一般的函数项级数的收敛域的求法,可将一般项加绝对值后,用比

值或根式判别法让极限小于1，解出x的取值范围，然后再判断区间端点处级数的敛散，从而确定出非标准幂级数的收敛域.

例 13.1 求下列幂级数的收敛域：

(1) $\sum \frac{x^n}{a^n+b^n}(a>0,b>0)$； (2) $\sum \frac{x^{n^2}}{2^n}$；

(3) $\sum \frac{n}{x^n}$； (4) $\sum \left(\sin\frac{1}{2n}\right)\left(\frac{1+2x}{2-x}\right)^n$.

解 (1) $\rho=\lim\limits_{n\to\infty}\sqrt[n]{\frac{1}{a^n+b^n}}=\frac{1}{\max\{a,b\}}$，所以收敛半径 $R=\frac{1}{\rho}=\max\{a,b\}$.

为讨论问题方便，不妨设 $b>a>0$，则 $R=b$. 当 $x=\pm b$ 时，级数为 $\sum\frac{(\pm b)^n}{a^n+b^n}$，此时有

$$\lim_{n\to\infty}\frac{(\pm b)^n}{a^n+b^n}=\lim_{n\to\infty}\frac{(\pm 1)^n}{1+\left(\frac{a}{b}\right)^n}\neq 0,$$

级数发散，故收敛域为$(-R,R)$.

(2) 注意这是一个非标准的幂级数，用正项级数的根式判别法. 因当$|x|\leqslant 1$时，$\lim\limits_{n\to\infty}\sqrt[n]{\left|\frac{x^{n^2}}{2^n}\right|}=$ $\lim\limits_{n\to\infty}\frac{|x^n|}{2}=\begin{cases}0, & |x|<1\\ \frac{1}{2}, & x=\pm 1\end{cases}<1$，级数 $\sum\frac{x^{n^2}}{2^n}$ 收敛；而当$|x|>1$时，$\lim\limits_{n\to\infty}\sqrt[n]{\left|\frac{x^{n^2}}{2^n}\right|}=\lim\limits_{n\to\infty}\frac{|x^n|}{2}=+\infty$，级数 $\sum\frac{x^{n^2}}{2^n}$ 发散. 故幂级数的收敛域为$[-1,1]$.

(3) 令 $y=\frac{1}{x}$，则原级数变为 $\sum ny^n$，它的收敛半径 $R=\lim\limits_{n\to\infty}\frac{n}{n+1}=1$，当 $y=\pm 1$ 时，级数为 $\sum(\pm n)$ 一般项不趋于零，发散，故级数 $\sum ny^n$ 的收敛域为$(-1,1)$，从而原级数 $\sum\frac{n}{x^n}$ 的收敛域为$(-\infty,-1)\cup(1,+\infty)$.

(4) 令 $t=\frac{1+2x}{2-x}$，则原级数变为 $\sum\left(\sin\frac{1}{2n}\right)t^n$，其收敛半径为

$$R=\lim_{n\to\infty}\frac{\sin\frac{1}{2n}}{\sin\frac{1}{2n+2}}=\lim_{n\to\infty}\frac{2n+2}{2n}=1,$$

因此，当 $t=1$ 时，级数 $\sum\sin\frac{1}{2n}$ 发散；当 $t=-1$ 时，级数为 $\sum(-1)^n\sin\frac{1}{2n}$，是莱布尼茨型级数，收敛，故对 $\sum\left(\sin\frac{1}{2n}\right)t^n$ 收敛域为 $-1\leqslant t<1$，即 $-1\leqslant\frac{1+2x}{2-x}<1$，解此不等式得 $-3\leqslant x<$

$\frac{1}{3}$,即原级数的收敛域为$\left[-3,\frac{1}{3}\right)$.

5. 幂级数的性质

由于$\sum a_n x^n$逐项求导,和逐项积分得到的两个新的幂级数$\sum na_n x^{n-1}$,$\sum \frac{a_n}{n+1}x^{n+1}$的收敛半径与原幂级数收敛半径相同,而$\sum a_n x^n$在收敛区间$(-R,R)$内是内闭一致收敛的,所以其和函数在$(-R,R)$上连续、可积、可导且具有任意阶的连续导数.

6. 和函数的求法

(1) 和函数与幂级数系数的关系:记$f(x)=\sum a_n x^n$,则

$$a_n=\frac{f^{(n)}(0)}{n!},\quad n=0,1,2,\cdots.$$

(2) 记住六个基本初等函数的幂级数:

① $\mathrm{e}^x=\sum_{n=0}^{\infty}\frac{x^n}{n!},\quad x\in(-\infty,+\infty)$;

② $\sin x=\sum_{n=0}^{\infty}\frac{(-1)^n x^{2n+1}}{(2n+1)!},\quad x\in(-\infty,+\infty)$;

③ $\cos x=\sum_{n=0}^{\infty}\frac{(-1)^n x^{2n}}{(2n)!},\quad x\in(-\infty,+\infty)$;

④ $\ln(1+x)=\sum_{n=1}^{\infty}\frac{(-1)^{n-1}x^n}{n},\quad x\in(-1,1]$;

⑤ $(1+x)^\alpha=1+\sum_{n=1}^{\infty}\frac{\alpha(\alpha-1)\cdots(\alpha-n+1)}{n!}x^n,\quad x\in(-1,1)$;

⑥ $\frac{1}{1-x}=\sum_{n=0}^{\infty}x^n,\quad x\in(-1,1)$.

(3) 利用逐项求导或逐项积分的方法,将所给的幂级数化为上述六种级数之一,写出初等函数形式,然后将各步逆回,即可得到和函数的初等函数表示式.

例 13.2　求下列幂级数的和函数或级数的和:

(1) $\sum_{n=1}^{\infty}n(n+1)x^n$;　(2) $\sum_{n=1}^{\infty}\frac{x^n}{n(n+1)}$;　(3) $\sum_{n=1}^{\infty}\frac{n}{(n+1)!}$.

解　(1) 记$f(x)=\sum_{n=1}^{\infty}n(n+1)x^n$,可求得收敛域为$(-1,1)$,逐项积分,有

$$\int_0^x f(t)\mathrm{d}t=\sum_{n=1}^{\infty}n(n+1)\int_0^x t^n\mathrm{d}t=\sum_{n=1}^{\infty}nx^{n+1}=x^2\sum_{n=1}^{\infty}nx^{n-1},$$

再令$g(x)=\sum_{n=1}^{\infty}nx^{n-1}\Rightarrow\int_0^x g(t)\mathrm{d}t=\sum_{n=1}^{\infty}x^n=\frac{x}{1-x}$,两边求导得

$$g(x)=\left(\frac{x}{1-x}\right)'=\frac{1}{(1-x)^2}\Rightarrow\int_0^x f(t)\mathrm{d}t=\frac{x^2}{(1-x)^2},$$

两边再求导,得$f(x)=\dfrac{2x}{(1-x)^3}, x\in(-1,1)$.

(2) 记$f(x)=\sum\limits_{n=1}^{\infty}\dfrac{x^n}{n(n+1)}$,可求得收敛域为$[-1,1]$,则$xf(x)=\sum\limits_{n=1}^{\infty}\dfrac{x^{n+1}}{n(n+1)}$. 记$g(x)=\sum\limits_{n=1}^{\infty}\dfrac{x^{n+1}}{n(n+1)}$,则$g'(x)=\sum\limits_{n=1}^{\infty}\dfrac{x^n}{n}$,$g''(x)=\sum\limits_{n=1}^{\infty}x^{n-1}=\dfrac{1}{1-x}$,$|x|<1$. 再逐项积分,由于$g'(0)=0$,所以$g'(x)=\int_0^x g''(t)\mathrm{d}t=\int_0^x\dfrac{1}{1-t}\mathrm{d}t=-\ln(1-x)$. 再由$g(0)=0$,有

$$g(x)=\int_0^x g'(t)\mathrm{d}t=-\int_0^x\ln(1-t)\mathrm{d}t=(1-x)\ln(1-x)+x,\quad |x|<1.$$

因$f(0)=0$,$f(1)=\sum\limits_{n=1}^{\infty}\dfrac{1}{n(n+1)}=1$,所以

$$f(x)=\begin{cases}\dfrac{1-x}{x}\ln(1-x)+1, & x\in[-1,0)\cup(0,1)\\ 0, & x=0\\ 1, & x=1\end{cases}.$$

注 顺便求得$\sum\limits_{n=1}^{\infty}\dfrac{(-1)^n}{n(n+1)}=1-2\ln 2$.

(3) 令$f(x)=\sum\limits_{n=1}^{\infty}\dfrac{nx^{n-1}}{(n+1)!}$,其收敛域为$(-\infty,+\infty)$. 两边积分,有

$$\int_0^x f(t)\mathrm{d}t=\sum_{n=1}^{\infty}\frac{x^n}{(n+1)!}.$$

当$x\neq0$时,$\int_0^x f(t)\mathrm{d}t=\dfrac{1}{x}\sum\limits_{n=1}^{\infty}\dfrac{x^{n+1}}{(n+1)!}=\dfrac{1}{x}(\mathrm{e}^x-1-x)$,所以

$$f(x)=\left(\frac{\mathrm{e}^x-1-x}{x}\right)'=\frac{(x-1)\mathrm{e}^x+1}{x^2},\quad x\neq0.$$

$$f(0)=\frac{1}{2}.$$

特别地,$f(1)=\sum\limits_{n=1}^{\infty}\dfrac{n}{(n+1)!}=1$.

7. 初等函数的幂级数展式

(1) 直接展法. ① 求出$a_n=\dfrac{f^{(n)}(0)}{n!}$; ② 证明若$\lim\limits_{n\to\infty}R_n(x)=0$,则$f(x)=\sum\limits_{n=0}^{\infty}\dfrac{f^{(n)}(0)}{n!}x^n$.

(2) 间接展法. 通过一定的变形,变为上述六种函数,利用它们的展式间接地求得函数的幂级数展式.

注 一般而言,只有少数比较简单的函数,其幂级数展式利用直接方式求得,更多情况是利用间接方式而得到的.

例 13.3 求下列函数的幂级数展式:

(1)$a^x(a>0)$(用直接展法);　　(2)$\int_0^x \frac{\sin t}{t}\mathrm{d}t$(用间接展法).

解　(1) 记$f(x)=a^x(a>0)$,则$f^{(n)}(x)=a^x\ln^n a$,$f^{(n)}(0)=\ln^n a$,$f(x)$的拉格朗日余项为$R_n(x)=\frac{a^{\theta x}\ln^{n+1}a}{(n+1)!}x^{n+1}(0\leqslant\theta\leqslant 1)$,当$a>1$时,对任意$x\in(-\infty,+\infty)$,有

$$|R_n(x)|\leqslant\frac{a^{|x|}|\ln^n a|}{(n+1)!}|x|^{n+1}\to 0(n\to\infty),$$

同理可证当$0<a<1$时,对任意$x\in(-\infty,+\infty)$,亦有$R_n(x)\to 0(n\to\infty)$,所以

$$a^x=1+(\ln a)x+\frac{\ln^2 a}{2!}x^2+\cdots+\frac{\ln^n a}{n!}x^n+\cdots=\sum_{n=0}^{\infty}\frac{\ln^n a}{n!}x^n,\quad x\in(-\infty,+\infty).$$

(2) 因为$\sin t=\sum_{n=0}^{\infty}\frac{(-1)^n t^{2n+1}}{(2n+1)!}\Rightarrow\frac{\sin t}{t}=\sum_{n=0}^{\infty}\frac{(-1)^n t^{2n}}{(2n+1)!}$,所以

$$\int_0^x\frac{\sin t}{t}\mathrm{d}t=\sum_{n=0}^{\infty}\int_0^x\frac{(-1)^n t^{2n}}{(2n+1)!}\mathrm{d}t=\sum_{n=0}^{\infty}\frac{(-1)^n x^{2n+1}}{(2n+1)^2(2n)!},\quad x\in(-\infty,+\infty).$$

13.1.2　傅里叶级数

(1) 傅里叶系数. 若$f(x)$以2π为周期且在$[-\pi,\pi]$上可积,则称

$a_0=\frac{1}{\pi}\int_{-\pi}^{\pi}f(x)\mathrm{d}x,\quad a_n=\frac{1}{\pi}\int_{-\pi}^{\pi}f(x)\cos nx\mathrm{d}x,\quad b_n=\frac{1}{\pi}\int_{-\pi}^{\pi}f(x)\sin nx\mathrm{d}x\quad(n=1,2,\cdots)$为函数$f(x)$的傅里叶系数.

(2) 傅里叶级数. 称级数$f(x)\sim\frac{a_0}{2}+\sum_{n=1}^{\infty}(a_n\cos nx+b_n\sin nx)$为函数$f(x)$的傅里叶级数,其中$a_0,a_n,b_n$为$f(x)$的傅里叶系数.

(3) 收敛定理. 若$f(x)$以2π为周期,按段光滑,则$\forall x\in[-\pi,\pi]$,有

$$\frac{f(x+0)+f(x-0)}{2}=\frac{a_0}{2}+\sum_{n=1}^{\infty}(a_n\cos nx+b_n\sin nx).$$

注　若$f(x)$连续且按段光滑,以2π为周期,则

$$f(x)=\frac{a_0}{2}+\sum_{n=1}^{\infty}(a_n\cos nx+b_n\sin nx).$$

(4) 若$f(x)$以$2l$为周期,则傅里叶系数为

$$a_n=\frac{1}{l}\int_{-l}^{l}f(x)\cos\frac{n\pi x}{l}\mathrm{d}x,\quad n=0,1,2,\cdots,$$

$$b_n=\frac{1}{l}\int_{-l}^{l}f(x)\sin\frac{n\pi x}{l}\mathrm{d}x,\quad n=1,2,\cdots,$$

傅里叶级数为

$$f(x)\sim\frac{a_0}{2}+\sum_{n=1}^{\infty}\left(a_n\cos\frac{n\pi x}{l}+\sin\frac{n\pi x}{l}\right).$$

(5) 若$f(x)$是$[-\pi,\pi]$上的偶函数,则$b_n=0$,$a_n=\frac{2}{\pi}\int_0^{\pi}f(x)\cos nx\mathrm{d}x(n=0,1,\cdots)$,傅里叶级数为$f(x)\sim\frac{a_0}{2}+\sum_{n=1}^{\infty}a_n\cos nx$,称为余弦级数.

(6) 若$f(x)$是$[-\pi,\pi]$上的奇函数,则$a_n=0,b_n=\dfrac{2}{\pi}\int_0^{\pi}f(x)\sin nx\mathrm{d}x(n=1,2,\cdots)$,傅里叶级数为$f(x)\sim\sum\limits_{n=1}^{\infty}b_n\sin nx$,称为正弦级数.

(7) 若$f(x)$定义在$[0,l]$上,则:① 可展成余弦级数(只需作偶延拓,使$f(x)$成$[-l,l]$上的偶函数);② 可展成正弦级数(只需作奇延拓,使$f(x)$成$[-l,l]$上的奇函数);③ 可展成傅里叶级数(只需作周期延拓,把它看作以l为周期的函数).

(8) 几个重要定理:

① 贝塞尔(Bessel)不等式:若$f(x)$在$[-\pi,\pi]$上可积,则

$$\frac{a_0^2}{2}+\sum_{n=1}^{\infty}(a_n^2+b_n^2)\leqslant\frac{1}{\pi}\int_{-\pi}^{\pi}f^2(x)\mathrm{d}x,$$

其中,a_n,b_n为$f(x)$的傅里叶系数.

注 由贝塞尔不等式可得级数$\dfrac{a_0^2}{2}+\sum\limits_{n=1}^{\infty}(a_n^2+b_n^2)$收敛.

② 黎曼-勒贝格定理:若$f(x)$可积,则

$$\lim_{n\to\infty}\int_{-\pi}^{\pi}f(x)\cos nx\mathrm{d}x=0,\quad \lim_{n\to\infty}\int_{-\pi}^{\pi}f(x)\sin nx\mathrm{d}x=0.$$

③ 帕塞瓦尔(Parseval)等式:$\dfrac{a_0^2}{2}+\sum\limits_{n=1}^{\infty}(a_n^2+b_n^2)=\dfrac{1}{\pi}\int_{-\pi}^{\pi}f^2(x)\mathrm{d}x$(当$f(x)$满足一定条件时,此等式成立).

例 13.4 在指定的区间内,把下列函数展成傅里叶级数:

(1)$f(x)=|x|,\quad x\in[-\pi,\pi]$;　　　　(2)$f(x)=x^2,\quad x\in[0,2\pi)$.

解 (1) 因为$f(x)$在$[-\pi,\pi]$上是偶函数,所以

$$b_n=0,n=1,2,\cdots.$$

$$a_0=\frac{2}{\pi}\int_0^{\pi}x\mathrm{d}x=\pi,$$

$$a_n=\frac{2}{\pi}\int_0^{\pi}x\cos nx\mathrm{d}x=\frac{2}{\pi}\left(\frac{1}{n}x\sin nx\Big|_0^{\pi}-\frac{1}{n}\int_0^{\pi}\sin nx\mathrm{d}x\right)$$

$$=\frac{2}{\pi}\left(\frac{1}{n^2}\cos nx\Big|_0^{\pi}\right)=\frac{2}{\pi}\frac{(-1)^n-1}{n^2}.$$

由于$f(x)$在$[-\pi,\pi]$上连续且按段光滑,所以$f(x)$在$[-\pi,\pi]$上的傅里叶展式为

$$|x|=\frac{\pi}{2}+\frac{2}{\pi}\sum_{n=1}^{\infty}\frac{(-1)^n-1}{n^2}\cos nx.$$

令$x=0,n=2k-1$,可得到一个重要级数值$\sum\limits_{k=1}^{\infty}\dfrac{1}{(2k-1)^2}=\dfrac{\pi^2}{8}$.

(2) $a_0=\dfrac{1}{\pi}\int_0^{2\pi}x^2\mathrm{d}x=\dfrac{8\pi^2}{3}$,

$$a_n = \frac{1}{\pi}\int_0^{2\pi} x^2 \cos nx \mathrm{d}x = \frac{4}{n^2},$$

$$b_n = \frac{1}{\pi}\int_0^{2\pi} x^2 \sin nx \mathrm{d}x = -\frac{4\pi}{n},$$

所以

$$x^2 = \frac{4\pi^2}{3} + 4\sum_{n=1}^{\infty}\left(\frac{\cos nx}{n^2} - \frac{\pi \sin nx}{n}\right), \quad x \in (0,2\pi).$$

当 $x=0$ 时,傅里叶级数收敛到 $\frac{f(0+0)+f(2\pi-0)}{2}$,即 $2\pi^2 = \frac{4\pi^2}{3} + 4\sum_{n=1}^{\infty}\frac{1}{n^2}$. 此时,得到另一个级数的和 $\sum_{n=1}^{\infty}\frac{1}{n^2} = \frac{\pi^2}{6}$.

由(1)、(2),还可以得

$$\sum_{n=1}^{\infty}\frac{1}{(2n)^2} = \sum_{n=1}^{\infty}\frac{1}{n^2} - \sum_{n=1}^{\infty}\frac{1}{(2n-1)^2} = \frac{\pi^2}{6} - \frac{\pi^2}{8} = \frac{\pi^2}{24}.$$

13.2　幂级数与傅里叶级数主要问题讨论

13.2.1　一致收敛及其他性质的证明问题

例 13.5　设幂级数 $\sum a_n x^n$ 的收敛半径 $R < +\infty$,且在开区间 $(-R,R)$ 上一致收敛,证明:它在 $[-R,R]$ 上也一致收敛.

证明　首先证明幂级数在 $x=R$ 点收敛. 因 $\sum a_n x^n$ 在 $(-R,R)$ 上一致收敛,由柯西准则,$\forall \varepsilon > 0$,$\exists N > 0$,当 $n > N$ 时,对任意的自然数 p,及 $\forall x \in (-R,R)$,恒有 $|a_{n+1}x^{n+1} + a_{n+2}x^{n+2} + \cdots + a_{n+p}x^{n+p}| < \varepsilon$. 令 $x \to R^-$ 取极限得 $|a_{n+1}R^{n+1} + a_{n+2}R^{n+2} + \cdots + a_{n+p}R^{n+p}| \leqslant \varepsilon$. 根据柯西准则,级数 $\sum a_n R^n$ 收敛.

其次证明 $\sum a_n x^n$ 在 $[0,R]$ 上一致收敛. 因 $\sum a_n x^n = \sum a_n R^n \left(\frac{x}{R}\right)^n$,已知 $\sum a_n R^n$ 收敛,$\left\{\left(\frac{x}{R}\right)^n\right\}$ 在 $[0,R]$ 上递减且一致有界,即 $0 \leqslant \left(\frac{x}{R}\right)^n \leqslant 1$, $\forall n = 1,2,\cdots$, $\forall x \in [0,R]$. 由阿贝尔判别法知,$\sum a_n x^n$ 在 $[0,R]$ 上一致收敛.

左半区间同理可证. 即 $\sum a_n x^n$ 在 $[-R,R]$ 上也一致收敛.

注　该命题的逆否命题:若幂级数 $\sum a_n x^n$ 的收敛区间为 $(-R,R)$,且在区间端点 $x=R$ 处级数 $\sum a_n R^n$ 发散,则 $\sum a_n x^n$ 在 $(-R,R)$ 内必不一致收敛.

例 13.6 证明:设$f(x)=\sum a_nx^n$在$|x|<R$内收敛,若$\sum \frac{a_n}{n+1}R^{n+1}$也收敛,则

$$\int_0^R f(x)\,\mathrm{d}x=\sum \frac{a_n}{n+1}R^{n+1}$$

(不管$\sum a_nx^n$在$x=R$是否收敛). 利用这个结果证明

$$\int_0^1 \frac{1}{1+x}\mathrm{d}x=\ln 2=\sum_{n=1}^{\infty}\frac{(-1)^{n-1}}{n}.$$

证明 因为级数$\sum a_nx^n$与$\sum \frac{a_n}{n+1}x^{n+1}$具有相同的收敛半径,故当$x\in(-R,R)$时,$f(x)=\sum a_nx^n$,则必有$\int_0^x f(t)\,\mathrm{d}t=\sum \frac{a_n}{n+1}x^{n+1}$,又因为$\sum \frac{a_n}{n+1}R^{n+1}$收敛,所以函数$\int_0^x f(t)\,\mathrm{d}t=\sum \frac{a_n}{n+1}x^{n+1}$在$x=R$左连续,令$x\to R^-$取极限,即得

$$\int_0^R f(x)\,\mathrm{d}x=\sum \frac{a_n}{n+1}R^{n+1}.$$

考虑函数$\frac{1}{1+x}=\sum_{n=0}^{\infty}(-1)^nx^n,x\in(-1,1)$,而$\sum_{n=0}^{\infty}\frac{(-1)^n}{n+1}$收敛,所以利用上面结论,有

$$\int_0^1 \frac{1}{1+x}\mathrm{d}x=\ln 2=\sum_{n=0}^{\infty}\frac{(-1)^n}{n+1}=\sum_{n=1}^{\infty}\frac{(-1)^{n-1}}{n}.$$

在此,我们又得到一个重要级数的值.

例 13.7 设$\sum_{n=1}^{\infty}n\mathrm{e}^{-nx}$. (1) 求它的收敛域; (2) 讨论在收敛域内的一致收敛性;(3) 求和函数.

解 (1) 当$x>0$时,级数$\sum_{n=1}^{\infty}n\mathrm{e}^{-nx}$收敛. 事实上,$\lim\limits_{n\to\infty}\frac{n\mathrm{e}^{-nx}}{\frac{1}{n^2}}=\lim\limits_{n\to\infty}\frac{n^3}{\mathrm{e}^{nx}}=0$,由比较判别法知级数$\sum_{n=1}^{\infty}n\mathrm{e}^{-nx}$收敛;当$x\leqslant 0$时,$\lim\limits_{n\to\infty}n\mathrm{e}^{-nx}=+\infty$,由级数收敛的必要条件,$\sum_{n=1}^{\infty}n\mathrm{e}^{-nx}$发散,故$\sum_{n=1}^{\infty}n\mathrm{e}^{-nx}$的收敛域为$(0,+\infty)$.

(2) 级数$\sum_{n=1}^{\infty}n\mathrm{e}^{-nx}$在收敛域内非一致收敛. 事实上,取$\varepsilon_0=\frac{1}{3}>0$,$\forall N>0$,取$n_0=N+1>N$,$p_0=1$,取$x_0=\frac{1}{n_0+1}>0$,则$|(n_0+1)\mathrm{e}^{-(n_0+1)x_0}|=\frac{n_0+1}{\mathrm{e}}>\frac{1}{3}=\varepsilon_0$. 根据柯西准则,$\sum_{n=1}^{\infty}n\mathrm{e}^{-nx}$在$(0,+\infty)$内非一致收敛.

(3) 记$f(x)=\sum_{n=1}^{\infty}n\mathrm{e}^{-nx},x\in(0,+\infty)$. 任意取$a>0$,则

$$\begin{aligned}\int_a^x f(t)\,\mathrm{d}t&=\sum_{n=1}^{\infty}\int_a^x n\mathrm{e}^{-nt}\mathrm{d}t=\sum_{n=1}^{\infty}(\mathrm{e}^{-na}-\mathrm{e}^{-nx})=\sum_{n=1}^{\infty}\mathrm{e}^{-na}-\sum_{n=1}^{\infty}(\mathrm{e}^{-x})^n\\&=\sum_{n=1}^{\infty}\mathrm{e}^{-na}-\frac{\mathrm{e}^{-x}}{1-\mathrm{e}^{-x}}.\end{aligned}$$

所以

$$f(x)=\left(-\frac{e^{-x}}{1-e^{-x}}\right)'=\frac{e^{-x}}{(1-e^{-x})^2}\quad(x>0).$$

例 13.8　已知$f(x)=\sum a_nx^n$在$x=1$处有定义,而级数$\sum|a_n|$发散.

(1) 求极限$\lim\limits_{n\to\infty}\sqrt[n]{|2a_n|}$;　(2) 证明$\sum a_nx^n$在$[0,1]$上一致收敛.

解　(1) 因$f(x)=\sum a_nx^n$在$x=1$处有定义,所以级数$\sum a_n$收敛,但$\sum|a_n|$发散,则幂级数$\sum a_nx^n$的收敛半径$R=1$. 事实上,R不小于1(因级数在$x=1$收敛). 假设$R>1$,则由阿贝尔定理幂级数$\sum a_nx^n$必在$x=1$绝对收敛,即$\sum|a_n|$收敛,此与已知矛盾,则

$$\lim_{n\to\infty}\sqrt[n]{|2a_n|}=\lim_{n\to\infty}\sqrt[n]{2}\cdot\lim_{n\to\infty}\sqrt[n]{|a_n|}=\rho=\frac{1}{R}=1.$$

(2) 因$\sum a_n$收敛,从而一致收敛,$\{x^n\}$在$[0,1]$上单调递减,且一致有界:$0\leqslant x^n\leqslant1$,根据阿贝尔判别法知$\sum a_nx^n$在$[0,1]$上一致收敛.

例 13.9　证明:

(1)$y=\sum\limits_{n=0}^{\infty}\frac{x^{4n}}{(4n)!}$满足方程$y^{(4)}=y$;

(2) 设$f(x)=\sum\limits_{n=1}^{\infty}\frac{x^n}{n^2}$定义在$[0,1]$上,则它在$(0,1)$上满足方程

$$f(x)+f(1-x)+\ln x\ln(1-x)=f(1).$$

证明　(1) 幂级数$y=\sum\limits_{n=0}^{\infty}\frac{x^{4n}}{(4n)!}$的收敛域为$(-\infty,+\infty)$,在其内可逐项求导任意次,所以

$$y'=\sum_{n=1}^{\infty}\frac{x^{4n-1}}{(4n-1)!},\quad y''=\sum_{n=1}^{\infty}\frac{x^{4n-2}}{(4n-2)!},\quad y'''=\sum_{n=1}^{\infty}\frac{x^{4n-3}}{(4n-3)!},$$

$$y^{(4)}=\sum_{n=1}^{\infty}\frac{x^{4n-4}}{(4n-4)!}=\sum_{n=0}^{\infty}\frac{x^{4n}}{(4n)!}=y.$$

(2) 记$F(x)=f(x)+f(1-x)+\ln x\ln(1-x)$,$x\in(0,1)$,则

$$F'(x)=f'(x)-f'(1-x)+\frac{\ln(1-x)}{x}-\frac{\ln x}{1-x},\tag{13.1}$$

注意到$f'(x)=\sum\limits_{n=1}^{\infty}\frac{x^{n-1}}{n}=\frac{1}{x}\sum\limits_{n=1}^{\infty}\frac{x^n}{n}=-\frac{\ln(1-x)}{x}\Rightarrow f'(1-x)=-\frac{\ln x}{1-x}$,代入式(13.1)得$F'(x)=0$,即$F(x)$在$(0,1)$上为常函数,记$F(x)=C$. 令$x\to1^-$得$C=f(1)$,即当$x\in(0,1)$时,有

$$F(x)=f(x)+f(1-x)+\ln x\cdot\ln(1-x)=f(1)=\sum_{n=1}^{\infty}\frac{1}{n^2}=\frac{\pi^2}{6}.$$

例 13.10　设$f(x)$在$[-\pi,\pi]$上光滑,且$f(-\pi)=f(\pi)$,a_n,b_n为$f(x)$的傅里叶系数,a_n',b_n'为导函数$f'(x)$的傅里叶系数,证明:$a_0'=0$,$a_n'=nb_n$,$b_n'=-na_n(n=1,2,\cdots)$.

证明　$a_0'=\frac{1}{\pi}\int_{-\pi}^{\pi}f'(x)\mathrm{d}x=\frac{1}{\pi}[f(\pi)-f(-\pi)]=0$,

$$a_n' = \frac{1}{\pi}\int_{-\pi}^{\pi} f'(x)\cos nx\mathrm{d}x = \frac{1}{\pi}\left[f(x)\cos nx\Big|_{-\pi}^{\pi} + n\int_{-\pi}^{\pi} f(x)\sin nx\mathrm{d}x\right] = nb_n,$$

$$b_n' = \frac{1}{\pi}\int_{-\pi}^{\pi} f'(x)\sin nx\mathrm{d}x = \frac{1}{\pi}\left[f(x)\sin nx\Big|_{-\pi}^{\pi} - n\int_{-\pi}^{\pi} f(x)\cos nx\mathrm{d}x\right] = -na_n.$$

例 13.11 设$f(x)$以2π为周期且有一阶连续导数,证明$f(x)$的傅里叶级数在$(-\infty,+\infty)$上一致收敛于$f(x)$.

证明 由已知,$f(x)$是光滑的,所以

$$f(x) = \frac{a_0}{2} + \sum_{n=1}^{\infty}(a_n\cos nx + b_n\sin nx),\quad x\in(-\infty,+\infty).$$

因$f(x)$以2π为周期,且连续,$f(-\pi) = f(-\pi+2\pi) = f(\pi)$. 若记$a_n', b_n'$为一阶导数$f'(x)$的傅里叶系数,则有$a_0' = 0$, $|a_n| = \frac{|b_n'|}{n}$, $|b_n| = \frac{|a_n'|}{n}$. 由贝塞尔不等式

$$\sum_{n=1}^{\infty}(a_n'^2 + b_n'^2) \leqslant \frac{1}{\pi}\int_{-\pi}^{\pi} f'^2(x)\mathrm{d}x$$

可知,级数$\sum\limits_{n=1}^{\infty}(a_n'^2 + b_n'^2)$收敛. 由于

$$\frac{|a_n'| + |b_n'|}{n} \leqslant \frac{1}{2}\left[\frac{1}{n^2} + \left(|a_n'| + |b_n'|\right)^2\right] \leqslant \frac{1}{2}\left[\frac{1}{n^2} + 2\left(a_n'^2 + b_n'^2\right)\right],$$

由比较判别法知级数$\sum\limits_{n=1}^{\infty}\left[\frac{|a_n'|}{n} + \frac{|b_n'|}{n}\right]$收敛,而

$$|a_n\cos nx + b_n\sin nx| \leqslant |a_n| + |b_n| = \frac{|b_n'|}{n} + \frac{|a_n'|}{n},$$

根据M判别法知级数$\frac{a_0}{2} + \sum\limits_{n=1}^{\infty}(a_n\cos nx + b_n\sin nx)$在$x\in(-\infty,+\infty)$上一致收敛.

例 13.12 设$f(x)$为$[-\pi,\pi]$上可积函数,若$f(x)$的傅里叶级数在$[-\pi,\pi]$上一致收敛于$f(x)$,证明:帕塞瓦尔等式$\frac{a_0^2}{2} + \sum\limits_{n=1}^{\infty}(a_n^2 + b_n^2) = \frac{1}{\pi}\int_{-\pi}^{\pi} f^2(x)\mathrm{d}x$成立.

证明 由已知,$f(x) = \frac{a_0}{2} + \sum\limits_{n=1}^{\infty}(a_n\cos nx + b_n\sin nx)$,且为一致收敛,又因$f(x)$在$[-\pi,\pi]$可积,故有界,从而$f^2(x) = \frac{a_0}{2}f(x) + \sum\limits_{n=1}^{\infty}(a_nf(x)\cos nx + b_nf(x)\sin nx)$必也是一致收敛的.(请读者自证这一结论:一致收敛的函数项级数乘以有界函数必还一致收敛)

故可逐项积分,因此

$$\frac{1}{\pi}\int_{-\pi}^{\pi} f^2(x)\mathrm{d}x = \frac{1}{\pi}\int_{-\pi}^{\pi}\frac{a_0}{2}f(x)\mathrm{d}x + \sum_{n=1}^{\infty}\left[\frac{1}{\pi}\int_{-\pi}^{\pi} a_nf(x)\cos nx\mathrm{d}x + \frac{1}{\pi}\int_{-\pi}^{\pi} b_nf(x)\sin nx\mathrm{d}x\right]$$

$$= \frac{a_0^2}{2} + \sum_{n=1}^{\infty}(a_n^2 + b_n^2).$$

例 13.13　若$f(x)$，$g(x)$ 在$[-\pi,\pi]$ 上都可积，且

$$f(x)=\frac{a_0}{2}+\sum_{n=1}^{\infty}(a_n\cos nx+b_n\sin nx),\quad g(x)=\frac{\alpha_0}{2}+\sum_{n=1}^{\infty}(\alpha_n\cos nx+\beta_n\sin nx)$$

都一致收敛，证明：$\frac{1}{\pi}\int_{-\pi}^{\pi}f(x)g(x)\mathrm{d}x=\frac{a_0\alpha_0}{2}+\sum_{n=1}^{\infty}(a_n\alpha_n+b_n\beta_n)$.

证明：同上题类似，从略.

例 13.14　设$f(x)$ 以 2π 为周期且连续，$h>0$，$F(x)=\frac{1}{2h}\int_{x-h}^{x+h}f(t)\mathrm{d}t$. 证明：

(1) $F(x)$ 也以 2π 为周期；

(2) 若$f(x)$ 是偶函数，且傅里叶级数为$f(x)=\frac{a_0}{2}+\sum_{n=1}^{\infty}a_n\cos nx$，则 $F(x)$ 也是偶函数，并求 $F(x)$ 的傅里叶级数.

证明　(1) 令 $t=u+2\pi$，则

$$F(x+2\pi)=\frac{1}{2h}\int_{x+2\pi-h}^{x+2\pi+h}f(t)\mathrm{d}t=\frac{1}{2h}\int_{x-h}^{x+h}f(u+2\pi)\mathrm{d}u$$
$$=\frac{1}{2h}\int_{x-h}^{x+h}f(u)\mathrm{d}u=F(x),$$

即 $F(x)$ 也以 2π 为周期.

(2) 令 $t=-u$，则

$$F(-x)=\frac{1}{2h}\int_{-x-h}^{-x+h}f(t)\mathrm{d}t=\frac{1}{2h}\int_{x+h}^{x-h}f(-u)(-\mathrm{d}u)=\frac{1}{2h}\int_{x-h}^{x+h}f(u)\mathrm{d}u=F(x).$$

即 $F(x)$ 也是偶函数，且

$$F(x)=\frac{1}{2h}\int_{x-h}^{x+h}f(t)\mathrm{d}t=\frac{1}{2h}\int_{x-h}^{x+h}\frac{a_0}{2}\mathrm{d}t+\frac{1}{2h}\sum_{n=1}^{\infty}\int_{x-h}^{x+h}a_n\cos nt\mathrm{d}t$$
$$=\frac{a_0}{2}+\frac{1}{2h}\sum_{n=1}^{\infty}\frac{a_n}{n}[\sin(nx+nh)-\sin(nx-nh)]$$
$$=\frac{a_0}{2}+\sum_{n=1}^{\infty}\frac{\sin nh}{nh}a_n\cos nx.$$

例 13.15　设$f(x)$ 以 2π 为周期，且在$[-\pi,\pi]$ 上连续，a_0，a_n，b_n 为其傅里叶系数.

(1) 求$f(x+h)(h>0)$ 的傅里叶系数；

(2) 设 $F(x)=\frac{1}{\pi}\int_{-\pi}^{\pi}f(t)f(x+t)\mathrm{d}t$，求 $F(x)$ 的傅里叶系数，并由结果证明帕塞瓦尔等式.

解　(1) 记$f(x+h)$ 的傅里叶系数分别为$\overline{a_0}$，$\overline{a_n}$，$\overline{b_n}$，则

$$\overline{a_0}=\frac{1}{\pi}\int_{-\pi}^{\pi}f(x+h)\mathrm{d}x=\frac{1}{\pi}\int_{-\pi+h}^{\pi+h}f(u)\mathrm{d}u=\frac{1}{\pi}\int_{-\pi}^{\pi}f(u)\mathrm{d}u=a_0$$

利用周期函数的积分性质，有

$$\overline{a_n}=\frac{1}{\pi}\int_{-\pi}^{\pi}f(x+h)\cos nx\mathrm{d}x=\frac{1}{\pi}\int_{-\pi+h}^{\pi+h}f(u)\cos(nu-nh)\mathrm{d}u$$

$$= \frac{1}{\pi}\int_{-\pi}^{\pi} f(u)(\cos nu\cos nh + \sin nu\sin nh)\mathrm{d}u$$

$$= a_n\cos nh + b_n\sin nh.$$

同理

$$\overline{b_n} = b_n\cos nh - a_n\sin nh.$$

(2) 记 $F(x)$ 的傅里叶系数为 A_0, A_n, B_n，则易证 $F(x)$ 是以 2π 为周期的偶函数．所以

$$B_n = 0,$$

$$A_0 = \frac{1}{\pi}\int_{-\pi}^{\pi} F(x)\mathrm{d}x = \frac{1}{\pi^2}\int_{-\pi}^{\pi}\mathrm{d}x\int_{-\pi}^{\pi} f(t)f(x+t)\mathrm{d}t$$

$$= \frac{1}{\pi^2}\int_{-\pi}^{\pi} f(t)\mathrm{d}t\int_{-\pi}^{\pi} f(x+t)\mathrm{d}x = \frac{1}{\pi^2}\int_{-\pi}^{\pi} f(t)\mathrm{d}t\int_{-\pi+t}^{\pi+t} f(u)\mathrm{d}u$$

$$= \frac{1}{\pi}\int_{-\pi}^{\pi} f(t)\mathrm{d}t \cdot \frac{1}{\pi}\int_{-\pi}^{\pi} f(u)\mathrm{d}u = a_0^2,$$

$$A_n = \frac{1}{\pi}\int_{-\pi}^{\pi} F(x)\cos nx\mathrm{d}x = \frac{1}{\pi^2}\int_{-\pi}^{\pi}\cos nx\mathrm{d}x\int_{-\pi}^{\pi} f(t)f(x+t)\mathrm{d}t$$

$$= \frac{1}{\pi^2}\int_{-\pi}^{\pi} f(t)\mathrm{d}t\int_{-\pi}^{\pi} f(x+t)\cos nx\mathrm{d}x = \frac{1}{\pi^2}\int_{-\pi}^{\pi} f(t)\mathrm{d}t\int_{-\pi+t}^{\pi+t} f(u)\cos(nu-nt)\mathrm{d}u$$

$$= \frac{1}{\pi}\int_{-\pi}^{\pi} f(t)\cos nt\mathrm{d}t \cdot \frac{1}{\pi}\int_{-\pi}^{\pi} f(u)\cos nu\mathrm{d}u + \frac{1}{\pi}\int_{-\pi}^{\pi} f(t)\sin nt\mathrm{d}t \cdot \frac{1}{\pi}\int_{-\pi}^{\pi} f(u)\sin nu\mathrm{d}u$$

$$= a_n^2 + b_n^2,$$

所以 $F(x)$ 的傅里叶级数为

$$F(x) = \frac{a_0^2}{2} + \sum_{n=1}^{\infty}(a_n^2 + b_n^2)\cos nx.$$

令 $x = 0$，即得帕塞瓦尔等式为

$$F(0) = \frac{1}{\pi}\int_{-\pi}^{\pi} f^2(x)\mathrm{d}x = \frac{a_0^2}{2} + \sum_{n=1}^{\infty}(a_n^2 + b_n^2).$$

13.2.2 求收敛域、和函数及展成幂级数或傅里叶级数问题

例 13.16 将 $f(x) = \sum\limits_{n=1}^{\infty}\left(\frac{x}{1-x}\right)^n$ 展为 x 的幂级数.

解 令 $t = \frac{x}{1-x}$，则 $\sum\limits_{n=1}^{\infty}\left(\frac{x}{1-x}\right)^n = \sum\limits_{n=1}^{\infty} t^n = \frac{t}{1-t}$，$|t| < 1$，所以

$$f(x) = \sum_{n=1}^{\infty}\left(\frac{x}{1-x}\right)^n = \frac{\frac{x}{1-x}}{1-\frac{x}{1-x}} = \frac{x}{1-2x},$$

且 $|x| < \frac{1}{2}$，所以 $f(x)$ 的幂级数展式为

$$f(x)=\frac{x}{1-2x}=\sum_{n=0}^{\infty}2^n x^{n+1},\quad x\in\left(-\frac{1}{2},\frac{1}{2}\right).$$

例 13.17　求级数 $\sum\left(1+\frac{1}{n}\right)^{-n^2}\left(\frac{1-x}{1+x}\right)^n$ 的收敛域.

解　令 $t=\frac{1-x}{1+x}$,则对级数 $\sum\left(1+\frac{1}{n}\right)^{-n^2}t^n$,$\rho=\lim\limits_{n\to\infty}\sqrt[n]{\left(1+\frac{1}{n}\right)^{-n^2}}=\frac{1}{\mathrm{e}}$,所以收敛半径 $R=\mathrm{e}$. 注意到,对任意的 n,$\left(1+\frac{1}{n}\right)^n<\mathrm{e}$,所以当 $t=\pm\mathrm{e}$ 时,$\frac{\left|(\pm1)^n\mathrm{e}^n\right|}{\left(1+\frac{1}{n}\right)^{n^2}}\geqslant1$,一般项不趋于 0,故发散,从而级数 $\sum\left(1+\frac{1}{n}\right)^{-n^2}t^n$ 的收敛域为 $(-\mathrm{e},\mathrm{e})$. 对原级数有 $-\mathrm{e}<\frac{1-x}{1+x}<\mathrm{e}$,解此不等式得 $x\in\left(-\infty,\frac{1+\mathrm{e}}{1-\mathrm{e}}\right)\cup\left(\frac{1-\mathrm{e}}{1+\mathrm{e}},+\infty\right)$,即为所求.

例 13.18　求下列级数的和:

(1) $\sum\limits_{n=0}^{\infty}\frac{2^n(n+1)}{n!}$;　　(2) $\sum\limits_{n=1}^{\infty}\frac{2^n}{n\cdot3^n}$.

解　(1) 令 $f(x)=\sum\limits_{n=0}^{\infty}\frac{2^n(n+1)}{n!}x^n$,收敛域为 $(-\infty,+\infty)$. 因为

$$\int_0^x f(t)\,\mathrm{d}t=\sum_{n=0}^{\infty}\frac{2^n}{n!}x^{n+1}=x\sum_{n=0}^{\infty}\frac{(2x)^n}{n!}=x\mathrm{e}^{2x},$$

所以 $f(x)=(x\mathrm{e}^{2x})'=(1+2x)\mathrm{e}^{2x}$. 令 $x=1$,得 $\sum\limits_{n=0}^{\infty}\frac{2^n(n+1)}{n!}=3\mathrm{e}^2$.

(2) 令 $f(x)=\sum\limits_{n=1}^{\infty}\frac{2^n}{n\cdot3^n}x^n$,收敛半径 $R=\frac{3}{2}$,且当 $x=\frac{3}{2}$ 时,级数为 $\sum\frac{1}{n}$ 发散;当 $x=-\frac{3}{2}$ 时,级数为 $\sum\frac{(-1)^n}{n}$ 收敛,故收敛域为 $\left[-\frac{3}{2},\frac{3}{2}\right)$. 因为

$$f'(x)=\sum_{n=1}^{\infty}\frac{2^n}{3^n}x^{n-1}=\frac{2}{3}\sum_{n=1}^{\infty}\left(\frac{2x}{3}\right)^{n-1}=\frac{2}{3}\,\frac{1}{1-\frac{2x}{3}}=\frac{2}{3-2x},$$

且 $f(0)=0$,所以

$$f(x)=\int_0^x f'(t)\,\mathrm{d}t=\int_0^x\frac{2}{3-2t}\mathrm{d}t=\ln3-\ln(3-2x),$$

故有

$$\sum_{n=1}^{\infty}\frac{2^n}{n\cdot3^n}=f(1)=\ln3.$$

例 13.19　求和函数:$f(x)=\sum\limits_{n=0}^{\infty}\frac{(-1)^n(2n^2+1)}{(2n)!}x^{2n}$.

解 因为

$$\frac{2n^2+1}{(2n)!}=\frac{n}{(2n-1)!}+\frac{1}{(2n)!}=\frac{1}{2}\left[\frac{1}{(2n-2)!}+\frac{1}{(2n-1)!}\right]+\frac{1}{(2n)!},$$

所以

$$\begin{aligned}f(x)&=\sum_{n=0}^{\infty}\frac{(-1)^n(2n^2+1)}{(2n)!}x^{2n}\\&=1+\frac{1}{2}\sum_{n=1}^{\infty}\frac{(-1)^nx^{2n}}{(2n-2)!}+\frac{1}{2}\sum_{n=1}^{\infty}\frac{(-1)^nx^{2n}}{(2n-1)!}+\sum_{n=1}^{\infty}\frac{(-1)^nx^{2n}}{(2n)!}\\&=1-\frac{x^2}{2}\cos x-\frac{x}{2}\sin x+\cos x-1\\&=\left(1-\frac{x^2}{2}\right)\cos x-\frac{x}{2}\sin x.\end{aligned}$$

例 13.20 求幂级数 $\sum\limits_{n=0}^{\infty}\frac{1}{2^n}x^{2n}$ 的收敛域及和函数.

解 因 $\lim\limits_{n\to\infty}\frac{\left|\frac{x^{2n+2}}{2^{n+1}}\right|}{\left|\frac{x^{2n}}{2^n}\right|}=\frac{x^2}{2}<1$ 时,级数收敛,即收敛区间为 $|x|<\sqrt{2}$,当 $x=\pm\sqrt{2}$ 时,级数为 $\sum\limits_{n=0}^{\infty}1$ 发散,收敛域为 $(-\sqrt{2},\sqrt{2})$. 记 $f(x)=\sum\limits_{n=0}^{\infty}\frac{x^{2n}}{2^n}$,则

$$f(x)=\sum_{n=0}^{\infty}\left(\frac{x^2}{2}\right)^n=\frac{1}{1-\frac{x^2}{2}}=\frac{2}{2-x^2},\quad x\in(-\sqrt{2},\sqrt{2}).$$

注 因是缺项级数,故不能用求收敛半径的公式去求.

例 13.21 求 $\arctan x$ 和 $\arcsin x$ 的幂级数展式.

解 记 $f(x)=\arctan x$,则 $f'(x)=\frac{1}{1+x^2}=\sum\limits_{n=0}^{\infty}(-1)^nx^{2n}$, $|x|<1$,由 $f(0)=0$,有

$$f(x)=\int_0^x f'(t)\mathrm{d}t=\sum_{n=0}^{\infty}\int_0^x(-1)^nt^{2n}\mathrm{d}t=\sum_{n=0}^{\infty}\frac{(-1)^n}{2n+1}x^{2n+1}\quad(|x|<1).$$

记 $g(x)=\arcsin x$,则

$$\begin{aligned}g'(x)&=\frac{1}{\sqrt{1-x^2}}=(1-x^2)^{-\frac{1}{2}}\\&=1+\frac{1}{2}x^2+\frac{3!!}{2^2\cdot 2!}x^4+\cdots+\frac{(2n-1)!!}{(2n)!!}x^{2n}+\cdots\\&=1+\sum_{n=1}^{\infty}\frac{(2n-1)!!}{(2n)!!}x^{2n}.\end{aligned}$$

由 $g(0)=0$,所以

$$g(x)=\int_0^x g'(t)\mathrm{d}t=x+\sum_{n=1}^{\infty}\int_0^x\frac{(2n-1)!!}{(2n)!!}t^{2n}\mathrm{d}t$$

$$= x + \sum_{n=1}^{\infty} \frac{(2n-1)!!}{(2n+1)(2n)!!} x^{2n+1} \quad (|x| < 1).$$

例 13.22　将下列函数展成幂级数:

(1) $f(x) = \dfrac{1}{1-3x+2x^2}$;　(2) $f(x) = \sin^3 x$;　(3) $f(x) = \displaystyle\int_0^x \cos t^2 \mathrm{d}t$.

解　(1) $f(x) = \dfrac{1}{1-3x+2x^2} = \dfrac{1}{(1-x)(1-2x)} = \dfrac{2}{1-2x} - \dfrac{1}{1-x}$,

$$\frac{2}{1-2x} = 2\sum_{n=0}^{\infty} 2^n x^n = \sum_{n=0}^{\infty} 2^{n+1} x^n \quad \left(|x| < \frac{1}{2}\right);$$

$$\frac{1}{1-x} = \sum_{n=0}^{\infty} x^n \quad (|x| < 1).$$

所以

$$f(x) = \frac{1}{1-3x+2x^2} = \sum_{n=0}^{\infty} (2^{n+1}-1) x^n \quad \left(|x| < \frac{1}{2}\right).$$

(2) $f(x) = \sin^3 x = \dfrac{1-\cos 2x}{2} \sin x$

$$= \frac{1}{2}(\sin x - \sin x \cos 2x) = \frac{1}{2}\sin x - \frac{1}{4}(\sin 3x - \sin x)$$

$$= \frac{3}{4}\sin x - \frac{1}{4}\sin 3x = \frac{3}{4}\sum_{n=0}^{\infty} \frac{(-1)^n x^{2n+1}}{(2n+1)!} - \frac{1}{4}\sum_{n=0}^{\infty} \frac{(-1)^n 3^{2n+1} x^{2n+1}}{(2n+1)!}$$

$$= \frac{3}{4}\sum_{n=0}^{\infty} \frac{(-1)^n (1-3^{2n})}{(2n+1)!} x^{2n+1} \quad (|x| < +\infty).$$

(3) $f(x) = \displaystyle\int_0^x \cos t^2 \mathrm{d}t = \int_0^x \left[\sum_{n=0}^{\infty} \frac{(-1)^n t^{4n}}{(2n)!}\right] \mathrm{d}t = \sum_{n=0}^{\infty} \frac{(-1)^n}{(4n+1)(2n)!} x^{4n+1} \quad (|x| < +\infty)$.

例 13.23　(1) 将 $f(x) = \ln x$ 按 $\dfrac{x-1}{x+1}$ 的幂展开成幂级数;

(2) 将 $f(x) = \dfrac{1}{x}$ 展成 $(x-1)$ 的幂级数.

解　(1) 因为 $x = \dfrac{1+\frac{x-1}{x+1}}{1-\frac{x-1}{x+1}}$,所以

$$\ln x = \ln\left(1+\frac{x-1}{x+1}\right) - \ln\left(1-\frac{x-1}{x+1}\right)$$

$$= \sum_{n=1}^{\infty} \frac{(-1)^{n-1}}{n}\left(\frac{x-1}{x+1}\right)^n - \sum_{n=1}^{\infty} \frac{(-1)^{2n-1}}{n}\left(\frac{x-1}{x+1}\right)^n$$

$$= \sum_{n=1}^{\infty} \frac{(-1)^{n-1}+1}{n}\left(\frac{x-1}{x+1}\right)^n$$

$$= 2\sum_{k=0}^{\infty}\frac{1}{2k+1}\left(\frac{x-1}{x+1}\right)^{2k+1}\quad(x>0).$$

(2)$f(x)=\dfrac{1}{x}=\dfrac{1}{1+(x-1)}=\sum\limits_{n=0}^{\infty}(-1)^n(x-1)^n\quad(|x-1|<1$,即$0<x<2)$.

例 13.24 将$f(x)=x,x\in[0,1]$展成:(1) 正弦级数;(2) 余弦级数;(3) 一般傅里叶级数.

解 (1) 将$f(x)$作奇延拓,使它成为$(-1,1)$上的奇函数,再进行周期延拓,使它成为$(-\infty,+\infty)$上以 2 为周期的函数,则

$$a_n=0,\quad n=0,1,2,\cdots,$$

$$b_n=2\int_0^1 x\sin n\pi x\mathrm{d}x=\frac{2\cdot(-1)^{n+1}}{n\pi},$$

所以

$$f(x)=x=\frac{2}{\pi}\sum_{n=1}^{\infty}\frac{(-1)^{n+1}}{n}\sin n\pi x\quad(0<x<1).$$

(2) 将$f(x)$作偶延拓,使它成为$(-1,1)$上的偶函数,再进行周期延拓,使它成为$(-\infty,+\infty)$上以 2 为周期的函数,则

$$b_n=0,\quad n=1,2,\cdots,$$

$$a_0=2\int_0^1 x\mathrm{d}x=1,$$

$$a_n=2\int_0^1 x\cos n\pi x\mathrm{d}x=\frac{2}{n^2\pi^2}[(-1)^n-1],\quad n=1,2,\cdots,$$

所以

$$f(x)=x=\frac{1}{2}+\frac{2}{\pi^2}\sum_{n=1}^{\infty}\frac{(-1)^n-1}{n^2}\cos n\pi x$$

$$=\frac{1}{2}-\frac{4}{\pi^2}\sum_{k=1}^{\infty}\frac{\cos(2k-1)\pi x}{(2k-1)^2},\quad x\in(0,1).$$

(3) 将$f(x)$作周期延拓,使它成为$(-\infty,+\infty)$上以 1 为周期的函数,则

$$a_0=2\int_0^1 x\mathrm{d}x=1,$$

$$a_n=2\int_0^1 x\cos 2n\pi x\mathrm{d}x=0,\quad n=1,2,\cdots,$$

$$b_n=2\int_0^1 x\sin 2n\pi x\mathrm{d}x=-\frac{1}{n\pi}x\cos 2n\pi x\Big|_0^1+\frac{1}{n\pi}\int_0^1\cos 2n\pi x\mathrm{d}x=-\frac{1}{n\pi},$$

所以

$$f(x)=x=\frac{1}{2}-\frac{1}{\pi}\sum_{n=1}^{\infty}\frac{1}{n}\sin 2n\pi x,\quad x\in(0,1).$$

在$x=0$和$x=1$点,级数收敛到$\dfrac{f(0+0)+f(1-0)}{2}=\dfrac{1}{2}$.

习　题

1. 选择题：

若 $\sum a_n(x-1)^n$ 在 $x=-1$ 处收敛，则此级数在 $x=2$ 处（　　）.

A. 条件收敛　　B. 绝对收敛　　C. 发散　　D. 敛散性不定

2. 填空题：

(1) 若 $\sum a_n\left(\frac{x+1}{2}\right)^n$，且 $\lim\limits_{n\to\infty}\left|\frac{a_n}{a_{n+1}}\right|=\frac{1}{3}$，则收敛半径 $R=$ __________；

(2) 幂级数 $\sum\frac{x^n}{\sqrt{n+1}}$ 的收敛域是__________；

(3) $\sum\frac{n}{2^n+(-3)^n}x^{2n-1}$ 的收敛域是__________；

(4) $f(x)=\pi x+x^2(-\pi<x<\pi)$ 的傅里叶系数 $b_3=$ __________.

3. 求和函数：

(1) $\sum\limits_{n=0}^{\infty}\frac{x^{2n}}{(2n)!}$；　(2) $\sum\limits_{n=1}^{\infty}\frac{2n-1}{2^n}(x-1)^{2n-2}$；　(3) $\sum\limits_{n=1}^{\infty}\frac{n^2}{n!}x^{n-1}$.

4. 求级数 $\sum\limits_{n=0}^{\infty}\frac{n^2+1}{3^n\cdot n!}$ 的和.

5. 设 $a_0,a_1,a_2,\cdots$ 为等差数列 $(a_0\neq 0)$，试求：

(1) 幂级数 $\sum\limits_{n=0}^{\infty}a_nx^n$ 的收敛半径；

(2) 数项级数 $\sum\limits_{n=0}^{\infty}\frac{a_n}{2^n}$ 的和.

6. 将下列函数展成 x 的幂级数：

(1) $f(x)=\ln(x+\sqrt{1+x^2})$；　(2) $f(x)=\int_0^x e^{-t^2}dt$.

7. 求 $f(x)=|\sin x|$ 在 $[-\pi,\pi]$ 上的傅里叶展式，并求级数 $\sum\limits_{n=1}^{\infty}\frac{1}{4n^2-1}$ 的和.

8. 设 $f(x)=\begin{cases}\frac{1}{2}(\pi-x), & 0<x\leqslant\pi,\\ -\frac{1}{2}(\pi+x), & -\pi\leqslant x\leqslant 0,\end{cases}$ 利用 $f(x)$ 的傅里叶级数证明：$\sum\limits_{n=1}^{\infty}\frac{\sin n}{n}=\frac{\pi-1}{2}$.

第 14 讲　多元函数的极限与连续

14.1　多元函数极限与连续的基本概念

对多元函数的研究,主要以二元函数为代表,对多于两个变元的函数,基本上与二元函数相似.要讨论二元函数,就要涉及它所定义的平面点集问题,这正如要讨论一元函数就要研究实数点集一样.

14.1.1　关于平面点集

1. 点 $P_0(x_0,y_0)$ 的邻域

对 $\delta>0$,称点集 $\{(x,y)\,|\,|x-x_0|<\delta,\ |y-y_0|<\delta\}$ 为 P_0 点的方形 δ 邻域;称点集 $\{(x,y)\,|\,(x-x_0)^2+(y-y_0)^2<\delta^2\}$ 为 P_0 点的圆形 δ 邻域(它们是等价的).通称为 P_0 点的 δ 邻域,记作 $U(P_0,\delta)$,简记为 $U(P_0)$;空心邻域记为 $\mathring{U}(P_0)$.

2. 点与点集之关系

$P\in\mathbf{R}^2$ 为一定点,$E\subset\mathbf{R}^2$ 为一点集.

(1) 内点:若 $\exists\delta>0$,使 $U(P,\delta)\subset E$,则称 P 为 E 的内点.E 的所有内点所成之集称为 E 的内部,记为 $\operatorname{int}E$.

(2) 外点:若 $\exists\delta>0$,使 $U(P,\delta)\cap E=\varnothing$,则称 P 为 E 的外点.

(3) 界点:若 $\forall\delta>0$,有 $U(P,\delta)\cap E\neq\varnothing$,且 $U(P,\delta)\cap E^C\neq\varnothing$(其中 E^C 为 E 的余集),则称 P 为 E 的边界点,简称为界点.E 的所有界点所成之集称为 E 的边界,记为 ∂E.

(4) 聚点:若 $\forall\delta>0$,有 $\mathring{U}(P,\delta)\cap E\neq\varnothing$,则称 P 为 E 的聚点.E 的所有聚点所成之集称为 E 的导集,记为 E'.

(5) 孤立点:若 $P\in E$,且 $\exists\delta>0$,使 $\mathring{U}(P,\delta)\cap E=\varnothing$,则称 P 为 E 的孤立点.

3. 一些重要的平面点集

(1) 开集:若 $\operatorname{int}E=E$,则称 E 为开集.

(2) 闭集:若 $E'\subset E$,则称 E 为闭集.

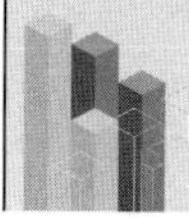

(3) 连通集:若 E 内任意两点之间都可用一条完全含于 E 内的有限折线相连接,则称 E 为连通集.

(4) 开域:连通的开集称为开域.

(5) 闭域:开域连同其边界所成点集称为闭域.

(6) 区域:开域、闭域或开域连同它的部分边界所成的点集通称为区域.

(7) 有界集:若 $\exists r>0$,使得 $E\subset U(O,r)$(O 为坐标原点),则称 E 为有界集.

(8) 无界集:若 $\forall r>0$,使得 $E\not\subset U(O,r)$(O 为坐标原点),则称 E 为无界集.

(9) 点集的直径:$d(E)=\sup\limits_{P,Q\in E}\rho(P,Q)$(其中 ρ 表示距离).

4. $\mathbf{R}^2$ 的完备性

与实数的完备性一样,$\mathbf{R}^2$ 也是完备的. 刻画实数完备性的定理也可推广到 $\mathbf{R}^2$ 中来.

(1) 点列的极限:设 $\{P_n(x_n,y_n)\}\subset\mathbf{R}^2$ 为一点列,$P_0(x_0,y_0)\in\mathbf{R}^2$ 为一定点,若 $\forall\varepsilon>0$,$\exists N>0$,当 $n>N$ 时,恒有 $\rho(P_n,P_0)<\varepsilon$,则称 $\{P_n\}$ 收敛于 P_0,记作 $\lim\limits_{n\to\infty}P_n=P_0$.

注 $\lim\limits_{n\to\infty}P_n=P_0\Leftrightarrow\lim\limits_{n\to\infty}x_n=x_0,\lim\limits_{n\to\infty}y_n=y_0$.

(2) 柯西准则:点列 $\{P_n\}$ 收敛 $\Leftrightarrow\forall\varepsilon>0,\exists N>0$,当 $n,m>N$ 时,恒有 $\rho(P_n,P_m)<\varepsilon$.

(3) 闭域套定理:设 $\{D_n\}$ 是 $\mathbf{R}^2$ 中的闭域列,满足:① $D_n\supset D_{n+1},n=1,2,\cdots$;② $\lim\limits_{n\to\infty}d_n=0$,$d_n=d(D_n)$. 则存在唯一的点 $P_0\in D_n,n=1,2,\cdots$.

(4) 聚点定理:设 E 为有界无穷点集,则必有聚点.

推论 有界无穷点列必有收敛子列.

(5) 有限覆盖定理:设 D 为有界闭域,$H=\{\Delta_\alpha|\Delta_\alpha,\alpha\in I$ 为开域$\}$,若 H 覆盖了 D,则必有有限个开域覆盖了 D,即 $\bigcup\limits_{i=1}^{n}\Delta_i\supset D$.

例 14.1 设 $E\subset\mathbf{R}^2$ 为一点集,$A(x_a,y_a)$ 为 E 的内点,$B(x_b,y_b)$ 为 E 的外点,证明:连接 A,B 的直线段必与 E 的边界 ∂E 至少有一个交点.

证明 记 $|x_a-x_b|=l_1,|y_a-y_b|=l_2$. 取线段 AB 的中点 $C(x_c,y_c)$,若 $C\in\partial E$,则结论已成立. 否则 A 与 C 或 B 与 C 必有一对是一内一外的,将它们记为 $A_1(x_1^a,y_1^a),B_1(x_1^b,y_1^b)$. 则显然:

① $[x_1^a,x_1^b]\subset[x_a,x_b],[y_1^a,y_1^b]\subset[y_a,y_b]$;

② $|x_1^a-x_1^b|=\dfrac{l_1}{2},|y_1^a-y_1^b|=\dfrac{l_2}{2}$.

重复以上步骤,若有某次取的中点 $C_n\in\partial E$,则证明结束,否则这一过程一直进行下去,得到两个点列 $\{A_n(x_n^a,y_n^a)\},\{B_n(x_n^b,y_n^b)\}$ 满足:

① $[x_{n+1}^a,x_{n+1}^b]\subset[x_n^a,x_n^b],[y_{n+1}^a,y_{n+1}^b]\subset[y_n^a,y_n^b]\quad(n=1,2,\cdots)$;

② $|x_n^a-x_n^b|=\dfrac{l_1}{2^n},|y_n^a-y_n^b|=\dfrac{l_2}{2^n}$.

由实数的闭区间套定理必存在唯一的 $x_0\in[x_n^a,x_n^b],y_0\in[y_n^a,y_n^b],n=1,2,\cdots$. 下证 $P_0(x_0,y_0)\in\partial E$. 事实上,假设不是如此,则 P_0 要么属于 E 的内部,要么属于 E 的外部,不妨设它属于 E

的内部,由开集的定义,$\exists\delta>0$,使得 $U(P_0,\delta)\subset E$,由区域套定理,对上述的 δ,$\exists N>0$,当 $n>N$ 时,$\{A_n(x_n^a,y_n^a)\}\subset U(P_0,\delta)$,$\{B_n(x_n^b,y_n^b)\}\subset U(P_0,\delta)$ 此与我们的取法矛盾,即必有 $P_0(x_0,y_0)\in\partial E$.

14.1.2 二元函数及极限

14.1.2.1 二元函数

1. 二元函数定义

若 f 是从 $D\subset\mathbf{R}^2$ 到实数集 $\mathbf{R}$ 上的一个映射,则称 $f(x,y)$ 是一个二元函数,D 为 $f(x,y)$ 的定义域,$f(D)\subset\mathbf{R}$ 是其值域. 记为 $z=f(x,y),(x,y)\in D$.

2. n 元函数定义

若 f 是从 $D\subset\mathbf{R}^n$ 到实数集 $\mathbf{R}$ 上的一个映射,则称 $f(x_1,x_2,\cdots,x_n)$ 是一个 n 元函数,D 为 $f(x_1,x_2,\cdots,x_n)$ 的定义域,$f(D)\subset\mathbf{R}$ 是其值域. 记为 $y=f(x_1,x_2,\cdots,x_n),(x_1,x_2,\cdots,x_n)\in D$.

3. k 次齐次函数

若函数 $u=f(tx_1,tx_2,\cdots,tx_n)=t^kf(x_1,x_2,\cdots,x_n)$,则称 $f(tx_1,tx_2,\cdots,tx_n)$ 为 k 次齐次函数. 如 $f(x,y)=x^2+y^2-xy\tan\dfrac{x}{y}$ 是 2 次齐次函数.

14.1.2.2 二元函数的极限

1. 二重极限

(1) 定义:设 $f(x,y)$ 定义在 $D\subset\mathbf{R}^2$ 上的二元函数,P_0 为 D 的聚点,A 是一个定常数,若 $\forall\varepsilon>0$,$\exists\delta>0$,使当 $P\in\mathring{U}(P_0,\delta)\cap D$ 时,有 $|f(P)-A|<\varepsilon$,则称 $f(x,y)$ 在 D 上当 $P\to P_0$ 时,以 A 为极限,记为 $\lim\limits_{P\to P_0}f(P)=A$.

注 若 $P(x,y)\to P_0(x_0,y_0)$,则极限用坐标表示为:若 $P_0(x_0,y_0)$ 为 D 的聚点,$\forall\varepsilon>0$,$\exists\delta>0$,当 $|x-x_0|<\delta$, $|y-y_0|<\delta$,且 $(x,y)\neq(x_0,y_0)$ 时,恒有 $|f(x,y)-A|<\varepsilon$. 记为 $\lim\limits_{(x,y)\to(x_0,y_0)}f(x,y)=A$.

(2) 充要条件:

① $\lim\limits_{P\to P_0(P\in D)}f(P)=A\Leftrightarrow\lim\limits_{P\to P_0(P\in E)}f(P)=A(\forall E\subset D)$.

② $\lim\limits_{P\to P_0(P\in D)}f(P)=A\Leftrightarrow\forall P_n\in D$,且 $P_n\to P_0$ 有 $\lim\limits_{n\to\infty}f(P_n)=A$.

(3) 极限不存在(特殊路径法):存在 $E_1,E_2\subset D$,且 P_0 是它们的聚点,若

$$\lim_{P\to P_0(P\in E_1)}f(P)=A_1,\quad \lim_{P\to P_0(P\in E_2)}f(P)=A_2,$$

且 $A_1\neq A_2$,则 $\lim\limits_{P\to P_0}f(P)$ 不存在.

例 14.2 当 $(x,y)\to(0,0)$ 时,证明:

(1) $f(x,y)=x\sin\dfrac{1}{y}+y\sin\dfrac{1}{x}$ 极限为 0;

(2) $f(x,y)=\dfrac{xy}{x^2+y^2}$ 极限不存在;

(3)$f(x,y)=\begin{cases}1, & 0<y<x^2\\0, & 其他\end{cases}$，$(x,y)\in\mathbf{R}^2$ 极限不存在.

证明　(1) $\forall\varepsilon>0$，取 $\delta=\dfrac{\varepsilon}{2}>0$，当 $|x|<\delta,|y|<\delta$ 且 $(x,y)\neq(0,0)$ 时，恒有

$$|f(x,y)-0|=\left|x\sin\frac{1}{y}+y\sin\frac{1}{x}\right|\leqslant|x|+|y|<\varepsilon,$$

即 $\lim\limits_{(x,y)\to(0,0)}f(x,y)=0$.

(2) 当沿着 x 轴(即 $y=0$)让动点 $(x,y)\to(0,0)$ 时，$\lim\limits_{(x,y)\to(0,0)}\dfrac{xy}{x^2+y^2}=0$，当沿着直线 $x=y$ 让动点 $(x,y)\to(0,0)$ 时，$\lim\limits_{(x,y)\to(0,0)}\dfrac{xy}{x^2+y^2}=\dfrac{1}{2}$，而 $\dfrac{1}{2}\neq0$，所以 $\lim\limits_{(x,y)\to(0,0)}\dfrac{xy}{x^2+y^2}$ 不存在.

(3) 沿任何通过原点的直线 $y=kx$，让动点 $(x,y)\to(0,0)$ 时，函数的极限都存在，且为0. 事实上，当 $y\leqslant0$ 时，$f(x,y)\equiv0$，结论显然成立；当 $y>0$ 时，不妨设 $k>0$(因为 $k<0$ 时可类似讨论)，则当 x 充分小时(这一点总可以实现，因为 $x\to0$)，必有 $y=kx>x^2$，此时 $f(x,kx)=0$，$\lim\limits_{(x,y)\to(0,0)}f(x,y)=\lim\limits_{x\to0}f(x,kx)=0$，即恒有

$$\lim_{x\to0}f(x,kx)=0.$$

但是 $\lim\limits_{(x,y)\to(0,0)}f(x,y)$ 还是不存在，事实上，当沿着路径 $y=\dfrac{1}{2}x^2$，让动点 $(x,y)\to(0,0)$ 时，$\lim\limits_{(x,y)\to(0,0)}f(x,y)=1\neq0$.

注　这个例子说明，当判断二元函数在某点处极限是否存在时，即使沿通过该点的所有直线趋于该点时的极限都存在且相等，还不能确定该点的极限存在.

2. 二次极限(也叫累次极限)

1) 定义

形如 $\lim\limits_{y\to y_0}\lim\limits_{x\to x_0}f(x,y)$ 和 $\lim\limits_{x\to x_0}\lim\limits_{y\to y_0}f(x,y)$ 的极限，分别称为先 x 后 y 和先 y 后 x 的二次极限.

注　可以两个二次极限都存在但不一定相等；也可以一个存在，另一个不存在.

例 14.3　考查下列函数的两个二次极限：

(1)$f(x,y)=\dfrac{x-y+x^2+y^2}{x+y}$，在 $(0,0)$ 点；

(2)$f(x,y)=x\sin\dfrac{1}{y}$，和 $g(x,y)=y\sin\dfrac{1}{x}$，在 $(0,0)$ 点；

(3)$f(x,y)=\dfrac{xy}{x^2+y^2}$，在 $(0,0)$ 点.

解　(1) $\lim\limits_{y\to0}\lim\limits_{x\to0}f(x,y)=\lim\limits_{y\to0}\dfrac{y^2-y}{y}=-1$，但 $\lim\limits_{x\to0}\lim\limits_{y\to0}f(x,y)=\lim\limits_{y\to0}\dfrac{x^2+x}{x}=1$.

(2) $\lim\limits_{y\to0}\lim\limits_{x\to0}f(x,y)=\lim\limits_{y\to0}\lim\limits_{x\to0}x\sin\dfrac{1}{y}=0$，但 $\lim\limits_{x\to0}\lim\limits_{y\to0}x\sin\dfrac{1}{y}$ 不存在.

$\lim\limits_{y\to0}\lim\limits_{x\to0}g(x,y)=\lim\limits_{y\to0}\lim\limits_{x\to0}y\sin\dfrac{1}{x}$ 不存在，但 $\lim\limits_{x\to0}\lim\limits_{y\to0}y\sin\dfrac{1}{x}=0$.

(3) $\lim\limits_{y\to 0}\lim\limits_{x\to 0}f(x,y)=\lim\limits_{y\to 0}\lim\limits_{x\to 0}\dfrac{xy}{x^2+y^2}=0=\lim\limits_{x\to 0}\lim\limits_{y\to 0}f(x,y)$.

2) 二重极限与二次极限的关系

(1) 无蕴含关系:即二重极限存在,两个二次极限未必存在,如例 14.2(1) 和例 14.3(2);两个二次极限存在且相等,二重极限未必存在. 如例 14.2(2) 和例 14.3(3).

(2) 有联系:若二重极限与二次极限都存在,则它们必相等.

证明 设 $\lim\limits_{(x,y)\to(x_0,y_0)}f(x,y)$ 与 $\lim\limits_{x\to x_0}\lim\limits_{y\to y_0}f(x,y)$ 都存在,记 $\lim\limits_{(x,y)\to(x_0,y_0)}f(x,y)=A$,则 $\forall\varepsilon>0$,$\exists\delta_1>0$,当 $|x-x_0|<\delta_1$,$|y-y_0|<\delta_1$ 且 $(x,y)\neq(x_0,y_0)$ 时,恒有 $|f(x,y)-A|<\dfrac{\varepsilon}{2}$. 对于固定的 x,$x\in\mathring{U}(x_0,\delta_1)$ 由于 $\lim\limits_{y\to y_0}f(x,y)$ 极限存在,记为 $\lim\limits_{y\to y_0}f(x,y)=\varphi(x)$,所以 $\exists\delta(0<\delta<\delta_1)$,当 $0<|y-y_0|<\delta$ 时,有

$$|f(x,y)-\varphi(x)|<\frac{\varepsilon}{2},$$

当 $0<|x-x_0|<\delta$,$0<|y-y_0|<\delta$ 时,有

$$|\varphi(x)-A|\leqslant|\varphi(x)-f(x,y)|+|f(x,y)-A|<\frac{\varepsilon}{2}+\frac{\varepsilon}{2}=\varepsilon.$$

即 $\lim\limits_{x\to x_0}\lim\limits_{y\to y_0}f(x,y)=A$.

同理,当另一个二次极限与二重极限都存在时,它们也相等,所以得到判定二重极限不存在的又一种方法:若两个二次极限都存在,但不相等,则二重极限必不存在. 如例 14.3(1) 中的函数在原点处,二重极限必不存在.

注 已经知道,对一元函数,其极限类型共有 24 种,对二元函数,极限类型更多,没必要再一一指出,下面仅通过一个例子稍加说明.

例 14.4 写出下列类型极限的精确定义:

(1) $\lim\limits_{(x,y)\to(x_0,+\infty)}f(x,y)=A$;　　(2) $\lim\limits_{(x,y)\to(-\infty,+\infty)}f(x,y)=A$;

(3) $\lim\limits_{(x,y)\to(+\infty,y_0)}f(x,y)=+\infty$;　　(4) $\lim\limits_{(x,y)\to(x_0,\infty)}f(x,y)=\infty$.

解 (1) $\forall\varepsilon>0$,$\exists\delta>0$ 及 $M>0$,当 $0<|x-x_0|<\delta$,$y>M$ 时,恒有

$$|f(x,y)-A|<\varepsilon.$$

(2) $\forall\varepsilon>0$,$\exists M>0$,当 $x<-M$,$y>M$ 时,恒有

$$|f(x,y)-A|<\varepsilon.$$

(3) $\forall M>0$,$\exists G>0$ 及 $\exists\delta>0$,当 $x>G$,$0<|y-y_0|<\delta$ 时,恒有

$$f(x,y)>M.$$

(4) $\forall M>0$,$\exists G>0$ 及 $\exists\delta>0$,当 $0<|x-x_0|<\delta$,$|y|>G$ 时,恒有

$$|f(x,y)|>M.$$

例 14.5 给出符合下列条件的函数的例子:当 $x\to+\infty$,$y\to+\infty$ 时,

(1) 两个二次极限存在,但二重极限不存在;

(2) 两个二次极限不存在,但二重极限存在;

（3）重极限与二次极限都不存在；

（4）重极限与一个二次极限存在，另一个二次极限不存在.

解　(1) $f(x,y)=\dfrac{xy}{x^2+y^2}$，二次极限 $\lim\limits_{x\to+\infty}\lim\limits_{y\to+\infty}f(x,y)=0=\lim\limits_{y\to+\infty}\lim\limits_{x\to+\infty}f(x,y)$，但二重极限不存在：当沿着 $y=x$ 与 $y=2x$ 两条路径趋于 $+\infty$ 时它们的极限不等.

(2) $f(x,y)=\dfrac{1}{x}\sin y+\dfrac{1}{y}\sin x$，符合要求（验证略）.

(3) $f(x,y)=xy$，符合要求（验证略）.

(4) $f(x,y)=\dfrac{1}{x}\sin y$，符合要求（验证略）.

3. 二重极限的求法

（1）用定义；

（2）用一元函数的方法，如特殊极限法、迫敛法则等；

（3）对 $(x,y)\to(0,0)$ 类型的极限，求极限时可作极坐标代换 $\begin{cases}x=r\cos\theta\\ y=r\sin\theta\end{cases}$ 化为 $r\to 0$ 的一元函数的极限，进而可以用洛必达法则等（注意：从例 14.2(3) 可知，只有在极限存在时，才可以用此法）.

例 14.6　求下列极限：

(1) $\lim\limits_{(x,y)\to(0,0)}\dfrac{x^2y}{x^2+y^2}$；　(2) $\lim\limits_{(x,y)\to(+\infty,+\infty)}\dfrac{x^2+y^2}{x^4+y^4}$；　(3) $\lim\limits_{(x,y)\to(0,1)}\dfrac{\sin xy}{x}$.

解　(1)（用定义）$\forall\varepsilon>0$，取 $\delta=\varepsilon>0$，当 $(x,y)\in\{(x,y)\mid 0<\sqrt{x^2+y^2}<\delta\}$ 时，恒有

$$\left|\frac{x^2y}{x^2+y^2}\right|\leqslant\left|\frac{x^2y}{x^2}\right|=|y|<\varepsilon,$$

即 $\lim\limits_{(x,y)\to(0,0)}\dfrac{x^2y}{x^2+y^2}=0$.

注　也可以用转化为极坐标的方法.

(2)（用定义）$\forall\varepsilon>0$，取 $M=\sqrt{\dfrac{2}{\varepsilon}}>0$，当 $x>M,y>M$ 时，恒有

$$\left|\frac{x^2+y^2}{x^4+y^4}\right|\leqslant\left|\frac{x^2}{x^4+y^4}\right|+\left|\frac{y^2}{x^4+y^4}\right|\leqslant\frac{1}{x^2}+\frac{1}{y^2}<\frac{\varepsilon}{2}+\frac{\varepsilon}{2}=\varepsilon,$$

即 $\lim\limits_{(x,y)\to(+\infty,+\infty)}\dfrac{x^2+y^2}{x^4+y^4}=0$.

(3) $\lim\limits_{(x,y)\to(0,1)}\dfrac{\sin xy}{x}=\lim\limits_{(x,y)\to(0,1)}\left(y\cdot\dfrac{\sin xy}{xy}\right)=1$.

14.1.3　二元函数的连续性

14.1.3.1　在一点的连续性

1. 定义

（1）定义. 设 $f(x,y)$ 的定义域为 $D\subset\mathbf{R}^2$，$P_0(x_0,y_0)\in D$，若 $\lim\limits_{(x,y)\to(x_0,y_0)}f(x,y)=f(x_0,y_0)$，则称 $f(x,y)$

在 P_0 点连续.

(2)(ε-δ 语言) 设 $f(x,y)$ 的定义域为 $D\subset\mathbf{R}^2$, $P_0(x_0,y_0)\in D$,若 $\forall\varepsilon>0$, $\exists\delta>0$,当 $(x,y)\in D$ 且 $|x-x_0|<\delta$, $|y-y_0|<\delta$ 时,恒有 $|f(x,y)-f(x_0,y_0)|<\varepsilon$,则称 $f(x,y)$ 在 P_0 点连续.

注 若 $P_0(x_0,y_0)$ 为 D 的孤立点,则 $f(x,y)$ 在 P_0 点必连续. 这是因为在 P_0 的某 δ 邻域内属于 $f(x,y)$ 定义域的点仅有 P_0 一个点,此时, $|f(x,y)-f(x_0,y_0)|=|f(x_0,y_0)-f(x_0,y_0)|=0<\varepsilon$.

(3)(用增量语言):记 $\Delta x=x-x_0$, $\Delta y=y-y_0$, $\Delta f(x_0,y_0)=f(x,y)-f(x_0,y_0)$(称为函数的全增量); $\Delta_x f(x_0,y_0)=f(x,y_0)-f(x_0,y_0)$, $\Delta_y f(x_0,y_0)=f(x_0,y)-f(x_0,y_0)$(分别称为关于 x 和 y 的偏增量),则当 $\lim\limits_{(\Delta x,\Delta y)\to(0,0)}\Delta f(x_0,y_0)=0$ 时,称 $f(x,y)$ 在 $P_0(x_0,y_0)$ 点连续.

2. 间断点

使得 $f(x,y)$ 不连续的点,叫 $f(x,y)$ 的间断点. 特别地,若

$$\lim_{(x,y)\to(x_0,y_0)} f(x,y)=A\neq f(x_0,y_0),$$

或 $f(x,y)$ 在 P_0 点无定义,则称 P_0 为可去间断点.

3. 在 $P_0(x_0,y_0)$ 点关于两个变元分别连续

若 $\lim\limits_{x\to x_0} f(x,y_0)=f(x_0,y_0)$,则称 $f(x,y)$ 在 P_0 点关于 x 是连续的.

若 $\lim\limits_{y\to y_0} f(x_0,y)=f(x_0,y_0)$,则称 $f(x,y)$ 在 P_0 点关于 y 是连续的.

4. 连续(或称为关于两变元 (x,y) 的整体连续)与分别连续的关系

(1) 连续 $\Rightarrow$ 分别连续:结论是显然的,因为若 $\lim\limits_{(\Delta x,\Delta y)\to(0,0)}\Delta f(x,y)=0$,则必有 $\lim\limits_{\Delta x\to0}\Delta_x f(x,y)=0$ 和 $\lim\limits_{\Delta y\to0}\Delta_y f(x,y)=0$.

(2) 分别连续未必连续:例如 $f(x,y)=\begin{cases}1, & xy\neq0\\ 0, & xy=0\end{cases}$ 在原点处显然不连续,但由于 $f(0,y)=f(x,0)=0$,因此,在原点处 $f(x,y)$ 对 x 和 y 是分别连续的.

注 若函数 $f(x,y)$ 关于各变量是分别连续的,再附加些什么条件可使其连续呢?这个问题在 14.2 节讨论.

5. 在一点连续的性质

同一元函数.

14.1.3.2 在区域上的连续性

1. 定义

若函数 $f(x,y)$ 在区域 D 上每一点都连续,则称 $f(x,y)$ 在区域 D 上连续.

2. 在有界闭域上连续函数的性质

(1) 最大(小)值性:若函数 $f(x,y)$ 在有界闭域 D 上连续,则函数在 D 上必可取到最大值和最小值.

(2) 有界性:若函数 $f(x,y)$ 在有界闭域 D 上连续,则函数在 D 上必有界.

(3) 介值定理:若函数 $f(x,y)$ 在区域 D 上连续, P_1, P_2 为 D 中任意两点,若 $f(P_1)<f(P_2)$,则对任何满足不等式 $f(P_1)<\mu<f(P_2)$ 的实数 μ,必存在 $P_0\in D$,使得 $f(P_0)=\mu$.

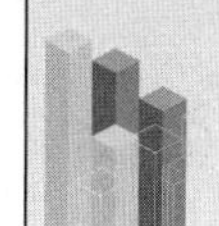

（4）一致连续性：若函数 $f(x,y)$ 在有界闭域 D 上连续，则必一致连续.

注　①二元函数 $f(x,y)$ 在区域 D 上一致连续定义：$\forall\varepsilon>0,\exists\delta>0,\forall(x_1,y_1),(x_2,y_2)\in D$，当 $|x_1-x_2|<\delta,|y_1-y_2|<\delta$ 时，恒有 $|f(x_1,y_1)-f(x_2,y_2)|<\varepsilon$.

② 二元函数在区域 D 上不一致连续定义：$\exists\varepsilon_0>0,\forall\delta>0,\exists(x_1,y_1),(x_2,y_2)\in D$，虽然 $|x_1-x_2|<\delta,|y_1-y_2|<\delta$，但是 $|f(x_1,y_1)-f(x_2,y_2)|\geqslant\varepsilon_0$.

例 14.7　证明：函数 $f(x,y)=\dfrac{1}{1-xy}$ 在 $D=[0,1)\times[0,1)$ 上连续，但不一致连续.

证明　因为 D 属于初等函数 $f(x,y)=\dfrac{1}{1-xy}$ 的定义域，而初等函数在定义域上都是连续的．下证它不一致连续：取 $\varepsilon_0=\dfrac{1}{8}>0,\forall\delta>0(0<\delta<1)$，取 $x_1=y_1=1-\dfrac{\delta}{2},x_2=y_2=1-\delta$，则 $(x_1,y_1),(x_2,y_2)\in D$，且 $|x_1-x_2|=\dfrac{\delta}{2}<\delta,|y_1-y_2|=\dfrac{\delta}{2}<\delta$，但是

$$|f(x_1,y_1)-f(x_2,y_2)|=\left|\frac{1}{\delta-\frac{\delta^2}{4}}-\frac{1}{2\delta-\delta^2}\right|\geqslant\frac{1}{\delta}\frac{1-\frac{3}{4}\delta}{2}\geqslant\frac{1}{\delta}\cdot\frac{1}{8}>\frac{1}{8}=\varepsilon_0.$$

即 $f(x,y)=\dfrac{1}{1-xy}$ 在 $D=[0,1)\times[0,1)$ 上不一致连续.

14.2　多元函数极限与连续一些主要问题讨论

14.2.1　对一类在原点处为“$\dfrac{0}{0}$”型的函数其极限存在与否的判定

例 14.8　判定下列函数在(0,0)的极限是否存在：

(1) $f(x,y)=\dfrac{y^2}{x^2+y^2}$；　(2) $f(x,y)=\dfrac{y^2x}{x^2+y^2}$；　(3) $f(x,y)=\dfrac{y+x^3}{x^2+y^2}$；

(4) $f(x,y)=\dfrac{x^2y^2}{x^3+y^3}$；　(5) $f(x,y)=\dfrac{x^3+y^3}{x^2+y}$；　(6) $f(x,y)=\dfrac{x^2y^2}{x^2y^2+(x-y)^2}$.

首先给出一个判别法则：

① 在分母非负时，当分子的次数大于分母次数时，极限必存在且为0；当分子的次数小于或等于分母的次数时，极限必不存在.

② 在分母变号时，无论分子、分母次数高低，极限恒不存在.

在此法则下，可以很容易地判定此例所给出的函数在原点处的极限情况.

解　(1) 和(6) 分母非负，分子、分母的次数相等，极限不存在，可选特殊路径证明.

(2) 极限存在且为0，可用定义证明之.

(3) 可看作两函数的和：$f(x,y) = \dfrac{y+x^3}{x^2+y^2} = \dfrac{y}{x^2+y^2} + \dfrac{x^3}{x^2+y^2}$，第一个极限不存在，第二个极限存在，故和的极限必不存在.

(4)$f(x,y) = \dfrac{x^2y^2}{x^3+y^3}$，分母符号不定，极限必不存在．下面证明之：当沿着 x 轴($y=0$) 动点 $(x,y)\to(0,0)$ 时，函数极限为0；当沿着 $x=y^2-y$ 动点 $(x,y)\to(0,0)$ 时函数极限为$\dfrac{1}{3}$，故$f(x,y) = \dfrac{x^2y^2}{x^3+y^3}$ 在原点极限不存在.

注　对于本题的函数，当选择特殊路径证明其极限不存在时，不能选择 $x=-y$ 路径，因为它不属于函数的定义域. 在 14.1 节中已指出，用特殊路径证明极限不存在，一定要在定义域内选择不同的路径.

(5)$f(x,y) = \dfrac{x^3+y^3}{x^2+y}$，极限不存在，理由同(4)．(读者自证，可仿照(4))

14.2.2　关于连续性问题的讨论

例 14.9　讨论下列函数的连续性：

(1)$f(x,y) = \begin{cases} \dfrac{\sin xy}{y}, & y\neq 0 \\ 0, & y=0 \end{cases}$；　(2)$f(x,y) = \begin{cases} \dfrac{\sin xy}{\sqrt{x^2+y^2}}, & x^2+y^2\neq 0 \\ 0, & x^2+y^2=0 \end{cases}$；

(3)$f(x,y) = \begin{cases} 0, & x \text{ 为无理数} \\ y, & x \text{ 为有理数} \end{cases}$；　(4)$f(x,y) = \begin{cases} \dfrac{x}{(x^2+y^2)^p}, & x^2+y^2\neq 0 \\ 0, & x^2+y^2=0 \end{cases}$ $(p>0)$.

解　(1) 在 $\mathbf{R}^2$ 上除 x 轴(即 $y=0$) 外，函数都是连续的，下面讨论在 x 轴上的情况：在原点处，$\lim\limits_{(x,y)\to(0,0)} f(x,y) = \lim\limits_{(x,y)\to(0,0)} \dfrac{\sin xy}{y} = \lim\limits_{(x,y)\to(0,0)} x\dfrac{\sin xy}{xy} = 0 = f(0,0)$ 连续．在点$(x_0,0)$，$x_0\neq 0$处，因为

$$\lim_{(x,y)\to(x_0,0)} f(x,y) = \lim_{(x,y)\to(x_0,0)} \frac{\sin xy}{y} = \lim_{(x,y)\to(x_0,0)} x\frac{\sin xy}{xy} = x_0 \neq 0 = f(x_0,0),$$

所以$f(x,y)$ 在点$(x_0,0)$，$x_0\neq 0$ 处不连续，即$f(x,y)$ 在 x 轴上 $x\neq 0$ 的点不连续，在 $\mathbf{R}^2$ 上其余部分都连续.

(2) 除原点外，函数都是连续的，证明在原点也是连续的(实际上很容易初步估计出这一结论，这是因为：在原点处，$\sin xy \sim xy$，按前面给的判定法则，就可以得出这样的结论).

$\forall \varepsilon>0$，取 $\delta=\varepsilon>0$，当 $|x|<\delta$，$|y|<\delta$ 时，有

$$|f(x,y)-f(0,0)| = \left|\frac{\sin xy}{\sqrt{x^2+y^2}}\right| \leqslant \frac{|xy|}{\sqrt{x^2+y^2}} \leqslant \frac{\sqrt{|xy|}}{\sqrt{2}} < \frac{\varepsilon}{\sqrt{2}},$$

即 $f(x,y)$ 在原点连续，从而 $f(x,y)$ 在全平面连续.

(3) 函数 $f(x,y)$ 仅在 x 轴上连续.

① 在 x 轴上任取一点 $(x_0,0)$, 则 $f(x_0,0)=0$, $\forall\varepsilon>0$, 取 $\delta=\varepsilon$, 当 $|x-x_0|<\delta$, $|y|<\delta$ 时, $|f(x,y)-f(x_0,0)|\leqslant|y|<\varepsilon$. 即函数 $f(x,y)$ 在 $(x_0,0)$ 点连续, 从而在 x 轴上连续.

② 在 x 轴外(即 $y\neq0$)都不连续: 任取一点 $P_0(x_0,y_0)$, 其中 $y_0\neq0$. 下面证明函数在这一点不连续. 不妨设 $y_0>0$, 取 $\varepsilon_0=\dfrac{y_0}{2}>0$, $\forall\delta>0\left(\text{不妨}\,0<\delta<\dfrac{y_0}{2}\right)$. 当 x_0 为有理点时, $f(x_0,y_0)=y_0$, 在 $U(P_0,\delta)$ 内总可以取到一点 $P(x,y)$ 使 x 为无理数, 则 $|f(x,y)-f(x_0,y_0)|=y_0>\varepsilon_0$. 当 x_0 为无理点时, $f(x_0,y_0)=0$, 在 $U(P_0,\delta)$ 内总可以取到一点 $P(x,y)$ 使 x 为有理数, 则 $|f(x,y)-f(x_0,y_0)|=y>\dfrac{y_0}{2}=\varepsilon_0$, 即函数 $f(x,y)$ 在 $P_0(x_0,y_0)$ 点不连续. 故函数 $f(x,y)$ 仅在 x 轴上连续.

(4) 仅讨论在原点的连续性, 其余都是连续的.

① 当 $p<\dfrac{1}{2}$ 时, 函数在原点连续, 事实上, 令 $\begin{cases}x=r\cos\theta\\y=r\sin\theta\end{cases}$, 则

$$\lim_{(x,y)\to(0,0)}\frac{x}{(x^2+y^2)^p}=\lim_{r\to0}\frac{r\cos\theta}{r^{2p}}=0=f(0,0).$$

② 当 $p\geqslant\dfrac{1}{2}$ 时, 函数在原点的极限不存在, 故函数不连续.

14.2.3　二元函数连续与关于各变元分别连续问题

例 14.10　设 $f(x,y)$ 定义在 $D=[a,b]\times[c,d]$ 上, 若 $f(x,y)$ 对 y 在 $[c,d]$ 上处处连续, 对 x 在 $[a,b]$(且关于 y)为一致连续, 证明 $f(x,y)$ 在 D 上处处连续.

证明　任取一点 $(x_0,y_0)\in D$, 估计

$$|f(x,y)-f(x_0,y_0)|\leqslant|f(x,y)-f(x_0,y)|+|f(x_0,y)-f(x_0,y_0)| \tag{14.1}$$

由已知, $f(x,y)$ 对 y 在 $[c,d]$ 上处处连续, $\forall\varepsilon>0$, $\exists\delta_1>0$, 对固定的 x_0, 当 $|y-y_0|<\delta_1$ 时, 有

$$|f(x_0,y)-f(x_0,y_0)|<\frac{\varepsilon}{2},$$

又 $f(x,y)$ 对 x 关于 y 一致连续, 对上述的 ε, $\exists\delta_2>0$, 当 $|x-x_0|<\delta_2$ 时, 对一切 $y\in[c,d]$, 恒有

$$|f(x,y)-f(x_0,y)|<\frac{\varepsilon}{2},$$

取 $\delta=\min\{\delta_1,\delta_2\}$, 当 $|x-x_0|<\delta$, $|y-y_0|<\delta$ 时, 由式(14.1), 有

$$|f(x,y)-f(x_0,y_0)|\leqslant\frac{\varepsilon}{2}+\frac{\varepsilon}{2}=\varepsilon,$$

即 $f(x,y)$ 在 (x_0,y_0) 点连续, 进而 $f(x,y)$ 在 D 上处处连续.

例 14.11　设 $f(x,y)$ 在区域 $G\subset\mathbf{R}^2$ 上, 对 x 连续, 对 y 满足利普希茨条件:

$$|f(x,y')-f(x,y'')|\leqslant L|y'-y''|.$$

其中, (x,y'), $(x,y'')\in G$, L 为正常数. 证明 $f(x,y)$ 在 G 上处处连续.

证明　任取一点$(x_0,y_0)\in G$,估计

$$|f(x,y)-f(x_0,y_0)|\leqslant|f(x,y)-f(x,y_0)|+|f(x,y_0)-f(x_0,y_0)|. \tag{14.2}$$

$\forall\varepsilon>0$,取$\delta_1=\dfrac{\varepsilon}{2L}>0$,当$|y-y_0|<\delta_1$时,由已知条件,有

$$|f(x,y)-f(x,y_0)|\leqslant L|y-y_0|<\frac{\varepsilon}{2}.$$

又因对x连续,对上述的ε,$\exists\delta_2>0$,对固定的y_0,当$|x-x_0|<\delta_2$时,有

$$|f(x,y_0)-f(x_0,y_0)|<\frac{\varepsilon}{2},$$

取$\delta=\min\{\delta_1,\delta_2\}$,当$|x-x_0|<\delta$,$|y-y_0|<\delta$时,由式(14.2),有

$$|f(x,y)-f(x_0,y_0)|\leqslant\frac{\varepsilon}{2}+\frac{\varepsilon}{2}=\varepsilon,$$

即$f(x,y)$在(x_0,y_0)点连续,进而$f(x,y)$在G上处处连续.

例 14.12　设$f(x,y)$在$\mathbf{R}^2$上分别对每一个变量x和y是连续的,并且每当固定x时,$f(x,y)$对y是单调的,证明$f(x,y)$是$\mathbf{R}^2$上的连续函数.

证明　任取一点$(x_0,y_0)\in\mathbf{R}^2$,由于函数$f(x,y)$在这一点关于y连续,$\forall\varepsilon>0$,$\exists\delta_1>0$,当$|y-y_0|\leqslant\delta_1$时,有

$$|f(x_0,y)-f(x_0,y_0)|<\frac{\varepsilon}{4}.$$

由已知不妨假设函数$f(x,y)$对固定的x关于y是单调递增的,于是当$y\in[y_0-\delta_1,y_0+\delta_1]$时,有

$$\begin{aligned}|f(x,y)-f(x,y_0)|&\leqslant|f(x,y_0+\delta_1)-f(x,y_0)|\\&\leqslant|f(x,y_0+\delta_1)-f(x_0,y_0+\delta_1)|+\\&\quad|f(x_0,y_0+\delta_1)-f(x_0,y_0)|+|f(x_0,y_0)-f(x,y_0)|,\end{aligned}$$

在点$(x_0,y_0+\delta_1)$关于x连续,存在$\delta_2>0$,当$|x-x_0|<\delta_2$时,有

$$|f(x,y_0+\delta_1)-f(x_0,y_0+\delta_1)|<\frac{\varepsilon}{4},$$

在点(x_0,y_0)关于x连续,存在$\delta_3>0$,当$|x-x_0|<\delta_3$时,有

$$|f(x,y_0)-f(x_0,y_0)|<\frac{\varepsilon}{4},$$

取$\delta=\min\{\delta_1,\delta_2,\delta_3\}$,当$|x-x_0|<\delta$,$|y-y_0|<\delta$时,有

$$\begin{aligned}|f(x,y)-f(x_0,y_0)|&\leqslant|f(x,y)-f(x,y_0)|+|f(x,y_0)-f(x_0,y_0)|\\&\leqslant|f(x,y_0+\delta_1)-f(x,y_0)|+|f(x,y_0)-f(x_0,y_0)|\\&\leqslant|f(x,y_0+\delta_1)-f(x_0,y_0+\delta_1)|+|f(x_0,y_0+\delta_1)-f(x_0,y_0)|+\\&\quad 2|f(x_0,y_0)-f(x,y_0)|\\&<\frac{\varepsilon}{4}+\frac{\varepsilon}{4}+\frac{\varepsilon}{2}=\varepsilon,\end{aligned}$$

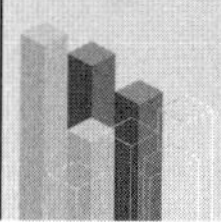

即 $f(x,y)$ 在 (x_0,y_0) 点连续,进而在 $\mathbf{R}^2$ 上连续.

14.2.4 杂例

例 14.13 设 f 在 $D:x^2+y^2<1$ 上有定义,若 $f(x,0)$ 在 $x=0$ 处连续,且 $f_y(x,y)$ 在 D 上有界,则 $f(x,y)$ 在 $(0,0)$ 点连续.

证明 估计 $|f(x,y)-f(0,0)|\leqslant|f(x,y)-f(x,0)|+|f(x,0)-f(0,0)|$. 由已知,设 $|f_y(x,y)|\leqslant M,\forall(x,y)\in D$,其中 $M>0$ 为常数. 再由 $f(x,0)$ 在 $x=0$ 处连续,$\forall\varepsilon>0,\exists\delta_1>0$,当 $|x|<\delta_1$ 时,有 $|f(x,0)-f(0,0)|<\dfrac{\varepsilon}{2}$,于是,取 $\delta=\min\left\{\delta_1,\dfrac{\varepsilon}{2M}\right\}$,当 $|x|<\delta,|y|<\delta$ 时,有

$$\begin{aligned}|f(x,y)-f(0,0)|&\leqslant|f(x,y)-f(x,0)|+|f(x,0)-f(0,0)|\\&=|f_y(x,\theta y)y|+|f(x,0)-f(0,0)|\\&\leqslant M|y|+\frac{\varepsilon}{2}<\frac{\varepsilon}{2}+\frac{\varepsilon}{2}=\varepsilon,\end{aligned}$$

其中,$0<\theta<1$,即 $f(x,y)$ 在 $(0,0)$ 点连续.

例 14.14 证明函数 $f(x,y)=\sin xy$ 在 $\mathbf{R}^2$ 上非一致连续.

证明 取 $\varepsilon_0=\dfrac{1}{2}>0,\forall\delta>0$,总可以取充分大的自然数 n,使 $\dfrac{\frac{\pi}{2}}{\sqrt{2n\pi}}<\delta$,令 $x_1=y_1=\sqrt{2n\pi},x_2=y_2=\sqrt{2n\pi+\dfrac{\pi}{2}}$,则 $(x_1,y_1)\in\mathbf{R}^2,(x_2,y_2)\in\mathbf{R}^2$,且

$$|x_1-x_2|=\frac{\frac{\pi}{2}}{\sqrt{2n\pi}+\sqrt{2n\pi+\frac{\pi}{2}}}<\frac{\frac{\pi}{2}}{\sqrt{2n\pi}}<\delta,$$

$$|y_1-y_2|=\frac{\frac{\pi}{2}}{\sqrt{2n\pi}+\sqrt{2n\pi+\frac{\pi}{2}}}<\frac{\frac{\pi}{2}}{\sqrt{2n\pi}}<\delta,$$

但 $|f(x_1,y_1)-f(x_2,y_2)|=1>\varepsilon_0$,即函数 $f(x,y)=\sin xy$ 在 $\mathbf{R}^2$ 上非一致连续.

例 14.15 设 $f(x,y)$ 为连续函数,当 $(x,y)\neq(0,0)$ 时,$f(x,y)>0$,且 $\forall c>0$,有 $f(cx,cy)=cf(x,y)$(即是 1 次齐次函数). 证明:$\exists\alpha,\beta\geqslant0$,使得

$$\alpha\sqrt{x^2+y^2}\leqslant f(x,y)\leqslant\beta\sqrt{x^2+y^2}.$$

证明 由已知条件易知 $f(0,0)=0$,当 $(x,y)\neq(0,0)$ 时,取 $c=\dfrac{1}{\sqrt{x^2+y^2}}>0$,由已知,

$$f\left(\frac{x}{\sqrt{x^2+y^2}},\frac{y}{\sqrt{x^2+y^2}}\right)=\frac{1}{\sqrt{x^2+y^2}}f(x,y),$$

则 $$f(x,y)=\sqrt{x^2+y^2}f\left(\frac{x}{\sqrt{x^2+y^2}},\frac{y}{\sqrt{x^2+y^2}}\right).$$

因$\left|\frac{x}{\sqrt{x^2+y^2}}\right|\leqslant 1,\left|\frac{y}{\sqrt{x^2+y^2}}\right|\leqslant 1$,(0,0)为$f(x,y)$的可去间断点,函数$f\left(\frac{x}{\sqrt{x^2+y^2}},\frac{y}{\sqrt{x^2+y^2}}\right)$在$D=[0,1]\times[0,1]$上连续,因而必可取到最大值与最小值,分别记为$\beta,\alpha$,则$\alpha\sqrt{x^2+y^2}\leqslant f(x,y)\leqslant\beta\sqrt{x^2+y^2}$.

习　　题

1. 写出下列极限的精确定义:

(1) $\lim\limits_{(x,y)\to(x_0^+,y_0^-)}f(x,y)=A$;　　(2) $\lim\limits_{(x,y)\to(x_0^+,+\infty)}f(x,y)=A$;

(3) $\lim\limits_{(x,y)\to(-\infty,y_0^-)}f(x,y)=+\infty$;　　(4) $\lim\limits_{(x,y)\to(x_0,-\infty)}f(x,y)=\infty$.

2. 讨论下列函数在原点处的极限是否存在,并说明理由:

(1) $\dfrac{xy}{\sqrt{x+y+1}-1}$;　　(2) $\dfrac{\sin(x^3+y^3)}{x^2+y^2}$;

(3) $\dfrac{x^3+y^3}{x+y^2}$;　　(4) $\dfrac{e^x-e^y}{\sin(x+y)}$.

3. 设$f(t)$在区间(a,b)上连续可导,函数

$$F(x,y)=\begin{cases}\dfrac{f(x)-f(y)}{x-y}, & x\neq y,(x,y)\in(a,b)\times(a,b)\\ f'(x), & x=y,x\in(a,b)\end{cases}.$$

证明:对任意$c\in(a,b)$,都有$\lim\limits_{(x,y)\to(c,c)}F(x,y)=f'(c)$.

4. 讨论函数$f(x,y)=\begin{cases}\dfrac{x^py^q}{x^2+y^2}, & x^2+y^2\neq 0\\ 0, & x^2+y^2=0\end{cases}$在原点的连续性.

5. 若函数$f(x,y)$在D上一致连续,$\{P_n(x_n,y_n)\}\subset D$且为收敛点列,证明$\{f(P_n)\}$也是收敛数列;若$D$是有界闭集,其逆命题也真.

6. 设$F(x,y)=\dfrac{1}{2x}f(y-x)(x>0)$,$F(1,y)=\dfrac{y^2}{2}-y+5$. 任取$x_0>0$,作点列$x_n=F(x_{n-1},2x_{n-1})(n=1,2,\cdots)$. 证明数列$\{x_n\}$收敛,并求其值.

第 15 讲　多元函数微分学

15.1　多元函数微分的基本概念

15.1.1　偏导与全微分

1. 偏导

若$\lim\limits_{\Delta x\to 0}\dfrac{f(x_0+\Delta x,y_0)-f(x_0,y_0)}{\Delta x}$存在，则称$f(x,y)$在$(x_0,y_0)$点关于$x$的偏导存在，记作$f_x(x_0,y_0)$. 同理，关于$y$的偏导数为$\lim\limits_{\Delta y\to 0}\dfrac{f(x_0,y_0+\Delta y)-f(x_0,y_0)}{\Delta y}=f_y(x_0,y_0)$.

2. 可微与全微分

若函数$z=f(x,y)$在$P_0(x_0,y_0)$点的全增量

$$\Delta z=f(x_0+\Delta x,y_0+\Delta y)-f(x_0,y_0)=A\Delta x+B\Delta y+o(\rho),\tag{15.1}$$

其中，A,B是仅与P_0有关的常数；$\rho=\sqrt{\Delta x^2+\Delta y^2}$，则称函数$f(x,y)$在$P_0$点可微，并称$A\Delta x+B\Delta y$为函数$f$在$P_0$点的全微分，记为

$$\mathrm{d}z\big|_{P_0}=\mathrm{d}f(x_0,y_0)=A\Delta x+B\Delta y.$$

可微的等价定义：

$$\Delta z=f(x_0+\Delta x,y_0+\Delta y)-f(x_0,y_0)=A\Delta x+B\Delta y+\alpha\Delta x+\beta\Delta y,\tag{15.2}$$

其中，α,β在$(\Delta x,\Delta y)\to(0,0)$时为无穷小量.

3. 可微与偏导的关系

可微$\Rightarrow$偏导存在，反之不成立.

证明　若函数在P_0点可微，则有

$$\Delta z=f(x_0+\Delta x,y_0+\Delta y)-f(x_0,y_0)=A\Delta x+B\Delta y+\alpha\Delta x+\beta\Delta y.$$

令$\Delta y=0$，则$\lim\limits_{\Delta x\to 0}\dfrac{\Delta_x z}{\Delta x}=A$，即$f(x,y)$在$P_0$点关于$x$的偏导存在，且$A=f_x(x_0,y_0)$，同理可证$f(x,y)$在$P_0$点关于$y$的偏导存在，且$B=f_y(x_0,y_0)$. 此时函数在$P_0$点的微分可记为

$$\mathrm{d}f(x_0,y_0)=f_x(x_0,y_0)\mathrm{d}x+f_y(x_0,y_0)\mathrm{d}y.$$

反之不成立,如例 15.1.

例 15.1 函数$f(x,y)=\begin{cases}\dfrac{xy}{x^2+y^2}, & x^2+y^2\neq 0\\ 0, & x^2+y^2=0\end{cases}$在点(0,0)处,有

$$f_x(0,0)=\lim_{x\to 0}\frac{f(x,0)-f(0,0)}{x}=0,$$

$$f_y(0,0)=\lim_{y\to 0}\frac{f(0,y)-f(0,0)}{y}=0,$$

说明两个偏导都存在,但

$$\lim_{(x,y)\to(0,0)}\frac{f(x,y)-f(0,0)-[f_x(0,0)x+f_y(0,0)y]}{\sqrt{x^2+y^2}}=\lim_{(x,y)\to(0,0)}\frac{xy}{(x^2+y^2)^{\frac{3}{2}}}$$

不存在,故函数在点(0,0)处不可微.

注 (1) 要证明函数在$P_0(x_0,y_0)$点可微或不可微,就是要考察极限

$$\lim_{(\Delta x,\Delta y)\to(0,0)}\frac{\Delta z-[f_x(x_0,y_0)\Delta x+f_y(x_0,y_0)\Delta y]}{\sqrt{\Delta x^2+\Delta y^2}}$$

是否为零,若为零,就可微;否则不可微.

(2) 逆否命题:若函数的偏导不存在,则必不可微.

4. 可微、偏导与连续的关系

可微$\Rightarrow$连续,反之不成立. 连续与偏导互不蕴含.

证明 由函数可微,对式(15.1)两边令$(\Delta x,\Delta y)\to(0,0)$取极限即得$\lim\limits_{(\Delta x,\Delta y)\to(0,0)}\Delta z=0$,即$f(x,y)$在$P_0(x_0,y_0)$点连续.

反之不成立,如例 15.2.

例 15.2 $f(x,y)=\sqrt{x^2+y^2}$在点(0,0)连续是显然的,但

$$\lim_{x\to 0}\frac{f(x,0)-f(0,0)}{x}=\lim_{x\to 0}\frac{|x|}{x}$$

不存在,故函数在点(0,0)关于x的偏导不存在,同理关于y的偏导也不存在,故不可微.

例 15.2 已经说明连续但偏导不存在;再由例 15.1 可知偏导存在,但此函数在点(0,0)不连续(因为它极限不存在). 此两例说明连续与偏导互不蕴含.

注 逆否命题:若函数不连续,则必不可微.

5. 可微的充分条件

若函数$z=f(x,y)$在点(x_0,y_0)的某邻域内存在偏导数,且$f_x(x,y)$, $f_y(x,y)$在点(x_0,y_0)连续,则$f(x,y)$在(x_0,y_0)点可微.

证明

$$\begin{aligned}\Delta z&=f(x_0+\Delta x,y_0+\Delta y)-f(x_0,y_0)\\&=[f(x_0+\Delta x,y_0+\Delta y)-f(x_0,y_0+\Delta y)]+[f(x_0,y_0+\Delta y)-f(x_0,y_0)]\\&=f_x(x_0+\theta_1\Delta x,y_0+\Delta y)\Delta x+f_y(x_0,y_0+\theta_2\Delta y)\Delta y,\end{aligned}\tag{15.3}$$

其中，$0<\theta_1<1, 0<\theta_2<1$. 由 $f_x(x,y), f_y(x,y)$ 在点 (x_0,y_0) 连续，所以

$$\lim_{(\Delta x,\Delta y)\to(0,0)} f_x(x_0+\theta_1\Delta x, y_0+\Delta y) = f_x(x_0,y_0),$$
$$\lim_{(\Delta x,\Delta y)\to(0,0)} f_y(x_0, y_0+\theta_2\Delta y) = f_y(x_0,y_0).$$

由有限增量公式

$$f_x(x_0+\theta_1\Delta x, y_0+\Delta y) = f_x(x_0,y_0)+\alpha, \tag{15.4}$$
$$f_y(x_0, y_0+\theta_2\Delta y) = f_y(x_0,y_0)+\beta, \tag{15.5}$$

其中，α,β 在 $(\Delta x,\Delta y)\to(0,0)$ 时为无穷小量. 将式(15.4)、式(15.5)代入式(15.3)，得

$$\Delta z = f(x_0+\Delta x, y_0+\Delta y)-f(x_0,y_0) = f_x(x_0,y_0)\Delta x+f_y(x_0,y_0)\Delta y+\alpha\Delta x+\beta\Delta y,$$

即 $f(x,y)$ 可微.

注　(1) 该条件可适当地减弱，这个问题将在 15.2 节讨论.

(2) 条件是非必要的，如例 15.3.

例 15.3　设函数 $f(x,y)=\begin{cases}(x^2+y^2)\sin\dfrac{1}{\sqrt{x^2+y^2}}, & x^2+y^2\neq 0\\ 0, & x^2+y^2=0\end{cases}$，证明它在 $(0,0)$ 可微，但偏导函数不连续.

证明　$f_x(0,0)=\lim\limits_{x\to 0}\dfrac{f(x,0)-f(0,0)}{x}=\lim\limits_{x\to 0}x\sin\dfrac{1}{\sqrt{x^2}}=0$，同理 $f_y(0,0)=0$. 且

$$\lim_{(x,y)\to(0,0)}\frac{f(x,y)-f(0,0)-[f_x(0,0)x+f_y(0,0)y]}{\sqrt{x^2+y^2}}$$
$$=\lim_{(x,y)\to(0,0)}\sqrt{x^2+y^2}\sin\frac{1}{\sqrt{x^2+y^2}}=0,$$

所以函数在 $(0,0)$ 可微. 注意到

$$f_x(x,y)=\begin{cases}2x\sin\dfrac{1}{\sqrt{x^2+y^2}}-\dfrac{x}{\sqrt{x^2+y^2}}\cos\dfrac{1}{\sqrt{x^2+y^2}}, & x^2+y^2\neq 0\\ 0, & x^2+y^2=0\end{cases},$$

因为 $\lim\limits_{(x,y)\to(0,0)}x\sin\dfrac{1}{\sqrt{x^2+y^2}}=0$，$\lim\limits_{(x,y)\to(0,0)}\dfrac{x}{\sqrt{x^2+y^2}}\cos\dfrac{1}{\sqrt{x^2+y^2}}$ 不存在，所以 $\lim\limits_{(x,y)\to(0,0)}f_x(x,y)$ 不存在，从而 $f_x(x,y)$ 在 $(0,0)$ 点不连续. 由对称性 $f_y(x,y)$ 在 $(0,0)$ 也不连续.

15.1.2　偏导和全微分的计算

1. 复合函数求导法则(链式法则)

若 $z=f(x,y), x=\varphi(s,t), y=\psi(s,t)$，都可微，则

$$\frac{\partial z}{\partial s}=\frac{\partial z}{\partial x}\frac{\partial x}{\partial s}+\frac{\partial z}{\partial y}\frac{\partial y}{\partial s},\quad \frac{\partial z}{\partial t}=\frac{\partial z}{\partial x}\frac{\partial x}{\partial t}+\frac{\partial z}{\partial y}\frac{\partial y}{\partial t}.$$

注　在使用链式法则时，必须注意外函数是可微的，否则结论可能不成立.

例 15.4 $f(x,y)=\begin{cases}\dfrac{x^2y}{x^2+y^2}, & x^2+y^2\neq 0\\ 0, & x^2+y^2=0\end{cases}$，$x=t,y=t$. 在 $t=0$ 点验证链式法则.

解 一方面，$z=F(t)=f(t,t)=\begin{cases}\dfrac{t}{2}, & t\neq 0\\ 0, & t=0\end{cases}$，则 $\left.\dfrac{\mathrm{d}z}{\mathrm{d}t}\right|_{t=0}=\lim\limits_{t\to 0}\dfrac{F(t)-F(0)}{t}=\dfrac{1}{2}$；另一方面，用链式法则，因

$$f_x(0,0)=\lim_{x\to 0}\frac{f(x,0)-f(0,0)}{x}=0,\quad f_y(0,0)=\lim_{y\to 0}\frac{f(0,y)-f(0,0)}{y}=0,$$

所以

$$\left.\frac{\mathrm{d}z}{\mathrm{d}t}\right|_{t=0}=\left.\frac{\partial z}{\partial x}\right|_{(0,0)}\cdot\left.\frac{\mathrm{d}x}{\mathrm{d}t}\right|_{t=0}+\left.\frac{\partial z}{\partial y}\right|_{(0,0)}\cdot\left.\frac{\mathrm{d}y}{\mathrm{d}t}\right|_{t=0}=0\cdot 1+0\cdot 1=0.$$

显然，链式法则不成立. 为什么？主要是外函数的可微性条件没有满足，来考查外函数在 $(0,0)$ 点的可微性：因为

$$\lim_{(x,y)\to(0,0)}\frac{f(x,y)-f(0,0)-[f_x(0,0)x+f_y(0,0)y]}{\sqrt{x^2+y^2}}=\lim_{(x,y)\to(0,0)}\frac{x^2y}{(x^2+y^2)^{\frac{3}{2}}}$$

不存在，所以函数 $f(x,y)$ 在 $(0,0)$ 点不可微，导致链式法则的错误.

2. 复合函数的全微分及一阶微分不变性

设 $z=f(x,y)$，$x=\varphi(s,t)$，$y=\psi(s,t)$ 都可微. 一方面，若 x,y 为最终的自变量，则全微分

$$\mathrm{d}z=f_x(x,y)\mathrm{d}x+f_y(x,y)\mathrm{d}y,$$

另一方面，若 $z=f(x,y)$，$x=\varphi(s,t)$，$y=\psi(s,t)$，$z=f(\varphi(s,t),\psi(s,t))$，则全微分为

$$\begin{aligned}\mathrm{d}z&=\frac{\partial z}{\partial s}\mathrm{d}s+\frac{\partial z}{\partial t}\mathrm{d}t=\left(\frac{\partial z}{\partial x}\frac{\partial x}{\partial s}+\frac{\partial z}{\partial y}\frac{\partial y}{\partial s}\right)\mathrm{d}s+\left(\frac{\partial z}{\partial x}\frac{\partial x}{\partial t}+\frac{\partial z}{\partial y}\frac{\partial y}{\partial t}\right)\mathrm{d}t\\&=\frac{\partial z}{\partial x}\left(\frac{\partial x}{\partial s}\mathrm{d}s+\frac{\partial x}{\partial t}\mathrm{d}t\right)+\frac{\partial z}{\partial y}\left(\frac{\partial y}{\partial s}\mathrm{d}s+\frac{\partial y}{\partial t}\mathrm{d}t\right)\\&=\frac{\partial z}{\partial x}\mathrm{d}x+\frac{\partial z}{\partial y}\mathrm{d}y,\end{aligned}$$

由此可见，二元函数也具有一阶微分不变性.

3. 高阶偏导与高阶微分

混合偏导与求导顺序无关的条件：若 $f_{xy}(x,y)$ 与 $f_{yx}(x,y)$ 都在 (x_0,y_0) 点连续，则

$$f_{xy}(x_0,y_0)=f_{yx}(x_0,y_0).$$

证明 记

$$F(\Delta x,\Delta y)=f(x_0+\Delta x,y_0+\Delta y)-f(x_0+\Delta x,y_0)-f(x_0,y_0+\Delta y)+f(x_0,y_0),$$

令 $\varphi(x)=f(x,y_0+\Delta y)-f(x,y_0)$，或 $\psi(y)=f(x_0+\Delta x,y)-f(x_0,y)$，则

$$\begin{aligned}F(\Delta x,\Delta y)&=\varphi(x_0+\Delta x)-\varphi(x_0)=\varphi'(x_0+\theta_1\Delta x)\Delta x\\&=[f_x(x_0+\theta_1\Delta x,y_0+\Delta y)-f_x(x_0+\theta_1\Delta x,y_0)]\Delta x\end{aligned}$$

$$= f_{xy}(x_0+\theta_1\Delta x, y_0+\theta_2\Delta y)\Delta x\Delta y \quad (0<\theta_1<1, 0<\theta_2<1).$$

同理

$$F(\Delta x,\Delta y) = \psi(y_0+\Delta y)-\psi(y_0) = \psi'(y_0+\theta_3\Delta y)\Delta y$$
$$= f_{yx}(x_0+\theta_4\Delta x, y_0+\theta_3\Delta y)\Delta x\Delta y \quad (0<\theta_3<1, 0<\theta_4<1).$$

所以 $f_{xy}(x_0+\theta_1\Delta x,y_0+\theta_2\Delta y)\Delta x\Delta y = f_{yx}(x_0+\theta_4\Delta x,y_0+\theta_3\Delta y)\Delta x\Delta y$. 由 $f_{xy}(x,y)$, $f_{yx}(x,y)$ 在 (x_0,y_0) 点的连续性,令 $(\Delta x,\Delta y)\to(0,0)$ 取极限,得

$$f_{xy}(x_0,y_0) = f_{yx}(x_0,y_0).$$

注　当条件不满足时,结论可能不成立.

例 15.5　验证混合偏导与求导顺序有关:

$$f(x,y)=\begin{cases} xy\dfrac{x^2-y^2}{x^2+y^2}, & x^2+y^2\neq 0 \\ 0, & x^2+y^2=0 \end{cases},$$

求 $f_{xy}(0,0)$ 和 $f_{yx}(0,0)$.

解　$f_x(0,0)=\lim\limits_{x\to 0}\dfrac{f(x,0)-f(0,0)}{x}=0$,同理 $f_y(0,0)=0$,所以

$$f_x(x,y)=\begin{cases} \dfrac{y(x^4+4x^2y^2-y^4)}{(x^2+y^2)^2}, & x^2+y^2\neq 0 \\ 0, & x^2+y^2=0 \end{cases},$$

$$f_y(x,y)=\begin{cases} \dfrac{x(x^4-4x^2y^2-y^4)}{(x^2+y^2)^2}, & x^2+y^2\neq 0 \\ 0, & x^2+y^2=0 \end{cases},$$

所以

$$f_{xy}(0,0)=\lim_{y\to 0}\frac{f_x(0,y)-f_x(0,0)}{y}=\lim_{y\to 0}\frac{-y^5}{y^5}=-1,$$

$$f_{yx}(0,0)=\lim_{x\to 0}\frac{f_y(x,0)-f_y(0,0)}{x}=\lim_{y\to 0}\frac{x^5}{x^5}=1,$$

所以 $f_{xy}(0,0)\neq f_{yx}(0,0)$.

注　(1) 在一般情况下,若不是专门考查这一概念,总认为混合偏导与求导顺序无关,对 n 元函数也是如此.

(2) 关于混合偏导与求导顺序无关的问题,还可以有许多别的条件使结论成立,这一问题在 15.2 节讨论.

4. 多元函数的中值定理与泰勒公式

内容从略.

例 15.6　若 $z=f\left(xy,\dfrac{x}{y}\right)$,求 z_{xx}, z_{xy}, z_{yy}.

说明　记 f 对第 i 个变元的偏导为 f_i, $i=1,2,\cdots,n$. 为简便起见, f 的变元可省略不写.

解 $z_x = yf_1\left(xy,\frac{x}{y}\right) + \frac{1}{y}f_2\left(xy,\frac{x}{y}\right),$

$$z_y = xf_1\left(xy,\frac{x}{y}\right) - \frac{x}{y^2}f_2\left(xy,\frac{x}{y}\right),$$

$$z_{xx} = y^2f_{11}\left(xy,\frac{x}{y}\right) + 2f_{12}\left(xy,\frac{x}{y}\right) + \frac{1}{y^2}f_{22}\left(xy,\frac{x}{y}\right) = y^2f_{11} + 2f_{12} + \frac{1}{y^2}f_{22},$$

$$z_{xy} = f_1 + xyf_{11} - \frac{x}{y}f_{12} - \frac{1}{y^2}f_2 + \frac{x}{y}f_{21} - \frac{x}{y^3}f_{22} = f_1 + xyf_{11} - \frac{1}{y^2}f_2 - \frac{x}{y^3}f_{22},$$

$$z_{yy} = x^2f_{11} - \frac{x^2}{y^2}f_{12} + \frac{2x}{y^3}f_2 - \frac{x^2}{y^2}f_{21} + \frac{x^2}{y^4}f_{22} = x^2f_{11} - \frac{2x^2}{y^2}f_{12} + \frac{2x}{y^3}f_2 + \frac{x^2}{y^4}f_{22}.$$

15.1.3 隐函数和隐函数组

1. 由一个方程确定的隐函数

(1) 存在唯一性定理(以两个变元为例).

方程 $F(x,y)=0$ 若满足:

① $F(x,y)$ 在 $D\subset \mathbf{R}^2$ 上连续;

② 存在 $P_0(x_0,y_0)\in \text{int}\, D$ 使得 $F(x_0,y_0)=0$;

③ $F_y(x,y)$ 在 D 内存在且连续;

④ $F_y(x_0,y_0)\neq 0$,

则:

(i) 在 $P_0(x_0,y_0)$ 某邻域 $U(P_0)$ 内,由方程 $F(x,y)=0$ 可以唯一确定一个隐函数 $y=f(x)$,使得 $F(x,f(x))\equiv 0, x\in U(x_0)$,且 $y_0=f(x_0)$;

(ii) $y=f(x)$ 在 $U(x_0)$ 内连续.

注 若定理的条件再加上"⑤$F_x(x,y)$ 在 D 内存在且连续",则此时还有结论:

(iii) $y=f(x)$ 在 $U(x_0)$ 内可导,且 $\frac{\mathrm{d}y}{\mathrm{d}x}=-\frac{F_x(x,y)}{F_y(x,y)}$(隐函数求导公式).

(2) 若条件 $F_y(x_0,y_0)\neq 0$ 换成 $F_x(x_0,y_0)\neq 0$,则结论成为:存在隐函数 $x=\varphi(y)$ 满足上述条件,且 $\frac{\mathrm{d}x}{\mathrm{d}y}=-\frac{F_y(x,y)}{F_x(x,y)}$.

(3) 定理的条件中,$F_y(x_0,y_0)\neq 0$,换成 $F(x,y)$ 对固定的 x,关于 y 是严格单调的,隐函数的存在唯一性也成立.

(4) 定理的条件是充分而非必要的,即当条件不满足时,结论也可以成立.

(5) 变量多于两个的,如 $F(x_1,x_2,\cdots,x_n,y)=0$ 若满足定理条件①、②、③外,再满足④$F_y\neq 0$,则存在隐函数 $y=f(x_1,x_2,\cdots,x_n)$,且 $f_{x_i}=-\frac{F_{x_i}}{F_y}, i=1,2,\cdots,n$.

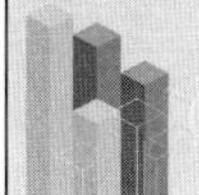

例 15.7　(1) 方程 $\cos x+\sin y=\mathrm{e}^{xy}$ 能否在原点的某邻域内确定隐函数 $y=f(x)$ 或 $x=g(y)$?

(2) 方程 $xy+z\ln y+\mathrm{e}^{xz}=1$ 在点 $(0,1,1)$ 的某邻域内能否确定某一个变量为另两个变量的隐函数?

解　(1) 记 $F(x,y)=\cos x+\sin y-\mathrm{e}^{xy}$,则 $F(x,y)$ 在 $\mathbf{R}^2$ 上连续,且具有连续的偏导数,$F(0,0)=0$,$F_y(0,0)=(\cos y-x\mathrm{e}^{xy})\big|_{(0,0)}=1\neq 0$,由隐函数存在定理,必存在隐函数 $y=f(x)$,满足 $f(0)=0$,且

$$f'(x)=\frac{\mathrm{d}y}{\mathrm{d}x}=-\frac{F_x}{F_y}=\frac{\sin x+y\mathrm{e}^{xy}}{\cos y-x\mathrm{e}^{xy}}.$$

讨论　由于 $F_x(0,0)=(-\sin x-y\mathrm{e}^{xy})\big|_{(0,0)}=0$,隐函数存在定理的条件不满足,所以是否存在隐函数 $x=g(y)$ 无法确定.

(2) 记 $F(x,y,z)=xy+z\ln y+\mathrm{e}^{xz}-1$,则 $F(x,y,z)$ 在点 $(0,1,1)$ 附近连续,且有连续的偏导数,$F(0,1,1)=0$,同时

$$F_z(0,1,1)=(\ln y+x\mathrm{e}^{xz})\big|_{(0,1,1)}=0,$$
$$F_x(0,1,1)=(y+z\mathrm{e}^{xz})\big|_{(0,1,1)}=2\neq 0,$$
$$F_y(0,1,1)=\left(x+\frac{z}{y}\right)\bigg|_{(0,1,1)}=1\neq 0,$$

可见在点 $(0,1,1)$ 附近可以确定隐函数 $x=f(y,z)$ 或 $y=g(x,z)$,但能否有 $z=h(x,y)$ 无法确定. 同时求隐函数的偏导数,例如:

$$\frac{\partial x}{\partial y}=-\frac{F_y}{F_x}=-\frac{xy+z}{y^2+yz\mathrm{e}^{xz}},\quad \frac{\partial x}{\partial z}=-\frac{F_z}{F_x}=-\frac{\ln y+x\mathrm{e}^{xz}}{y+z\mathrm{e}^{xz}}.$$

2. 由方程组所确定的隐函数组

设由 m 个方程组成的方程组

$$\begin{cases}F_1(x_1,x_2,\cdots,x_n)=0\\ F_2(x_1,x_2,\cdots,x_n)=0\\ \cdots\cdots\\ F_m(x_1,x_2,\cdots,x_n)=0\end{cases}\quad (n>m).$$

若满足:①F_i 及 $\dfrac{\partial F_i}{\partial x_j}(i=1,2,\cdots,m,j=1,2,\cdots,n)$ 都连续;②存在 $P_0(x_1^0,x_2^0,\cdots,x_n^0)$ 使 $F_i(P_0)=0(i=1,2,\cdots,m)$;③$J=\dfrac{\partial(F_1,F_2,\cdots,F_m)}{\partial(x_1,x_2,\cdots,x_m)}\bigg|_{P_0}\neq 0$,则必存在 m 个 $n-m$ 元的隐函数组:

$$\begin{cases}x_1=x_1(x_{m+1},x_{m+2},\cdots,x_n)\\ x_2=x_2(x_{m+1},x_{m+2},\cdots,x_n)\\ \cdots\cdots\\ x_m=x_m(x_{m+1},x_{m+2},\cdots x_n)\end{cases},$$

且这 m 个隐函数对它们的各个变元都具有连续的偏导数(隐函数组求偏导的公式可不必记忆,将

通过例题来说明怎样去求).

注 关于由方程组所确定的隐函数的导数或偏导数的求法:

①查清所给方程的个数和变量的个数:方程的个数即为要确定的隐函数的个数;变量的个数减去方程的个数即为隐函数自变量的个数.究竟哪些变量充当隐函数的因变量,哪些变量是隐函数的自变量,题中会有显示.

②确定了各个变量的地位之后,对方程组的各个方程两边对某自变量求导,遇见因变量就把它看作自变量的函数,最后解方程组,就可得到隐函数对各个自变量的导数或偏导数.请看下面的例子.

例 15.8 (1) 方程组$\begin{cases} x^2+y^2=\dfrac{z^2}{2} \\ x+y+z=2 \end{cases}$在点$(1,-1,2)$附近能否确定隐函数?并求隐函数的导数.

(2) $\begin{cases} u=f(ux,v+y) \\ v=g(u-x,v^2y) \end{cases}$,求$\dfrac{\partial u}{\partial x},\dfrac{\partial u}{\partial y}$.

解 (1) 记$F(x,y,z)=x^2+y^2-\dfrac{z^2}{2}$,$G(x,y,z)=x+y+z-2$,则$F,G$连续,且具有连续的偏导数;记$P_0(1,-1,2)$,则$F(P_0)=0$,$G(P_0)=0$;$\left.\dfrac{\partial(F,G)}{\partial(x,y)}\right|_{P_0}=\left.\begin{vmatrix} 2x & 2y \\ 1 & 1 \end{vmatrix}\right|_{P_0}=4\neq 0$,根据隐函数组存在定理,必存在隐函数组$\begin{cases} x=x(z) \\ y=y(z) \end{cases}$,且可以用以下方法求得隐函数的导数.

由方程组

$$\begin{cases} F(x,y,z)=x^2+y^2-\dfrac{z^2}{2}=0 \\ G(x,y,z)=x+y+z-2=0 \end{cases},$$

两边对z求导,视x与y为z的函数,得

$$\begin{cases} 2xx'(z)+2yy'(z)-z=0 \\ x'(z)+y'(z)+1=0 \end{cases},$$

解此方程组,得

$$x'(z)=\frac{\mathrm{d}x}{\mathrm{d}z}=\frac{2y+z}{2(x-y)},\quad y'(z)=\frac{\mathrm{d}y}{\mathrm{d}z}=\frac{-2x-z}{2(x-y)},\quad (x,y,z)\in U(P_0).$$

注 同样,可计算$\left.\dfrac{\partial(F,G)}{\partial(x,z)}\right|_{P_0}=\left.\begin{vmatrix} 2x & -z \\ 1 & 1 \end{vmatrix}\right|_{P_0}=4\neq 0$,$\left.\dfrac{\partial(F,G)}{\partial(y,z)}\right|_{P_0}=\left.\begin{vmatrix} 2y & -z \\ 1 & 1 \end{vmatrix}\right|_{P_0}=0$,可知该方程组也可以有隐函数组$\begin{cases} x=x(y) \\ z=z(y) \end{cases}$,但不能确定以$x$为自变量的隐函数是否存在.

(2) 分析:

① 按照前面所给的方法来判定一下.方程的个数是2(可知确定的隐函数有两个),变量的个数是4(可知所确定的隐函数都是$4-2=2$元函数);

② 在这四个变量中,哪两个是隐函数的因变量,哪两个是隐函数的自变量呢?在例 15.7 中是

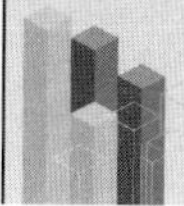

通过计算雅可比行列式来确定的,但这一小题,题中会有信息告知:从题的要求可知,x,y 为自变量,则同时知道 u,v 就是隐函数的因变量.

求解:方程两边分别对 x,y 求偏导,视 u,v 为 x,y 的函数,有

$$\begin{cases} u_x = (u + xu_x)f_1 + v_x f_2 \\ v_x = (u_x - 1)g_1 + 2vyv_x g_2 \end{cases},$$

解此方程组得

$$\frac{\partial u}{\partial x} = \frac{uf_1 \cdot (2vyg_2 - 1) + f_2 g_1}{(1 - xf_1)(2vyg_2 - 1) + f_2 g_1}.$$

有

$$\begin{cases} u_y = xu_y f_1 + (v_y + 1)f_2, \\ v_y = u_y g_1 + (2vyv_y + v^2)g_2, \end{cases}$$

解此方程组得

$$\frac{\partial u}{\partial y} = \frac{(2vyg_2 - 1)f_2 - v^2 f_2 g_2}{(1 - xf_1)(2vyg_2 - 1) + f_2 g_1}.$$

为了掌握这一方法,再看下面一个例题.

例 15.9　设 $u = f(x,y,z,t)$,$g(y,z,t) = 0$,$h(z,t) = 0$,求$\frac{\partial u}{\partial x}$,$\frac{\partial u}{\partial y}$.

分析　这是由 3 个方程、5 个变量组成的方程组,可有 3 个二元隐函数,显然题中告诉我们,x,y 是隐函数的自变量,那么,u,z,t 就是隐函数的因变量.

解　方程两边分别对 x,y 求偏导,视 u,z,t 为 x,y 的函数,有

$$\begin{cases} u_x = f_1 + z_x f_3 + t_x f_4 \\ z_x g_2 + t_x g_3 = 0 \\ z_x h_1 + t_x h_2 = 0 \end{cases},$$

解此方程组得

$$\frac{\partial u}{\partial x} = f_1.$$

有

$$\begin{cases} u_y = f_2 + z_y f_3 + t_y f_4, \\ g_1 + z_y g_2 + t_y g_3 = 0, \\ z_y h_1 + t_y h_2 = 0, \end{cases}$$

解此方程组得

$$\frac{\partial u}{\partial y} = \frac{f_2 g_2 h_2 + f_4 g_1 h_1 - f_2 g_3 h_1 - f_3 g_1 h_2}{g_2 h_2 - g_3 h_1}.$$

15.1.4　偏导与全微分的应用

15.1.4.1　空间曲面的切平面和法线

(1) 曲面由显式方程给出,S:$z = f(x,y)$,($(x,y) \in D$),$P_0(x_0,y_0,z_0) \in S$,则过 P_0 点的切平面方程和法线方程分别为

$$\pi: z - z_0 = f_x(x_0,y_0)(x-x_0) + f_y(x_0,y_0)(y-y_0),$$

$$n: \frac{x-x_0}{f_x(x_0,y_0)} = \frac{y-y_0}{f_y(x_0,y_0)} = \frac{z-z_0}{-1}.$$

(2) 曲面由隐函数形式给出，$S: F(x,y,z)=0, P_0(x_0,y_0,z_0)\in S$，则过 P_0 点的切平面方程和法线方程分别为

$$\pi: F_x(x_0,y_0,z_0)(x-x_0) + F_y(x_0,y_0,z_0)(y-y_0) + F_z(x_0,y_0,z_0)(z-z_0) = 0,$$

$$n: \frac{x-x_0}{F_x(x_0,y_0,z_0)} = \frac{y-y_0}{F_y(x_0,y_0,z_0)} = \frac{z-z_0}{F_z(x_0,y_0,z_0)}.$$

15.1.4.2 空间曲线的切线和法平面

(1) 曲线由参数方程给出，$L: \begin{cases} x = x(t) \\ y = y(t) \\ z = z(t) \end{cases}, \alpha \leqslant t \leqslant \beta, P_0(x_0,y_0,z_0)\in L$，则过 P_0 点的切线方程和法平面方程分别为

$$n: \frac{x-x_0}{x'(t_0)} = \frac{y-y_0}{y'(t_0)} = \frac{z-z_0}{z'(t_0)},$$

$$\pi: x'(t_0)(x-x_0) + y'(t_0)(y-y_0) + z'(t_0)(z-z_0) = 0, \begin{cases} x_0 = x(t_0) \\ y_0 = y(t_0). \\ z_0 = z(t_0) \end{cases}$$

(2) 曲线由方程组给出，$L: \begin{cases} F(x,y,z) = 0 \\ G(x,y,z) = 0 \end{cases}, P_0(x_0,y_0,z_0)\in L$，则过 P_0 点的切线方程和法平面方程分别为

$$n: \frac{x-x_0}{\left.\frac{\partial(F,G)}{\partial(y,z)}\right|_{P_0}} = \frac{y-y_0}{\left.\frac{\partial(F,G)}{\partial(z,x)}\right|_{P_0}} = \frac{z-z_0}{\left.\frac{\partial(F,G)}{\partial(x,y)}\right|_{P_0}},$$

$$\pi: \left.\frac{\partial(F,G)}{\partial(y,z)}\right|_{P_0}(x-x_0) + \left.\frac{\partial(F,G)}{\partial(z,x)}\right|_{P_0}(y-y_0) + \left.\frac{\partial(F,G)}{\partial(x,y)}\right|_{P_0}(z-z_0) = 0.$$

例 15.10 (1) 求曲线 $L: \begin{cases} 2x^2+3y^2+z^2 = 9 \\ 3x^2+y^2-z^2 = 0 \end{cases}$ 过点 $P_0(1,-1,2)$ 的切线与法平面.

(2) 求曲面 $S: x^2+2y^2+3z^2=21$ 的切平面，使它平行于平面 $\pi: x+4y+6z=0$.

解 (1) 记 $F(x,y,z) = 2x^2+3y^2+z^2-9, G(x,y,z) = 3x^2+y^2-z^2$，则

$$\left.\frac{\partial(F,G)}{\partial(y,z)}\right|_{P_0} = 32, \quad \left.\frac{\partial(F,G)}{\partial(z,x)}\right|_{P_0} = 40, \quad \left.\frac{\partial(F,G)}{\partial(x,y)}\right|_{P_0} = 28,$$

所以，法平面为 $32(x-1)+40(y+1)+28(z-2)=0$，即 $8x+10y+7z=12$，切线为 $\frac{x-1}{32} = \frac{y+1}{40} = \frac{z-2}{28}$，即 $\frac{x-1}{8} = \frac{y+1}{10} = \frac{z-2}{7}$.

(2) 设 $P_0(x_0,y_0,z_0)\in S, F_x = 2x, F_y = 4y, F_z = 6z$，则过 P_0 点的切平面为

$$2x_0(x-x_0)+4y_0(y-y_0)+6z_0(z-z_0)=0,$$

即 $x_0x+2y_0y+3z_0z=21$，它平行于平面 $\pi: x+4y+6z=0$，则必有 $\frac{x_0}{1}=\frac{2y_0}{4}=\frac{3z_0}{6}=k$，即 $x_0=k, y_0=2k, z_0=2k$. 代入曲面方程，解得 $k=\pm 1$，即得所要求的切平面为 $x+4y+6z=\pm 21$.

15.1.4.3　多元函数的极值

1. 无条件极值(以二元函数为例)

(1) 极值点必要条件：若函数 f 在 $P_0(x_0,y_0)$ 点的偏导存在，且在 P_0 取得极值，则有

$$f_x(x_0,y_0)=0,\qquad f_y(x_0,y_0)=0.$$

注　使得偏导数为零的点，称作函数的稳定点. (1) 换个说法即是：偏导存在的极值点必为稳定点.

(2) 极值的充分条件：若 $P_0(x_0,y_0)$ 为函数 f 的稳定点，记 $A=f_{xx}(P_0), B=f_{xy}(P_0), C=f_{yy}(P_0)$，$\boldsymbol{H}=\begin{pmatrix} A & B \\ B & C \end{pmatrix}$，则当矩阵 $\boldsymbol{H}$ 正定时，f 在 P_0 取得极小值；当 $\boldsymbol{H}$ 负定时，f 在 P_0 取得极大值；当 $\boldsymbol{H}$ 不定时，f 在 P_0 不取极值.

注　对 n 元函数，有类似的结论：若 $P_0(x_1^0,x_2^0,\cdots,x_n^0)$ 为函数 $u=f(x_1,x_2,\cdots,x_n)$ 的稳定点，且 f 具有二阶连续偏导数，作矩阵 $\boldsymbol{H}(P_0)=(f_{x_ix_j}(P_0))_{n\times n}$，则当矩阵 $\boldsymbol{H}$ 正定时，f 在 P_0 取得极小值；当 $\boldsymbol{H}$ 负定时，f 在 P_0 取得极大值；当 $\boldsymbol{H}$ 不定时，f 在 P_0 不取极值.

(3) 隐函数的极值：由方程 $F(x_1,x_2,\cdots,x_n,y)=0$ 满足隐函数存在定理条件，存在隐函数 $y=f(x_1,x_2,\cdots,x_n)$，则：

① 隐函数极值的必要条件：若函数 F 在点 $Q_0(P_0,y^0)$ 偏导存在，且隐函数在点 $P_0(x_1^0,x_2^0,\cdots,x_n^0)$ 取得极值，则必有 $F_{x_i}(Q_0)=0(i=1,2,\cdots,n), F(Q_0)=0$.

② 隐函数极值的充分条件：若 F 对各个变元，具有二阶连续偏导，记

$$h_{ij}=-\frac{F_{x_ix_j}(P_0,y^0)}{F_y(P_0,y^0)},\quad \boldsymbol{H}=(h_{ij})_{n\times n}\quad (i,j=1,2,\cdots,n).$$

则当矩阵 $\boldsymbol{H}$ 正定时，f 在 P_0 取得极小值；当 $\boldsymbol{H}$ 负定时，f 在 P_0 取得极大值；当 $\boldsymbol{H}$ 不定时，f 在 P_0 不取极值.

推论　方程 $F(x,y)=0, F_y\neq 0$，存在隐函数 $y=f(x)$，在 x_0 点取极值点必要条件是 $\begin{cases} F(x_0,y_0)=0 \\ F_x(x_0,y_0)=0 \end{cases}$. 此外若 $\frac{F_{xx}(x_0,y_0)}{F_y(x_0,y_0)}>0$，则 $y_0=f(x_0)$ 为极大值；若 $\frac{F_{xx}(x_0,y_0)}{F_y(x_0,y_0)}<0$，则 $y_0=f(x_0)$ 为极小值.

例 15.11　(1) 求函数 $z=3axy-x^3-y^3(a>0)$ 的极值；

(2) 求由 $x^3+y^3-3axy=0(a>0)$ 所确定的隐函数 $y=y(x)$ 的极值；

(3) 求由 $2x^2+2y^2+z^2+8xz-z+8=0$ 所确定的隐函数 $z=z(x,y)$ 的极值.

解　(1) 先求稳定点：令 $\begin{cases} z_x=3ay-3x^2=0 \\ z_y=3ax-3y^2=0 \end{cases}$，解得稳定点为 $P_0(0,0), P_1(a,a)$，且 $z_{xx}=$

$-6x, z_{xy}=3a, z_{yy}=-6y$. 考查稳定点 $P_1(a,a)$，则有 $\boldsymbol{H}(P_1)=\begin{pmatrix}-6a & 3a\\ 3a & -6a\end{pmatrix}$. 因 $\begin{vmatrix}-6a & 3a\\ 3a & -6a\end{vmatrix}=27a^2>0$，又 $A=-6a<0$，知 $\boldsymbol{H}(P_1)$ 为负定矩阵，$P_1(a,a)$ 为函数的极大值点，极大值为 $z=a^3$. 再考查稳定点 $P_0(0,0)$，则有 $\boldsymbol{H}(P_0)=\begin{pmatrix}0 & 3a\\ 3a & 0\end{pmatrix}$. 因 $\begin{vmatrix}0 & 3a\\ 3a & 0\end{vmatrix}=-9a^2<0$，故 $P_0(0,0)$ 必不是极值点.

(2) 记 $F(x,y)=x^3+y^3-3axy$，令 $\begin{cases}F=x^3+y^3-3axy=0\\ F_x=3x^2-3ay=0\end{cases}$，解得 $x_0=\sqrt[3]{2}a, y_0=\sqrt[3]{4}a$. 记 $P_0(x_0,y_0)$，则

$$F_{xx}\big|_{P_0}=6\sqrt[3]{2}a,\quad F_y\big|_{P_0}=(3y^2-3ax)\big|_{P_0}=3\sqrt[3]{2}a^2,$$

且 $\dfrac{F_{xx}(P_0)}{F_y(P_0)}=\dfrac{2}{a}>0$，故 $x_0=\sqrt[3]{2}a$ 为隐函数 $y=y(x)$ 的极大值点，极大值为 $y_0=\sqrt[3]{4}a$.

(3) 记 $F(x,y,z)=2x^2+2y^2+z^2+8xz-z+8$，令

$$\begin{cases}F_x=4x+8z=0\\ F_y=4y=0\\ F=2x^2+2y^2+z^2+8xz-z+8=0\end{cases},$$

解得 $Q_1\left(\dfrac{16}{7},0,-\dfrac{8}{7}\right), Q_2(-2,0,1)$. 记 $P_1\left(\dfrac{16}{7},0\right), P_2(-2,0)$，则

$$F_{xx}=4,\quad F_{xy}=0,\quad F_{yy}=4,$$
$$F_z(Q_1)=(2z+8x-1)\big|_{Q_1}=15,\quad F_z(Q_2)=(2z+8x-1)\big|_{Q_2}=-15,$$

由此 $\boldsymbol{H}(P_1)=\begin{pmatrix}-\dfrac{4}{15} & 0\\ 0 & -\dfrac{4}{15}\end{pmatrix}$ 为负定矩阵，$\boldsymbol{H}(P_2)=\begin{pmatrix}\dfrac{4}{15} & 0\\ 0 & \dfrac{4}{15}\end{pmatrix}$ 为正定矩阵. 故 $P_1\left(\dfrac{16}{7},0\right)$ 为隐函数 $z=z(x,y)$ 的极大值点，极大值为 $z=-\dfrac{8}{7}$，$P_2(-2,0)$ 为隐函数 $z=z(x,y)$ 的极小值点，极小值为 $z=1$.

2. 条件极值

求函数 $y=f(x_1,x_2,\cdots,x_n)$ 在约束条件 $g_k(x_1,x_2,\cdots,x_n)=0, k=1,2,\cdots,m(m<n)$ 下的极值问题，称为条件极值. 其方法是构造拉格朗日函数，求其稳定点，一般地，还要判定稳定点是否为极值点，其方法是对拉格朗日函数作二阶微分，根据其在稳定点的符号来确定. 也可以把它化为无条件极值问题，用无条件极值的充分条件来判定. 不过，对实际问题，极值是存在的，而稳定点又是唯一的，则所求的稳定点必是极值点. 其中拉格朗日函数为

$$L(x_1,x_2,\cdots,x_n,\lambda_1,\lambda_2,\cdots,\lambda_m)=f+\sum_{k=1}^{m}\lambda_k g_k.$$

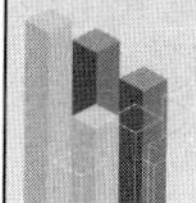

例 15.12　求函数 $f = x^2 + y^2 + z^2$ 在 $ax + by + cz = 1$ 下的最小值.

解　作拉格朗日函数 $L(x,y,z,\lambda) = x^2 + y^2 + z^2 + \lambda(ax + by + cz - 1)$,并令

$$\begin{cases} L_x = 2x + \lambda a = 0 \\ L_y = 2y + \lambda b = 0 \\ L_z = 2z + \lambda c = 0 \\ L_\lambda = ax + by + cz = 1 \end{cases},$$

解得唯一的稳定点

$$x_0 = \frac{a}{a^2 + b^2 + c^2}, \quad y_0 = \frac{b}{a^2 + b^2 + c^2}, \quad z_0 = \frac{c}{a^2 + b^2 + c^2}, \quad \lambda_0 = \frac{-2}{a^2 + b^2 + c^2},$$

则点 $P_0(x_0,y_0,z_0)$ 即为函数 f 在条件 $ax + by + cz = 1$ 下的最小值点. 最小值为

$$f(P_0) = \frac{1}{a^2 + b^2 + c^2}.$$

例 15.13　求曲面 $z = xy - 1$ 上距原点最近的点的坐标.

解　依题意,即求函数 $f(x,y,z) = x^2 + y^2 + z^2$ 在条件 $z = xy - 1$ 下的最小值点. 作拉格朗日函数 $L(x,y,z,\lambda) = x^2 + y^2 + z^2 + \lambda(z - xy + 1)$,并令

$$\begin{cases} L_x = 2x - \lambda y = 0 \\ L_y = 2y - \lambda x = 0 \\ L_z = 2z + \lambda = 0 \\ L_\lambda = z - xy + 1 = 0 \end{cases},$$

解得 $x = y = 0, z = -1, \lambda = 2$,故曲面 $z = xy - 1$ 上距原点最近的点为 $(0,0,-1)$.

15.1.4.4　其他应用

1. 利用微分作近似计算

$\Delta z \approx \mathrm{d}z$,即

$$f(x_0 + \Delta x, y_0 + \Delta y) \approx f(x_0,y_0) + f_x(x_0,y_0)\Delta x + f_y(x_0,y_0)\Delta y.$$

例 15.14　求 $1.08^{3.96}$ 的近似值.

解　令 $f(x,y) = x^y$,则 $f_x(x,y) = yx^{y-1}$, $f_y(x,y) = x^y \ln x$.

取 $x_0 = 1, \Delta x = 0.08, y_0 = 4, \Delta y = -0.04$,所以

$$\begin{aligned} 1.08^{3.96} &= f(x_0 + \Delta x, y_0 + \Delta y) \\ &\approx f(x_0,y_0) + f_x(x_0,y_0)\Delta x + f_y(x_0,y_0)\Delta y \\ &= 1 + 4 \cdot 0.08 = 1.32. \end{aligned}$$

2. 方向导数和梯度

(1) 方向导数:函数 f 在 $P_0(x_0,y_0,z_0)$ 某邻域 $U(P_0)$ 有定义,$\boldsymbol{l}$ 为从 P_0 出发的任一射线,$P(x,y,z) \in \boldsymbol{l}$,记 $\rho = \rho(P_0,P)$,则当极限 $\lim\limits_{\rho \to 0} \dfrac{f(P) - f(P_0)}{\rho}$ 存在时,称函数 f 在 P_0 点沿方向 $\boldsymbol{l}$ 的方向导数存在,记作 $\left.\dfrac{\partial f}{\partial \boldsymbol{l}}\right|_{P_0}$ 或 $f_l(P_0)$.

(2) 方向导数的计算公式：$f_l(P_0)=f_x(P_0)\cos\alpha+f_y(P_0)\cos\beta+f_z(P_0)\cos\gamma$，其中 $\cos\alpha$，$\cos\beta$，$\cos\gamma$ 为 $\boldsymbol{l}$ 的方向余弦.

(3) 梯度：设函数 $f(x,y,z)$ 在 $P_0(x_0,y_0,z_0)$ 点偏导数存在，称向量 $(f_x(P_0),f_y(P_0),f_z(P_0))$ 为函数 f 在 $P_0(x_0,y_0,z_0)$ 点的梯度，记作 $\mathrm{grad}f$.

例 15.15 求函数 $u=\dfrac{x}{\sqrt{x^2+y^2+z^2}}$ 在点 $M(1,2,-2)$ 处沿曲线 $x=t,y=2t^2,z=-2t^4$ 在该点切线方向的方向导数.

解 记曲线 $L:x=t,y=2t^2,z=-2t^4$，由 $M\in L\Rightarrow t_0=1$，则 L 过 M 点的切线方程为：$\dfrac{x-x_0}{x'(t_0)}=\dfrac{y-y_0}{y'(t_0)}=\dfrac{z-z_0}{z'(t_0)}$，即 $\dfrac{x-1}{1}=\dfrac{y-2}{4}=\dfrac{z+2}{-8}$，则单位切向量为 $\boldsymbol{T}_0$：$\left(\dfrac{1}{9},\dfrac{4}{9},-\dfrac{8}{9}\right)$，即切线 $\boldsymbol{T}$ 的方向余弦为 $\cos\alpha=\dfrac{1}{9}$，$\cos\beta=\dfrac{4}{9}$，$\cos\gamma=-\dfrac{8}{9}$，且

$$u_x|_M=\left.\frac{y^2+z^2}{(x^2+y^2+z^2)^{\frac{3}{2}}}\right|_M=\frac{8}{27},\qquad u_y|_M=\left.\frac{-xy}{(x^2+y^2+z^2)^{\frac{3}{2}}}\right|_M=-\frac{2}{27},$$

$$u_z|_M=\left.\frac{-xz}{(x^2+y^2+z^2)^{\frac{3}{2}}}\right|_M=\frac{2}{27},$$

所以，函数 u 沿曲线 L 的切线方向的方向导数为

$$\left.\frac{\partial u}{\partial \boldsymbol{T}}\right|_M=u_x(M)\cos\alpha+u_y(M)\cos\beta+u_z(M)\cos\gamma$$

$$=\frac{8}{27}\cdot\frac{1}{9}+\left(-\frac{2}{27}\right)\cdot\frac{4}{9}+\frac{2}{27}\cdot\left(-\frac{8}{9}\right)=-\frac{16}{243}.$$

例 15.16 设 $u=x^2+y^2+z^2-3xyz$，试问在怎样的点集上 $\mathrm{grad}\,u$ 分别满足：(1) 垂直于 z 轴；(2) 平行于 z 轴；(3) 恒为零向量.

解 $\mathrm{grad}\,u=(u_x,u_y,u_z)=(2x-3yz,2y-3xz,2z-3xy)$.

(1) 当 $\mathrm{grad}\,u$ 和 z 轴垂直时，$(2x-3yz,2y-3xz,2z-3xy)\cdot(0,0,1)=0$，由此 $z=\dfrac{3}{2}xy$，即在曲面 $z=\dfrac{3}{2}xy$ 上的点其梯度与 z 轴垂直.

(2) 当 $\mathrm{grad}\,u$ 与 z 轴平行时，得点集 $\begin{cases}2x-3yz=0\\2y-3xz=0\end{cases}\Rightarrow\begin{cases}x=\dfrac{3}{2}yz\\y=\dfrac{3}{2}zx\end{cases}$.

(3) 若 $(2x-3yz,2y-3xz,2z-3xy)\equiv\boldsymbol{0}$，则得 $x=\dfrac{3}{2}yz,y=\dfrac{3}{2}zx,z=\dfrac{3}{2}xy$，解此方程组得 $x=y=z=0$ 和 $x=y=z=\dfrac{2}{3}$，即在这两点处其梯度恒为零.

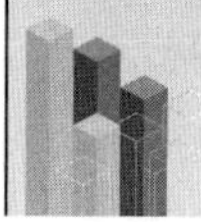

15.2　多元函数微分学中重点问题讨论

15.2.1　可微、偏导、连续及偏导函数连续之间关系

偏导函数连续 $\Rightarrow$ 可微 $\Rightarrow\begin{cases}\text{偏导存在}\\ \text{连续}\end{cases}$,且以上各步逆不成立．可偏导$\not\Leftrightarrow$连续.

例 15.17　证明:函数 $f(x,y)=\begin{cases}\dfrac{(x+y)\sin(xy)}{x^2+y^2}, & x^2+y^2\neq 0\\ 0, & x^2+y^2=0\end{cases}$ 在(0,0)连续,但不可微.

证明　(1)证连续:$\forall\varepsilon>0$,取 $\delta=\varepsilon$,当 $|x|<\delta,|y|<\delta$ 时,有

$$|f(x,y)-f(0,0)|\leqslant\left|\frac{(x+y)\sin(xy)}{2|xy|}\right|\leqslant\frac{|x|}{2}+\frac{|y|}{2}<\frac{\varepsilon}{2}+\frac{\varepsilon}{2}=\varepsilon,$$

即 f 在(0,0)连续.

(2)证不可微:$f_x(0,0)=\lim\limits_{x\to 0}\dfrac{f(x,0)-f(0,0)}{x}=0$,同理 $f_y(0,0)=0$. 因极限

$$\lim_{(x,y)\to(0,0)}\frac{\Delta f-[f_x(0,0)x+f_y(0,0)y]}{\sqrt{x^2+y^2}}=\lim_{(x,y)\to(0,0)}\frac{(x+y)\sin(xy)}{(x^2+y^2)^{\frac{3}{2}}}$$

不存在,事实上,有

沿 $y=0$ 路径,$\lim\limits_{(x,y)\to(0,0)}\dfrac{(x+y)\sin(xy)}{(x^2+y^2)^{\frac{3}{2}}}=0$;

沿 $y=x$ 路径,$\lim\limits_{(x,y)\to(0,0)}\dfrac{(x+y)\sin(xy)}{(x^2+y^2)^{\frac{3}{2}}}=\lim\limits_{x\to 0}\dfrac{2x\sin x^2}{2^{\frac{3}{2}}x^3}=\dfrac{1}{\sqrt{2}}$.

所以 $f(x,y)$ 在(0,0)点不可微.

例 15.18　确定 α 的值,使函数

$$f(x,y)=\begin{cases}(x^2+y^2)^{\alpha}\sin\dfrac{1}{x^2+y^2}, & x^2+y^2\neq 0\\ 0, & x^2+y^2=0\end{cases}$$

在(0,0)点可微.

解　要使函数 $f(x,y)$ 在(0,0)点可微,必有 $f_x(0,0)$ 与 $f_y(0,0)$ 存在,即

$$f_x(0,0)=\lim_{x\to 0}\frac{f(x,0)-f(0,0)}{x}=\lim_{x\to 0}x^{2\alpha-1}\sin\frac{1}{x^2}$$

存在,则必须 $\alpha>\dfrac{1}{2}$,此时 $f_x(0,0)=0$,同理 $f_y(0,0)=0$. 要使函数 $f(x,y)$ 在(0,0)点可微,必

须 $\lim\limits_{(x,y)\to(0,0)}\dfrac{\Delta f(x,y)-[f_x(0,0)x+f_y(0,0)y]}{\sqrt{x^2+y^2}}=0$，即 $\lim\limits_{(x,y)\to(0,0)}(x^2+y^2)^{\alpha-\frac{1}{2}}\sin\dfrac{1}{x^2+y^2}=0$，此时也要求 $\alpha>\dfrac{1}{2}$，故当 $\alpha>\dfrac{1}{2}$ 时，函数 $f(x,y)$ 在 $(0,0)$ 点可微.

例 15.19 设 $f(x,y)=\begin{cases}g(x,y)\sin\dfrac{1}{\sqrt{x^2+y^2}}, & x^2+y^2\neq 0\\ 0, & x^2+y^2=0\end{cases}$. 证明：

(1) 若 $g(0,0)=0$，且 $g(x,y)$ 在 $(0,0)$ 点可微，$\mathrm{d}g(0,0)=0$，则 $f(x,y)$ 在 $(0,0)$ 也可微，且 $\mathrm{d}f(0,0)=0$；

(2) 若 $g(x,y)$ 在 $(0,0)$ 点偏导存在，且 $g(0,0)=0$，$f(x,y)$ 在 $(0,0)$ 点可微，则 $\mathrm{d}f(0,0)=0$.

证明 (1) 由已知可得到 $g_x(0,0)=g_y(0,0)=0$，所以

$$f_x(0,0)=\lim_{x\to0}\frac{f(x,0)-f(0,0)}{x}=\lim_{x\to0}\frac{g(x,0)-g(0,0)}{x}\sin\frac{1}{\sqrt{x^2}}=0.$$

同理，$f_y(0,0)=0$. 因为

$$\lim_{(x,y)\to(0,0)}\frac{\Delta f-[f_x(0,0)x+f_y(0,0)y]}{\sqrt{x^2+y^2}}=\lim_{(x,y)\to(0,0)}\frac{g(x,y)}{\sqrt{x^2+y^2}}\sin\frac{1}{\sqrt{x^2+y^2}}$$

$$=\lim_{(x,y)\to(0,0)}\frac{g(x,y)-g(0,0)-[g_x(0,0)x+g_y(0,0)y]}{\sqrt{x^2+y^2}}\sin\frac{1}{\sqrt{x^2+y^2}}=0,$$

所以，$f(x,y)$ 在 $(0,0)$ 点可微，且 $\mathrm{d}f(0,0)=f_x(0,0)\mathrm{d}x+f_y(0,0)\mathrm{d}y=0$.

(2) 由已知 $f(x,y)$ 在 $(0,0)$ 点可微，所以 $f_x(0,0)$ 与 $f_y(0,0)$ 必存在，由于 g 在 $(0,0)$ 点偏导存在，可知 $f_x(0,0)=\lim\limits_{x\to0}\dfrac{f(x,0)-f(0,0)}{x}=\lim\limits_{x\to0}\dfrac{g(x,0)-g(0,0)}{x}\sin\dfrac{1}{\sqrt{x^2}}$ 存在，必须 $g_x(0,0)=0$，同理 $g_y(0,0)=0$，于是得到 $f_x(0,0)=f_y(0,0)=0$，即有 $\mathrm{d}f(0,0)=0$.

15.2.2 关于求偏导及微分

例 15.20 设由方程 $z+xy=f(xz,yz)$ 确定可微函数 $z=z(x,y)$，求 $\dfrac{\partial z}{\partial x}$.

解 方程两边对 x 求导，视 z 为 x,y 的函数，得 $z_x+y=(z+xz_x)f_1+yz_xf_2$，解得

$$z_x=\frac{\partial z}{\partial x}=\frac{zf_1-y}{1-xf_1-yf_2}.$$

例 15.21 设函数 $\varphi(x)$ 和 $\psi(x)$ 具有二阶连续导数，$u=x\varphi(x+y)+y\psi(x+y)$，试证：

$$\frac{\partial^2u}{\partial x^2}-2\frac{\partial^2u}{\partial x\partial y}+\frac{\partial^2u}{\partial y^2}=0.$$

解 $u_x=\varphi+x\varphi'+y\psi',\quad u_y=x\varphi'+\psi+y\psi',\quad u_{xx}=2\varphi'+x\varphi''+y\psi'',$

$u_{xy}=\varphi'+x\varphi''+\psi'+y\psi'',\quad u_{yy}=x\varphi''+2\psi'+y\psi'',$

将它们代入方程左边即得

$$u_{xx} - 2u_{xy} + u_{yy} = 0.$$

例 15.22　设 $z = f(x^2 - y^2, \cos xy)$, $x = r\cos\theta$, $y = r\sin\theta$, 求 $\frac{\partial z}{\partial r}, \frac{\partial z}{\partial \theta}$.

解　记 $u = x^2 - y^2$, $v = \cos xy$, 则

$$\frac{\partial z}{\partial r} = \frac{\partial f}{\partial u}\left(\frac{\partial u}{\partial x}\frac{\partial x}{\partial r} + \frac{\partial u}{\partial y}\frac{\partial y}{\partial r}\right) + \frac{\partial f}{\partial v}\left(\frac{\partial v}{\partial x}\frac{\partial x}{\partial r} + \frac{\partial v}{\partial y}\frac{\partial y}{\partial r}\right)$$

$$= (2x\cos\theta - 2y\sin\theta)f_1 - (y\sin xy\cos\theta + x\sin xy\sin\theta)f_2,$$

$$\frac{\partial z}{\partial \theta} = \frac{\partial f}{\partial u}\left(\frac{\partial u}{\partial x}\frac{\partial x}{\partial \theta} + \frac{\partial u}{\partial y}\frac{\partial y}{\partial \theta}\right) + \frac{\partial f}{\partial v}\left(\frac{\partial v}{\partial x}\frac{\partial x}{\partial \theta} + \frac{\partial v}{\partial y}\frac{\partial y}{\partial \theta}\right)$$

$$= -(2xr\sin\theta + 2yr\cos\theta)f_1 + (yr\sin xy\sin\theta - xr\sin xy\cos\theta)f_2.$$

例 15.23　证明：$u = F(x,y,z)$ 是 k 次齐次函数的充要条件是

$$xF_x(x,y,z) + yF_y(x,y,z) + zF_z(x,y,z) = kF(x,y,z).$$

并证明 $z = \frac{xy^2}{\sqrt{x^2 + y^2}} - xy$ 为 2 次齐次函数.

证明　(必要性) 若 $F(x,y,z)$ 是 k 次齐次函数, 则 $\forall t > 0$, 恒有 $F(tx,ty,tz) = t^kF(x,y,z)$, 两边对 t 求导得 $xF_1(tx,ty,tz) + yF_2(tx,ty,tz) + zF_3(tx,ty,tz) = kt^{k-1}F(x,y,z)$. 令 $t = 1$, 即得 $xF_x(x,y,z) + yF_y(x,y,z) + zF_z(x,y,z) = kF(x,y,z)$.

(充分性) 令 $\varphi(t) = \frac{F(tx,ty,tz)}{t^k}$, $t > 0$, 则

$$\varphi'(t) = \frac{t^k[xF_1(tx,ty,tz) + yF_2(tx,ty,tz) + zF_3(tx,ty,tz)] - kt^{k-1}F(tx,ty,tz)}{t^{2k}}$$

$$= \frac{txF_1(tx,ty,tz) + tyF_2(tx,ty,tz) + tzF_3(tx,ty,tz) - kF(tx,ty,tz)}{t^{k+1}}$$

$$= \frac{uF_u(u,v,w) + vF_v(u,v,w) + wF_w(u,v,w) - kF(u,v,w)}{t^{k+1}} = 0,$$

于是 $\varphi(t) = C(t > 0)$. 令 $t = 1$, 则 $C = \varphi(1) = F(x,y,z)$, 即 $F(tx,ty,tz) = t^kF(x,y,z)$.

对于 $z = z(x,y) = \frac{xy^2}{\sqrt{x^2 + y^2}} - xy$, 因为

$$z(tx,ty) = \frac{tx\,(ty)^2}{\sqrt{(tx)^2 + (ty)^2}} - (tx)(ty) = t^2\left(\frac{xy^2}{\sqrt{x^2 + y^2}} - xy\right) = t^2z(x,y),$$

所以, $z = \frac{xy^2}{\sqrt{x^2 + y^2}} - xy$ 为 2 次齐次函数.

例 15.24　若函数 $f(u,v)$ 满足拉普拉斯方程 $\frac{\partial^2 f}{\partial u^2} + \frac{\partial^2 f}{\partial v^2} = 0$, 证明：函数 $z = f(x^2 - y^2, 2xy)$ 也满足拉普拉斯方程.

证明 记 $u=x^2-y^2, v=2xy$，则 $z_x=2x\frac{\partial f}{\partial u}+2y\frac{\partial f}{\partial v}, z_y=-2y\frac{\partial f}{\partial u}+2x\frac{\partial f}{\partial v}$，且

$$\begin{aligned} z_{xx}&=2\frac{\partial f}{\partial u}+2x\left(2x\frac{\partial^2 f}{\partial u^2}+2y\frac{\partial^2 f}{\partial u\partial v}\right)+2y\left(2x\frac{\partial^2 f}{\partial v\partial u}+2y\frac{\partial^2 f}{\partial v^2}\right)\\ &=2\frac{\partial f}{\partial u}+4x^2\frac{\partial^2 f}{\partial u^2}+8xy\frac{\partial^2 f}{\partial u\partial v}+4y^2\frac{\partial^2 f}{\partial v^2},\\ z_{yy}&=-2\frac{\partial f}{\partial u}-2y\left(-2y\frac{\partial^2 f}{\partial u^2}+2x\frac{\partial^2 f}{\partial u\partial v}\right)+2x\left(-2y\frac{\partial^2 f}{\partial v\partial u}+2x\frac{\partial^2 f}{\partial v^2}\right)\\ &=-2\frac{\partial f}{\partial u}+4y^2\frac{\partial^2 f}{\partial u^2}-8xy\frac{\partial^2 f}{\partial u\partial v}+4x^2\frac{\partial^2 f}{\partial v^2}, \end{aligned}$$

所以

$$z_{xx}+z_{yy}=(4x^2+4y^2)\left(\frac{\partial^2 f}{\partial u^2}+\frac{\partial^2 f}{\partial v^2}\right)=0.$$

例 15.25 设 $a,b\neq 0$，$f(x,y)$ 具有二阶连续偏导，且满足：$a^2f_{xx}(x,y)+b^2f_{yy}(x,y)=0$，$f(ax,bx)=ax, f_x(ax,bx)=bx^2$，求 $f_{xx}(ax,bx), f_{xy}(ax,bx), f_{yy}(ax,bx)$.

解 对 $f(ax,bx)=ax$，两边对 x 求导有 $af_1(ax,bx)+bf_2(ax,bx)=a$，再对 x 求导又有

$$a^2f_{11}(ax,bx)+2abf_{12}(ax,bx)+b^2f_{22}(ax,bx)=0.$$

由已知 $a^2f_{xx}(x,y)+b^2f_{yy}(x,y)=0$，得 $f_{xy}(ax,bx)=0$. 再对 $f_x(ax,bx)=bx^2$ 对 x 求导，有

$$af_{xx}(ax,bx)+bf_{xy}(ax,bx)=2bx\Rightarrow f_{xx}(ax,bx)=\frac{2b}{a}x.$$

由 $a^2f_{xx}(x,y)+b^2f_{yy}(x,y)=0$ 得

$$f_{yy}(ax,bx)=-\frac{2a}{b}x.$$

下面求一些隐函数的导数(偏导数).

例 15.26 设 $u(x)$ 由方程组 $u=f(x,y), g(x,y,z)=0, h(x,z)=0$ 所确定，且 $\frac{\partial h}{\partial x}\neq 0, \frac{\partial g}{\partial y}\neq 0$，求 $\frac{\mathrm{d}u}{\mathrm{d}x}$.

分析 方程组共有 3 个方程、4 个变量，可以确定 3 个隐函数，且是一元函数，根据题中提供的信息知 x 是自变量，其余的为因变量.

解 对方程组的方程两边对 x 求导，u,y,z 均为 x 的函数，得

$$\begin{cases} \frac{\mathrm{d}u}{\mathrm{d}x}=f_1+\frac{\mathrm{d}y}{\mathrm{d}x}f_2\\ g_1+\frac{\mathrm{d}y}{\mathrm{d}x}g_2+\frac{\mathrm{d}z}{\mathrm{d}x}g_3=0,\\ h_1+\frac{\mathrm{d}z}{\mathrm{d}x}h_2=0 \end{cases}$$

解此方程组得

$$\frac{\mathrm{d}u}{\mathrm{d}x}=\frac{f_1g_2h_2+f_2g_3h_1-f_2g_1h_2}{g_2h_2}=f_1+\frac{f_2g_3h_1}{g_2h_2}-\frac{f_2g_1}{g_2}.$$

例 15.27　设 $u=f(x,y,z)$，$g(x^2,\mathrm{e}^y,z)=0$，$y=\sin x$，且 f,g 具有一阶连续偏导数，$\frac{\partial g}{\partial z}\neq 0$，求 $\frac{\mathrm{d}u}{\mathrm{d}x}$.

分析　同例 15.26，3 个方程，4 个变量，x 为隐函数的自变量，其余皆为因变量.

解　各方程两边对 x 求导，得 $\begin{cases}\frac{\mathrm{d}u}{\mathrm{d}x}=f_1+\frac{\mathrm{d}y}{\mathrm{d}x}f_2+\frac{\mathrm{d}z}{\mathrm{d}x}f_3\\ 2xg_1+\mathrm{e}^y\frac{\mathrm{d}y}{\mathrm{d}x}g_2+\frac{\mathrm{d}z}{\mathrm{d}x}g_3=0\\ \frac{\mathrm{d}y}{\mathrm{d}x}=\cos x\end{cases}$，解此方程组得

$$\frac{\mathrm{d}u}{\mathrm{d}x}=f_1+\cos xf_2-\frac{f_3}{g_3}(2xg_1+\mathrm{e}^y\cos xg_2).$$

例 15.28　设 $f(x,y,z)$ 可微，$u=f(x^2+y^2+z^2)$，且已知方程

$$3x+2y^2+z^3=6xyz,\tag{15.6}$$

试就以下两种情况，分别求出 $\frac{\partial u}{\partial x}$ 在点 $P_0(1,1,1)$ 处的值.

(1) 式(15.6) 确定了隐函数 $z=z(x,y)$；

(2) 式(15.6) 确定了隐函数 $y=y(x,z)$.

解　(1) 由式(15.6) 两边对 x 求导，视 $z=z(x,y)$：

$$3+3z^2z_x=6yz+6xyz_x\Rightarrow z_x=\frac{2yz-1}{z^2-2xy},$$

则
$$u_x=(2x+2zz_x)f'(x^2+y^2+z^2)=2\left(x+\frac{2yz^2-z}{z^2-2xy}\right)f'(x^2+y^2+z^2),$$

所以
$$u_x|_{P_0}=0.$$

(2) 由式(15.6) 两边对 x 求导，视 $y=y(x,z)$：

$$3+4yy_x=6yz+6xzy_x\Rightarrow y_x=\frac{6yz-3}{4y-6xz},$$

则
$$u_x=(2x+2yy_x)f'(x^2+y^2+z^2)=2\left(x+\frac{6y^2z-3y}{4y-6xz}\right)f'(x^2+y^2+z^2),$$

所以
$$u_x|_{P_0}=-f'(3).$$

15.2.3　变量代换化简偏微分方程

例 15.29　设 $z=z(x,y)$ 为二次可微函数，作自变量和因变量变换，使 u,v 为新的自变量，

$w=w(u,v)$ 为新的因变量,其中 $w=xz-y,u=\frac{x}{y},v=x$,变换方程 $yz_{yy}+2z_y=\frac{2}{x}$.

解
$$z=\frac{1}{x}(w+y)=\frac{1}{x}\{w[u(x,y),v(x,y)]+y\},$$

$$z_y=\frac{1}{x}(w_u u_y+w_v v_y+1)=\frac{1}{x}\left(-\frac{x}{y^2}w_u+1\right)=-\frac{1}{y^2}w_u+\frac{1}{x}, \tag{15.7}$$

$$z_{yy}=-\frac{1}{y^2}(w_{uu}u_y+w_{uv}v_y)+\frac{2}{y^3}w_u=\frac{x}{y^4}w_{uu}+\frac{2}{y^3}w_u, \tag{15.8}$$

将式(15.7)、式(15.8)代入方程,有 $yz_{yy}+2z_y=\frac{2}{x}$,化简得 $w_{uu}=0$.

例 15.30 通过代换 $u=x-2\sqrt{y},v=x+2\sqrt{y}$,变换方程 $z_{xx}-yz_{yy}=\frac{1}{2}z_y(y>0)$.

解
$$z_x=z_u u_x+z_v v_x=z_u+z_v,$$
$$z_{xx}=z_{uu}u_x+z_{uv}v_x+z_{vu}u_x+z_{vv}v_x=z_{uu}+2z_{uv}+z_{vv}.$$
$$z_y=z_u u_y+z_v v_y=-\frac{1}{\sqrt{y}}z_u+\frac{1}{\sqrt{y}}z_v,$$
$$\begin{aligned}z_{yy}&=\frac{1}{2}\frac{1}{y\sqrt{y}}z_u-\frac{1}{\sqrt{y}}(z_{uu}u_y+z_{uv}v_y)-\frac{1}{2}\frac{1}{y\sqrt{y}}z_v+\frac{1}{\sqrt{y}}(z_{vu}u_y+z_{vv}v_y)\\&=\frac{1}{2}\frac{1}{y\sqrt{y}}z_u+\frac{1}{y}z_{uu}-\frac{2}{y}z_{uv}-\frac{1}{2}\frac{1}{y\sqrt{y}}z_v+\frac{1}{y}z_{vv}.\end{aligned}$$

将 z_{xx},z_{yy},z_y 代入方程 $z_{xx}-yz_{yy}=\frac{1}{2}z_y$ 并化简得

$$z_{uv}=0.$$

15.2.4 混合偏导与求导顺序无关问题

例 15.31 设 f_x,f_y 和 f_{yx} 在点 (x_0,y_0) 的某邻域内存在,f_{yx} 在点 (x_0,y_0) 连续,证明 $f_{xy}(x_0,y_0)$ 也存在,且 $f_{xy}(x_0,y_0)=f_{yx}(x_0,y_0)$.

证明 记

$$F(\Delta x,\Delta y)=f(x_0+\Delta x,y_0+\Delta y)-f(x_0+\Delta x,y_0)-f(x_0,y_0+\Delta y)+f(x_0,y_0),$$
$$\psi(y)=f(x_0+\Delta x,y)-f(x_0,y),\varphi(x)=f(x,y_0+\Delta y)-f(x,y_0),$$

则

$$\begin{aligned}F(\Delta x,\Delta y)&=\psi(y_0+\Delta y)-\psi(y_0)=\psi'(y_0+\theta_1\Delta y)\Delta y\\&=[f_y(x_0+\Delta x,y_0+\theta_1\Delta y)-f_y(x_0,y_0+\theta_1\Delta y)]\Delta y\\&=f_{yx}(x_0+\theta_2\Delta x,y_0+\theta_1\Delta y)\Delta y\Delta x\quad(0<\theta_1<1,0<\theta_2<1).\end{aligned}$$

又

$$\begin{aligned}F(\Delta x,\Delta y)&=\varphi(x_0+\Delta x)-\varphi(x_0)=\varphi'(x_0+\theta_3\Delta x)\Delta x\\&=[f_x(x_0+\theta_3\Delta x,y_0+\Delta y)-f_x(x_0+\theta_3\Delta x,y_0)]\Delta x,\end{aligned}$$

所以

$$[f_x(x_0+\theta_3\Delta x,y_0+\Delta y)-f_x(x_0+\theta_3\Delta x,y_0)]\Delta x=f_{yx}(x_0+\theta_2\Delta x,y_0+\theta_1\Delta y)\Delta y\Delta x.$$

于是

$$\frac{f_x(x_0+\theta_3\Delta x,y_0+\Delta y)-f_x(x_0+\theta_3\Delta x,y_0)}{\Delta y}=f_{yx}(x_0+\theta_2\Delta x,y_0+\theta_1\Delta y).$$

由已知$f_{yx}(x,y)$在点(x_0,y_0)连续,所以上式右边二重极限$(\Delta x,\Delta y)\to(0,0)$存在,当然沿特殊路径$\Delta x=0,\Delta y\to 0$极限也存在且相等,此时

$$\begin{aligned}f_{xy}(x_0,y_0)&=\lim_{\Delta y\to 0}\frac{f_x(x_0,y_0+\Delta y)-f_x(x_0,y_0)}{\Delta y}\\&=\lim_{\Delta y\to 0}f_{yx}(x_0,y_0+\theta_1\Delta y)=f_{yx}(x_0,y_0).\end{aligned}$$

例 15.32　设$f_x(x,y),f_y(x,y)$在点(x_0,y_0)的某邻域内存在且在点(x_0,y_0)可微,则有

$$f_{xy}(x_0,y_0)=f_{yx}(x_0,y_0).$$

证明　同例 15.31,有

$$\begin{aligned}F(\Delta x,\Delta y)&=\psi(y_0+\Delta y)-\psi(y_0)=\psi'(y_0+\theta_1\Delta y)\Delta y\\&=[f_y(x_0+\Delta x,y_0+\theta_1\Delta y)-f_y(x_0,y_0+\theta_1\Delta y)]\Delta y.\end{aligned}$$

由f_y在(x_0,y_0)点可微,有

$$\begin{aligned}&f_y(x_0+\Delta x,y_0+\theta_1\Delta y)-f_y(x_0,y_0+\theta_1\Delta y)\\=&f_y(x_0+\Delta x,y_0+\theta_1\Delta y)-f_y(x_0,y_0)-[f_y(x_0,y_0+\theta_1\Delta y)-f_y(x_0,y_0)]\\=&f_{yx}(x_0,y_0)\Delta x+f_{yy}(x_0,y_0)(\theta_1\Delta y)-f_{yy}(x_0,y_0)(\theta_1\Delta y)+\alpha\Delta x+\beta\Delta y\\=&f_{yx}(x_0,y_0)\Delta x+\alpha\Delta x+\beta\Delta y,\end{aligned}$$

即

$$F(\Delta x,\Delta y)=f_{yx}(x_0,y_0)\Delta x\Delta y+\alpha\Delta x\Delta y+\beta\Delta y^2.$$

同理

$$\begin{aligned}F(\Delta x,\Delta y)&=\varphi(x_0+\Delta x)-\varphi(x_0)=\varphi'(x_0+\theta_3\Delta x)\Delta x\\&=[f_x(x_0+\theta_3\Delta x,y_0+\Delta y)-f_x(x_0+\theta_3\Delta x,y_0)]\Delta x\\&=f_{xy}(x_0,y_0)\Delta x\Delta y+\delta\Delta x\Delta y+\gamma\Delta x^2,\end{aligned}$$

其中,$\alpha,\beta,\delta,\gamma$为无穷小量,在$(\Delta x,\Delta y)\to(0,0)$时,有

$$f_{yx}(x_0,y_0)\Delta x\Delta y+\alpha\Delta x\Delta y+\beta\Delta y^2=f_{xy}(x_0,y_0)\Delta x\Delta y+\delta\Delta x\Delta y+\gamma\Delta x^2,$$

两边同时消去$\Delta x\Delta y$,再令$(\Delta x,\Delta y)\to(0,0)$即得

$$f_{xy}(x_0,y_0)=f_{yx}(x_0,y_0).$$

15.2.5　应用问题

例 15.33　求函数$f(x,y)=-\frac{4}{5}x^5+x^4-2x^2y+\frac{1}{2}y^2$的极值.

解　求稳定点:令$\begin{cases}f_x=-4x^4+4x^3-4xy=0\\f_y=-2x^2+y=0\end{cases}$,解得稳定点为$P_0(0,0),P_1(-1,2)$.

求 Hesse 矩阵：$f_{xx}=-16x^3+12x^2-4y,f_{xy}=-4x,f_{yy}=1$. 在 $P_1(-1,2)$ 点，$A=f_{xx}(P_1)=20$，$B=f_{xy}(P_1)=4,C=f_{yy}(P_1)=1,H=\begin{vmatrix}20&4\\4&1\end{vmatrix}=4>0$，且 $A>0$，故 $P_1(-1,2)$ 为函数的极小值点，极小值为 $f(-1,2)=-\dfrac{9}{5}$.

同样地，在 $P_0(0,0)$ 点，有 $A=f_{xx}(P_0)=0,B=f_{xy}(P_0)=0,C=f_{yy}(P_0)=1,H=\begin{vmatrix}0&0\\0&1\end{vmatrix}=0$，极值点充分条件不满足，但可以判定 $P_0(0,0)$ 不是极值点. 事实上，在原点的任意邻域内，y 轴上的点 $(x=0)$ 使得函数 $f=\dfrac{1}{2}y^2>0$，但是在 $y=x^2$ 上的点，使得 $f=-\dfrac{4}{5}x^5-\dfrac{1}{2}x^4<0(x>0)$，所以 $P_0(0,0)$ 不是极值点.

例 15.34 试确定常数 a,b,c，使得 $f(x,y,z)=axy^2+byz+cz^2x^3$ 在点 $P(1,2,-1)$ 沿 z 轴正方向的方向导数取最大值 64.

解 方向导数取最大值的方向，就是梯度的方向，即函数 $f(x,y,z)$ 梯度的方向与 z 轴正向一致，从而有 $f_x(P)=(ay^2+3cz^2x^2)|_P=4a+3c=0$，$f_y(P)=(2axy+bz)|_P=4a-b=0$，而 $f_z(P)=(by+2czx^3)|_P=2b-2c$ 就是函数沿 z 轴方向的方向导数，即 $2b-2c=64$，联立上述三个方程，并解方程组得 $a=6,b=24,c=-8$.

例 15.35 求 $z=2x^2+y^2-8x-2y+9$ 在区域 $D:2x^2+y^2\leqslant 1$ 上的最大值与最小值.

解 由于函数 z 在有界闭区域 D 上连续，故必可取到最大值与最小值. 先求稳定点，令 $z_x=z_y=0$，得方程组 $\begin{cases}4x-8=0\\2y-2=0\end{cases}$，解得稳定点为 $P(2,1)$，但 $P\notin D$，故最大、最小值必在 D 的边界 ∂D：$2x^2+y^2=1$ 上达到，即为条件极值问题. 记

$$L(x,y,\lambda)=2x^2+y^2-8x-2y+9+\lambda(2x^2+y^2-1).$$

令 $L_x=L_y=L_\lambda=0$，得方程组 $\begin{cases}4x-8+4\lambda x=0\\2y-2+2\lambda y=0\\2x^2+y^2-1=0\end{cases}$，解得稳定点为 $P_1\left(\dfrac{2}{3},\dfrac{1}{3}\right)$，$P_2\left(-\dfrac{2}{3},-\dfrac{1}{3}\right)$.

由此可以求得 $z(P_1)=4$ 为最小值，$z(P_2)=16$ 为最大值.

例 15.36 求直线 $4x+3y=16$ 与椭圆 $18x^2+5y^2=45$ 之间的最短距离.

解 点 (x,y) 到直线 $L:4x+3y=16$ 的距离为 $d(x,y)=\dfrac{|4x+3y-16|}{5}$，此题即为求函数 $f(x,y)=|4x+3y-16|$ 在条件 $18x^2+5y^2=45$ 下的最小值. 作拉格朗日函数：

$$L(x,y,\lambda)=|4x+3y-16|+\lambda(18x^2+5y^2-45).$$

令 $L_x=L_y=L_\lambda=0$，解得稳定点为 $P_1\left(\dfrac{10}{11},\dfrac{27}{11}\right)$，$P_2\left(-\dfrac{10}{11},-\dfrac{27}{11}\right)$，分别代入 $d(x,y)$，$d(P_1)=1$，$d(P_2)=\dfrac{27}{5}$，故最短距离为 1.

例 15.37　设 V 是由椭球面 $\frac{x^2}{a^2}+\frac{y^2}{b^2}+\frac{z^2}{c^2}=1$ 的切平面和三坐标平面所围成区域的体积,求 V 的最小值.

解法 1　设 $P_0(x_0,y_0,z_0)$ 是椭球面上任意一点,过 P_0 的切平面方程为

$$\frac{x_0}{a^2}(x-x_0)+\frac{y_0}{b^2}(y-y_0)+\frac{z_0}{c^2}(z-z_0)=0,$$

即 $\frac{x_0}{a^2}x+\frac{y_0}{b^2}y+\frac{z_0}{c^2}z=1$. 该切平面在三坐标轴上的截距分别是 $\frac{a^2}{x_0},\frac{b^2}{y_0},\frac{c^2}{z_0}$,则切平面与坐标平面所围四面体体积 $V=\frac{a^2b^2c^2}{6x_0y_0z_0}$,因此,求 V 的最小值,就是求函数 $f(x,y,z)=xyz$ 在约束条件 $\frac{x^2}{a^2}+\frac{y^2}{b^2}+\frac{z^2}{c^2}=1$ 下的最大值. 为此,作拉格朗日函数

$$L(x,y,z,\lambda)=xyz+\lambda\left(\frac{x^2}{a^2}+\frac{y^2}{b^2}+\frac{z^2}{c^2}-1\right).$$

令 $L_x=L_y=L_z=L_\lambda=0$,解得稳定点为 $P\left(\frac{a}{\sqrt{3}},\frac{b}{\sqrt{3}},\frac{c}{\sqrt{3}}\right)$,故 $V_{\min}=\frac{\sqrt{3}}{2}abc$.

注　用球坐标方法解决这类条件极值很快捷.

解法 2　为求函数 $f(x,y,z)=xyz$ 在约束条件 $\frac{x^2}{a^2}+\frac{y^2}{b^2}+\frac{z^2}{c^2}=1$ 下的最大值,可令

$$\begin{cases}x=a\sin\varphi\cos\theta\\ y=b\sin\varphi\sin\theta\\ z=c\cos\varphi\end{cases}\quad(0\leqslant\theta\leqslant 2\pi,0\leqslant\varphi\leqslant\pi),$$

则 $f(x,y,z)=abc\sin^2\varphi\cos\varphi\sin\theta\cos\theta$,可以求出 $\sin\theta\cos\theta\leqslant\frac{1}{2}\left(\text{即 }\theta=\frac{\pi}{4}\text{ 或}\frac{5\pi}{4}\text{ 时,取最大值}\frac{1}{2}\right)$,$\sin^2\varphi\cos\varphi\leqslant\frac{2}{3\sqrt{3}}\left(\text{即 }\cos\varphi=\frac{1}{\sqrt{3}}\text{ 时,取最大值}\frac{2}{3\sqrt{3}}\right)$,所以 $f(x,y,z)\leqslant\frac{1}{3\sqrt{3}}abc$,即 $f(x,y,z)=xyz$ 在约束条件 $\frac{x^2}{a^2}+\frac{y^2}{b^2}+\frac{z^2}{c^2}=1$ 下的最大值 $f_{\max}(x,y,z)=\frac{abc}{3\sqrt{3}}$,于是所求四面体的最小体积 $V_{\min}=\frac{a^2b^2c^2}{6f_{\max}}=\frac{\sqrt{3}}{2}abc$.

例 15.38　求内接椭球 $\frac{x^2}{a^2}+\frac{y^2}{b^2}+\frac{z^2}{c^2}=1$ 内最大长方体的体积(长方体各面平行于坐标平面).

解　设位于第一卦限的长方体的顶点为 (x,y,z),则长方体体积 $V=8xyz(x,y,z>0)$. 本题就是求 $V=8xyz$ 在约束条件 $\frac{x^2}{a^2}+\frac{y^2}{b^2}+\frac{z^2}{c^2}=1$ 下的最大值. 以下的步骤同例 15.37 完全一

样,从略.

例 15.39 设有两个正数x,y,其和为定值,求函数$f(x,y)=\dfrac{x^n+y^n}{2}$的极值,并证明$\dfrac{x^n+y^n}{2}\geqslant\left(\dfrac{x+y}{2}\right)^n$(其中$n$为正整数).

解 设$x+y=a$,就是要求函数$f(x,y)=\dfrac{x^n+y^n}{2}$在条件$x+y=a$下的极值. 作拉格朗日函数$L(x,y,\lambda)=\dfrac{x^n+y^n}{2}+\lambda(x+y-a)$. 令$L_x=L_y=L_\lambda=0$,得$\begin{cases}\dfrac{n}{2}x^{n-1}-\lambda=0\\ \dfrac{n}{2}y^{n-1}-\lambda=0\\ x+y=a\end{cases}$. 解得唯一的稳定点$x=y=\dfrac{a}{2}$. 因$f\left(\dfrac{a}{2},\dfrac{a}{2}\right)=\left(\dfrac{a}{2}\right)^n<f(a,0)=\dfrac{a^n}{2}$,表明$x=y=\dfrac{a}{2}$时,为函数$f(x,y)$在条件$x+y=a$下取最小值,即

$$f(x,y)=\frac{x^n+y^n}{2}\geqslant f\left(\frac{a}{2},\frac{a}{2}\right)=\left(\frac{a}{2}\right)^n=\left(\frac{x+y}{2}\right)^n.$$

例 15.40 用条件极值点方法证明:

$$\frac{x_1^2+x_2^2+\cdots+x_n^2}{n}\geqslant\left(\frac{x_1+x_2+\cdots+x_n}{n}\right)^2\quad(x_k>0,k=1,2,\cdots,n).$$

解 令$x_1+x_2+\cdots+x_n=r(r>0)$,求函数$f(x_1,x_2,\cdots,x_n)=\dfrac{x_1^2+x_2^2+\cdots+x_n^2}{n}$在条件$x_1+x_2+\cdots+x_n=r(r>0)$下的极小值. 为此作拉格朗日函数

$$L(x_1,x_2,\cdots,x_n,\lambda)=\frac{x_1^2+x_2^2+\cdots+x_n^2}{n}+\lambda(x_1+x_2+\cdots+x_n-r).$$

令$L_{x_1}=L_{x_2}=\cdots=L_{x_n}=L_\lambda=0$,解得$x_1=x_2=\cdots=x_n=\dfrac{r}{n}$,故

$$f(x_1,x_2,\cdots,x_n)=\frac{x_1^2+x_2^2+\cdots+x_n^2}{n}\geqslant f_{\min}=\frac{\left(\frac{r}{n}\right)^2+\cdots+\left(\frac{r}{n}\right)^2}{n}$$

$$=\left(\frac{r}{n}\right)^2=\left(\frac{x_1+x_2+\cdots+x_n}{n}\right)^2.$$

例 15.41 用条件极值点方法证明:$xy^2z^3\leqslant108\left(\dfrac{x+y+z}{6}\right)^6(x,y,z>0)$.

解 记$x+y+z=6r$. 要证明所给不等式成立,只需证明函数$f(x,y,z)=xy^2z^3$在条件$x+y+z=6r$下取最大值$108r^6$. 为此作拉格朗日函数:

$$L(x,y,z,\lambda) = xy^2z^3 + \lambda(x+y+z-6r).$$

令 $L_x = L_y = L_z = L_\lambda = 0$,得 $\begin{cases} y^2z^3 + \lambda = 0 \\ 2xyz^3 + \lambda = 0 \\ 3xy^2z^2 + \lambda = 0 \\ x+y+z = 6r \end{cases}$. 解此方程组得正解为 $\begin{cases} x = r \\ y = 2r \\ z = 3r \end{cases}$, 即为函数 $f(x,y,z) = xy^2z^3$ 的最大值点,故 $xy^2z^3 \leqslant r(2r)^2(3r)^3 = 108r^6 = 108\left(\dfrac{x+y+z}{6}\right)^6$.

注　一般地,有 $x^a y^b z^c \leqslant a^a b^b c^c \left(\dfrac{x+y+z}{a+b+c}\right)^{a+b+c}$. 请读者自证.

习　题

1. (1) 已知平面 $lx+my+nz=p$ 与椭球面 $\dfrac{x^2}{a^2}+\dfrac{y^2}{b^2}+\dfrac{z^2}{c^2}=1$ 相切,证明:

$$a^2l^2+b^2m^2+c^2n^2=p^2.$$

(2) 试用条件极值推导点到平面的距离公式.

2. 取 $u=\dfrac{y}{x}, v=z+\sqrt{x^2+y^2+z^2}$ 作为新的自变量,变换方程:

$$x\frac{\partial z}{\partial x}+y\frac{\partial z}{\partial y}=z+\sqrt{x^2+y^2+z^2}.$$

3. 设 $z=f(x,y)$ 在有界闭区域 D 内有连续的二阶偏导,且 $\dfrac{\partial^2 z}{\partial x^2}+\dfrac{\partial^2 z}{\partial y^2}=0, \dfrac{\partial^2 z}{\partial x\partial y}\neq 0$,证明:函数 $z=f(x,y)$ 的最大值、最小值只能在区域的边界上取得.

4. 利用条件极值点方法求平面 $x+y+z=0$ 和椭球面 $x^2+y^2+4z^2=1$ 所截的椭圆的面积.

5. 求直线 $4x+3y=16$ 与椭圆 $18x^2+5y^2=45$ 之间的最短距离.

6. 在曲面 $x^2+y^2+\dfrac{z^2}{4}=1(x,y,z>0)$ 上求一点,使该点的切平面在三个坐标轴上的截距平方和最小.

7. 讨论函数 $\begin{cases} \dfrac{x^3-y^3}{x^2+y^2}, & x^2+y^2\neq 0 \\ 0, & x^2+y^2=0 \end{cases}$ 在点 $(0,0)$ 处的连续性、偏导及可微性.

8. 函数 $f(x,y)$ 具有二阶连续偏导, $f_x(0,0)=f_y(0,0)=f(0,0)=0$,证明:

$$f(x,y)=\int_0^1(1-t)[x^2f_{11}(tx,ty)+2xyf_{12}(tx,ty)+y^2f_{22}(tx,ty)]\mathrm{d}t.$$

9. 函数 f 在区域 Ω 上可微,在 Ω 中每一点处,存在互相垂直的方向 t_1,t_2,使得 $\dfrac{\partial f}{\partial t_1}=\dfrac{\partial f}{\partial t_2}=0$,

则 f 在 Ω 上为常函数.

10. 设 $z = xf\left(xy,\dfrac{y}{x}\right) + \dfrac{1}{x}g(xy)$，其中 f,g 分别有二阶连续偏导和导数，求 $\dfrac{\partial^2 z}{\partial x\partial y}$.

11. 设 $\begin{cases} u = f(x,y) + xv \\ y = g(x,v) + yu \end{cases}$，其中 f,g 可微，且 $\dfrac{\partial(u,y)}{\partial(v,x)} \neq 0$，求 $\dfrac{\partial y}{\partial x}$.

第 16 讲　重　积　分

16.1　重积分的基本概念

16.1.1　二重积分

1. 定义

$f(x,y)$ 是定义在可求面积的有界闭区域 D 上的函数，J 是一个确定的常数．$T=\{\sigma_i\}_{i=1}^{n}$ 是对 D 的任意分割，记 $d_i=d(\sigma_i)$，$\|T\|=\max\limits_{1\leqslant i\leqslant n}\{d_i\}(i=1,2,\cdots,n)$．若 $\forall\varepsilon>0,\exists\delta>0$，当 $\|T\|<\delta$ 时，恒有 $\left|\sum\limits_{i=1}^{n}f(\xi_i,\eta_i)\Delta\sigma_i-J\right|<\varepsilon$（对 $\forall(\xi_i,\eta_i)\in\sigma_i$），则称函数 f 在 D 上可积，称 J 为 f 在 D 上的二重积分，记作 $J=\iint\limits_D f(x,y)\mathrm{d}\sigma$，或写作

$$\lim_{\|T\|\to 0}\sum_{i=1}^{n}f(\xi_i,\eta_i)\Delta\sigma_i=\iint\limits_D f(x,y)\mathrm{d}\sigma.$$

当分割 T 是一组平行于坐标轴的直线网时，小区域的面积 $\Delta\sigma=\Delta x\Delta y$，于是二重积分也可以记作 $\iint\limits_D f(x,y)\mathrm{d}x\mathrm{d}y$.

2. 可积条件

二重积分的可积条件与定积分类似.

(1) 必要条件. 函数 $f(x,y)$ 在 D 上可积，则 $f(x,y)$ 在 D 上必有界.

(2) 充要条件.

① 函数 $f(x,y)$ 在 D 上可积 $\Leftrightarrow S=s$（其中 S,s 分别为 f 在 D 上的上积分和下积分）.

② 函数 $f(x,y)$ 在 D 上可积 $\Leftrightarrow\forall\varepsilon>0$，存在分割 T，使得 $S(T)-s(T)<\varepsilon$.

③ 函数 $f(x,y)$ 在 D 上可积 $\Leftrightarrow\forall\varepsilon>0$，存在分割 T，使得 $\sum\limits_{i=1}^{n}\omega_i\Delta\sigma_i<\varepsilon$.

3. 可积类

(1) 有界闭区域 D 上的连续函数必可积.

(2) 若 $f(x,y)$ 在有界闭区域 D 上有界，且仅在 D 内有限条光滑曲线上不连续，则 $f(x,y)$ 在 D 上可积.

4. 性质

(1) 线性. 若$f(x,y),g(x,y)$在D上都可积,则$\alpha f(x,y)+\beta g(x,y)$在$D$上也可积($\alpha,\beta$为常数),且

$$\iint_D\left[\alpha f(x,y)+\beta g(x,y)\right]\mathrm{d}\sigma=\alpha\iint_D f(x,y)\mathrm{d}\sigma+\beta\iint_D g(x,y)\mathrm{d}\sigma.$$

特别地,$\iint_D \mathrm{d}\sigma=S_D$($S_D$为$D$的面积).

(2) 区域可加性. 若$D=D_1\cup D_2$,且D_1,D_2无公共内点,则$f(x,y)$在D上可积$\Leftrightarrow f(x,y)$在D_1,D_2上都可积,且$\iint_D f(x,y)\mathrm{d}\sigma=\iint_{D_1} f(x,y)\mathrm{d}\sigma+\iint_{D_2} f(x,y)\mathrm{d}\sigma$.

(3) 单调性. 若$f(x,y),g(x,y)$都可积,且$f(x,y)\leqslant g(x,y)(\forall(x,y)\in D)$,则

$$\iint_D f(x,y)\mathrm{d}\sigma\leqslant\iint_D g(x,y)\mathrm{d}\sigma.$$

特别地,若$f(x,y)\geqslant 0,((x,y)\in D)$,则$\iint_D f(x,y)\mathrm{d}\sigma\geqslant 0$.

(4) 积分估值. 若$M=\sup\limits_{(x,y)\in D}f(x,y),m=\inf\limits_{(x,y)\in D}f(x,y)$,则

$$mS_D\leqslant\iint_D f(x,y)\mathrm{d}\sigma\leqslant MS_D.$$

(5) 绝对可积性. 若$f(x,y)$在D上可积,则$|f(x,y)|$在D上必可积,且

$$\left|\iint_D f(x,y)\mathrm{d}\sigma\right|\leqslant\iint_D|f(x,y)|\mathrm{d}\sigma.$$

(6) 积分中值定理. $f(x,y)$在D上连续,$g(x,y)$在D上可积且不变号,则$\exists(\xi,\eta)\in D$,使得

$$\iint_D f(x,y)g(x,y)\mathrm{d}\sigma=f(\xi,\eta)\iint_D g(x,y)\mathrm{d}\sigma.$$

特别地,当$g\equiv 1$时,$\iint_D f(x,y)\mathrm{d}\sigma=f(\xi,\eta)S_D$.

5. 二重积分的计算

(1) 直角坐标系下化为不同顺序的累次积分.

① 若D为x-型区域:$D=\{(x,y)|a\leqslant x\leqslant b,y_1(x)\leqslant y\leqslant y_2(x)\}$,则

$$\iint_D f(x,y)\mathrm{d}x\mathrm{d}y=\int_a^b\mathrm{d}x\int_{y_1(x)}^{y_2(x)}f(x,y)\mathrm{d}y;$$

②D为y-型区域:$D=\{(x,y)|c\leqslant y\leqslant d,x_1(y)\leqslant x\leqslant x_2(y)\}$,则

$$\iint_D f(x,y)\mathrm{d}x\mathrm{d}y=\int_c^d\mathrm{d}y\int_{x_1(y)}^{x_2(y)}f(x,y)\mathrm{d}x;$$

③ 当D既不是x-型又不是y-型区域时,可对D进行适当的分割,使之成为有限个无公共内点的x-型或y-型区域.

当D既是x-型又是y-型区域时,虽然两种不同顺序的累次积分都行,但是有难易之别,甚至某种顺序就十分困难,所以在安排积分顺序时,要注意技巧,要熟练地掌握两种不同顺序积分的

变换.

例16.1　计算二重积分 $I=\iint\limits_D x^2e^{-y^2}d\sigma$，其中 D 由直线 $x=0,y=1,y=x$ 所围的区域.

分析　D 既是 x-型又是 y-型，若我们安排先 y 后 x 的顺序，就有

$$I=\int_0^1 x^2dx\int_x^1 e^{-y^2}dy,$$

因为 e^{-y^2} 的原函数无法用初等函数形式表示，因此这种顺序的累次积分无法进行，所以只能用先 x 后 y 的顺序.

解　$I=\iint\limits_D x^2e^{-y^2}d\sigma=\int_0^1 e^{-y^2}dy\int_0^y x^2dx=\dfrac{1}{3}\int_0^1 y^3e^{-y^2}dy=\dfrac{1}{6}-\dfrac{1}{3e}.$

注　在直角坐标系下，计算二重积分的重点就是要会安排两种不同顺序的累次积分，其余的就是作定积分了.

例16.2　改变下列累次积分的顺序（首要的是要画出积分区域 D 的草图）：

①$\int_0^{2a}dx\int_{\sqrt{2ax-x^2}}^{\sqrt{2ax}}f(x,y)dy=\int_0^a dy\int_{\frac{y^2}{2a}}^{a-\sqrt{a^2-y^2}}f(x,y)dx+\int_0^a dy\int_{a+\sqrt{a^2-y^2}}^{2a}f(x,y)dx+\int_a^{2a}dy\int_{\frac{y^2}{2a}}^{2a}f(x,y)dx.$

②$\int_0^1 dx\int_0^{x^2}f(x,y)dy+\int_1^3 dx\int_0^{\frac{3-x}{2}}f(x,y)dy=\int_0^1 dy\int_{\sqrt{y}}^{3-2y}f(x,y)dx.$

(2) 极坐标系下. 当被积函数的形式为 $f(x^2+y^2)$，或积分区域是圆或圆域的一部分时，用极坐标计算较为简单. 这时，面积微元 $d\sigma=rdrd\theta$. 即

$$\iint\limits_D f(x,y)d\sigma=\int_\alpha^\beta d\theta\int_{r_1(\theta)}^{r_2(\theta)}f(r\cos\theta,r\sin\theta)rdr$$

或

$$\iint\limits_D f(x,y)d\sigma=\int_a^b rdr\int_{\theta_1(r)}^{\theta_2(r)}f(r\cos\theta,r\sin\theta)d\theta.$$

例16.3　计算二重积分 $\iint\limits_D|xy|dxdy$，其中 $D:x^2+y^2\leqslant x+y$.

解　令 $\begin{cases}x=r\cos\theta\\y=r\sin\theta\end{cases}$，则积分区域 D 变为 D'：$-\dfrac{\pi}{4}\leqslant\theta\leqslant\dfrac{3\pi}{4},0\leqslant r\leqslant\cos\theta+\sin\theta.$

$$\begin{aligned}I&=\iint\limits_D|xy|dxdy=\int_{-\frac{\pi}{4}}^{\frac{3\pi}{4}}d\theta\int_0^{\sin\theta+\cos\theta}|\sin\theta\cos\theta|r^3dr\\&=\frac{1}{4}\int_{-\frac{\pi}{4}}^{\frac{3\pi}{4}}|\sin\theta\cos\theta|(\sin\theta+\cos\theta)^4d\theta\\&=\frac{1}{4}\Big[-\int_{-\frac{\pi}{4}}^{0}\sin\theta\cos\theta(\sin\theta+\cos\theta)^4d\theta+\\&\int_0^{\frac{\pi}{2}}\sin\theta\cos\theta(\sin\theta+\cos\theta)^4d\theta-\int_{\frac{\pi}{2}}^{\frac{3\pi}{4}}\sin\theta\cos\theta(\sin\theta+\cos\theta)^4d\theta\Big]\\&=\frac{1}{8}\left(\frac{5}{6}-\frac{\pi}{4}+\frac{5}{3}+\frac{\pi}{2}+\frac{5}{6}-\frac{\pi}{4}\right)=\frac{5}{12}.\end{aligned}$$

(3) 二重积分的一般变量代换.

令 $x = x(u,v), y = y(u,v)$,且 $J(u,v) = \dfrac{\partial(x,y)}{\partial(u,v)} \neq 0, (u,v) \in D'$,则

$$\iint_D f(x,y)\mathrm{d}x\mathrm{d}y = \iint_{D'} f(x(u,v),y(u,v))\,|J(u,v)|\,\mathrm{d}u\mathrm{d}v.$$

例 16.4 计算二重积分 $\iint_D \mathrm{e}^{\frac{y}{x+y}}\mathrm{d}x\mathrm{d}y$,其中 $D: x + y \leqslant 1, x \geqslant 0, y \geqslant 0$.

解 令 $u = x + y, v = y$,则 $\dfrac{\partial(x,y)}{\partial(u,v)} = 1\Big/\dfrac{\partial(u,v)}{\partial(x,y)} = 1$,且积分区域 D 变为 $D': u = v, v = 0, u = 1$. 于是

$$I = \iint_D \mathrm{e}^{\frac{y}{x+y}}\mathrm{d}x\mathrm{d}y = \int_0^1 \mathrm{d}u\int_0^u \mathrm{e}^{\frac{v}{u}}\mathrm{d}v = (\mathrm{e}-1)\int_0^1 u\mathrm{d}u = \frac{\mathrm{e}-1}{2}.$$

(4) 利用普通对称性和轮换对称性.

① 普通对称性. 若积分区域 D 关于 y 轴对称,则

$$\iint_D f(x,y)\mathrm{d}x\mathrm{d}y = \begin{cases} 0, & f(-x,y) = -f(x,y) \\ 2\iint_{D_1} f(x,y)\mathrm{d}x\mathrm{d}y, & f(-x,y) = f(x,y) \end{cases},$$

其中 $D_1 = \{(x,y)\,|\,(x,y) \in D, x \geqslant 0\}$.

注 若积分区域 D 关于 x 轴对称或关于原点对称,均有类似结果.

② 轮换对称性. 若积分区域 D 关于直线 $y = x$ 对称,则

$$\iint_D f(x,y)\mathrm{d}x\mathrm{d}y = \iint_D f(y,x)\mathrm{d}x\mathrm{d}y = \frac{1}{2}\iint_D [f(y,x) + f(x,y)]\mathrm{d}x\mathrm{d}y.$$

例 16.5 计算 $I = \iint_D (3|x| + 2|y|)\mathrm{d}x\mathrm{d}y$,其中 $D = \{(x,y)\,|\,x^2 + y^2 \leqslant 1\}$.

解 由普通对称性,得

$$\iint_D (3|x| + 2|y|)\mathrm{d}x\mathrm{d}y = 4\iint_{D_1}(3|x| + 2|y|)\mathrm{d}x\mathrm{d}y,$$

其中 D_1 是 D 在第一象限的部分.

故
$$I = 4\iint_{D_1}(3x + 2y)\mathrm{d}x\mathrm{d}y = 4\int_0^{\frac{\pi}{2}}\mathrm{d}\theta\int_0^1 (3r\cos\theta + 2r\sin\theta)r\mathrm{d}r = \frac{20}{3}.$$

例 16.6 设 D 由曲线 $(x^2 + y^2)^2 = 2xy$ 围成,求 $\iint_D xy\mathrm{d}\sigma$.

解 D 关于原点 $(0,0)$ 对称,且 $f(-x,-y) = xy = f(x,y)$.

故 $\iint_D xy\mathrm{d}\sigma = 2\iint_{D_1} xy\mathrm{d}\sigma = 2\int_0^{\frac{\pi}{2}}\mathrm{d}\theta\int_0^{\sqrt{\sin 2\theta}} r\cos\theta \cdot r\sin\theta \cdot r\mathrm{d}r = \dfrac{1}{6}$,其中 D_1 是第一象限部分.

例 16.7 设区域 $D = \{(x,y)\,|\,x^2 + y^2 \leqslant 1, x \geqslant 0, y \geqslant 0\}$,$f(x)$ 为 D 上的正值连续函数,a,b 为常数,求 $I = \iint_D \dfrac{a\sqrt{f(x)} + b\sqrt{f(y)}}{\sqrt{f(x)} + \sqrt{f(y)}}\mathrm{d}\sigma$.

解　区域 D 关于直线 $y=x$ 对称,根据轮换对称性,有

$$I=\iint_D \frac{a\sqrt{f(x)}+b\sqrt{f(y)}}{\sqrt{f(x)}+\sqrt{f(y)}}\mathrm{d}\sigma=\iint_D \frac{a\sqrt{f(y)}+b\sqrt{f(x)}}{\sqrt{f(y)}+\sqrt{f(x)}}\mathrm{d}\sigma,$$

故

$$\begin{aligned}I&=\frac{1}{2}\left[\iint_D \frac{a\sqrt{f(x)}+b\sqrt{f(y)}}{\sqrt{f(x)}+\sqrt{f(y)}}\mathrm{d}\sigma+\iint_D \frac{a\sqrt{f(y)}+b\sqrt{f(x)}}{\sqrt{f(y)}+\sqrt{f(x)}}\mathrm{d}\sigma\right]\\&=\frac{1}{2}\iint_D(a+b)\mathrm{d}\sigma=\frac{1}{2}\cdot(a+b)\cdot\frac{\pi}{4}\cdot 1^2=\frac{a+b}{8}.\end{aligned}$$

例 16.8　设 $D=\{(x,y)\mid x^2+y^2\leqslant 1,y\geqslant 0\}$,连续函数 $f(x,y)$ 满足

$$f(x,y)=y\sqrt{1-x^2}+x\iint_D f(x,y)\mathrm{d}x\mathrm{d}y,$$

计算 $\iint_D xf(x,y)\mathrm{d}x\mathrm{d}y$.

解　设 $\iint_D f(x,y)\mathrm{d}x\mathrm{d}y=A$,则 $f(x,y)=y\sqrt{1-x^2}+Ax$,

两边同取二重积分得

$$\begin{aligned}A&=\iint_D f(x,y)\mathrm{d}x\mathrm{d}y=\iint_D y\sqrt{1-x^2}\mathrm{d}x\mathrm{d}y+\iint_D Ax\mathrm{d}x\mathrm{d}y\\&=\iint_D y\sqrt{1-x^2}\mathrm{d}x\mathrm{d}y=2\iint_{D_1} y\sqrt{1-x^2}\mathrm{d}x\mathrm{d}y\\&=2\int_0^1\mathrm{d}x\int_0^{\sqrt{1-x^2}}y\sqrt{1-x^2}\mathrm{d}y=\int_0^1(1-x^2)^{\frac{3}{2}}\mathrm{d}x\\&=\int_0^{\frac{\pi}{2}}\cos^4 t\mathrm{d}t=\frac{3\pi}{16},\end{aligned}$$

这里 $D_1=\{(x,y)\mid x^2+y^2\leqslant 1,x\geqslant 0,y\geqslant 0\}$,$x=\sin t$.

故 $f(x,y)=y\sqrt{1-x^2}+\frac{3\pi}{16}x$,所以

$$\begin{aligned}\iint_D xf(x,y)\mathrm{d}x\mathrm{d}y&=\iint_D x\left(y\sqrt{1-x^2}+\frac{3\pi}{16}\right)\mathrm{d}x\mathrm{d}y=\frac{3\pi}{16}\iint_D x^2\mathrm{d}x\mathrm{d}y.\\&=\frac{3\pi}{8}\iint_{D_1}x^2\mathrm{d}x\mathrm{d}y=\frac{3\pi}{16}\iint_{D_1}(x^2+y^2)\mathrm{d}x\mathrm{d}y=\frac{3\pi}{16}\int_0^{\frac{\pi}{2}}\mathrm{d}\theta\int_0^1 r^3\mathrm{d}r=\frac{3\pi}{128}.\end{aligned}$$

6. 化二重积分为单积分

通过适当的变量代换和安排合适的积分顺序,就可以将某些二重积分化为单积分.

例 16.9　将下列积分化为单积分:

(1) $\iint_D f(\sqrt{x^2+y^2})\mathrm{d}x\mathrm{d}y$,其中 $D:|y|\leqslant|x|,|x|\leqslant 1$.

(2) $\iint_D f(xy)\mathrm{d}x\mathrm{d}y$,其中 $D:x\leqslant y\leqslant 4x,1\leqslant xy\leqslant 2$.

解 (1)用极坐标$\begin{cases}x=r\cos\theta\\y=r\sin\theta\end{cases}$及对称性,仅考虑第一象限部分. D为由$y=x,y=0,x=1$所围成的三角形. 在极坐标下,看作θ-型:$0\leqslant\theta\leqslant\frac{\pi}{4},0\leqslant r\leqslant\sec\theta$;看作$r$-型,必须分为两部分:$D_1':0\leqslant r\leqslant 1,0\leqslant\theta\leqslant\frac{\pi}{4}$;$D_2':1\leqslant r\leqslant\sqrt{2},\arccos\frac{1}{r}\leqslant\theta\leqslant\frac{\pi}{4}$,而要想化作单积分,必须把积分区域看作极坐标系的$r$-型,所以

$$\begin{aligned}I&=\iint_D f(\sqrt{x^2+y^2})\,\mathrm{d}x\mathrm{d}y\\&=4\left[\int_0^1 rf(r)\,\mathrm{d}r\int_0^{\frac{\pi}{4}}\mathrm{d}\theta+\int_1^{\sqrt{2}}rf(r)\,\mathrm{d}r\int_{\arccos\frac{1}{r}}^{\frac{\pi}{4}}\mathrm{d}\theta\right]\\&=\pi\int_0^1 rf(r)\,\mathrm{d}r+4\int_1^{\sqrt{2}}rf(r)\left(\frac{\pi}{4}-\arccos\frac{1}{r}\right)\mathrm{d}r\\&=\pi\int_0^{\sqrt{2}}rf(r)\,\mathrm{d}r-4\int_1^{\sqrt{2}}rf(r)\arccos\frac{1}{r}\mathrm{d}r.\end{aligned}$$

(2)令$u=xy,v=\frac{y}{x}$,则$J(u,v)=\frac{\partial(x,y)}{\partial(u,v)}=\frac{1}{2v}$,区域$D$变为$D':1\leqslant u\leqslant 2,1\leqslant v\leqslant 4$,于是

$$I=\iint_D f(xy)\,\mathrm{d}x\mathrm{d}y=\frac{1}{2}\int_1^2 f(u)\,\mathrm{d}u\int_1^4\frac{1}{v}\mathrm{d}v=\ln 2\int_1^2 f(u)\,\mathrm{d}u.$$

7. 广义二重积分

广义二重积分也分为两类:无界区域的广义二重积分;无界函数的二重瑕积分. 和一元函数的广义积分类似,有收敛和发散的概念,有敛散的柯西准则和判别法等,不作详细讨论. 仅给出一个定理.

若在无界区域D上$f(x,y)\geqslant 0$,则$\iint_D f(x,y)\,\mathrm{d}\sigma$收敛$\Leftrightarrow$在$D$的任何有界子区域上$f$可积,且积分值有上界.

例 16.10 证明反常积分$\iint_D \mathrm{e}^{-(x^2+y^2)}\,\mathrm{d}\sigma$收敛,其中$D=[0,+\infty)\times[0,+\infty)$;并由此计算概率积分$\int_0^{+\infty}\mathrm{e}^{-x^2}\mathrm{d}x$.

证明 设$f(x,y)=\mathrm{e}^{-(x^2+y^2)}$,则显然$f(x,y)$在$D=[0,+\infty)\times[0,+\infty)$上非负. 设$D_R$:$x^2+y^2\leqslant R^2,x\geqslant 0,y\geqslant 0$,则$\iint_{D_R}\mathrm{e}^{-(x^2+y^2)}\,\mathrm{d}\sigma=\int_0^{\frac{\pi}{2}}\mathrm{d}\theta\int_0^R r\mathrm{e}^{-r^2}\mathrm{d}r=\frac{\pi}{4}(1-\mathrm{e}^{-R^2})$. 显然对$D$的任何有限子集$D'$,只要$R$充分大,总可使得$D'\subset D_R$,于是有

$$\iint_{D'}\mathrm{e}^{-(x^2+y^2)}\,\mathrm{d}\sigma\leqslant\iint_{D_R}\mathrm{e}^{-(x^2+y^2)}\,\mathrm{d}\sigma\leqslant\frac{\pi}{4},$$

即广义积分$\iint\limits_D e^{-(x^2+y^2)}d\sigma$收敛．记$I=\int_0^{+\infty}e^{-x^2}dx$，则

$$I^2=\left(\int_0^{+\infty}e^{-x^2}dx\right)\left(\int_0^{+\infty}e^{-y^2}dy\right)=\iint\limits_D e^{-(x^2+y^2)}dxdy,$$

其中$D:[0,+\infty)\times[0,+\infty)$，作极坐标代换$\begin{cases}x=r\cos\theta\\ y=r\sin\theta\end{cases}$，$0\leqslant\theta\leqslant\frac{\pi}{2}$，$0\leqslant r<+\infty$，则

$$I^2=\int_0^{\frac{\pi}{2}}d\theta\int_0^{+\infty}re^{-r^2}dr=\frac{\pi}{4},\quad I=\int_0^{+\infty}e^{-x^2}dx=\frac{\sqrt{\pi}}{2}.$$

16.1.2 三重积分

1. 定义

设$f(x,y,z)$为定义在三维空间可求体积的有界闭域V上的函数，J为一定常数，设$T=\{V_i\}_{i=1}^n$为V的任意分割，记$d_i=d(V_i)$，$\|T\|=\max\limits_{1\leqslant i\leqslant n}\{d_i\}$．$\forall(\xi_i,\eta_i,\zeta_i)\in V_i$，若$\forall\varepsilon>0$，$\exists\delta>0$，当$\|T\|<\delta$时，恒有$\left|\sum\limits_{i=1}^n f(\xi_i,\eta_i,\zeta_i)\Delta V_i-J\right|<\varepsilon$，则称$f$在$V$上可积，称$J$为$f$在$V$上的三重积分，记作$J=\iiint\limits_V f(x,y,z)dV$或$J=\iiint\limits_V f(x,y,z)dxdydz$.

注 三重积分具有与二重积分相应的可积条件和有关性质，这里不赘述.

(1) 笛卡儿坐标系下.

① 先一后二法. 将三重积分首先作单积分，再作二重积分．方法是将积分区域表示成$V=\{(x,y,z)\mid z_1(x,y)\leqslant z\leqslant z_2(x,y),(x,y)\in D\}$，其中$D$为空间区域$V$在$xy$面上的投影区域，即$J=\iiint\limits_V f(x,y,z)dV=\iint\limits_D dxdy\int_{z_1(x,y)}^{z_2(x,y)}f(x,y,z)dz$.

例16.11 设V是由$y=\sqrt{x}$，$y=0$，$z=0$，$x+z=\frac{\pi}{2}$所围成的区域，计算三重积分$\iiint\limits_V y\cos(x+y^2)dV$.

解 （先一后二法）$J=\iiint\limits_V y\cos(x+y^2)dV=\iint\limits_D dxdy\int_0^{\frac{\pi}{2}-x}y\cos(x+y^2)dz$，其中$D$为$V$在$xy$面上的投影，即$D$为由$y=\sqrt{x}$，$y=0$，$x=\frac{\pi}{2}$所围平面区域．于是

$$\begin{aligned}J&=\iiint\limits_V y\cos(x+y^2)dV=\iint\limits_D y\left(\frac{\pi}{2}-x\right)\cos(x+y^2)dxdy\\&=\int_0^{\sqrt{\frac{\pi}{2}}}dy\int_{y^2}^{\frac{\pi}{2}}y\left(\frac{\pi}{2}-x\right)\cos(x+y^2)dx\\&=\frac{\pi}{2}\int_0^{\sqrt{\frac{\pi}{2}}}ydy\int_{y^2}^{\frac{\pi}{2}}\cos(x+y^2)dx-\int_0^{\sqrt{\frac{\pi}{2}}}ydy\int_{y^2}^{\frac{\pi}{2}}x\cos(x+y^2)dx\end{aligned}$$

$$= \frac{\pi}{2}\left[\int_0^{\sqrt{\frac{\pi}{2}}} y\cos y^2 \mathrm{d}y - \int_0^{\sqrt{\frac{\pi}{2}}} y\sin(2y^2)\mathrm{d}y\right] -$$

$$\frac{\pi}{2}\int_0^{\sqrt{\frac{\pi}{2}}} y\cos y^2 \mathrm{d}y + \int_0^{\sqrt{\frac{\pi}{2}}} y^3\sin(2y^2)\mathrm{d}y +$$

$$\int_0^{\sqrt{\frac{\pi}{2}}} y\sin y^2 \mathrm{d}y + \int_0^{\sqrt{\frac{\pi}{2}}} y\cos(2y^2)\mathrm{d}y$$

$$= \frac{1}{2} - \frac{\pi}{8}.$$

②（先二后一法）将三重积分首先作二重积分，然后再作定积分，即

$$\iiint_V f(x,y,z)\mathrm{d}V = \int_a^b \mathrm{d}z \iint_{D(z)} f(x,y,z)\mathrm{d}x\mathrm{d}y,$$

其中 $a = \inf_z V, b = \sup_z V, D(z)$ 是平行于 xy 平面去截区域 V 所得截面区域(即视 z 为常数).

例 16.12 计算三重积分 $\iiint_V \frac{z-a}{\left[x^2+y^2+(z-a)^2\right]^{\frac{3}{2}}}\mathrm{d}V$，其中 $V: x^2+y^2+z^2 \leqslant R^2$.

解 用先二后一法，否则会非常困难，此时有

$$V: -R \leqslant z \leqslant R, \quad D(z): x^2+y^2 \leqslant R^2 - z^2.$$

$$J = \iiint_V \frac{z-a}{\left[x^2+y^2+(z-a)^2\right]^{\frac{3}{2}}}\mathrm{d}V$$

$$= \int_{-R}^{R}(z-a)\mathrm{d}z \iint_{D(z)} \frac{\mathrm{d}x\mathrm{d}y}{\left[x^2+y^2+(z-a)^2\right]^{\frac{3}{2}}}$$

$$= \int_{-R}^{R}(z-a)\mathrm{d}z \int_0^{2\pi}\mathrm{d}\theta \int_0^{\sqrt{R^2-z^2}} \frac{r\mathrm{d}r}{\left[r^2+(z-a)^2\right]^{\frac{3}{2}}}$$

$$= 2\pi\int_{-R}^{R}\left(-1 - \frac{z-a}{\sqrt{R^2-2az+a^2}}\right)\mathrm{d}z = -\frac{4\pi}{3a^2}R^3.$$

(2) 柱坐标变换：$\begin{cases} x = r\cos\theta \\ y = r\sin\theta, \mathrm{d}x\mathrm{d}y\mathrm{d}z = r\mathrm{d}r\mathrm{d}\theta\mathrm{d}z. \\ z = z \end{cases}$

如上例，我们实际上是用了柱坐标变换. 当积分区域是柱体或被积函数是 $f(x^2+y^2)$ 形式时，一般采用柱坐标变换计算较简单.

(3) 球坐标变换.

$$\begin{cases} x = r\sin\varphi\cos\theta \\ y = r\sin\varphi\sin\theta, \ 0 \leqslant r < +\infty, 0 \leqslant \varphi \leqslant \pi, 0 \leqslant \theta \leqslant 2\pi. \ J(r,\theta,\varphi) = r^2\sin\varphi. \\ z = r\cos\varphi \end{cases}$$

(4) 广义球坐标变换(对椭球体:$\frac{x^2}{a^2}+\frac{y^2}{b^2}+\frac{z^2}{c^2}\leqslant 1$).

$$\begin{cases}x=ar\sin\varphi\cos\theta\\ y=br\sin\varphi\sin\theta,\ J(r,\theta,\varphi)=abcr^2\sin\varphi.\\ z=cr\cos\varphi\end{cases}$$

例 16.13 计算$\iiint\limits_V\sqrt{1-\frac{x^2}{a^2}-\frac{y^2}{b^2}-\frac{z^2}{c^2}}\mathrm{d}x\mathrm{d}y\mathrm{d}z$,其中 $V:\frac{x^2}{a^2}+\frac{y^2}{b^2}+\frac{z^2}{c^2}\leqslant 1$.

解 作广义球坐标变换$\begin{cases}x=ar\sin\varphi\cos\theta\\ y=br\sin\varphi\sin\theta,\ 0\leqslant r\leqslant 1,0\leqslant\varphi\leqslant\pi,0\leqslant\theta\leqslant 2\pi,\text{则}\\ z=cr\cos\varphi\end{cases}$

$$J(r,\theta,\varphi)=abcr^2\sin\varphi,$$

于是

$$J=\iiint\limits_V\sqrt{1-\frac{x^2}{a^2}-\frac{y^2}{b^2}-\frac{z^2}{c^2}}\mathrm{d}x\mathrm{d}y\mathrm{d}z=abc\int_0^{2\pi}\mathrm{d}\theta\int_0^{\pi}\mathrm{d}\varphi\int_0^1 r^2\sin\varphi\sqrt{1-r^2}\,\mathrm{d}r$$

$$=4\pi abc\int_0^1 r^2\sqrt{1-r^2}\,\mathrm{d}r=4\pi abc\int_0^{\frac{\pi}{2}}\sin^2t\cos^2t\mathrm{d}t=\frac{\pi^2}{4}abc.$$

例 16.14 计算积分$\iiint\limits_V z^2\mathrm{d}V$,其中 V 由 $x^2+y^2+z^2\leqslant r^2$ 和 $x^2+y^2+z^2\leqslant 2rz$ 所围.

解法 1 (用柱坐标)由于两球面相交于$z=\frac{r}{2}$处,所以 V 在 xy 面的投影区域为 $D:x^2+y^2\leqslant\frac{3}{4}r^2$. 令$\begin{cases}x=\rho\cos\theta\\ y=\rho\sin\theta\end{cases}$, 则 $0\leqslant\theta\leqslant 2\pi,0\leqslant\rho\leqslant\frac{\sqrt{3}}{2}r$. 于是

$$J=\iiint\limits_V z^2\mathrm{d}V=\iint\limits_D\mathrm{d}x\mathrm{d}y\int_{r-\sqrt{r^2-x^2-y^2}}^{\sqrt{r^2-x^2-y^2}}z^2\mathrm{d}z=\int_0^{2\pi}\mathrm{d}\theta\int_0^{\frac{\sqrt{3}}{2}r}\rho\mathrm{d}\rho\int_{r-\sqrt{r^2-\rho^2}}^{\sqrt{r^2-\rho^2}}z^2\mathrm{d}z$$

$$=\frac{2\pi}{3}\int_0^{\frac{\sqrt{3}}{2}r}\rho\left\{(r^2-\rho^2)^{\frac{3}{2}}-\left[r-(r^2-\rho^2)^{\frac{1}{2}}\right]^3\right\}\mathrm{d}\rho$$

$$=\frac{2\pi}{3}\left[\int_0^{\frac{\sqrt{3}}{2}r}2\rho(r^2-\rho^2)^{\frac{3}{2}}\mathrm{d}\rho-r^3\int_0^{\frac{\sqrt{3}}{2}r}\rho\mathrm{d}\rho+3r^2\int_0^{\frac{\sqrt{3}}{2}r}\rho(r^2-\rho^2)^{\frac{1}{2}}\mathrm{d}\rho-3r\int_0^{\frac{\sqrt{3}}{2}r}\rho(r^2-\rho^2)\mathrm{d}\rho\right]$$

$$=\frac{59}{480}\pi r^5.$$

解法 2 (用球坐标)令$\begin{cases}x=\rho\sin\varphi\cos\theta\\ y=\rho\sin\varphi\sin\theta,\\ z=\rho\cos\varphi\end{cases}$ 当 $0\leqslant\theta\leqslant 2\pi,0\leqslant\varphi\leqslant\frac{\pi}{3}$ 时,$0\leqslant\rho\leqslant r$;当 $0\leqslant\theta\leqslant 2\pi,\frac{\pi}{3}\leqslant\varphi\leqslant\frac{\pi}{2}$ 时,$0\leqslant\rho\leqslant 2r\cos\varphi$. 于是

$$J=\iiint\limits_V z^2\mathrm{d}V=\int_0^{2\pi}\mathrm{d}\theta\int_0^{\frac{\pi}{3}}\mathrm{d}\varphi\int_0^r\rho^4\cos^2\varphi\sin\varphi\mathrm{d}\rho+\int_0^{2\pi}\mathrm{d}\theta\int_{\frac{\pi}{3}}^{\frac{\pi}{2}}\mathrm{d}\varphi\int_0^{2r\cos\varphi}\rho^4\cos^2\varphi\sin\varphi\mathrm{d}\rho$$

$$=\frac{7}{60}\pi r^5+\frac{1}{160}\pi r^5=\frac{59}{480}\pi r^5.$$

注 比较上述两种方法,对此题显然解法 2 简单些,我们在做题时一定要画好积分区域草图,这样安排积分限时才不容易出错.

2. 三重积分的换序

由于空间图形不太直观,因此对这个问题,许多初学者感到很困难. 实际上,它完全可以转化为平面图形的二重积分换序问题,下面通过例子来加以说明.

例 16.15 写出下列积分各种积分顺序:

(1) $\int_0^1 dx\int_0^{1-x} dy\int_0^{x+y} f dz$; (2) $\int_0^1 dx\int_0^1 dy\int_0^{x^2+y^2} f dz$.

分析及求解 三次积分的顺序共有六种,把它记为:① $x\leftarrow y\leftarrow z$;② $y\leftarrow x\leftarrow z$;③ $x\leftarrow z\leftarrow y$;④ $y\leftarrow z\leftarrow x$;⑤ $z\leftarrow x\leftarrow y$;⑥ $z\leftarrow y\leftarrow x$.

先看(1) 题. 题中给出的是 ①,由 ①⇒②:z 保持不变,只需让 x,y 作二重积分换序即可,可得 ② $\int_0^1 dy\int_0^{1-y} dx\int_0^{x+y} f dz$;

再 ①⇒③:让 x 保持不变,只需让 y,z 作二重积分换序,注意这时视 $0\leqslant x\leqslant 1$ 为常数,可得 ③ $\int_0^1 dx\int_0^x dz\int_0^{1-x} f dy + \int_0^1 dx\int_x^1 dz\int_{z-x}^{1-x} f dy$;

再 ②⇒④:让 y 保持不变,只需让 x,z 作二重积分换序,注意这时视 $0\leqslant y\leqslant 1$ 的常数,可得 ④ $\int_0^1 dy\int_0^y dz\int_0^{1-y} f dx + \int_0^1 dy\int_y^1 dz\int_{z-y}^{1-y} f dx$;

再 ③⇒⑤:让 y 保持不变,只需让 x,z 作二重积分换序,可得 ⑤ $\int_0^1 dz\int_z^1 dx\int_0^{1-x} f dy + \int_0^1 dz\int_0^z dx\int_{z-x}^{1-x} f dy$;

再 ④⇒⑥:让 x 保持不变,只需让 y,z 作二重积分换序,可得 ⑥ $\int_0^1 dz\int_z^1 dy\int_0^{1-y} f dx + \int_0^1 dz\int_0^z dy\int_{z-y}^{1-y} f dx$.

同样的方法,再看(2) 题.

由 ①⇒②,得 ② $\int_0^1 dy\int_0^1 dx\int_0^{x^2+y^2} f dz$;

由 ①⇒③,得 ③ $\int_0^1 dx\int_0^{x^2} dz\int_0^1 f dy + \int_0^1 dx\int_{x^2}^{x^2+1} dz\int_{\sqrt{z-x^2}}^1 f dy$;

由 ②⇒④,得 ④ $\int_0^1 dy\int_0^{y^2} dz\int_0^1 f dx + \int_0^1 dy\int_{y^2}^{y^2+1} dz\int_{\sqrt{z-y^2}}^1 f dx$;

由 ③⇒⑤,得 ⑤ $\int_0^1 dz\int_{\sqrt{z}}^1 dx\int_0^1 f dy + \int_0^1 dz\int_0^{\sqrt{z}} dx\int_{\sqrt{z-x^2}}^1 f dy + \int_1^2 dz\int_{\sqrt{z-1}}^1 dx\int_{\sqrt{z-x^2}}^1 f dy$;

由 ④⇒⑥,得 ⑥ $\int_0^1 dz\int_{\sqrt{z}}^1 dy\int_0^1 f dx + \int_0^1 dz\int_0^{\sqrt{z}} dy\int_{\sqrt{z-y^2}}^1 f dx + \int_1^2 dz\int_{\sqrt{z-1}}^1 dy\int_{\sqrt{z-y^2}}^1 f dx$.

16.1.3 重积分的应用

1. 求平面图形的面积

记平面区域 D 的面积为 S_D,则 $S_D = \iint\limits_D d\sigma$.

例 16.16　求下列曲线所围成的平面图形的面积：

(1) $\left(\dfrac{x^2}{a^2}+\dfrac{y^2}{b^2}\right)^2=x^2+y^2$；

(2) $(x^2+y^2)^2=2a^2(x^2-y^2)\quad(x^2+y^2\geqslant a^2)$.

分析　这类题往往使人觉得无从下手．解决这类问题的关键是，从方程出发对图形进行分析，掌握它的大致轮廓，比如看它的对称性、有界性、奇偶性等，从而确定积分限.

解　(1) $\left(\dfrac{x^2}{a^2}+\dfrac{y^2}{b^2}\right)^2=x^2+y^2$，图形中心对称，且曲线经过原点，所以只需求出第一象限部分的面积，再4倍，就是所求的面积．若记 D_1 为曲线在第一象限所围的平面区域，整个区域面积记作 S_D，则 $S_D=4\iint\limits_{D_1}\mathrm{d}\sigma$，令 $\begin{cases}x=ar\cos\theta\\y=br\sin\theta\end{cases}$，$J=abr$，$0\leqslant\theta\leqslant\dfrac{\pi}{2}$，将 x,y 代入曲线方程，可确定 r 的范围 $0\leqslant r\leqslant\sqrt{a^2\cos^2\theta+b^2\sin^2\theta}$，所以

$$
\begin{aligned}
S_D&=4\iint\limits_{D_1}\mathrm{d}\sigma=4ab\int_0^{\frac{\pi}{2}}\mathrm{d}\theta\int_0^{\sqrt{a^2\cos^2\theta+b^2\sin^2\theta}}r\mathrm{d}r\\
&=2ab\int_0^{\frac{\pi}{2}}(a^2\cos^2\theta+b^2\sin^2\theta)\mathrm{d}\theta\\
&=\frac{\pi ab}{2}(a^2+b^2).
\end{aligned}
$$

(2) $(x^2+y^2)^2=2a^2(x^2-y^2)(x^2+y^2\geqslant a^2)$．图形中心对称，从方程可知 $x^2-y^2\geqslant0$，即 $|y|\leqslant|x|$ 及 $x^2+y^2\geqslant a^2$．求两曲线的交点 $\begin{cases}(x^2+y^2)^2=2a^2(x^2-y^2)\\x^2+y^2=a^2\end{cases}$，解得 $\begin{cases}x=\dfrac{\sqrt{3}}{2}a\\y=\dfrac{a}{2}\end{cases}$．由过原点和 $P\left(\dfrac{\sqrt{3}a}{2},\dfrac{a}{2}\right)$ 的直线的斜率 $\tan\alpha=\dfrac{\sqrt{3}}{3}$，得 $\alpha=\dfrac{\pi}{6}$，即直线 OP 位于区域 $|y|\leqslant|x|$ 内．由对称性，记曲线所围的位于第一象限部分区域为 D_1，在极坐标系下，所求位于第一象限部分，$0\leqslant\theta\leqslant\dfrac{\pi}{6}$，$a\leqslant r\leqslant\sqrt{2a^2(\cos^2\theta-\sin^2\theta)}$，所以要求的面积为

$$
S_D=4\iint\limits_{D_1}\mathrm{d}\sigma=4\int_0^{\frac{\pi}{6}}\mathrm{d}\theta\int_a^{\sqrt{2a^2(\cos^2\theta-\sin^2\theta)}}r\mathrm{d}r=2a^2\int_0^{\frac{\pi}{6}}(2\cos2\theta-1)\mathrm{d}\theta=\left(\sqrt{3}-\frac{\pi}{3}\right)a^2.
$$

2. 求空间立体的体积

记空间立体的体积为 V，则 $V=\iiint\limits_V\mathrm{d}V$.

例 16.17　求下列曲面所围立体的体积：

(1) $z=x^2+y^2,\ z=2(x^2+y^2),\ y=x,\ y=x^2$；

(2) $\left(\frac{x}{a}+\frac{y}{b}\right)^2+\left(\frac{z}{c}\right)^2=1\quad(x\geqslant 0,y\geqslant 0,z\geqslant 0,a>0,b>0,c>0)$.

解 (1) 用柱坐标$\begin{cases}x=r\cos\theta\\y=r\sin\theta\\z=z\end{cases}$, 则$0\leqslant\theta\leqslant\frac{\pi}{4},0\leqslant r\leqslant\frac{\sin\theta}{\cos^2\theta},r^2\leqslant z\leqslant 2r^2$,于是

$$V=\iiint_V \mathrm{d}V=\int_0^{\frac{\pi}{4}}\mathrm{d}\theta\int_0^{\frac{\sin\theta}{\cos^2\theta}}r\mathrm{d}r\int_{r^2}^{2r^2}\mathrm{d}z=\int_0^{\frac{\pi}{4}}\mathrm{d}\theta\int_0^{\frac{\sin\theta}{\cos^2\theta}}r^3\mathrm{d}r=\frac{1}{4}\int_0^{\frac{\pi}{4}}\sec^8\theta\sin^4\theta\mathrm{d}\theta$$

$$=\frac{1}{4}\int_0^{\frac{\pi}{4}}(1+\tan^2\theta)\tan^4\theta\mathrm{d}(\tan\theta)=\frac{1}{4}\left(\frac{\tan^5\theta}{5}\bigg|_0^{\frac{\pi}{4}}+\frac{\tan^7\theta}{7}\bigg|_0^{\frac{\pi}{4}}\right)=\frac{3}{35}.$$

(2) 令$\begin{cases}x=ar\sin\varphi\cos^2\theta\\y=br\sin\varphi\sin^2\theta\\z=cr\cos\varphi\end{cases}$, 则$J(r,\theta,\varphi)=2abcr^2\sin\varphi\sin\theta\cos\theta$,$\begin{cases}0\leqslant\theta\leqslant\frac{\pi}{2}\\0\leqslant\varphi\leqslant\frac{\pi}{2},\\0\leqslant r\leqslant 1\end{cases}$于是

$$V=\iiint_V\mathrm{d}V=\int_0^{\frac{\pi}{2}}\mathrm{d}\theta\int_0^{\frac{\pi}{2}}\mathrm{d}\varphi\int_0^1 2abcr^2\sin\varphi\sin\theta\cos\theta\mathrm{d}r$$

$$=2abc\int_0^{\frac{\pi}{2}}\sin\theta\cos\theta\mathrm{d}\theta\int_0^{\frac{\pi}{2}}\sin\varphi\mathrm{d}\varphi\int_0^1 r^2\mathrm{d}r=\frac{1}{3}abc.$$

3. 求物体的重心

设物体的密度函数为$\rho(x,y,z)$,则重心坐标为

$$\bar{x}=\frac{\iiint_V x\rho(x,y,z)\mathrm{d}V}{\iiint_V\rho(x,y,z)\mathrm{d}V},\quad\bar{y}=\frac{\iiint_V y\rho(x,y,z)\mathrm{d}V}{\iiint_V\rho(x,y,z)\mathrm{d}V},\quad\bar{z}=\frac{\iiint_V z\rho(x,y,z)\mathrm{d}V}{\iiint_V\rho(x,y,z)\mathrm{d}V}.$$

注 若为平面物体,则上面公式中的积分改为二重积分即可.

例 16.18 (1) 计算椭球体$\frac{x^2}{a^2}+\frac{y^2}{b^2}+\frac{z^2}{c^2}\leqslant 1$的体积; (2) 求位于第一卦限部分的椭球体的重心.

解 (1) 用广义球坐标$\begin{cases}x=ar\sin\varphi\cos\theta\\y=br\sin\varphi\sin\theta\\z=cr\cos\varphi\end{cases}$, 则$J(r,\theta,\varphi)=abcr^2\sin\varphi$,所以椭球体的体积为

$$V=\iiint_V\mathrm{d}V=\int_0^{2\pi}\mathrm{d}\theta\int_0^{\pi}\mathrm{d}\varphi\int_0^1 abcr^2\sin\varphi\mathrm{d}r=\frac{4\pi}{3}abc.$$

(2) 设密度为ρ是常数,下面求位于第一卦限部分的椭球体的重心.

$$\iiint_V x\rho\mathrm{d}V=a^2bc\rho\int_0^{\frac{\pi}{2}}\cos\theta\mathrm{d}\theta\int_0^{\frac{\pi}{2}}\sin^2\varphi\mathrm{d}\varphi\int_0^1 r^3\mathrm{d}r=\frac{\pi\rho}{16}a^2bc,$$

所以

$$\bar{x}=\frac{\iiint\limits_V x\rho \mathrm{d}V}{\iiint\limits_V \rho \mathrm{d}V}=\frac{\frac{\pi\rho a^2 bc}{16}}{\frac{\pi\rho abc}{6}}=\frac{3}{8}a.$$

同理可求得 $\bar{y}=\frac{3}{8}b,\bar{z}=\frac{3}{8}c.$

4. 转动惯量

基本公式：$J=mr^2$，其中 m 表示质量，r 表示转动元到转轴的距离．只要记住这一基本公式，其他公式就不需要记了.

例 16.19　(1) 求密度均匀的半径为 R 的圆关于其切线的转动惯量；

(2) 设球体的密度与球心的距离成正比，求它对切平面的转动惯量.

解　(1) 设圆的方程为 $x^2+(y-R)^2=R^2$，则圆盘关于其切线的转动惯量，就是关于 x 轴的转动惯量，转动微元到转轴的距离为 y，设密度是 ρ 为常数，即有

$$J=\iint\limits_D \rho y^2 \mathrm{d}\sigma=\rho\int_0^{\pi}\mathrm{d}\theta\int_0^{2R\sin\theta} r^3\sin^2\theta \mathrm{d}r=\frac{5\pi\rho}{4}R^4.$$

(2) 设球体为 $x^2+y^2+z^2\leqslant R^2$，切平面为 $x=R$，其密度为

$$\rho(x,y,z)=k\sqrt{x^2+y^2+z^2},$$

则所求的转动惯量为

$$\begin{aligned}J&=\iiint\limits_V k\sqrt{x^2+y^2+z^2}\,(R-x)^2\mathrm{d}V\\&=k\int_0^{2\pi}\mathrm{d}\theta\int_0^{\pi}\mathrm{d}\varphi\int_0^R r^3\sin\varphi\,(R-r\sin\varphi\cos\theta)^2\mathrm{d}r\\&=\frac{11}{9}k\pi R^6.\end{aligned}$$

5. 求函数的平均值

设 Ω 为空间中的任何几何形体，则函数 f 在 Ω 上的平均值为

$$\bar{f}=\frac{1}{|\Omega|}\int_{\Omega} f\mathrm{d}\Omega\quad(\text{其中}|\Omega|\text{为}\Omega\text{的几何度量}).$$

例 16.20　求下列函数在所指定区域上的平均值：

(1) $f(x,y)=\sin^2 x\cos^2 y,D=[0,\pi]\times[0,\pi]$；

(2) $f(x,y,z)=x^2+y^2+z^2,V:x^2+y^2+z^2\leqslant x+y+z.$

解　(1) 区域 D 的面积 $|D|=\pi^2$，所以函数在 D 上的平均值为

$$\bar{z}=\frac{1}{\pi^2}\iint\limits_D \sin^2 x\cos^2 y\mathrm{d}x\mathrm{d}y=\frac{1}{\pi^2}\int_0^{\pi}\sin^2 x\mathrm{d}x\int_0^{\pi}\cos^2 y\mathrm{d}y=\frac{1}{\pi^2}\cdot\frac{\pi^2}{4}=\frac{1}{4}.$$

(2) 区域 V 的体积为 $|V|=\frac{\sqrt{3}}{2}\pi$，所以函数在 V 上的平均值为

$$\bar{u}=\frac{2}{\sqrt{3}\pi}\iiint\limits_V (x^2+y^2+z^2)\mathrm{d}V.$$

令 $x=\dfrac{1}{2}+r\sin\varphi\cos\theta, y=\dfrac{1}{2}+r\sin\varphi\sin\theta, z=\dfrac{1}{2}+r\cos\varphi$,则

$$\bar{u}=\frac{2}{\sqrt{3}\pi}\iiint_V (x^2+y^2+z^2)\,\mathrm{d}V$$

$$=\frac{2}{\sqrt{3}\pi}\int_0^{2\pi}\mathrm{d}\theta\int_0^{\pi}\mathrm{d}\varphi\int_0^{\frac{\sqrt{3}}{2}}\left[\left(\frac{1}{2}+r\sin\varphi\cos\theta\right)^2+\left(\frac{1}{2}+r\sin\varphi\sin\theta\right)^2+\left(\frac{1}{2}+r\cos\varphi\right)^2\right]r^2\sin\varphi\,\mathrm{d}r$$

$$=\frac{2}{\sqrt{3}\pi}\left(\frac{6\pi}{4}\int_0^{\pi}\sin\varphi\,\mathrm{d}\varphi\int_0^{\frac{\sqrt{3}}{2}}r^2\mathrm{d}r+\int_0^{2\pi}\cos\theta\,\mathrm{d}\theta\int_0^{\pi}\sin^2\varphi\,\mathrm{d}\varphi\int_0^{\frac{\sqrt{3}}{2}}r^3\mathrm{d}r+\int_0^{2\pi}\sin\theta\,\mathrm{d}\theta\int_0^{\pi}\sin^2\varphi\,\mathrm{d}\varphi\int_0^{\frac{\sqrt{3}}{2}}r^3\mathrm{d}r+\right.$$

$$\left.\int_0^{2\pi}\mathrm{d}\theta\int_0^{\pi}\sin\varphi\cos\varphi\,\mathrm{d}\varphi\int_0^{\frac{\sqrt{3}}{2}}r^3\mathrm{d}r+\int_0^{2\pi}\mathrm{d}\theta\int_0^{\pi}\sin\varphi\,\mathrm{d}\varphi\int_0^{\frac{\sqrt{3}}{2}}r^4\mathrm{d}r\right)$$

$$=\frac{2}{\sqrt{3}\pi}\cdot\frac{3\sqrt{3}\pi}{5}=\frac{6}{5}.$$

注 若本题用标准的球坐标代换,被积函数简单,但安排积分限困难些.

16.2 重积分的一些问题讨论

16.2.1 关于重积分计算的典型例题

例 16.21 改变累次积分 $I=\int_2^4\mathrm{d}x\int_{\frac{4}{x}}^{\frac{4x-20}{x-8}}(y-4)\,\mathrm{d}y$ 的次序,并求积分值.

解 画出草图,并求得两曲线的交点为(2,2) 和(4,1),则

$$I=\int_2^4\mathrm{d}x\int_{\frac{4}{x}}^{\frac{4x-20}{x-8}}(y-4)\,\mathrm{d}y=\int_1^2(y-4)\,\mathrm{d}y\int_{\frac{4}{y}}^{\frac{12}{y-4}+8}\mathrm{d}x$$

$$=\int_1^2(y-4)\left(\frac{12}{y-4}+8-\frac{4}{y}\right)\mathrm{d}y=16\ln 2-12.$$

例 16.22 计算 $I=\iint_D\operatorname{sgn}(y-x^3)\,\mathrm{d}\sigma$,其中 $D:|x|\leqslant 1,|y|\leqslant 1$.

解 将 D 分为两个子区域:

D_1 由 $x=1,y=-1,y=x^3$ 所围; D_2 由 $x=-1,y=1,y=x^3$ 所围,则

$$I=\iint_D\operatorname{sgn}(y-x^3)\,\mathrm{d}\sigma=\iint_{D_2}\mathrm{d}\sigma-\iint_{D_1}\mathrm{d}\sigma=\int_{-1}^1\mathrm{d}x\int_{x^3}^1\mathrm{d}y-\int_{-1}^1\mathrm{d}x\int_{-1}^{x^3}\mathrm{d}y$$

$$=\int_{-1}^1(1-x^3)\,\mathrm{d}x-\int_{-1}^1(x^3+1)\,\mathrm{d}x=0.$$

例 16.23 计算 $I=\iint_D\sqrt{[y-x^2]}\,\mathrm{d}x\mathrm{d}y$,其中$[\cdot]$ 为取整函数,$D:x^2\leqslant y\leqslant 3$.

解 将 D 分为 $D_1:0\leqslant y-x^2<1$;$D_2:1\leqslant y-x^2<2$;$D_3:2\leqslant y-x^2\leqslant 3$,则

$$I=\iint_D\sqrt{[y-x^2]}\mathrm{d}x\mathrm{d}y=\iint_{D_1}0\mathrm{d}x\mathrm{d}y+\iint_{D_2}\mathrm{d}x\mathrm{d}y+\sqrt{2}\iint_{D_3}\mathrm{d}x\mathrm{d}y$$

$$=2\left(\int_0^1\mathrm{d}x\int_{1+x^2}^{2+x^2}\mathrm{d}y+\int_1^{\sqrt{2}}\mathrm{d}x\int_{1+x^2}^3\mathrm{d}y\right)+2\sqrt{2}\int_0^1\mathrm{d}x\int_{2+x^2}^3\mathrm{d}y=4\sqrt{2}-\frac{4}{3}.$$

例 16.24 计算 $I=\iint_D\frac{3x}{y^2+xy^3}\mathrm{d}x\mathrm{d}y$,其中 $D:xy=1,xy=3,y^2=x,y^2=3x$.

解 令 $u=xy,v=\frac{y^2}{x}$,则 D 变为 $D':1\leqslant u\leqslant 3,1\leqslant v\leqslant 3$. 且$\frac{\partial(x,y)}{\partial(u,v)}=\frac{1}{3v}$. 于是

$$I=\iint_D\frac{3x}{y^2+xy^3}\mathrm{d}x\mathrm{d}y=\iint_{D'}\frac{3}{v+uv}\cdot\frac{1}{3v}\mathrm{d}u\mathrm{d}v=\int_1^3\frac{1}{1+u}\mathrm{d}u\int_1^3\frac{1}{v^2}\mathrm{d}v=\frac{2}{3}\ln 2.$$

例 16.25 计算二重积分 $I=\iint_D\sqrt{|y-x^2|}\mathrm{d}x\mathrm{d}y$,其中 $D:|x|\leqslant 1,0\leqslant y\leqslant 2$.

解 由对称性,有

$$I=\iint_D\sqrt{|y-x^2|}\mathrm{d}x\mathrm{d}y=2\left(\int_0^1\mathrm{d}x\int_0^{x^2}\sqrt{x^2-y}\mathrm{d}y+\int_0^1\mathrm{d}x\int_{x^2}^2\sqrt{y-x^2}\mathrm{d}y\right)$$

$$=\frac{4}{3}\int_0^1x^3\mathrm{d}x+\frac{4}{3}\int_0^1(2-x^2)^{\frac{3}{2}}\mathrm{d}x=\frac{1}{3}+\frac{16}{3}\int_0^{\frac{\pi}{4}}\cos^4t\mathrm{d}t=\frac{\pi}{2}+\frac{5}{3}.$$

例 16.26 计算$\iint_D\sqrt{\sqrt{x}+\sqrt{y}}\mathrm{d}x\mathrm{d}y$,其中 D 为由曲线$\sqrt{x}+\sqrt{y}=1$ 与坐标轴所围区域.

解 令$\begin{cases}x=r^4\cos^4\theta\\y=r^4\sin^4\theta\end{cases}$,则 $J(r,\theta)=\frac{\partial(x,y)}{\partial(r,\theta)}=16r^7\sin^3\theta\cos^3\theta$,积分区域 D 变为 $D':0\leqslant\theta\leqslant\frac{\pi}{2},0\leqslant r\leqslant 1$,于是

$$I=\iint_D\sqrt{\sqrt{x}+\sqrt{y}}\mathrm{d}x\mathrm{d}y=\int_0^{\frac{\pi}{2}}\mathrm{d}\theta\int_0^1 16r^8\sin^3\theta\cos^3\theta\mathrm{d}r=\frac{4}{27}.$$

例 16.27 求曲面$\left(\frac{x}{a}\right)^{\frac{2}{5}}+\left(\frac{y}{b}\right)^{\frac{2}{5}}+\left(\frac{z}{c}\right)^{\frac{2}{5}}=1$ 所围空间区域的体积 V.

解 令 $u=\left(\frac{x}{a}\right)^{\frac{1}{5}},v=\left(\frac{y}{b}\right)^{\frac{1}{5}},w=\left(\frac{z}{c}\right)^{\frac{1}{5}}$,则 $x=au^5,y=bv^5,z=cw^5$,且

$$J=\frac{\partial(x,y,z)}{\partial(u,v,w)}=125abc\,(uvw)^4,$$

空间区域 V 变为 $V':u^2+v^2+w^2\leqslant 1$,所以

$$V=\iiint_V\mathrm{d}x\mathrm{d}y\mathrm{d}z=125abc\iiint_{V'}(uvw)^4\mathrm{d}u\mathrm{d}v\mathrm{d}w.$$

再令$\begin{cases}u=r\sin\varphi\cos\theta\\v=r\sin\varphi\sin\theta,\\w=r\cos\varphi\end{cases}$ 则

$$V=\iiint_V \mathrm{d}x\mathrm{d}y\mathrm{d}z=125abc\iiint_{V'}(uvw)^4\mathrm{d}u\mathrm{d}v\mathrm{d}w$$
$$=125abc\int_0^{2\pi}\mathrm{d}\theta\int_0^{\pi}\mathrm{d}\varphi\int_0^1 r^{14}\sin^9\varphi\cos^4\varphi\sin^4\theta\cos^4\theta\mathrm{d}r$$
$$=\frac{25}{3}abc\cdot\frac{3\pi}{64}\cdot\frac{6}{143}\cdot\frac{8!!}{9!!}=\frac{20}{3003}\pi abc.$$

例 16.28 求 xz 平面上的圆盘 $(x-a)^2+z^2\leqslant b^2(0<b<a)$ 绕 z 轴一周所得旋转体的体积.

解 按定积分计算旋转体的体积公式,解出在 xz 平面上,右半圆的方程为 $x=a+\sqrt{b^2-z^2}$,左半圆的方程为 $x=a-\sqrt{b^2-z^2}$,根据对称性,所求的体积为

$$V=2\pi\int_0^b\left[(a+\sqrt{b^2-z^2})^2-(a-\sqrt{b^2-z^2})^2\right]\mathrm{d}z$$
$$=8\pi a\int_0^b\sqrt{b^2-z^2}\mathrm{d}z=8\pi ab^2\int_0^{\frac{\pi}{2}}\cos^2t\mathrm{d}t=2ab^2\pi^2.$$

例 16.29 求曲面 $(x^2+y^2+z^2)^3=a^3xyz(a>0)$ 所围立体的体积.

分析 必须 $xyz\geqslant 0$,所以图形仅在第一、三、五、七卦限,且对称,若记它位于第一卦限部分的体积为 V_1,则所求的体积就是 $4V_1$.

解 作球坐标变换,$\begin{cases}x=r\sin\varphi\cos\theta\\ y=r\sin\varphi\sin\theta\\ z=r\cos\varphi\end{cases}$,则 $\begin{cases}0\leqslant\theta\leqslant\dfrac{\pi}{2}\\ 0\leqslant\varphi\leqslant\dfrac{\pi}{2}\\ 0\leqslant r\leqslant a(\sin^2\varphi\cos\varphi\cos\theta\sin\theta)^{\frac{1}{3}}\end{cases}$,

所以
$$V=4\iiint_{V_1}\mathrm{d}v=4\int_0^{\frac{\pi}{2}}\mathrm{d}\theta\int_0^{\frac{\pi}{2}}\mathrm{d}\varphi\int_0^{a(\sin^2\varphi\cos\varphi\cos\theta\sin\theta)^{\frac{1}{3}}}r^2\sin\varphi\mathrm{d}r$$
$$=\frac{4a^3}{3}\int_0^{\frac{\pi}{2}}\sin\theta\cos\theta\mathrm{d}\theta\int_0^{\frac{\pi}{2}}\sin^3\varphi\cos\varphi\mathrm{d}\varphi=\frac{a^3}{6}.$$

例 16.30 (1) 计算二重积分 $\iint_D x[1+yf(x^2+y^2)]\mathrm{d}x\mathrm{d}y$,其中 D 为 $y=x^3$,$y=1$,$x=-1$ 所围成的区域,f 是连续函数.

(2) 设 $f(x)$ 在 $[0,1]$ 上连续,证明 $\int_0^1\mathrm{d}x\int_0^1\mathrm{d}y\int_x^y f(x)f(y)f(z)\mathrm{d}z=0$.

解 (1) 将 D 分为两个区域,$D_1:y=|x^3|$,$y=1$ 所围;$D_2:y=x^3$,$y=-x^3$,$x=-1$ 所围. 记 $F(x,y)=x[1+yf(x^2+y^2)]$,由于区域 D_1 是关于 y 轴对称的区域,被积函数 $F(x,y)$ 是 x 的奇函数,故有 $\iint_{D_1}F(x,y)\mathrm{d}x\mathrm{d}y=0$;在 D_2 上,由于区域 D_2 是关于 x 轴对称的区域,而函数 $yf(x^2+y^2)$ 是 y 的奇函数,故有 $\iint_{D_2}yf(x^2+y^2)\mathrm{d}x\mathrm{d}y=0$,于是

$$\iint_D x[1+yf(x^2+y^2)]\mathrm{d}x\mathrm{d}y$$
$$=\iint_{D_1}x[1+yf(x^2+y^2)]\mathrm{d}x\mathrm{d}y+\iint_{D_2}x[1+yf(x^2+y^2)]\mathrm{d}x\mathrm{d}y$$

$$= \iint_{D_2} x\mathrm{d}x\mathrm{d}y = \int_{-1}^{0} x\mathrm{d}x\int_{x^3}^{-x^3}\mathrm{d}y = -2\int_{-1}^{0} x^4\mathrm{d}x = \frac{2}{5}.$$

(2) 由于$f(x)$在$[0,1]$上连续,记它的原函数为$F(x)=\int_0^x f(t)\mathrm{d}t$,则

$$\int_0^1\mathrm{d}x\int_0^1\mathrm{d}y\int_x^y f(x)f(y)f(z)\mathrm{d}z = \int_0^1\mathrm{d}x\int_0^1 f(x)f(y)[F(y)-F(x)]\mathrm{d}y$$

$$= \int_0^1 f(x)\mathrm{d}x\int_0^1 F(y)f(y)\mathrm{d}y - \int_0^1 F(x)f(x)\mathrm{d}x\int_0^1 f(y)\mathrm{d}y.$$

因为

$$\int_0^1 F(t)f(t)\mathrm{d}t = \int_0^1 F(t)\mathrm{d}[F(t)] = \frac{1}{2}F^2(1),\quad \int_0^1 f(t)\mathrm{d}t = F(1)\quad (F(0)=0),$$

所以

$$\int_0^1\mathrm{d}x\int_0^1\mathrm{d}y\int_x^y f(x)f(y)f(z)\mathrm{d}z = \frac{1}{2}F^3(1) - \frac{1}{2}F^3(1) = 0.$$

例 16.31　计算$I=\iiint_V x^2y^2z\mathrm{d}V$,其中$V$是由$z=x^2+y^2$,$z=0$,$xy=1$,$xy=2$,$y=3x$,$y=4x$所围空间区域.

解　V在xy面的投影区域D为由$xy=1$,$xy=2$,$y=3x$,$y=4x$所围平面区域,所以

$$I=\iiint_V x^2y^2z\mathrm{d}V = \iint_D\mathrm{d}x\mathrm{d}y\int_0^{x^2+y^2} x^2y^2z\mathrm{d}z = \frac{1}{2}\iint_D x^2y^2(x^2+y^2)^2\mathrm{d}x\mathrm{d}y.$$

令$u=xy$,$v=\frac{y}{x}$,则$J=\frac{\partial(x,y)}{\partial(u,v)}=\frac{1}{2v}$,且$D$变为$D'$:$1\leqslant u\leqslant 2$,$3\leqslant v\leqslant 4$. 于是

$$I=\iiint_V x^2y^2z\mathrm{d}V = \frac{1}{2}\iint_D x^2y^2(x^2+y^2)^2\mathrm{d}x\mathrm{d}y = \frac{1}{2}\iint_{D'}\frac{u^4}{v^2}(1+v^2)^2\frac{1}{2v}\mathrm{d}u\mathrm{d}v$$

$$= \frac{1}{4}\int_1^2 u^4\mathrm{d}u\int_3^4\frac{(1+v^2)^2}{v^3}\mathrm{d}v = \frac{31}{20}\left(\frac{1\,015}{288}+2\ln\frac{4}{3}\right).$$

16.2.2　重积分的证明问题

例 16.32　设$f(x)$在$[0,1]$单调递减,且$f(x)>0$,证明$\dfrac{\int_0^1 xf^2(x)\mathrm{d}x}{\int_0^1 xf(x)\mathrm{d}x}\leqslant\dfrac{\int_0^1 f^2(x)\mathrm{d}x}{\int_0^1 f(x)\mathrm{d}x}$.

证明　因$f(x)>0$,单调,可知$f(x)$可积,$\int_0^1 f(x)\mathrm{d}x>0$,$\int_0^1 xf(x)\mathrm{d}x>0$,所以

$$\frac{\int_0^1 xf^2(x)\mathrm{d}x}{\int_0^1 xf(x)\mathrm{d}x}\leqslant\frac{\int_0^1 f^2(x)\mathrm{d}x}{\int_0^1 f(x)\mathrm{d}x}\Leftrightarrow\int_0^1 xf^2(x)\mathrm{d}x\int_0^1 f(x)\mathrm{d}x\leqslant\int_0^1 xf(x)\mathrm{d}x\int_0^1 f^2(x)\mathrm{d}x.$$

估计

$$I=\int_0^1 xf(x)\mathrm{d}x\int_0^1 f^2(x)\mathrm{d}x - \int_0^1 xf^2(x)\mathrm{d}x\int_0^1 f(x)\mathrm{d}x$$

$$= \int_0^1 xf(x)\mathrm{d}x\int_0^1 f^2(y)\mathrm{d}y - \int_0^1 xf^2(x)\mathrm{d}x\int_0^1 f(y)\mathrm{d}y$$

$$= \iint_D xf(x)f^2(y)\,\mathrm{d}x\mathrm{d}y - \iint_D xf^2(x)f(y)\,\mathrm{d}x\mathrm{d}y \quad (\text{其中 } D = [0,1]\times[0,1])$$

$$= \iint_D [xf(x)f^2(y) - xf^2(x)f(y)]\,\mathrm{d}x\mathrm{d}y$$

$$= \iint_D xf(x)f(y)[f(y) - f(x)]\,\mathrm{d}x\mathrm{d}y.$$

同理,I 可以表达为

$$I = \iint_D yf(y)f(x)[f(x) - f(y)]\,\mathrm{d}x\mathrm{d}y.$$

于是

$$2I = \iint_D xf(x)f(y)[f(y) - f(x)]\,\mathrm{d}x\mathrm{d}y + \iint_D yf(y)f(x)[f(x) - f(y)]\,\mathrm{d}x\mathrm{d}y$$

$$= \iint_D f(x)f(y)[f(y) - f(x)](x-y)\,\mathrm{d}x\mathrm{d}y \geqslant 0,$$

这是因为 $f(x)$ 单调递减,总有 $[f(y) - f(x)](x-y) \geqslant 0$,所以 $I \geqslant 0$,不等式得证.

例 16.33 设 $I = \iint_D \left[\left(\frac{\partial f}{\partial x}\right)^2 + \left(\frac{\partial f}{\partial y}\right)^2\right]\mathrm{d}x\mathrm{d}y$,作正则变换 $x = x(u,v), y = y(u,v)$,区域 D 变为 Ω,若变换满足 $\frac{\partial x}{\partial u} = \frac{\partial y}{\partial v}, \frac{\partial x}{\partial v} = -\frac{\partial y}{\partial u}$,求证 $I = \iint_\Omega \left[\left(\frac{\partial f}{\partial u}\right)^2 + \left(\frac{\partial f}{\partial v}\right)^2\right]\mathrm{d}u\mathrm{d}v$.

证明 因为

$$\frac{\partial f}{\partial u} = \frac{\partial f}{\partial x}\frac{\partial x}{\partial u} + \frac{\partial f}{\partial y}\frac{\partial y}{\partial u}, \quad \frac{\partial f}{\partial v} = \frac{\partial f}{\partial x}\frac{\partial x}{\partial v} + \frac{\partial f}{\partial y}\frac{\partial y}{\partial v} = -\frac{\partial f}{\partial x}\frac{\partial y}{\partial u} + \frac{\partial f}{\partial y}\frac{\partial x}{\partial u},$$

所以

$$\left(\frac{\partial f}{\partial u}\right)^2 + \left(\frac{\partial f}{\partial v}\right)^2 = \left[\left(\frac{\partial f}{\partial x}\right)^2 + \left(\frac{\partial f}{\partial y}\right)^2\right]\cdot\left[\left(\frac{\partial x}{\partial u}\right)^2 + \left(\frac{\partial y}{\partial u}\right)^2\right]. \tag{16.1}$$

又因

$$\frac{\partial(x,y)}{\partial(u,v)} = \begin{vmatrix} \frac{\partial x}{\partial u} & \frac{\partial y}{\partial u} \\ \frac{\partial x}{\partial v} & \frac{\partial y}{\partial v} \end{vmatrix} = \frac{\partial x}{\partial u}\frac{\partial y}{\partial v} - \frac{\partial x}{\partial v}\frac{\partial y}{\partial u} = \left(\frac{\partial x}{\partial u}\right)^2 + \left(\frac{\partial y}{\partial u}\right)^2 \neq 0,$$

所以由式(16.1)解得 $\left(\frac{\partial f}{\partial x}\right)^2 + \left(\frac{\partial f}{\partial y}\right)^2 = \left[\left(\frac{\partial f}{\partial u}\right)^2 + \left(\frac{\partial f}{\partial v}\right)^2\right]\cdot\frac{1}{\frac{\partial(x,y)}{\partial(u,v)}}$,于是

$$I = \iint_D \left[\left(\frac{\partial f}{\partial x}\right)^2 + \left(\frac{\partial f}{\partial y}\right)^2\right]\mathrm{d}x\mathrm{d}y = \iint_\Omega \left[\left(\frac{\partial f}{\partial u}\right)^2 + \left(\frac{\partial f}{\partial v}\right)^2\right]\cdot\frac{1}{\frac{\partial(x,y)}{\partial(u,v)}}\cdot\frac{\partial(x,y)}{\partial(u,v)}\mathrm{d}u\mathrm{d}v$$

$$= \iint_\Omega \left[\left(\frac{\partial f}{\partial u}\right)^2 + \left(\frac{\partial f}{\partial v}\right)^2\right]\mathrm{d}u\mathrm{d}v.$$

例16.34　已知$f(x)$在$[0,a]$上连续,证明$2\int_0^a f(x)\mathrm{d}x\int_x^a f(y)\mathrm{d}y=\left[\int_0^a f(x)\mathrm{d}x\right]^2$.

证明　$2\int_0^a f(x)\mathrm{d}x\int_x^a f(y)\mathrm{d}y=\int_0^a f(x)\mathrm{d}x\int_x^a f(y)\mathrm{d}y+\int_0^a f(x)\mathrm{d}x\int_x^a f(y)\mathrm{d}y$,

交换积分顺序可得

$$\int_0^a f(x)\mathrm{d}x\int_x^a f(y)\mathrm{d}y=\int_0^a f(y)\mathrm{d}y\int_0^y f(x)\mathrm{d}x,$$

而积分与所用字母无关,有

$$\int_0^a f(y)\mathrm{d}y\int_0^y f(x)\mathrm{d}x=\int_0^a f(x)\mathrm{d}x\int_0^x f(y)\mathrm{d}y,$$

所以

$$\begin{aligned}2\int_0^a f(x)\mathrm{d}x\int_x^a f(y)\mathrm{d}y&=\int_0^a f(x)\mathrm{d}x\int_x^a f(y)\mathrm{d}y+\int_0^a f(x)\mathrm{d}x\int_x^a f(y)\mathrm{d}y\\&=\int_0^a f(x)\mathrm{d}x\int_x^a f(y)\mathrm{d}y+\int_0^a f(x)\mathrm{d}x\int_0^x f(y)\mathrm{d}y\\&=\int_0^a f(x)\mathrm{d}x\left[\int_0^x f(y)\mathrm{d}y+\int_x^a f(y)\mathrm{d}y\right]\\&=\left[\int_0^a f(x)\mathrm{d}x\right]^2.\end{aligned}$$

例16.35　用二重积分证明

$$\left[\int_a^b f(x)\cos kx\mathrm{d}x\right]^2+\left[\int_a^b f(x)\sin kx\mathrm{d}x\right]^2\leqslant\left[\int_a^b|f(x)|\mathrm{d}x\right]^2.$$

证明　$$\begin{aligned}\left[\int_a^b f(x)\cos kx\mathrm{d}x\right]^2&=\left[\int_a^b f(x)\cos kx\mathrm{d}x\right]\cdot\left[\int_a^b f(y)\cos ky\mathrm{d}y\right]\\&=\iint_D f(x)f(y)\cos kx\cos ky\mathrm{d}x\mathrm{d}y.\end{aligned}$$

同理

$$\left[\int_a^b f(x)\sin kx\mathrm{d}x\right]^2=\iint_D f(x)f(y)\sin kx\sin ky\mathrm{d}x\mathrm{d}y,$$

所以

$$\begin{aligned}&\left[\int_a^b f(x)\cos kx\mathrm{d}x\right]^2+\left[\int_a^b f(x)\sin kx\mathrm{d}x\right]^2\\&=\iint_D f(x)f(y)\cos kx\cos ky\mathrm{d}x\mathrm{d}y+\iint_D f(x)f(y)\sin kx\sin ky\mathrm{d}x\mathrm{d}y\\&=\iint_D f(x)f(y)\cos k(x-y)\mathrm{d}x\mathrm{d}y\leqslant\iint_D|f(x)f(y)\cos k(x-y)|\mathrm{d}x\mathrm{d}y\\&\leqslant\iint_D|f(x)||f(y)|\mathrm{d}x\mathrm{d}y=\left[\int_a^b|f(x)|\mathrm{d}x\right]^2.\end{aligned}$$

例 16.36 求$\lim\limits_{\rho\to 0}\dfrac{1}{\pi\rho^2}\iint\limits_{x^2+y^2\leqslant\rho^2}f(x,y)\mathrm{d}\sigma$,其中$f$为连续函数.

解 由于f连续,应用积分中值定理,存在$(\xi,\eta)\in D$,其中$D:x^2+y^2\leqslant\rho^2$,使得$\iint\limits_D f(x,y)\mathrm{d}\sigma=f(\xi,\eta)\pi\rho^2$,而$\lim\limits_{\rho\to 0}f(\xi,\eta)=f(0,0)$,所以

$$\lim_{\rho\to 0}\frac{1}{\pi\rho^2}\iint\limits_{x^2+y^2\leqslant\rho^2}f(x,y)\mathrm{d}\sigma=\lim_{\rho\to 0}f(\xi,\eta)=f(0,0).$$

例 16.37 求极限$\lim\limits_{t\to 0}\dfrac{1}{t^4}\iiint\limits_{x^2+y^2+z^2\leqslant t^2}f(\sqrt{x^2+y^2+z^2})\mathrm{d}v$,其中$f$在$[0,1]$上连续,且$f(0)=0$,$f'(0)=1$.

解 用球坐标代换,得

$$\iiint\limits_{x^2+y^2+z^2\leqslant t^2}f(\sqrt{x^2+y^2+z^2})\mathrm{d}v=\int_0^{2\pi}\mathrm{d}\theta\int_0^{\pi}\sin\varphi\mathrm{d}\varphi\int_0^t r^2f(r)\mathrm{d}r=4\pi\int_0^t r^2f(r)\mathrm{d}r,$$

$$\lim_{t\to 0}\frac{1}{t^4}\iiint\limits_{x^2+y^2+z^2\leqslant t^2}f(\sqrt{x^2+y^2+z^2})\mathrm{d}v=4\pi\lim_{t\to 0}\frac{\int_0^t r^2f(r)\mathrm{d}r}{t^4}$$

$$=\pi\lim_{t\to 0}\frac{f(t)}{t}=\pi\lim_{t\to 0}\frac{f(t)-f(0)}{t-0}=\pi f'(0)=\pi.$$

例 16.38 若f为连续函数,V为$x^2+y^2+z^2\leqslant 1$,证明:

(1)$\iiint\limits_V f(z)\mathrm{d}x\mathrm{d}y\mathrm{d}z=\pi\int_{-1}^1 f(z)(1-z^2)\mathrm{d}z$;

(2)$\iiint\limits_V f(ax+by+cz)\mathrm{d}x\mathrm{d}y\mathrm{d}z=\pi\int_{-1}^1 f(ku)(1-u^2)\mathrm{d}u$,其中$k=\sqrt{a^2+b^2+c^2}$.

证明 (1)用先二后一法,并用柱坐标代换,得

$$\iiint\limits_V f(z)\mathrm{d}x\mathrm{d}y\mathrm{d}z=\int_{-1}^1 f(z)\mathrm{d}z\int_0^{2\pi}\mathrm{d}\theta\int_0^{\sqrt{1-z^2}}r\mathrm{d}r=\pi\int_{-1}^1(1-z^2)f(z)\mathrm{d}z.$$

(2)作正交变换$\begin{cases}u=\dfrac{1}{k}(ax+by+cz)\\ v=a_1x+b_1y+c_1z\\ w=a_2x+b_2y+c_2z\end{cases}$,$k=\sqrt{a^2+b^2+c^2}$,则$J=\dfrac{\partial(x,y,z)}{\partial(u,v,w)}=1$,且$V:x^2+y^2+z^2\leqslant 1$变为$V':u^2+v^2+w^2\leqslant 1$,并利用(1)的结果,有

$$\iiint\limits_V f(ax+by+cz)\mathrm{d}x\mathrm{d}y\mathrm{d}z=\iiint\limits_{V'}f(ku)\mathrm{d}u\mathrm{d}v\mathrm{d}w=\pi\int_{-1}^1 f(ku)(1-u^2)\mathrm{d}u.$$

习　　题

1. 计算二重积分$\iint\limits_D(x+y)\sin(x-y)\mathrm{d}x\mathrm{d}y$,其中$D:\begin{cases}0\leqslant x+y\leqslant\pi\\ 0\leqslant x-y\leqslant\pi\end{cases}$.

2. 计算二重积分$\iint\limits_D|\cos(x+y)|\mathrm{d}x\mathrm{d}y$,其中$D:0\leqslant x\leqslant\pi,0\leqslant y\leqslant\pi$.

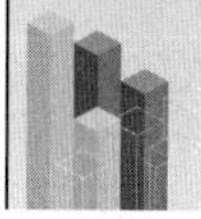

3. 计算二重积分$\iint\limits_{D}\frac{(\sqrt{x}+\sqrt{y})^4}{x^2}\mathrm{d}x\mathrm{d}y$,其中$D$由$y=0,y=x,\sqrt{x}+\sqrt{y}=1,\sqrt{x}+\sqrt{y}=2$所围.

4. 设函数$f(u)$有连续的一阶导数,且

$$\lim_{u\to+\infty}f'(u)=A>0,\quad D:x^2+y^2\leqslant R^2,x\geqslant 0,y\geqslant 0.$$

(1) 证明$\lim\limits_{u\to+\infty}f(u)=+\infty$; (2) 求$I_R=\iint\limits_{D}f'(x^2+y^2)\mathrm{d}x\mathrm{d}y$; (3) 求极限$\lim\limits_{R\to+\infty}\frac{I_R}{R^2}$.

5. 计算二重积分$\iint\limits_{D}\left|xy-\frac{1}{4}\right|\mathrm{d}x\mathrm{d}y$,其中$D:[0,1]\times[0,1]$.

6. 计算$\iint\limits_{D}\min\left\{\sqrt{\frac{3}{16}-x^2-y^2},2(x^2+y^2)\right\}\mathrm{d}x\mathrm{d}y$,其中$D:x^2+y^2\leqslant\frac{3}{16}$.

7. 将对极坐标的二次积分$I=\int_{-\frac{\pi}{2}}^{\frac{\pi}{2}}\mathrm{d}\theta\int_0^{2a\cos\theta}f(r\cos\theta,r\sin\theta)r\mathrm{d}r$交换积分顺序,再把它转化为直角坐标系下的两种不同顺序的积分.

8. 计算$\iint\limits_{D}\sqrt{\frac{1-x^2-y^2}{1+x^2+y^2}}\mathrm{d}x\mathrm{d}y$,其中$D:x^2+y^2\leqslant 1$.

9. 计算$\lim\limits_{n\to\infty}\sum\limits_{j=1}^{2n}\sum\limits_{i=1}^{n}\frac{2}{n^2}\left[\frac{2i+j}{n}\right]$,其中$[\cdot]$为取整函数.

10. 计算三重积分$\iiint\limits_{V}x^2\sqrt{x^2+y^2}\mathrm{d}x\mathrm{d}y\mathrm{d}z$,其中$V$由曲面$z=\sqrt{x^2+y^2}$与$z=x^2+y^2$所围.

11. 设三重积分$\iiint\limits_{\Omega}\left(\frac{1}{yz}\frac{\partial F}{\partial x}+\frac{1}{xz}\frac{\partial F}{\partial y}+\frac{1}{xy}\frac{\partial F}{\partial z}\right)\mathrm{d}x\mathrm{d}y\mathrm{d}z$,其中$\Omega:1\leqslant yz\leqslant 2,1\leqslant xz\leqslant 2,1\leqslant xy\leqslant 2$,作变换$u=yz,v=xz,w=xy$,试给出变换后的三重积分形式.

12. 求曲面$x^2+y^2+z^2=\frac{z}{h}\mathrm{e}^{-\frac{z^2}{x^2+y^2+z^2}}$所界的体积.

13. 计算$\iiint\limits_{V}(x+y+z)\mathrm{d}x\mathrm{d}y\mathrm{d}z$,其中$V$由平面$x+y+z=1$及三个坐标平面所围.

14. 计算$I=\int_{-1}^{1}\mathrm{d}x\int_0^{\sqrt{1-x^2}}\mathrm{d}y\int_1^{1+\sqrt{1-x^2-y^2}}\frac{\mathrm{d}z}{\sqrt{x^2+y^2+z^2}}$.

15. 计算$\iiint\limits_{V}\mathrm{e}^{|z|}\mathrm{d}x\mathrm{d}y\mathrm{d}z$,其中$V:x^2+y^2+z^2\leqslant 1$.

16. 设Ω是由锥面$x^2+(y-z)^2=(1-z)^2(0\leqslant z\leqslant 1)$与平面$z=0$围成的锥体,求$\Omega$的形心坐标.

第 17 讲　曲线积分与曲面积分

17.1　曲线积分与曲面积分的概念

17.1.1　第一型曲线积分

1. 物理意义

一条可求长的空间曲线L,其密度为$\rho(x,y,z)$,$(x,y,z)\in L$,试求L的质量. 显然取曲线的弧长微元$\mathrm{d}l$,其长度记为$\mathrm{d}s$,则对应的质量微元为$\mathrm{d}m=\rho(x,y,z)\mathrm{d}s$,那么整个曲线$L$的质量为$m=\int_L\rho(x,y,z)\mathrm{d}s$.

这种类型的积分称为第一型曲线积分.

2. 定义

设L是空间中可求长的曲线段,函数$f(x,y,z)$定义在L上,对L作分割T,将L分成n个小曲线段$L_i(i=1,2,\cdots,n)$,L_i的弧长记为Δs_i,记$\|T\|=\max\limits_{1\leqslant i\leqslant n}\Delta s_i$,任取$(\xi_i,\eta_i,\zeta_i)\in L_i$,若有极限$\lim\limits_{\|T\|\to 0}\sum\limits_{i=1}^{n}f(\xi_i,\eta_i,\zeta_i)\Delta s_i=J$,且极限$J$与分割$T$无关,与介点$(\xi_i,\eta_i,\zeta_i)\in L_i$的取法无关,则称函数$f$在曲线$L$上可积,并称这种积分为第一型曲线积分,记为$J=\int_L f(x,y,z)\mathrm{d}s$. 又称对弧长的积分.

注　当$f(x,y,z)\equiv 1$时,曲线L的弧长$L=\int_L\mathrm{d}s$.

第一型曲线积分性质同定积分,这里不再赘述.

3. 计算

转化为定积分.

(1) 若曲线L:$\begin{cases}x=x(t)\\ y=y(t)(\alpha\leqslant t\leqslant\beta)\\ z=z(t)\end{cases}$,则

$$J=\int_L f(x,y,z)\mathrm{d}s=\int_\alpha^\beta f[x(t),y(t),z(t)]\sqrt{x'^2(t)+y'^2(t)+z'^2(t)}\mathrm{d}t.$$

(2) 若曲线 $L:\begin{cases}F(x,y,z)=0\\G(x,y,z)=0\end{cases}$,则一般要将它转化成参数方程(1) 的形式,有时可用特殊方法解决.

例 17.1　计算下列曲线积分:

(1) $\int_L(x^2+y^2+z^2)\mathrm{d}s$,其中 $L:\begin{cases}x=a\cos t\\y=a\sin t,0\leqslant t\leqslant 2\pi.\\z=bt\end{cases}$

(2) $\int_L x^2\mathrm{d}s$,其中 $L:\begin{cases}x^2+y^2+z^2=a^2\\x+y+z=0\end{cases}$.

解　(1) $\int_L(x^2+y^2+z^2)\mathrm{d}s$

$$=\int_0^{2\pi}[(a\cos t)^2+(a\sin t)^2+b^2t^2]\sqrt{(-a\sin t)^2+(a\cos t)^2+b^2}\,\mathrm{d}t$$

$$=\sqrt{a^2+b^2}\left(2a^2\pi+\frac{8\pi^3b^2}{3}\right).$$

(2)(方法 1:特殊方法) 由对称性知 $\int_L x^2\mathrm{d}s=\int_L y^2\mathrm{d}s=\int_L z^2\mathrm{d}s$,所以

$$\int_L x^2\mathrm{d}s=\frac{1}{3}\int_L(x^2+y^2+z^2)\mathrm{d}s=\frac{a^2}{3}\int_L\mathrm{d}s=\frac{2\pi a^3}{3}.$$

(方法 2:一般方法) 将 L 的方程化为参数方程. 为此,将 $z=-(x+y)$ 代入 $x^2+y^2+z^2=a^2$,化简后得 $x^2+y^2+xy=\frac{a^2}{2}$,将坐标轴旋转 $\frac{\pi}{4}$ 得 $\begin{cases}x=\frac{1}{\sqrt{2}}(X-Y)\\y=\frac{1}{\sqrt{2}}(X+Y)\end{cases}$,新坐标系下方程为 $3X^2+Y^2=a^2$. 令 $\begin{cases}X=\frac{a}{\sqrt{3}}\cos t\\Y=a\sin t\end{cases}$,$0\leqslant t\leqslant 2\pi$,则得 L 的参数方程为

$$\begin{cases}x=\frac{a}{\sqrt{6}}\cos t-\frac{a}{\sqrt{2}}\sin t\\y=\frac{a}{\sqrt{6}}\cos t+\frac{a}{\sqrt{2}}\sin t,\quad 0\leqslant t\leqslant 2\pi,\\z=-\frac{2a}{\sqrt{6}}\cos t\end{cases}$$

所以

$$\int_L x^2\mathrm{d}s=\int_0^{2\pi}\left(\frac{a}{\sqrt{6}}\cos t-\frac{a}{\sqrt{2}}\sin t\right)^2\sqrt{x'^2(t)+y'^2(t)+z'^2(t)}\,\mathrm{d}t=\frac{2\pi a^3}{3}.$$

注　方法 2 虽然麻烦,但它十分重要,希望读者掌握.

例 17.2 若平面曲线以极坐标 $\rho=\rho(\theta)(\theta_1\leqslant\theta\leqslant\theta_2)$ 表示,试给出计算 $\int_L f(x,y)\mathrm{d}s$ 的公式,并计算曲线积分 $\int_L x\mathrm{d}s$,其中 $L:\rho=a\mathrm{e}^{k\theta}(k>0)$ 在圆 $\rho=a$ 内的部分.

解 令 $\begin{cases}x=\rho(\theta)\cos\theta\\ y=\rho(\theta)\sin\theta\end{cases},\theta_1\leqslant\theta\leqslant\theta_2$,则 $\begin{cases}x'(\theta)=\rho'(\theta)\cos\theta-\rho(\theta)\sin\theta\\ y'(\theta)=\rho'(\theta)\sin\theta+\rho(\theta)\cos\theta\end{cases}$,于是

$$\mathrm{d}s=\sqrt{x'^2(\theta)+y'^2(\theta)}\,\mathrm{d}\theta=\sqrt{\rho'^2(\theta)+\rho^2(\theta)}\,\mathrm{d}\theta,$$

$$\int_L f(x,y)\mathrm{d}s=\int_{\theta_1}^{\theta_2}f[\rho(\theta)\cos\theta,\rho(\theta)\sin\theta]\sqrt{\rho'^2(\theta)+\rho^2(\theta)}\,\mathrm{d}\theta.$$

下面计算 $\int_L x\mathrm{d}s$. 因对数螺线 $L:\rho=a\mathrm{e}^{k\theta}(k>0)$ 位于圆 $\rho=a$ 内部分,所以 $-\infty<\theta\leqslant 0$,于是

$$\int_L x\mathrm{d}s=\int_{-\infty}^{0}a\mathrm{e}^{k\theta}\cos\theta\sqrt{(ak\mathrm{e}^{k\theta})^2+(a\mathrm{e}^{k\theta})^2}\,\mathrm{d}\theta=a^2\sqrt{1+k^2}\int_{-\infty}^{0}\mathrm{e}^{2k\theta}\cos\theta\mathrm{d}\theta.$$

记 $I=\int_{-\infty}^{0}\mathrm{e}^{2k\theta}\cos\theta\mathrm{d}\theta$,则

$$\begin{aligned}I&=\int_{-\infty}^{0}\mathrm{e}^{2k\theta}\cos\theta\mathrm{d}\theta=\mathrm{e}^{2k\theta}\sin\theta\Big|_{-\infty}^{0}-2k\int_{-\infty}^{0}\mathrm{e}^{2k\theta}\sin\theta\mathrm{d}\theta\\&=2k\cdot\mathrm{e}^{2k\theta}\cos\theta\Big|_{-\infty}^{0}-4k^2I=2k-4k^2I,\end{aligned}$$

所以 $I=\dfrac{2k}{1+4k^2}$,故 $\int_L x\mathrm{d}s=\dfrac{2a^2k\sqrt{1+k^2}}{1+4k^2}$.

17.1.2 第二型曲线积分

1. 物理意义

空间中有一变力 $\boldsymbol{F}(x,y,z)=\big(P(x,y,z),Q(x,y,z),R(x,y,z)\big)$ 作用在某质点上,使其从某一曲线 L 的端点 A,沿着 L 移动到另一端点 B,求该力做功多少?显然在 L 上取一有向弧微元 $\mathrm{d}\boldsymbol{s}=(\mathrm{d}x,\mathrm{d}y,\mathrm{d}z)$,则可得做功微元 $\mathrm{d}W=\boldsymbol{F}\cdot\mathrm{d}\boldsymbol{s}$,那么力 $\boldsymbol{F}$ 移动质点从 A 到 B 所做的功为 $W=\int_{\overrightarrow{AB}}\boldsymbol{F}\cdot\mathrm{d}\boldsymbol{s}$. 若用坐标表示,则成为

$$W=\int_L P(x,y,z)\mathrm{d}x+Q(x,y,z)\mathrm{d}y+R(x,y,z)\mathrm{d}z.$$

这种类型的积分称为第二型曲线积分.

第二型曲线积分的定义及性质从略.

注 (1) 第二型曲线积分又称对坐标的积分.

(2) 从物理意义上,可以看出两种曲线积分是不同的,尽管它们都是沿着曲线的积分,但第一型曲线积分与方向无关,第二型曲线积分与方向有关.

2. 计算

转化为定积分. 要注意的是:二型线积分的起点对应定积分的下限,终点对应定积分的上

限. 即若曲线 $L:\begin{cases}x=x(t)\\y=y(t),\alpha\leqslant t\leqslant\beta,\\z=z(t)\end{cases}$则

$$\begin{aligned}&\int_L P(x,y,z)\mathrm{d}x+Q(x,y,z)\mathrm{d}y+R(x,y,z)\mathrm{d}z\\=&\int_\alpha^\beta[P(x(t),y(t),z(t))x'(t)+Q(x(t),y(t),z(t))y'(t)+\\&R(x(t),y(t),z(t))z'(t)]\mathrm{d}t.\end{aligned}$$

例 17.3　求在力 $\boldsymbol{F}=(y,-x,x+y+z)$ 作用下:

(1) 质点由 $A(a,0,0)$ 点沿螺旋线 $L_1:\begin{cases}x=a\cos t\\y=a\sin t\\z=bt\end{cases}(0\leqslant t\leqslant 2\pi)$ 到 $B(a,0,2\pi b)$ 点所做的功.

(2) 质点由 $A(a,0,0)$ 点沿直线 L_2 到 $B(a,0,2\pi b)$ 点所做的功.

解　(1) $$\begin{aligned}W&=\int_{L_1}\boldsymbol{F}\cdot\mathrm{d}\boldsymbol{s}=\int_{L_1}y\mathrm{d}x-x\mathrm{d}y+(x+y+z)\mathrm{d}z\\&=\int_0^{2\pi}[(a\sin t)(-a\sin t)+(-a\cos t)(a\cos t)+(a\cos t+a\sin t+bt)b]\mathrm{d}t\\&=2\pi(\pi b^2-a^2).\end{aligned}$$

(2) 直线 AB(即 L_2) 的参数方程为 $x=a,y=0,z=2\pi bt(0\leqslant t\leqslant 1)$,则

$$\begin{aligned}W&=\int_{L_2}\boldsymbol{F}\cdot\mathrm{d}\boldsymbol{s}=\int_{L_2}y\mathrm{d}x-x\mathrm{d}y+(x+y+z)\mathrm{d}z\\&=\int_0^1(a+2\pi bt)2\pi b\mathrm{d}t=2\pi b(a+\pi b).\end{aligned}$$

3. 两类曲线积分的相互转换(以平面曲线为例)

$$\mathrm{d}x=\cos(\widehat{\boldsymbol{t},x})\mathrm{d}s,\mathrm{d}y=\cos(\widehat{\boldsymbol{t},y})\mathrm{d}s$$

其中,$\boldsymbol{t}$ 为曲线的切线,其方向指向弧长增加的方向,$(\widehat{\boldsymbol{t},x})$,$(\widehat{\boldsymbol{t},y})$ 分别表示 $\boldsymbol{t}$ 与 x 轴和 y 轴正向的夹角. 若在曲线上一点的法线 $\boldsymbol{n}$ 与切线 $\boldsymbol{t}$ 构成右手系,则$(\widehat{\boldsymbol{n},x})=(\widehat{\boldsymbol{t},y})$,$(\widehat{\boldsymbol{n},y})=\pi-(\widehat{\boldsymbol{t},x})$,于是 $\cos(\widehat{\boldsymbol{n},x})=\cos(\widehat{\boldsymbol{t},y})$,$\cos(\widehat{\boldsymbol{n},y})=-\cos(\widehat{\boldsymbol{t},x})$,则有

$$\mathrm{d}x=-\cos(\widehat{\boldsymbol{n},y})\mathrm{d}s,\quad \mathrm{d}y=\cos(\widehat{\boldsymbol{n},x})\mathrm{d}s.$$

注　对空间曲线也有

$$\mathrm{d}x=\cos(\widehat{\boldsymbol{t},x})\mathrm{d}s,\quad \mathrm{d}y=\cos(\widehat{\boldsymbol{t},y})\mathrm{d}s,\quad \mathrm{d}z=\cos(\widehat{\boldsymbol{t},z})\mathrm{d}s.$$

以上的两组关系式就是两类线积分相互转化的公式,非常重要,希望一定要理解和记住.

4. 格林(Green) 公式

若函数 $P(x,y)$,$Q(x,y)$ 在闭区域 D 上连续,且有一阶连续的偏导数,则有

$$\iint_D\left(\frac{\partial Q}{\partial x}-\frac{\partial P}{\partial y}\right)\mathrm{d}\sigma=\oint_L P\mathrm{d}x+Q\mathrm{d}y$$

其中,L 为 D 的边界,并取正向.

注 格林公式建立了平面区域 D 上的二重积分与沿 D 的边界 L 上的二型线积分之间的关系，特别地，当 $Q=x,P=-y$ 时，得到平面区域 D 的面积的又一个计算公式

$$S_D=\frac{1}{2}\oint_L x\mathrm{d}y-y\mathrm{d}x.$$

5. 曲线积分与积分路径无关性

1) 平面曲线情形

设 $D\subset\mathbf{R}^2$ 是单连通区域，函数 $P(x,y)$，$Q(x,y)$ 在 D 内连续，且具有一阶连续偏导数，则下列四个条件等价：

(1) 沿 D 内任一光滑闭曲线 L 有 $\oint_L P\mathrm{d}x+Q\mathrm{d}y=0$；

(2) 对 D 内任一光滑曲线 L 有 $\int_L P\mathrm{d}x+Q\mathrm{d}y$ 与路径无关，只与起点和终点有关；

(3) 在 D 内，存在 $u(x,y)$，使得 $\mathrm{d}u=P\mathrm{d}x+Q\mathrm{d}y$；

(4) 在 D 上处处有 $\frac{\partial Q}{\partial x}=\frac{\partial P}{\partial y}$.

2) 空间曲线情形

设 $\Omega\subset\mathbf{R}^3$ 为单连通区域，函数 $P(x,y,z)$，$Q(x,y,z)$，$R(x,y,z)$ 在 Ω 上连续，且具有一阶连续偏导数，则下列四个条件等价：

(1) 沿 Ω 内任一光滑闭曲线 L 有 $\oint_L P\mathrm{d}x+Q\mathrm{d}y+R\mathrm{d}z=0$；

(2) 对 Ω 内任一光滑曲线 L 有 $\int_L P\mathrm{d}x+Q\mathrm{d}y+R\mathrm{d}z$ 与路径无关，只与起点和终点有关；

(3) 在 Ω 内，存在 $u(x,y,z)$，使得 $\mathrm{d}u=P\mathrm{d}x+Q\mathrm{d}y+R\mathrm{d}z$；

(4) 在 Ω 内处处有 $\frac{\partial R}{\partial y}=\frac{\partial Q}{\partial z},\frac{\partial P}{\partial z}=\frac{\partial R}{\partial x},\frac{\partial Q}{\partial x}=\frac{\partial P}{\partial y}$.

注 当二型线积分没有特别指明方向时，就是指的正向.

例 17.4 (1) 计算积分 $\oint_L\frac{x\mathrm{d}y-y\mathrm{d}x}{4x^2+y^2}$，其中 L 为一条不经过原点的任意光滑闭曲线；

(2) 计算积分 $I=\oint_L\frac{\cos(\widehat{\boldsymbol{r},\boldsymbol{n}})}{r}\mathrm{d}s$，其中 $\boldsymbol{r}=(x,y)$，$r=|\boldsymbol{r}|=\sqrt{x^2+y^2}$，$\boldsymbol{n}$ 为 L 的外法线，L 为一条不经过原点的任意光滑闭曲线.

解 (1) 记 $P=-\frac{y}{4x^2+y^2}$，$Q=\frac{x}{4x^2+y^2}$，则 $\frac{\partial Q}{\partial x}=\frac{y^2-4x^2}{(y^2+4x^2)^2}=\frac{\partial P}{\partial y}$. 当原点在 L 所围区域 D 的外部时，P,Q 及它们的偏导数在 D 上连续，且在 D 上处处有 $\frac{\partial Q}{\partial x}=\frac{\partial P}{\partial y}$，所以 $\oint_L\frac{x\mathrm{d}y-y\mathrm{d}x}{4x^2+y^2}=0$；

当原点位于 L 所围区域 D 的内部时，作椭圆：$C:4x^2+y^2=\rho^2$，取 $\rho>0$ 充分小，使得 C 及 C 所围的区域完全含于 D 内，则在以 L 和 C 为边界的区域 G 上，P,Q 及它们的偏导数都连续，且处处有 $\frac{\partial Q}{\partial x}=\frac{\partial P}{\partial y}$，所以

$$\oint_{L^{+}+C^{-}} P\mathrm{d}x + Q\mathrm{d}y = 0 \Rightarrow \oint_{L} P\mathrm{d}x + Q\mathrm{d}y = \oint_{C} P\mathrm{d}x + Q\mathrm{d}y.$$

记 $C:\begin{cases} x = \dfrac{\rho}{2}\cos\theta \\ y = \rho\sin\theta \end{cases}, 0 \leqslant \theta \leqslant 2\pi$，则

$$\oint_{L} \frac{x\mathrm{d}y - y\mathrm{d}x}{4x^2 + y^2} = \oint_{C} \frac{x\mathrm{d}y - y\mathrm{d}x}{4x^2 + y^2} = \int_0^{2\pi} \frac{\dfrac{\rho^2}{2}\cos^2\theta + \dfrac{\rho^2}{2}\sin^2\theta}{\rho^2}\mathrm{d}\theta = \pi.$$

（2）记 $\boldsymbol{n} = (\cos\alpha, \cos\beta)$，其中 $\cos\alpha, \cos\beta$ 为 $\boldsymbol{n}$ 的方向余弦，即 $\alpha = (\widehat{\boldsymbol{n}, x})$，$\beta = (\widehat{\boldsymbol{n}, y})$，则

$$\cos(\widehat{\boldsymbol{r}, \boldsymbol{n}}) = \frac{\boldsymbol{r} \cdot \boldsymbol{n}}{|\boldsymbol{r}||\boldsymbol{n}|} = \frac{x\cos\alpha + y\cos\beta}{r}, \quad \frac{\cos(\widehat{\boldsymbol{r}, \boldsymbol{n}})}{r} = \frac{x\cos\alpha + y\cos\beta}{r^2},$$

$$I = \oint_{L} \frac{\cos(\widehat{\boldsymbol{r}, \boldsymbol{n}})}{r}\mathrm{d}s = \oint_{L} \frac{x\cos\alpha + y\cos\beta}{r^2}\mathrm{d}s = \oint_{L} \frac{x\mathrm{d}y - y\mathrm{d}x}{r^2},$$

记 $P = -\dfrac{y}{r^2}, Q = \dfrac{x}{r^2}$，则 $\dfrac{\partial Q}{\partial x} = -\dfrac{2x^2 - r^2}{r^4}, \dfrac{\partial P}{\partial y} = -\dfrac{r^2 - 2y^2}{r^4}$，于是：

① 当原点在 L 所围区域 D 的外部时，P, Q 及它们的偏导数在 L 所围区域 D 上连续，由格林公式得

$$I = \oint_{L} \frac{\cos(\widehat{\boldsymbol{r}, \boldsymbol{n}})}{r}\mathrm{d}s = \oint_{L} \frac{x\mathrm{d}y - y\mathrm{d}x}{r^2} = \iint_{D} \left(\frac{\partial Q}{\partial x} - \frac{\partial P}{\partial y}\right)\mathrm{d}\sigma = \iint_{D} \frac{2r^2 - 2r^2}{r^4}\mathrm{d}\sigma = 0;$$

② 当原点位于 L 所围区域 D 的内部时，作圆 $C: x^2 + y^2 = \rho^2$，取 $\rho > 0$ 充分小，使得 C 及 C 所围的区域完全含于 D 内，此时

$$\begin{aligned} I &= \oint_{L} \frac{\cos(\widehat{\boldsymbol{r}, \boldsymbol{n}})}{r}\mathrm{d}s = \oint_{L} \frac{x\mathrm{d}y - y\mathrm{d}x}{r^2} = \oint_{C} \frac{x\mathrm{d}y - y\mathrm{d}x}{r^2} \\ &= \int_0^{2\pi} \frac{\rho^2\cos^2\theta + \rho^2\sin^2\theta}{\rho^2}\mathrm{d}\theta = 2\pi. \end{aligned}$$

例 17.5　设函数 $u(x,y)$ 在由闭光滑曲线 L 所围的区域 D 上具有二阶连续偏导数，证明

$$\iint_{D} \left(\frac{\partial^2 u}{\partial x^2} + \frac{\partial^2 u}{\partial y^2}\right)\mathrm{d}\sigma = \oint_{L} \frac{\partial u}{\partial \boldsymbol{n}}\mathrm{d}s,$$

其中 $\boldsymbol{n}$ 为 L 的外法向量.

证明　因 $\dfrac{\partial u}{\partial \boldsymbol{n}} = \dfrac{\partial u}{\partial x}\cos(\widehat{\boldsymbol{n}, x}) + \dfrac{\partial u}{\partial y}\cos(\widehat{\boldsymbol{n}, y})$，所以由格林公式有

$$\begin{aligned} \oint_{L} \frac{\partial u}{\partial \boldsymbol{n}}\mathrm{d}s &= \oint_{L} \left[\frac{\partial u}{\partial x}\cos(\widehat{\boldsymbol{n}, x}) + \frac{\partial u}{\partial y}\cos(\widehat{\boldsymbol{n}, y})\right]\mathrm{d}s \\ &= \oint_{L} \frac{\partial u}{\partial x}\mathrm{d}y - \frac{\partial u}{\partial y}\mathrm{d}x = \iint_{D} \left(\frac{\partial^2 u}{\partial x^2} + \frac{\partial^2 u}{\partial y^2}\right)\mathrm{d}\sigma. \end{aligned}$$

例 17.6　（1）求全微分 $\mathrm{e}^x[\mathrm{e}^y(x - y + 2) + y]\mathrm{d}x + \mathrm{e}^x[\mathrm{e}^y(x - y) + 1]\mathrm{d}y$ 的原函数；

(2) 验证积分与路径无关,并计算积分$\int_{(x_1,y_1,z_1)}^{(x_2,y_2,z_2)}\frac{x\mathrm{d}x+y\mathrm{d}y+z\mathrm{d}z}{\sqrt{x^2+y^2+z^2}}$,其中$(x_1,y_1,z_1)$,$(x_2,y_2,z_2)$在球面$x^2+y^2+z^2=a^2$上.

解 (1) 记$P=\mathrm{e}^x[\mathrm{e}^y(x-y+2)+y]$,$Q=\mathrm{e}^x[\mathrm{e}^y(x-y)+1]$,由于

$$\frac{\partial Q}{\partial x}=\mathrm{e}^x[\mathrm{e}^y(x-y+1)+1]=\frac{\partial P}{\partial y},$$

P,Q连续且具有连续的偏导,且处处有$\frac{\partial Q}{\partial x}=\frac{\partial P}{\partial y}$,从而原函数存在,即积分与路径无关,则原函数为

$$\begin{aligned}u(x,y)&=\int_{(0,0)}^{(x,y)}P\mathrm{d}x+Q\mathrm{d}y+C=\int_0^x\mathrm{e}^x(x+2)\mathrm{d}x+\int_0^y\mathrm{e}^x[\mathrm{e}^y(x-y)+1]\mathrm{d}y+C\\&=(x-y+1)\mathrm{e}^{x+y}+y\mathrm{e}^x+C.\end{aligned}$$

(2) 记$r=\sqrt{x^2+y^2+z^2}$,则$P=\frac{x}{r}$,$Q=\frac{y}{r}$,$R=\frac{z}{r}$,于是有

$$\frac{\partial R}{\partial y}=\frac{-yz}{r^3}=\frac{\partial Q}{\partial z},\quad\frac{\partial P}{\partial z}=\frac{-zx}{r^3}=\frac{\partial R}{\partial x},\quad\frac{\partial Q}{\partial x}=\frac{-xy}{r^3}=\frac{\partial P}{\partial y},\tag{17.1}$$

在不包含坐标原点的任何区域内,P,Q,R连续,且有连续的偏导数,同时式(17.1)成立,故积分与路径无关. 令$u(x,y,z)=r=\sqrt{x^2+y^2+z^2}$,则$\mathrm{d}u=P\mathrm{d}x+Q\mathrm{d}y+R\mathrm{d}z$,故$u(x,y,z)$就是所求的原函数,于是

$$\begin{aligned}\int_{(x_1,y_1,z_1)}^{(x_2,y_2,z_2)}\frac{x\mathrm{d}x+y\mathrm{d}y+z\mathrm{d}z}{\sqrt{x^2+y^2+z^2}}&=u(x,y,z)\Big|_{(x_1,y_1,z_1)}^{(x_2,y_2,z_2)}\\&=u(x_2,y_2,z_2)-u(x_1,y_1,z_1)\\&=a-a=0.\end{aligned}$$

17.1.3 第一型曲面积分

1. 物理意义

设某空间曲面的密度为$\rho(x,y,z)$,求其质量. 取曲面微元$\mathrm{d}S$,在其上的质量微元为$\mathrm{d}m=\rho(x,y,z)\mathrm{d}S$,所以整个曲面的质量为$m=\iint\limits_S\rho(x,y,z)\mathrm{d}S$. 这种类型的积分称为第一型曲面积分.

当$\rho\equiv1$时,曲面S的面积$S=\iint\limits_S\mathrm{d}S$.

第一型曲面积分定义与性质同其他类型积分类似,这里从略.

2. 计算

转化为二重积分.

(1) 当曲面$S:z=z(x,y)$,$(x,y)\in D$时,则

$$\iint\limits_S f(x,y,z)\mathrm{d}S=\iint\limits_D f(x,y,z(x,y))\sqrt{1+z_x^2(x,y)+z_y^2(x,y)}\mathrm{d}x\mathrm{d}y;$$

(2) 当曲面 $S:\begin{cases}x=x(u,v)\\y=y(u,v),(u,v)\in D\\z=z(u,v)\end{cases}$ 时，则

$$\iint_S f(x,y,z)\mathrm{d}S=\iint_D f(x(u,v),y(u,v),z(u,v))\sqrt{EG-F^2}\mathrm{d}u\mathrm{d}v,$$

其中，$E=x_u^2+y_u^2+z_u^2, F=x_ux_v+y_uy_v+z_uz_v, G=x_v^2+y_v^2+z_v^2$.

注　关键要记住曲面微元 $\mathrm{d}S$ 的表达式.

例 17.7　求下列曲面的面积：

(1) 曲面 $az=xy$ 包含在圆柱 $x^2+y^2=a^2$ 内那部分的面积；

(2) 曲面 $S:\begin{cases}x=r\cos\varphi\\y=r\sin\varphi\\z=b\varphi\end{cases}(0\leqslant\varphi\leqslant2\pi,0\leqslant r\leqslant a)$ 的面积.

解　(1) 曲面 $S:z=\dfrac{1}{a}xy,(x,y)\in D,D:x^2+y^2\leqslant a^2$，所以曲面 S 的面积为

$$S=\iint_S\mathrm{d}S=\iint_D\sqrt{1+\left(\frac{y}{a}\right)^2+\left(\frac{x}{a}\right)^2}\mathrm{d}x\mathrm{d}y=\frac{1}{a}\iint_D\sqrt{a^2+x^2+y^2}\mathrm{d}x\mathrm{d}y$$
$$=\frac{1}{a}\int_0^{2\pi}\mathrm{d}\theta\int_0^a r\sqrt{a^2+r^2}\mathrm{d}r=\frac{2\pi a^2}{3}(2\sqrt{2}-1).$$

(2) 由 $\begin{cases}x_r=\cos\varphi\\y_r=\sin\varphi,\\z_r=0\end{cases}\begin{cases}x_\varphi=-r\sin\varphi\\y_\varphi=r\cos\varphi\\z_\varphi=b\end{cases}\Rightarrow\begin{cases}E=x_r^2+y_r^2+z_r^2=1\\F=x_rx_\varphi+y_ry_\varphi+z_rz_\varphi=0,\\G=x_\varphi^2+y_\varphi^2+z_\varphi^2=r^2+b^2\end{cases}$

所以所求曲面面积为

$$S=\iint_S\mathrm{d}S=\iint_D\sqrt{EG-F^2}\mathrm{d}r\mathrm{d}\varphi=\int_0^{2\pi}\mathrm{d}\varphi\int_0^a\sqrt{r^2+b^2}\mathrm{d}r$$
$$=\pi\left[a\sqrt{a^2+b^2}+b^2\ln(a+\sqrt{a^2+b^2})-b^2\ln b\right].$$

例 17.8　求密度为 ρ 的均匀球面 $x^2+y^2+z^2=a^2(z\geqslant0)$ 对 z 轴的转动惯量.

解　$$J=\iint_S\rho(x^2+y^2)\mathrm{d}S$$
$$=\rho\iint_D(x^2+y^2)\sqrt{1+\left(\frac{-x}{\sqrt{a^2-x^2-y^2}}\right)^2+\left(\frac{-y}{\sqrt{a^2-x^2-y^2}}\right)^2}\mathrm{d}x\mathrm{d}y$$
$$=a\rho\iint_D\frac{x^2+y^2}{\sqrt{a^2-x^2-y^2}}\mathrm{d}x\mathrm{d}y=a\rho\int_0^{2\pi}\mathrm{d}\theta\int_0^a\frac{r^3}{\sqrt{a^2-r^2}}\mathrm{d}r=\frac{4}{3}\pi\rho a^4.$$

17.1.4　第二型曲面积分

1. 物理意义

设某流体的流速为 $\boldsymbol{v}=(P(x,y,z),Q(x,y,z),R(x,y,z))$ 从某双侧曲面 S 的一侧流向另一

侧,求单位时间内流经该曲面的流量. 由于是有向曲面,设它的法向量为 $\boldsymbol{n}=(\cos\alpha,\cos\beta,\cos\gamma)$,取曲面面积微元 $\mathrm{d}S$,则所求的单位时间内流量微元就是 $\mathrm{d}E=(\boldsymbol{v}\cdot\boldsymbol{n})\mathrm{d}S$,若记有向曲面向量微元为 $\mathrm{d}\boldsymbol{S}=\boldsymbol{n}\mathrm{d}S$,则 $\mathrm{d}E=\boldsymbol{v}\cdot\mathrm{d}\boldsymbol{S}$,那么,所求的通过整个曲面 S 的流量为 $E=\iint\limits_S\boldsymbol{v}\cdot\mathrm{d}\boldsymbol{S}$,若记

$$\mathrm{d}\boldsymbol{S}=(\cos\alpha\mathrm{d}S,\cos\beta\mathrm{d}S,\cos\gamma\mathrm{d}S)=(\mathrm{d}y\mathrm{d}z,\mathrm{d}z\mathrm{d}x,\mathrm{d}x\mathrm{d}y),$$

则流量用分量表示就是

$$E=\iint\limits_S\boldsymbol{v}\cdot\mathrm{d}\boldsymbol{S}=\iint\limits_S\left(P\cos\alpha+Q\cos\beta+R\cos\gamma\right)\mathrm{d}S$$

或者

$$E=\iint\limits_S\boldsymbol{v}\cdot\mathrm{d}\boldsymbol{S}=\iint\limits_S P\mathrm{d}y\mathrm{d}z+Q\mathrm{d}z\mathrm{d}x+R\mathrm{d}x\mathrm{d}y.$$

这种类型的积分称为第二型曲面积分.

第二型曲面积分定义与性质类似于前面讲过的其他类型的积分,这里不再赘述.

2. 第二型曲面积分的计算

转化为二重积分,必须注意两个问题:

(1) 将曲面 S 向相应的坐标平面投影,求得二重积分的积分区域;

(2) 根据曲面的侧(即法向量的方向)确定二重积分的符号.

根据积分表达式,确定投影平面,如要计算 $\iint\limits_S P(x,y,z)\mathrm{d}y\mathrm{d}z$,必须将 S 向 yz 平面投影,求得二重积分的积分区域 D_{yz},此时 $\iint\limits_S P(x,y,z)\mathrm{d}y\mathrm{d}z=\pm\iint\limits_{D_{yz}}P[x(y,z),y,z]\mathrm{d}y\mathrm{d}z$,其中曲面 $S:x=x(y,z)$,$(y,z)\in D_{yz}$,二重积分的符号取决于法向量与 x 轴正向的夹角,为锐角时取正号,为钝角时取负号,简记为前正、后负.

同理

$$\iint\limits_S Q(x,y,z)\mathrm{d}z\mathrm{d}x=\pm\iint\limits_{D_{zx}}Q[x,y(z,x),z]\mathrm{d}z\mathrm{d}x\quad(\text{符号:右正,左负}),$$

$$\iint\limits_S R(x,y,z)\mathrm{d}x\mathrm{d}y=\pm\iint\limits_{D_{xy}}R[x,y,z(x,y)]\mathrm{d}x\mathrm{d}y\quad(\text{符号:上正,下负}).$$

例 17.9 计算二型曲面积分 $\iint\limits_S xy\mathrm{d}y\mathrm{d}z+yz\mathrm{d}z\mathrm{d}x+zx\mathrm{d}x\mathrm{d}y$,其中 S 为上半球面:$x^2+y^2+z^2=1$,$z\geqslant0$ 取外侧为正向.

解 记 $I_1=\iint\limits_S xy\mathrm{d}y\mathrm{d}z$,将 S 分为两部分,其中 $S_1:x=\sqrt{1-y^2-z^2},z\geqslant0$,取前侧;$S_2:x=-\sqrt{1-y^2-z^2},z\geqslant0$,取后侧. 并且 S_1 和 S_2 在 yz 平面的投影区域均为 $D_{yz}:y^2+z^2\leqslant1,z\geqslant0$. 所以

$$I_1=\iint\limits_S xy\mathrm{d}y\mathrm{d}z=\iint\limits_{S_1}xy\mathrm{d}y\mathrm{d}z+\iint\limits_{S_2}xy\mathrm{d}y\mathrm{d}z$$

$$= \iint\limits_{D_{yz}} y\sqrt{1-y^2-z^2}\,\mathrm{d}y\mathrm{d}z - \iint\limits_{D_{yz}} y(-\sqrt{1-y^2-z^2})\,\mathrm{d}y\mathrm{d}z$$

$$= 2\iint\limits_{D_{yz}} y\sqrt{1-y^2-z^2}\,\mathrm{d}y\mathrm{d}z$$

$$= 2\int_0^{\pi}\mathrm{d}\theta\int_0^1 r^2\cos\theta\sqrt{1-r^2}\,\mathrm{d}r = 0.$$

注　也可以利用积分区域关于 z 轴对称,被积函数是 y 的奇函数,积分必为零.

同理

$$I_2 = \iint\limits_S yz\mathrm{d}z\mathrm{d}x = 2\iint\limits_{D_{zx}} z\sqrt{1-x^2-z^2}\,\mathrm{d}z\mathrm{d}x$$

$$= 2\int_0^{\pi}\mathrm{d}\theta\int_0^1 r^2\sin\theta\sqrt{1-r^2}\,\mathrm{d}r$$

$$= 4\int_0^1 r^2\sqrt{1-r^2}\,\mathrm{d}r = \frac{\pi}{4}.$$

因为 $D_{xy}: x^2+y^2\leqslant 1$ 关于 y 轴对称,被积函数是 x 的奇函数,所以

$$I_3 = \iint\limits_S zx\mathrm{d}x\mathrm{d}y = \iint\limits_{D_{xy}} x\sqrt{1-x^2-y^2}\,\mathrm{d}x\mathrm{d}y = 0,$$

故

$$\iint\limits_S xy\mathrm{d}y\mathrm{d}z + yz\mathrm{d}z\mathrm{d}x + zx\mathrm{d}x\mathrm{d}y = I_1+I_2+I_3 = \frac{\pi}{4}.$$

若曲面由参数方程给出:$S:\begin{cases} x = x(u,v) \\ y = y(u,v),(u,v)\in D, \\ z = z(u,v)\end{cases}$ 且 $\dfrac{\partial(y,z)}{\partial(u,v)},\dfrac{\partial(z,x)}{\partial(u,v)},\dfrac{\partial(x,y)}{\partial(u,v)}$ 不同时为零,则分别有

$$\iint\limits_S P\mathrm{d}y\mathrm{d}z = \pm\iint\limits_D P(x(u,v),y(u,v),z(u,v))\,\frac{\partial(y,z)}{\partial(u,v)}\mathrm{d}u\mathrm{d}v,$$

$$\iint\limits_S Q\mathrm{d}z\mathrm{d}x = \pm\iint\limits_D Q(x(u,v),y(u,v),z(u,v))\,\frac{\partial(z,x)}{\partial(u,v)}\mathrm{d}u\mathrm{d}v,$$

$$\iint\limits_S R\mathrm{d}x\mathrm{d}y = \pm\iint\limits_D R(x(u,v),y(u,v),z(u,v))\,\frac{\partial(x,y)}{\partial(u,v)}\mathrm{d}u\mathrm{d}v.$$

其中,当 uv 平面的正向与曲面 S 的正向一致时,取正号,否则取负号.

例 17.10　计算 $\iint\limits_S x^3\mathrm{d}y\mathrm{d}z$,其中 $S:\dfrac{x^2}{a^2}+\dfrac{y^2}{b^2}+\dfrac{z^2}{c^2}=1$,上半部并取外侧.

解　用曲面的参数方程求解 $S:\begin{cases} x = a\sin\varphi\cos\theta \\ y = b\sin\varphi\sin\theta \\ z = c\cos\varphi\end{cases}\left(0\leqslant\varphi\leqslant\dfrac{\pi}{2},0\leqslant\theta\leqslant 2\pi\right)$,则有 $J=\dfrac{\partial(y,z)}{\partial(\varphi,\theta)}=$ $bc\sin^2\varphi\cos\theta$,由于 S 取的是正侧,所以

$$\iint\limits_S x^3\mathrm{d}y\mathrm{d}z = \iint\limits_D a^3\sin^3\varphi\cos^3\theta\cdot bc\sin^2\varphi\cos\theta\mathrm{d}\varphi\mathrm{d}\theta$$

$$= a^3bc\int_0^{\frac{\pi}{2}}\sin^5\varphi\mathrm{d}\varphi\int_0^{2\pi}\cos^4\theta\mathrm{d}\theta$$

$$= \frac{2}{5}\pi a^3 bc.$$

3. 两种曲面积分的相互转化

在物理意义部分可以看出,两种曲面积分的联系为

$$\cos(\widehat{\boldsymbol{n},x})\mathrm{d}S = \mathrm{d}y\mathrm{d}z, \quad \cos(\widehat{\boldsymbol{n},y})\mathrm{d}S = \mathrm{d}z\mathrm{d}x, \quad \cos(\widehat{\boldsymbol{n},z})\mathrm{d}S = \mathrm{d}x\mathrm{d}y.$$

其中 $\boldsymbol{n}$ 为曲面的法向量.

4. 高斯(Gauss)公式

空间区域 V 由分片光滑的双侧闭曲面 S 所围,若函数 P,Q,R 在 V 上连续,且有一阶连续的偏导数,则

$$\oint\!\!\!\oint_S P\mathrm{d}y\mathrm{d}z + Q\mathrm{d}z\mathrm{d}x + R\mathrm{d}x\mathrm{d}y = \iiint_V \left(\frac{\partial P}{\partial x} + \frac{\partial Q}{\partial y} + \frac{\partial R}{\partial z}\right)\mathrm{d}x\mathrm{d}y\mathrm{d}z.$$

例 17.11 计算 $\iint_S y(x-z)\mathrm{d}y\mathrm{d}z + x^2\mathrm{d}z\mathrm{d}x + (y^2+xz)\mathrm{d}x\mathrm{d}y$,其中 $S:\begin{cases} x=y=z=0 \\ x=y=z=a \end{cases}$,并取外侧.

解 用高斯公式

$$\begin{aligned} &\iint_S y(x-z)\mathrm{d}y\mathrm{d}z + x^2\mathrm{d}z\mathrm{d}x + (y^2+xz)\mathrm{d}x\mathrm{d}y \\ =& \iiint_V (y+x)\mathrm{d}x\mathrm{d}y\mathrm{d}z = 2\iiint_V x\mathrm{d}x\mathrm{d}y\mathrm{d}z \\ =& 2\int_0^a x\mathrm{d}x\int_0^a \mathrm{d}y\int_0^a \mathrm{d}z = a^4. \end{aligned}$$

例 17.12 证明 $\iiint_V \frac{\mathrm{d}x\mathrm{d}y\mathrm{d}z}{r} = \frac{1}{2}\oint\!\!\!\oint_S \cos(\widehat{\boldsymbol{r},\boldsymbol{n}})\mathrm{d}S$,其中 S 是包围 V 的曲面,$\boldsymbol{n}$ 是 S 的外法线,坐标原点在 S 所围区域外部,$\boldsymbol{r} = (x,y,z)$,$r = |\boldsymbol{r}| = \sqrt{x^2+y^2+z^2}$.

证明 记 $\boldsymbol{n} = (\cos\alpha,\cos\beta,\cos\gamma)$,则 $\cos(\widehat{\boldsymbol{r},\boldsymbol{n}}) = \frac{\boldsymbol{r}\cdot\boldsymbol{n}}{|\boldsymbol{r}||\boldsymbol{n}|} = \frac{x\cos\alpha + y\cos\beta + z\cos\gamma}{r}$,于是

$$\begin{aligned} \frac{1}{2}\oint\!\!\!\oint_S \cos(\widehat{\boldsymbol{r},\boldsymbol{n}})\mathrm{d}S &= \frac{1}{2}\oint\!\!\!\oint_S \frac{x\cos\alpha + y\cos\beta + z\cos\gamma}{r}\mathrm{d}S \\ &= \frac{1}{2}\oint\!\!\!\oint_S \frac{x}{r}\mathrm{d}y\mathrm{d}z + \frac{y}{r}\mathrm{d}z\mathrm{d}x + \frac{z}{r}\mathrm{d}x\mathrm{d}y \\ &\xlongequal{\text{高斯公式}} \frac{1}{2}\iiint_V \left(\frac{r^2-x^2}{r^3} + \frac{r^2-y^2}{r^3} + \frac{r^2-z^2}{r^3}\right)\mathrm{d}v = \iiint_V \frac{\mathrm{d}x\mathrm{d}y\mathrm{d}z}{r}. \end{aligned}$$

5. 斯托克斯(Stokes)公式

设光滑曲面 S 的边界 L 是按段光滑的连续闭曲线,若函数 P,Q,R 在 S(连同 L)上连续,且有一阶连续偏导数,则

$$\oint_L P\mathrm{d}x + Q\mathrm{d}y + R\mathrm{d}z = \iint_S \left(\frac{\partial R}{\partial y} - \frac{\partial Q}{\partial z}\right)\mathrm{d}y\mathrm{d}z + \left(\frac{\partial P}{\partial z} - \frac{\partial R}{\partial x}\right)\mathrm{d}z\mathrm{d}x + \left(\frac{\partial Q}{\partial x} - \frac{\partial P}{\partial y}\right)\mathrm{d}x\mathrm{d}y,$$

其中 S 的侧与 L 的方向按右手法则确定.

例 17.13　用斯托克斯公式计算$\oint_L x^2y^3\mathrm{d}x+\mathrm{d}y+z\mathrm{d}z$,其中 L:$\begin{cases}y^2+z^2=1\\x=y\end{cases}$取正向.

解　记 S 为 L 所围成的椭圆盘,按右手法则,应取前侧,这里 $P=x^2y^3,Q=1,R=z$,于是$\frac{\partial R}{\partial y}-\frac{\partial Q}{\partial z}=0,\frac{\partial P}{\partial z}-\frac{\partial R}{\partial x}=0,\frac{\partial Q}{\partial x}-\frac{\partial P}{\partial y}=-3x^2y^2$,故由斯托克斯公式有

$$\oint_L x^2y^3\mathrm{d}x+\mathrm{d}y+z\mathrm{d}z=-3\iint_S x^2y^2\mathrm{d}x\mathrm{d}y,$$

将二型面积分转化为一型面积分. 由于 S 在平面 $x=y$ 上,其向前的法线方向余弦为 $\cos\alpha=\frac{1}{\sqrt{2}}$,$\cos\beta=-\frac{1}{\sqrt{2}},\cos\gamma=0$,而 $\mathrm{d}x\mathrm{d}y=\cos\gamma\mathrm{d}S$,所以

$$\oint_L x^2y^3\mathrm{d}x+\mathrm{d}y+z\mathrm{d}z=-3\iint_S x^2y^2\mathrm{d}x\mathrm{d}y=-3\iint_S x^2y^2\cos\gamma\mathrm{d}S=0.$$

17.1.5　场论初步

1. 场

空间或空间的某区域 V 上的每一点 P 都与一个数量(或向量)相对应,则称在 V 上确定了一个数量场(或向量场).

2. 梯度场

由数量场到向量场的映射,即由数量函数 $u(x,y,z)$ 所定义的向量函数

$$\mathrm{grad}\ u=\left(\frac{\partial u}{\partial x},\frac{\partial u}{\partial y},\frac{\partial u}{\partial z}\right)$$

称为 u 的梯度.

若向量 $\boldsymbol{L}=(\cos\alpha,\cos\beta,\cos\gamma)$,则函数 $u(x,y,z)$ 沿 $\boldsymbol{L}$ 方向的方向导数是

$$\frac{\partial u}{\partial \boldsymbol{L}}=\frac{\partial u}{\partial x}\cos\alpha+\frac{\partial u}{\partial y}\cos\beta+\frac{\partial u}{\partial z}\cos\gamma=\mathrm{grad}\ u\cdot\boldsymbol{L}=|\mathrm{grad}\ u|\cos\theta,$$

其中 θ 为梯度 $\mathrm{grad}\ u$ 与 $\boldsymbol{L}$ 的夹角. 显然当 $\theta=0$ 时,方向导数取最大值,即表明梯度的方向就是使函数的方向导数达到最大值的方向,梯度的模就是最大方向导数的值.

若记$\nabla=\left(\frac{\partial}{\partial x},\frac{\partial}{\partial y},\frac{\partial}{\partial z}\right)$,则 $\mathrm{grad}\ u=\nabla u$.

3. 散度场

由向量场到数量场的映射. 即由向量函数

$$\boldsymbol{A}(x,y,z)=(P(x,y,z),Q(x,y,z),R(x,y,z))$$

所定义的数量函数 $D(x,y,z)=\frac{\partial P}{\partial x}+\frac{\partial Q}{\partial y}+\frac{\partial R}{\partial z}$,称为向量 $\boldsymbol{A}$ 的散度,记作

$$\operatorname{div} \boldsymbol{A} = \frac{\partial P}{\partial x} + \frac{\partial Q}{\partial y} + \frac{\partial R}{\partial z}.$$

于是高斯公式可表示为

$$\oiint_S \boldsymbol{A} \cdot \mathrm{d}\boldsymbol{S} = \iiint_V \operatorname{div} \boldsymbol{A} \mathrm{d}V.$$

当 $\operatorname{div} \boldsymbol{A} = 0$ 时,称向量场 $\boldsymbol{A}$ 为无源场,也称管量场.

散度用向量形式表示为

$$\operatorname{div} \boldsymbol{A} = \nabla \cdot \boldsymbol{A}.$$

记$\nabla \cdot \nabla = \Delta$ 为拉普拉斯算子,$\nabla \cdot \nabla\varphi = \Delta\varphi = \dfrac{\partial^2 \varphi}{\partial x^2} + \dfrac{\partial^2 \varphi}{\partial y^2} + \dfrac{\partial^2 \varphi}{\partial z^2}$.

4. 旋度场

由向量场到向量场的映射. 即设

$$\boldsymbol{A}(x,y,z) = (P(x,y,z), Q(x,y,z), R(x,y,z))$$

为向量,定义向量函数 $\boldsymbol{F}(x,y,z) = \left(\dfrac{\partial R}{\partial y} - \dfrac{\partial Q}{\partial z}, \dfrac{\partial P}{\partial z} - \dfrac{\partial R}{\partial x}, \dfrac{\partial Q}{\partial x} - \dfrac{\partial P}{\partial y}\right)$,称其为向量 $\boldsymbol{A}$ 的旋度,记为

$$\operatorname{rot} \boldsymbol{A} = \left(\frac{\partial R}{\partial y} - \frac{\partial Q}{\partial z}, \frac{\partial P}{\partial z} - \frac{\partial R}{\partial x}, \frac{\partial Q}{\partial x} - \frac{\partial P}{\partial y}\right).$$

于是,斯托克斯公式的向量表示为

$$\oint_L \boldsymbol{A} \cdot \mathrm{d}\boldsymbol{L} = \iint_S \operatorname{rot} \boldsymbol{A} \cdot \mathrm{d}\boldsymbol{S}.$$

若 $\boldsymbol{A}$ 为流体的流速,则称$\oint_L \boldsymbol{A} \cdot \mathrm{d}\boldsymbol{L}$ 为环流量,当 $\operatorname{rot} \boldsymbol{A} = \boldsymbol{0}$ 时,环流量为 0,称此向量场为无旋场,也叫有势场;此时,积分与路径无关,必存在原函数 $u(x,y,z)$,使得

$$\mathrm{d}u = P\mathrm{d}x + Q\mathrm{d}y + R\mathrm{d}z,$$

称 $u(x,y,z)$ 为此有势场的势函数.

若 $\boldsymbol{A}$ 既是管量场(即散度为零),又是有势场(即旋度为零),则称其为调和场,此时必有 $\Delta u = 0$,即$\dfrac{\partial^2 u}{\partial x^2} + \dfrac{\partial^2 u}{\partial y^2} + \dfrac{\partial^2 u}{\partial z^2} = 0$. 这时称函数 u 为调和函数.

例 17.14 设 $P = x^2 + 5\lambda y + 3yz, Q = 5x + 3\lambda xz - 2, R = (\lambda + 2)xy - 4z$.

(1) 设 L 为螺旋线 $x = a\cos t, y = a\sin t, z = ct (0 \leqslant t \leqslant 2\pi)$,计算$\int_L P\mathrm{d}x + Q\mathrm{d}y + R\mathrm{d}z$;

(2) 设 $\boldsymbol{A} = (P,Q,R)$,求 $\operatorname{rot} \boldsymbol{A}$;

(3) 问在什么条件下 $\boldsymbol{A}$ 为有势场,并求势函数.

解 (1) 由题设,有

$$\begin{aligned}
&\int_L P\mathrm{d}x + Q\mathrm{d}y + R\mathrm{d}z \\
= &\int_0^{2\pi} [-a^3 \sin t \cos^2 t - 5a^2\lambda \sin^2 t - 3a^2 ct \sin^2 t + 5a^2 \cos^2 t + 3a^2 \lambda ct \cos^2 t +
\end{aligned}$$

$$c(\lambda+2)a^2\sin t\cos t-4c^2t]\mathrm{d}t$$
$$=a^2\pi(1-\lambda)(5-3c\pi)-8\pi^2c^2.$$

(2) 因为$\dfrac{\partial R}{\partial y}-\dfrac{\partial Q}{\partial z}=2(1-\lambda)x,\dfrac{\partial P}{\partial z}-\dfrac{\partial R}{\partial x}=(1-\lambda)y,\dfrac{\partial Q}{\partial x}-\dfrac{\partial P}{\partial y}=(1-\lambda)(5-3z)$,所以 $\mathrm{rot}\,\boldsymbol{A}=(2(1-\lambda)x,(1-\lambda)y,(1-\lambda)(5-3z))$.

(3) 当 $\lambda=1$ 时,$\mathrm{rot}\,\boldsymbol{A}=\boldsymbol{0}$. 此时向量场 $\boldsymbol{A}$ 为有势场. 记势函数为 $u(x,y,z)$,则

$$\begin{aligned}u(x,y,z)&=\int_{(0,0,0)}^{(x,y,z)}P\mathrm{d}x+Q\mathrm{d}y+R\mathrm{d}z+C\\&=\int_0^x x^2\mathrm{d}x+\int_0^y(5x-2)\mathrm{d}y+\int_0^z(3xy-4z)\mathrm{d}z+C\\&=\frac{1}{3}x^3+(5x-2)y+3xyz-2z^2+C.\end{aligned}$$

例 17.15　证明设 S 为包围区域 V 的曲面的外侧,u 在 V 及 S 上有连续的二阶偏导数,则 $\oint\!\!\!\oint_S u\dfrac{\partial u}{\partial \boldsymbol{n}}\mathrm{d}S=\iiint_V\left[\left(\dfrac{\partial u}{\partial x}\right)^2+\left(\dfrac{\partial u}{\partial y}\right)^2+\left(\dfrac{\partial u}{\partial z}\right)^2\right]\mathrm{d}V+\iiint_V u\Delta u\mathrm{d}V$,其中 $\boldsymbol{n}$ 为 S 的外法向量.

证明　因为$\dfrac{\partial u}{\partial \boldsymbol{n}}=\dfrac{\partial u}{\partial x}\cos(\widehat{\boldsymbol{n},x})+\dfrac{\partial u}{\partial y}\cos(\widehat{\boldsymbol{n},y})+\dfrac{\partial u}{\partial z}\cos(\widehat{\boldsymbol{n},z})$,所以

$$\begin{aligned}\oint\!\!\!\oint_S u\frac{\partial u}{\partial \boldsymbol{n}}\mathrm{d}S&=\oint\!\!\!\oint_S u\left[\frac{\partial u}{\partial x}\cos(\widehat{\boldsymbol{n},x})+\frac{\partial u}{\partial y}\cos(\widehat{\boldsymbol{n},y})+\frac{\partial u}{\partial z}\cos(\widehat{\boldsymbol{n},z})\right]\mathrm{d}S\\&=\oint\!\!\!\oint_S u\frac{\partial u}{\partial x}\mathrm{d}y\mathrm{d}z+u\frac{\partial u}{\partial y}\mathrm{d}z\mathrm{d}x+u\frac{\partial u}{\partial z}\mathrm{d}x\mathrm{d}y\\&\xlongequal{\text{高斯公式}}\iiint_V\left[\frac{\partial}{\partial x}\left(u\frac{\partial u}{\partial x}\right)+\frac{\partial}{\partial y}\left(u\frac{\partial u}{\partial y}\right)+\frac{\partial}{\partial z}\left(u\frac{\partial u}{\partial z}\right)\right]\mathrm{d}x\mathrm{d}y\mathrm{d}z\\&=\iiint_V\left[\left(\frac{\partial u}{\partial x}\right)^2+\left(\frac{\partial u}{\partial y}\right)^2+\left(\frac{\partial u}{\partial z}\right)^2\right]\mathrm{d}V+\iiint_V u\Delta u\mathrm{d}V.\end{aligned}$$

17.2　曲线积分与曲面积分的典型问题

例 17.16　计算曲线积分

$$\int_{AMB}[\varphi(y)\mathrm{e}^x-my]\mathrm{d}x+[\varphi'(y)\mathrm{e}^x-m]\mathrm{d}y$$

其中,$\varphi(y)$ 和 $\varphi'(y)$ 为连续函数,AMB 为连接点 $A(x_1,y_1)$ 和 $B(x_2,y_2)$ 任何路线,但与直线段 AB 围成已知大小为 S 的面积.

解　添加直线段 BA,使 $AMBA$ 成围线,若其为逆时针方向,则由格林公式

$$\oint_{AMBA}[\varphi(y)\mathrm{e}^x-my]\mathrm{d}x+[\varphi'(y)\mathrm{e}^x-m]\mathrm{d}y$$

$$= \iint_D [\varphi'(y)\mathrm{e}^x - \varphi'(y)\mathrm{e}^x + m]\mathrm{d}\sigma = mS.$$

若围线 $AMBA$ 成顺时针,则

$$\oint_{AMBA} [\varphi(y)\mathrm{e}^x - my]\mathrm{d}x + [\varphi'(y)\mathrm{e}^x - m]\mathrm{d}y$$

$$= -\iint_D [\varphi'(y)\mathrm{e}^x - \varphi'(y)\mathrm{e}^x + m]\mathrm{d}\sigma = -mS.$$

下面计算沿直线段AB的积分,

$$\int_{AB} [\varphi(y)\mathrm{e}^x - my]\mathrm{d}x + [\varphi'(y)\mathrm{e}^x - m]\mathrm{d}y$$

$$= \int_{AB} \varphi(y)\mathrm{e}^x\mathrm{d}x + [\varphi'(y)\mathrm{e}^x - m]\mathrm{d}y - \int_{AB} my\mathrm{d}x$$

$$= I_1 + I_2.$$

对积分 $I_1 = \int_{AB} \varphi(y)\mathrm{e}^x\mathrm{d}x + [\varphi'(y)\mathrm{e}^x - m]\mathrm{d}y$,由于

$$\frac{\partial}{\partial x}[\varphi'(y)\mathrm{e}^x - m] = \varphi'(y)\mathrm{e}^x = \frac{\partial}{\partial y}[\varphi(y)\mathrm{e}^x],$$

积分与路径无关,可沿折线 $A(x_1, y_1) \to C(x_2, y_1) \to B(x_2, y_2)$ 作积分得

$$I_1 = \int_{AB} \varphi(y)\mathrm{e}^x\mathrm{d}x + [\varphi'(y)\mathrm{e}^x - m]\mathrm{d}y$$

$$= \int_{x_1}^{x_2} \varphi(y_1)\mathrm{e}^x\mathrm{d}x + \int_{y_1}^{y_2} [\mathrm{e}^{x_2}\varphi'(y) - m]\mathrm{d}y$$

$$= \varphi(y_1)(\mathrm{e}^{x_2} - \mathrm{e}^{x_1}) + \mathrm{e}^{x_2}[\varphi(y_2) - \varphi(y_1)] - m(y_2 - y_1)$$

$$= \mathrm{e}^{x_2}\varphi(y_2) - \mathrm{e}^{x_1}\varphi(y_1) - m(y_2 - y_1).$$

对积分 $I_2 = -\int_{AB} my\mathrm{d}x$,建立线段 AB 的参数方程

$$AB: \begin{cases} x = x_1 + t(x_2 - x_1) \\ y = y_1 + t(y_2 - y_1) \end{cases} \quad (0 \leqslant t \leqslant 1),$$

所以

$$I_2 = -\int_{AB} my\mathrm{d}x = -m\int_0^1 [y_1 + t(y_2 - y_1)](x_2 - x_1)\mathrm{d}t$$

$$= -\frac{m}{2}(x_2 - x_1)(y_2 + y_1),$$

故

$$\int_{AB} [\varphi(y)\mathrm{e}^x - my]\mathrm{d}x + [\varphi'(y)\mathrm{e}^x - m]\mathrm{d}y = I_1 + I_2$$

$$= \mathrm{e}^{x_2}\varphi(y_2) - \mathrm{e}^{x_1}\varphi(y_1) - m(y_2 - y_1) - \frac{m}{2}(x_2 - x_1)(y_2 + y_1).$$

所以

$$\int_{AMB} P\mathrm{d}x + Q\mathrm{d}y = \oint_{AMBA} P\mathrm{d}x + Q\mathrm{d}y - \int_{BA} P\mathrm{d}x + Q\mathrm{d}y$$

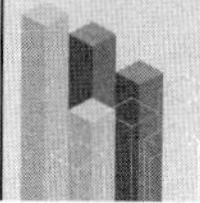

$$= \oint_{AMBA} P\mathrm{d}x + Q\mathrm{d}y + \int_{AB} P\mathrm{d}x + Q\mathrm{d}y$$

$$= \mathrm{e}^{x_2}\varphi(y_2) - \mathrm{e}^{x_1}\varphi(y_1) - m(y_2 - y_1) - \frac{m}{2}(x_2 - x_1)(y_2 + y_1) \pm mS.$$

注　这是一个非常好的题，在解题中，用了计算线积分的三种典型的方法：格林公式法、积分与路径无关时的折线方法和参数方程方法.

例 17.17　设 $L: x^2 + y^2 = 1$，取正向，计算 $\int_L \frac{(x-y)\mathrm{d}x + (x+4y)\mathrm{d}y}{x^2 + 4y^2}$.

分析　此题不能直接将 L 化为参数方程，然后转化为对参数定积分的方法去作，因为这样作积分很复杂，当然也不能用格林公式，因为条件不满足.

解　作一小椭圆 $C: x^2 + 4y^2 = \rho^2$，取 $\rho > 0$，充分小，使得 C 含于单位圆内，令

$$P = \frac{x-y}{x^2 + 4y^2},\quad Q = \frac{x+4y}{x^2+4y^2},$$

则 P, Q 及它们的偏导数在以 L 和 C 为边界的区域 G 内连续，且

$$\frac{\partial Q}{\partial x} = \frac{4y^2 - x^2 - 8xy}{(x^2 + 4y^2)^2} = \frac{\partial P}{\partial y},$$

所以由格林公式，得

$$\int_{L+C^-} P\mathrm{d}x + Q\mathrm{d}y = \iint_G \left(\frac{\partial Q}{\partial x} - \frac{\partial P}{\partial y}\right)\mathrm{d}\sigma = 0 \Rightarrow \oint_L P\mathrm{d}x + Q\mathrm{d}y = \oint_C P\mathrm{d}x + Q\mathrm{d}y.$$

$$\int_C P\mathrm{d}x + Q\mathrm{d}y = \int_C \frac{(x-y)\mathrm{d}x + (x+4y)\mathrm{d}y}{x^2+4y^2}$$

$$= \frac{1}{\rho^2}\int_C (x-y)\mathrm{d}x + (x+4y)\mathrm{d}y$$

$$= \frac{1}{\rho^2}\iint_{x^2+4y^2\leqslant\rho^2}[1-(-1)]\mathrm{d}x\mathrm{d}y = \frac{1}{\rho^2}\cdot 2\pi\cdot\rho\cdot\frac{\rho}{2} = \pi.$$

即 $\int_L \frac{(x-y)\mathrm{d}x + (x+4y)\mathrm{d}y}{x^2+4y^2} = \pi$.

例 17.18　计算曲线积分 $I = \oint_L y\mathrm{d}x + z\mathrm{d}y + x\mathrm{d}z$，其中 L 为圆周：$\begin{cases} x^2 + y^2 + z^2 = a^2 \\ x + y + z = 0 \end{cases}$，方向为从 x 轴正向看去，按逆时针方向.

解　（方法 1）由斯托克斯公式，有

$$I = \oint_L y\mathrm{d}x + z\mathrm{d}y + x\mathrm{d}z = -\iint_S \mathrm{d}y\mathrm{d}z + \mathrm{d}z\mathrm{d}x + \mathrm{d}x\mathrm{d}y,$$

按右手法则，S 的法线向上，S 在平面 $x + y + z = 0$ 上，所以向上的法线方向余弦为 $\cos\alpha = \cos\beta = \cos\gamma = \frac{1}{\sqrt{3}}$，将二型面积分转化为一型面积分，得

$$I = \oint_L y\mathrm{d}x + z\mathrm{d}y + x\mathrm{d}z$$

$$= -\iint_S \mathrm{d}y\mathrm{d}z + \mathrm{d}z\mathrm{d}x + \mathrm{d}x\mathrm{d}y = -\iint_S (\cos\alpha + \cos\beta + \cos\gamma)\mathrm{d}S = -\sqrt{3}\iint_S \mathrm{d}S$$

$$= -\sqrt{3}\pi a^2.$$

（方法2）转化为对参数的定积分，由例17.1可知 L 的参数方程为

$$\begin{cases} x = \dfrac{a}{\sqrt{6}}\cos t - \dfrac{a}{\sqrt{2}}\sin t \\ y = \dfrac{a}{\sqrt{6}}\cos t + \dfrac{a}{\sqrt{2}}\sin t \quad (0 \leqslant t \leqslant 2\pi), \\ z = -\dfrac{2a}{\sqrt{6}}\cos t \end{cases}$$

于是

$$I = \oint_L y\mathrm{d}x + z\mathrm{d}y + x\mathrm{d}z$$

$$= \int_0^{2\pi}\left[\left(\frac{a}{\sqrt{6}}\cos t + \frac{a}{\sqrt{2}}\sin t\right)\left(-\frac{a}{\sqrt{6}}\sin t - \frac{a}{\sqrt{2}}\cos t\right) - \right.$$

$$\left.\frac{2a}{\sqrt{6}}\cos t\left(-\frac{a}{\sqrt{6}}\sin t + \frac{a}{\sqrt{2}}\cos t\right) + \left(\frac{a}{\sqrt{6}}\cos t - \frac{a}{\sqrt{2}}\sin t\right)\frac{2a}{\sqrt{6}}\sin t\right]\mathrm{d}t$$

$$= -\sqrt{3}\pi a^2.$$

注 比较上述两种作法，显然第一种方法简单，但要求熟练掌握两种曲面积分的互换；第二种方法虽然麻烦，但它是计算线积分的基本方法，更要求掌握。

例 17.19 设 $f(x)$ 在 $[0, +\infty)$ 上连续可微，试计算积分

$$I = \int_L\left[\frac{1}{y} + yf(xy)\right]\mathrm{d}x + \left[xf(xy) - \frac{x}{y^2} + \frac{5y}{(y^2+1)^2}\right]\mathrm{d}y,$$

其中 L 是从点 $(0,1)$ 到点 $(0,3)$ 的曲线 $x = \sqrt{4y - y^2 - 3}$.

解 记 $P = \dfrac{1}{y} + yf(xy)$，$Q = xf(xy) - \dfrac{x}{y^2} + \dfrac{5y}{(y^2+1)^2}$，在不经过 x 轴的任何区域内，P,Q 连续，且具有连续的偏导数，又处处有 $\dfrac{\partial Q}{\partial x} = f(xy) + xyf'(xy) - \dfrac{1}{y^2} = \dfrac{\partial P}{\partial y}$，所以积分与路径无关，故所求积分可沿 y 轴积分，得

$$I = \int_L\left[\frac{1}{y} + yf(xy)\right]\mathrm{d}x + \left[xf(xy) - \frac{x}{y^2} + \frac{5y}{(y^2+1)^2}\right]\mathrm{d}y = \int_1^3 \frac{5y}{(y^2+1)^2}\mathrm{d}y = 1.$$

例 17.20 计算第二曲线积分 $I = \int_L (y^2 - z)\mathrm{d}x + (x - 2yz)\mathrm{d}y + (x - y^2)\mathrm{d}z$，其中积分曲线 L：$\begin{cases} x^2 + y^2 + z^2 = a^2 \\ x^2 + y^2 = 2bx \end{cases}$，$z \geqslant 0, 0 < 2b < a$，从 z 轴正向看去，L 为逆时针方向.

解 用斯托克斯公式，这里 $P = y^2 - z$，$Q = x - 2yz$，$R = x - y^2$，有

$$I=\int_L(y^2-z)\mathrm{d}x+(x-2yz)\mathrm{d}y+(x-y^2)\mathrm{d}z=\iint_S-2\mathrm{d}z\mathrm{d}x+(1-2y)\mathrm{d}x\mathrm{d}y,$$

其中 S 为上半球面 $x^2+y^2+z^2=a^2,z\geqslant 0$ 被柱面 $x^2+y^2=2bx$ 所截取的部分,方向向上. 下面计算 $I_1=\iint_S\mathrm{d}z\mathrm{d}x$. 这里 S 可以分为两个曲面:$S_1:y=\sqrt{a^2-x^2-z^2}$ 和 $S_2:y=-\sqrt{a^2-x^2-z^2}$. 由于它们在 zx 面的投影区域相同,记为 D_{zx},但法线与 y 轴正向的夹角一个是锐角,一个是钝角,所以

$$I_1=\iint_S\mathrm{d}z\mathrm{d}x=\iint_{S_1}\mathrm{d}z\mathrm{d}x+\iint_{S_2}\mathrm{d}z\mathrm{d}x=\iint_{D_{zx}}\mathrm{d}z\mathrm{d}x-\iint_{D_{zx}}\mathrm{d}z\mathrm{d}x=0.$$

对 $I_2=\iint_S(1-2y)\mathrm{d}x\mathrm{d}y=\iint_{D_{xy}}(1-2y)\mathrm{d}x\mathrm{d}y$,其中 $D_{xy}:x^2+y^2\leqslant 2bx$,所以

$$I_2=\iint_S(1-2y)\mathrm{d}x\mathrm{d}y=\iint_{D_{xy}}(1-2y)\mathrm{d}x\mathrm{d}y=\int_{-\frac{\pi}{2}}^{\frac{\pi}{2}}\mathrm{d}\theta\int_0^{2b\cos\theta}(1-2r\sin\theta)r\mathrm{d}r=\pi b^2.$$

故

$$I=\int_L(y^2-z)\mathrm{d}x+(x-2yz)\mathrm{d}y+(x-y^2)\mathrm{d}z=\pi b^2.$$

例 17.21　计算曲线积分 $I=\int_L\frac{(x-y)\mathrm{d}x+(x+y)\mathrm{d}y}{x^2+y^2}$,其中 L 为从点 $(-a,0)$ 经上半椭圆 $\frac{x^2}{a^2}+\frac{y^2}{b^2}=1$ 到点 $(a,0)$ 的弧段.

解　令 $P=\frac{x-y}{x^2+y^2},Q=\frac{x+y}{x^2+y^2}$,在不包含原点的任何区域内 P,Q 连续,且具有连续的偏导数,同时处处有 $\frac{\partial Q}{\partial x}=\frac{y^2-x^2-2xy}{(x^2+y^2)^2}=\frac{\partial P}{\partial y}$,故积分与路径无关,作上半圆周:$C:x^2+y^2=a^2,y\geqslant 0$,则可沿 C 从 $(-a,0)$ 到 $(a,0)$ 作积分,有

$$\begin{aligned}I&=\int_L\frac{(x-y)\mathrm{d}x+(x+y)\mathrm{d}y}{x^2+y^2}=\int_C\frac{(x-y)\mathrm{d}x+(x+y)\mathrm{d}y}{x^2+y^2}\\&=\frac{1}{a^2}\int_\pi^0[a^2(-\cos\theta\sin\theta+\sin^2\theta)+a^2(\cos^2\theta+\sin\theta\cos\theta)]\mathrm{d}\theta=-\pi.\end{aligned}$$

例 17.22　设 C 是圆周 $x^2+y^2+z^2=2a(x+y),x+y=2a$,方向为逆时针,计算 $I=\oint_C y\mathrm{d}x+z\mathrm{d}y+x\mathrm{d}z$.

解　由斯托克斯公式,有

$$I=\oint_C y\mathrm{d}x+z\mathrm{d}y+x\mathrm{d}z=-\iint_S\mathrm{d}y\mathrm{d}z+\mathrm{d}z\mathrm{d}x+\mathrm{d}x\mathrm{d}y,$$

其中 S 可以看作两曲面所截取的圆盘,在平面 $x+y=2a$ 上,而此平面向上的法向量方向余弦为 $\cos\alpha=\cos\beta=\frac{1}{\sqrt{2}},\cos\gamma=0$,于是可将二型面积分转化为一型面积分,有

$$I=\oint_C y\mathrm{d}x+z\mathrm{d}y+x\mathrm{d}z=-\iint_S\mathrm{d}y\mathrm{d}z+\mathrm{d}z\mathrm{d}x+\mathrm{d}x\mathrm{d}y$$

$$= -\iint_S \left(\frac{1}{\sqrt{2}}+\frac{1}{\sqrt{2}}\right)\mathrm{d}S = -\sqrt{2}\iint_S \mathrm{d}S = -2\sqrt{2}\pi a^2,$$

其中 S 的面积就是球 $(x-a)^2+(y-a)^2+z^2=2a^2$ 的大圆的面积,因为平面 $x+y=2a$ 过球心.

例 17.23 设 f 连续可微,计算 $I=\int_L \frac{1+y^2f(xy)}{y}\mathrm{d}x+\frac{x}{y^2}[y^2f(xy)-1]\mathrm{d}y$,其中 L 是从点 $A\left(3,\frac{2}{3}\right)$ 到点 $B(1,2)$ 的直线段.

解 记 $P=\frac{1-y^2f(xy)}{y}$,$Q=xf(xy)-\frac{x}{y^2}$,在不包含 x 轴上的点的任何区域内连续,且具有一阶连续偏导数,且处处有 $\frac{\partial Q}{\partial x}=-\frac{1}{y^2}+f(xy)+xyf'(xy)=\frac{\partial P}{\partial y}$,积分与路径无关,故可沿折线进行:$A\left(3,\frac{2}{3}\right)\to C\left(1,\frac{2}{3}\right)\to B(1,2)$,于是

$$\begin{aligned} I &= \int_L \frac{1+y^2f(xy)}{y}\mathrm{d}x+\frac{x}{y^2}[y^2f(xy)-1]\mathrm{d}y \\ &= \int_3^1\left[\frac{3}{2}+\frac{2}{3}f\left(\frac{2}{3}x\right)\right]\mathrm{d}x+\int_{\frac{2}{3}}^2\left[f(y)-\frac{1}{y^2}\right]\mathrm{d}y \\ &= -3-\int_1^3\frac{2}{3}f\left(\frac{2}{3}x\right)\mathrm{d}x+\int_{\frac{2}{3}}^2 f(y)\mathrm{d}y-1 \\ &= -4-\int_{\frac{2}{3}}^2 f(u)\mathrm{d}u+\int_{\frac{2}{3}}^2 f(y)\mathrm{d}y=-4 \quad \left(\text{其中令}\frac{2}{3}x=u\right). \end{aligned}$$

例 17.24 (1) 证明:若 P,Q,R 在可求长曲线 L 上连续,则

$$\left|\int_L P\mathrm{d}x+Q\mathrm{d}y+R\mathrm{d}z\right| \leqslant \max_{(x,y,z)\in L}\sqrt{P^2+Q^2+R^2}\,\Delta L \quad (\Delta L\text{ 为曲线 }L\text{ 的弧长});$$

(2) 证明:$\lim\limits_{R\to+\infty}\oint_{x^2+y^2=R^2}\frac{y\mathrm{d}x-x\mathrm{d}y}{(x^2+xy+y^2)^2}=0$.

证明 (1) 记 $\boldsymbol{A}=(P,Q,R)$,$\mathrm{d}\boldsymbol{L}=(\mathrm{d}x,\mathrm{d}y,\mathrm{d}z)$,则

$$|\boldsymbol{A}|=\sqrt{P^2+Q^2+R^2},\quad |\mathrm{d}\boldsymbol{L}|=\sqrt{\mathrm{d}x^2+\mathrm{d}y^2+\mathrm{d}z^2}=\mathrm{d}s,$$

$$\boldsymbol{A}\cdot\mathrm{d}\boldsymbol{L}=|\boldsymbol{A}||\mathrm{d}\boldsymbol{L}|\cos\theta\leqslant|\boldsymbol{A}||\mathrm{d}\boldsymbol{L}|=\sqrt{P^2+Q^2+R^2}\,\mathrm{d}s,$$

其中 θ 为 $\boldsymbol{A}$ 与 $\mathrm{d}\boldsymbol{L}$ 之夹角. 于是

$$\begin{aligned} \left|\int_L P\mathrm{d}x+Q\mathrm{d}y+R\mathrm{d}z\right| &= \left|\int_L \boldsymbol{A}\cdot\mathrm{d}\boldsymbol{L}\right| \\ &= \left|\int_L \boldsymbol{A}\cdot\mathrm{d}\boldsymbol{L}\right|\leqslant\int_L\sqrt{P^2+Q^2+R^2}\,\mathrm{d}s\leqslant\max_{(x,y,z)\in L}\sqrt{P^2+Q^2+R^2}\,\Delta L. \end{aligned}$$

(2) 记 $P=\frac{y}{(x^2+xy+y^2)^2}$,$Q=\frac{-x}{(x^2+xy+y^2)^2}$,$(x,y)\in C:x^2+y^2=R^2$,由于 $\min\limits_{(x,y)\in C}xy=$

$-\dfrac{R^2}{2}$,所以在 C 上

$$\sqrt{P^2+Q^2}=\frac{R}{(R^2+xy)^2},$$

$$\max_{(x,y)\in C}\sqrt{P^2+Q^2}=\max_{(x,y)\in C}\frac{R}{(R^2+xy)^2}=\frac{R}{\left(R^2-\dfrac{R^2}{2}\right)^2}=\frac{4}{R^3},$$

于是

$$\left|\oint_{x^2+y^2=R^2}\frac{y\mathrm{d}x-x\mathrm{d}y}{(x^2+xy+y^2)^2}\right|\leqslant\max_{(x,y)\in C}\sqrt{P^2+Q^2}\Delta C=\frac{4}{R^3}\cdot 2\pi R=\frac{8\pi}{R^2},$$

所以 $\lim\limits_{R\to+\infty}\oint_{x^2+y^2=R^2}\dfrac{y\mathrm{d}x-x\mathrm{d}y}{(x^2+xy+y^2)^2}=0.$

例 17.25　设 $L:\begin{cases}x^2+y^2+z^2=4x\\x^2+y^2=2x\end{cases}$,$z\geqslant 0$,方向规定从原点进入第一卦限,计算积分 $I=\oint_L(y^2+z^2)\mathrm{d}x+(z^2+x^2)\mathrm{d}y+(x^2+y^2)\mathrm{d}z.$

解　由斯托克斯公式,有

$$I=\oint_L(y^2+z^2)\mathrm{d}x+(z^2+x^2)\mathrm{d}y+(x^2+y^2)\mathrm{d}z$$
$$=2\iint_S(y-z)\mathrm{d}y\mathrm{d}z+(z-x)\mathrm{d}z\mathrm{d}x+(x-y)\mathrm{d}x\mathrm{d}y,$$

其中曲面 S 可以看作球面 $x^2+y^2+z^2=4x$,$z\geqslant 0$ 被柱面 $x^2+y^2=2x$ 所截取的部分,由于 L 的方向从原点进入第一卦限,再到第四卦限(因为曲面仅在一、四卦限)为顺时针,所以 S 的法线向下.下面转化为一型曲面积分.因 S 向上的法线方向余弦为

$$\cos\alpha=\frac{x-2}{2},\quad\cos\beta=\frac{y}{2},\quad\cos\gamma=\frac{z}{2},$$

所以 $I=-2\iint\limits_{S^+}\left[(y-z)\dfrac{x-2}{2}+(z-x)\dfrac{y}{2}+(x-y)\dfrac{z}{2}\right]\mathrm{d}S=2\iint\limits_{S^+}(y-z)\mathrm{d}S$,又因为曲面 S 关于 zx 平面对称,所以 $\iint\limits_{S^+}y\mathrm{d}S=0$,于是

$$I=-2\iint_{S^+}z\mathrm{d}S,\quad \mathrm{d}S=\frac{\mathrm{d}x\mathrm{d}y}{\cos\gamma}=\frac{2}{z}\mathrm{d}x\mathrm{d}y\Rightarrow I=-4\iint_{S^+}\mathrm{d}x\mathrm{d}y=-4\iint_{D_{xy}}\mathrm{d}x\mathrm{d}y,$$

其中 $D_{xy}:x^2+y^2\leqslant 2x$,其面积为 π,故 $I=-4\pi$.

注　在证明过程中,反复运用两种曲面积分的转换,使得运算简便;当用斯托克斯公式之后,接着用二型曲面积分的方法去作也行,但比较麻烦,望读者一试.

例 17.26　设函数 f 在 $D:x^2+y^2\leqslant 1$ 上具有二阶连续偏导数,且满足 $\dfrac{\partial^2 f}{\partial x^2}+\dfrac{\partial^2 f}{\partial y^2}=x^2+y^2$,计

算积分 $I=\iint\limits_D\left(\frac{x}{\sqrt{x^2+y^2}}\frac{\partial f}{\partial x}+\frac{y}{\sqrt{x^2+y^2}}\frac{\partial f}{\partial y}\right)\mathrm{d}x\mathrm{d}y$.

解 令 $P=-\sqrt{x^2+y^2}\frac{\partial f}{\partial y},Q=\sqrt{x^2+y^2}\frac{\partial f}{\partial x}$,记 D 的边界为 $C:x^2+y^2=1$,则一方面

$$\oint\limits_C P\mathrm{d}x+Q\mathrm{d}y=\oint\limits_C-\frac{\partial f}{\partial y}\mathrm{d}x+\frac{\partial f}{\partial x}\mathrm{d}y=\iint\limits_D\left(\frac{\partial^2 f}{\partial x^2}+\frac{\partial^2 f}{\partial y^2}\right)\mathrm{d}\sigma$$

$$=\iint\limits_D(x^2+y^2)\mathrm{d}\sigma=\int_0^{2\pi}\mathrm{d}\theta\int_0^1 r^3\mathrm{d}r=\frac{\pi}{2}.$$

另一方面,由格林公式,得

$$\oint\limits_C P\mathrm{d}x+Q\mathrm{d}y=\iint\limits_D\left(\frac{x}{\sqrt{x^2+y^2}}\frac{\partial f}{\partial x}+\sqrt{x^2+y^2}\frac{\partial^2 f}{\partial x^2}+\frac{y}{\sqrt{x^2+y^2}}\frac{\partial f}{\partial y}+\sqrt{x^2+y^2}\frac{\partial^2 f}{\partial y^2}\right)\mathrm{d}\sigma$$

$$=I+\iint\limits_D(x^2+y^2)^{\frac{3}{2}}\mathrm{d}\sigma=I+\int_0^{2\pi}\mathrm{d}\theta\int_0^1 r^4\mathrm{d}r=I+\frac{2\pi}{5}.$$

所以

$$I=\iint\limits_D\left(\frac{x}{\sqrt{x^2+y^2}}\frac{\partial f}{\partial x}+\frac{y}{\sqrt{x^2+y^2}}\frac{\partial f}{\partial y}\right)\mathrm{d}x\mathrm{d}y=\frac{\pi}{2}-\frac{2\pi}{5}=\frac{\pi}{10}.$$

例 17.27 设 S 是由 $x^2+y^2+z^2=a^2,x^2+y^2+z^2=4a^2,z=\sqrt{x^2+y^2}$ 所围立体 V 的边界曲面外侧,$a>0$,计算积分 $I=\iint\limits_S xz\mathrm{d}y\mathrm{d}z+yz\mathrm{d}z\mathrm{d}x+z\sqrt{x^2+y^2}\mathrm{d}x\mathrm{d}y$.

解 由高斯公式,最后再用球坐标代换,有

$$I=\iint\limits_S xz\mathrm{d}y\mathrm{d}z+yz\mathrm{d}z\mathrm{d}x+z\sqrt{x^2+y^2}\mathrm{d}x\mathrm{d}y$$

$$=\iiint\limits_V\left(2z+\sqrt{x^2+y^2}\right)\mathrm{d}x\mathrm{d}y\mathrm{d}z=\int_0^{2\pi}\mathrm{d}\theta\int_0^{\frac{\pi}{4}}\mathrm{d}\varphi\int_a^{2a}(2r\cos\varphi+r\sin\varphi)r^2\sin\varphi\mathrm{d}r$$

$$=4\pi\left(\int_0^{\frac{\pi}{4}}\sin\varphi\cos\varphi\mathrm{d}\varphi\int_a^{2a}r^3\mathrm{d}r+2\pi\int_0^{\frac{\pi}{4}}\sin^2\varphi\mathrm{d}\varphi\int_a^{2a}r^3\mathrm{d}r\right)$$

$$=\frac{15}{4}\pi a^4+\frac{15}{8}\pi a^4\left(\frac{\pi}{2}-1\right)=\frac{15}{8}\pi a^4\left(\frac{\pi}{2}+1\right).$$

例 17.28 设 S 为上半球面 $(x-1)^2+y^2+z^2=1,z\geqslant 0$ 被 $z^2=x^2+y^2$ 所截得的部分,法线向上,计算积分 $I=\iint\limits_S yz\mathrm{d}y\mathrm{d}z+y^2\mathrm{d}z\mathrm{d}x+z^2\mathrm{d}x\mathrm{d}y$.

解 (方法1,直接法)记 $I_1=\iint\limits_S yz\mathrm{d}y\mathrm{d}z,I_2=\iint\limits_S y^2\mathrm{d}z\mathrm{d}x,I_3=\iint\limits_S z^2\mathrm{d}x\mathrm{d}y$.

对 $I_1=\iint\limits_S yz\mathrm{d}y\mathrm{d}z=-\iint\limits_{D_{yz}}yz\mathrm{d}y\mathrm{d}z$,其中 D_{yz} 为 yz 平面上曲线 $z^4=z^2-y^2,z\geqslant 0$ 所围的区域,关于 z 轴对称,且被积函数是 y 的奇函数,故

$$I_1 = \iint_S yz\mathrm{d}y\mathrm{d}z = -\iint_{D_{yz}} yz\mathrm{d}y\mathrm{d}z = 0;$$

对 $I_2 = \iint_S y^2\mathrm{d}z\mathrm{d}x$，将 S 分为 $S_1: y = \sqrt{1-z^2-(x-1)^2}$，$S_2: y = -\sqrt{1-z^2-(x-1)^2}$. 它们在 zx 平面有相同的投影区域，记为 D_{zx}，但是 S_1 的法向量与 y 轴正向成锐角，S_2 的法向量与 y 轴正向成钝角，所以

$$\begin{aligned} I_2 &= \iint_S y^2\mathrm{d}z\mathrm{d}x = \iint_{S_1} y^2\mathrm{d}z\mathrm{d}x + \iint_{S_2} y^2\mathrm{d}z\mathrm{d}x \\ &= \iint_{D_{zx}} \left[1-z^2-(x-1)^2\right]\mathrm{d}z\mathrm{d}x - \iint_{D_{zx}} \left[1-z^2-(x-1)^2\right]\mathrm{d}z\mathrm{d}x = 0; \end{aligned}$$

对 $I_3 = \iint_S z^2\mathrm{d}x\mathrm{d}y$，曲面 S 在 xy 面的投影区域为 $D_{xy}: x^2+y^2 \leqslant x$，所以

$$\begin{aligned} I_3 &= \iint_S z^2\mathrm{d}x\mathrm{d}y = \iint_{D_{xy}} (2x-x^2-y^2)\mathrm{d}x\mathrm{d}y \\ &= \int_{-\frac{\pi}{2}}^{\frac{\pi}{2}} \mathrm{d}\theta \int_0^{\cos\theta} (2r\cos\theta - r^2)r\mathrm{d}r = \frac{5}{32}\pi. \end{aligned}$$

故

$$I = \iint_S yz\mathrm{d}y\mathrm{d}z + y^2\mathrm{d}z\mathrm{d}x + z^2\mathrm{d}x\mathrm{d}y = I_1 + I_2 + I_3 = \frac{5}{32}\pi.$$

（方法 2，用高斯公式）添加曲面 $S_1: z = \sqrt{x^2+y^2}$，并取下侧，则 $\Sigma = S + S_1$ 为一封闭曲面，且取外侧，由高斯公式，有

$$\begin{aligned} &\iint_\Sigma yz\mathrm{d}y\mathrm{d}z + y^2\mathrm{d}z\mathrm{d}x + z^2\mathrm{d}x\mathrm{d}y = 2\iiint_V (y+z)\mathrm{d}x\mathrm{d}y\mathrm{d}z \\ &= 2\int_{-\frac{\pi}{2}}^{\frac{\pi}{2}} \mathrm{d}\theta \int_0^{\frac{\pi}{4}} \mathrm{d}\varphi \int_0^{2\sin\varphi\cos\theta} (r\sin\varphi\sin\theta + r\cos\varphi)r^2\sin\varphi\mathrm{d}r = \frac{1}{16}\pi. \end{aligned}$$

下面计算沿 S_1 的上侧的积分.

$$\iint_{S_1} yz\mathrm{d}y\mathrm{d}z + y^2\mathrm{d}z\mathrm{d}x + z^2\mathrm{d}x\mathrm{d}y = \iint_{S_1} yz\mathrm{d}y\mathrm{d}z + \iint_{S_1} y^2\mathrm{d}z\mathrm{d}x + \iint_{S_1} z^2\mathrm{d}x\mathrm{d}y = J_1 + J_2 + J_3.$$

同方法 1，有

$$J_1 = \iint_{S_1} yz\mathrm{d}y\mathrm{d}z = \iint_{D_{yz}} yz\mathrm{d}y\mathrm{d}z = 0$$

（原因是积分区域关于 z 轴对称，被积函数是 y 的奇函数）；

$$J_2 = \iint_{S_1} y^2\mathrm{d}z\mathrm{d}x = 0;$$

$$J_3 = \iint_{S_1} z^2\mathrm{d}x\mathrm{d}y = \iint_{D_{xy}} (x^2+y^2)\mathrm{d}x\mathrm{d}y = \int_{-\frac{\pi}{2}}^{\frac{\pi}{2}} \mathrm{d}\theta \int_0^{\cos\theta} r^3\mathrm{d}r = \frac{3}{32}\pi.$$

所以 $\iint_{S_1} yz\mathrm{d}y\mathrm{d}z + y^2\mathrm{d}z\mathrm{d}x + z^2\mathrm{d}x\mathrm{d}y = \frac{3}{32}\pi$，进而

$$
\begin{aligned}
I &= \iint_S yz\mathrm{d}y\mathrm{d}z + y^2\mathrm{d}z\mathrm{d}x + z^2\mathrm{d}x\mathrm{d}y \\
&= \iint_\Sigma yz\mathrm{d}y\mathrm{d}z + y^2\mathrm{d}z\mathrm{d}x + z^2\mathrm{d}x\mathrm{d}y - \iint_{S_1^-} yz\mathrm{d}y\mathrm{d}z + y^2\mathrm{d}z\mathrm{d}x + z^2\mathrm{d}x\mathrm{d}y \\
&= \iint_\Sigma yz\mathrm{d}y\mathrm{d}z + y^2\mathrm{d}z\mathrm{d}x + z^2\mathrm{d}x\mathrm{d}y + \iint_{S_1^+} yz\mathrm{d}y\mathrm{d}z + y^2\mathrm{d}z\mathrm{d}x + z^2\mathrm{d}x\mathrm{d}y \\
&= \frac{\pi}{16} + \frac{3\pi}{32} = \frac{5}{32}\pi.
\end{aligned}
$$

注 对二型曲面积分的计算，在大多数情况下，用高斯公式会简单些，但有时反而变复杂了，如本例，因此熟练地掌握各种计算方法是十分必要的.

例 17.29 设 Σ 为曲面 $z = \sqrt{x^2+y^2}\,(1 \leqslant x^2+y^2 \leqslant 4)$ 的下侧，$f(x)$ 是连续函数，计算

$$I = \iint_\Sigma [xf(xy)+2x-y]\mathrm{d}y\mathrm{d}z + [yf(xy)+2y+x]\mathrm{d}z\mathrm{d}x + [zf(xy)+z]\mathrm{d}x\mathrm{d}y.$$

解 Σ 的法向量 $\boldsymbol{n} = (z_x, z_y, -1)$，其单位法向量为

$$\boldsymbol{e}_n = \left(\frac{z_x}{\sqrt{1+z_x^2+z_y^2}}, \frac{z_y}{\sqrt{1+z_x^2+z_y^2}}, -\frac{1}{\sqrt{1+z_x^2+z_y^2}}\right) = (\cos\alpha, \cos\beta, \cos\gamma),$$

故 $\mathrm{d}y\mathrm{d}z = \dfrac{\cos\alpha}{\cos\gamma}\mathrm{d}x\mathrm{d}y = -z_x\mathrm{d}x\mathrm{d}y$，$\mathrm{d}z\mathrm{d}x = \dfrac{\cos\beta}{\cos\gamma}\mathrm{d}x\mathrm{d}y = -z_y\mathrm{d}x\mathrm{d}y$，

所以

$$
\begin{aligned}
I &= -\iint_{D_{xy}} \Big\{[xf(xy)+2x-y](-z_x) + [yf(xy)+2y+x](-z_y) + \\
&\quad [\sqrt{x^2+y^2}f(xy) + \sqrt{x^2+y^2}]\Big\}\mathrm{d}x\mathrm{d}y \\
&= \iint_{D_{xy}} \sqrt{x^2+y^2}\,\mathrm{d}x\mathrm{d}y = \int_0^{2\pi}\mathrm{d}\theta\int_1^2 r^2\mathrm{d}r = \frac{14\pi}{3},
\end{aligned}
$$

其中 $D_{xy} = \{(x,y) \mid 1 \leqslant x^2+y^2 \leqslant 4\}$.

例 17.30 设 $\boldsymbol{A} = \dfrac{\boldsymbol{r}}{r^3}$，其中 $\boldsymbol{r} = (x,y,z)$，$r = |\boldsymbol{r}| = \sqrt{x^2+y^2+z^2}$，$S$ 为不通过原点的任意光滑封闭曲面，求积分 $\displaystyle\oiint_S \boldsymbol{A}\cdot\mathrm{d}\boldsymbol{S}$.

解 (1) 当原点在曲面外时，$\boldsymbol{A} = \left(\dfrac{x}{r^3}, \dfrac{y}{r^3}, \dfrac{z}{r^3}\right)$，$P = \dfrac{x}{r^3}$，$Q = \dfrac{y}{r^3}$，$R = \dfrac{z}{r^3}$ 在 V 上连续，且具有连续的一阶偏导，所以由高斯公式，有

$$
\begin{aligned}
\oiint_S \boldsymbol{A}\cdot\mathrm{d}\boldsymbol{S} &= \oiint_S \frac{x}{r^3}\mathrm{d}y\mathrm{d}z + \frac{y}{r^3}\mathrm{d}z\mathrm{d}x + \frac{z}{r^3}\mathrm{d}x\mathrm{d}y \\
&= \iiint_V \left(\frac{r^2-3x^2}{r^5} + \frac{r^2-3y^2}{r^5} + \frac{r^2-3z^2}{r^5}\right)\mathrm{d}V = 0.
\end{aligned}
$$

(2) 当原点在曲面内时，P, Q, R 连续性不成立，在区域 V 内以原点为心作一小球 $\Sigma: x^2 +$

$y^2+z^2=\rho^2$,取 $\rho>0$,充分小,使小球 $\boldsymbol{\Sigma}$ 含于 V 内,记由 S 和 $\boldsymbol{\Sigma}$ 所围的区域为 G,则由高斯公式,$\iint\limits_{S+\Sigma^-}\boldsymbol{A}\cdot\mathrm{d}\boldsymbol{S}=\iiint\limits_G\mathrm{div}\,\boldsymbol{A}\mathrm{d}x\mathrm{d}y\mathrm{d}z=0\Rightarrow\iint\limits_S\boldsymbol{A}\cdot\mathrm{d}\boldsymbol{S}=\iint\limits_{\Sigma^+}\boldsymbol{A}\cdot\mathrm{d}\boldsymbol{S}$,且

$$\begin{aligned}\oint\!\!\!\oint_{\Sigma}\boldsymbol{A}\cdot\mathrm{d}\boldsymbol{S}&=\oint\!\!\!\oint_{\Sigma}\frac{x}{r^3}\mathrm{d}y\mathrm{d}z+\frac{y}{r^3}\mathrm{d}z\mathrm{d}x+\frac{z}{r^3}\mathrm{d}x\mathrm{d}y\\&=\frac{1}{\rho^3}\oint\!\!\!\oint_{\Sigma}x\mathrm{d}y\mathrm{d}z+y\mathrm{d}z\mathrm{d}x+z\mathrm{d}x\mathrm{d}y\\&=\frac{3}{\rho^3}\iiint\limits_V\mathrm{d}x\mathrm{d}y\mathrm{d}z=\frac{3}{\rho^3}\frac{4\pi}{3}\rho^3=4\pi.\end{aligned}$$

所以

$$\oint\!\!\!\oint_{S}\boldsymbol{A}\cdot\mathrm{d}\boldsymbol{S}=4\pi.$$

例 17.31　计算 $I=\iint\limits_S xz\mathrm{d}y\mathrm{d}z+yx\mathrm{d}z\mathrm{d}x+zy\mathrm{d}x\mathrm{d}y$,其中 S 是柱面 $x^2+y^2=1$ 在 $-1\leqslant z\leqslant 1$ 和 $x\geqslant 0$ 的部分,曲面法向与 x 轴正向成锐角.

解　对 $I_1=\iint\limits_S xz\mathrm{d}y\mathrm{d}z=\iint\limits_{D_{yz}}z\sqrt{1-y^2}\mathrm{d}y\mathrm{d}z$,其中 $D_{yz}=[-1,1]\times[-1,1]$,由于积分区域关于 y 轴对称,被积函数是 z 的奇函数,所以 $I_1=0$;

对 $I_2=\iint\limits_S yx\mathrm{d}z\mathrm{d}x$,将 S 分为 $S_1:y=\sqrt{1-x^2}$,$S_2:y=-\sqrt{1-x^2}$,法线都向外,它们在 zx 平面的投影区域都是 $D_{zx}:0\leqslant x\leqslant 1,\ -1\leqslant z\leqslant 1$. 所以

$$\begin{aligned}I_2&=\iint\limits_S yx\mathrm{d}z\mathrm{d}x=\iint\limits_{S_1}yx\mathrm{d}z\mathrm{d}x+\iint\limits_{S_2}yx\mathrm{d}z\mathrm{d}x\\&=\iint\limits_{D_{zx}}x\sqrt{1-x^2}\mathrm{d}z\mathrm{d}x-\iint\limits_{D_{zx}}x\left(-\sqrt{1-x^2}\right)\mathrm{d}z\mathrm{d}x\\&=2\iint\limits_{D_{zx}}x\sqrt{1-x^2}\mathrm{d}z\mathrm{d}x=\frac{4}{3};\end{aligned}$$

对 $I_3=\iint\limits_S zy\mathrm{d}x\mathrm{d}y$,由于曲面 S 在 xy 面的投影区域为曲线 $x^2+y^2=1,x\geqslant 0$,面积为零,故 $I_3=\iint\limits_S zy\mathrm{d}x\mathrm{d}y=0$.

所以

$$I=\iint\limits_S xz\mathrm{d}y\mathrm{d}z+yx\mathrm{d}z\mathrm{d}x+zy\mathrm{d}x\mathrm{d}y=I_1+I_2+I_3=\frac{4}{3}.$$

注　此题也可以用高斯公式解,但不如直接积分简单. 另外,在计算曲面积分时,如果曲面在坐标平面的投影区域面积为零,则此曲面积分就等于零.

例 17.32　证明:

$$\iint\limits_D f(m\sin\varphi\cos\theta+n\sin\varphi\sin\theta+p\cos\varphi)\sin\varphi\mathrm{d}\theta\mathrm{d}\varphi=2\pi\int_{-1}^{1}f(ku)\mathrm{d}u,$$

其中 $D:\begin{cases}0\leqslant\theta\leqslant 2\pi\\0\leqslant\varphi\leqslant\pi\end{cases}$, $k=\sqrt{m^2+n^2+p^2}>0$.

解 由一型面积分转化成二重积分的关系,有

$$\iint_D f(m\sin\varphi\cos\theta+n\sin\varphi\sin\theta+p\cos\varphi)\sin\varphi\mathrm{d}\theta\mathrm{d}\varphi=\iint_S f(mx+ny+pz)\mathrm{d}S,$$

其中 $S:\begin{cases}x=\sin\varphi\cos\theta\\y=\sin\varphi\sin\theta,0\leqslant\theta\leqslant 2\pi,0\leqslant\varphi\leqslant\pi\\z=\cos\varphi\end{cases}$,即单位球面 $x^2+y^2+z^2=1$. 令

$$\begin{cases}u=\dfrac{1}{k}(mx+ny+pz)\\v=a_1x+b_1y+c_1z\\w=a_2x+b_2y+c_2z\end{cases},$$

作正交变换,则单位球面 S 变为单位球面 $S':u^2+v^2+w^2=1$,于是

$$\begin{aligned}&\iint_D f(m\sin\varphi\cos\theta+n\sin\varphi\sin\theta+p\cos\varphi)\sin\varphi\mathrm{d}\theta\mathrm{d}\varphi\\=&\iint_S f(mx+ny+pz)\mathrm{d}S=\iint_{S'}f(ku)\mathrm{d}S'.\end{aligned}$$

将 S' 表示为以 u,ψ 为参数的方程 $S':\begin{cases}u=u,\\v=\sqrt{1-u^2}\cos\psi,\\w=\sqrt{1-u^2}\sin\psi,\end{cases}$ $-1\leqslant u\leqslant 1,0\leqslant\psi\leqslant 2\pi$,

$\sqrt{EG-F^2}=1$,则

$$\iint_{S'}f(ku)\mathrm{d}S'=\iint_{D'}f(ku)\mathrm{d}u\mathrm{d}\psi=\int_0^{2\pi}\mathrm{d}\psi\int_{-1}^1 f(ku)\mathrm{d}u=2\pi\int_{-1}^1 f(ku)\mathrm{d}u,$$

即

$$\iint_D f(m\sin\varphi\cos\theta+n\sin\varphi\sin\theta+p\cos\varphi)\sin\varphi\mathrm{d}\theta\mathrm{d}\varphi=2\pi\int_{-1}^1 f(ku)\mathrm{d}u.$$

例 17.33 设 D 为 xy 平面具有光滑边界的有界闭区域,$u\in C^2(D)\cap C^1(\bar{D})$,且 u 为非常值函数,及 $u|_{\partial D}=0$,证明:$\iint_D u\cdot\left(\dfrac{\partial^2 u}{\partial x^2}+\dfrac{\partial^2 u}{\partial y^2}\right)\mathrm{d}x\mathrm{d}y<0$.

证明 记 $P=-u\dfrac{\partial u}{\partial y},Q=u\dfrac{\partial u}{\partial x}$,由已知 $u|_{\partial D}=0$,所以由格林公式,有

$$\begin{aligned}0&=\oint_{\partial D}P\mathrm{d}x+Q\mathrm{d}y=\iint_D\left[\left(\frac{\partial u}{\partial x}\right)^2+u\frac{\partial^2 u}{\partial x^2}+\left(\frac{\partial u}{\partial y}\right)^2+u\frac{\partial^2 u}{\partial y^2}\right]\mathrm{d}x\mathrm{d}y\\&=\iint_D\left[\left(\frac{\partial u}{\partial x}\right)^2+\left(\frac{\partial u}{\partial y}\right)^2\right]\mathrm{d}x\mathrm{d}y+\iint_D u\left(\frac{\partial^2 u}{\partial x^2}+\frac{\partial^2 u}{\partial y^2}\right)\mathrm{d}x\mathrm{d}y.\end{aligned}$$

再由 u 是非常值函数,有

$$\iint_D u\left(\frac{\partial^2 u}{\partial x^2}+\frac{\partial^2 u}{\partial y^2}\right)\mathrm{d}x\mathrm{d}y=-\iint_D\left[\left(\frac{\partial u}{\partial x}\right)^2+\left(\frac{\partial u}{\partial y}\right)^2\right]\mathrm{d}x\mathrm{d}y<0.$$

例 17.34　计算 $I=\iint_S 4zx\mathrm{d}y\mathrm{d}z-2zy\mathrm{d}z\mathrm{d}x+(1-z^2)\mathrm{d}x\mathrm{d}y$，其中 S 为 yz 平面上的曲线 $z=\mathrm{e}^y(0\leqslant y\leqslant a)$ 绕 z 轴旋转成的曲面的下侧.

解　添加平面 $S_1:z=\mathrm{e}^a$，取上侧，则 $\Sigma=S+S_1$ 构成封闭曲面且取外侧，由高斯公式，有

$$\iint_\Sigma 4zx\mathrm{d}y\mathrm{d}z-2zy\mathrm{d}z\mathrm{d}x+(1-z^2)\mathrm{d}x\mathrm{d}y=2\iiint_V 0\mathrm{d}V=0,$$

而

$$\begin{aligned}&\iint_{S_1}4zx\mathrm{d}y\mathrm{d}z-2zy\mathrm{d}z\mathrm{d}x+(1-z^2)\mathrm{d}x\mathrm{d}y\\=&\iint_{S_1}(1-\mathrm{e}^{2a})\mathrm{d}x\mathrm{d}y=(1-\mathrm{e}^{2a})\iint_{D_{xy}}\mathrm{d}x\mathrm{d}y=(1-\mathrm{e}^{2a})\pi a^2.\end{aligned}$$

故

$$\begin{aligned}I&=\iint_S 4zx\mathrm{d}y\mathrm{d}z-2zy\mathrm{d}z\mathrm{d}x+(1-z^2)\mathrm{d}x\mathrm{d}y\\&=\iint_\Sigma 4zx\mathrm{d}y\mathrm{d}z-2zy\mathrm{d}z\mathrm{d}x+(1-z^2)\mathrm{d}x\mathrm{d}y-\iint_{S_1}4zx\mathrm{d}y\mathrm{d}z-2zy\mathrm{d}z\mathrm{d}x+(1-z^2)\mathrm{d}x\mathrm{d}y\\&=0-(1-\mathrm{e}^{2a})\pi a^2=(\mathrm{e}^{2a}-1)\pi a^2.\end{aligned}$$

例 17.35　求球面 $x^2+y^2+z^2=a^2(a>0)$ 被平面 $z=\dfrac{a}{4}$ 和 $z=\dfrac{a}{2}$ 所夹部分的面积.

解　介于两平面之间的球面为 $z=\sqrt{a^2-x^2-y^2}$，其在 xy 面的投影区域为

$$D_{xy}:\frac{3}{4}a^2\leqslant x^2+y^2\leqslant\frac{15}{16}a^2,$$

且 $z_x=\dfrac{-x}{\sqrt{a^2-x^2-y^2}}$，$z_y=\dfrac{-y}{\sqrt{a^2-x^2-y^2}}$，故所求的面积为

$$\Delta S=\iint_S\mathrm{d}S=\iint_{D_{xy}}\sqrt{1+z_x^2+z_y^2}\mathrm{d}x\mathrm{d}y=\iint_{D_{xy}}\frac{a}{\sqrt{a^2-x^2-y^2}}\mathrm{d}x\mathrm{d}y=\frac{\pi a^2}{2}.$$

例 17.36　设 $f(x)$ 在 $[-1,1]$ 上连续，记 $M=\max\limits_{-1\leqslant x\leqslant 1}|f(x)|$，证明：

$$\left|\iint_S f(mx+ny+pz)\mathrm{d}S\right|\leqslant 4\pi M,$$

其中 S 为单位球面 $x^2+y^2+z^2=1$，$k=m^2+n^2+p^2=1$.

证明　作正交变换 $\begin{cases}u=mx+ny+pz\\v=a_1x+b_1y+c_1z\\w=a_2x+b_2y+c_2z\end{cases}$，则 $J=\dfrac{\partial(x,y,z)}{\partial(u,v,w)}=1$，且积分曲面 $S:x^2+y^2+z^2=1$ 变为 $S':u^2+v^2+w^2=1$，于是

$$\left|\iint_S f(mx+ny+pz)\mathrm{d}S\right|=\left|\iint_{S'}f(u)\mathrm{d}S'\right|\leqslant\iint_{S'}|f(u)|\mathrm{d}S'\leqslant M\iint_{S'}\mathrm{d}S'=4\pi M.$$

例 17.37 计算积分 $I = \iint\limits_{S} \dfrac{1}{\sqrt{x^2 + y^2 + (z-a)^2}} \mathrm{d}S$,其中 $S: x^2 + y^2 + z^2 = R^2, a > 0, a \neq R$.

解 将 S 用参数方程表示:$\begin{cases} x = R\sin\varphi\cos\theta \\ y = R\sin\varphi\sin\theta \\ z = R\cos\varphi \end{cases}$,$D:(0 \leqslant \theta \leqslant 2\pi; 0 \leqslant \varphi \leqslant \pi)$,则有 $\sqrt{EG - F^2} = R^2\sin\varphi$,其中

$$E = x_\varphi^2 + y_\varphi^2 + z_\varphi^2, \quad G = x_\theta^2 + y_\theta^2 + z_\theta^2, \quad F = x_\varphi x_\theta + y_\varphi y_\theta + z_\varphi z_\theta.$$

于是

$$I = \iint\limits_{D} \frac{R^2\sin\varphi}{\sqrt{R^2 + a^2 - 2aR\cos\varphi}} \mathrm{d}\varphi\mathrm{d}\theta = 2\pi R^2 \int_0^\pi \frac{\sin\varphi\mathrm{d}\varphi}{\sqrt{R^2 + a^2 - 2Ra\cos\varphi}}$$

$$= \frac{2\pi R}{a}(R + a - |R - a|) = \begin{cases} 4\pi R, & R > a \\ \dfrac{4\pi R^2}{a}, & a > R \end{cases}.$$

例 17.38 设 S 为上半椭球面 $\dfrac{x^2}{a^2} + \dfrac{y^2}{b^2} + \dfrac{z^2}{c^2} = 1, z \geqslant 0, \lambda, u, v$ 表示 S 的外法线的方向余弦,试计算 $I = \iint\limits_{S} z\left(\dfrac{\lambda x}{a^2} + \dfrac{uy}{b^2} + \dfrac{vz}{c^2}\right)\mathrm{d}S$.

解 添加平面 $S_1: z = 0, \dfrac{x^2}{a^2} + \dfrac{y^2}{b^2} \leqslant 1$,取下侧,则 $\Sigma = S + S_1$ 构成封闭曲面,取外侧,则

$$\iint\limits_{\Sigma} z\left(\frac{\lambda x}{a^2} + \frac{uy}{b^2} + \frac{vz}{c^2}\right)\mathrm{d}S = \oint\!\!\!\!\oint\limits_{\Sigma} \frac{xz}{a^2}\mathrm{d}y\mathrm{d}z + \frac{yz}{b^2}\mathrm{d}z\mathrm{d}x + \frac{z^2}{c^2}\mathrm{d}x\mathrm{d}y$$

$$= \left(\frac{1}{a^2} + \frac{1}{b^2} + \frac{2}{c^2}\right)\iiint\limits_{V} z\mathrm{d}V.$$

作广义球坐标代换:$\begin{cases} x = ar\sin\varphi\cos\theta \\ y = br\sin\varphi\sin\theta \\ z = cr\cos\varphi \end{cases}$,$\begin{cases} 0 \leqslant \theta \leqslant 2\pi \\ 0 \leqslant \varphi \leqslant \dfrac{\pi}{2} \\ 0 \leqslant r \leqslant 1 \end{cases}$,$J = abcr^2\sin\varphi$,所以

$$\iiint\limits_{V} z\mathrm{d}V = abc\int_0^{2\pi}\mathrm{d}\theta\int_0^{\frac{\pi}{2}}\mathrm{d}\varphi\int_0^1 r^3\cos\varphi\sin\varphi\mathrm{d}r = \frac{\pi}{4}abc^2.$$

进而 $\iint\limits_{\Sigma} z\left(\dfrac{\lambda x}{a^2} + \dfrac{uy}{b^2} + \dfrac{vz}{c^2}\right)\mathrm{d}S = \dfrac{\pi}{4}abc^2\left(\dfrac{1}{a^2} + \dfrac{1}{b^2} + \dfrac{2}{c^2}\right)$,又 $\iint\limits_{S_1} z\left(\dfrac{\lambda x}{a^2} + \dfrac{uy}{b^2} + \dfrac{vz}{c^2}\right)\mathrm{d}S = 0$(因 $z = 0$),故

$$I = \iint\limits_{S} z\left(\frac{\lambda x}{a^2} + \frac{uy}{b^2} + \frac{vz}{c^2}\right)\mathrm{d}S = \frac{\pi}{4}abc^2\left(\frac{1}{a^2} + \frac{1}{b^2} + \frac{2}{c^2}\right).$$

例 17.39 设 $H(x,y,z) = a_1x^4 + a_2y^4 + a_3z^4 + 3a_4x^2y^2 + 3a_5y^2z^2 + 3a_6z^2x^2$.

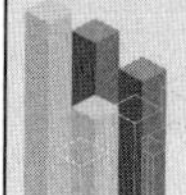

(1) 验证 H 是 4 次齐次函数,并证明:$xH_x + yH_y + zH_z = 4H$;

(2) 计算 $\iint\limits_S H(x,y,z)\,dS$,其中 $S: x^2 + y^2 + z^2 = 1$.

解　(1) $H(tx,ty,tz) = t^4 H(x,y,z)$,对 $\forall t > 0$ 成立,故 H 是 4 次齐次函数. 此式两边对 t 求导数得 $xH_1 + yH_2 + zH_3 = 4t^3 H$. 令 $t = 1$,得 $xH_x + yH_y + zH_z = 4H$.

(2) 利用(1) 的结果,有

$$I = \iint\limits_S H(x,y,z)\,dS = \frac{1}{4}\iint\limits_S (xH_x + yH_y + zH_z)\,dS,$$

注意到单位球面上每一点处的外法线就是向量 $\boldsymbol{r} = (x,y,z)$,其方向余弦为

$$\cos(\widehat{\boldsymbol{n},x}) = x,\quad \cos(\widehat{\boldsymbol{n},y}) = y,\quad \cos(\widehat{\boldsymbol{n},z}) = z,$$

所以

$$\begin{aligned} I &= \iint\limits_S H(x,y,z)\,dS = \frac{1}{4}\iint\limits_S (xH_x + yH_y + zH_z)\,dS \\ &= \frac{1}{4}\iint\limits_S H_x\,dydz + H_y\,dzdx + H_z\,dxdy \xlongequal{\text{高斯公式}} \frac{1}{4}\iiint\limits_V (H_{xx} + H_{yy} + H_{zz})\,dV \\ &= \frac{3}{2}\iiint\limits_V [(2a_1 + a_4 + a_6)x^2 + (2a_2 + a_4 + a_5)y^2 + (2a_3 + a_5 + a_6)z^2]\,dV. \end{aligned}$$

因为用球坐标容易计算出 $\iiint\limits_V x^2\,dV = \iiint\limits_V y^2\,dV = \iiint\limits_V z^2\,dV = \frac{4}{15}\pi$,所以

$$I = \iint\limits_S H(x,y,z)\,dS = \frac{4}{5}\pi(a_1 + a_2 + \cdots + a_6).$$

习　　题

1. 计算下列曲线积分:

(1) $\int_L y\,ds$,其中 L 是由 $y^2 = x$ 和 $x + y = 2$ 所围成的闭曲线;

(2) $\int_L xyz\,dz$,其中 $L: \begin{cases} x^2 + y^2 + z^2 = 1 \\ y = z \end{cases}$,其方向依次经过 1,2,7,8 卦限;

(3) $\int_L |y|\,ds$,其中 L 为双纽线 $(x^2 + y^2)^2 = a^2(x^2 - y^2)$;

(4) $\int_L y^2\,dx + z^2\,dy + x^2\,dz$,其中 $L: \begin{cases} x^2 + y^2 + z^2 = a^2 \\ x^2 + y^2 = ax \end{cases}$ $(z \geqslant 0)$,方向是从 x 轴正向看去 L 沿逆时针方向.

(5) $\oint_{\Gamma}\left|\sqrt{3}y-4x\right|\mathrm{d}x-5z\mathrm{d}z$，其中 $\Gamma:\begin{cases}x^2+y^2+z^2=8\\x^2+y^2=2z\end{cases}$，从 z 轴正向往坐标原点看为逆时针方向.

2. 应用格林公式计算下列平面曲线所围的平面面积：

(1) 星形线：$x=a\cos^3 t, y=a\sin^3 t$；

(2) 双纽线：$(x^2+y^2)^2=a^2(x^2-y^2)$.

3. 证明下列问题：

(1) 若 L 为平面上封闭曲线，$\boldsymbol{r}$ 为任意方向向量，则 $\oint_L \cos(\widehat{\boldsymbol{r},\boldsymbol{n}})\mathrm{d}s=0$，其中 $\boldsymbol{n}$ 为 L 的外法线方向；

(2) 若函数 $f(u)$ 具有一阶连续导数，则对任何光滑封闭曲线 L，有

$$\oint_L f(xy)(y\mathrm{d}x+x\mathrm{d}y)=0;$$

(3) 若函数 $u(x,y)$ 在由闭光滑曲线 L 所围的区域 D 上具有二阶连续偏导数，则

$$\iint_D\left(\frac{\partial^2 u}{\partial x^2}+\frac{\partial^2 u}{\partial y^2}\right)\mathrm{d}\sigma=\oint_L\frac{\partial u}{\partial \boldsymbol{n}}\mathrm{d}s,$$

其中 $\boldsymbol{n}$ 为 L 的外法线.

(4) 若函数 $u(x,y)$，$v(x,y)$ 条件同(3)，则

$$\iint_D\left[u\left(\frac{\partial^2 v}{\partial x^2}+\frac{\partial^2 v}{\partial y^2}\right)-v\left(\frac{\partial^2 u}{\partial x^2}+\frac{\partial^2 u}{\partial y^2}\right)\right]\mathrm{d}\sigma=\oint_L\left(u\frac{\partial v}{\partial \boldsymbol{n}}-v\frac{\partial u}{\partial \boldsymbol{n}}\right)\mathrm{d}s.$$

4. 求螺旋线 $x=a\cos t, y=a\sin t, z=bt(0\leqslant t\leqslant 2\pi)$ 对 z 轴的转动惯量，设线密度为 1.

5. 求摆线 $x=a(t-\sin t), y=a(1-\cos t)(0\leqslant t\leqslant \pi)$ 的重心，设其密度是均匀的.

6. 设有力场 $\boldsymbol{F}=(x+2y+4, 4x-2y, 3x+z)$，试求单位质量 M，沿椭圆

$$C:\begin{cases}(3x+2y-5)^2+(x-y+1)^2=a^2\\z=4\end{cases}(a>0)$$

移动一周(从 z 轴正向看去为逆时针)时力 $\boldsymbol{F}$ 所做的功.

7. 设流体的流速 $\boldsymbol{A}=(-y,x,c)$(c 为常数)，求沿圆 $(x-2)^2+y^2=1, z=0$ 的环流量.

8. 设流体的流速为 $\boldsymbol{A}=(x^2,y^2,z^2)$，求单位时间内，穿过半球面 $S:x^2+y^2+z^2=a^2(y\geqslant 0)$ 的流量.

9. 计算下列曲面积分：

(1) $\iint_S\frac{\mathrm{d}S}{x^2+y^2}$，其中 S 为柱面 $x^2+y^2=R^2$ 被平面 $z=0, z=h$ 所截取的部分.

(2) $\iint_S z(x^2+y^2)\mathrm{d}S$，其中 S 是上半球面 $x^2+y^2+z^2=R^2(z\geqslant 0)$ 含在柱面 $x^2+y^2=Rx$ 内部的部分.

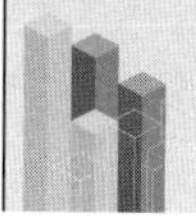

(3) $\iint\limits_S (xy + yz + zx)\mathrm{d}S$，其中 S 为 $z = \sqrt{x^2 + y^2}$ 被 $x^2 + y^2 = 2ax(a > 0)$ 所截取的部分.

10. 求常数 λ，使得对上半平面的任何光滑闭曲线 L 都有

$$\oint_L \frac{x}{y} r^\lambda \mathrm{d}x - \frac{x^2}{y^2} r^\lambda \mathrm{d}y = 0 \quad \left(r = \sqrt{x^2 + y^2}\right).$$

11. 计算 $I = \int_C (-2x\mathrm{e}^{-x^2}\sin y)\mathrm{d}x + (\mathrm{e}^{-x^2}\cos y + x^4)\mathrm{d}y$，其中 C 为从点 $A(1,0)$ 沿上半圆周 $y = \sqrt{1 - x^2}$ 到点 $B(-1,0)$.

12. 设 $D \subset \mathbf{R}^2$ 是有界连通闭区域，$I(D) = \iint\limits_D (4 - x^2 - y^2)\mathrm{d}x\mathrm{d}y$ 取得最大值的积分区域为 D_1. (1) 求 $I(D_1)$ 的值；(2) 计算 $\int_{\partial D_1} \frac{(x\mathrm{e}^{x^2+4y^2} + y)\mathrm{d}x + (4y\mathrm{e}^{x^2+4y^2} - x)\mathrm{d}y}{x^2 + 4y^2}$，其中 ∂D_1 为 D_1 的正向边界.

13. 求 $\iint\limits_S y^2 z\mathrm{d}x\mathrm{d}y + xz\mathrm{d}y\mathrm{d}z + x^2 y\mathrm{d}x\mathrm{d}z$，其中 S 是 $z = x^2 + y^2$，$x^2 + y^2 = 1$ 和坐标平面在第一卦限所围成曲面外侧.

14. 设 S 为球面 $(x - a)^2 + (y - b)^2 + (z - c)^2 = R^2$ 的外侧，计算积分

$$\iint\limits_S x^2 \mathrm{d}y\mathrm{d}z + y^2 \mathrm{d}z\mathrm{d}x + z^2 \mathrm{d}x\mathrm{d}y.$$

15. 计算积分 $\iint\limits_S yz\mathrm{d}x\mathrm{d}y + zx\mathrm{d}y\mathrm{d}z + xy\mathrm{d}z\mathrm{d}x$，其中 S 是由柱面 $x^2 + y^2 = 1$，三个坐标平面及抛物面 $z = 2 - x^2 - y^2$ 所围立体在第一卦限部分的外侧面.

16. 已知曲面 S：$x^2 + y^2 - z^2 = 1, 0 \leqslant z \leqslant 1$，其法线为 S 与 $z = 0, z = 1$ 围成的封闭曲面对应的内法线. 计算积分 $\iint\limits_S z^2(x^2 + x)\mathrm{d}y\mathrm{d}z + 2x^2 y\mathrm{d}z\mathrm{d}x + y^2 z\mathrm{d}x\mathrm{d}y$.

17. 设向量场 $\boldsymbol{A} = \frac{1}{r^3}(x,y,z)$，其中 $r = \sqrt{x^2 + y^2 + z^2}$，证明：除原点外，它是调和场.

18. 设 S：$x^2 + y^2 + z^2 = R^2(z \geqslant 0)$，$f$ 在 S 上连续，且 $f(x,y,z) = R^2 - x^2 - y^2 - \frac{1}{\pi}\iint\limits_S f(x,y,z)\mathrm{d}S$，求 $\iint\limits_S f(x,y,z)\mathrm{d}S$.

19. 计算曲面积分 $I = \iint\limits_\Sigma yz(y - z)\mathrm{d}y\mathrm{d}z + zx(z - x)\mathrm{d}z\mathrm{d}x + xy(x - y)\mathrm{d}x\mathrm{d}y$，其中 Σ 是上半球面 $z = \sqrt{4Rx - x^2 - y^2}(R \geqslant 1)$ 在柱面 $\left(x - \frac{3}{2}\right)^2 + y^2 = 1$ 之内部分的上侧.

习题参考答案

第 1 讲

1. 按绝对值的定义讨论即得.

2. 令$\frac{1}{x}=t$,得$f(x)=\frac{1}{x}+\frac{1}{|x|}\sqrt{1+x^2}, x\neq 0$.

3. (1) $\forall x\in D, \inf\limits_{x\in D}\{f(x)+g(x)\}\leqslant f(x)+g(x)$,于是

$$\inf_{x\in D}\{f(x)+g(x)\}\leqslant \inf_{x\in D}f(x)+g(x)\leqslant \inf_{x\in D}f(x)+\sup_{x\in D}g(x).$$

(2) 类似(1).

(3) 记$\beta=\inf\limits_{x\in D}f(x)$,由下确界的定义:① $\forall x\in D, \beta\leqslant f(x)$;② $\forall\varepsilon>0, \exists x_0\in D$,使得$f(x_0)<\beta+\varepsilon$. 于是$\forall x\in D, -\beta\geqslant -f(x)$;$\forall\varepsilon>0, \exists x_0\in D$,使得$-f(x_0)>-\beta-\varepsilon$. 即$\sup\limits_{x\in D}\{-f(x)\}=-\beta=-\inf\limits_{x\in D}f(x)$.

(4) 类似(3).

4. $\forall M>0$,取$x_0=\mathrm{e}^{-(M+1)}\in(0,1)$,则$|f(x_0)|=|\ln x_0|=M+1>M$.

5. $\forall x\neq 0, \frac{1}{x}-1<\left[\frac{1}{x}\right]\leqslant\frac{1}{x}$. (1) 当$x>0$时,$1-x<x\left[\frac{1}{x}\right]\leqslant 1$;(2) 当$x<0$时,$1-x>x\left[\frac{1}{x}\right]\geqslant 1$.

6. (1) 因$f(x)$为$(-\infty,+\infty)$上的奇函数,有

$$f(-1)=-f(1)=-a,$$
$$a=f(1)=f(-1+2)=f(-1)+f(2)\Rightarrow f(2)=2a,$$
$$f(3)=f(1+2)=f(1)+f(2)=3a,$$
$$f(5)=f(3+2)=f(3)+f(2)=5a;$$

(2) 当$a=0$时,$f(x)$以2为周期的周期函数.

7. ~ 9. 的证明略(可参见参考文献[1]).

10. (1) 用区间套定理. 将$[0,1]$一直二等分下去,得出含有$\{x_n\}$无穷项的子区间,由区间套定理知,$\exists\xi\in[a_n,b_n]$,从而$\cup(\xi,\varepsilon)$内含有$\{x_n\}$的无穷多项,而$\{x_{n_k}\}\subset\{x_n\}$. 故$\lim\limits_{k\to\infty}x_{n_k}=\xi$.

(2) 用有限覆盖定理证.(反证法)即证.

第 2 讲

1. 可用数学归纳法证明对 $n=1,2,\cdots$,都有 $3\leqslant u_n\leqslant 3+\frac{4}{3}=\frac{13}{3}$,又因

$$|u_{n+1}-u_n|=\frac{4}{u_nu_{n-1}}|u_n-u_{n-1}|\leqslant\frac{4}{9}|u_n-u_{n-1}|$$

$$=\left(\frac{2}{3}\right)^2|u_n-u_{n-1}|\leqslant\cdots\leqslant\left(\frac{2}{3}\right)^{2^{n-1}}|u_2-u_1|$$

所以,对任意的自然数 p,有

$$|u_{n+p}-u_n|\leqslant|u_{n+p}-u_{n+p-1}|+\cdots+|u_{n+1}-u_n|$$

$$\leqslant\left(\frac{2}{3}\right)^{2^{n+p-1}}|u_2-u_1|+\cdots+\left(\frac{2}{3}\right)^{2^{n-1}}|u_2-u_1|$$

$$=\left[\left(\frac{2}{3}\right)^{2^{n-1}}+\left(\frac{2}{3}\right)^{2^n}+\cdots+\left(\frac{2}{3}\right)^{2^{n+p-1}}\right]|u_2-u_1|$$

$$<\frac{9}{5}|u_2-u_1|\left(\frac{2}{3}\right)^{2^{n-1}}\to 0(n\to\infty)$$

由柯西准则,$\{u_n\}$ 收敛,记 $\lim\limits_{n\to\infty}u_n=a$,对 $u_{n+1}=3+\frac{4}{u_n}$ 令 $n\to\infty$,解得 $a=4$.

注 此数列不单调.

2. 易见,$0<x_n=\frac{2(1+x_{n-1})}{2+x_{n-1}}=2\cdot\frac{1+x_{n-1}}{1+1+x_{n-1}}<2$,$\{x_n\}$ 有界,又

$$x_{n+1}-x_n=\frac{2(x_n-x_{n-1})}{(2+x_n)(2+x_{n-1})},$$

此式表明 $(x_{n+1}-x_n)$ 与 $(x_n-x_{n-1})(n=1,2,\cdots)$ 同号,即 $\{x_n\}$ 单调,从而极限存在. 极限为 $\sqrt{2}$.

3. 仿照例 2.21.

4. 仿照例 2.20.

5. $(n!)^{\frac{1}{n^2}}=e^{\frac{1}{n^2}\ln n!}$,$\lim\limits_{n\to\infty}\frac{\ln n!}{n^2}=\lim\limits_{n\to\infty}\frac{\sum\limits_{i=1}^{n}\ln i}{n^2}=\lim\limits_{n\to\infty}\frac{\ln(n+1)}{(n+1)^2-n^2}=0$,$\lim\limits_{n\to\infty}(n!)^{\frac{1}{n^2}}=e^0=1$.

6. 由 $\left(1-\cos\frac{1}{n^2}\right)\sim\frac{1}{2n^4}(n\to\infty)$,原式极限为 1.

7. (1) 易证 $x_n>0(n=1,2,\cdots)$,且 $x_{n+1}=\ln(1+x_n)<x_n$,$\{x_n\}$ 单调递减有下界,故收敛. 记 $\lim\limits_{n\to\infty}x_n=a$,由 $a=\ln(1+a)$ 解得 $a=0$.

(2) 用施笃兹定理,

$$\lim_{n\to\infty} nx_n = \lim_{n\to\infty}\frac{n}{\frac{1}{x_n}} = \lim_{n\to\infty}\frac{1}{\frac{1}{x_{n+1}}-\frac{1}{x_n}} = \lim_{n\to\infty}\frac{x_nx_{n+1}}{x_n-x_{n+1}} = \lim_{n\to\infty}\frac{x_n\ln(1+x_n)}{x_n-\ln(1+x_n)}.$$

令 $x_n = t$,则 $n\to\infty \Leftrightarrow t\to 0$,$\lim\limits_{t\to 0}\dfrac{t\ln(1+t)}{t-\ln(1+t)} = \lim\limits_{t\to 0}\dfrac{t^2}{t-\left[t-\dfrac{t^2}{2}+o(t^2)\right]} = 2$,即$\lim\limits_{n\to\infty} nx_n = 2$.

8. 记$\sum x_n$,且 $x_n > 0$,则$\lim\limits_{n\to\infty}\dfrac{x_{n+1}}{x_n} = \lim\limits_{n\to\infty}\dfrac{n+11}{3n+2} = \dfrac{1}{3} < 1$. 由达朗贝尔判别法,$\sum x_n$ 收敛,从而$\lim\limits_{n\to\infty} x_n = 0$.

9. $\mathrm{e} = \sum\limits_{n=0}^{\infty}\dfrac{1}{n!}$,$n!\mathrm{e} = n!\sum\limits_{n=0}^{\infty}\dfrac{1}{n!} = K + \dfrac{1}{n+1} + \dfrac{1}{(n+1)(n+2)} + \cdots$

其中 K 为某一正整数,而

$$\frac{1}{n+1}+\frac{1}{(n+1)(n+2)}+\cdots < \frac{1}{n+1}+\frac{1}{(n+1)^2}+\cdots = \frac{\frac{1}{n+1}}{1-\frac{1}{n+1}},$$

故 $n\sin\dfrac{2\pi}{n+1} < n\sin 2\pi \mathrm{e}n! < n\sin 2\pi\dfrac{\frac{1}{n+1}}{1-\frac{1}{n+1}}$,由两边夹即得.

10. $x_1 = \sqrt{2}$,$x_2 = \sqrt{2\sqrt{2}} = 2^{\frac{1}{2}+\frac{1}{4}}$,由归纳法可得 $x_n = 2^{\frac{1}{2}+\cdots+\frac{1}{2^n}}$,$\lim\limits_{n\to\infty}\left(\dfrac{1}{2}+\dfrac{1}{2^2}+\cdots+\dfrac{1}{2^n}\right) = 1 \Rightarrow \lim\limits_{n\to\infty} x_n = 2$.

11. $\left(1+\dfrac{1}{n}\right)^{n^2}\cdot \mathrm{e}^{-n} = \mathrm{e}^{n^2\ln\left(1+\frac{1}{n}\right)-n}$,因$\lim\limits_{n\to\infty}\left[n^2\ln\left(1+\dfrac{1}{n}\right)-n\right] = -\dfrac{1}{2}$,答案为 $\mathrm{e}^{-\frac{1}{2}}$.

12. 原式 $= \lim\limits_{n\to\infty}\sum\limits_{i=1}^{n}\dfrac{1}{\sqrt{1+\left(\dfrac{i}{n}\right)^2}}\dfrac{1}{n} = \int_0^1\dfrac{1}{\sqrt{1+x^2}}\mathrm{d}x = \ln(1+\sqrt{2})$.

13. (1) 错误. 例如,$a_n = \dfrac{1+(-1)^n}{2}$,$b_n = \dfrac{1+(-1)^{n+1}}{2}$,$n = 1,2,\cdots$,则$\lim\limits_{n\to\infty} a_nb_n = 0$,但$\{a_n\}$,$\{b_n\}$ 都不是无穷小量.

(2) 正确. 不妨设$\{a_n\}$为单调递增数列,设有子列$\{a_{n_k}\}$收敛于常数A,则$A = \sup\{a_n\}$,否则若存在 n_0,使 $a_{n_0} > A$,插入一个实数 c:$A < c < a_{n_0}$,由单增性,当 $n > n_0$ 时,$a_n \geqslant a_{n_0} > c > A$,此与$\lim\limits_{k\to\infty} a_{n_k} = A$矛盾. 由$\lim\limits_{k\to\infty} a_{n_k} = A$,$\forall\varepsilon > 0$,$\exists k_0$,使得$A-\varepsilon < a_{n_{k0}} \leqslant A < A+\varepsilon$,取$N = n_{k_0}$,当$n > N$时,$A-\varepsilon < a_{n_{k0}} < a_n \leqslant A < A+\varepsilon$,即$\lim\limits_{n\to\infty} a_n = A$.

(3) 错误. 例如 $a_n = (-1)^n$,$\{|a_n|\}$ 收敛,但$\{a_n\}$ 发散.

14. 易证 $1 < x_n < 2, x_{n+1} - x_n = \dfrac{x_n - x_{n+1}}{(1+x_n)(1+x_{n-1})} \Rightarrow \{x_{n+1} - x_n\}$ 与 $\{x_n - x_{n+1}\}$ 同号,即 $\{x_n\}$ 单调, $x_n \to \dfrac{\sqrt{5}+1}{2}$.

15. $e = \sum\limits_{n=0}^{\infty} \dfrac{1}{n!}, n!e = K + \dfrac{1}{n+1} + \dfrac{1}{(n+1)(n+2)} + \cdots < K + \dfrac{1}{n+1} + \dfrac{1}{(n+1)^2} + \cdots, K \in \mathbf{Z}_+$.

$$2\pi \leftarrow \frac{\sin \frac{2\pi}{n+1}}{\frac{1}{n}} < \frac{\sin(2\pi e n!)}{\frac{1}{n}} < \frac{\sin 2\pi \cdot \dfrac{\frac{1}{n+1}}{1-\frac{1}{n+1}}}{\frac{1}{n}} \to 2\pi(n \to \infty).$$

16. 令 $f(x) = \sqrt{x(3-x)}, f'(x) = \dfrac{3-2x}{\sqrt{x(3-x)}}$,当 $0 < x < \dfrac{3}{2}$ 时, $f'(x) > 0$,当 $x = \dfrac{3}{2}$ 时, $f'(x) = 0$,当 $\dfrac{3}{2} < x < 3$ 时, $f'(x) < 0$.

(i) 若 $x_1 = \dfrac{3}{2}$,则 $x_n \equiv \dfrac{3}{2} \to \dfrac{3}{2}(n \to \infty)$.

(ii) 若 $0 < x_1 < \dfrac{3}{2}, x_{n+1} > x_n$,有上界,则 $x_n \to \dfrac{3}{2}(n \to \infty)$.

(iii) 若 $\dfrac{3}{2} < x_1 < 3, x_{n+1} < x_n$,有下界,则 $x_n \to \dfrac{3}{2}(n \to \infty)$.

第 3 讲

1. 仿例 2.26.

2. $a = \ln 3$.

3. 由 $\lim\limits_{x \to 1} \dfrac{x^2 + bx + c}{\sin \pi x} = 5$,必有 $1 + b + c = 0$,再用洛必达法则,有

$$\lim_{x \to 1} \frac{x^2 + bx + c}{\sin \pi x} = \lim_{x \to 1} \frac{2x + b}{\pi \cos \pi x} = \frac{2+b}{-\pi} = 5,$$

解得 $b = -5\pi - 2, c = 5\pi + 1$.

4. e^{-5}.

5. (1) $\left(\dfrac{a_1^x + a_2^x + \cdots + a_n^x}{n}\right)^{\frac{1}{x}} = e^{\frac{1}{x}\ln(a_1^x + a_2^x + \cdots + a_n^x)}$,

$$\lim_{x \to 0} \frac{\ln\left(\dfrac{a_1^x + a_2^x + \cdots + a_n^x}{n}\right)}{x} = \lim_{x \to 0} \left(\frac{n}{\sum\limits_{i=1}^{n} a_i^x} \frac{\sum\limits_{i=1}^{n} a_i^x \ln a_i}{n}\right) = \frac{\ln(a_1 a_2 \cdots a_n)}{n},$$

所以 $\lim\limits_{x \to 0} f(x) = \sqrt[n]{a_1 a_2 \cdots a_n}$.

(2) 记 $M=\max\{a_1,a_2,\cdots,a_n\}$，则 $\frac{M}{n^{\frac{1}{x}}}=\left(\frac{M^x}{n}\right)^{\frac{1}{x}}\leqslant f(x)\leqslant M$，令 $x\to+\infty$，即得.

6. 记 $y=\left(1+\frac{1}{x}\right)^x$，$y'=y\left[\ln\left(1+\frac{1}{x}\right)-\frac{1}{1+x}\right]$，则

$$\lim_{x\to\infty}\frac{\left(1+\frac{1}{x}\right)^x-\mathrm{e}}{\frac{1}{x}}=\mathrm{e}\lim_{x\to\infty}\left[\frac{x^2}{1+x}-x^2\ln\left(1+\frac{1}{x}\right)\right]$$

$$=\mathrm{e}\lim_{x\to\infty}\left\{x-1+\frac{1}{1+x}-x^2\left[\frac{1}{x}-\frac{1}{2x^2}+o\left(\frac{1}{x^2}\right)\right]\right\}=-\frac{\mathrm{e}}{2}.$$

7. 0.

8. $\frac{\sqrt{3}\pi}{6}$.

9. (1) $\mathrm{e}^{-\frac{1}{6}}$.

(2) $f(0)=0\Rightarrow f'(0)=\lim\limits_{x\to0}\frac{f(x)}{x}$,

$$g'(0)=\lim_{x\to0}\frac{\frac{f(x)}{x}-f'(0)}{x}=\lim_{x\to0}\frac{xf'(x)-f(x)}{x^2}=\lim_{x\to0}\frac{xf'(x)-xf'(0)+xf'(0)-f(x)}{x^2}$$

$$=\lim_{x\to0}\left[\frac{f'(x)-f'(0)}{x}+\frac{xf'(0)-f(x)}{x^2}\right]$$

$$=f''(0)+\lim_{x\to0}\frac{f'(0)-f'(x)}{2x}=f''(0)-\frac{1}{2}f''(0)=\frac{1}{2}f''(0).$$

10. 当 $0\leqslant x\leqslant1$ 时，$1\leqslant\sqrt[n]{1+x^n+\left(\frac{x^2}{3}\right)^n}\leqslant\sqrt[n]{3}$，极限为 1.

当 $1<x\leqslant3$ 时，$x\leqslant\sqrt[n]{1+x^n+\left(\frac{x^2}{3}\right)^n}\leqslant x\sqrt[n]{3}$，极限为 x.

当 $x>3$ 时，$\frac{x^2}{3}\leqslant\sqrt[n]{1+x^n+\left(\frac{x^2}{3}\right)^n}\leqslant\frac{x^2}{3}\sqrt[n]{3}$，极限为 $\frac{x^2}{3}$.

11. (反证) 假设 $A>0$（或 $A<0$），$\exists M>a$，当 $X>M$ 时，

$$f(x+T)-f(x)>\frac{A}{2},$$

$$f(x+2T)-f(x+T)>\frac{A}{2},$$

……

$$f(x+nT)-f(x+(n-1)T)>\frac{A}{2}.$$

相加:$f(x+nT)-f(x)>\frac{n}{2}A\to\infty(n\to\infty)$. 此与$f$在$[a,+\infty)$有界矛盾.

12. 原式 $=\lim\limits_{x\to1}\frac{(1-x)}{(1-\sqrt{x})}\cdot\frac{(1-x)}{(1-\sqrt[3]{x})}\cdots\frac{(1-x)}{(1-\sqrt[n]{x})}$.

而
$$\lim_{x\to1}\frac{(1-x)}{(1-\sqrt{x})}=\lim_{x\to1}(1+\sqrt{x})=2,$$
$$\lim_{x\to1}\frac{(1-x)}{(1-\sqrt[3]{x})}=\lim_{x\to1}(1+x^{\frac{2}{3}}+x)=3,$$
……
$$\lim_{x\to1}\frac{(1-x)}{(1-\sqrt[n]{x})}=\lim_{x\to1}\left(1+x^{\frac{n-1}{n}}+x^{\frac{n-2}{n}}+\cdots+x\right)=n,$$

故
$$\lim_{x\to1}\frac{(1-x)^{n-1}}{(1-\sqrt{x})(1-\sqrt[3]{x})\cdots(1-\sqrt[n]{x})}=n!.$$

第 4 讲

1. 证明:因为$f(x)$在x_0连续,所以局部有界,从而存在常数$M>0$及$\delta_1>0$,当$|x-x_0|<\delta_1$时,有$|f(x)|<M$. 再由$f(x)$在x_0连续,有对$\forall\varepsilon>0,\exists\delta_2>0$,当$|x-x_0|<\delta_2$时,$|f(x)-f(x_0)|<\frac{\varepsilon}{2M}$. 令$\delta=\min\{\delta_1,\delta_2\}$,当$|x-x_0|<\delta$时,有

$$|f^2(x)-f^2(x_0)|=|f(x)+f(x_0)||f(x)-f(x_0)|\leqslant 2M\cdot\frac{\varepsilon}{2M}=\varepsilon.$$

即$f^2(x)$在x_0连续. 由不等式$||f(x)|-|f(x_0)||\leqslant|f(x)-f(x_0)|$,易证$|f(x)|$连续. 反之不成立,如$f(x)=\begin{cases}1, & x\text{ 为有理数}\\ -1, & x\text{ 为无理数}\end{cases}$,则$f^2(x)\equiv1$, $|f(x)|\equiv1$,显然连续,但$f(x)$在任意点都不连续.

2. 由$f(0+0)=f(0-0)=1=f(0)$知,$f(x)$在$x=0$点连续.

3. $f(x)=\begin{cases}-x, & |x|>1\\ 0, & |x|=1\\ x, & |x|<1\end{cases}$,故$f$在$|x|\neq1$的点都连续,在$x=1$, $x=-1$间断,且是第一类间断点.

4. 因为$\lim\limits_{x\to\infty}\frac{\sin x}{x}=0$,所以由柯西准则,对$\forall\varepsilon>0,\exists M>0$,当$x_1,x_2\geqslant M$时,恒有$|f(x_1)-f(x_2)|<\varepsilon$,即$f(x)$在$[M,+\infty)$上一致连续;又$f(x)$在$(0,M]$上连续,且$\lim\limits_{x\to0}\frac{\sin x}{x}=1$,即$f(0+0)$存在,由例4.23,$f(x)$在$(0,M]$上一致连续,再由例4.21,$f(x)$在$(0,+\infty)$上一致

连续.

5. 取 $\varepsilon_0=\frac{1}{2}>0$,对 $\forall\delta>0$,取 $x_1=\sqrt{2n\pi}$,$x_2=\sqrt{2n\pi+\frac{\pi}{2}}\in[0,+\infty)$,且当 n 充分大时,总可以使 $|x_1-x_2|=\left|\sqrt{2n\pi}-\sqrt{2n\pi+\frac{\pi}{2}}\right|=\frac{\pi/2}{\sqrt{2n\pi}+\sqrt{2n\pi+\pi/2}}<\delta$,但此时 $|f(x_1)-f(x_2)|=1>\varepsilon_0$,即 $f(x)$ 在 $[0,+\infty)$ 上不一致连续.

6. 取 $\varepsilon_0=1>0$,对 $\forall\delta>0$,由于 $\lim\limits_{x\to+\infty}f'(x)=+\infty$,对 $M=\frac{2}{\delta}>0$,$\exists A>a$,当 $x>A$ 时,$f'(x)>\frac{2}{\delta}$. 取 $x_1,x_2>A$,且 $|x_1-x_2|=\frac{\delta}{2}<\delta$,则

$$|f(x_1)-f(x_2)|=f'(\xi)|x_1-x_2|>\frac{2}{\delta}\cdot\frac{\delta}{2}=1=\varepsilon_0\quad(\text{其中}\ \xi\ \text{介于}\ x_1,x_2\ \text{之间}).$$

7. (1) $a_n\geqslant0$,且 $a_{n+1}=f(a_n)\leqslant a_n(n=1,2,\cdots)$,由单调有界原理知 $\{a_n\}$ 收敛;

(2) 记 $\lim\limits_{n\to\infty}a_n=t$,由 $f(x)$ 的连续性,对 $a_{n+1}=f(a_n)$,令 $n\to\infty$ 取极限得 $t=f(t)$;

(3) 若 $t\neq0$,则必有 $t>0$,由已知,有 $0\leqslant f(t)<t$,此与(2)矛盾.

8. 令 $F(x)=f(x)-f(x+a)$,由 F 在 $[0,a]$ 上连续,利用根的存在定理即得.

9. (1) 假设 $f(x)\not\equiv0$,则 $\exists x_0\in[a,b]$,使 $f(x_0)>0$,由连续的保号性,$\exists\delta>0$,当 $x\in(x_0-\delta,x_0+\delta)$(若 x_0 为区间端点,取单侧邻域)时,$f(x)>0$,于是 $\int_a^b f(x)\mathrm{d}x=\int_a^{x_0-\delta}f(x)\mathrm{d}x+\int_{x_0-\delta}^{x_0+\delta}f(x)\mathrm{d}x+\int_{x_0+\delta}^{b}f(x)\mathrm{d}x\geqslant\int_{x_0-\delta}^{x_0+\delta}f(x)\mathrm{d}x=f(\xi)2\delta>0\quad\left[\xi\in(x_0-\delta,x_0+\delta)\right]$ 产生矛盾.

(2) 与(1)类似.

第 5 讲

1. $108\times6!$.

2. 由 $\frac{\mathrm{d}}{\mathrm{d}x}f(x^2)=\frac{\mathrm{d}}{\mathrm{d}x}f^2(x)\Rightarrow2xf'(x^2)=2f(x)f'(x)$,令 $x=1$,得

$$2f'(1)=2f(1)f'(1)\Rightarrow f'(1)=0\ \text{或}\ f(1)=0.$$

3. 连续且有极大值 1. $f'_+(0)=\lim\limits_{x\to0^+}\frac{\mathrm{e}^{-x}-1}{x}=-1$, $f'_-(0)=\lim\limits_{x\to0^-}\frac{\mathrm{e}^{x}-1}{x}=1$,不可导.

4. 因为 $\lim\limits_{x\to a^+}\frac{f(x)-f(a)}{x-a}=\lim\limits_{x\to a^+}f'(\xi)=f'(a+0)=l\left[\text{其中}\ \xi\in(a,x)\right]$,所以 $f'_+(a)=l$.

5. $(\alpha-\beta)f'(a)$.

6. $y''(0)=-2$.

7. $\lim\limits_{x\to0}\frac{f(2x)-f(x)}{x}=A\Rightarrow f(2x)-f(x)=A\cdot x+o(x)$,于是

$$f(x)-f\left(\frac{x}{2}\right)=A\cdot\frac{x}{2}+o(x),\quad f\left(\frac{x}{2}\right)-f\left(\frac{x}{4}\right)=A\cdot\frac{x}{4}+o(x),$$

$$\cdots,\quad f\left(\frac{x}{2^{n-1}}\right)-f\left(\frac{x}{2^{n}}\right)=A\cdot\frac{x}{2^{n}}+o(x),$$

相加得$f(x)-f\left(\dfrac{x}{2^{n}}\right)=Ax\left(\dfrac{1}{2}+\cdots+\dfrac{1}{2^{n}}\right)+o(x)$. 由$f(x)$在$x=0$点的连续性,对上式令$n\to\infty$取极限得$f(x)-f(0)=Ax+o(x)$,即$\lim\limits_{x\to 0}\dfrac{f(x)-f(0)}{x}=A$.

8. 令$F(x)=f(x)+f(-x)-\dfrac{1}{2}f(x^2)$,则$F'(x)=\dfrac{\ln(1-x)}{x}+\dfrac{\ln(1+x)}{x}-\dfrac{\ln(1-x^2)}{x}=0$,所以$F(x)\equiv C$(常数). 由$f(0)=0\Rightarrow F(0)=0\Rightarrow F(x)\equiv 0, x\in(-1,1)$,即证得.

9. ①$F(x)$连续:在$x\neq 0$连续显然,在$x=0$点,

$$\lim_{x\to 0}F(x)=\lim_{x\to 0}\frac{f(x)}{x^2}=\lim_{x\to 0}\frac{f'(x)}{2x}=\lim_{x\to 0}\frac{f''(x)}{2}=\frac{f''(0)}{2}=F(0).$$

②$F(x)$连续可微:在$x\neq 0$可微显然,在$x=0$点,

$F'(0)=\lim\limits_{x\to 0}\dfrac{F(x)-F(0)}{x}=\lim\limits_{x\to 0}\dfrac{\dfrac{f(x)}{x^2}-\dfrac{f''(0)}{2}}{x}=\lim\limits_{x\to 0}\dfrac{2f(x)-x^2f''(0)}{2x^3}=\dfrac{f'''(0)}{6}$,于是$F'(x)=\begin{cases}\dfrac{xf'(x)-2f(x)}{x^3}, & x\neq 0\\ \dfrac{f'''(0)}{6}, & x=0\end{cases}$,且同①可证$F'(x)$连续.

③$F(x)$二阶连续可微:

$$F''(0)=\lim_{x\to 0}\frac{F'(x)-F'(0)}{x}=\frac{f^{(4)}(0)}{12},$$

$$F''(x)=\begin{cases}\dfrac{x^2f''(x)-4xf'(x)+6f(x)}{x^4}, & x\neq 0\\ \dfrac{f^{(4)}(0)}{12}, & x=0\end{cases}.$$

同理可证$F''(x)$的连续性.

10. $y'(0)=1, y''(0)=0$, $\sqrt{1-x^2}\,y=\arcsin x\Rightarrow -xy+(1-x^2)y'=1$,利用莱布尼茨公式对两边求$n-1$阶导数,得

$$y^{(n)}(0)=(n-1)^2y^{(n-2)}(0)\Rightarrow y^{(2m)}(0)=0;$$
$$y^{(2m+1)}(0)=[(2m)!!]^2,\quad m=0,1,2,\cdots.$$

第 6 讲

1. 令$f(x)=e^x-x-1, x\in(0,1)$,证明单调性,可得$1+x<e^x$;

令$g(x)=1-(1-x)e^x, x\in(0,1)$,证明单调性,可得$e^x<\dfrac{1}{1-x}, x\in(0,1)$.

2. 在$[0,a]$上用拉格朗日中值定理，$\exists\xi_1\in(0,a)$，使得$f(a)=af'(\xi_1)$；在$[b,a+b]$上用拉格朗日中值定理，$\exists\xi_2\in(b,a+b)$，使得$f(a+b)-f(b)=af'(\xi_2)$. 不妨设$0<a\leqslant b$，则$\xi_2>\xi_1$，由$f''(x)<0\Rightarrow f'(x)$严格单调递减，$f'(\xi_2)<f'(\xi_1)$，即$f(a)+f(b)>f(a+b)$.

3. 令$F(x)=xf(x)$，在$[0,1]$上用罗尔定理即得.

4. 令$F(x)=xf(x)$，由积分中值定理，$\exists\xi\in\left(0,\dfrac{1}{2}\right)$，使得

$$f(1)=2\int_0^{\frac{1}{2}}xf(x)\,\mathrm{d}x=2\xi f(\xi)\cdot\frac{1}{2}=\xi f(\xi),$$

在$[\xi,1]$上，$F(x)$可微，且$F(\xi)=\xi f(\xi)$，$F(1)=f(1)=\xi f(\xi)$，即$F(\xi)=F(1)$. 由罗尔定理即得.

5. 令$F(x)=xf(x)$，在$[a,b]$上用拉格朗日定理即得.

6. 任取$x_0\in(0,1)$，将$f(x)$在x_0泰勒展开

$$f(x)=f(x_0)+f'(x_0)(x-x_0)+\frac{f''(\eta)}{2}(x-x_0)^2,$$

于是
$$f(0)=f(x_0)-x_0f'(x_0)+\frac{f''(\xi_1)}{2}x_0^2, \qquad ①$$

$$f(1)=f(x_0)+(1-x_0)f'(x_0)+\frac{f''(\xi_2)}{2}(1-x_0)^2, \qquad ②$$

式②减式①得，

$$|f'(x_0)|=\left|f(1)-f(0)-\frac{1}{2}\left[f''(\xi_2)(1-x_0)^2-f''(\xi_1)x_0^2\right]\right|$$

$$\leqslant a+a+\frac{b}{2}[(1-x_0)^2+x_0^2]\leqslant 2a+\frac{b}{2}.$$

7. 将$f(x)$分别在$x=a,x=b$泰勒展开，再令$x=\dfrac{a+b}{2}$，将两式相减即可证得.

8. 由$f(a)=0,f'(a)<0$可知，$f(x)$在a的右邻域递减，则$\exists x_1\in\mathring{U}_+(a)$，使得$f(x_1)<0$. 同理$\exists x_2\in\mathring{U}_-(b)$，使得$f(x_2)>0$，且$a<x_1<x_2<b$，在$[x_1,x_2]$上，由连续函数的介值定理，$\exists c\in(x_1,x_2)\subset(a,b)$，使得$f(c)=0$，分别在$[a,c]$和$[c,b]$用罗尔定理即得.

9. 当$x>0$时，$f(x)-f(0)=\int_0^x f'(t)\,\mathrm{d}t\geqslant\int_0^x k\,\mathrm{d}t=kx\to+\infty$，$(x\to+\infty)$，即必存在$b>0$，使得$f(b)>0$，在$[0,b]$上，由连续函数的根的存在定理得$f(x)$必有零点. 再根据$f'\geqslant k>0$，知$f(x)$在$[0,+\infty)$严格递增，故零点必唯一.

10. 因$f''(x)<0\Rightarrow f'(x)$在$[a,+\infty)$上严格单调递减，

$$f'(a)<0\Rightarrow f'(x)<f'(a)<0(x>a).$$

令$F(x)=f(x)-f(a)-f'(a)(x-a)$，则

$$F'(x)=[f(x)-f(a)-f'(a)(x-a)]'=f'(x)-f'(a)<0,$$

即$F(x)$在$[a,+\infty)$上严格递减，$F(a)=0$，当$x>a$时，

$$F(x) < F(a) = 0 \Rightarrow f(x) < f(a) + f'(a)(x-a).$$

11. 令 $F(x) = e^{-x}\int_a^x f(t)\,dt$,用罗尔定理.

12. 由 $f(x)$ 凸,$x, x^n, \dfrac{1}{n+1} \in [0,1]$($\forall n = 1,2,\cdots$),由凸函数性质,有

$$f(x^n) \geqslant f\left(\frac{1}{n+1}\right) + f'\left(\frac{1}{n+1}\right)\left(x^n - \frac{1}{n+1}\right),$$

两边积分即得.

13. 令 $F(x) = x(1-x)f'(x) - f(x)$,在$[0,1]$上用罗尔定理即得.

14. 令 $F(x) = (1-x)^2 f(x)$,在$[0,1]$上用罗尔定理即得.

第 7 讲

1. $\dfrac{e^x}{1+x} + C.$

2. $\dfrac{1}{2}\tan x\sec x + \dfrac{1}{2}\ln|\sec x + \tan x| + C.$

3. 令 $x = \sin t$,则

$$I = \int \sec^5 t\,dt = \int \sec^3 t\,d(\tan t) = \cdots$$

$$= \frac{1}{4}\left(\sec^3 t\tan t + \frac{3}{2}\sec t\tan t + \frac{3}{2}\ln|\sec t + \tan t|\right) + C$$

$$= \frac{x}{4(1-x^2)^2} + \frac{3}{8}\frac{x}{1-x^2} + \frac{3}{8}\ln\frac{1+x}{\sqrt{1-x^2}} + C.$$

4. $I_1 = \displaystyle\int \frac{x}{1+\cos x}dx = \int \frac{x}{2\cos^2\frac{x}{2}}dx = \frac{x\sin x}{1+\cos x} + \ln(1+\cos x) + C_1;$

$$I_2 = \int \frac{\sin x}{1+\cos x}dx = -\ln(1+\cos x) + C_2 \Rightarrow I = \frac{x\sin x}{1+\cos x} + C.$$

5. $2x\sqrt{1+e^x} - 4\sqrt{1+e^x} - 4\ln(\sqrt{1+e^x} - 1) + 2x + C.$(提示:令 $1 + e^x = t^2$)

6. $\dfrac{1}{\sqrt{2}}\sec\dfrac{x}{2} + \dfrac{1}{\sqrt{2}}\ln\left|\csc\dfrac{x}{2} - \cot\dfrac{x}{2}\right| + C.$(提示:用半角公式)

7. $I = \displaystyle\int \frac{1+\sqrt{x}-\sqrt{x+1}}{2\sqrt{x}}dx = \frac{1}{2}\int\left(\frac{1}{\sqrt{x}} + 1 - \frac{\sqrt{x+1}}{\sqrt{x}}\right)dx$

$$= \frac{1}{2}\left[2\sqrt{x} + x - \sqrt{x(1+x)} - \ln(\sqrt{x} + \sqrt{x+1})\right] + C.$$

8. $I = \displaystyle\int \frac{\cos x(\cos x - \sin x)}{\cos 2x}dx = \frac{1}{2}\int \frac{1+\cos 2x - \sin 2x}{\cos 2x}dx$

$$= \frac{1}{4}\left(\ln|\sec 2x + \tan 2x| + 2x + \ln|\cos 2x|\right) + C.$$

9. 令 $t = \arccos x$,则

$$\int \frac{\arccos x}{\sqrt{(1-x^2)^3}}\mathrm{d}x = \int \frac{t}{\sin^3 t}(-\sin t)\,\mathrm{d}t = \int t(-\csc^2 t)\,\mathrm{d}t$$

$$= \int t\mathrm{d}\cot t = t\cot t - \ln|\sin t| + C$$

$$= \frac{x}{\sqrt{1-x^2}}\arccos x - \ln\sqrt{1-x^2} + C.$$

10. 利用积化和差公式可得,

$$\int \sin 4x\cos 2x\cos 3x\,\mathrm{d}x = \frac{1}{2}\int(\sin 6x + \sin 2x)\cos 3x\mathrm{d}x$$

$$= \frac{1}{2}\int(\sin 6x\cos 3x + \sin 2x\cos 3x)\,\mathrm{d}x$$

$$= \frac{1}{4}\int[(\sin 9x + \sin 3x) + (\sin 5x - \sin x)]\,\mathrm{d}x$$

$$= -\frac{1}{36}\cos 9x - \frac{1}{12}\cos 3x - \frac{1}{20}\cos 5x + \frac{1}{4}\cos x + C.$$

11. $f'(x) = f(x) \Rightarrow f(x) = C\mathrm{e}^x, f(0) = 0 \Rightarrow C = 0 \Rightarrow f(x) \equiv 0.$

12. 由于 $f'(x) = \left(\frac{\sin x}{x}\right)' = \frac{x\cos x - \sin x}{x^2}$,故 $f(2x) = \frac{2x\cos 2x - \sin 2x}{4x^2}$. 于是

$$I = \frac{1}{2}\int xf'(2x)\,\mathrm{d}(2x) = \frac{1}{2}\int x\mathrm{d}f(2x) = \frac{1}{2}xf(2x) - \frac{1}{2}\int f(2x)\,\mathrm{d}x$$

$$= \frac{1}{2}xf(2x) - \frac{1}{4}\int f(2x)\,\mathrm{d}(2x) = \frac{x\cos 2x - \sin 2x}{4x} + C.$$

第 8 讲

1. $1 - \sin 1$.(提示:积分换序)

2. $I = \int_{\frac{\pi}{4}}^{\frac{\pi}{2}} \frac{1 + 2\sin\frac{x}{2}\cos\frac{x}{2}}{2\cos^2\frac{x}{2}}\mathrm{e}^x\mathrm{d}x = \frac{1}{2}\int_{\frac{\pi}{4}}^{\frac{\pi}{2}}\sec^2\frac{x}{2}\mathrm{e}^x\mathrm{d}x + \int_{\frac{\pi}{4}}^{\frac{\pi}{2}}\tan\frac{x}{2}\mathrm{e}^x\mathrm{d}x = \mathrm{e}^{\frac{\pi}{2}} - (\sqrt{2}-1)\mathrm{e}^{\frac{\pi}{4}}.$

3. $\frac{\mathrm{d}}{\mathrm{d}x}\int_a^x (x-t)f'(t)\,\mathrm{d}t = \frac{\mathrm{d}}{\mathrm{d}x}[x\int_a^x f'(t)\,\mathrm{d}t - \int_a^x tf'(t)\,\mathrm{d}t] = \int_a^x f'(t)\,\mathrm{d}t + xf'(x) - xf'(x)$

$= \int_a^x f'(t)\,\mathrm{d}t = f(x) - f(a).$

故 $\frac{\mathrm{d}}{\mathrm{d}x}\int_a^x (x-t)\sin t\mathrm{d}x = 1 - \cos x.$

4. 由题意知,在 (a_1,b_1) 处二元函数 $f(a,b) = \int_{-\pi}^{\pi}(x - a\cos x - b\sin x)^2\mathrm{d}x$ 取得最小值. 而

$f(a,b)=\frac{2}{3}\pi^3+\pi(a^2+b^2)-4\pi b$，令$f_a(a,b)=2\pi a=0$，$f_b(a,b)=2\pi b-4\pi=0$可得$a=0$，$b=2$. 又$A=f_{aa}(0,2)=2\pi$，$B=f_{ab}(0,2)=0$，$C=f_{bb}(0,2)=2\pi$，从而有$A=2\pi>0$，$AC-B^2=4\pi^2>0$，故$f(a,b)$在$(0,2)$处取得极小值，也是最小值．从而得$a_1=0$，$b_1=2$.

5. $\sin\frac{x}{2}+\sum\limits_{k=1}^{n}2\sin\frac{x}{2}\cos kx=\sin\left(n+\frac{1}{2}\right)x\Rightarrow I=\int_0^{\pi}\left(1+2\sum\limits_{k=1}^{n}\cos kx\right)\mathrm{d}x=\pi.$

6. 由$1=\int_a^b f^2(x)\mathrm{d}x=xf^2(x)\big|_a^b-2\int_a^b xf(x)f'(x)\mathrm{d}x$可以推得

$$\frac{1}{4}=\left[\int_a^b xf(x)f'(x)\mathrm{d}x\right]^2\leqslant\left[\int_a^b x^2f^2(x)\mathrm{d}x\right]\cdot\left[\int_a^b f'^2(x)\mathrm{d}x\right].$$

7. 由$f(x)\cdot f''(x)<0\Rightarrow f(x)$无零点.

当$f(x)>0\Rightarrow f''(x)<0$，$f(x)$为凹函数，得$f(x)>f(a)+\frac{f(b)-f(a)}{b-a}(x-a)$，两边积分即得要证的结果；

$f(x)<0\Rightarrow f''(x)>0$，同样利用凸函数的性质，可证得.

8. 令$h(x)=\int_a^x|f'(t)|\mathrm{d}t$，则$|f(x)|\leqslant h(x)$，于是

$$\int_a^b|f(x)f'(x)|\mathrm{d}x\leqslant\int_a^b h(x)h'(x)\mathrm{d}x=\frac{1}{2}h^2(b)\leqslant\frac{b-a}{2}\int_a^b f'^2(x)\mathrm{d}x.$$

9. 极坐标为$\rho^2=a^2\sin 2\theta$，面积$A=\int_0^{\frac{\pi}{2}}\rho^2\mathrm{d}\theta=a^2$.

10. 用微元法，在区间$[x,x+\mathrm{d}x]$，体积微元$\mathrm{d}V=\pi[3^2-(3-y)^2]\mathrm{d}x$，由对称性

$$V=2\int_0^2\pi[9-(x^2-1)^2]\mathrm{d}x=\frac{448}{15}\pi.$$

11. $S=\int_0^{\pi}\sqrt{1+y'^2}\mathrm{d}x=\int_0^{\pi}\sqrt{1+\sin x}\mathrm{d}x=4.$

12. 只需令$g(x)=(x-a)^2(x-b)^2f(x)$即可.

13. 令$G(x)=\int_a^x f(t)\mathrm{d}t-\int_a^x g(t)\mathrm{d}t$，则$G(x)\geqslant 0$，$G(a)=G(b)=0$，于是

$$\int_a^b x(f-g)\mathrm{d}x=xG\big|_a^b-\int_a^b G(x)\mathrm{d}x\leqslant 0.$$

14. 设$F(x)=\frac{1}{I}\int_0^x f(t)\mathrm{d}t$，则$F(0)=0$，$F(1)=1$，由介值性定理知$\exists\xi\in(0,1)$，使得$F(\xi)=\frac{1}{2}$. 在$(0,\xi)$与$(\xi,1)$上分别用拉格朗日中值定理知，

$$F'(x_1)=\frac{f(x_1)}{I}=\frac{F(\xi)-F(0)}{\xi-0}=\frac{1/2}{\xi},\quad x_1\in(0,\xi),$$

$$F'(x_2)=\frac{f(x_2)}{I}=\frac{F(1)F(\xi)}{1-\xi}=\frac{1/2}{1-\xi},\quad x_2\in(\xi,1),$$

从而$\dfrac{I}{f(x_1)}+\dfrac{I}{f(x_2)}=2\Rightarrow\dfrac{1}{f(x_1)}+\dfrac{1}{f(x_2)}=\dfrac{2}{I}$.

15.(1) 令 $x=\sin t$,则 $a_n=\int_0^{\frac{\pi}{2}}\sin^n t\cos^2 t\mathrm{d}t$,由于$\sin^n t>\sin^{n+1}t$,可知$\{a_n\}$单调递减. 由分部积分法可得

$$a_n=\int_0^{\frac{\pi}{2}}\sin^n t\cos^2 t\mathrm{d}t=-\sin^{n-1}t\cos^3 t\Big|_0^{\frac{\pi}{2}}+\int_0^{\frac{\pi}{2}}\cos t\mathrm{d}(\sin^{n-1}t\cos^2 t)$$

$$=(n-1)\int_0^{\frac{\pi}{2}}\sin^{n-2}t\cos^4 t\mathrm{d}t-2\int_0^{\frac{\pi}{2}}\sin^n t\cos^2 t\mathrm{d}t=(n-1)a_{n-2}-(n-1)a_{n-1}-2a_n,$$

从而 $a_n=\dfrac{n-1}{n+2}a_{n-2}(n=2,3,\cdots)$.

(2) 由于$\{a_n\}$单调递减,$\dfrac{n-1}{n+2}=\dfrac{a_n}{a_{n-2}}<\dfrac{a_n}{a_{n-1}}<1$,又$\lim\limits_{n\to\infty}\dfrac{n-1}{n+2}=1$,由夹逼定理可知$\lim\limits_{n\to\infty}\dfrac{a_n}{a_{n-1}}=1$.

第 9 讲

1.(1)$I=\int_0^1\dfrac{\ln x}{1+x^2}\mathrm{d}x+\int_1^{+\infty}\dfrac{\ln x}{1+x^2}\mathrm{d}x=I_1+I_2$,令 $x=\dfrac{1}{t}$,则 $I_2=\int_1^{+\infty}\dfrac{\ln x}{1+x^2}\mathrm{d}x=-I_1$,$I=0$.

(2) $\dfrac{x}{1+\mathrm{e}^x}=\dfrac{x\mathrm{e}^{-x}}{1+\mathrm{e}^{-x}}=\sum\limits_{k=1}^{\infty}(-1)^{k-1}x\mathrm{e}^{-kx}$,

$$I=\int_0^{+\infty}\frac{x}{1+\mathrm{e}^x}\mathrm{d}x=\sum_{k=1}^{\infty}(-1)^{k-1}\int_0^{+\infty}x\mathrm{e}^{-kx}\mathrm{d}x=\sum_{k=1}^{\infty}\frac{(-1)^{k-1}}{k^2}=\frac{\pi^2}{12}.$$

(3) 由分部积分,$I_n=\int_0^1(\ln x)^n\mathrm{d}x=-nI_{n-1}$,$I_1=-1\Rightarrow I_n=(-1)^n n!$.

(4) $\int_0^1\dfrac{x^n}{\sqrt{1-x}}\mathrm{d}x=\mathrm{B}\left(n+1,\dfrac{1}{2}\right)=\dfrac{\Gamma(n+1)\Gamma\left(\dfrac{1}{2}\right)}{\Gamma\left(n+1+\dfrac{1}{2}\right)}=\dfrac{n!\Gamma\left(\dfrac{1}{2}\right)}{\dfrac{2n+1}{2}\cdots\dfrac{1}{2}\Gamma\left(\dfrac{1}{2}\right)}=\dfrac{(2n)!!}{(2n+1)!!}$.

2.(1) 发散; (2) 发散; (3) 收敛; (4) 收敛.

3. $\lim\limits_{x\to+\infty}x^2\left[\ln\left(1+\dfrac{1}{x}\right)-\dfrac{1}{1+x}\right]=\dfrac{1}{2}$ 积分收敛.

4. $I=\int_0^{+\infty}\dfrac{1}{x^p+x^q}\mathrm{d}x=\int_0^1\dfrac{1}{x^p+x^q}\mathrm{d}x+\int_1^{+\infty}\dfrac{1}{x^p+x^q}\mathrm{d}x=I_1+I_2$.

$p=q$ 时,发散;$p\neq q$:若 $p<1<q$,I 收敛,其余都发散;同理,若 $q<1<p$,收敛,其余发散.

5. $\lim\limits_{x\to0^+}x^{m-2}\cdot\dfrac{1-\cos x}{x^m}=\dfrac{1}{2}$,$m<3$ 时,积分收敛;$m\geqslant3$ 时积分发散.

6. 当 $0<p\leqslant2$ 时,为定积分;由$\lim\limits_{x\to0^+}x^{p-2}\dfrac{\sin x^2\cos x}{x^p}=1$ 及柯西判别法中积分收敛知,当 $2<p<3$ 时,积分收敛,当 $p\geqslant3$ 时,积分发散.

7. $\int_0^{+\infty} f'(x)\sin^2 x\mathrm{d}x = f(x)\sin^2 x\Big|_0^{+\infty} - \int_0^{+\infty} f(x)\sin 2x\mathrm{d}x = -\int_0^{+\infty} f(x)\sin 2x\mathrm{d}x$，由狄利克雷法知右边积分收敛，故左边收敛.

8. $I_n = \dfrac{n!}{a^{n+1}}$.

第　10　讲

1. $F(y) = \begin{cases} 1, & y<0, \\ 1-2y, & 0 \leqslant y \leqslant 1, \\ -1, & y>1 \end{cases}$ 易证在 $(-\infty, +\infty)$ 连续.（注：被积函数 $f(x,y)$ 在 $[0,1] \times (-\infty, +\infty)$ 上不连续，在 $x = y$ 上间断，说明含参量正常积分定义的函数连续性条件是充分而非必要的）

2. (1) $\pi \ln \dfrac{a+b}{2}$；　(2) $\dfrac{1}{2}\ln \dfrac{b^2+2b+2}{a^2+2a+2}$.

3. 由 $f(x)$ 连续，必有原函数，设为 $F(x)$，则

$$\int_a^x [f(t+h) - f(t)]\mathrm{d}t = \int_a^x [F'(t+h) - F'(t)]\mathrm{d}t = F(x+h) - F(x) - F(a+h) + F(a),$$

$$\lim_{h\to 0}\frac{1}{h}\int_a^x [f(t+h) - f(t)]\mathrm{d}t = \lim_{h\to 0}\left[\frac{F(x+h) - F(x)}{h} - \frac{F(a+h) - F(a)}{h}\right] = f(x) - f(a).$$

4. (1) 由于 $\lim\limits_{a\to 0^+}\dfrac{\sin at}{t} = \lim\limits_{a\to 0^+} a \cdot \dfrac{\sin at}{at} = 0$，因此存在 $a_1 > 0$，使得当 $0 < a < a_1$ 时，$\left|\dfrac{\sin at}{t}\right| \leqslant 1$，$\forall t \in (0, +\infty)$ 成立，于是当 $a \in (0, a_1]$ 时，$\left|\mathrm{e}^{-t}\dfrac{\sin at}{t}\right| \leqslant \mathrm{e}^{-t}$，$\int_0^{+\infty}\mathrm{e}^{-t}\mathrm{d}t$ 收敛 $\Rightarrow \int_0^{+\infty}\mathrm{e}^{-t}\dfrac{\sin at}{t}\mathrm{d}t$ 一致收敛；当 $a \in [a_1, +\infty)$ 时，$\forall A > 0$，$\left|\int_0^A \sin at\mathrm{d}t\right| = \dfrac{1-\cos aA}{a} \leqslant \dfrac{2}{a_1}$，而 $\dfrac{\mathrm{e}^{-t}}{t}$ 在 $(0, +\infty)$ 关于 t 单调递减，且 $\lim\limits_{t\to+\infty}\dfrac{1}{t\mathrm{e}^t} = 0$（关于 a 一致），由狄利克雷判别法，积分在 $[a_1, +\infty)$ 上一致收敛，故积分在 $(0, +\infty)$ 上一致收敛. $\left[\text{注：}\lim\limits_{(t,a)\to(0,0)}\dfrac{\sin at}{t} = 0, (t,a) = (0,0) \text{ 不是瑕点}\right]$

(2) 在 $[a,b]\,(a>0)$ 上一致收敛，因 $|x\mathrm{e}^{-xy}| \leqslant b\mathrm{e}^{-ay}$，$\int_0^{+\infty}\mathrm{e}^{-ay}\mathrm{d}y$ 收敛；在 $[0,b]$ 上不一致收敛：取 $\varepsilon_0 = \dfrac{1}{2\mathrm{e}} > 0$，对任意 $A > 0$，总可以取 $A_0 > A$，及 $x_0 = \dfrac{1}{A_0} \in [0,b]$，使得 $\left|\int_{A_0}^{+\infty} x_0\mathrm{e}^{-x_0 y}\mathrm{d}y\right| = \dfrac{1}{\mathrm{e}} > \varepsilon_0$.

(3) ① 在 $[a, +\infty)\,(a>0)$ 上一致收敛，事实上，做变量代换 $u = xy$，得

$\int_A^{+\infty}\dfrac{y}{1+x^2y^2}\mathrm{d}x = \int_{Ay}^{+\infty}\dfrac{\mathrm{d}u}{1+u^2}$，其中 $A>0$，由于 $\int_0^{+\infty}\dfrac{\mathrm{d}u}{1+u^2}$ 收敛，故 $\forall \varepsilon > 0$，$\exists M' > 0$，使当 $A' > M'$ 时，就有 $\left|\int_{A'}^{+\infty}\dfrac{\mathrm{d}u}{1+u^2}\right| < \varepsilon$. 取 $M = \dfrac{M'}{a}$，则当 $A > M$ 时，$\forall y \in [a, +\infty)$，有 $Ay > M'$，此时

$\left|\int_A^{+\infty}\frac{y}{1+x^2y^2}\mathrm{d}x\right| = \left|\int_{Ay}^{+\infty}\frac{\mathrm{d}u}{1+u^2}\right| < \varepsilon$. 证毕.

② 在 $(0,+\infty)$ 上不一致收敛,事实上,取 $\varepsilon_0=\frac{\pi}{13}$, $\forall M>0$,取 $A_1=\frac{\sqrt{3}}{3}M, A_2=M$,

$y=\frac{1}{M}\in(0,+\infty)$,此时有 $\left|\int_{A_1}^{A_2}\frac{y}{1+x^2y^2}\mathrm{d}x\right| = \left|\int_{\frac{\sqrt{3}}{3}}^{1}\frac{\mathrm{d}u}{1+u^2}\right| = \frac{\pi}{12} > \varepsilon_0 = \frac{\pi}{13}$.

5. 设区间 I 是不含 $a=0$ 的任意区间,则 $f(x,a)=\frac{a}{a^2+x^2}$ 在 $[0,+\infty)\times I$ 上连续,且 $\int_0^{+\infty}\frac{a}{a^2+x^2}\mathrm{d}x$ 在 $a\in I$ 上一致收敛,故 $F(a)=\int_0^{+\infty}\frac{a}{a^2+x^2}\mathrm{d}x$ 在 I 上连续.

6. (1) $\ln\frac{b}{a}$. (2) $\frac{\pi}{2}(b-a)$.

7. 因为 $\int_a^{+\infty}F(x,y)\mathrm{d}x$ 在 $[c,d]$ 上一致收敛,所以 $\forall\varepsilon>0$, $\exists M>a$,当 $A>M$ 时,有

$$\int_A^{+\infty}F(x,y)\mathrm{d}x < \varepsilon \quad (\forall y\in[c,d]),$$

从而 $\left|\int_A^{+\infty}f(x,y)\mathrm{d}x\right| \leqslant \int_A^{+\infty}|f(x,y)\mathrm{d}x| \leqslant \int_A^{+\infty}F(x,y)\mathrm{d}x < \varepsilon$.

第 11 讲

1. (1) $a=1$ 时,发散; $a>0$ 且 $a\neq1$ 时收敛.(提示:可按 $0<a<1$ 与 $a>1$ 分别用比值法)

(2) 发散. 因 $\lim\limits_{n\to\infty}\frac{a^{\frac{1}{n}}-1}{\frac{1}{n}} = \lim\limits_{x\to0}\frac{a^x-1}{x} = \ln a$.

2. 由 $a_{n+2}-a_{n+1}=a_n>0(\forall n=1,2,\cdots)\Rightarrow\{a_n\}$ 严格递增;且无上界,否则若有上界,则 $\lim\limits_{n\to\infty}a_n=A$,且 $A>a_1>0$,但对 $a_{n+2}=a_{n+1}+a_n$,令 $n\to\infty$ 得 $A=0$,矛盾. 所以 $\lim\limits_{n\to\infty}a_n=+\infty$. 又 $\frac{a_{n+1}}{a_na_{n+2}}=\frac{1}{a_n}-\frac{1}{a_{n+2}}$,故

$$S_n=\sum_{k=1}^{n}\frac{a_{k+1}}{a_ka_{k+2}}=\sum_{k=1}^{n}\left(\frac{1}{a_k}-\frac{1}{a_{k+2}}\right)=\frac{1}{a_1}+\frac{1}{a_2}-\frac{1}{a_{n+1}}-\frac{1}{a_{n+2}}\to\frac{1}{a_1}+\frac{1}{a_2}.$$

3. (1) $\sum\limits_{n=1}^{\infty}\frac{2n-1}{2^n}=\sum\limits_{n=1}^{\infty}\frac{n}{2^{n-1}}-\sum\limits_{n=1}^{\infty}\frac{1}{2^n}=3$.

(2) 因为 $\arctan\frac{1}{1+n+n^2}=\arctan(n+1)-\arctan n$,所以

$$S_n=\arctan(n+1)-\arctan 1\to\frac{\pi}{2}-\frac{\pi}{4}=\frac{\pi}{4}\quad(n\to\infty).$$

4. 记 $S_n=\sum\limits_{k=1}^{n}a_k$, $T_n=\sum\limits_{k=1}^{n}k(a_k-a_{k-1})=\sum\limits_{k=1}^{n}ka_k-\sum\limits_{k=1}^{n}ka_{k-1}=\sum\limits_{k=1}^{n}(-a_k)+na_n+a_n-a_0$,则有

$S_n = na_n + a_n - a_0 - T_n$,因$\lim\limits_{n\to\infty} na_n$,$\lim\limits_{n\to\infty} T_n$ 都存在,且$\lim\limits_{n\to\infty} a_n = \lim\limits_{n\to\infty}\left(\frac{1}{n}\cdot na_n\right) = 0$,所以$\lim\limits_{n\to\infty} S_n$ 存在.

5. $a_n \geqslant 0$,$\{na_n\}$ 有界$\Rightarrow na_n \leqslant M(M>0) \Rightarrow a_n \leqslant \frac{M}{n}, a_n^2 \leqslant \frac{M^2}{n^2}$.

6. 因为 $a_n = \sin\left(\pi\sqrt{n^2+k^2}\right) = (-1)^n \sin(\pi\sqrt{n^2+k^2} - n\pi) = (-1)^n \sin\frac{k^2\pi}{\sqrt{n^2+k^2}+n}$,所以当 $n > \frac{k^2-1}{2}$ 时,为 Leibniz 型级数.

7. 用莱布尼茨判别法.

8. (1) $a_{2n+1} = \frac{1}{n+1} \leqslant a_{2n} = \int_n^{n+1}\frac{1}{x}dx \leqslant \frac{1}{n} = a_{2n-1}$,故对 $\forall n = 1,2,\cdots$,$\{a_n\}$ 单调递减,且 $\lim\limits_{n\to\infty} a_n = 0$. 由 Leibniz 判别法,$\sum\limits_{n=1}^{\infty}(-1)^{n-1}a_n$ 收敛.

(2) 由于

$$S_{2n-1} = 1 - \ln 2 + \frac{1}{2} - (\ln 3 - \ln 2) + \cdots + \frac{1}{n} - [\ln n - \ln(n-1)] = 1 + \frac{1}{2} + \cdots + \frac{1}{n} - \ln n,$$

且 $\sum\limits_{n=1}^{\infty}(-1)^{n-1}a_n$ 收敛,所以$\lim\limits_{n\to\infty} S_{2n-1} = \lim\limits_{n\to\infty}\left(1+\frac{1}{2}+\cdots+\frac{1}{n}-\ln n\right)$ 存在.

9. 记 $a_n = \sqrt{2+\sqrt{2+\cdots+\sqrt{2}}} = \sqrt{2+a_{n-1}}$,易证$\{a_n\}$ 单调递增,有上界,且$\lim\limits_{n\to\infty} a_n = 2$,记 $u_n = \sqrt{2-a_n} \Rightarrow u_n \geqslant 0$,原级数 $\sum u_n$ 为正项级数,且

$$\frac{u_{n+1}^2}{u_n^2} = \frac{2-a_{n+1}}{2-a_n} = \frac{2-\sqrt{2+a_n}}{2-a_n} \to \frac{1}{4}(n\to\infty), \quad \frac{u_{n+1}}{u_n} \to \frac{1}{2}(n\to\infty),$$

故 $\sum u_n$ 收敛.

10. 由$f(x) = \frac{1}{\sqrt{x}}$ 在$[1,+\infty)$ 单调递减,$\int_1^{n+1}\frac{1}{\sqrt{x}}dx = 2\sqrt{n+1} - 2$,而$\int_1^{n+1}\frac{1}{\sqrt{x}}dx = \sum\limits_{k=1}^{n}\int_k^{k+1}\frac{1}{\sqrt{x}}dx \leqslant \sum\limits_{k=1}^{n}\int_k^{k+1}\frac{1}{\sqrt{k}}dx$.

11. 提示:

$$\sqrt[n]{n} - \sqrt[n+1]{n} = \sqrt[n]{n}\left[1 - n^{\frac{1}{n+1}-\frac{1}{n}}\right] = \sqrt[n]{n}\left[1 - n^{-\frac{1}{n(n+1)}}\right] = \sqrt[n]{n}\left[1 - e^{-\frac{\ln n}{n(n+1)}}\right] \sim \sqrt[n]{n}\cdot\frac{\ln n}{n(n+1)}.$$

12. 证明由于$\lim\limits_{x\to 0}\frac{f(x)}{x} = a > 0$,所以$\lim\limits_{x\to 0} f(x) = f(0) = 0$,且

$$f'(0) = \lim_{x\to 0}\frac{f(x)-f(0)}{x-0} = a > 0,$$

又$f(x)$ 在$[-1,1]$ 上有一阶连续导数,故在 $x=0$ 的某邻域内都有$f'(x) > 0$,即$f(x)$ 在此邻域内单调递增,因此$f\left(\frac{1}{n}\right)$单调递减且收敛于0,由莱布尼茨判别法,$\sum\limits_{n=1}^{\infty}(-1)^n f\left(\frac{1}{n}\right)$收敛.

但它不绝对收敛,因为$\lim\limits_{n\to\infty}\dfrac{\left|(-1)^n f\left(\dfrac{1}{n}\right)\right|}{\dfrac{1}{n}}=a>0$,而$\sum\limits_{n=1}^{\infty}\dfrac{1}{n}$发散,故$\sum\limits_{n=1}^{\infty}(-1)^n f\left(\dfrac{1}{n}\right)$不绝对收敛.

第 12 讲

1. (1) 一致收敛. 因极限函数$f(x)=\lim\limits_{n\to\infty}f_n(x)=0,x\in(0,1)$,且

$$\sup_{x\in(0,1)}|f_n(x)-f(x)|=-\frac{1}{n}\ln\frac{1}{n}=\frac{\ln n}{n}(n\geqslant 3)\to 0(n\to\infty).$$

(2) 一致收敛. 因极限函数$f(x)=\lim\limits_{n\to\infty}f_n(x)=0,x\in[0,1]$. 由于对$\forall\varepsilon>0,\exists\delta>0$,当$0<1-\delta\leqslant 1$时,$\left|x^n\cos\dfrac{\pi x}{2}\right|\leqslant\cos\dfrac{\pi x}{2}<\varepsilon$. 而在$[0,1-\delta]$上,

$$\left|x^n\cos\frac{\pi x}{2}\right|\leqslant x^n\leqslant(1-\delta)^n\to 0(n\to 0),$$

所以有$\sup\limits_{x\in[0,1]}|f_n(x)-f(x)|\to 0(n\to\infty)$.

(3) 不一致收敛. 因极限函数$f(x)=\lim\limits_{n\to\infty}f_n(x)=0,x\in[0,1]$,且

$$\sup_{x\in[0,1]}|f_n(x)-f(x)|=\sup_{x\in[0,1]}f_n(x)\geqslant f_n\left(\frac{1}{\sqrt{n}}\right)=\frac{\sqrt{n}}{\mathrm{e}}\to\infty(n\to\infty).$$

2. 不一致收敛. 只需证$2^n\sin\dfrac{x}{3^n}$在$(0,+\infty)$上不一致收敛于零即可. 事实上,取$\varepsilon_0=1>0$,$\forall N>0$,取$n_0>N,x_0=3^{n_0}\cdot\dfrac{\pi}{2}\in(0,+\infty)$,则$\left|2^{n_0}\sin\dfrac{x_0}{3^{n_0}}\right|=2^{n_0}>1=\varepsilon_0$.

3. 因$\dfrac{nf(x)-1}{n}\leqslant\dfrac{[nf(x)]}{n}<\dfrac{nf(x)}{n}\Rightarrow\lim\limits_{n\to\infty}f_n(x)=f(x)$,又

$$\sup_{x\in(a,b)}|f_n(x)-f(x)|\leqslant\frac{1}{n}\to 0(n\to\infty),$$

故$f_n(x)$一致收敛于$f(x)$.

4. (1) 因$f_n(x)(n=1,2,\cdots)$连续且一致收敛于$f(x)$,所以$f(x)$在$[a,b]$连续,有界. 即存在$K>0$,使得$|f(x)|\leqslant K(x\in[a,b])$. 由一致收敛,对$\varepsilon=1,\exists N>0$,当$n>N$时,有$|f_n(x)|\leqslant|f(x)|+1\leqslant K+1(x\in[a,b])$,又因对每一个$n$,$|f_n(x)|\leqslant M_n(x\in[a,b])$,令$M=\max\{M_1,M_2,\cdots M_N,K+1\}$,则$|f_n(x)|\leqslant M(\forall n=1,2,\cdots,\forall x\in[a,b])$.

(2) $g(u)$在$(-\infty,+\infty)$上连续,$\forall\varepsilon>0,\exists\delta>0$,当$|f_n(x)-f(x)|<\delta(\forall x\in[a,b])$时,有$|g(f_n(x))-g(f(x))|<\varepsilon$. 由于$f_n(x)$一致收敛,对上述的$\delta>0,\exists N>0$,当$n>N$时,对一切$x\in[a,b]$,有$|f_n(x)-f(x)|<\delta\Rightarrow|g(f_n(x))-g(f(x))|<\varepsilon$,即$g(f_n(x))$在$[a,b]$上一致收敛于$g(f(x))$.

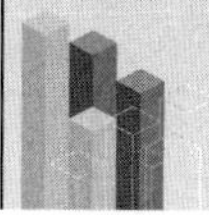

5. $x \in [\alpha,\beta] \subset (a,b)$ 时，$f_n(x) \to f'(n\to\infty)$，再证明是一致收敛，极限可与积分换序，$\lim\limits_{n\to\infty}\int_{\alpha}^{\beta} f_n(x)\mathrm{d}x = \int_{\alpha}^{\beta} f'(x)\mathrm{d}x = f(\beta) - f(\alpha)$.

6. 该幂级数的收敛区间是 $x \in [-3,5)$，在 $\forall [a,b] \subset (-3,5)$ 上绝对收敛；在 $[-3,b]$（其中 $-3 < b < 5$）上一致收敛；在 $x = -3$ 时条件收敛；在 $(-\infty,-3) \cup [5,+\infty)$ 上发散.

7. 因 $f(x)$ 在 $[0,1]$ 上连续，则 $\exists M > 0$，使 $|f_1(x)| = |f(x)| \leqslant M$. $|f_2(x)| \leqslant M(1-x)$，一般地，$|f_n(x)| \leqslant \dfrac{M}{(n-1)!}(1-x)^{n-1} \leqslant \dfrac{M}{(n-1)!}(x \in [0,1])$. 由优级数判别法可判定一致收敛.

8. $g_n(x)\dfrac{1}{n!}\int_0^x t^n \mathrm{e}^{-t}\mathrm{d}t(x \in [0,b])$ 关于 n 单调递减，且 $|g_n(x)| = \left|\dfrac{\mathrm{e}^{-\xi}x^{n+1}}{(n+1)!}\right| \leqslant \dfrac{b^{n+1}}{(n+1)!} \to 0(n\to\infty)$ 一致有界，由阿贝尔判别法即得.

第 13 讲

1. B.

2. (1) $\dfrac{2}{3}$. (2) $[-1,1)$. (3) $|x| < \sqrt{3}$. (4) $\dfrac{2\pi}{3}$.

3. (1) 记 $f(x) = \sum\limits_{n=0}^{\infty} \dfrac{x^{2n}}{(2n)!}[x \in (-\infty,+\infty)]$，则 $f'(x) = \sum\limits_{n=1}^{\infty} \dfrac{x^{2n-1}}{(2n-1)!}$，$f'(x) + f(x) = \mathrm{e}^x$，解一阶线性微分方程得 $f(x) = \dfrac{1}{2}(\mathrm{e}^x + \mathrm{e}^{-x})$.

(2) 令 $t = x - 1$，$f(t) = \sum\limits_{n=1}^{\infty} \dfrac{2n-1}{2^n} t^{2n-2}[t \in (-\sqrt{2},\sqrt{2})]$，则

$$\int_0^t f(t)\mathrm{d}t = \sum_{n=1}^{\infty} \frac{t^{2n-1}}{2^n} = \frac{t}{2-t^2},\quad f(t) = \frac{2+t^2}{(2-t^2)^2}(|t| < \sqrt{2}),$$

$$f(x) = \frac{x^2 - 2x + 3}{(x^2 - 2x - 1)^2}(1 - \sqrt{2} < x < 1 + \sqrt{2}).$$

(3) 记 $f(x) = \sum\limits_{n=1}^{\infty} \dfrac{n^2}{n!}x^{n-1} = \sum\limits_{n=1}^{\infty} \dfrac{n}{(n-1)!}x^{n-1}[x \in (-\infty,+\infty)]$，则

$$\int_0^x f(t)\mathrm{d}t = \sum_{n=1}^{\infty} \frac{x^n}{(n-1)!} = x\mathrm{e}^x \Rightarrow f(x) = (1+x)\mathrm{e}^x.$$

4. 记 $f(x) = \sum\limits_{n=0}^{\infty} \dfrac{n^2+1}{3^n \cdot n!}x^n = \sum\limits_{n=0}^{\infty} \dfrac{n^2 - n + n + 1}{3^n \cdot n!}x^n$，则

$$f(x) = \sum_{n=2}^{\infty} \frac{1}{(n-2)!}\left(\frac{x}{3}\right)^n + \sum_{n=1}^{\infty} \frac{1}{(n-1)!}\left(\frac{x}{3}\right)^n + \sum_{n=0}^{\infty} \frac{1}{n!}\left(\frac{x}{3}\right)^n$$

$$= \left(\frac{x^2}{9} + \frac{x}{3} + 1\right)\mathrm{e}^{\frac{x}{3}}.\ \sum_{n=0}^{\infty} \frac{n^2+1}{3^n \cdot n!} = f(1) = \frac{13}{9}\mathrm{e}^{\frac{1}{3}}.$$

5. (1) $a_n = a_0 + nd$（其中 d 为公差），收敛半径 $R = \lim\limits_{n\to\infty}\left|\dfrac{a_n}{a_{n+1}}\right| = \lim\limits_{n\to\infty}\left|\dfrac{a_0 + nd}{a_0 + (n+1)d}\right| = 1$.

(2) $\sum_{n=0}^{\infty}\frac{a_n}{2^n}=a_0\sum_{n=0}^{\infty}\frac{1}{2^n}+d\sum_{n=0}^{\infty}\frac{n}{2^n}=2a_0+2d.$

6. (1) $f(x)=x+\sum_{n=1}^{\infty}\frac{(-1)^n(2n-1)!!}{(2n+1)\cdot(2n)!!}x^{2n+1}\quad(x\in[-1,1]).$

(2) $f(x)=\sum_{n=0}^{\infty}\frac{(-1)^n}{(2n+1)\cdot n!}x^{2n+1}\quad[x\in(-\infty,+\infty)].$

7. 因为 $b_n=0,a_0=\frac{4}{\pi},a_1=0,a_n=\frac{2}{\pi(n^2-1)}[(-1)^{n-1}-1],n=2,3,\cdots$,所以

$f(x)=\frac{2}{\pi}+\sum_{n=2}^{\infty}\frac{2[(-1)^{n-1}-1]}{\pi(n^2-1)}\cos nx=\frac{2}{\pi}-\frac{4}{\pi}\sum_{k=1}^{\infty}\frac{1}{4k^2-1}\cos 2kx,x\in[-\pi,\pi]$,且由 $f(0)=0$,得 $\sum_{k=1}^{\infty}\frac{1}{4k^2-1}=\frac{1}{2}.$

8. $f(x)$ 的傅里叶展式为

$$f(x)=\sum_{n=1}^{\infty}\frac{\sin nx}{n},\quad x\in(-\pi,0)\cup(0,\pi),$$

$$f(1)=\frac{\pi-1}{2}=\sum_{n=1}^{\infty}\frac{\sin n}{n}.$$

第 14 讲

1. (1) $\lim\limits_{(x,y)\to(x_0^+,y_0^-)}f(x,y)=A$:$\forall\varepsilon>0,\exists\delta>0$,当 $x_0<x<x_0+\delta,y_0-\delta<y<y_0$ 时,恒有 $|f(x,y)-A|<\varepsilon.$

(2) $\lim\limits_{(x,y)\to(x_0^+,+\infty)}f(x,y)=A$:对 $\forall\varepsilon>0,\exists\delta>0,\exists M>0$,当 $x_0<x<x_0+\delta,y>M$ 时,恒有 $|f(x,y)-A|<\varepsilon.$

(3) $\lim\limits_{(x,y)\to(-\infty,y_0^-)}f(x,y)=+\infty$:$\forall M>0,\exists\delta>0,\exists G>0$,当 $x<-G,y_0-\delta<y<y_0$ 时,恒有 $f(x,y)>M.$

(4) $\lim\limits_{(x,y)\to(x_0,-\infty)}f(x,y)=\infty$:$\forall M>0,\exists\delta>0,\exists G>0$,当 $0<|x-x_0|<\delta,y<-G$ 时,恒有 $|f(x,y)|>M.$

2. (1) 不存在. $\frac{xy}{\sqrt{x+y+1}-1}=\frac{xy(\sqrt{x+y+1}+1)}{x+y}$,当沿 x 轴($y=0$)趋于(0,0)时,极限为0;当沿 $y=-x+x^2$ 趋于(0,0)时,极限为 -2.

(2) 存在且为0. 可用定义证明 $\lim\limits_{(x,y)\to(0,0)}\frac{x^3+y^3}{x^2+y^2}=0$,所以

$$\lim_{(x,y)\to(0,0)}\frac{\sin(x^3+y^3)}{x^2+y^2}=\lim_{(x,y)\to(0,0)}\left[\frac{\sin(x^3+y^3)}{x^3+y^3}\cdot\frac{x^3+y^3}{x^2+y^2}\right]=0.$$

(3) 不存在. 可选两条路径使极限不等,如沿 x 轴,极限为0;沿 $x=-y^2+y^3$ 极限为1.

(4) 不存在. 因沿 $y=x$ 路径,极限为0;沿 $y=2x$ 路径,极限为 $-\frac{1}{3}$(或用两累次极限都存

在但不等).

3. $f(t)$ 在(a,b)内连续可导,$\forall x,y\in(a,b)$,有$\frac{f(x)-f(y)}{x-y}=f'(\xi)$,其中$\xi$介于$x,y$之间,当$x\to c,y\to c$时,必有$\xi\to c$. 再由$f'(t)$的连续性,有

$$\lim_{(x,y)\to(c,c)}F(x,y)=\lim_{(x,y)\to(c,c)}\frac{f(x)-f(y)}{x-y}=\lim_{\xi\to c}f'(\xi)=f'(c).$$

4. 作极坐标变换$\begin{cases}x=r\cos\alpha\\y=r\sin\alpha\end{cases}$,则当$x^2+y^2\neq 0$时,有

$$f(x,y)=f(r\cos\alpha,r\sin\alpha)=r^{p+q-2}\cos^p\alpha\sin^q\alpha,$$

当$p+q-2>0$时,$\lim\limits_{r\to 0}\left(r^{p+q-2}\cos^p\alpha\sin^q\alpha\right)=0=f(0,0)$(对$\forall\alpha\in[0,2\pi]$一致成立).

此时f在原点连续;当$p+q-2\leqslant 0$,在原点的极限不存在,故f在原点不连续.

5. 因为$f(P)$在D上一致连续,所以$\forall\varepsilon>0,\exists\delta>0,\forall P',P''\in D$,当$\rho(P',P'')<\delta$时,有$|f(P')-f(P'')|<\varepsilon$. 记$\lim\limits_{n\to\infty}P_n=P_0$. 则对上述的$\delta$,$\exists N>0$,当$n>N$时,有$\rho(P_n,P_0)<\delta$,于是$|f(P_n)-f(P_0)|<\varepsilon$. 即$\lim\limits_{n\to\infty}f(P_n)=f(P_0)$.

反之,若D为有界闭集,$f(x,y)$将D中收敛点列映成收敛点列,则$f(P)$必在D上一致连续. 事实上,假设$f(x,y)$在D上不一致连续,则$\exists\varepsilon_0>0,\forall\delta>0,\exists P',P''\in D$,虽然$\rho(P',P'')<\delta$,但是$|f(P')-f(P'')|\geqslant\varepsilon_0$. 特别地,令$\delta=\frac{1}{n},n=1,2,\cdots$,则分别存在$P_n^{(1)},P_n^{(2)}\in D$,虽然$\rho(P_n^{(1)},P_n^{(2)})<\frac{1}{n}$,但$|f(P_n^{(1)})-f(P_n^{(2)})|\geqslant\varepsilon_0$. 因$\{P_n^{(1)}\}\subset D$有界,必有收敛子列,记$\lim\limits_{k\to\infty}P_{n_k}^{(1)}=P_0$. 易证$\lim\limits_{k\to\infty}P_{n_k}^{(2)}=P_0$,记$Q_k=\{P_{n_1}^{(1)},P_{n_1}^{(2)},\cdots,P_{n_k}^{(1)},P_{n_k}^{(2)},\cdots\}$,则$Q_k\to P_0$,但$|f(Q_{2k-1})-f(Q_{2k})|\geqslant\varepsilon_0$. 说明$\{f(Q_k)\}$不收敛,与已知矛盾.

6. 由$F(1,y)=\frac{1}{2}f(y-1)=\frac{1}{2}y^2-y+5$可以推得$f(t)=t^2+9$,且

$$x_0>0,x_1=\frac{1}{2x_0}f(x_0)=\frac{x_0^2+9}{2x_0}\geqslant 3,$$

利用数学归纳法可证得$\forall n=1,2,\cdots,x_n\geqslant 3$. 又

$$x_n-x_{n+1}=x_n-\frac{1}{2x_n}f(x_n)=\frac{2x_n^2-x_n^2-9}{2x_n}=\frac{x_n^2-9}{2x_n}\geqslant 0,$$

由单调有界原理,$\{x_n\}$收敛,记$\lim\limits_{n\to\infty}x_n=A$,对$x_n=F(x_{n-1},2x_{n-1})=\frac{x_n^2+9}{2x_n}$,令$n\to\infty$得$A^2=9\Rightarrow A=3$(负值舍去).

第 15 讲

1. (1) 记切点$P_0(x_0,y_0,z_0)$,则切平面方程为$\frac{x_0}{a^2}x+\frac{y_0}{b^2}y+\frac{z_0}{c^2}z=1$,该平面就是已知平面$\frac{l}{p}x+$

$\frac{m}{p}y+\frac{n}{p}z=1$(注:因是椭球面的切平面,故 p 必不为零). 比较上两个方程应有

$$\frac{x_0}{a^2}=\frac{l}{p}\Rightarrow x_0=\frac{la^2}{p},\frac{y_0}{b^2}=\frac{m}{p}\Rightarrow y_0=\frac{mb^2}{p},\frac{z_0}{c^2}=\frac{n}{p}\Rightarrow z_0=\frac{nc^2}{p}.$$

因 P_0 在平面 $lx+my+nz=p$ 上,代入即得 $a^2l^2+b^2m^2+c^2n^2=p^2$.

(2) 设点 $P(x_0,y_0,z_0)$ 和平面 $\pi:Ax+By+Cz+D=0$,求 P 到 π 的距离就是求函数 $f(x,y,z)=[(x-x_0)^2+(y-y_0)^2+(z-z_0)^2]^{\frac{1}{2}}$ 在条件 $Ax+By+Cz=0$ 下的极值. 为此作拉格朗日函数

$$L(x,y,z,\lambda)=(x-x_0)^2+(y-y_0)^2+(z-z_0)^2+\lambda(Ax+By+Cz+D).$$

令 $\begin{cases}L_x=2(x-x_0)+\lambda A=0\\L_y=2(y-y_0)+\lambda B=0\\L_z=2(z-z_0)+\lambda C=0\\L_\lambda=Ax+By+Cz=0\end{cases}$,解得稳定点为 $\begin{cases}x=x_0-A\left(\dfrac{Ax_0+By_0+Cz_0+D}{A^2+B^2+C^2}\right)\\y=y_0-B\left(\dfrac{Ax_0+By_0+Cz_0+D}{A^2+B^2+C^2}\right)\\z=z_0-C\left(\dfrac{Ax_0+By_0+Cz_0+D}{A^2+B^2+C^2}\right)\end{cases}$, 即为函数 f 的最小值点,$f_{\min}=\dfrac{|Ax_0+By_0+Cz_0+D|}{\sqrt{A^2+B^2+C^2}}$.

2. $z_x=-\frac{y}{x^2}z_u+z_v\left(z_x+\frac{x+zz_x}{\sqrt{x^2+y^2+z^2}}\right)\Rightarrow z_x=\dfrac{-\frac{y}{x^2}z_u+\frac{xz_v}{\sqrt{x^2+y^2+z^2}}}{1-z_v-\frac{zz_v}{\sqrt{x^2+y^2+z^2}}}$.

同理 $z_y=\dfrac{\frac{1}{x}z_u+\frac{yz_v}{\sqrt{x^2+y^2+z^2}}}{1-z_v-\frac{zz_v}{\sqrt{x^2+y^2+z^2}}}$. 代入 $xz_x+yz_y=z+\sqrt{x^2+y^2+z^2}$ 化简得 $z_v=\frac{1}{2}$.

3. $f(x,y)$ 在有界闭域 D 上连续,必有最大、最小值. 又因在 D 处处有

$$A+C=\frac{\partial^2 f}{\partial x^2}+\frac{\partial^2 f}{\partial y^2}=0\Rightarrow AC\leqslant\frac{(A+C)^2}{4}=0,$$

而 $B=\frac{\partial^2 f}{\partial x\partial y}\neq 0\Rightarrow H=AC-B^2<0$,故在 D 内无极值点,因此,函数的最大最小值必在边界上达到.

4. 就是求函数 $f(x,y,z)=(x^2+y^2+z^2)^{\frac{1}{2}}$ 在条件 $x+y+z=0$ 和 $x^2+y^2+4z^2=1$ 下的最大值(即椭圆的长轴)和最小值(即椭圆的短轴),为此设

$$L=x^2+y^2+z^2+\lambda(x+y+z)+\mu(x^2+y^2+4z^2-1).$$

分别令 $L_x=0,L_y=0,L_z=0,L_\lambda=0,L_\mu=0$,解得稳定点为 $x=\pm\frac{1}{\sqrt{2}},y=-x,z=0$ 和 $x=y=\pm\frac{1}{\sqrt{18}}$,

$z=-\left(\pm\dfrac{2}{\sqrt{18}}\right)$. 它们到原点的距离分别为 $1,\dfrac{1}{\sqrt{3}}$,即椭圆长轴为 1,短轴为$\dfrac{1}{\sqrt{3}}$,椭圆的面积为$\dfrac{\pi}{\sqrt{3}}$.

5. 就是求函数 $d=\dfrac{|4x+3y-16|}{5}$ 在条件 $18x^2+5y^2=45$ 下的最小值,为此设 $L=(4x+3y-16)^2+\lambda(18x^2+5y^2-45)$,令 $L_x=L_y=L_\lambda=0$,解得稳定点为 $x=\pm\dfrac{10}{11},y=\pm\dfrac{27}{11}$. 分别求得 $d_1=1,d_2=\dfrac{27}{5}$,显然最近距离为 1.

6. 椭球面上任一点(x,y,z)处的切平面方程为

$$2x(X-x)+2y(Y-y)+\frac{z}{2}(Z-z)=0,$$

切平面在坐标轴上的截距分别为$\dfrac{1}{x},\dfrac{1}{y},\dfrac{4}{z}$. 故本题是求函数$f(x,y,z)=\dfrac{1}{x^2}+\dfrac{1}{y^2}+\dfrac{4}{z^2}$在条件 $x^2+y^2+\dfrac{z^2}{4}=1(x>0,y>0,z>0)$ 下的最小值.

设 $L(x,y,z,\lambda)=\dfrac{1}{x^2}+\dfrac{1}{y^2}+\dfrac{4}{z^2}+\lambda\left(x^2+y^2+\dfrac{z^2}{4}-1\right)$.

令 $L(x,y,z,\lambda)=\begin{cases}L_x=-\dfrac{2}{x^3}+2\lambda x\\ L_y=-\dfrac{2}{y^3}+2\lambda y\\ L_z=-\dfrac{8}{z^3}+\dfrac{\lambda z}{2}\\ L_\lambda=x^2+y^2+\dfrac{z^2}{4}-1\end{cases}$,解得稳定点 $x=\dfrac{1}{\sqrt{3}},y=\dfrac{1}{\sqrt{3}},z=\dfrac{2}{\sqrt{3}}$,故$f_{\min}(x,y,z)=9$.

7. 函数在$(0,0)$连续,$f_x(0,0)=1,f_y(0,0)=-1$,不可微.

8.
$$\begin{aligned}右&=\int_0^1\frac{d^2}{dt^2}[f(tx,ty)]dt-\int_0^1 t\cdot\frac{d^2}{dt^2}[f(tx,ty)]dt\\&=\frac{d}{dt}[f(tx,ty)]\Big|_0^1-t\frac{d}{dt}[f(tx,ty)]\Big|_0^1+\int_0^1\frac{d}{dt}[f(tx,ty)]dt\\&=[xf_1(tx,ty)+yf_2(tx,ty)]_0^1-[txf_1(tx,ty)+tyf_2(tx,ty)]_0^1+f(tx,ty)\big|_0^1\\&=f(x,y).\end{aligned}$$

9. $\forall P(x,y)\in\Omega$,由已知,有

$$\frac{\partial f}{\partial \boldsymbol{t}_1}=\frac{\partial f}{\partial x}\cos(\widehat{\boldsymbol{t}_1,x})+\frac{\partial f}{\partial y}\cos(\widehat{\boldsymbol{t}_1,y})=0,\quad \frac{\partial f}{\partial \boldsymbol{t}_2}=\frac{\partial f}{\partial x}\cos(\widehat{\boldsymbol{t}_2,x})+\frac{\partial f}{\partial y}\cos(\widehat{\boldsymbol{t}_2,y})=0.$$

因$\boldsymbol{t}_1\perp\boldsymbol{t}_2\Rightarrow\cos(\widehat{\boldsymbol{t}_1,y})=-\cos(\widehat{\boldsymbol{t}_2,x}),\cos(\widehat{\boldsymbol{t}_2,y})=\cos(\widehat{\boldsymbol{t}_1,x})$,且

$$\begin{vmatrix}\cos(\widehat{\boldsymbol{t}_1,x}) & \cos(\widehat{\boldsymbol{t}_1,y})\\ \cos(\widehat{\boldsymbol{t}_2,x}) & \cos(\widehat{\boldsymbol{t}_2,y})\end{vmatrix}=\cos^2(\widehat{\boldsymbol{t}_1,x})+\cos^2(\widehat{\boldsymbol{t}_1,y})=1\neq0,$$

故$\dfrac{\partial f}{\partial x}\equiv 0,\dfrac{\partial f}{\partial y}\equiv 0$,即$f(x,y)$在$\Omega$上为常数.

10. $\dfrac{\partial^2 z}{\partial x\partial y}=2xf_1+x^2yf_{11}-\dfrac{y}{x^2}f_{22}+yg''$.

11. $\dfrac{\partial y}{\partial x}=-\dfrac{g_1+yf_1+vy}{u-1+yf_2}$.

第 16 讲

1. $\dfrac{\pi^2}{2}$.

2. 2π.

3. 令$u=\sqrt{x}+\sqrt{y},v=x$,则D变为$D':1\leqslant u\leqslant 2,\dfrac{u^2}{4}\leqslant v\leqslant u^2,J=\left|\dfrac{\partial(x,y)}{\partial(u,v)}\right|=2(u-\sqrt{v})$,于是$I=2\int_1^2 du\int_{\frac{u^2}{4}}^{u^2}\dfrac{u^4}{v^2}(u-\sqrt{v})dv=\dfrac{15}{2}$.

4. (1) 因$\lim\limits_{u\to+\infty}f'(u)=A>0$,$\exists M>0$,当$u\geqslant M$时,$f'(u)>\dfrac{A}{2}>0$,所以在$u>M$时,$f(u)=f(M)+f'(\xi)(u-M)>f(M)+\dfrac{A}{2}(u-M)\to+\infty\ (u\to+\infty)$.

(2) 作极坐标代换,$I_R=\int_0^{\frac{\pi}{2}}d\theta\int_0^R f'(r^2)rdr=\dfrac{\pi}{4}[f(R^2)-f(0)]$.

(3) $\lim\limits_{R\to+\infty}\dfrac{I_R}{R^2}=\dfrac{\pi}{4}\lim\limits_{R\to+\infty}\dfrac{f(R^2)-f(0)}{R^2}=\dfrac{\pi}{4}\lim\limits_{R\to+\infty}f'(R^2)=\dfrac{\pi}{4}A$.

5. $\dfrac{1}{8}\left(\dfrac{3}{4}+\ln 2\right)$.(提示:双曲线$xy=\dfrac{1}{4}$将$D$分为两个区域$D_1:0\leqslant xy\leqslant\dfrac{1}{4},D_2:\dfrac{1}{4}\leqslant xy\leqslant 1$分别计算)

6. $\dfrac{5\pi}{192}$.$\left[\text{提示:由}\sqrt{\dfrac{3}{16}-x^2-y^2}=2(x^2+y^2)\text{可得}x^2+y^2=\dfrac{1}{8},\text{将}D\text{分为}D_1:0\leqslant x^2+y^2\leqslant\dfrac{1}{8},D_2:\dfrac{1}{8}\leqslant x^2+y^2\leqslant\dfrac{3}{16}\right]$

7. $I=\int_{-\frac{\pi}{2}}^{\frac{\pi}{2}}d\theta\int_0^{2a\cos\theta}f(r\cos\theta,r\sin\theta)rdr=\int_0^{2a}rdr\int_{-\arccos\frac{r}{2a}}^{\arccos\frac{r}{2a}}f(r\cos\theta,r\sin\theta)d\theta$.在直角坐标系下,$I=\int_0^{2a}dx\int_{-\sqrt{2ax-x^2}}^{\sqrt{2ax-x^2}}f(x,y)dy=\int_{-a}^{a}dy\int_{a-\sqrt{a^2-y^2}}^{a+\sqrt{a^2-y^2}}f(x,y)dx$.

8. $\pi\left(\dfrac{\pi}{2}-1\right)$.

9. $\lim\limits_{n\to\infty}\sum\limits_{j=1}^{2n}\sum\limits_{i=1}^{n}\frac{2}{n^2}\left(\frac{2i+j}{n}\right)=4\lim\limits_{n\to\infty}\sum\limits_{j=1}^{2n}\frac{1}{2n}\sum\limits_{i=1}^{n}\frac{1}{n}\left(2\frac{i}{n}+2\frac{j}{2n}\right)=4\iint\limits_{D}[2(x+y)]\mathrm{d}x\mathrm{d}y=6$. 其中 $D:0\leqslant x\leqslant 1,0\leqslant y\leqslant 1$.

10. $\frac{\pi}{42}$.

11. $u=yz,v=xz,w=xy,J=\left|\frac{\partial(x,y,z)}{\partial(u,v,w)}\right|=\frac{1}{\left|\frac{\partial(u,v,w)}{\partial(x,y,z)}\right|}=\frac{1}{2xyz}=\frac{1}{2\sqrt{uvw}}$. 积分区域 Ω 变为 $V:1\leqslant u\leqslant 2,1\leqslant v\leqslant 2,1\leqslant w\leqslant 2$.

$F_x=zF_v+yF_w,\quad F_y=zF_u+xF_w,\quad F_z=yF_u+xF_v,$

$$I=\iiint\limits_{\Omega}\left(\frac{1}{yz}F_x+\frac{1}{xz}F_y+\frac{1}{xy}F_z\right)\mathrm{d}x\mathrm{d}y\mathrm{d}z=\iiint\limits_{V}\left(\frac{1}{vw}F_u+\frac{1}{wu}F_v+\frac{1}{uv}F_w\right)\mathrm{d}u\mathrm{d}v\mathrm{d}w.$$

12. 由方程知 $z\geqslant 0$. 令 $\begin{cases}x=r\sin\varphi\cos\theta\\y=r\sin\varphi\sin\theta\\z=r\cos\varphi\end{cases}$,则 $\begin{cases}0\leqslant\theta\leqslant 2\pi\\0\leqslant\varphi\leqslant\frac{\pi}{2}\\0\leqslant r\leqslant\frac{1}{h}\cos\varphi\mathrm{e}^{-\cos^2\varphi}\end{cases}$,于是

$$V=\int_0^{2\pi}\mathrm{d}\theta\int_0^{\frac{\pi}{2}}\mathrm{d}\varphi\int_0^{\frac{1}{h}\cos\varphi\mathrm{e}^{-\cos2\varphi}}r^2\sin\varphi\mathrm{d}r=\frac{\pi}{27h^3}\left(1-\frac{2}{\mathrm{e}^3}\right).$$

13. $\frac{1}{8}$. $\left(提示:利用对称性,I=3\iiint\limits_{V}x\mathrm{d}x\mathrm{d}y\mathrm{d}z.\right)$

14. $I=\int_0^{\pi}\mathrm{d}\theta\int_0^{\frac{\pi}{4}}\mathrm{d}\varphi\int_{\sec\varphi}^{2\cos\varphi}r\sin\varphi\mathrm{d}r=\frac{\pi}{6}(7-4\sqrt{2})$.(注:此题用球坐标简单,若用柱坐标,积分比较复杂)

15. 将 V 分成 $V_1:-\sqrt{1-x^2-y^2}\leqslant z\leqslant 0,V_2:0\leqslant z\leqslant\sqrt{1-x^2-y^2}$,则

$$I=\iiint\limits_{V_1}\mathrm{e}^{-z}\mathrm{d}V+\iiint\limits_{V_2}\mathrm{e}^{z}\mathrm{d}V=\int_0^{2\pi}\mathrm{d}\theta\int_0^1 r\mathrm{d}r\int_{-\sqrt{1-r^2}}^{0}\mathrm{e}^{-z}\mathrm{d}z+\int_0^{2\pi}\mathrm{d}\theta\int_0^1 r\mathrm{d}r\int_0^{\sqrt{1-r^2}}\mathrm{e}^{z}\mathrm{d}z$$

$$=2\pi\int_0^1 r[\mathrm{e}^{\sqrt{1-r^2}}-1]\mathrm{d}r+2\pi\int_0^1 r[\mathrm{e}^{\sqrt{1-r^2}}-1]\mathrm{d}r=4\pi\left(\int_0^1 r\mathrm{e}^{\sqrt{1-r^2}}\mathrm{d}r-\int_0^1 r\mathrm{d}r\right)=2\pi.$$

注:令 $\sqrt{1-r^2}=t$,则 $\int_0^1 r\mathrm{e}^{\sqrt{1-r^2}}\mathrm{d}r=\int_0^1 t\mathrm{e}^t\mathrm{d}t$.

16. 由对称性知 $\bar{x}=0$.

$$\iiint\limits_{\Omega}\mathrm{d}V=\frac{1}{3}\cdot\pi\cdot 1^2\cdot 1=\frac{\pi}{3},$$

$$\iiint\limits_{\Omega}z\mathrm{d}V=\int_0^1\mathrm{d}z\iint\limits_{x^2+(y-z)^2\leqslant(1-z)^2}z\mathrm{d}x\mathrm{d}y=\pi\int_0^1(1-z)^2\cdot z\mathrm{d}z=\frac{\pi}{12},$$

令 $u=y-z$ 得

$$\iiint_\Omega y\mathrm{d}V = \int_0^1 \mathrm{d}z \iint_{x^2+(y-z)^2\leqslant(1-z)^2} y\mathrm{d}x\mathrm{d}y = \int_0^1 \mathrm{d}z \iint_{x^2+u^2\leqslant(1-z)^2} (u+z)\mathrm{d}x\mathrm{d}u$$

$$= \int_0^1 \mathrm{d}z \iint_{x^2+u^2\leqslant(1-z)^2} z\mathrm{d}x\mathrm{d}u = \int_0^1 \pi z(1-z)^2\mathrm{d}z = \frac{\pi}{12},$$

所以

$$\bar{y} = \frac{\iiint_\Omega y\mathrm{d}V}{\iiint_\Omega \mathrm{d}V} = \frac{1}{4}, \bar{z} = \frac{\iiint_\Omega z\mathrm{d}V}{\iiint_\Omega \mathrm{d}V} = \frac{1}{3}.$$

第 17 讲

1.(1) 记 $L_1: x = y^2, -2 \leqslant y \leqslant 1, L_2: y = 2 - x, 1 \leqslant x \leqslant 4$,则

$$I = \int_{L_1} y\mathrm{d}s + \int_{L_2} y\mathrm{d}s = \int_{-2}^1 y\sqrt{1+4y^2}\mathrm{d}y + \int_1^4 (2-x)\sqrt{2}\mathrm{d}x = \frac{1}{12}(5^{\frac{3}{2}} - 17^{\frac{3}{2}}) - \frac{3}{2}\sqrt{2}.$$

(2) L 的参数方程为 $x = \cos\theta, y = \frac{1}{\sqrt{2}}\sin\theta, z = \frac{1}{\sqrt{2}}\sin\theta (0 \leqslant \theta \leqslant 2\pi)$,则

$$I = \frac{1}{2\sqrt{2}}\int_0^{2\pi} \cos^2\theta\sin^2\theta\mathrm{d}\theta = \frac{\pi}{8\sqrt{2}}.$$

(3) 双纽线 $(x^2+y^2)^2 = a^2(x^2-y^2)$ 的极坐标方程

$$r = a\sqrt{\cos 2\theta}, \quad \theta \in \left[-\frac{\pi}{4}, \frac{\pi}{4}\right] \cup \left[\frac{3\pi}{4}, \frac{5\pi}{4}\right].$$

由对称性,有

$$I = 2\int_{-\frac{\pi}{4}}^{\frac{\pi}{4}} r|\sin\theta|\sqrt{r^2(\theta)+r'^2(\theta)}\mathrm{d}\theta = 4\int_0^{\frac{\pi}{4}} a\sqrt{\cos 2\theta}\sin\theta\frac{a}{\sqrt{\cos 2\theta}}\mathrm{d}\theta$$

$$= 4a^2\left(1 - \frac{1}{\sqrt{2}}\right).$$

(4) 用斯托克斯公式,$I = -2\iint_S z\mathrm{d}y\mathrm{d}z + x\mathrm{d}z\mathrm{d}x + y\mathrm{d}x\mathrm{d}y$,其中 S 为上半球面被柱面所截取的部分,方向向上. 转化为一型面积分,S 的向上法线方向余弦为

$$\cos\alpha = \frac{x}{a}, \quad \cos\beta = \frac{y}{a}, \quad \cos\gamma = \frac{z}{a},$$

$$I = -\frac{2}{a}\iint_S (xz + xy + yz)\mathrm{d}S$$

$$= -\frac{2}{a}\iint_{D_{xy}} \left(x\sqrt{a^2-x^2-y^2} + xy + y\sqrt{a^2-x^2-y^2}\right)\frac{a}{\sqrt{a^2-x^2-y^2}}\mathrm{d}x\mathrm{d}y,$$

其中 $D_{xy}: x^2+y^2 = ax$,注意到积分区域关于 x 轴对称,所以

$$I = -2\iint_{D_{xy}} x\mathrm{d}x\mathrm{d}y = -2\int_{-\frac{\pi}{2}}^{\frac{\pi}{2}}\mathrm{d}\theta\int_0^{a\cos\theta} r^2\cos\theta\mathrm{d}r = -\frac{\pi}{4}a^3.$$

注:此题作法很多,这是较简单的作法.

(5) 联立题干方程,有 $z^2+2z=8$,解得 $z=2(z=-4$ 舍去). 故曲线 Γ 可表示为 $\begin{cases}x^2+y^2=4\\z=2\end{cases}$,其参数方程为 $\begin{cases}x=2\cos\theta\\y=2\sin\theta\\z=2\end{cases}$,其中 $\theta:0\to2\pi$,由 $z=2$,有 $\mathrm{d}z=0$. 故

$$\oint_\Gamma|\sqrt{3}y-4x|\mathrm{d}x-5z\mathrm{d}z=\oint_\Gamma|\sqrt{3}y-4x|\mathrm{d}x=-\int_0^{2\pi}|2\sqrt{3}\sin\theta-2\cos\theta|\cdot2\sin\theta\mathrm{d}\theta$$

$$=-8\int_0^{2\pi}\left|\cos\left(\theta+\frac{\pi}{3}\right)\right|\cdot\sin\theta\mathrm{d}\theta\overset{t=\theta+\frac{\pi}{3}}{=}-8\int_{\frac{\pi}{3}}^{2\pi+\frac{\pi}{3}}|\cos t|\cdot\sin\left(t-\frac{\pi}{3}\right)\mathrm{d}t$$

$$=-8\int_{-\pi}^{\pi}|\cos t|\cdot\sin\left(t-\frac{\pi}{3}\right)\mathrm{d}t=-4\int_{-\pi}^{\pi}|\cos t|\cdot(\sin t-\sqrt{3}\cos t)\mathrm{d}t$$

$$=-4\int_{-\pi}^{\pi}|\cos t|\cdot\sin t\,\mathrm{d}t+4\sqrt{3}\int_{-\pi}^{\pi}|\cos t|\cdot\cos t\,\mathrm{d}t$$

$$=8\sqrt{3}\int_0^{\pi}|\cos t|\cdot\cos t\,\mathrm{d}t$$

$$=8\sqrt{3}\left(\int_0^{\frac{\pi}{2}}\cos t\cdot\cos t\,\mathrm{d}t-\int_{\frac{\pi}{2}}^{\pi}\cos t\cdot\cos t\mathrm{d}t\right)=0.$$

2. (1) $A=\dfrac{1}{2}\oint_L x\mathrm{d}y-y\mathrm{d}x=\dfrac{3a^2}{2}\int_0^{2\pi}\sin^2t\cos^2t\,\mathrm{d}t=\dfrac{3}{8}\pi a^2.$

(2) 用极坐标方程,有 $A=\dfrac{1}{2}\oint_L x\mathrm{d}y-y\mathrm{d}x=2a^2\int_0^{\frac{\pi}{4}}\cos2\theta\mathrm{d}\theta=a^2.$

3. (1) 设 $\boldsymbol{r}$ 的方向余弦为 $\cos\alpha,\cos\beta$,$\boldsymbol{n}$ 的方向余弦为 $\cos\theta,\cos\varphi$,则

$$\cos(\widehat{\boldsymbol{r},\boldsymbol{n}})=\cos\alpha\cos\theta+\cos\beta\cos\varphi,$$

$$\oint_L\cos(\widehat{\boldsymbol{r},\boldsymbol{n}})\mathrm{d}s=\oint_L\cos\alpha\mathrm{d}y-\cos\beta\mathrm{d}x=\iint_D\left(\frac{\partial}{\partial x}\cos\alpha+\frac{\partial}{\partial y}\cos\beta\right)\mathrm{d}x\mathrm{d}y=0$$

(因为 $\cos\alpha,\cos\beta$ 为常数),其中 D 为 L 所围的平面区域.

(2) $P=yf(xy)$,$Q=xf(xy)$ 连续且具有连续的偏导数,处处有

$$\frac{\partial Q}{\partial x}=f(xy)+xyf'(xy)=\frac{\partial P}{\partial y},$$

积分与路径无关,故有 $\oint_L f(xy)(y\mathrm{d}x+x\mathrm{d}y)=0$.

(3) $\dfrac{\partial u}{\partial\boldsymbol{n}}=\dfrac{\partial u}{\partial x}\cos(\widehat{\boldsymbol{n},x})+\dfrac{\partial u}{\partial y}\cos(\widehat{\boldsymbol{n},y})$,由格林公式得

$$\oint_L\frac{\partial u}{\partial\boldsymbol{n}}\mathrm{d}s=\oint_L\frac{\partial u}{\partial x}\mathrm{d}y-\frac{\partial u}{\partial y}\mathrm{d}x=\iint_D\left(\frac{\partial^2u}{\partial x^2}+\frac{\partial^2u}{\partial y^2}\right)\mathrm{d}\sigma.$$

(4) 因 $\dfrac{\partial u}{\partial\boldsymbol{n}}=\dfrac{\partial u}{\partial x}\cos(\widehat{\boldsymbol{n},x})+\dfrac{\partial u}{\partial y}\cos(\widehat{\boldsymbol{n},y})$,$\dfrac{\partial v}{\partial\boldsymbol{n}}=\dfrac{\partial v}{\partial x}\cos(\widehat{\boldsymbol{n},x})+\dfrac{\partial v}{\partial y}\cos(\widehat{\boldsymbol{n},y})$,所以

$$\oint_L\left(u\frac{\partial v}{\partial \boldsymbol{n}}-v\frac{\partial u}{\partial \boldsymbol{n}}\right)\mathrm{d}s=\oint_L[(uv_x-vu_x)\mathrm{d}y-(uv_y-vu_y)\mathrm{d}x$$

$$=\iint_D\left[u\left(v_{xx}+v_{yy}\right)-v\left(u_{xx}+u_{yy}\right)\right]\mathrm{d}\sigma.$$

4. 转动惯量:$J=\int_L(x^2+y^2)\mathrm{d}s$,其中$L:x=a\cos t,y=a\sin t,z=bt(0\leqslant t\leqslant 2\pi)$,$J=2\pi a^2\sqrt{a^2+b^2}$.

5. 摆线的弧长 $s=\int_0^{\pi}\sqrt{a^2(1-\cos t)^2+a^2\sin^2 t}\,\mathrm{d}t=4a$. 设密度为$\rho$,则重心坐标为

$$\bar{x}=\frac{\int_L x\rho\mathrm{d}s}{\int_L\rho\mathrm{d}s}=\frac{\frac{16}{3}a^2}{4a}=\frac{4}{3}a,\quad \bar{y}=\frac{4a}{3}.$$

6. 做功 $W=\oint_L\boldsymbol{F}\cdot\mathrm{d}\boldsymbol{L}=\oint_C(x+2y+4)\mathrm{d}x+(4x-2y)\mathrm{d}y+(3x+z)\mathrm{d}z$,用斯托克斯公式,$W=\iint_S-3\mathrm{d}z\mathrm{d}x+2\mathrm{d}x\mathrm{d}y$,其中$S$为平面$z=4$所截取的椭圆面,法线向上. 法线方向余弦为$\cos\alpha=0$,$\cos\beta=0,\cos\gamma=1$. 转化为一型面积分,$W=2\iint_S\mathrm{d}s=2\iint_{D_{xy}}\mathrm{d}x\mathrm{d}y$,其中

$$D_{xy}:(3x+2y-5)^2+(x-y+1)^2\leqslant a^2.$$

令$\begin{cases}u=3x+2y-5\\v=x-y+1\end{cases}$,则$J=\left|\frac{\partial(x,y)}{\partial(u,v)}\right|=\frac{1}{5}$,故$W=\frac{2}{5}\iint_{D_{uv}}\mathrm{d}u\mathrm{d}v=\frac{2\pi}{5}a^2$.

7. 环流量 $I=\oint_L\boldsymbol{A}\cdot\mathrm{d}\boldsymbol{L}=\oint_L-y\mathrm{d}x+x\mathrm{d}y+c\mathrm{d}z=2\pi$. 其中$L:(x-2)^2+y^2=1,z=0$.

8. 流量 $Q=\iint_S\boldsymbol{A}\cdot\mathrm{d}\boldsymbol{S}=\iint_S x^2\mathrm{d}y\mathrm{d}z+y^2\mathrm{d}z\mathrm{d}x+z^2\mathrm{d}x\mathrm{d}y=\frac{1}{2}\pi a^4$.

9. (1) 不妨曲面S分为$S_1:x=\sqrt{R^2-y^2},0\leqslant z\leqslant h,S_2:x=-\sqrt{R^2-y^2},0\leqslant z\leqslant h$.

$$I=2\iint_{D_{yz}}\frac{\sqrt{1+x'^2_y+x'^2_z}}{R^2}\mathrm{d}\sigma=\frac{2}{R}h\pi.$$

(2) $I=\iint_S z(x^2+y^2)\mathrm{d}S=\iint_{D_{xy}}(x^2+y^2)\sqrt{R^2-x^2-y^2}\frac{R}{\sqrt{R^2-x^2-y^2}}\mathrm{d}x\mathrm{d}y$,其中$D_{xy}:x^2+y^2\leqslant Rx$. 用极坐标,$I=R\int_{-\frac{\pi}{2}}^{\frac{\pi}{2}}\mathrm{d}\theta\int_0^{R\cos\theta}r^3\mathrm{d}r=\frac{3}{32}\pi R^5$.

(3) $I=\iint_S(xy+yz+zx)\mathrm{d}S=\iint_{D_{xy}}\left(xy+y\sqrt{x^2+y^2}+x\sqrt{x^2+y^2}\right)\sqrt{2}\mathrm{d}x\mathrm{d}y$.

注意到积分区域关于x轴对称,第一、二项积分均为零,所以

$$I=\sqrt{2}\iint_{D_{xy}}x\sqrt{x^2+y^2}\mathrm{d}x\mathrm{d}y=\sqrt{2}\int_{-\frac{\pi}{2}}^{\frac{\pi}{2}}\mathrm{d}\theta\int_0^{2a\cos\theta}r^3\cos\theta\mathrm{d}r=\frac{64\sqrt{2}}{15}a^4.$$

10. $P=\frac{x}{y}r^{\lambda}, Q=-\frac{x^2}{y^2}r^{\lambda}, \frac{\partial Q}{\partial x}=-\left(\frac{2x}{y^2}+\lambda\frac{x^3}{y^2}\right)r^{\lambda}, \frac{\partial P}{\partial y}=\left(-\frac{x}{y^2}+\lambda x\right)r^{\lambda}$，在上半平面处处有 $\frac{\partial Q}{\partial x}=\frac{\partial P}{\partial y}$，特别在 $(0,1)$ 点也成立，解得 $\lambda=-1$.

11. 添加直线段 $BA:y=0,-1\leqslant x\leqslant 1$. $C^{+}+BA$ 构成闭曲线 L，且取正向．由格林公式，$\oint_L P\mathrm{d}x+Q\mathrm{d}y=\iint_D 4x^3\mathrm{d}x\mathrm{d}y=0$（注：积分区域 D 关于 y 轴对称），而 $\int_{BA}P\mathrm{d}x+Q\mathrm{d}y=0$，故 $\int_C P\mathrm{d}x+Q\mathrm{d}y=\oint_L P\mathrm{d}x+Q\mathrm{d}y-\int_{BA}P\mathrm{d}x+Q\mathrm{d}y=0$.

12. (1) 根据二重积分的几何意义，当且仅当 $4-x^2-y^2>0$ 时 $I(D)$ 达最大，故

$$D_1=\{(x,y)\mid x^2+y^2\leqslant 4\},$$

从而

$$I(D_1)=\iint_{D_1}(4-x^2-y^2)\mathrm{d}x\mathrm{d}y=\int_0^{2\pi}\mathrm{d}\theta\int_0^2(4-r^2)r\mathrm{d}r=8\pi.$$

(2) 记 $D_2:x^2+4y^2\leqslant\varepsilon^2$，其中 ε 为充分小的正数．取 ∂D_2 为顺时针方向．

由格林公式，

$$\begin{aligned}&\int_{\partial D_1}\frac{(x\mathrm{e}^{x^2+4y^2}+y)\mathrm{d}x+(4y\mathrm{e}^{x^2+4y^2}-x)\mathrm{d}y}{x^2+4y^2}\\&=\int_{\partial D_1+\partial D_2}\frac{(x\mathrm{e}^{x^2+4y^2}+y)\mathrm{d}x+(4y\mathrm{e}^{x^2+4y^2}-x)\mathrm{d}y}{x^2+4y^2}\\&\quad-\int_{\partial D_2}\frac{(x\mathrm{e}^{x^2+4y^2}+y)\mathrm{d}x+(4y\mathrm{e}^{x^2+4y^2}-x)\mathrm{d}y}{x^2+4y^2}\\&=0-\pi=-\pi.\end{aligned}$$

13. $\frac{\pi}{8}$.（提示：用高斯公式）

14. $\frac{8}{3}\pi(a+b+c)R^3$.

提示：用高斯公式，计算三重积分时用代换 $\begin{cases}x=a+r\sin\varphi\cos\theta\\y=b+r\sin\varphi\sin\theta\\z=c+r\cos\varphi\end{cases}$.

15. $\frac{7}{24}\pi+\frac{14}{15}$.（提示：用高斯公式，计算三重积分时用柱坐标）

16. 补曲面 $S_1:z=0,x^2+y^2\leqslant 1$，取上侧；曲面 $S_2:z=1,x^2+y^2\leqslant 2$，取下侧，则

$$\iint_{S_1}z^2(x^2+x)\mathrm{d}y\mathrm{d}z+2x^2y\mathrm{d}z\mathrm{d}x+y^2z\mathrm{d}x\mathrm{d}y=0,$$

$$\begin{aligned}&\iint_{S_2}z^2(x^2+x)\mathrm{d}y\mathrm{d}z+2x^2y\mathrm{d}z\mathrm{d}x+y^2z\mathrm{d}x\mathrm{d}y\\&=-\iint_{D:x^2+y^2\leqslant 2}y^2\mathrm{d}x\mathrm{d}y=-\frac{1}{2}\iint_D(x^2+y^2)\mathrm{d}x\mathrm{d}y=-\frac{1}{2}\int_0^{2\pi}\mathrm{d}\theta\int_0^{\sqrt{2}}r^3\mathrm{d}r=-\pi,\end{aligned}$$

由高斯公式可得

$$\iint_{S_3} z^2(x^2+x)\mathrm{d}y\mathrm{d}z+2x^2y\mathrm{d}z\mathrm{d}x+y^2z\mathrm{d}x\mathrm{d}y$$

$$=-\iiint_{\Omega}(2x^2+y^2)\mathrm{d}x\mathrm{d}y\mathrm{d}z-\iiint_{\Omega}z^2(2x+1)\mathrm{d}x\mathrm{d}y\mathrm{d}z,$$

其中 Ω 是 S_1,S_2,S_3 所围成的区域.

由轮换对称性,有

$$\iiint_{\Omega}(2x^2+y^2)\mathrm{d}x\mathrm{d}y\mathrm{d}z=\iiint_{\Omega}(2y^2+x^2)\mathrm{d}x\mathrm{d}y\mathrm{d}z=\frac{3}{2}\iiint_{\Omega}(x^2+y^2)\mathrm{d}x\mathrm{d}y\mathrm{d}z$$

$$=\frac{3}{2}\int_0^1\mathrm{d}z\int_0^{2\pi}\mathrm{d}\theta\int_0^{\sqrt{1+z^2}}r^3\mathrm{d}r=\frac{3}{2}\cdot 2\pi\cdot\frac{1}{4}\int_0^1(1+z^2)^2\mathrm{d}z=\frac{7}{5}\pi.$$

由区域 Ω 关于 yOz 面对称,有

$$\iiint_{\Omega}z^2\cdot 2x\mathrm{d}x\mathrm{d}y\mathrm{d}z=0,$$

$$\iiint_{\Omega}z^2\mathrm{d}x\mathrm{d}y\mathrm{d}z=\int_0^1 z^2\mathrm{d}z\iint_{D_z}\mathrm{d}x\mathrm{d}y=\pi\int_0^1 z^2(1+z^2)\mathrm{d}z=\frac{8}{15}\pi,$$

其中 $D_z:x^2+y^2\leqslant 1+z^2$.

故 $$\iint_S z^2(x^2+x)\mathrm{d}y\mathrm{d}z+2x^2y\mathrm{d}z\mathrm{d}x+y^2z\mathrm{d}x\mathrm{d}y=-\frac{7}{5}\pi-\frac{8}{15}\pi+\pi=-\frac{14}{15}\pi.$$

17. 记 $P=\frac{x}{r^3},Q=\frac{y}{r^3},R=\frac{z}{r^3}$,其中 $r=\sqrt{x^2+y^2+z^2}$,在不包含原点的任何区域内连续,且有二阶连续的偏导数. $\mathrm{div}\boldsymbol{A}=\frac{\partial P}{\partial x}+\frac{\partial Q}{\partial y}+\frac{\partial R}{\partial z}=\frac{3r^2-3(x^2+y^2+z^2)}{r^5}=0$,又

$$\frac{\partial R}{\partial y}=\frac{-3yz}{r^5}=\frac{\partial Q}{\partial z},\quad \frac{\partial P}{\partial z}=\frac{-3xz}{r^5}=\frac{\partial R}{\partial x},\quad \frac{\partial Q}{\partial x}=\frac{-3xy}{r^5}=\frac{\partial P}{\partial y},\quad \mathrm{rot}\,\boldsymbol{A}=\boldsymbol{0}.$$

故向量场 $\boldsymbol{A}$,在除去原点外为调和场.

18. 两边同时在曲面 S 上作一型曲面积分,有

$$\iint_S f\mathrm{d}S=\iint_S(R^2-x^2-y^2)\mathrm{d}S-\frac{1}{\pi}\iint_S f\mathrm{d}S\cdot 2\pi R^2,$$

即得 $\iint_S f\mathrm{d}S=\frac{2\pi}{3}R^4$.

19. 记曲面 Σ 在 xOy 面上的投影区域为 $D:\left(x-\frac{3}{2}\right)^2+y^2\leqslant 1$,利用转换投影法,

$$I=\iint_{\Sigma}yz(y-z)\mathrm{d}y\mathrm{d}z+zx(z-x)\mathrm{d}z\mathrm{d}x+xy(x-y)\mathrm{d}x\mathrm{d}y$$

$$=2R\iint_{\Sigma}y(z-y)\mathrm{d}x\mathrm{d}y.$$

$$= 2R\iint\limits_{\Sigma} y\sqrt{4Rx - x^2 - y^2}\,\mathrm{d}x\mathrm{d}y - 2R\iint\limits_{\Sigma} y^2\,\mathrm{d}x\mathrm{d}y$$

$$= -2R\iint\limits_{D} y^2\,\mathrm{d}x\mathrm{d}y,$$

令 $x = \dfrac{3}{2} + u, y = v$，记 $D_1: u^2 + v^2 \leqslant 1$，则

$$I = -2R\iint\limits_{D_1} v^2\,\mathrm{d}u\mathrm{d}v = -2R\int_0^{2\pi}\mathrm{d}\theta\int_0^1 \rho^3\sin\theta\mathrm{d}\rho = -\frac{1}{2}\pi R.$$

参 考 文 献

[1] 华东师范大学数学科学学院. 数学分析[M]. 5版. 北京:高等教育出版社,2019.
[2] 陈传璋. 数学分析[M]. 4版. 北京:高等教育出版社,2018.
[3] 菲赫金哥尔茨. 微积分学教程[M]. 叶彦谦,译. 北京:高等教育出版社,2011.
[4] 郝涌. 数学分析选讲[M]. 2版. 北京:国防工业出版社,2014.
[5] 徐利治. 大学数学解题法诠释[M]. 合肥:安徽教育出版社,2005.
[6] 宋燕,王大可,刘铁成. 数学分析讲义[M]. 北京:清华大学出版社,2014.
[7] 钱吉林. 数学分析解题精粹[M]. 3版. 西安:西北工业大学出版社,2019.
[8] 同济大学数学系. 高等数学[M]. 3版. 北京:高等教育出版社,2014.
[9] 刘三阳,于力,李广民. 数学分析选讲[M]. 北京:科学出版社,2021.